D1670745

Das Cold Spring Harbor Laborhandbuch

Kathy Barker

Das Cold Spring Harbor Laborhandbuch

für Einsteiger

Aus dem Englischen übersetzt, aktualisiert und ergänzt
von Markus Piotrowski

2. Auflage

 Springer Spektrum

Aus dem Englischen übersetzt von Markus Piotrowski

ISBN 978-3-8274-2935-3

Die Deutsche Nationalbibliothek verzeichnet diese Publikation in der Deutschen Nationalbibliografie; detaillierte bibliografische Daten sind im Internet über http://dnb.d-nb.de abrufbar.

Springer Spektrum
Übersetzung der amerikanischen Ausgabe: At the Bench: A Laboratory Navigator von Kathy Barker erschienen bei Cold Spring Harbor Laboratory Press, 2005 © 2005 Cold Spring Harbor Laboratory Press, Cold Spring Harbor, New York. Alle Rechte vorbehalten
1. Aufl.: © Spektrum Akademischer Verlag Heidelberg 2005
2. Aufl.: © Springer-Verlag Berlin Heidelberg 2013

Planung und Lektorat: Dr. Ulrich G. Moltmann, Bettina Saglio
Redaktion: Andreas Neuert
Satz: TypoDesign Hecker, Leimen
Einbandabbildung: © Getty Images/Photodisc/Apostrophe Productions
Einbandentwurf: SpieszDesign, Neu-Ulm

Gedruckt auf säurefreiem und chlorfrei gebleichtem Papier

Springer Spektrum ist eine Marke von Springer DE. Springer DE ist Teil der Fachverlagsgruppe Springer Science+Business Media.
www.springer-spektrum.de

Inhaltsverzeichnis

Vorwort   IX

Teil 1

Die Orientierung gewinnen   **1**

1   **Allgemeine Organisation und Abläufe im Labor**   **3**

1.1   Die große Übersicht   3

1.2   Die Leute im Labor   5

1.3   Allgemeine Umgangsregeln   7

1.4   Was Sie in der ersten Woche erwartet   10

1.5   Was Sie in der ersten Woche tun sollten   11

1.6   Was Sie in der ersten Woche unbedingt vermeiden sollten   11

1.7   Überleben durch Vernunft und Höflichkeit   13

1.8   Unverrückbare Sicherheitsbestimmungen   16

1.9   Quellen und Ressourcen   17

2   **Laboraufbau und -ausstattung**   **19**

2.1   Der Grundriss   19

2.2   Die Benutzung der Geräte   30

2.3   Checkliste für den Erwerb neuer Geräte   36

2.4   Quellen und Ressourcen   38

3   **Loslegen und die Übersicht behalten**   **41**

3.1   Einrichten einer funktionalen Laborbank   41

3.2   Einrichten einer Kommandozentrale   54

3.3   Quellen und Ressourcen   64

Teil 2

Einen Kurs bestimmen   **65**

4   **Wie man ein Experiment durchführt**   **67**

4.1   Philosophische Überlegungen   67

4.2   Planung eines Experiments   68

4.3   Die Interpretation der Ergebnisse   81

4.4   Wenn Experimente nicht funktionieren   82

4.5	Quellen und Ressourcen	84
5	**Das Laborbuch**	**87**
5.1	Art und Format	87
5.2	Inhalt	89
5.3	Pflege des Laborbuchs	90
5.4	Ethik	94
5.5	Quellen und Ressourcen	95
6	**Präsentation Ihrer Daten und Selbstdarstellung**	**97**
6.1	Tipps zum Kommunizieren	97
6.2	Vorträge halten	105
6.3	Abchlussarbeiten, Manuskripte und Anträge	117
6.4	Quellen und Ressourcen	131

Teil 3

Den Kurs halten		**133**
7	**Ansetzen von Reagenzien und Puffern**	**135**
7.1	Was benötigt man?	135
7.2	Wie viel benötigt man?	143
7.3	Abwiegen und Mischen	151
7.4	Messen des pH-Werts	154
7.5	Sterilisieren von Lösungen	159
7.6	Lagern von Puffern und Lösungen	162
7.7	Quellen und Ressourcen	164
8	**Lagern und entsorgen**	**167**
8.1	Notfall-Lagerung	167
8.2	Lagerung von Reagenzien	168
8.3	Portionieren (Aliquotieren)	173
8.4	Kühlschränke und Tiefkühlschränke	175
8.5	Entsorgung von Labormüll	177
8.6	Quellen und Ressourcen	183
9	**Arbeiten ohne Kontamination**	**185**
9.1	Wann benutzt man sterile Arbeitstechniken?	185
9.2	Steriles Arbeiten	186
9.3	Schutz des Forschers	195
9.4	Steriles Arbeiten in einer Klasse-II-Sicherheitswerkbank	199
9.5	Quellen und Ressourcen	202

10	**Eukaryotische Zellkulturen**	**205**
10.1	Typen von Zellkulturen und -linien	205
10.2	Beobachtung der Zellen	209
10.3	Beschaffung der Zellen	211
10.4	Versorgung der Zellen	215
10.5	Einfrieren und Lagern von Zellen	228
10.6	Kontaminationen	231
10.7	CO_2-Inkubationsschränke und CO_2-Flaschen	235
10.8	Quellen und Ressourcen	239
11	**Bakterien**	**243**
11.1	Voraussetzungen	243
11.2	Arbeitsvorschriften	245
11.3	Beschaffung der Bakterien	246
11.4	Anzucht und Pflege	247
11.5	Wiederbeleben von Kulturen	252
11.6	Antibiotika	255
11.7	Wie man Einzelkolonien erhält	256
11.8	Zählen von Bakterien	260
11.9	Lagerung	268
11.10	Einfrieren von Bakterien	269
11.11	Kontaminationen	271
11.12	Quellen und Ressourcen	271
12	**DNA, RNA und Proteine**	**273**
12.1	Tipps für Molekularbiologen	273
12.2	DNA	274
12.3	Einbringen von DNA in Zellen und Mikroorganismen	291
12.4	RNA	293
12.5	Proteine	295
12.6	Quellen und Ressourcen	306
13	**Radioaktivität**	**309**
13.1	Eigenschaften radioaktiver Elemente	309
13.2	Beschaffen von Radioisotopen	310
13.3	Durchführung radioaktiver Experimente	315
13.4	Experimenteller Nachweis von Strahlung	324
13.5	Lagerung	331

13.6	Entsorgung	332
13.7	Alternativen zur Radioaktivität	334
13.8	Quellen und Ressourcen	337
14	**Zentrifugation**	**339**
14.1	Grundlagen	339
14.2	Benutzungsvorschriften	346
14.3	Wie man zentrifugiert	348
14.4	Gradienten	359
14.5	Pflege von Zentrifugen und Rotoren	361
14.6	Quellen und Ressourcen	363
15	**Elektrophorese**	**365**
15.1	Grundsätzliche Regeln	365
15.2	Allgemeines	366
15.3	Spezifisches	371
15.4	Transfer auf Membranen (Blotting)	386
15.5	Quellen und Ressourcen	389
16	**Mikroskopieren**	**391**
16.1	Grundlagen	391
16.2	Verwendung des Lichtmikroskops	396
16.3	Objektträger und Färbungen	404
16.4	Fotografieren	406
16.5	Fluoreszenzmikroskopie	410
16.6	Zentrale Geräteeinrichtungen	413
16.7	Quellen und Ressourcen	414
	Glossar	415
	Index	438

Vorwort

Die erste Woche, die ich als Studentin in einem Labor verbrachte, war eine der verwirrendsten meines Lebens. Es gab keine schriftlichen Anweisungen über irgendetwas anderes als spezielle Experimente. Die Gepflogenheiten im Labor wurden nur mündlich weitergegeben und es brauchte jedes Mal eine lange Zeit, bis man herausbekam, wann man, wen man und was man fragen konnte. Ich hatte endlose Fragen, aber wusste nicht, wie man zwischen den trivialen und den wichtigen Fragen unterschied. Mit der Zeit fand ich mich natürlich zurecht, wie alle von uns. Schließlich wurde ich eine der Personen, zu denen die neuen Leute im Labor kamen und verzweifelt fragten: „Woher weißt du, wie schnell man zentrifugieren muss? Woher weißt du, welche Färbung funktioniert? Woher weißt du das? Woher weißt du das? Woher *weißt* Du das???". Nun, man weiß es einfach. Man hat selbst mal irgendwann jemanden gefragt, vielleicht sogar drei bis vier Mal, bis es sich festgesetzt hatte. Man hat es vielleicht auf eine Seite im Laborbuch geschrieben, oder auf ein Stück Handtuchpapier, das man in eine Schublade geworfen hat und das immer wieder herausgeholt wird, wenn man das Experiment wiederholt. Aber das Gros des hart erarbeiteten Wissens wurde tief ins Gehirn gebrannt, leider nicht immer in einem abrufbaren Teil.

Es scheint aber, dass dem anfänglichen Unbehagen abgeholfen werden könnte, wenn jeder *irgendetwas* in der Hand hätte, das ihm die sozialen und wissenschaftlichen Verästelungen der neuen und wundervollen Umgebung erklären würde. Jeden Freitagabend sitzen im ganzen Land Leute bei der Happy Hour zusammen und erzählen sich ihre Erlebnisse des täglichen Laborlebens. Die gleichen Probleme und Fragen kommen immer wieder auf und trotzdem gab es bisher keine andere Möglichkeit als jahrelanges Zuhören, das nötige Wissen zu erlernen. Daher kommt die Inspiration für dieses Buch, das den Leuten im Labor helfen soll, mit ihrer Umgebung vertraut zu werden, vom ersten Tag an unabhängig zu sein, zu wissen, welche Fragen man stellt und warum, und sich wie ein Wissenschaftler zu verhalten.

Natürlich ist dieses Buch ist kein Ersatz für das Fragen, ich möchte nicht auf die Tradition der mündlichen Weitergabe verzichten. Die Eins-zu-eins-Kommunikation ist immer noch der Motor des Labors, und es ist fast immer besser, jemanden zu fragen, der sich mit etwas auskennt, als ein Buch zu lesen. Aber vielleicht kann Ihnen dieses Buch eine Richtlinie sein, egal ob Sie der Fragende oder der Gefragte sind.

Das Zielpublikum für dieses Buch sind die Anfänger an der Laborbank, diejenigen, die zwar das intellektuelle Rüstzeug, aber noch keine praktische Erfahrung haben, um Experimente durchzuführen. Das sind Mediziner, technische Assistenten und Laboranten sowie fortgeschrittene Studenten. Der Anfänger hat vielleicht schon etwas Laborerfahrung in einem Berufspraktikum oder Laborpraktikum erworben, aber er hatte noch nie die Verantwortung für den Aufbau, die Durchführung und Interpretation der eigenen Experimente.

Das Cold Spring Harbor Laborhandbuch für Einsteiger ist in drei Teile eingeteilt, die die tatsächliche Reihenfolge widerspiegeln, in der die meisten Leute das Labor kennen- und verstehen lernen müssen. Der erste Teil, „Die Orientierung gewinnen", beschreibt, wie man sich im Labor zurechtfindet, und zwar hinsichtlich der Laboreinrichtungen als auch der Kollegen. Der zweite Teil, „Einen Kurs bestimmen", erklärt die Hintergründe und die Organisation für das Planen und Durchführen der Experimente, das Aufzeichnen der Ergebnisse und die Präsentation der Daten. Der dritte und längste Teil, „Den Kurs halten", enthält die Details, die sich normalerweise hinter den Versuchsvorschriften verbergen. In diesen Kapiteln finden sich Punkte wie: Welches Wasser man benutzt, um einen Puffer anzusetzen, wie man Zellen einfriert und wie man die Rotoren einer Zentrifuge reinigt.

Um eine möglichst breite Wissensbasis zu bieten, wurden viele Informationen ausgelassen, aber es gibt exzellente Spezialhandbücher, die jedes Thema abdecken; viele davon sind am Ende des jeweiligen Kapitels im Quellen-und-Ressourcen-Abschnitt aufgelistet.

Sie und *er*, *seins* und *ihres* werden austauschbar verwendet und wurden zufällig ausgewählt: Es hat nichts zu sagen, wenn bei bestimmten Tätigkeiten häufiger *er* als *sie* verwendet wird. Und es ist natürlich auch etwas Idealismus im Spiel … es gibt einige Regeln, die in einer perfekten Welt vielleicht funktionieren, die aber an der Realität im Labor scheitern: Jeder sollte alle Seminare besuchen und dabei nicht für eine Minute einnicken. Jeder sollte sofort die Reagenzien ersetzten, die fehlen. Jeder sollte sein oder ihr Laborbuch jede Woche auf Vordermann bringen. Aber das Leben hält uns auf Trab und wir tun alle unser Bestes.

Ein Dankeschön für die folgenden Leute, die ein oder mehrere Kapitel dieses Buches gelesen und kommentiert haben: Alan Aderem, Universität Washington, Seattle; John Aitchison, Universität Alberta, Edmonton; Jeanne Barker, Merck, Rahway, New Jersey; Linnea Brody, PathoGenesis, Seattle, Washington; Kim Gavin, Cold Spring Harbor Lab, Cold Spring Harbor, New York; Peggy Hampstead, New-York-Universität; Sally Kornbluth, Duke-Universität; Danny Lew, Duke-Universität; Bruce J. Mayer, Howard-Hughes-Medizininstitut und Harvard Medizinschule, Boston, Massachusetts; Esmeralda Party, Rockefeller-Universität, New York.

Ich danke auch Hidesaboro Hanafusa von der Rockefeller-Universität und Peter Newburger vom Medizinzentrum der Universität Massachusetts, in deren Laboren ich Forschung und Laborbankarbeit erlernte; Ralph Steinman von der Rockefeller-Universität, der mir den physischen und psychischen Raum zur Verfügung gestellt hat, um dieses Buch zu beginnen; den vielen Kollegen, die mir geduldig ihren Rat und ihre Techniken zukommen ließen; den Autoren der wundervollen Laborhandbücher und Webseiten, die ich als Referenzen genutzt habe; Alan, Zoe, Petai und Sasha für ihre Toleranz gegenüber riesigen Papierstapeln; meiner Familie und meinen Freunden, die mich sehr unterstützt haben und schlussendlich Teruko Hanafusa, Ray Barker und Zan Cohn für die Inspiration, die sie mir waren – und immer noch sind.

Die Arbeit mit den Leuten von Cold Spring Harbor Laboratory Press war ein reines Vergnügen. John Inglis hatte die Idee für das Buch unterstützt und brachte das ganze Projekt ans Laufen. Lina Rodgers war die sachkundigste und freundlichste Beraterin, die man sich vorstellen kann. Die Zeichnungen von Jim Duffy waren sowohl Inspiration als auch Illustration, mit einem Realismus und einer Leichtigkeit, die jeder im Labor erkennen wird. Mary Cozza, Pat Barker und Susan Schaefer schafften es, sowohl ihren Humor zu behalten als auch die Arbeit effizient und schmerzlos zu gestalten. Es tut mir fast leid, dass das Buch jetzt fertig ist.

Kathy Barker
kbarker@systemsbioloy.com

Teil 1

Die Orientierung gewinnen

Kapitel 1
Allgemeine Organisation und Abläufe im Labor   3

Kapitel 2
Laboraufbau und -ausstattung   19

Kapitel 3
Loslegen und die Übersicht behalten   41

1 Allgemeine Organisation und Abläufe im Labor

Herzlich Willkommen an einem der aufregendsten und spannendsten Arbeitsplätze, den es gibt: dem biologisch-medizinischen Forschungslabor. Hier gilt ein erstaunliches Prinzip: Sie werden dafür bezahlt, dass Sie herumexperimentieren und erhalten dafür auch noch Anerkennung; eine fast skandalös wunderbare Art, sich seinen Lebensunterhalt zu verdienen. Die Arbeit ist lohnend. Die Kleiderordnung ist, falls überhaupt vorhanden, leger. Die Arbeitszeit kann man häufig selbst bestimmen und richtet sich nach den Experimenten. Labor und Institut sind voll von klugen und interessanten Leuten, mit denen man über die Salzkonzentration in einem Kinasetest diskutieren kann oder über die Auswirkungen des neuesten Gesetzes, das der Bundestag verabschiedet hat. Es kann tatsächlich passieren, dass man sich wie zu Hause fühlt.

Wie jede komplexe soziale Organisation haben auch Forschungslabore ihre eigenen Gebräuche und Regeln. Das Problem ist, dass viele dieser Regeln unausgesprochen bleiben. Man erwartet von Ihnen, dass Sie die vielen undurchsichtigen Hinweise, die Sie bekommen, von alleine entschlüsseln und ein regelkonformes Mitglied der Gemeinschaft werden. Individualismus wird hoch geschätzt: Obwohl von niemandem verlangt wird, Ihnen zu zeigen, wie die unterschiedlichen Geräte funktionieren, wird man von Ihnen verlangen, eben diese Geräte zu bedienen. In diesem Beruf, in dem die Kommunikation der Daten (in Form von Publikationen) das Ziel und die Belohnung für die Forschung sind, werden nicht alle Leute klar und zufriedenstellend mit Ihnen kommunizieren können. Aber keine Angst, Sie werden es schaffen! In kurzer Zeit wird das Vergnügen, zusammen mit Kollegen an interessanten und ähnlichen Projekten zu arbeiten, das anfängliche Unbehagen ersetzen. Aber bevor man seine Arbeit gut machen kann, muss man sich zuerst seinen Weg zwischen den häufig vagen und widersprüchlichen Signalen bahnen und lernen, wie das Labor leibt und lebt.

1.1 Die große Übersicht

Ein Labor kann auf verschiedene, zum Teil überlappende Weisen definiert werden, je nachdem, für welches Publikum die Definition gedacht ist. Zur Beschreibung kann man das grundlegende *Fachgebiet* verwenden, z.B. Immunologie, Physiologie oder Biophysik. Diese Beschreibung ist aber eher administrativer Natur als funktionell. Häufig wird auch der *Modellorganismus*, an dem man arbeitet, verwendet, um die Beschreibung des Faches zu erweitern. Man kann z.B. ein Mitglied eines mikrobiologischen Ökologie- oder Hefegenetik- oder menschlichen Neuroanatomielabors sein.

Eine praktischere Art, ein Labor zu beschreiben, ist die Nennung des speziellen *Arbeitsgebiets*, denn aus ihm wird klar, was das Labor tatsächlich tut: Man kann z.B. sagen, dass es sich um ein Zellzykluslabor handelt oder um ein Signaltransduktionslabor. Das Labor hat vermutlich einen speziellen *Schwerpunkt*, eine Fragestellung, die alle Labormitglieder miteinander verbindet. Das ganze Labor arbeitet vielleicht an Proteinen, die an der Sekretion in Neuronen beteiligt sind oder man untersucht, wie und warum ein bestimmter Transkriptionsfaktor die Entwicklung steuert. Einzelne Labormitglieder bearbeiten eigene *Fragestellungen* – spezielle Probleme, die sie durch Experimente zu lösen versuchen.

Eine weitere Art, Labore einzuteilen, ist die Frage, ob sie *Grundlagen-* oder *angewandte Forschung* betreiben. Grundlagenforschung wurde früher als die *reine* Forschung verstanden, die nur betrieben wurde, um Wissen zu erlangen, während es die Aufgabe der angewandten Forschung sein sollte, dieses Wissen zu verwenden, um neue Produkte zu entwickeln, wie z.B. ein Antibiotikum. Grundlagenforschung war das Kind der akademischen Forschung, bezahlt mit weichem Geld (Forschungsgelder und Gehälter werden von Fördermitteln bezahlt). Angewandte Forschung wurde in Firmen durchgeführt, bezahlt mit hartem Geld (Gehälter und Forschungsgelder gehören zum Job und werden von der Firma bezahlt). Diese Unterscheidungen sind nicht gültig. Grundlagen- und angewandte Forschung werden sowohl an Universitäten als auch in pharmazeutischen Firmen durchgeführt, und die Forschung an akademischen Instituten und Firmen wird mit weichem und hartem Geld bezahlt. Für diejenigen, die im Labor arbeiten, sind die praktischen Ähnlichkeiten auffälliger als die Unterschiede.

Ein Kommentar des Übersetzers

Die deutsche Forschungslandschaft ist vielfältig und es fällt daher manchmal schwer, allgemeine Begriffe zu finden. Für die verschiedenen Organisationsstufen in deutschen Wissenschaftseinrichtungen habe ich folgende Begriffe verwendet:

Einrichtung: Ist die übergeordnete große Einheit, in der Sie arbeiten, also z.B. Ihre Universität, das Max-Planck-Institut, die Firma, usw.

Institut: Als Institut bezeichne ich den Lehrstuhl, die Abteilung oder eben das Institut, an dem Sie direkt arbeiten. Üblicherweise wird es von einem Professor geleitet. Der „klassische" Universitätslehrstuhl hat zwei Professoren, den Lehrstuhlinhaber und einen Arbeitsgruppenleiter, der ein thematisch vom Lehrstuhl differenziertes Gebiet bearbeitet. Mehrere Institute können zu einer Abteilung oder Fakultät oder einem Fachbereich zusammengefasst sein.

Arbeitsgruppe: Ist Ihr Labor, die Leute mit denen Sie zusammenarbeiten. Je nach Größe der Gruppe und der Labore sind Sie in einem Labor zusammengefasst, oder auf mehrere Räume verteilt. Ihr direkter „Chef" ist der Gruppenleiter, häufig ein Postdoc (siehe unten), der noch Professor werden will. Eventuell wird die Gruppe aber auch direkt vom Professor geleitet.

Einige Labore betreiben *klinische Forschung*, bei der mit Patienten oder Zellen von Patienten gearbeitet wird, um Krankheiten und Syndrome zu erforschen; diese Arbeit wird meistens von Ärzten durchgeführt und seltener von Naturwissenschaftlern. Klinische Forschungslabore findet man üblicherweise nur an medizinischen Fakultäten oder an Universitätskliniken, wo Patienten zur Verfügung stehen.

Jedes Labor ist üblicherweise Bestandteil einer größeren Organisationseinheit, z.B. Teil eines *Lehrstuhls* oder *Fachbereichs*, und teilt bestimmte Einrichtungen mit allen Mitgliedern dieser Einheit. Große Geräte wie Ultrazentrifugen und −70-°C-Tiefkühltruhen gehören üblicherweise zum Institut, auch wenn sie in einem bestimmten Labor stehen. Kühlräume, Wärmeräume, Dunkelräume, Fotolabore, Autoklaven und Spülmaschinen werden meistens auch von allen benutzt, es sei denn, man gehört zu einem sehr großen und finanziell sehr gut unterstützten Labor. Die meisten Institute haben eine kleine Bibliothek, in der einige relevante Fachzeitschriften vorgehalten werden: Da viele Zeitschriften mittlerweile in elektronischer Form über das Internet erhältlich sind, wird dieser Raum häufig auch als Sozialraum (in dem man z.B. Kaffeepausen macht) oder Seminarraum benutzt. Alternativ kann es einen eigenen Konferenzraum geben, in dem Forschungsvorträge oder „Journal Clubs" gehalten werden. Und nahezu jedes Institut hat ein schwarzes Brett, üblicherweise neben dem Sekretariat, der Bibliothek oder dem Hauptbüro, auf dem Seminartermine, Jobangebote, Tagungsankündigungen und Institutsveranstaltungen angeschlagen sind.

Benutzen Sie Ihr Institut in seiner vollen Bandbreite – verstecken Sie sich nicht in Ihrem Labor. Das Institut ist eine Ressource, die Ihnen Ideen, Ausstattung und Kontakte zur Verfügung stellt. Ihr Umgang mit den anderen Mitgliedern des Instituts hat einen großen Einfluss auf die Zufriedenheit und Produktivität des Laborlebens.

1.2 Die Leute im Labor

Laborgruppen besitzen eine Dynamik, die ziemlich einzigartig ist, weil die Labormitglieder unabhängiger arbeiten als dies in vielen anderen Bereichen der Fall ist, und die Hierarchien sehr flach sind. In der Praxis bedeutet das, dass alle gleich behandelt werden und normalerweise gibt es niemanden, dessen Job es ist, Ihnen zu zeigen, wie etwas gemacht wird. Man sollte auch nicht versuchen, andere Labormitglieder, die einen vermeintlich „niedrigeren Status" haben, dazu zu bringen, sie für sich einen Puffer ansetzen zu lassen. Vielleicht bekommt man tatsächlich seinen Puffer, aber man erzeugt auch eine Menge passiver Aggression. Sich jemanden zum Feind zu machen führt dazu, dass sich niemand findet, der einem etwas Platz in der –70-°C-Truhe freiräumt, einem die Proben aus dem Wasserbad nimmt, wenn man sie dort vergessen hat, oder einem bei einer Rechnung hilft – bis man seine Einstellung ändert.

In Laboren arbeiten sehr unterschiedliche Leute, mit unterschiedlichem Engagement und aus unterschiedlichen Beweggründen. Die Besetzungsliste enthält üblicherweise:

> Behandeln Sie alle Labormitglieder mit dem gleichem Respekt, den sie auch dem Laborleiter zollen.

Den Laborleiter. Im Englischen als *principal investigator* oder kurz P.I. bezeichnet. Auch einfach der „Chef" oder „Boss". Der Laborleiter verbringt häufig mehr Zeit mit administrativen Aufgaben, wie dem Schreiben von Projektanträgen oder Forschungsberichten, als im Labor zu stehen, aber er ist das intellektuelle Rückgrat für die Projekte im Labor. Er ist direkt oder indirekt verantwortlich für die Finanzierung der Forschung des Labors. Die Atmosphäre im Labor – Freundlichkeit und Kameradschaft oder boshaftes Konkurrenzdenken – hängt wesentlich von der Persönlichkeit und dem Führungsstil des Laborleiters ab.

Postdocs. Kurzform für *postdoctoral fellow*. Postdocs haben ihren Doktortitel bereits in der Tasche und absolvieren eine 2–5jährige „Trainingszeit", bevor sie sich selbst für die Stellung eines Laborleiters an einer Universität, einem Forschungsinstitut oder in der Industrie bewerben. Postdocs arbeiten üblicherweise sehr unabhängig an eigenen Projekten, obwohl sie bei spezifischen Aspekten ihrer Projekte auch mit anderen Mitgliedern des Labors kooperieren.

Technische Assistenten und Laboranten. Meistens als TA abgekürzt. TAs und Laboranten sind üblicherweise fest angestellte Mitarbeiter. Laboranten machen eine Lehre, TAs besuchen für ihre Ausbildung eine spezielle Schule. Ihr Aufgabengebiet ist sehr unterschiedlich und reicht vom Aufgeben von Bestellungen, Ansetzen von

> Ein(e) professionelle(r) TA ist häufig die qualifizierteste Fachkraft und sachkundigste Person im Labor.

Medien, Versorgung der Zellkulturen des Labors, Assistenz eines Mitarbeiters, bis hin zum eigenständigen Planen und Durchführen eigener Experimente.

Bachelor-Studenten. Die Umsetzung der Bologna-Erklärung führte zum Aussterben des Diplomanden und zur Einführung zwei neuer Spezies im Labor: Den Bachelor-Studenten und den Master-Studenten. Während Master-Studenten in Wissen und Können den „alten" Diplomanden gleichzustellen sind, sind die Bachelor-Studenten eher mit Praktikumsstudenten (s.u.) zu vergleichen. Obwohl der Bachelorabschluss einen Berufsabschluss darstellt, hängen die meisten Bachelor noch einen Master an.

Master-Studenten/Diplomanden und Doktoranden. Master-Studenten/Diplomanden und Doktoranden haben meist lange Arbeitstage und investieren viel Zeit und Emotionen in ihre Projekte. Ähnlich wie Postdocs haben sie eigene Projekte und werden mit der Zeit immer unabhängiger. Eine Masterarbeit/Diplomarbeit dauert üblicherweise maximal ein Jahr (häufig 9 Monate), eine Doktorarbeit kann schon 3–5 Jahre dauern.

Praktikumsstudenten. Während des Studiums ist es üblich, in verschiedenen Laboren zu arbeiten, bevor man mit der Bachelor-/Master- oder Diplomarbeit beginnt. Solche Laborpraktika, die meistens als kleine Forschungsprojekte organisiert sind, dauern 6 Wochen bis 6 Monate. Diese Praktika dienen auch als „Probezeit", in der der Laborleiter entscheidet, ob er einen Studierenden als Bachelor- bzw. Master-Student/Diplomand in seinem Labor haben möchte oder nicht.

Wissenschaftlichen Hilfskräfte. Studierende, die noch keinen Abschluss haben, können (gegen Bezahlung) als wissenschaftliche Hilfskräfte („Hiwis") im Labor arbeiten. Anfänger werden meistens für allgemeine Laborarbeiten, wie z.B. das Ansetzen von Puffern und Medien eingesetzt, oder sie werden jemand bestimmtem als Hilfe zugeteilt. Erfahrene Studenten können eventuell eigene kleine Projekte bekommen.

Berufspraktikanten. Oberstufenschüler und Schüler von TA-Schulen müssen häufig ein Berufspraktikum absolvieren. Sie sind für 2–4 Wochen im Institut und durchlaufen eventuell mehrere Labore in dieser Zeit.

Gastwissenschaftler. Ein Wissenschaftler, der während eines Freisemesters (einem sogenannten „sabbatical" oder Sabbatjahr) ein anderes Institut oder Labor besucht, um eine neue Technik zu erlernen, ein neues Forschungsgebiet zu erproben oder in Kooperation mit dem gastgebenden Institut eine Reihe von Experimenten durchführt.

Sekretärin oder Verwaltungsangestellte. Die Aufgabe der Sekretärin kann darin bestehen, Bestellungen zu erledigen, Postdocs beim Schreiben von Projektanträgen zu helfen, sie kann Seminare und Journal Clubs organisieren oder ausschließlich für den Institutsleiter (Professor) arbeiten. Seien sie besonders rücksichtsvoll zur Sekretärin, sie ist eine der wichtigsten und notwendigsten, aber gleichzeitig auch am wenigsten geschätzten und am unfreundlichsten behandelten Personen im Institut.

Laborhilfen. Einige Tätigkeiten im Labor oder Institut werden von Laborhilfen durchgeführt, die für eine bestimmte Art von Aufgaben eingestellt werden. Laborhilfen sind normalerweise keine gelernten Wissenschaftler, sie sind aber trotzdem eine große Hilfe, weil sie langweilige und zeitraubende Arbeiten erledigen. Typische Tätigkeitsfelder sind z.B. die Medienküche und die Spülküche. In der Medienküche werden Medien für Zellkulturen oder zur Bakterienanzucht hergestellt, Platten gegossen und auf die Labore verteilt. Eine Spülhilfe – die Person, die die schmutzigen Glaswaren und Pipetten einsammelt und spült und die sauberen und autoklavierten Sachen wieder verteilt – ist ein Luxus, den sich gerade kleinere Labore nicht leisten können. Laborhilfen unterstehen häufig dem Institut, d.h. eine Laborhilfe ist für mehrere Labore zuständig.

(Labor-)Betreuer. Die täglichen Belange des Labors werden eventuell von einem Laborbetreuer organisiert. Seine Aufgaben können von der Überwachung der Laborvorräte und Organisation von Journal Clubs bis hin zum Vorschlagen von experimentellen Vorgehensweisen reichen. Wie immer seine Position auch sein mag, sein Vorhandensein darf Sie nicht davon abhalten, mit dem Laborleiter zu interagieren.

Sicherheitsbeauftragte. Ein Labormitglied, das üblicherweise schon einige Laborerfahrung gesammelt hat, kann als Sicherheitsbeauftragter des Instituts (des Lehr-

Die Kenntnis der Stellung von Personen im Labor ist hilfreich, um bestimmte Dinge zu verstehen, die sonst unerklärlich scheinen. Dieses Wissen kann auch bei der Entscheidung helfen, wen man bei einem bestimmten wissenschaftlichen oder persönlichen Problem ansprechen kann. Beurteilen Sie jemanden nicht nur nach seinem Titel, sie verpassen möglicherweise einen potenziellen Quell von Informationen. Sie könnten auch beeindruckt sein, wenn Sie es besser nicht sein sollten!

stuhls) als Mittler zur Abteilung für Arbeitssicherheit eingeteilt sein. Wenn man Fragen zu den Themen Gesundheit, Sicherheit oder zu der Angemessenheit von bestimmten Laborvorschriften hat, sollte man zuerst den Sicherheitsbeauftragten des eigenen Institutes fragen, bevor man die Abteilung für Arbeitssicherheit kontaktiert. In Laboren, in denen mit gentechnisch veränderten Organismen oder mit Radioaktivität gearbeitet wird, gibt es zusätzlich noch die Positionen des Projektleiters (für gentechnische Arbeiten) bzw. des Strahlenschutzbeauftragten, wobei eine Person mehrere solcher „Ämter" innehaben kann.

Box 1.1: Der Bologna-Prozess und die Einführung des Bachelors

Bologna ist nicht nur eine Stadt in Italien, sondern mittlerweile auch ein Synonym für eine der einschneidendsten Hochschulreformen der letzten Jahrzehnte. Im Jahr 1999 verfassten 30 europäische Staaten die Bologna-Erklärung, in der sie sich (unter anderem) die Ziele setzten, ein „System leicht verständlicher und vergleichbarer Abschlüsse" einzuführen und ein System, „das sich im Wesentlichen auf zwei Hauptzyklen stützt: einen Zyklus bis zum ersten Abschluss (*undergraduate*) und einen Zyklus nach dem ersten Abschluss (*graduate*)". Für die deutschen Universitäten bedeutete das die Quasi-Abschaffung des (zumindest in den Ingenieurs- und Naturwissenschaften üblichen) Diplomabschlusses und die Einführung des Bachelor/Master-Systems. Und während früher der Studienumfang anhand der reinen Präsenzzeit in Semesterwochenstunden berechnet wurde, liegt jetzt der Arbeitsaufwand (*workload*) der Studierenden zugrunde, der in Leistungspunkten (üblicherweise als Kreditpunkte, Credit-Points oder einfach als Credits bezeichnet) berechnet wird. Dabei entspricht ein Kreditpunkt einem Arbeitsaufwand von 30 Arbeitsstunden. Das Bachelor-Studium beträgt 6–8 Semester (mit 180–240 Kreditpunkten), das Master-Studium weitere 2–4 Semester (mit 60–120 Kreditpunkten). Obwohl der Bologna-Prozess auch zahlreiche Kritiker hat, beteiligen sich mittlerweile 47 Länder daran. Zum Wintersemester 2010/2011 waren ca. 80% der Studiengänge in Deutschland auf das Bachelor/Master-System umgestellt.

1.3 Allgemeine Umgangsregeln

Obwohl im Labor ein reges Kommen und Gehen während des ganzen Tages vorherrscht, gibt es einige Routineabläufe und Bräuche, die wie ein Fels in der Brandung stehen. Es kann einige Wochen dauern, bis Ihnen die täglichen Abläufe klar werden und Sie Ihren Platz in dieser Umgebung finden. Versuchen Sie anfangs, sich so weit wie möglich den Sitten und Gebräuchen Ihres Labors anzupassen, ohne sich selbst dabei untreu zu werden.

1.3.1 Arbeitszeiten

Experimente lassen sich nicht immer in einen geregelten 8–16-Uhr-Arbeitstag zwängen, experimentell arbeitende Wissenschaftler haben daher oft lange, unvorhersehbare und exzentrische Arbeitszeiten. Häufig ist es erlaubt, seine Arbeitszeit selbst zu bestimmen, insbesondere in akademischen Einrichtungen lässt man den Mitarbeitern diesbezüglich häufig freie Hand. Aber selbst in einem akademischen Labor *gibt es vielleicht eine stillschweigend akzeptierte Übereinkunft über gewisse Rahmenarbeitszeiten*. In Firmen und Krankenhäusern gibt es eher die traditionellen, geregelten Arbeitszeiten, während an Universitäten die Arbeitszeit eher salopp geregelt ist und Arbeiten bis in die späten Abendstunden häufiger vorkommt. Aber hier wie dort gilt: Wer weniger als die übliche und stillschweigend akzeptierte Zeit arbeitet, ist schnell stigmatisiert. Finden Sie heraus, was man von Ihnen erwartet und versuchen Sie, sich daran zu halten. Wenn die meisten Leute in Ihrem Labor eher später anfangen, dafür aber abends länger arbeiten, machen Sie es genauso. Wenn man seine eigene Arbeitszeit nicht mit der der anderen Mitarbeiter synchronisiert, wird man es schwerer haben, die Leute kennen zu lernen und Hilfe zu bekommen.

Die Rahmenarbeitszeit ist auch abhängig von der Stellung. Sekretärinnen und TAs arbeiten in der Regel zu den normalen, vorhersehbaren Arbeitszeiten, weil das Labor oder Institut von ihnen abhängig ist. Da aber von Ihnen erwartet wird, dass Sie ein Experiment oder Projekt auch gegebenenfalls bis in die Nacht zu Ende führen, ist es nur fair, wenn Sie mehr Freiheiten bei der Gestaltung Ihrer Arbeitszeit haben.

Vielleicht erlaubt es Ihre persönliche Situation Ihnen nicht, zu den laborüblichen Arbeitszeiten zu arbeiten: Kinder, Kurse, lange Anfahrtszeiten und Lebenspartner sind Faktoren, die Ihre Arbeitszeit mitbestimmen. Versuchen Sie trotzdem, *so viel Überlappung mit den Arbeitszeiten Ihrer Kollegen zu erreichen, wie es Ihnen möglich ist*. Sagen Sie Ihren Kollegen im voraus, wann Sie arbeiten, denn Sie wollen bestimmt nicht damit enden, komische Verhaltensweisen zu entwickeln wie z.B. das Licht oder Geräte anzulassen, nur um zu zeigen, dass Sie da sind. Aber hoffentlich spricht Ihre Arbeit für sich/Sie.

Urlaubsregelungen variieren von Labor zu Labor und gehören ebenfalls zu den Sachen, über die üblicherweise nicht gesprochen wird. In vielen Laboren zögern die Mitarbeiter Urlaub zu nehmen, weil es gerade immer die falsche Zeit ist, um ein Projekt zu unterbrechen: Entweder läuft das Projekt gut, dann will man den guten Lauf, den man gerade hat, nicht stoppen, oder das Projekt läuft schlecht, dann hat man ein schlechtes Gewissen zu gehen, bevor es wieder in die richtigen Bahnen zurückgelenkt ist. Nehmen Sie sich die Zeit, die Sie verdienen, aber missbrauchen Sie nicht Ihr Privileg, selbst entscheiden zu dürfen.

1.3.2 Kleiderordnung

Einen befriedigenden Vorteil, den die Laborarbeit hat, ist die Freiheit das anzuziehen, was man möchte. In Krankenhäusern und Firmen tragen die Mitarbeiter eher formelle Kleidung, weil sie mit Patienten und Leuten, die nicht im Labor arbeiten, interagieren müssen. In akademischen Instituten sind die Leute aber sehr empfindlich, wenn ihre Kleidung in irgendeiner Weise reguliert wird, selbst wenn es Brauch sein sollte. Das ist eine persönliche Sache, und es ist wahrscheinlich, dass Sie tragen können, was Sie möchten, ohne dass Sie jemals darauf angesprochen werden. Einige Regeln gibt es aber trotzdem zu beachten:

- Tragen Sie keine guten Sachen, es sei denn, Sie wollen unbedingt Phenol oder Bleiche darauf schütten. Sie verschütten nur etwas auf Ihre Kleidung, wenn es Ihre Lieblingsklamotten sind oder es sich um teure Kleidung handelt.

- Tragen Sie keine offenen Schuhe oder kurzen Hosen. Das ist eine Arbeitsschutzregel, die in allen biochemischen Laboren gilt, und die in einigen Laboren tatsächlich beachtet wird. Wenn Sie trotzdem unbedingt Sandalen oder Shorts tragen wollen, passen Sie gut auf, wenn Sie ihre Experimente machen: Phenol auf die Hose zu schütten ist unangenehm, Phenol auf den Schenkel zu verschütten ist ein wirkliches Gesundheitsrisiko!

- Wenn Sie unbedingt eine Krawatte tragen wollen, halten Sie sie vom Bunsenbrenner fern.

1.3.3 Laboraufgaben und Zuständigkeiten

In vielen Laboren müssen die Labormitglieder bestimmte *allgemeine Aufgaben* erledigen. Typische Beispiele sind das Ansetzen mehrerer Liter eines häufig verwendeten Puffers, das Besorgen von Trockeneis, der Austausch der CO_2-Flaschen an den Inkubationsschränken oder das Verpacken des radioaktiven Abfalls. Diese Aufgaben können fest zugeordnet sein, oder sie werden in bestimmten Abständen zwischen den Mitarbeitern gewechselt. Manchmal hat man die Aufgabe, sich um ein bestimmtes Gerät zu kümmern und dafür zu sorgen, dass es immer funktionstüchtig ist.

Nehmen Sie Ihre Aufgabe ernst. Auch wenn Sie glauben, dass Ihre eigene Arbeit immer wichtiger ist, brauchen Ihre Kollegen vielleicht gerade jetzt dringend den Puffer, den Sie vergessen haben anzusetzen. Selbst wenn Sie damit nicht die Experimente Ihrer Kollegen ruiniert haben sollten, werden Sie schnell den Ruf eines schlechten Laborkollegen oder Teamplayers weghaben. Versuchen Sie, ein wenig Begeisterung für Ihre Aufgaben zu entwickeln.

Radios. In vielen Laboren findet man ein Radio oder einen CD-Spieler, wobei die Debatten über die Musikauswahl sehr schnell zu einem Laborkrieg eskalieren können. Halten Sie sich da raus. Wenn Ihnen die Musik nicht gefällt, besorgen Sie sich Ohrenstöpsel oder ein eigenes Gerät mit Kopfhörer.

1.3.4 Laborbesprechungen (Meetings)

Besprechungen werden abgehalten, um die aktuellen Fortschritte der Mitarbeiter, die aktuelle Forschung auf dem Gebiet (da aktuelle Arbeiten aus Fachzeitschriften, engl. „journals", häufig besprochen werden, heißen solche Treffen auch „Journal Clubs") und allgemeine organisatorische Fragen zu diskutieren. Das kann in ein bis zwei Veranstaltungen zusammengefasst werden. Kleinere Labors haben vielleicht keine eigenen Meetings, sondern nehmen dann an Seminaren des Instituts teil. Viele Labore oder Institute haben zwei wöchentliche Treffen: Einen *Journal Club* und ein *Seminar*.

Im *Seminar* präsentieren ein oder zwei Mitarbeiter ihre aktuellen Daten. An einigen Instituten präsentieren alle Mitarbeiter kurz ihre Daten. Die Vorträge können sehr zwanglos sein, sie finden z.B. über Mittag statt und es werden nur Folien und die Tafel benutzt. Sie können

Besuchen Sie *alle* Veranstaltungen. Wenn Sie nicht gerade ein furchtbar wichtiges Experiment durchführen, sollten Sie Ihre Zeit so einteilen, dass Sie alle Journal Clubs und Seminare besuchen können. Abgesehen von den Inhalten (Sie werden wahrscheinlich eine Menge lernen) dokumentiert Ihr Erscheinen auch die Unterstützung für Ihre Kollegen und ist wichtig für den Zusammenhalt des Instituts.

aber auch sehr förmlich sein, wobei ordentliche Dias (bzw. PowerPoint-Präsentationen) und ordentliche Kleidung vom Vortragenden verlangt werden. Journal Clubs (Literaturseminare) sind fast immer sehr zwanglos, obwohl auch hier lokale Gebräuche vorschreiben mögen, ob man Fotokopien oder die Tafel benutzt, um einen Forschungsartikel vorzustellen. Häufig werden die zu präsentierenden Artikel ein paar Tage vorher bekannt gegeben, damit sie sich jeder vorher durchlesen kann, um zumindest eine Ahnung zu bekommen, worum es eigentlich geht.

Wer nimmt an den Labortreffen teil? Das Rückgrat der meisten Laborseminare bilden die Postdocs, Doktoranden und Bachelor/Master-Studenten. Ob auch TAs, anderes Personal (Sekretärin, Fotograf usw.), Hiwis usw. teilnehmen, hängt von der Politik des Instituts ab. Wenn Sie an einem Treffen nicht teilnehmen müssen, aber wollen, fragen Sie besser den Laborleiter vorher um Erlaubnis.

Wenn von Ihnen verlangt wird, aktiv teilzunehmen, wird man Ihnen wahrscheinlich eine Gnadenfrist einräumen, bevor Sie selbst vortragen müssen. Wenn Sie vorher schon geforscht haben (z.B. im Rahmen einer Masterarbeit), ist es üblich, Ihren ersten Vortrag über die vergangene Arbeit zu halten. Der Rahmen und das Format von Laborseminaren variiert stark: Kapitel 6 enthält mehr Details zur Teilnahme und Vorbereitung von Seminaren und Journal Clubs.

1.4 Was Sie in der ersten Woche erwartet

♦ **Man wird Ihnen eine Laborbank oder zumindest einen Abschnitt auf einer Laborbank zuweisen.** Wahrscheinlich wird man Ihnen auch einen Schreibtisch zuweisen, entweder im Labor oder in einem Büroraum. Seien Sie nicht beleidigt, wenn der Ihnen zugeteilte Platz sehr klein erscheint. Platz ist in den meisten Labors wirklich kostbar und je erfolgreicher Ihr Laborleiter ist, desto voller wird das Labor sein und desto weniger Platz wird für den einzelnen übrig bleiben. Ihnen wird vielleicht auffallen, dass andere Leute mehr Platz haben als Sie, aber jetzt ist nicht der Zeitpunkt, sich darüber zu beschweren.

♦ **Der Laborleiter oder der für Sie verantwortliche Betreuer wird sich mit Ihnen zusammensetzen, um über Ihr Forschungsprojekt zu sprechen.** Wahrscheinlich wussten Sie schon vorher grob, woran Sie arbeiten sollen, aber jetzt geht es um die Einzelheiten. *Wenn man Ihnen die Chance gibt, mit jemand anderem eng zusammenzuarbeiten (anstatt ganz unabhängig zu arbeiten), ergreifen Sie sie!* Sie werden viel mehr Hilfestellung erhalten als wenn Sie versuchen, alles selbst zusammenzuschustern. Ihre Unabhängigkeit können Sie später immer noch erlangen.

Wenn Sie die Möglichkeit dazu haben, lesen Sie die Literatur über Ihr Thema oder über die Arbeit des Labors, bevor dieses Gespräch stattfindet. Machen Sie sich keine Sorgen, wenn Sie dabei nicht alle Aspekte verstehen, oder wenn Sie fast gar nichts verstehen – sobald Sie mit den ersten Experimenten angefangen haben, wird für Sie alles sehr viel klarer werden – aber das Lesen wird Ihnen das notwendige Vokabular für dieses Gespräch liefern.

♦ **Man wird Ihnen Schlüssel für das Institut und eventuell einen Dienstausweis geben.** Die Schlüssel sind nicht nur für Ihr Labor, sondern meistens auch für gemeinsam benutzte Räume oder auch für andere Labore. Missbrauchen Sie diese Schlüssel nicht, um nach Dienstschluss in fremden Laboren herumzuwandern.

♦ **Man wird Ihnen Lagerplatz im Kühlschrank, im Tiefkühlschrank und der –70-°C-Tiefkühltruhe zuweisen.** Soweit die Theorie. In der Praxis kann es etwas dauern, bis die Laborkollegen sich reorganisiert haben (weil jeder in jeden möglichen freien Raum expandiert), um Platz für Sie zu schaffen. Finden Sie heraus, wo Sie Ihre Sachen zwischenlagern können, bis Sie Ihren Platz bekommen.

♦ **Sie bekommen Einweisungen in für Sie wichtige Sicherheitsvorschriften.** Das kann vor Ort in Ihrem Institut durch die jeweilig verantwortlichen Personen (z.B. den Sicherheitsbeauftragten des Lehrstuhls, den Projektleiter für gentechnisches Arbeiten usw.) geschehen, oder zentral, z.B. durch die Abteilung für Arbeitssicherheit einer Universität. Falls nötig, wird man Sie auch über die speziellen Regeln im Umgang mit Radioaktivität belehren und Ihnen ein Filmdosimeter aushändigen, das Sie tragen müssen, um Ihre Strahlenbelastung zu messen. Wenn Sie mit menschlichem Blut oder Zellen arbeiten, benötigen Sie eine Hepatitis-B-Schutzimpfung. Wenn Sie mit bestimmten anderen Organismen arbeiten, können andere Schutzimpfungen oder Untersuchungen notwendig werden. Wenn Sie oder jemand anderes im Labor mit radioaktivem Jod arbeitet, kann eine Schilddrüsenuntersuchung notwendig sein.

Für diejenigen, die mit Menschen oder menschlichem Material (Gewebe, Zelllinien, DNAs oder Proteinen) arbeiten, gelten besondere Regeln. Jede Einrichtung hat eine Ethikkommission, deren Aufgabe es ist, Versuchspersonen zu schützen, und Sie müssen sich an die ethischen und praktischen Richtlinien dieser Kommission halten. Wenn Sie mit anderen Vertebraten arbeiten, werden Sie ein Tiertraining erhalten, das üblicherweise vom Tierschutzbeauftragten durchgeführt wird. Eventuell müssen Sie sich selbst mit dem Tierschutzbeauftragten in Kontakt setzten, um das Training zu organisieren und eine Zutrittserlaubnis zu den Tierställen zu erhalten.

1.5 Was Sie in der ersten Woche tun sollten

♦ **Machen Sie ein Experiment!** Warten Sie nicht, bis Sie das System verstanden haben, wie man Experimente startet – Sie werden nicht effektiv lernen, bis Sie Ihre ersten Experimente gemacht haben. Es scheint Magie zu sein, aber das ist die Weisheit Nummer 1 im Labor. Es wird Ihnen auch dabei helfen, sich als ein produktives Labormitglied zu fühlen und als solches auch anerkannt zu werden. Das Experiment muss nicht gerade die Erdfesten erschüttern – tatsächlich sollte es sogar sehr einfach sein, z.B. ein Assay, der häufig im Labor durchgeführt wird und daher benutzt werden kann, um Ihre Ergebnisse mit denen der anderen im Labor zu vergleichen.

♦ **Richten Sie Ihre Laborbank ein.** Suchen Sie sich alles zusammen, was Sie für Ihren Schreibtisch und Ihre Laborbank brauchen, und säubern Sie es. Einige Sachen müssen vielleicht bestellt werden. Denken Sie an Ihre zukünftigen Experimente, wenn Sie Ihre Laborbank einrichten.

♦ **Stellen Sie sich den anderen Mitarbeitern vor.** Neue Labormitglieder kommen und gehen, die anderen Mitarbeiter sind immer sehr beschäftigt, seien Sie also nicht beleidigt, wenn man Ihnen nicht den roten Teppich ausrollt. Lassen Sie jeden wissen, wer Sie sind und was Sie tun. Ein guter Trick, um das Eis zu brechen ist, die anderen Mitarbeiter über deren Projekte zu befragen. Gehen Sie mindestens einmal pro Woche mit den anderen Mitarbeitern zum Mittagessen.

♦ **Machen Sie sich zu allem und jedem Notizen.** Das ist nicht nur eine Frage der Höflichkeit, sondern eine *Notwendigkeit*; man wird Ihnen in der ersten Woche so viele Informationen geben, dass es unmöglich ist, sich an alle Details zu erinnern. Und Details können furchtbar wichtig werden, wenn Sie nachts alleine im Labor stehen und nicht mehr wissen, wo das Reagenz steht, das Sie gerade jetzt brauchen.

♦ **Machen Sie sich damit vertraut, wie das Labor funktioniert, wo Dinge aufbewahrt werden und wer was wann macht.** Beobachten Sie und stellen Sie Fragen, wenn es nicht zu sehr stört; fragen Sie nicht nach dem Sozialraum oder Telefonen, wenn jemand gerade mitten im Experiment steckt.

♦ **Fragen Sie.** Ja, Sie wollen niemandem Mühe bereiten, schon gar nicht ohne Grund. Aber es ist immer besser, vorher über einen Ablauf, ein Reagenz oder ein Gerät Fragen zu stellen, als Zeit und Geld zu verschwenden. Wenn Sie einen Fehler gemacht haben, fragen Sie einen erfahrenen Mitarbeiter, ob dieser Fehler noch korrigiert werden kann. Neue Mitarbeiter machen häufig die gleichen Fehler, und für viele scheinbar missglückte Experimente gibt es noch einen rettenden Ausweg.

1.6 Was Sie in der ersten Woche unbedingt vermeiden sollten

♦ **Sagen Sie nicht ständig: „In meinem früheren Labor/bei Prof. X am Lehrstuhl haben wir das aber anders gemacht".** Das kann als implizierte Beleidigung verstanden werden und wird nicht sehr geschätzt. Wenn Sie eine Weile im neuen Labor sind, können Sie vielleicht tatsächlich beurteilen, ob eine bestimmte Art, eine bestimmte Tätigkeit zu verrichten, besser oder schlechter ist, und dann können Sie Verbesserungsvorschläge unterbreiten oder sich Ihren eigenen Teil denken. Bis dahin: Hören Sie einfach nur zu.

♦ **Lesen Sie keine Bücher oder Zeitungen im Labor.** Spielen Sie auch keine Computerspiele. Gerade am Anfang werden Sie viel Leerlaufzeit haben, in der Sie keine Experimente machen können. Aber den Sportteil der Zeitung zu lesen, während andere Mitarbeiter hart im Labor arbeiten, hinterlässt einen sehr schlechten Eindruck. Okay, Sie haben nichts zu tun,

---

Box 1.2: Was Sie in der ersten Woche herausfinden sollten

Chemikalien: Wo sind die Chemikalien, wie sind sie sortiert, wo werden sie abgewogen und wie wird der pH-Wert eingestellt?

Benutzung von Computern: Haben Sie Zugriff auf einen Computer? Wenn ja, brauchen Sie ein Passwort und/oder eine Benutzeridentifikation? Können Sie mit dem Computer Literaturrecherchen durchführen? Kommen Sie ins Internet (WWW)? Haben Sie E-Mail? Wie bekommen Sie eine E-Mail-Adresse? Welchen Drucker können Sie benutzen?

Erste Hilfe: Wie ist die Notrufnummer? Wo sind die Erste-Hilfe-Kästen, wo das Material zum Aufsaugen von verschütteten Chemikalien? Wo sind die Sicherheitsduschen, wie funktionieren sie?

Glaswaren: Wo werden die sauberen Glaswaren gelagert? Wo stellen Sie die schmutzigen hin? Gibt es eine Spülküche, die sich um alle Glaswaren kümmert oder muss jeder für sich spülen?

Fachbibliothek: Wo ist die Fachbibliothek und was brauchen Sie, um sie zu benutzen? Wie können Sie dort fotokopieren? Haben Sie mit dem Computer Zugriff auf die Bibliothek?

Laborkittel: Werden Laborkittel gestellt? Werden Sie gereinigt?

Laborbesprechungen und Journal Clubs: Wann finden sie statt? Werden die Termine vorher ausgehängt? Wie ist der Ablauf der Meetings?

Laborbuch: Gibt es spezielle Regeln zum Protokollieren der Experimente im Laborbuch? Darf man lose Blätter verwenden oder Hefte? Sind nur bestimmte Bücher erlaubt, werden diese gestellt? Muss man Kopien anfertigen?

Bestellungen: Kann jeder für sich Chemikalien usw. bestellen oder ist jemand dafür verantwortlich? Gibt es ein festgelegtes Budget, an das man sich halten muss? Kann per Computer bestellt werden? Wer nimmt die Lieferungen entgegen?

Fotokopierer: Wird eine Copycard oder eine Geheimzahl benötigt, oder müssen Sie selber aufschreiben, wie viel Sie kopiert haben?

Telefon: Wie ist die Telefonnummer des Labors? Ist ein Anrufbeantworter oder eine Mailbox angeschlossen? Wenn ja, wie bekommen Sie Ihre Nachrichten? Müssen Sie Privatgespräche bezahlen?

Müllentsorgung: Wer entsorgt den Müll? Wie wird Biomüll entsorgt, wer ist verantwortlich dafür? Wir werden Injektionsnadeln, Blutlanzetten, Skalpell- und Rasierklingen entsorgt? Wird Papier recycelt?

Arbeitszeit: Was ist die übliche Arbeitszeit? Wann sind Ihre Laborkollegen da? Wann ist die beste Zeit, einen ersten Versuch mit den Geräten durchzuführen?

---

also sollte es doch egal sein, oder? Nein, ist es nicht. Nutzen Sie die Zeit lieber, um die relevante Fachliteratur zu lesen.

◆ **Fragen Sie nicht nach der Bezahlung und beschweren Sie sich auf keinen Fall über die Bezahlung!** Das ist ein Überbleibsel aus der Zeit, als die Wissenschaft in höheren Sphären schwebte, als man von einem ernsthaften Wissenschaftler erwartete, dass er nichts anderes im Kopf hat als Arbeit. Das Interesse für Geld war ein Zeichen, dass man sich nicht mit der Schönheit der wissenschaftlichen Entdeckung zufrieden gibt. Heutzutage müssen Wissen-

Als Doktorand/Postdoktorand an deutschen Universitäten gibt es wenig zu verhandeln oder geheimzuhalten. Sie werden als Angestellter des öffentlichen Dienstes auf eine bestimmte Gehaltsstufe eingestellt, die für alle „Gleichgestellten" auch gleich ist, d.h. alle Doktoranden verdienen üblicherweise ungefähr das gleiche.

schaftler lebensnaher sein, aber es bleibt das Gefühl, dass Reden über Geld geschmacklos und unprofessionell ist. Verhandeln Sie Ihr Gehalt und Ihre Vergünstigungen, bevor Sie zu arbeiten anfangen und behalten Sie ein offenes Ohr für eventuelle Ungerechtigkeiten. Aber trüben Sie Ihren Start nicht mit Vorträgen über die Gehälter Ihrer Bekannten in anderen Laboren.

◆ **Benutzen Sie das Telefon und den Fotokopierer nicht zu oft für private Zwecke.** Versuchen Sie, Ihre persönlichen Angelegenheiten soweit wie möglich vom Labor fernzuhalten oder benutzen Sie dafür wenigstens Ihr Handy. Wenn Sie den Dienstapparat für private Zwecke nutzen müssen, versuchen Sie die Gespräche so kurz (und leise) wie möglich zu halten, insbesondere wenn Sie den Apparat mit anderen Kollegen teilen.

◆ **Lassen Sie nicht den Eindruck entstehen, dass Sie aus irgendwelchen anderen Gründen hier arbeiten als aus der Liebe zur Wissenschaft.** Falls Sie andere Gründe haben sollten, behalten Sie sie für sich, oder man wird Sie nicht als ernsthaften Wissenschaftler akzeptieren. Wenn Sie Sachen sagen wie: „Ich bin eigentlich nur hier, um ein besseres Stipendium zu bekommen", setzen Sie die Gründe, aus denen Ihre Kollegen hier arbeiten, herab.

In der ersten Woche tendieren neue Labormitglieder dazu, Dutzende und Aberdutzende von relevanten Forschungsartikeln zu fotokopieren oder auszudrucken. Nur wenige dieser Artikel werden jemals gelesen und an noch weniger erinnert man sich. Der reine Vorgang des Fotokopierens oder Druckens wird Ihnen nicht die Fähigkeit verleihen, das Wissen alleine durch Osmose aufzunehmen! Sie werden wahrscheinlich mehr lernen, wenn Sie die Arbeiten sofort lesen und wichtige Punkte niederschreiben.

1.7 Überleben durch Vernunft und Höflichkeit

Das Befolgen einer gewissen Höflichkeit im Labor ist essenziell, um gute Beziehungen mit den Kollegen zu erhalten und die Arbeit gemacht zu bekommen. Dieses Kapitel könnte man auch „Überleben im Labor" oder **„Wenn Sie überhaupt etwas in diesem Buch lesen sollten, lesen Sie dieses Kapitel"** nennen.

Üblicherweise ist jedermann im Labor bereit, Ihnen zu helfen, aber jedermann ist auch sehr beschäftigt. Wenn Sie das akzeptieren, haben Sie es einfacher herauszufinden, wie Sie an die Informationen kommen, die Sie benötigen. Die nachfolgenden Regeln mögen hart klingen, aber sie sind vernünftig in einer Umgebung, in der Gruppenziele funktionell zweitrangig gegenüber individueller Leistung und Verantwortung sind.

Box 1.3: Rücksichtslose Wissenschaftler

Der rücksichtslose Laborarbeiter und die Probleme, die er erzeugt, hat sogar schon Einzug in Romane und Sachbücher gefunden:

»Vergils Entlassung hätte seine Kollegen nicht allzusehr erschüttert. Während seiner drei Jahre bei Genetron hatte er unzählige Verstöße gegen die Laborordnung begangen. Er spülte nur selten die Glaswaren und wurde zweimal beschuldigt, verschüttetes Ethidiumbromid – ein starkes Mutagen – nicht aufgewischt zu haben. Im Umgang mit Radionukliden war er auch nicht gerade vorsichtig.« (Nachgedruckt mit Erlaubnis von Bear, 1986)

»Ihre Ankunft wurde von einigen Mitarbeitern in Art Riggs Labor als nichts Geringeres als eine Invasion empfunden. Riggs selbst war eher sorgfältig, vorsichtig und rücksichtsvoll; als z.B. seine technische Assistentin Louise Shively schwanger wurde, hatte er alle radioaktiven Arbeiten von ihr übernommen. Die Wissenschaftler aus San Francisco waren anders: „Es war unglaublich", erinnert sich Shively. „Es war vom ersten Tag an klar, dass sie chaotisch waren und einen Berg von Durcheinander hinterließen, wo immer sie gearbeitet haben. Als wären sie Wirbelstürme." Riggs erinnerte sie gelegentlich daran, etwas Manieren an der Laborbank zu zeigen, aber Goeddel gibt zu: „Wir waren so in das Projekt vertieft, dass wir nicht wirklich zugehört haben." Zu jedermanns Erleichterung führten sie die meisten Arbeiten in einem kleinen Labor auf der anderen Seite der Halle durch.« (Hall, 1987. Auszug aus Invisible Frontiers: The race to synthesize a human gene (Atlantic Monthly Press) von Stephen S. Hall, nachgedruckt mit Erlaubnis der Melanie Jackson Agentur, L.L.C.)

Höflichkeit scheint nicht immer wichtig zu sein – zwar stirbt Vergil im Roman an seiner Nachlässigkeit, aber Goeddel war tatsächlich maßgeblich an der Klonierung des Insulingens beteiligt – doch Höflichkeit hilft, den Tagesablauf im Labor effizienter, glatter und freundlicher zu gestalten.

1.7.1 Grundlegende Überlebensregeln: Die richtige Einstellung

1. **Kommandieren Sie nicht, fragen Sie.** Die anderen Leute im Labor sind Kollegen.

2. **Nehmen Sie nichts für selbstverständlich.** Sie sollten nicht annehmen, dass die anderen alles stehen und liegen lassen, wenn Sie gerade mal Hilfe benötigen oder dass sich jemand anderes um den Alarm am Inkubationsschrank kümmert. Seien Sie, zumindest anfangs, eher bescheiden in Ihren Erwartungen. Sie sollten aber auch nicht glauben, dass die anderen immer Recht haben.

3. **Schreiben Sie alles auf, wenn Ihnen jemand Instruktionen gibt.** Sie werden eine Menge Informationen von vielen verschiedenen Leuten bekommen, und Sie möchten bestimmt vermeiden, die gleichen Fragen immer und immer wieder zu stellen. Notieren Sie die Namen von Personen, Inkubationszeiten und Temperaturen, Aufbewahrungsplätze für bestimmte Chemikalien, Instruktionen für die Benutzung des Autoklaven, einfach alles und jedes, was weitere Fragen erspart. Das hat nicht nur den psychologischen Vorteil, dass Sie sich besser erinnern, sondern Sie sammeln auch Pluspunkte, weil Sie damit deutlich machen, dass es Sie interessiert, was die anderen Leute Ihnen sagen.

   > Stellen Sie keine Fragen an Kollegen, die gerade etwas schreiben oder mit Reagenzgläsern hantieren. Machen Sie sich bemerkbar, aber warten Sie, bis sie antworten können.

4. **Machen Sie Verabredungen mit Leuten oder bitten Sie um etwas Zeit.** Zeit ist immer knapp, wenn die Experimente laufen – selbst 5 Minuten Zeit (und im Labor gibt es fast nichts, was nur 5 Minuten dauert) wird man häufig schwer für Sie entbehren können. Fragen Sie die Kollegen, wann sie Zeit haben, Ihnen z.B. die Waage zu erklären. Warten Sie nicht erst, bis Ihre Proben auftauen und Ihnen nur noch 2 Minuten bleiben, um jemanden verzweifelt um Hilfe anzuflehen.

   > Wenn ein brandheißes Ergebnis am Morgen in einem Labor in München gefunden wurde, weiß am Nachmittag jeder in Hamburg darüber Bescheid. Üblicherweise gibt es weniger als 6 Zwischenstationen, die man benötigt, um zwei beliebige Wissenschaftler miteinander zu verknüpfen. Daher ist es extrem wichtig, dass über ein vertrauliches Ergebnis vollständiges Stillschweigen bewahrt wird, bis der beteiligte Wissenschaftler bereit ist, das Ergebnis bekannt zu machen.

5. **Nehmen Sie keine Zeitschriften aus der (Fach-)Bibliothek mit,** außer zum Fotokopieren. Ordnen Sie die Zeitschriften wieder an die richtige Stelle ein. Falls Essen in der Bibliothek erlaubt sein sollte, entfernen Sie Ihre Krümel und Ihren Müll, bevor Sie gehen. Und denken Sie daran, Ihr Essen nicht monatelang im Essenskühlschrank zu lagern.

6. **Sprechen Sie nicht mit „fremden" Leuten über die Ergebnisse Ihrer Laborkollegen.** Es mag Be-

denken wegen einer konkurrierenden Arbeitsgruppe geben, oder die Daten sind noch nicht häufig genug wiederholt worden, um vertrauenswürdig zu sein.

1.7.2 Grundlegende Überlebensregeln: Höflichkeit an der Laborbank

1. **Benutzen Sie niemals Reagenzien oder Puffer, ohne vorher um Erlaubnis zu fragen.** Die Puffer und Reagenzien auf der Laborbank sind für den Besitzer sehr kostbar und sehr, sehr persönlich. Sie sind z.B. steril oder RNAse-frei oder sie sind vielleicht einfach nur privat; Sie sollten daher niemals auch nur einen Milliliter ohne die Erlaubnis des Besitzers davon nehmen.

   Es kann auch sein, dass es sich bei diesen Lösungen nicht exakt um das handelt, was Sie denken, oder wie sie beschriftet sind, sodass ihre Verwendung dazu führen kann, dass Sie sich Ihr Experiment ruinieren. Vielleicht sind irgendwo allgemein gebrauchte Laborreagenzien vorhanden – aber lassen Sie sich erklären, um was es sich genau handelt, und unter welchen Bedingungen Sie sie verwenden können, bevor Sie sie benutzen.

2. **Wenn eine häufig verwendete Chemikalie leer wird oder ist, bestellen Sie sie nach.** Stellen Sie niemals einen leeren Behälter zurück! Erkundigen Sie sich, wie nachbestellt wird. Und es ist eine gute Idee, eine Notiz mit Datum am Chemikalienregal zu hinterlassen, dass die Chemikalie nachbestellt wurde.

3. **Ignorieren Sie kein defektes Gerät oder einen Gerätealarm.** Zu Beginn werden Sie kaum in der Lage sein, das Problem alleine zu lösen, aber Sie sollten unbedingt jemandem Bescheid geben, damit Abhilfe geschaffen werden kann. Benutzen Sie nicht einfach eine andere Zentrifuge oder Elektrophoresekammer, sodass der nächste Nutzer vor dem gleichen Problem steht.

   Wenn Sie einen Gerätealarm hören, muss sofort gehandelt werden; ihn zu ignorieren kann verheerende Wirkungen haben. Der Ausfall der Temperaturregelung einer Tiefkühltruhe oder eines Flüssigstickstofftanks kann den Verlust des kompletten Institutsbestandes an Klonen, Zelllinien, gereinigter Proteine und cDNA-Banken bedeuten. Und falls es Ihr Fehler war, dass das passiert ist: Hoffen Sie nicht auf Verständnis!

4. **Verschieben Sie keine Sachen oder stellen Sie keine Reaktionsgefäße, Chemikalien oder Ausrüstung um, die im allgemeinen Laborbereich steht.** Es scheint nicht gerade vernünftig, aber Leute im Labor finden ihre Reagenzien nicht nur nach der Beschriftung, sondern insbesondere nach ihrem üblichen Standort wieder, also stellen Sie die Sachen, die Sie verwendet haben, wieder an ihren alten Platz zurück oder so nahe wie möglich daran. Wenn Sie etwas umstellen müssen, informieren Sie den Besitzer des Materials.

5. **Lassen Sie nichts irgendwo stehen oder liegen, außer dort, wo es hingehört, oder auf Ihrer Laborbank.** Das bedeutet: keinen Kolben im Waschbecken, keine Pipette im Müll usw., es sei denn es ist der richtige und vorgesehene Ort dafür.

6. **Wenn Sie etwas falsch gemacht haben, gestehen Sie es!** Wahrscheinlich weiß sowieso jeder, dass Sie es waren, also, geben Sie es zu. Das wird Sie als ein ehrliches Mitglied der Gemeinschaft auszeichnen und das ist nicht das Unwichtigste im Forscherberuf. Jeder macht Fehler, aber herumzuschleichen, um sie zu vertuschen, hinterlässt einen schlechten Beigeschmack. Wenn möglich, bieten Sie an, dass Sie den Fehler wiedergutmachen.

7. **Räumen Sie nach jedem Experiment (oder besser noch: währenddessen) auf.** Aufräumen gehört zum Experiment, es ist kein Extra, nur um zeigen zu können, was für ein netter Kerl Sie sind. Insbesondere allgemein benutzte Bereiche wie Waschbecken, Impfbänke und Elektrophoresebereiche sollten Sie von Ihrem Brimborium und Müll freihalten. Das hilft den anderen, ihre Experimente ohne unnötige Unterbrechungen durchführen zu können.

8. **Bitten Sie um so wenige Gefallen wie möglich.** Es ist prinzipiell in Ordnung einen Kollegen zu fragen, ob er ein Experiment für Sie beenden kann, wenn Sie wirklich mal früher gehen müssen und es nicht allzu viel Mühe bereitet. Im Labor ist man häufig auf diese Art von Hilfe angewiesen. Aber geben Sie niemandem eine Liste mit noch zu beendenden Experimenten, nur weil Sie noch einen Kinofilm sehen wollen.

1.8 Unverrückbare Sicherheitsbestimmungen

1. **Halten Sie sich an die allgemeinen Laborsicherheitsbestimmungen:**

   – *Kein Essen, Trinken, Rauchen im Labor*. Die Leute schnappen sich häufig einen Bissen, um an ihrem Schreibtisch im Labor zu essen, aber das ist keine gute Idee. Es ist nicht nur unästhetisch und aus gesundheitlichen Aspekten unratsam, sondern verärgert auch die Leute von der Laborsicherheit, wenn sie Sie erwischen. In der Nähe wird es einen Ort geben, an dem Sie essen und trinken können.

   > Tatsächlich kann es passiern, dass das Labor geschlossen wird, wenn das Personal essend im Labor erwischt wird. Beim ersten Verstoß gibt es vielleicht nur eine Verwarnung.

   – *Tragen Sie keine offenen Schuhe oder kurzen Hosen*, weil sie Sie im Falle eines Verschüttens verwundbar machen.

   – *Tragen Sie immer einen Kittel im Labor.* In vielen Labors gilt es zwar nicht gerade als schick, aber es passiert schnell, dass Sie sich an ein Gerät anlehnen, welches gerade mit einem Reinigungsmittel abgespült wurde, das jetzt ein liebliches Loch in Ihrem Hemd hinterlässt.

   – *Tragen Sie Ihren Kittel nicht außerhalb des Laborbereichs.* Der Kittel schützt Sie vor ätzenden und infektiösen Substanzen, deswegen wäre es sehr fahrlässig, andere Leute diesen scheußlichen Dingen auszusetzen. Wenn es bei Ihnen am Institut als schick gilt, in der Cafeteria oder beim Seminar einen Kittel zu tragen, sollten Sie einen zweiten, sauberen Kittel für diese Gelegenheiten im Schrank haben.

   – *Tragen Sie Handschuhe, um sich vor potenziell gefährlichen Materialien zu schützen* – aber vergessen Sie nicht, auch die anderen Leute zu schützen! Benutzen Sie also nicht Ihre behandschuhte Hand, um Türen zu öffnen, zu telefonieren und Fahrstuhlknöpfe zu drücken, und unterlassen Sie alles, was das Material auf andere übertragen könnte.

   > Sie sollten *niemals* das Labor mit zwei behandschuhten Händen verlassen. Wie wollen Sie Türen öffnen, ohne potenziell die Klinken zu kontamineren?

Box 1.4: Wichtige Warnschilder

Beachten Sie Warnschilder, die auf mögliche Gefahren hinweisen. Zwei häufig vorkommende Schilder sind das gelbe Radioaktivitätszeichen, das darauf hinweist, dass in diesem Raum radioaktive Substanzen gelagert bzw. mit diesen gearbeitet wird, und das Biogefährdungsschild, welches auf infektiöse Organismen hinweist. Benutzen Sie nichts, was diese Zeichen trägt, einschließlich Kühlschränken und Inkubationsschränken, bevor Sie nicht mit dem Sicherheitsbeauftragten darüber gesprochen haben und entsprechend eingewiesen wurden.

- *Im Labor müssen Sie immer eine Schutzbrille tragen* – zumindest sollten Sie immer eine griffbereit haben, am besten in der Kitteltasche. Wer eine Schutzbrille erst suchen muss, wird im Zweifelsfall die Salzsäure auch einfach so umfüllen. Ihr Augenlicht sollte Ihnen mehr Wert sein!

- *Mundpipettieren ist verboten*! Das gilt auch für Wasser! Besorgen Sie sich einen Peleusball oder eine andere Pipettierhilfe.

2. **Lernen Sie, wie Sie sich selbst und anderen in einem Notfall helfen:**

- *Merken Sie sich die Notfalltelefonnummer.* Wahrscheinlich gibt es eine Notfallnummer für alle möglichen Notfälle. Vielleicht gibt es auch zusätzliche Nummern für die Abteilung Arbeitssicherheit und den Wachdienst. Vergessen Sie auch nicht die Nummern für die Polizei und die Feuerwehr.

- *Finden Sie heraus, wo die Erste-Hilfe-Kästen, die Notduschen, Augenduschen und die Bindemittel für verschüttete Chemikalien und radioaktive Substanzen sind.* Machen Sie sich mit den Sicherheitsvorschriften für Ihr Labor vertraut.

3. **Machen Sie nichts, von dem Sie annehmen, dass es unsicher ist.** Wenn Sie Fragen zu oder Zweifel an einer bestimmten Prozedur haben, fragen Sie den Sicherheitsbeauftragten oder die Abteilung für Arbeitssicherheit.

1.9 Quellen und Ressourcen

Die folgenden Bücher geben Ihnen einen Geschmack für die professionellen und persönlichen Aspekte biologisch-biochemischer Forschung.

Angier N. 1988. *Natural obsessions. The search for the oncogene.* Houghton Mifflin Company, Boston, Massachusetts.

Bear G. 1986. *Blood music.* Ace Books, New York. Deutsche Ausgabe *Blutmusik*, Heyne 1988.

Crick F. 1993. *Ein irres Unternehmen. Die Doppelhelix und das Abenteuer Molekularbiologie*, Piper Verlag, München.

Crotty S. 2001. *Ahead of the curve: David Baltimore's life in science.* University of California Press, Berkeley.

Goldberg J. 1988. *Anatomy of a scientific discovery.* Bantam Books, New York.

Gornick V. 1990. *Women in science.* Simon and Schuster, New York.

Hall S.S. 1987. *Invisible frontiers. The race to synthesize a human gene.* Tempus Books, Redmond, Washington.

Kornberg A. 1995. *The golden helix. Inside biotech ventures.* University Science Books, Sausalito, California.

Lewis S. 1961. *Arrowsmith.* The New American Library of World Literature, New York.

Maddox B. 2002. *Rosalind Franklin: The dark lady of DNA.* HarperCollinsPublishers, New York.

Teitelman R. 1989. *Gene dreams. Wall Street, academia, and the rise of biotechnology.* Basic Books, New York.

Watson, J.D. 1968. *The double helix.* The New American Library, New York.

Weiner J. 1999. *Time, love, memory. A great biologist and his quest for the origins of behaviour.* Alfred Knopf, New York.

2 Laboraufbau und -ausstattung

Wenn man das erste Mal ein Labor betritt, wird man mit einer verwirrenden Vielfalt von Geräten und Laborgegenständen konfrontiert, die auf den Arbeitsbänken, auf den Böden, ja sogar manchmal in den Gängen herumstehen. Das meiste davon gehört zur typischen Laborstandardausstattung und nach einer Weile werden Sie feststellen, dass sich alle Labore irgendwie ähneln. In bestimmten Speziallaboren findet man zwar eine Reihe von eher untypischen Geräten, wie z.B. in Laboren für Elektronenmikroskopie oder Elektrophysiologie, aber das gewisse „Laborambiente" herrscht auch dort vor.

Sie sollten sofort anfangen, sich mit den einzelnen Geräten vertraut zu machen: Wie heißen sie, was können sie und wozu sind sie gut? Wenn man die Geräte und die Ausstattung, die man für ein Experiment benötigt, nicht bedienen kann oder nicht versteht, versteht man auch seine Experimente nicht wirklich. Mit jedem Gerät und jedem Stück Laborausstattung, das man kennt, fühlt man sich mehr und mehr im Labor zu Hause. Merken Sie sich, wer welche Geräte benutzt, dann wissen Sie, wen Sie gegebenenfalls um Hilfe bitten können. Wenn der große Moment kommt, ein bestimmtes Gerät das erste Mal zu benutzen, gehen Sie sicher, dass Sie die Grundlagen seiner Funktion verstehen: Nur so können Einstellungen sinnvoll verändert werden und man merkt vielleicht rechtzeitig, dass das unerwartete und Nobelpreis-verdächtige Ergebnis tatsächlich nur auf den Ausfall eines Gerätes zurückzuführen ist.

2.1 Der Grundriss

2.1.1 Das Standardlabor

Hier dominieren Laborbänke das Bild, nicht nur physisch, sondern auch psychisch: Sie bilden mehr oder weniger lange Halbinseln, unter denen Schubladenschränke stehen, darüber sind Regale mit Flaschen, und darauf ist der freie Arbeitsplatz, umringt von verschiedenen kleinen Geräten und Gegenständen. An einem Ende der Bank findet man manchmal auch einen Schreibtisch. Jeder Mitarbeiter hat seine eigene Laborbank oder zumindest einen Teil davon. Diese *bench* ist das Zuhause des jeweiligen Besitzers. Die Person, die mit Ihnen eine Laborbank teilt, ist Ihr „Benchmate", Ihr Bankkollege. Ihr Bankkollege erlebt Ihre Höhepunkte und Niederlagen, sowohl experimenteller als auch persönlicher Art, und ist damit so etwas wie Ihr Labor-Ehegatte.

In jedem Labor braucht man einen Wasserhahn mit Waschbecken und einige Ausrüstungsgegenstände werden absichtlich in die Nähe des Abflusses gestellt. Große Geräte, wie z.B. ein Abzug, werden dorthin gestellt bzw. gebaut, wo gerade noch Platz ist, manchmal werden sie in die scheinbar unmöglichsten Ecken gequetscht.

In einigen Laboren gibt es nur „private" Arbeitsplätze und jeder soll seine Arbeiten nur an seinem Platz verrichten. Die Regeln für „private" im Vergleich zu „öffentlichen" Bereichen des Labors sind sehr unterschiedlich; es wird kaum jemanden stören, wenn man ein gebrauchtes Papierhandtuch oder eine Pipette auf seiner eigenen Arbeitsbank liegen lässt, aber man sollte peinlichst darauf achten, seinen Kram oder Abfall nicht im allgemeinen Bereich des Labors liegen zu lassen.

Box 2.1: Die typische Laborbank

Eine Platte aus Holz, Schiefer, Metall oder Plastik – das wird das Zentrum Ihres Laborlebens werden, Ihr Arbeitsplatz. Auf der Laborbank stehen kleinere Laborgegenstände wie „Vortexer" (der korrekte deutsche Ausdruck dafür ist übrigens „Wirbelmischer"), Pipettenhalter und Zubehör wie z.B. Pipettenspitzen. Viele Laborbänke sind mit Anschlüssen für Pressluft, Gas, Wasser und Vakuum ausgestattet. Der Wasseranschluss ist theoretisch sehr praktisch, in der Praxis resultiert sein Gebrauch jedoch häufig in Wasserpfützen auf der Bank. Die Pressluft kann man verwenden, um verstopfte Röhren oder Leitungen auszublasen, um Glaswaren schnell zu trocknen oder für andere eher grobe Anwendungen. Diese Luft kann staubig sein, man sollte sie daher nicht zum Trocknen von Glaswaren benutzen, mit denen man noch Experimente durchführen möchte oder die man zum Ansetzen von Puffern benötigt. Die Gasleitung dient dem Betrieb von Bunsenbrennern, die man für das aseptische Arbeiten an der Laborbank braucht. Eine Vakuumleitung ist speziell zum Absaugen von Überständen sehr praktisch.

Über der Laborbank findet man üblicherweise Regale. Darauf stehen die persönlichen Puffer und Reagenzien. Detergenzien und Tris-Puffer machen das Gros der Flaschen aus. Ebenso findet man hier Pipettenspitzen und Behälter mit Reaktionsgefäßen (im Labor meistens als „Eppis" bezeichnet).

Wenn Schränke unter der Laborbank stehen, findet man darin Säuren, Basen (natürlich nicht im gleichen Schrank!) und Vorratsflaschen mit Puffern und organischen Lösungsmitteln. Gelegentlich finden sich hier auch merkwürdige, alte, Lieblings- oder selten genutzte kleine Geräte.

Unter der Laborbank sind Schubladen. Ein zufälliger kurzer Blick hinein wird oft eine erschreckende Mixtur aus altem pH-Papier, Saugbällen für Pasteurpipetten, Stiften usw. offenbaren, denn diese Schubladen tendieren dazu, als Zwischenlager für gestresste Wissenschaftler zu dienen, die alles hineinschmeißen, was sie irgendwann später mal ordentlich wegräumen wollen. Hier kann man vielleicht auch Boxen mit Pipettenspitzen, Tüten mit Eppis und verirrtes Equipment wie Spacer und Kämme für Gele finden. Solche Schubladen werden häufig als „privat" angesehen, man sollte sie also nicht ungefragt durchstöbern.

Manchmal stehen zusätzlich auf der Laborbank, üblicherweise an den Enden, gemeinsam benutzte Laborgeräte. Sollte so ein Gerät zufällig an Ihrem Platz stehen, haben Sie aber noch lange keine Vorrechte daran. Genausowenig erwirbt man mit dem Gebrauch eines gemeinsam benutzten Gerätes auf einem anderen Arbeitsplatz das Recht, auch die dort stehenden Pipetten, Eppis usw. zu gebrauchen.

Viele Labore sind in **funktionelle Bereiche** eingeteilt, und jeder funktionelle Bereich hat seine eigenen Regeln. Wenn man z.B. einen Bereich für das Arbeiten mit **Zellkulturen** eingerichtet hat, ist dort das Arbeiten mit Bakterien oder Hefen *strengstens* verboten. Das Zentrum des Zellkulturbereiches bildet eine Sicherheitsarbeitsbank (kurz: Sterilbank). Im Zellkulturbereich findet man oft ein Mikroskop, CO_2-Inkubationsschränke, eine niedertourige Zentrifuge, eine Mikroliterzentrifuge, einen Kühlschrank und einen Lagerplatz für Zentrifugenröhrchen, Pipetten und Zellkulturflaschen und -platten.

Die meisten Labore haben einen speziellen **Platz zum Ansetzen von Reagenzien**. Hier findet man alles, was man zum Abwiegen von Chemikalien und zum Einstellen des pH-Wertes für die Puffer braucht.

Andere funktionelle Bereiche, die man häufig findet, sind zum **Mikroskopieren**, für die **Elektrophorese**, für **Radioaktivität**, für das Arbeiten mit **Bakterienkulturen** und zur **Medien- und Plattenherstellung** bestimmt.

Abb. 2.1: *Die Laborbank.* (1) Durch die Laborbänke wird das Labor in verschiedene Bereiche oder Abschnitte getrennt, wobei es sich aber eher um psychologische als um physische Einheiten handelt. Einen Laborbereich mit jemandem zu teilen ist eine enge und irgendwie intime Sache: Innerhalb eines solchen Bereichs werden Geräte zusammen benutzt, Reagenzien ge- und verliehen, man bittet sich eher um Gefallen und erzählt sich die neuesten Geschichten. Seien Sie immer freundlich zu Ihrem „Bereichs"kollegen. (2) *Schreibplatz oder Schreibtisch.* Schreibtische sind nicht zwangsläufig Bestandteil der Laborbank, insbesondere in älteren Laboren findet man Schreibplätze irgendwo im Labor, wo gerade Platz ist. In einigen – und inbesondere in neuen – Laboren findet man so gut wie keine Schreibtische mehr, diese sind in Büros zusammengefasst, in denen alle Bachelor-/Master-Studenten, Doktoranden, technischen Assistenten und eventuell auch Postdocs ihre Plätze haben. Nicht überall bekommt jeder einen eigenen Schreibtisch, sondern muss ihn sich mit jemand anderem teilen oder zum Lesen und Anfertigen der Aufzeichnungen den Seminarraum benutzen. (3) *Spitzenboxen.* Für moderne Pipetten verwendet man Plastikspitzen, die üblicherweise vorher autoklaviert und nach Gebrauch weggeworfen werden. (4) *Mikroliterpipetten.* Mit ihnen kann man kleine Flüssigkeitsmengen abmessen und umfüllen. (5) *Vortexer,* zu deutsch: Mischer oder Wirbelmischer. Wird benutzt, um den Inhalt von Reagenzgläsern oder Reaktionsgefäßen zu durchmischen. Kann einen Adapter zum gleichzeitigen Mischen von mehreren Gefäßen haben. Alternativen: Taumelmischer, Drehmischer, Orbitalschüttler. (6) *Heizplatte.* Zum Erhitzen von Flüssigkeiten. Proben werden üblicherweise in einem Becherglas auf einer Heizplatte gekocht. Gefahren: Verbrennungen, überkochende Flüssigkeiten. Alternativen: Wasserbad oder Mikrowelle. (7) *Gasbrenner oder Bunsenbrenner.* Unerlässlich für steriles Arbeiten, zum Abflammen von Flaschenhälsen und Impfösen. Der Brenner ist üblicherweise an die Hausgasversorgung angeschlossen. Nach Gebrauch immer ausdrehen. Alternativen: Elektrische Impfösen-Sterilisierer oder sterile Einwegimpfösen aus Plastik. (8) *Gelkammern.* Plastikkammern, um Protein-, DNA- oder RNA-Gele zu fahren. Die Größen variieren von Mini-Gelen bis zu Sequenziergelen. (9) *Stromgeber* (Netzgerät). Zum Durchführen von Gelelektrophoresen und Blots. Unsachgemäße Bedienung kann zu Elektroschocks führen. Nicht alle Stromgeber sind für alle Anwendungen geeignet, man sollte sich also vergewissern, dass man das richtige Gerät benutzt. (10) *Tischzentrifuge.* Eine kleine Zentrifuge, die Gefäße mit Volumen bis zu 2 ml auf 12 000 g beschleunigen kann. Ein Arbeitstier – sie wird benutzt, um Zellen zu sedimentieren, DNA zu präzipitieren usw., usw. Einige Modelle haben eine gekühlte Rotorkammer, viele aber nicht. Stattdessen werden ungekühlte Modelle häufig in einen Kühlschrank oder -raum gestellt. Alternativen: Kleine Gefäße können auch in größeren Zentrifugen mit entsprechenden Adaptoren zentrifugiert werden. (11) *Puffer und andere Reagenzien.* Die meisten Puffer können bei Raumtemperatur gelagert werden, wenn sie vorher autoklaviert wurden. Die Puffer gehören demjenigen, der dort arbeitet, sie sollten nicht ohne Erlaubnis „ausgeliehen" werden.

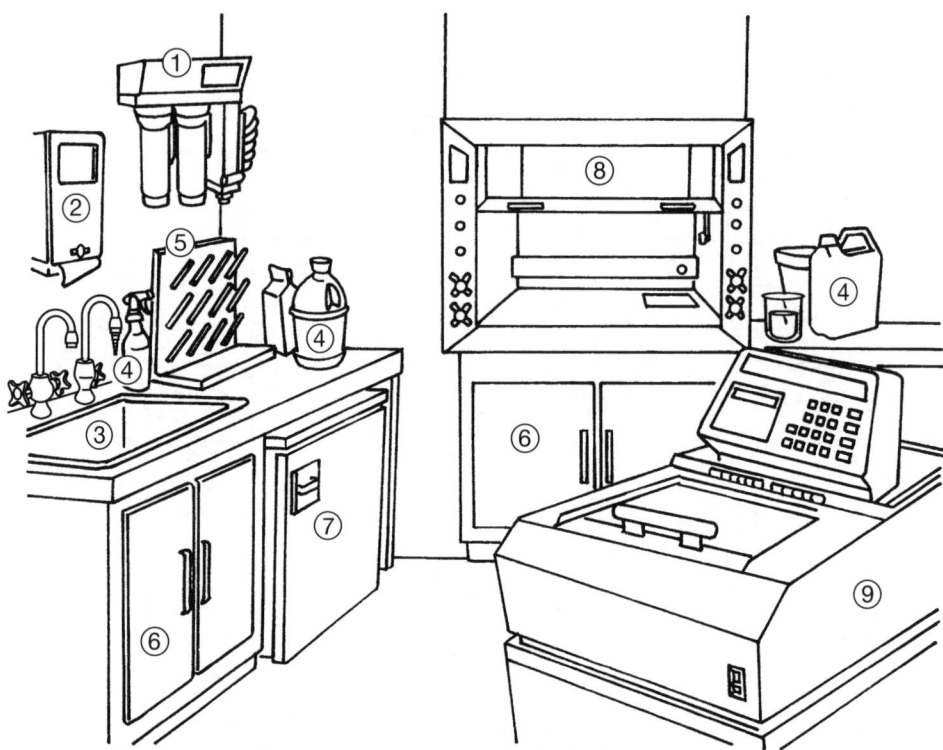

Abb. 2.2: Spüle, Zentrifuge, Abzug. (1) *Wasser-Reinigungsanlage*. Für die meisten Laboranwendungen kann kein Leitungswasser verwendet werden. Die Anlage entfernt durch Destillation oder Umkehrosmose und Ionenaustausch Partikel und andere Verunreinigungen aus dem Wasser. Alternativen: Gereinigtes Wasser kann in kleinen Mengen von 500 bis 1 000 ml gekauft werden. (2) *Papierhandtücher*. Zum Abwischen der Laborbank und Trocknen der Hände und, manchmal, zum Aufschreiben von Versuchsergebnissen. Wer das letzte Handtuch nimmt, füllt den Spender wieder auf! (3) *Spüle*. Die Spüle sollte nicht vollgestellt werden. Achten Sie darauf, was Sie in den Ausguss kippen. Unbehandelte Überstände von Zellen und Bakterien sollten nicht durch den Ausguss entsorgt werden, ebensowenig wie gefährliche Chemikalien. An der Spüle sind üblicherweise Kräne für Heiß- und Kaltwasser und häufig ein Kran für deionisiertes (voll entsalztes = VE) Wasser. (4) *Reinigungsmittel*. Es gibt verschiedene Reinigungsmittel z.B. zum Waschen der Hände, zum Reinigen von Glaswaren und zum Beseitigen von Radioaktivität (5) *Trockengestell*. Bechergläser und andere Laborgefäße werden nach der manuellen Reinigung hier zum Trocknen aufgehängt. (6) *Unterschränke*. Darin werden häufig Säuren, Basen und organische Lösungsmittel gelagert. (7) *Gefrierschrank* ($-20\ °$C). Zur Lagerung von Seren, Enzymen und Reagenzien. Häufig hat man mehrere Gefrierschränke im Labor stehen. (8) *Abzug*. In einem Abzug wird die Luft kontinuierlich abgesaugt, daher sollte man hier mit flüchtigen Substanzen wie Toluen, Xylen und Chloroform (und Phenol-Chloroform) arbeiten. In einigen speziellen Abzügen darf man auch mit flüchtigen radioaktiven Stoffen arbeiten. Bevor Sie an einem solchen Abzug arbeiten, überprüfen Sie ihn mit einem Geiger-Müller-Zähler. (9) *Zentrifuge*. Die Zentrifuge schleudert mit Fest/Flüssiggemischen gefüllte Zentrifugenröhrchen und trennt das Gemisch (hoffentlich) in distinkte Phasen, wobei die feste Phase konzentriert wird. Es gibt viele verschiedene Zentrifugentypen, die sich in ihrer maximalen Drehzahl und ihrem Fassungsvermögen unterscheiden. Alternativen: Zu Zentrifugen gibt es kaum sinnvolle Alternativen. Manchmal können Filtrationseinheiten verwendet werden, um Feststoffe von flüssigen Medien zu trennen. Gefahren: Erzeugung von Aerosolen und mechanisches Versagen. Giftige oder biogefährdende Aerosole können entstehen, wenn gute Laborpraxis und Zentrifugensicherheitsbestimmungen vernachlässigt und Abdichtungseinrichtungen nicht verwendet werden. Ein mechanisches Versagen der Zentrifuge kann Bruchstücke erzeugen, die eine hohe Geschwindigkeit aufweisen; wenn ein solches Bruchstück der Sicherheitstrommel der Zentrifuge entkommt, kann es zu schweren Personenschäden kommen.

Abb. 2.3: Gewebekulturbereich. (1) *CO₂-Inkubationsschrank*. Wird hauptsächlich für Gewebekulturen verwendet. CO_2 wird für CO_2-abhängige Organismen eingeleitet, oder um den pH im Kulturmedium zu stabilisieren. Bemerkung: Ein Alarmsummer deutet darauf hin, dass Wasser nachgefüllt werden muss, oder dass kein CO_2 mehr vorhanden ist. Alternativen: CO_2 kann in einen Container gepumpt oder erzeugt werden, den man dann bei der richtigen Temperatur inkubiert. Puffer wie HEPES können in geschlossenen Systemen für einige Kulturen verwendet werden, um den pH zu erhalten. (2) *Gasflaschen*. Unter Druck stehende Gase haben vielfältige Anwendungsmöglichkeiten im Labor, wie z.B. CO_2 für Inkubationsschränke oder Stickstoff zum Aufschluss von Zellen. Die meisten Gasflaschen haben Ventile, um die Flasche komplett zu schließen und um die Ausstromgeschwindigkeit zu regulieren. Gasflaschen sollten, wenn sie stehen, immer angebunden oder angekettet sein und man sollte vorsichtig sein, wenn man sie bewegt. Für Wasserstoff und Sauerstoff besteht Explosions- oder Feuergefahr, und man sollte sich entsprechende Sicherheitshinweise vom Sicherheitsbeauftragten geben lassen. Das Hauptventil der Gasflasche wird durch Drehung gegen den Uhrzeigersinn geöffnet. (3) *Biomüll*. Abfall, der unter die Biostoffverordnung oder das Gentechnikgesetz fällt, muss vor Beseitigung inaktiviert werden. (4) *Sicherheitswerkbank*. Häufig auch nur als Sterilbank bezeichnet. Die Sicherheitswerkbank hat einen verstärkten Luftstrom, um den Eintritt von Staub oder Organismen in die Bank zu verhindern. Sicherheitswerkbänke sollten immer angeschaltet bleiben. Alternativen: Wenn keine Biogefährdung vorhanden ist, kann ein luftstiller Kasten oder ein wenig frequentierter Bereich ohne Luftzug für Zellkulturarbeiten benutzt werden. (5) *Pipettierhilfen*. Flüssigkeiten mit Volumen größer 1 ml werden mit Glas- oder Plastikpipetten pipettiert. Da Mundpipettieren verboten ist, werden Pipettierhilfen, z.B. automatische Pipettierhilfen, aber auch Peleusbälle oder ähnliches verwendet, um ein kontrolliertes Ansaugen zu ermöglichen. (6) *Mikroskop*. Zur Vergrößerung und Beobachtung von Geweben, Zellen und Mikroorganismen. Zwei verschiedene Typen kann man im Labor finden: Ein Standardmikroskop wird verwendet, um Proben zu untersuchen, die man aus einer Kultur abgenommen und auf einen Objektträger überführt hat. Ein inverses Mikroskop (bei dem die Objektivlinse unter der Probe angebracht ist) vergrößert Zellen und Organismen, wenn sie noch im Kulturbehälter sind. Mikroskope können spezielle Linsen, z.B. für Fluoreszenz, haben und sind häufig mit einer Kamera zur Dokumentation verbunden. (7) *Zellzähler*. Gerät zum automatischen Zählen von Zellen und Partikeln. Alternativen: Mit einer Zählkammer und einem Mikroskop kann man Zellen manuell auszählen. (8) *Wasserbad*. Zum Auftauen von Serum und zum Temperieren von Enzymreaktionen. Ansätze in einem Reaktionsgefäß erreichen die gewünschte Temperatur schneller in einem Wasserbad als in der Luft, z.B. in einem Inkubator. Alternativen: Ein isolierter Eiskübel, den man mit entsprechend temperiertem Wasser gefüllt hat, wird die Temperatur für eine Weile halten. (9) *Stickstofftank*. Ein mit flüssigem Stickstoff gefüllter Metallcontainer wird für die langfristige Lagerung von Zellen, Viren und Mikroorganismen verwendet.

Abb. 2.4: pH-Meter und Waagenbereich. (1) *Waage*. Es gibt verschiedene Arten von Waagen. Am gebräuchlichsten zum Abwiegen von Feststoffen und Flüssigkeiten ist die Oberschalenwaage. Eine Balkenwaage wird üblicherweise zum Austarieren von Zentrifugenröhrchen verwendet, eine analytische (Fein-)Waage für das genaue Abwiegen kleiner Mengen (üblicherweise kleiner 1 Gramm). (2) *Wiegeschälchen, Wiegepapier*. Feststoffe werden nicht direkt auf der Wägeschale abgewogen, sondern in ein Wiegeschälchen oder auf ein Wiegepapier gefüllt. (3) *Heizrührer*. Gelegentlich müssen Lösungen beim Ansetzen etwas erhitzt werden, um bestimmte Chemikalien zu lösen. Alternativen: Eine normale Heizplatte kombiniert mit gelegentlichem manuellen Schütteln. (4) *Chemikalienvorräte*. Werden aus Bequemlichkeit in der Nähe des Waagenbereichs gelagert. (5) *Säuren und Basen*. Konzentrierte und verdünnte Säuren und Basen werden zum Einstellen des pH-Wertes von Lösungen verwendet. (6) *Spatel*. Metall- oder Plastikinstrumente, die man zum Transferieren der Feststoffe aus ihrem Vorratsbehälter auf die Wiegegefäße verwendet. Sie werden üblicherweise zusammen mit den Wiegeschälchen und Magnetfischen in einer Schublade gelagert. (7) *pH-Meter*. Zum Messen und Einstellen der H^+-Konzentration einer Lösung. Alternativen: pH-Papier oder Berechnung der zuzugebenden Säuren- bzw. Basenmengen. Diese Alternativen sind allerdings nicht wirklich praktisch. (8) *Spritzflasche*. Ein Plastikflasche mit Ausgussspitze, mit der man die pH-Elektrode mit Wasser abspült.

2.1.2 Weitere Räume und Plätze

Das Labor erstreckt sich über die Grenzen des eigentlichen Hauptlabors hinaus. Der **Geräteraum**, in dem Zentrifugen und andere große Geräte wie z.B. Tiefkühltruhen und Szintillationszähler stehen, ist meist in der Nähe des Labors. Der Geräteraum kann für eine bestimmte Art von Geräten bestimmt sein, z.B. nur für Zentrifugen, aber üblicherweise (und insbesondere in älteren Instituten) hat man eine Mixtur verschiedenster Geräte dort stehen. In einigen Gebäuden erlauben es die Sicherheitsbestimmungen, dass Großgeräte wie Tiefkühltruhen auf den Fluren stehen dürfen. Einige Geräte, wie Szintillationszähler und Geltrockner, kommen mit radioaktiven Proben in Berührung. Daher sollte man im Geräteraum immer Handschuhe tragen.

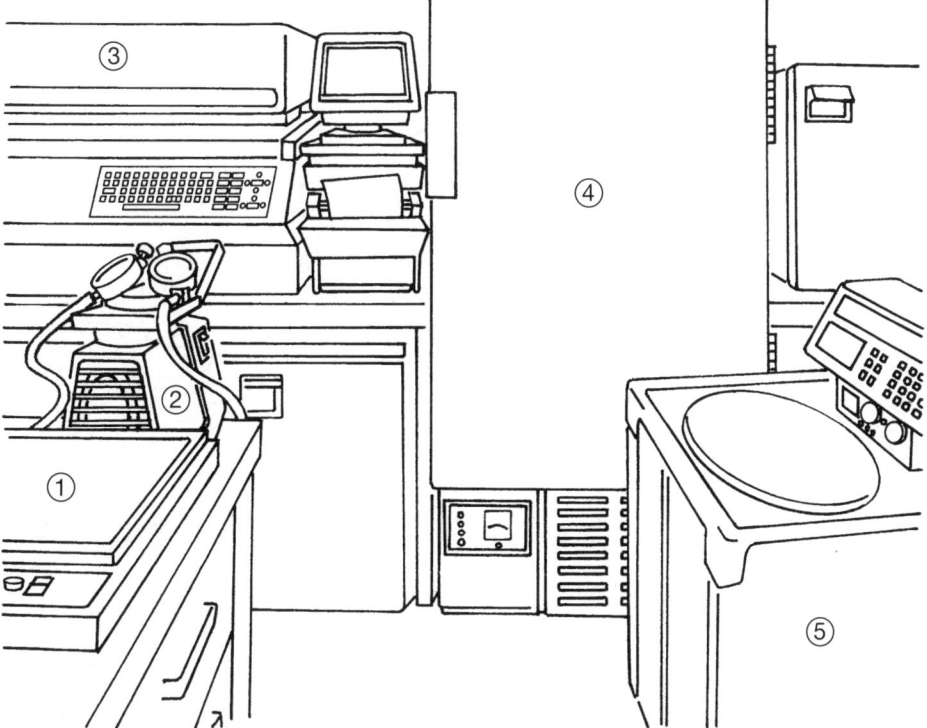

Abb. 2.5: Geräteraum. (1) *Geltrockner*. Nach der Elektrophorese werden Gele unter Vakuum getrocknet, um z.B. Autoradiographie zu ermöglichen. (2) *Pumpe*. Vakuumpumpen sind die am häufigsten anzutreffenden Pumpen im Labor. Sie werden z.B. zum Betrieb von Geltrocknern und Gefriertrocknungsanlagen benötigt. Anmerkung: Pumpen, die mit Öl betrieben werden, müssen sorgfältig gewartet werden, insbesondere, um die Aufnahme von Flüssigkeit in die Pumpe zu verhindern. Damit flüchtige Substanzen nicht in die Pumpe gelangen, kann man eine Kältefalle (die mit Flüssigstickstoff oder Trockeneis gefüllt ist) zwischen dem Gerät und der Pumpe installieren. Neuere Pumpen arbeiten ohne Öl. (3) *Szintillationszähler*. Quantifizieren die β-Strahlung von Proben. Häufig verwendete Isotope sind ^{3}H, ^{32}P, ^{35}S und ^{14}C. (4) *Tiefkühltruhe oder -schrank* (üblicherweise −70 °C). Zur Lagerung von Bakterienstammkulturen, Reagenzien, Proben. Gefahren: Kälteverbrennungen. Wenn man an der −70 °C-Truhe arbeitet, sollte man mindestens Latexhandschuhe tragen. Lassen Sie keinen Alarm an der −70 °C-Truhe unbeachtet, das Auftauen der Truhe kann die Arbeit von Jahren zerstören, gleichzeitig kann es zur Biogefährdung kommen. Alternativen: Flüssigstickstoff zum Lagern von Zell- und Bakterienkulturen. (5) *Ultrazentrifuge*. Die Ultrazentrifuge erreicht Geschwindigkeiten bis zu über 100 000 upm. Sie werden zum Trennen oder Sedimentieren kleiner Moleküle wie Viren oder Organellen verwendet. Da sehr hohe Geschwindigkeiten erreicht werden, muss man sehr vorsichtig mit diesen Zentrifugen umgehen, um Unfälle zu vermeiden.

Der **Autoklav** steht üblicherweise in einem separaten Raum, der so genannten Spülküche. Darin kann es eine Spülmaschine, einen Trockenschrank, einen Lagerplatz für Glasmaterial und vielleicht auch einen Bereich zum Herstellen von Medien und Platten geben.

Ein Raum, der im Aussterben begriffen ist, ist die **Dunkelkammer**. Im Zeitalter der digitalen Fotografie werden kaum noch Fotofilme entwickelt und Papierabzüge hergestellt. Dias, die man früher für Vorträge gebraucht hat, sind durch Präsentationsprogramme wie PowerPoint unnötig geworden. Radioaktive Vorlagen (Präparate, Gele, Chromatographieplatten, usw) werden mit Phosphorimagerplatten schneller abgebildet, als mit Röntgenfilmen. Und Chemilumineszenz-basierende Methoden werden immer häufiger mit empfindlichen CCD-Kameras ausgewertet, als mit Röntgenfilmen. Falls Sie noch mit Röntgenfilmen arbeiten und einen Dunkelraum haben:

Abb. 2.6: Spülküche. (1) *Pipettenspüle*. Darin wird Wasser durch wiederverwendbare Glaspipetten zirkuliert. Die Pipetten können auch in der Küche mit Watte gestopft und in Dosen verpackt werden. (2) *Spülmaschine*. Zum Spülen und Trocknen von Glaswaren. (3) *Autoklav*. Material wird sterilisiert, indem es unter Druck gesättigtem Wasserdampf ausgesetzt wird. Wird benutzt, um Glaswaren, Medien und Puffer vor Gebrauch zu sterilisieren und Biomüll vor der Entsorgung zu inaktivieren. Gefahren: Verbrühungen. Warten Sie, bis der gesamte Dampf ausgetreten ist, bevor Sie in die Kammer hineinschauen oder etwas herausnehmen. Alternativen: Flüssigkeiten können sterilfiltriert werden. Glas- und Plastikwaren können bestrahlt werden, aber diese Möglichkeit haben die wenigsten Institute. (4) *Eismaschine*. Eis wird kontinuierlich bis zu einer bestimmten Füllhöhe hergestellt. Entnehmen Sie das Eis mit einer Schaufel, nicht mit Ihrer Eisbox. Essen Sie dieses Eis niemals! Andere haben das Eis vielleicht mit Eisboxen oder anderen kontaminierten Gefäßen entnommen, sodass möglicherweise gefährliche Substanzen im Eis sein können. (5) *Trockeneiskasten*. Trockeneis wird ein bis zwei Mal wöchentlich geliefert und in einem Kasten aufbewahrt, aus dem Eisstücke bei Bedarf abgebrochen werden können. Holzhammer und Handschuhe sollten bei der Kiste liegen. Benutzen Sie immer Handschuhe, wenn Sie Stücke von Trockeneis transferieren.

Eine rote Sicherheitslampe gibt genügend Licht, bei dem die Filme aus der Packung in die Expositionskassette gelegt werden können, ohne dass der Film dadurch belichtet wird (Vergewissern Sie sich vorher, welches das Sicherheitslicht ist! Normales Licht ruiniert den Film!). Einige Institute haben ihre Fluoreszenzmikroskope ebenfalls im Dunkelraum, obwohl absolute Dunkelheit dafür nicht notwendig ist.

Kühlräume sind begehbare Kühlschränke mit einer Temperatur um 4 °C. In Kühlräumen wird sowohl gearbeitet als auch gelagert. Viele der Regale im Kühlraum enthalten Platten mit Me-

Abb. 2.7: Dunkelkammer. (1) *Automatischer Filmentwickler*. Entwickelt Röntgenfilme, die für die Autoradiographie verwendet werden. Alternativen: Manuelle Entwicklung des Röntgenfilms. Mit Phosphorimagern kann Radioaktivität aufgezeichnet werden, ohne dass ein Film belichtet wird. (2) *Sicherheitslicht*. Rotlicht, das den Film nicht belichtet, aber hell genug ist, dass man etwas sehen kann. Es wird üblicherweise durch einen Schalter eingeschaltet, wenn Sie die Dunkelkammer betreten. Machen Sie sich vertraut damit, welcher Schalter das Rotlicht und welcher das normale Licht anschaltet. (3) *Drehtür*. Diese runde Tür ermöglicht das Betreten und Verlassen der Dunkelkammer, ohne dass Licht eindringt. Treten Sie in den Eingang und drücken Sie die Tür langsam herum, bis Sie zum Ein- oder Ausgang gelangen. Achten Sie darauf, dass niemand im Raum arbeitet, bevor Sie das Licht anschalten. (4) *UV-Transilluminator*. Zum Betrachten und Bearbeiten von ethidiumbromidgefärbten Gelen. Gefahren: Augen und Haut können Verbrennungen davontragen. Tragen Sie immer eine Schutzbrille, wenn der Transilluminator nicht abgeschirmt ist. Benutzen Sie ein Gesichtsschild, wenn Sie am Gel arbeiten, weil Ihr Gesicht schnell verbrannt werden kann. Wenn Sie Banden aus dem Gel ausschneiden, ist der Bereich der Handgelenke zwischen Kittel und Handschuhen besonders gefährdet. (5) *Digitales Geldokumentationssystem*. Mit der Digitalkamera wird ein Bild des ethidiumbromidgefärbten Gels auf dem Transilluminator gemacht. Das Bild kann anhand des Monitorbildes fokussiert und eingestellt werden, und mit einem Thermodrucker ausgedruckt werden. Alternativen: Das Bild kann auch an einen Computer zur Speicherung und Analyse weitergeleitet werden. Anstelle der Digitalkamera kann auch eine Sofortbildkamera benutzt werden. Integrierte geschlossene Systeme (die auch für Chemilumineszenz genutzt werden) können im Labor aufgebaut werden und machen in einigen Instituten den Dunkelraum überflüssig. (6) *Schubladen*. In den Schubladen werden Röntgen- und Polaroidfilme gelagert. Auch wenn die Röntgenfilme gut verpackt sind, sollten Sie die Schubladen nicht öffnen, bevor der Raum dunkel oder nur mit Sicherheitslicht bestrahlt ist. (7) *UV-Handlampe*. Wird häufig benutzt, um den Verlauf einer Nucleinsäure-Gelelektrophorese zu verfolgen. Wenn Sie sie im Labor benutzen, bringen Sie sie anschließend wieder zurück.

Abb. 2.8: Kühlraum. (1) *Knopf zum Öffnen der Tür.* Wenn man im Kühlraum arbeitet, sollte die Tür geschlossen werden, um die Kälte zu halten. Zum Öffnen der Tür drücken Sie mit der Handfläche oder der Seite der Faust auf den Knopf. (2) *Säulen.* Enthalten die feste Matrix, die für die Chromatographie verwendet wird. Säulen können kleiner als ein Finger sein, aber auch so lang, wie der Kühlraum hoch ist. (3) *Fraktionskollektor.* Mit dem Fraktionskollektor kann man die Flüssigkeit, die von einer Säule kommt, auffangen. Die Tropfen, die von der Säule kommen, werden in einem Reagenzglas gesammelt, bis eine bestimmte Zeit abgelaufen oder ein bestimmtes Volumen erreicht ist, dann wird das Karussell um eine Position weitergedreht. Alternativen: Manuelles Sammeln der Fraktionen. (4) *FPLC.* Ermöglicht automatisierte Chromatographie. Hochleistungsflüssigkeitschromatographie (HPLC, von engl. *high-perfomance/pressure liquid chromatography*) und schnelle Proteinchromatographie (FPLC, von engl. *fast protein liquid chromatography*) werden für die Trennung und Analyse von Biomolekülen und Substanzen verwendet. Die Säulen, die die Seele des Systems darstellen und daher während und nach der Benutzung gut gepflegt werden müssen, sind für Dutzende von verschiedenen Anwendungen erhältlich. Pumpe, Detektor, Autosampler (automatischer Probennehmer), Injektor und Computerausstattung erleichtern die Probenhandhabung und Analyse. Bemerkung: Die HPLC-Anlage steht bei Raumtemperatur, während die FPLC-Anlage häufig im Kühlraum oder in einem speziellem Kühlschrank steht. Alternativen: Für einige Anwendungen ist die schwerkraftbetriebene Chromatographie mit einem Fraktionskollektor eine Alternative. (5) Rotoren. Die „Probenhalter" für die Zentrifugation. Rotoren werden häufig im Kühlraum gelagert, um die Proben vor dem Lauf kühl zu halten. (6) *Medien.* Medien für die Anzucht von Bakterien und Zellen können fertig angesetzt gekauft werden und müssen üblicherweise kühl gelagert werden. Einige Puffer und Reagenzien werden ebenfalls im Kühlraum gelagert. Benutzte Platten und Proben, die zur Sicherheit aufbewahrt werden (als „backup"), sollten nur in bestimmten Bereichen des Kühlraums gelagert und so schnell wie möglich entsorgt werden. (7) *Blotkammern.* DNA, RNA und Proteine können elektrophoretisch aus einem Gel auf eine Membran transferiert werden (geblottet). Während dieses Vorgangs, bei dem viel Strom fließt, kann sich der Blotpuffer erheblich erwärmen; deswegen wird der Transfer häufig im Kühlraum durchgeführt, um die Hitzeentwicklung zu reduzieren. Alternativen: Trocken- oder Halbtrocken-Blotapparate.

dium, Filme, alte Bakterienkulturen und Flaschen mit Serum. Viel Platz wird aber auch von Mikrozentrifugen, Gelboxen und Blotkammern belegt, die man für Experimente benötigt, die im Kalten durchgeführt werden müssen. Keine Angst, falls die Kühlraumtür geschlossen ist, während man im Kühlraum steht; es gibt immer einen Sicherheitsgriff im Inneren des Kühlraums, mit dem man die Tür öffnen kann (selbst wenn sie abgeschlossen wird!).

Wärmeräume sind häufig auf 37 °C oder auf die Temperatur eingestellt, bei der der Organismus, mit dem im Labor gearbeitet wird, wächst. Sie ähneln äußerlich Kühlräumen, aber enthalten die Ausstattung, die man zur Anzucht benötigt. Sie sind angefüllt mit Schüttlern und Rollschüttlern zur belüfteten Anzucht von Bakterien, Regalen, auf denen sich Kulturplatten stapeln und eventuell Einrichtungen zum Wachstum von Hybridom- und anderen Zellkulturen.

Einige Institute fassen die Schreibtische in einem Raum zusammen, anstatt sie in den Laboren zu verteilen. In diesem „**Doktorandenbüro**“, oder neudeutsch „Doktorandenoffice“, haben neben Doktoranden auch Bachelor-/Master-Studenten und vielleicht auch Postdocs ihre Schreibtische. Zusätzlich gibt es darin einen oder mehrere Computer zum allgemeinen Gebrauch, wobei es heutzutage eher üblich ist, dass jeder Doktorand seinen eigenen Computer hat. Außerdem gibt es vielleicht noch eine Mikrowelle, die nur zum Erhitzen von Essen benutzt wird. Das Doktorandenoffice ist zwar zum Arbeiten gedacht, es ist aber auch ein Platz des geselligen Beisammenseins. Schreibtischnachbarn sollten daher sowohl anpassungsfähig als auch rücksichtsvoll zueinander sein.

In der **Lehrstuhlbibliothek** findet man aktuelle und ältere Ausgaben der relevanten Fachzeitschriften sowie einige Lehr- und Methodenbücher. Dieser Raum wird außerdem häufig als Seminarraum verwendet, und es ist eventuell der einzige Raum im Institut, in dem man auch Kaffe kochen oder trinken kann. Wahrscheinlich steht in diesem Raum auch der Fotokopierer.

> Die Kaffeemaschine kann das Gerät sein, um das sich die meisten Kontroversen im Labor drehen! Versuchen Sie, die Regeln für den Umgang mit der Kaffeemaschine herauszufinden und halten Sie sich daran; diese können sehr umfangreich sein und ständig wiederkehrende empfindliche Themen wie Kaffeegeld, -einkauf und Reinigung der Maschine berühren. Grundregeln: Wer die Kanne leer macht, kocht eine neue, man macht hinterher alles sauber und lässt die Maschine nicht über Nacht an.

2.1.3 Weitere Ausstattung

Laborarbeit im Allgemeinen besteht häufig darin, eine Substanz oder einen Organismus zu nehmen, diese(n) durch Erhitzen, Mixen und Aufschluss oder Zugabe von Chemikalien zu verändern und anschließend die Veränderungen am Ausgangsmaterial zu untersuchen. Alle experimentell erzeugten Veränderungen müssen quantifiziert werden: Ein Messsignal – häufig die Veränderung in der Lichtdurchlässigkeit – wird quantifiziert und in eine Zahl umgewandelt. Die Geräte, die diese Messsignale quantifizieren, sind üblicherweise die kompliziertesten Maschinen im Labor. Der größte Teil der Ausstattung im Labor dient speziellen Anwendungen zur Messung oder zum Schütteln. Diese Geräte sind normalerweise nicht, wie die nachfolgenden Abbildungen suggerieren, gruppiert, sondern stehen verstreut im Labor und im ganzen Institut herum.

Abb. 2.9a: Dinge, die schütteln und mischen. (1) *Schüttelinkubator*. Wird hauptsächlich zur Anzucht von Bakterien verwendet. Er schüttelt Kolben und hält eine eingestellte Temperatur. Alternativen: Ein Schüttler in einem Wärmeraum. (2) *Hybridisierungsofen*. Für die Hybridisierung von Membranen in Flaschen. Temperatur einstellbar, gelegentlich auch die Drehgeschwindigkeit, manchmal auch mit Adaptoren für Schalen und Röhrchen. (3) *Magnetrührer*. Auch mit heizbarer Platte erhältlich (meistens), oder nur heizbar ohne Magnetrührer. Wird zum Rühren und Erhitzen von Flüssigkeiten benutzt, häufig finden Sie einen neben dem pH-Meter. (4) *Taumelschüttler*. Eine Fläche, die eine Taumelbewegung (dreidimensional) für ein sanftes Durchmischen durchführt. Gut zum Mischen von Mikrotiterplatten. (5) *Drehmischer*. Ein rotierendes Rad. Modelle, bei denen die Röhrchen parallel zur Drehachse des Rades gedreht werden, sind für die Anzucht von Bakterienkulturen geeignet. (6) *Schüttelwasserbad*. Wird üblicherweise für Hybridisierungen benutzt, kann aber auch für Mikroorganismen verwendet werden. Temperatur und Schüttelgeschwindigkeit sind einstellbar. Viele Wasserbäder haben zwei getrennte Becken, sodass zwei verschiedene Temperaturen eingestellt werden können.

2.2 Die Benutzung der Geräte

2.2.1 Grundregeln

- **Lassen Sie sich die Benutzung** des Gerätes von einem Laborkollegen **erklären**, selbst wenn es nur um ein profanes pH-Meter geht. Zumindest sollten Sie einem Laborkollegen zuschauen, wenn er das Gerät benutzt, oder nachfragen, ob es spezielle Regeln dafür gibt. Schreiben Sie sich die Prozedur auf! Selbst wenn Sie in Ihrem vorherigen Labor (wo sie zufällig das gleiche pH-Meter hatten) den pH-Wert einer Lösung im Schlaf bestimmen konnten, wissen Sie nicht, ob in Ihrem neuen Labor die Elektrode in Puffer oder in Wasser gelagert wird, ob die Säuren und Basen, die zur pH-Messung verwendet werden, abwechselnd von allen angesetzt werden, wohin die Rührfische nach Benutzung kommen … das alles sind Details, die – wenn Sie es falsch machen – Ihre Laborkollegen in den Wahnsinn treiben können.

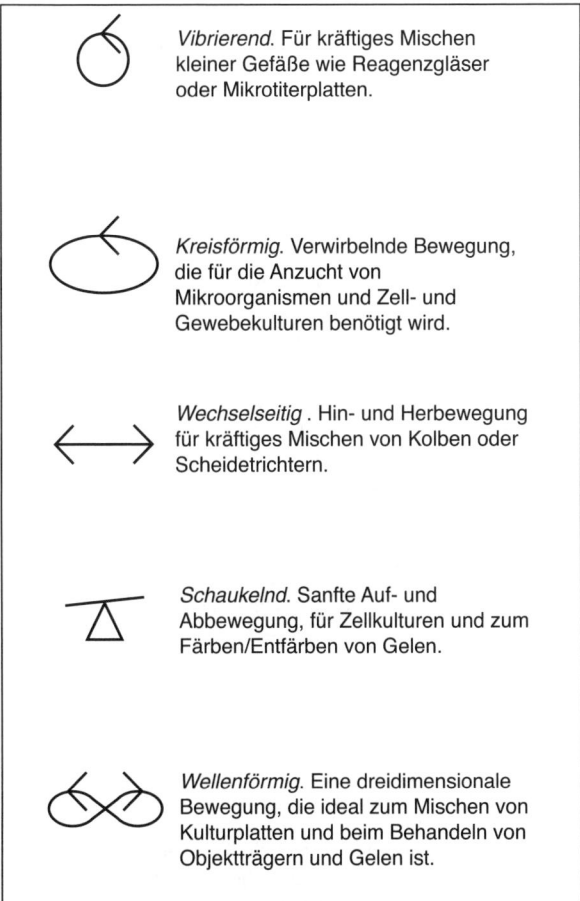

Vibrierend. Für kräftiges Mischen kleiner Gefäße wie Reagenzgläser oder Mikrotiterplatten.

Kreisförmig. Verwirbelnde Bewegung, die für die Anzucht von Mikroorganismen und Zell- und Gewebekulturen benötigt wird.

Wechselseitig . Hin- und Herbewegung für kräftiges Mischen von Kolben oder Scheidetrichtern.

Schaukelnd. Sanfte Auf- und Abbewegung, für Zellkulturen und zum Färben/Entfärben von Gelen.

Wellenförmig. Eine dreidimensionale Bewegung, die ideal zum Mischen von Kulturplatten und beim Behandeln von Objektträgern und Gelen ist.

Abb. 2.9b: Bewegungen von Schüttlern und Inkubatoren. Einige Bewegungen sind für spezielle Anwendungen besser geeignet als andere, aber häufig können die vorhandenen Geräte für Ihre Bedürfnisse angepasst werden.

- **Säubern Sie jedes Gerät nach Benutzung, schalten Sie es richtig aus und bringen Sie es zurück.** Verändern Sie keine Grundeinstellungen. Bewegen Sie keine Knöpfe oder Hebel, die sich nicht bewegen lassen. Ignorieren Sie keine Alarme oder blinkenden Lampen.

- **Bestellen Sie kein Gerät, ohne den Laborleiter vorher gefragt zu haben.** Falls etwas Wichtiges fehlen sollte, weiß vielleicht jemand anderes, ob das entsprechende Gerät in einem andern Labor vorhanden ist und Sie es benutzen dürfen.

- **Seien Sie überaus rücksichtsvoll, wenn Sie Geräte in einem anderen Labor benutzen.** Fragen Sie jemanden in dem anderen Labor, wann er vielleicht Zeit hat, Sie in die Bedienung einzuweisen, und wann Sie es am besten benutzen können.

- **Von jedem Gerät im Labor (selbst jene, die Sie nicht benutzen) sollten Sie wissen:** (1) Was ist es und wofür ist es gut, und (2) wer ist dafür verantwortlich, an wen muss man sich wenden, wenn es ein Problem damit gibt.

- **Außerdem sollten Sie von jedem Gerät wissen:** (1) Wie wird es bedient; (2) wo ist das Handbuch oder die Bedienungsanleitung dazu? Entweder gibt es einen zentralen Platz, an dem alle Handbücher und Bedienungsanleitungen liegen, oder sie liegen in einer Schubla-

Abb. 2.10: Dinge, die etwas messen. (1) *Hochleistungsflüssigkeitschromatographie*. HPLC (von engl. *high-perfomance/pressure liquid chromatography*) wird für die Trennung und Analyse von Biomolekülen und Substanzen verwendet. Pumpe, Detektor, Autosampler (automatischer Probennehmer), Injektor und Computerausstattung erleichtern die Probenhandhabung und Analyse. Die HPLC-Anlage steht bei Raumtemperatur, während eine FPLC-Anlage häufig im Kühlraum oder in einem speziellem Kühlschrank steht. Alternativen: Schwerkraft-betriebene Chromatographie. (2) *Mikrotiterplattenlesegerät*. Im Prinzip ein Spektrophotometer, das Licht misst, welches durch die Proben der Platte (üblicherweise eine 96-Napf-Platte) dringt oder aus den Proben abgegeben wird. Wird für Testverfahren wie ELISA, Tests auf Cytotoxizität und Zellproliferation und für Proteinbestimmungen benutzt. Viele haben Adaptoren für unterschiedliche Plattengrößen. Alternativen: Einzelmessung aller Proben in einem Photometer. (3) *Geigerzähler*. Gefahren: Achten Sie darauf, dass das Zählrohr sauber (nicht radioaktiv) ist, sonst denken Sie noch, dass Sie und alles um Sie herum radioaktiv ist, obwohl nur das Zählrohr kontaminiert ist. Bemerkung: Es gibt einen Knopf zum Verstellen der Empfindlichkeit. Wenn man sie sehr hoch einstellt, kann man scheinbar so hohe Werte bekommen, dass man glaubt, man befindet sich in Tschernobyl oder Fukushima. Alternativen: Obwohl man mit Flüssigkeitsszintillationszählern einen Wischtest ausmessen kann, gibt es für die punktgenaue Ausmessung der Arbeitsfläche keine Alternative. (4) *Spektrophotometer* (*Photometer*). Misst den Durchgang von Licht durch eine flüssige Probe. Wird für die Aufzeichnung von Wachstumskurven, zur Bestimmung von DNA- und RNA-Konzentrationen und für kolorimetrische Test verwendet. Photometer können in Größe, Form und Komplexität sehr unterschiedlich sein. Für die Messung von sichtbarem Licht und UV-Licht werden unterschiedliche Küvetten benötigt. Alternativen: Zur Dichtebestimmung von Bakterienkulturen kann ein Klett-Colorimeter benutzt werden. (5) *Phosphorimager*. Die Autoradiographie von radioaktiven Gelen, Membranen, Dünnschichtplatten oder Geweben wird auf einer speziellen Phosphorimagerplatte durchgeführt, die im Phosphorimager ausgelesen wird. Das Bild wird dann im Computer quantifiziert und analysiert. Die Expositionszeiten sind viel kürzer als bei Röntgenfilmen. Ein Phosphorimager steht vielleicht für das gesamte Institut zur Verfügung, aber jedes Labor hat seine eigenen Platten. Alternativen: Röntgenfilm. (6) *Computer*. Computer sind Bestandteil fast aller neueren Geräte und erlauben eine Feineinstellung der Experimente und eine gründliche Auswertung der Daten. Sie sind außerdem unverzichtbar für das Schreiben von Manuskripten, für Datenspeicherung und -managment und für die elektronische Kommunikation. (7) *Fotodokumentationsanlage*. Angeschlossen an eine digitale Kamera und einen Computer, der eine Bildaufnahme und -analysesoftware hat. So können Chemilumineszenz-, Fluoreszenz- und andere Proben in Gelen oder auf Membranen dokumentiert und quantifiziert werden. Außerdem können Molekülmassenstandards („Marker") damit kalibriert werden.

Abb. 2.11: Dinge, die die Temperatur verändern oder halten. (1) *Rotationshybridisierungsofen.* Hält eine eingestellte Temperatur ein und rotiert lange Glasröhren (Hybridisierungsflaschen), in denen sich üblicherweise Membranen von Koloniefilterhybridisierungen, Northern-, Southern- oder Westernblots befinden. Bemerkung: Achten
Sie darauf, dass die Flaschen und Deckel vor Benutzung gut gereinigt werden. Alternativen: Hybridisierung der Filter in Schalen im Schüttelwasserbad. (2) *Mikrowelle.* Die Hauptanwendung der Mikrowelle im Labor ist das
Schmelzen von Agarose zum Gießen von Agarosegelen. Gefahren: Agaroselösungen enthalten häufig das Mutagen
Ethidiumbromid. Benutzen Sie immer Handschuhe, wenn Sie Sachen in der Mikrowelle bewegen. Verschließen Sie
niemals Gefäße fest mit einem Deckel, sie könnten sonst explodieren. Benutzen Sie niemals die Labormikrowelle,
um darin Essen zu erwärmen! Bemerkung: Weitere, exzentrische Anwendungsgebiete: Zelllyse, Trocknen von Membranen, Fixierung von Bakterien auf Membranen. (3) *Vakuumzentrifuge* (Speedvac). Durch Zentrifugation unter Vakuum wird der Probe Wasser oder Lösungsmittel entzogen. Typische Anwendung: Trocknen von DNA-Pellets nach
Ethanolfällung. Alternativen: Hausvakuum oder Wasserstrahlpumpe, die an einer Kammer angeschlossen wird und
auch zum Trocknen von Gelen oder Gefriertrocknung von großen Mengen Materials benutzt werden kann. (4) *Inkubationsschrank.* Hält eine eingestellte Temperatur und wird zur Anzucht von Zell- und Bakterienkulturen verwendet. Ist eventuell an eine Gasversorgung angeschlossen (z.B. CO_2). Andere Inkubationsschränke werden für die
Probenbehandlung eingesetzt, z.B. bei Filterhybridisierungen. Die meisten Inkubationsschränke sind auf eine bestimmte Temperatur eingestellt. Verändern Sie niemals diese Temperatur, ohne vorher bei den anderen Nutzern
nachgefragt zu haben oder, wenn es bei Ihnen so üblich ist, hinterlassen Sie eine Notiz am Inkubationsschrank.
Alternativen: Wärmeraum. (5) *Thermoblock.* Die Proben (üblicherweise in Eppis) werden in einem Metallblock er-
wärmt, Temperaturen über 100 °C sind möglich. (6) *PCR-Block.* Ein automatischer Thermoblock, mit dem die sehr
schnellen Temperaturwechsel bei der Polymerase-Kettenreaktion (PCR) durchgeführt werden. Hochdurchsatz-PCR-
Maschinen können Tausende von Proben gleichzeitig bearbeiten. Gefahren: PCR-Blocks haben eine hohe
„Schmelz"temperatur, sodass man sich am Block verbrennen kann. Bemerkung: Kontamination ist ein ernsthaftes
Problem bei der PCR, vermeiden Sie daher alle Pipettierschritte in der Nähe der Maschine. Alternativen: Keine. Es
scheint zwar nur ein extravaganter Thermoblock zu sein, aber er führt so schnelle Temperaturwechsel durch, die
kein normaler Thermoblock erreichen kann. (7) *Heizplatte.* Zum Erhitzen kleiner Flüssigkeitsmengen.

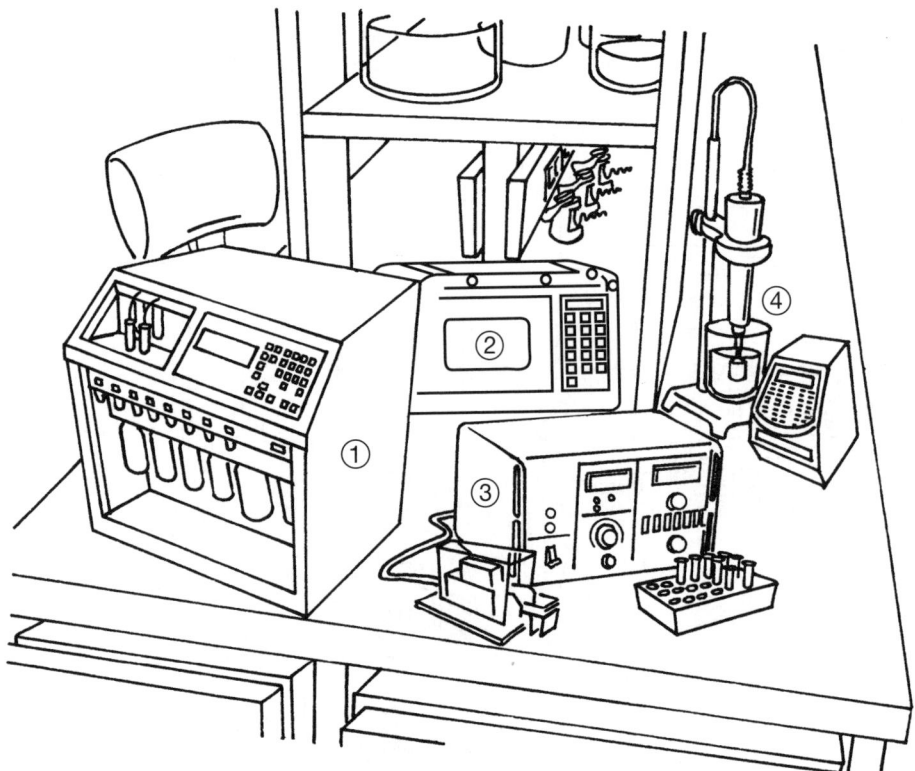

Abb. 2.12: Dinge, die Dinge verändern. (1) *DNA-Synthesemaschine*. Zur Herstellung von Oligonucleotiden für die PCR oder Mutagenese-Experimente. Nicht in jedem Labor oder Institut vorhanden, wird üblicherweise nur von einer Person bedient. Alternativen: Oligonucleotide können auch von vielen Firmen bestellt werden. Gefahren: Die verwendeten Lösungen sind sehr reaktiv, leere Flaschen sollten daher mit Vorsicht entsorgt werden. (2) *UV-Cross-linker*. Die Hauptanwendung ist das kovalente Verknüpfen von Nucleinsäuren auf eine Membran. Kann aber auch benutzt werden, um UV-Mutagenesen durchzuführen oder PCR-Kontaminationen zu beseitigen. Bemerkung: Sieht wie eine Mikrowelle aus. Alternativen: Membranen können auch gebacken werden. (3) *Elektroporator*. Der Elektroporator sieht wie ein Netzgerät aus, und das ist er im Prinzip auch. Elektroporation ist ein Prozess, bei dem an Zellen oder Bakterien für kurze Zeit ein elektrisches Feld angelegt wird, das kurzfristig kleine Löcher in der Zellmembran erzeugt, durch die Moleküle in die Zelle gelangen können. Die Hauptanwendung ist die Transformation von Bakterien und die Transfektion von eukaryotischen Zellen mit fremder DNA. Gefahren: Das Gerät arbeitet mit Hochspannung; benutzen Sie es nicht ohne Anleitung. Alternativen: Es gibt verschiedene chemische und physikalische Transformationsmethoden. (4) *Ultraschallspitze*. Ultraschall mit seinen sehr hohen und kraftvollen Wellen wird benutzt, um biologische Substanzen zu zerreißen und zu fragmentieren. Sie können z.B. genutzt werden, um Zellen aufzuschließen oder DNA zu scheren. Es gibt Ultraschallbäder und Ultraschallspitzen, letztere sind leistungsstärker. Gefahren: Ultraschallspitzen können Hörschäden verursachen, tragen Sie bei Benutzung immer Hörschutz. Bemerkung: Je kleiner die Spitze, desto konzentrierter ist die Schallintensität. Halten Sie die Spitze sauber, sonst geht sie kaputt. Alternativen: Das Hin- und Herdrücken des Materials durch eine dünne Nadel ist nicht so effektiv, kann aber funktionieren. Stickstoff-Dekompression, Detergenzien, chaotrope Reagenzien und Enzyme können ebenfalls zur Zelllyse verwendet werden.

de in der Nähe des Gerätes. (3) Wird es nach Benutzung ausgeschaltet, oder bleibt es den ganzen Tag an? (4) Muss es vor Benutzung aufwärmen? Nicht aufgewärmte Geräte können zu ungleichmäßigen Messwerten und zu verringerten Lebenszeiten von Komponenten des Gerätes führen. (5) Gibt es ein Benutzerbuch oder eine Reservierungsliste? Wenn ja, tragen Sie sich jedes Mal ein, selbst wenn Sie das Gerät nur für 5 Minuten benutzten.

> Benutzen Sie kein Gerät ohne Anleitung. Wenn es kein Handbuch mehr gibt, kontaktieren Sie den Hersteller, um ein neues zu bekommen. Möglicherweise werden Sie auch im Internet fündig.

- **Reagieren Sie sofort auf alle Gerätealarme.** Einen Alarm zu ignorieren kann katastrophale Konsequenzen haben. Ein Alarm von einem Inkubationsschüttler stammt vielleicht von einer abgelaufenen Zeituhr: Wenn man das ignoriert, kommt es möglicherweise dazu, dass eine Bakterienkultur zu lange wächst und ein Experiment ruiniert ist. Einen Alarm an einem CO_2-Inkubationsschrank zu ignorieren, kann dazu führen, dass das CO_2 ausgeht und alle Zellen im Inkubationsschrank durch den folgenden pH-Anstieg sterben. Aber das *worst-case*-Szenario für ein Labor oder ein ganzes Institut kann eintreten, wenn man den Alarm einer −70-°C-Kühltruhe oder eines Flüssigstickstofftanks ignoriert. Der Alarm einer Tiefkühltruhe zeigt üblicherweise steigende Temperaturen an, der Alarm eines Stickstofftanks einen sinkenden N_2-Spiegel: Letztendlich kommt es dazu, dass der Inhalt der Tiefkühltruhe oder des Stickstofftanks auftaut und dass die gesamten Vorräte an Zelllinien, Viren und rekombinanten Bakterien zerstört sind. Die Arbeit von Jahren kann verloren gehen.

Box 2.2: Nachdenken!

Denken Sie über die Geräte, die Sie benutzen, nach. Die Geräte sind ein wichtiger Bestandteil Ihrer Experimente und eine falsche Bedienung kann Ihre Daten in unvorhersehbarer Weise beeinflussen. Ohne das Wissen über die Funktionsweise eines Gerätes wissen Sie nicht, warum auf einmal ein Alarm losgeht, oder woran Sie erkennen können, dass eine Lampe ausgebrannt ist. Einige der häufigsten Probleme, bei denen ein bisschen Nachdenken helfen kann, sind:

Extinktionsmessungen am Photometer ergeben Null. Die Lampe ist vielleicht nicht eingeschaltet, was man an vielen Geräten zusätzlich zum „normalen" Einschalten tun muss. Die Wellenlänge ist eventuell falsch eingestellt. Sie benutzen vielleicht die falschen Küvetten (nicht alle Küvetten lassen alle Wellenlängen passieren). Möglicherweise haben Sie auch die Küvette in die falsche Halterung gestellt (oder falsch herum).

Das Medium in den Zellkulturflaschen im CO_2-Inkubator ist leicht violett geworden, ein Zeichen, dass der pH-Wert dramatisch angestiegen ist. Die CO_2-Flasche ist vielleicht leer. Die Schale, die für die Feuchtigkeit sorgt, kann leer sein (was dachten Sie, wo die Feuchtigkeit herkommt?), und ohne Feuchtigkeit kann die CO_2-Bestimmung fehlerhaft sein.

Man sieht kein Licht auf dem Objektträger mit der fixierten und gefärbten Probe, die Sie von der Wunde eines Patienten genommen haben. Die Lichtquelle ist ausgeschaltet oder die Blende, die die Helligkeit reguliert, ist geschlossen. Der Regler, an dem man die Lichtstärke einstellt, kann auch heruntergedreht sein. Die Objektivlinse mag so verdreht sein, dass kein Licht bis zum Okular durchgelassen wird. Eventuell ist eine Kamera installiert, und der Lichtweg ist auf die Kamera eingestellt und nicht auf das Okular.

2.2.2 Was tun, wenn ein Alarm ertönt?

1. **Identifizieren Sie die Quelle des Alarms.** Auch wenn Sie dafür in ein anderes Labor oder Institut gehen müssen. Schalten Sie den Alarm nicht aus, bis sichergestellt ist, dass sich jemand darum kümmert.

2. **Benachrichtigen Sie** die Person, die für das Gerät verantwortlich ist. Fragen Sie herum oder schauen Sie auf die Verantwortlichkeitsliste (falls es eine solche Liste mit Geräteverantwortlichen gibt), um herauszufinden, wer diese Person ist. Rufen Sie diese Person notfalls auch zu Hause an, selbst wenn es 3 Uhr morgens ist. Sobald die Person benachrichtigt ist, können Sie sich etwas entspannen. Aber bleiben Sie in der Nähe, für den Fall, dass Ihre Hilfe benötigt wird.

3. Wenn die verantwortliche Person nicht aufzutreiben ist, suchen Sie jemanden, der **mehr Ahnung von dem Gerät hat als Sie.** Ob Sie es glauben oder nicht, das ist eventuell nicht möglich! Versuchen Sie es trotzdem.

4. **Wenn Sie mit dem Alarm alleine fertig werden müssen:**

   - Als erstes müssen Sie entscheiden, ob es sich um ein *Sicherheitsproblem* handelt. Ein Sicherheitsproblem wäre zum Beispiel der Defekt eines Gerätes, der zum Verschütten oder Verspritzen von Radioaktivität geführt hat. Benachrichtigen Sie den Sicherheitsbeauftragten des Lehrstuhls und gegebenenfalls die Abteilung für Arbeitssicherheit. Ein weiteres Beispiel wäre eine offensichtliche Unwucht in der Ultrazentrifuge, auch hier sollte der Sicherheitsbeauftragte benachrichtigt werden. Versuchen Sie nicht, mit solchen Situationen alleine fertig zu werden.

   - Als nächstes müssen Sie entscheiden, ob es sich um einen *Labornotfall* handelt. Das typische Beispiel dafür ist eine auftauende –70-°C-Tiefkühltruhe, was die Vernichtung der Forschungsergebnisse eines ganzen Instituts bedeuten kann. Wahrscheinlich können Sie das Problem nicht alleine lösen. Benachrichtigen Sie den Sicherheitsbeauftragten.

     > Lassen Sie die Einstellungen für Temperatur und Gaszufuhr unverändert, es sei denn, Sie überprüfen gerade etwas. Die Temperatur oder Gasmischung bleibt so für einige Stunden stabil, vielleicht sogar über Nacht.

   - Handelt es sich um einen *experimentellen Notfall*? Wird jemandes Experiment ruiniert? Versuchen Sie herauszufinden, wessen Experiment es ist und informieren Sie ihn. Wenn Sie nicht herausfinden können, um wen es sich handelt, schauen Sie sich den experimentellen Aufbau und Ablauf an und entscheiden Sie, ob bestimmte Materialien in bestimmter Weise gelagert werden müssen (siehe auch Kapitel 8, Lagern und Entsorgen). Um die Geräte kann man sich später kümmern.

   - Wenn es sich nicht um eine wirkliche Krise handelt, schalten Sie den Alarm aus und hinterlassen Sie eine Nachricht am Gerät, damit es nicht jemand aus Versehen benutzt. Hinterlassen Sie ebenfalls eine Nachricht für die verantwortliche Person.

2.3 Checkliste für den Erwerb neuer Geräte

1. **Überlegen Sie sorgfältig, ob ein neues Gerät wirklich gebraucht wird.** Kommen Sie eventuell mit der vorhandenen Ausstattung zurecht? Kann man sich das Gerät vielleicht für längere Zeit ausleihen? Braucht man es oft, oder wird es nur für eine Serie von Experimenten benötigt? Auch wenn Geld kein Problem sein sollte, sollte man nie Geräte nur aus einer Laune heraus kaufen.

2. **Prüfen Sie die verschiedenen Gerätetypen und Hersteller.**

   – Schauen Sie in ein umfassendes Lieferantenverzeichnis für bio-/medizinische Ausstattung wie z.B. BioSupplyNet (englisch) und Bionity.com (deutsch).

   – Informieren Sie sich in Laborfachzeitschriften. Manchmal gibt es Sonderhefte zu bestimmten Techniken.

   – Rufen Sie Kollegen an und fragen Sie sie, ob sie ein bestimmtes Modell benutzen und ob sie es empfehlen können.

   – Stöbern Sie an den Verkaufsständen auf Kongressen herum, um zu sehen, was es so alles gibt. Aber kaufen Sie nicht sofort, selbst wenn Ihnen (wie es auf Kongressen üblich ist) ein ordentlicher Preisnachlass angeboten wird, es sei denn, Sie haben sich bereits ein umfassendes Bild gemacht.

   – Schicken Sie Ihre Fragen zu einem Gerät an ein schwarzes Brett im Internet.

   – Fragen Sie die Firmen nach Namen und Telefonnummern von Kunden, die das Gerät bereits gekauft haben. Rufen Sie ein paar dieser Leute an, um zu sehen, ob sie mit ihrem Kauf zufrieden sind.

3. **Entscheiden Sie sich, welche zwei oder drei Geräte in Ihre engere Auswahl kommen.** Bitten Sie die Hersteller um eine Demonstration oder um eine Probezeit zum Testen des Gerätes. Versuchen Sie, die Geräte unter den Bedingungen zu testen, unter denen sie später eingesetzt werden sollen. Prüfen Sie, wie viel technische Hilfestellung und Unterstützung die Firmen anbieten.

4. **Treffen Sie die letzten Arrangements mit den Top-Kandidaten.** Was wird alles mit dem Gerät geliefert, was kann man noch herausschlagen? Einige Firmen werden freier Software, Einweisungen am Gerät vor Ort, zusätzlichen Verbrauchsmaterialien oder freien Wartungsverträgen zustimmen, um den Zuschlag zu bekommen. Falsche Scham ist fehl am Platze, wenn es darum geht, den besten Deal zu machen.

5. **Falls möglich, kaufen Sie das Gerät auf Probe.** Die Einkaufsabteilung der Verwaltung kümmert sich darum.

6. **Testen Sie das Gerät und bleiben Sie in engem Kontakt zu der Firma.** Stellen Sie Fragen und nutzen Sie die Expertise der Herstellerfirma, denn deren Fachwissen sollte ein Grund gewesen sein, warum Sie ausgerechnet dieses Gerät gekauft haben. Einige Firmen liefern sogar Anwendungsprotokolle und alle Firmen sollten eine Service-Hotline anbieten.

7. **Kommt ein gebrauchtes Gerät in Frage?** Dann können Sie überlegen, ein Gerät von einer Laborgerätebörse zu erwerben. Diese Geräte sind üblichweise überholt und Sie bekommen noch Garantie darauf. Natürlich dürfen Sie dort nicht auf das Neueste vom Neuen hoffen.

2.4 Quellen und Ressourcen

- BioSupplyNet
  http://www.biosupplynet.com
  Hier können Sie nach Produktnamen, Firmen, Kategorien und nach dem besten Angebot suchen. Ein umfangreiches Verzeichnis für den biomedizinischen Laborbedarf im Internet.

- Wer liefert was?
  http://www.wlw.de
  Eine allgemeine Suchmaschine für Produkte und Dienstleistungen.

- Bionity.com
  http://www.bionity.com
  Ein Informationsportal für Biotechnologie und Pharma, mit Biotech-Suchmaschine.

PROTOCOL

1. In general DQB binding requires binding which depends upon various positive and negative regulatory factors. These can be constrained by at least two families of inhibitors.
2. DQB acts in certain cause as a growth factor dependations more on the interactions between separate...

3 Loslegen und die Übersicht behalten

Die Laborbank ist Ihr Zuhause, Ihr Grundbesitz. Einrichtung und Instandhaltung Ihrer *bench* sind integraler Bestandteil der Reproduzierbarkeit Ihrer Experimente. Wie immer auch Ihr persönlicher Stil ist, versuchen Sie ihn im Zaum zu halten und halten Sie ihre Laborbank gepflegt. Ignorieren Sie den Machismo, der in vielen Laboren herrscht, dass ein „echter Wissenschaftler" sich nicht um das Aufräumen kümmert. Bleiben Sie lieber organisiert. Entfernen Sie wenigstens den Müll vom vorherigen Experiment, bevor Sie mit einem neuen beginnen.

Was wird auf der Laborbank gemacht? Werden Sie die Proben zur Gelelektrophorese hier nur vorbereiten, oder wird das Gel auch auf Ihrem Platz gefahren – oder gibt es einen allgemeinen Elektrophoresebereich, den Sie nutzen können? Nutzen Sie allgemein benutzte Bereiche so oft wie möglich und halten Sie Ihre Arbeitsbank so frei wie möglich: Widerstehen Sie der Versuchung, alles auf Ihrer Bank zu machen, es wird mit der Zeit sehr chaotisch.

Organisation ist der Schlüssel zum Erfolg. Heutzutage ist es nicht mehr möglich, die schiere Menge an zur Verfügung stehender wissenschaftlicher Information vollständig aufzunehmen: Man kann nur noch hoffen, dass man weiß, was man wie tun muss, um das zu bekommen, was man benötigt. Ohne ein System zur Organisation von Referenzen, Daten, Computerdateien und Artikeln werden Sie innerhalb weniger Wochen hoffnungslos im Papierkram versinken. Die Kontrolle über die Informationen zu behalten ist im Labor genauso wichtig wie Grips zu haben.

3.1 Einrichten einer funktionalen Laborbank

Um das Gefühl zu bekommen, wirklich eingezogen zu sein, richten Sie Ihre Laborbank so ein, dass Sie so schnell wie möglich mit den Experimenten starten können. Es wird wahrscheinlich länger als eine Woche dauern, bis Sie wirklich wissen, woran Sie arbeiten und welche Chemikalien Sie exakt benötigen. Aber es gibt einige Standardlösungen und Chemikalien, die jedermann benötigt. Bereiten Sie sich vor, um so schnell wie möglich ein Experiment zu starten.

1. **Überlegen Sie kurz, was Sie brauchen.** Schauen Sie sich im Labor um, denken Sie über die Art der laufenden Arbeiten nach und machen Sie eine Liste der Dinge, die Ihre Laborbank Ihrer Meinung nach braucht.

2. **Finden Sie heraus, was Sie auf Ihrer Laborbank verwenden können.** Häufig übernimmt ein Neuling das Equipment seines Vorgängers. Überprüfen Sie es. Wenn es funktioniert, behalten Sie es erst einmal. Falls Sie später merken, dass es nicht adäquat ist, können Sie es immer noch ersetzen. Selbst wenn es nicht das ist, woran Sie gewöhnt sind – viele Leute sind z.B. sehr voreingenommen, was die Marke ihrer Pipette angeht – geben Sie der „alten" Ausstattung eine Chance.

   > Benutzen Sie keine Vorräte aus geöffneten Boxen oder Tüten. Wenn Sie geöffnete Tüten mit Pipettenspitzen oder Reaktionsgefäßen finden, behalten Sie nur das, was noch autoklaviert werden kann, um Sauberkeit und Sterilität zu garantieren.

3. **Werden Sie alles los, was Sie nicht gebrauchen können.** Sie müssen den Ihnen zur Verfügung stehenden freien Arbeitsplatz maximieren. Nachdem Sie die Schränke und Schub-

laden inspiziert haben, versuchen Sie die Dinge loszuwerden, die Sie nicht benutzen werden. Entweder fragen Sie Ihre Kollegen, ob sie etwas davon haben wollen, oder Sie stellen sie für eine Woche auf einen Laborwagen, mit einem Zettel versehen, dass sich jeder bedienen darf. Nach einer Woche entsorgen Sie alles, was noch übrig geblieben ist.

> Entsorgen Sie ohne zu zögern alle Puffer, die Sie in Ihren Regalen finden. Es mag verlockend sein, etwas Arbeit zu sparen und diesen einen speziellen Tris-Puffer zu verwenden, aber Sie wissen nicht wirklich, ob der Puffer noch in Ordnung ist.

4. **Putzen Sie.** Sie werden nie wieder eine so gute Gelegenheit haben, einmal ordentlich zu putzen. Wischen Sie die Regale und die Laborbank mit einem milden Reinigungsmittel ab. Spülen Sie ordentlich mit Wasser nach. Benutzen Sie Handschuhe zum Putzen, es könnten noch Reste von radioaktiven oder gefährlichen Chemikalien vorhanden sein.

Box 3.1: Abfall

Während Sie sich einrichten und erst recht, wenn die Experimente laufen, werden Sie eine Menge Abfall produzieren, den Sie loswerden wollen. Werfen Sie nichts weg, bis man Ihnen die Sicherheitsbestimmungen zum Entsorgen von Chemikalien und anderen Materialien erläutert hat. Verstöße gegen die Bestimmungen zur Entsorgung können zum Schließen des Labors führen.

In Kapitel 8 finden Sie mehr Einzelheiten zur Müllentsorgung, aber Ihnen sollte jetzt schon klar sein, dass jede der folgenden Müllsorten ihre eigenen Methoden und Orte zur Entsorgung hat:

Papier (recyclefähig) und Papiermüll
Biologische Abfälle
Radioaktive Abfälle
Glasabfall
Spritzen, Nadeln, Pasteurpipetten
Chemikalienabfall
Abfall für gefährliche Chemikalien

---

5. **Bestellen Sie das, was Sie für die Routinearbeit benötigen.** Seien Sie dabei konservativ (die meisten Vorräte und Geräte, die Sie benötigen, werden im Labor vorhanden sein). Sie können auch später immer wieder bestellen, also bestellen Sie jetzt nur das Notwendigste. Bitten Sie denjenigen, der für die Bestellungen zuständig ist (wenn jemand dafür eingeteilt ist), oder einen Laborkollegen um Unterstützung. Finden Sie heraus, wie hoch Ihr Budget ist und, selbst wenn es kein Limit gibt, bestellen Sie nur das, was Sie wirklich unbedingt benötigen. Mehr Details zum Bestellen finden Sie unten.

> Bestellen Sie kein größeres Equipment, ohne vorher mit dem Laborleiter gesprochen zu haben. Versuchen Sie, größere Geräte, die Sie benötigen, zu leihen, insbesondere für Pilotexperimente.

6. **Starten Sie Ihre Experimente so schnell wie möglich und bewerten Sie dann Ihre Erfordernisse neu.** Das Vorbereiten und Durchführen selbst eines kleinen Experimentes wird Ihnen zeigen, was Sie wirklich benötigen, was Sie sich leihen können und was Sie nicht gebrauchen können. Dann bestellen Sie, was Sie für die Durchführung einer bestimmten Versuchsreihe benötigen.

> Obwohl Sie für Ihr erstes Experiment natürlich so gut wie möglich vorbereitet sein wollen, warten Sie nicht ab, bis Sie alles haben, was Sie benötigen. Machen Sie auf jeden Fall in der ersten Woche ein Experiment, auch wenn Sie sich Materialien dafür leihen müssen.

3.1.1 Bestellen von Chemikalien und Reagenzien

1. **Finden Sie heraus, wie Sie eine Bestellung durchführen müssen.** Die genaue Prozedur kann von Institut zu Institut sehr unterschiedlich sein: Ihre Verantwortlichkeit kann sich darauf beschränken, nur Bescheid zu geben, wenn Sie etwas brauchen, es kann aber auch sein, dass Sie die Bestellung selbst tätigen dürfen.

An den meisten Einrichtungen gibt es ein zentrales Chemikalienlager, in dem die am häufigsten gebrauchten Chemikalien geführt werden. Die Regeln für Bestellungen im eigenen Chemikalienlager können sich von den Bestimmungen für Außer-Haus-Bestellungen unterscheiden. In vielen Einrichtungen gibt es außerdem eine zentrale Beschaffungsabteilung, die die Bestellungen ausführt und sich um den Papierkram kümmert. Die zentrale Beschaffung kümmert sich auch darum, den billigsten Anbieter für ein Produkt zu finden; falls Ihr Artikel also von einem bestimmten Hersteller sein muss, müssen Sie das bei der Bestellung deutlich machen.

> Mehr und mehr Institute wechseln zur Online-Bestellung. Wenn das auch für Ihre Einrichtung gilt, benötigen Sie wahrscheinlich ein Passwort und eine Kontonummer (die Sie für alle Bestellungen benötigen). Das Einrichten dieser Daten kann einige Tage dauern, also kümmern Sie sich rechtzeitig darum.

2. **Achten Sie darauf, dass der Artikel nicht schon im Labor vorhanden ist oder bereits bestellt wurde.** Suchen Sie im Regal auch hinter den Packungen und Flaschen, ob eventuell eine zweite Packung da ist. Fragen Sie den Verantwortlichen für die Bestellungen oder einen Kollegen, ob der Artikel schon von jemand anderem bestellt wurde.

3. **Falls die Substanz zu den Standardreagenzien im Labor gehört, bestellen Sie exakt die gleiche Substanz in der üblichen Menge.** Bei Chemikalien ist die leere Packung die beste Informationsquelle für Bestellnummer und Packungsgröße. Für andere Artikel fragen Sie den Verantwortlichen für die Bestellungen oder einen Kollegen im Labor.

> Die meisten Standardreagenzien, die Sie für Ihre ersten Experimente benötigen, finden Sie als Vorrat in Ihrem Labor.

4. **Falls der Artikel vorher noch nicht im Labor benutzt wurde, beachten Sie folgende Punkte:**

   – *Sprechen Sie mit der Person, von der Sie die Versuchsvorschrift haben*, für die Sie den Artikel brauchen. Die Herkunft einer Chemikalie kann kritisch für das Experiment sein, insbesondere wenn Sie versuchen, ein Ergebnis zu reproduzieren. Derjenige, der das Reagenz bereits benutzt hat, kann Ihnen die besten Ratschläge bezüglich der benötigten Qualität, des Herstellers sowie den Lagerungsbedingungen geben.

   – Falls Ihre Versuchsvorschrift keine Angaben über die genaue Herkunft eines Reagenzes macht, *fragen Sie jemanden, der ähnliche Experimente durchführt, nach einer Empfehlung für einen Hersteller*. Sie können auch die zentrale Beschaffungsabteilung oder denjenigen, der für die Bestellungen zuständig ist, nach einem möglichen Hersteller fragen und dann den Hersteller selbst

   > Sprechen Sie mit einer/m erfahrenen TA über Bestellungen und Vorbereiten von Experimenten: Solch eine Person kann eine äußert wertvolle Ressource sein.

   anrufen. Es gibt eine Reihe von Online-Serviceeinrichtungen, die es Ihnen ermöglichen, die Artikel nachzuschlagen, um die Preise und Spezifikationen zu vergleichen und Informationen vom Hersteller einzuholen. Einige davon sind am Ende des Kapitels unter „Quellen und Ressourcen" aufgelistet. Sie können auch eine der zahlreichen biomedizinischen Newsgruppen benutzen, um eine Frage an Leute zu stellen, die diesen Artikel schon benutzt haben. Oder Sie bitten einen Vertreter um Hilfe. Wenn Sie ein gutes Verhältnis zu den Vertretern haben, werden die meisten sehr ehrlich über die Angemessenheit und die Limitierungen eines bestimmten Artikels mit Ihnen reden. Genießen Sie die Informationen aber trotzdem mit Vorsicht.

– *Kaufen Sie die kleinste Menge.* Der Preis pro Einheit sinkt zwar üblicherweise dramatisch mit steigender Bestellmenge, aber Chemikalien, die nicht verwendet werden, können verderben und werden dadurch zu einer sehr teuren Anschaffung. Widerstehen Sie der Versuchung, die Maxi-Packung zu kaufen.

– *Führen Sie Buch über Ihre Bestellungen.* Das macht es einfacher, einen bestimmten Artikel wieder zu bestellen. Es wäre auch gut, wenn Sie die Bestellnummer (*order number*) und Chargennummer (*lot number*) in Ihrem Protokollbuch bei den entsprechenden Experimenten aufschreiben.

– *Kaufen Sie die beste Qualität, die Sie benötigen und sich leisten können* – mit der Betonung auf „benötigen". Viele Reagenzien sind in verschiedenen Qualitäten erhältlich, wobei reinere Qualitäten teurer sind. Aber die teuerste Qualität ist nicht unbedingt die bessere und kann zu unterschiedlichen Ergebnissen führen. Wenn die Qualität nicht angegeben ist, erkundigen Sie sich beim Hersteller, was Sie für Ihre Experimente benötigen.

5. **Lassen Sie den Artikel so billig wie möglich, aber so sicher wie nötig verschicken.** Sie können z.B. die Wahl zwischen Versand auf Trockeneis (gefrorenes CO_2) und Nasseis (normales Eis) haben. Entscheiden Sie sich für den laut Herstellerangaben minimalen notwendigen Schutz. Vermeiden Sie Expresssendungen.

> Sie müssen entscheiden, wie Sie mit Vertretern umgehen wollen. Für viele Wissenschaftler ist es eine Qual, mit ihnen zu reden, und viele Einrichtungen und Firmen erlauben Vertretern nicht, über die Flure zu laufen und ihre Mitarbeiter zu belästigen. Nichtsdestotrotz kann ein guter Vertreter unendlich hilfreich sein. Die meisten sind selbst ausgebildete Naturwissenschaftler und sie können bei der Entscheidungsfindung helfen und behilflich sein, Kosten zu reduzieren. Vertreter haben keinen leichten Stand. Seien Sie höflich zu allen, aber selektiv, wenn es darum geht, mit wem Sie sprechen wollen.

> Rinderserumalbumin (RSA oder BSA für engl. *bovine serum albumine*) kann z.B. dazu benutzt werden, um unspezifischen Proteinbindung auf einer Membran abzublocken oder um ein Enzym zu stabilisieren. Im letzten Fall, in dem jegliche Kontamination die Enzymaktivität inhibieren könnte, wird eine reinere BSA-Qualität benötigt.

3.1.2 Einrichten der Laborbank

Platz

Sie sollten mindestens 50 cm freien Arbeitsplatz auf der Laborbank für Ihre Experimente haben. Stellen Sie diesen Platz nicht voll und räumen Sie ihn nach jedem Experiment auf, um diesen Bereich frei zu halten.

Einige Leute bedecken ihre Bank mit Laborpapier oder speziellem Auslegepapier, das auf der einen Seite saugfähig und auf der anderen Seite mit Plastik beschichtet ist. Falls Sie dieses Papier benutzen, legen Sie die saugfähige Seite nach oben, außerdem sollten Sie das Papier regelmäßig wechseln, sonst verfehlt es seinen Zweck.

> Ein Tipp: Legen Sie gleich mehrere Schichten Auslegepapier übereinander aus und entfernen Sie immer nur die oberste Schicht, wenn sie verschmutzt ist.

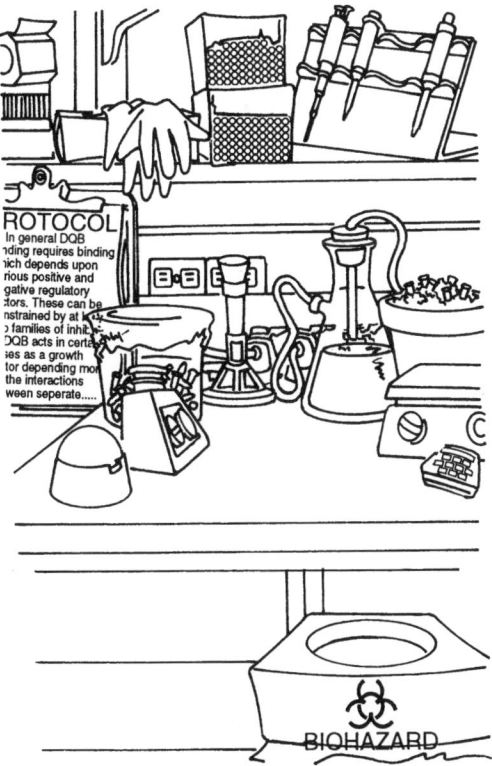

In general DQB
nding requires binding
ich depends upon
rious positive and
gative regulatory
:tors. These can be
nstrained by at k
families of inhil
DQB acts in cert
ies as a growth
tor depending mor
the interactions
ween seperate.....

Abb. 3.1: Die Laborbank. Die Laborbank sollte einen zentralen Arbeitsbereich haben, der von Geräten und Materialen umgeben ist, die Sie zur Vorbereitung und Durchführung Ihrer Experimente benötigen.

Falls Sie irgendwelche radioaktiven Arbeiten an Ihrer Laborbank ausführen, müssen Sie die Bank mit dem plastikbeschichteten Auslegepapier bedecken. Das muss bei jedem Experiment gemacht werden und das Papier muss nach jedem Experiment entsorgt werden (in den radioaktiven Abfall). Wenn Sie das gleiche Papier wieder verwenden, verfehlt es seinen Zweck.

Regale

Ihre eigenen Reagenzien, die bei Raumtemperatur gelagert werden können, werden über der Laborbank in den Regalen gelagert. Eine der ersten Tätigkeiten, die ein Neuling im Labor durchführt, ist das Ansetzen von Puffervorräten, die er für seine Experimente benötigt.

In Kapitel 7 erfahren Sie mehr über das Herstellen von Puffern und Reagenzien sowie Rezepte für häufig gebrauchte Reagenzien.

Falls die Regale in der Mitte zwischen zwei gegenüberstehenden Arbeitsbänken angebracht sind, passen Sie auf, dass Sie keine Flaschen aus dem Regal auf den Arbeitsplatz Ihres Gegenübers stoßen. Lagern Sie niemals Säuren, Laugen oder andere ätzenden Reagenzien im Regal.

Die meisten Puffer werden autoklaviert, bevor man sie bei Raumtemperatur lagert.

Box 3.2: Reagenzien, die man üblicherweise auf der Laborbank findet:

10x PBS oder 10x TBS
Ethidiumbromid, 10 mg/ml
Tris-EDTA-Puffer (TE)
10x Tris-Acetat-EDTA-Puffer (TAE)
10x Tris-Borat-EDTA-Puffer (TBE)
10% SDS
20x SSC
1 M Tris, pH 7,0, pH 7,5, pH 8,0
0,5 M EDTA, pH 8,0
3,0 M Na-Acetat, pH 5,2
5 M NaCl
5 oder 10 M NaOH
10x Laemmli-Laufpuffer

Box 3.3: Kühl gelagerte Reagenzien, die Sie wahrscheinlich benötigen:

Chloroform/Isoamylalkohol
Wassergesättigtes Phenol
Phenol/Chloroform/Isoamylalkohol
Probenpuffer für RNA-, DNA- und Proteingele

Auf der Laborbank und in den Schubladen: Glossar

Absaugvorrichtung: Verwendet Vakuum zum Absaugen von Flüssigkeiten, häufig Überstände.

Biomüll und/oder Abfall für gentechnisch veränderte Organismen: Einwegmaterialien, die mit lebenden infektiösen oder gentechnisch veränderten Organismen in Berührung gekommen sind, müssen gesammelt und inaktiviert werden (Kapitel 8). Häufig gibt es einen größeren Abfallbehälter für das ganze Labor und kleinere Behälter auf der Laborbank.

Eisbox: Die Eisboxen im Labor sind üblicherweise Allgemeingut. Aber da Ihre erste Tätigkeit jeden Morgen daraus besteht, die Eisbox zu füllen, sollten Sie sicherstellen, immer eine zur Hand zu haben.

Filzschreiber: Sie sollten mindestens einen Edding jederzeit griffbereit auf Ihrer Laborbank liegen haben. Beschriften Sie ihn mit Ihrem Namen (auf einem Klebeband), sonst werden Sie nie einen finden, wenn Sie ihn gerade benötigen. Lagern Sie eine Hand voll Filzschreiber verschiedener Farben und Stärken in einem Becherglas oder in der Schublade.

Glaspipetten: Sie brauchen ein paar Glaspipetten, um Lösungsmittel oder andere Flüssigkeiten abzumessen. Lagern Sie die Pipetten in einer autoklavierbaren Dose oder einem autoklavierbaren Behälter. Häufig verwendete Größen sind 2, 10 und 25 ml. Wenn Sie mit Zellkulturen arbeiten, werden Sie überwiegend steril verpackte Einwegpipetten aus Plastik verwenden. Wenn Sie diese nur selten benutzen, kaufen Sie lieber die einzeln verpackten Pipetten. Wenn Sie sie häufig benötigen, kaufen Sie die billigeren Großpackungen.

Heizplatte mit Magnetrührer: Damit kann man Proben aufkochen, bevor man sie auf Gele lädt, nach Herzenslust schlecht lösliche Reagenzien lösen oder eine Membran „strippen", und das alles an der eigenen Laborbank.

Kittel: Fast alle Institute stellen Ihren Mitarbeitern einen oder mehrere Kittel zur Verfügung, die üblicherweise auch zentral gereinigt werden. In einigen Laboren findet man Einwegkittel aus Papier. Im Labor muss immer ein Kittel getragen werden, nicht nur wegen der Sicherheit: Er hilft auch, die Lebensdauer Ihrer normalen Kleidung zu verlängern. Für Arbeiten mit radioaktiven Stoffen benötigen Sie einen zusätzlichen Kittel.

Klebeband zum Beschriften: Wenn Sie zu viel Platz auf Ihrer Laborbank haben sollten, stellen Sie sich einen Multitape-Spender auf Ihren Platz, sodass Sie jederzeit Zugriff auf farbiges oder weißes Klebeband (zum Beschriften von Flaschen), Tesaband (um Beschriftungen auf Eppis zu schützen), Autoklavierband (kommt auf alles, was Sie autoklavieren) sowie Gefahrenaufkleber haben. Wenn Sie nicht so viel Platz haben, stellen Sie einen einfachen Spender in Ihre Schublade.

Latexhandschuhe (Gummihandschuhe): Latexhandschuhe kann man gepudert und ungepudert erhalten. Testen Sie verschiedene Marken. Aufgrund der erhöhten Allergiegefahr sollen gepuderte Latexhandschuhe in Deutschland aber nicht mehr verwendet werden. Viele Leute haben ohnedies schon eine Naturlatexallergie und müssen daher andere Handschuhe (z.B. Nitriloder Polyvinylchloridhandschuhe) verwenden. Benutzen Sie die richtige Größe: Zu kleine Handschuhe verursachen Schmerzen und zu große Handschuhe verfangen sich gerne in Pipetten, außerdem kann man damit schlecht kleine Dinge handhaben.

Mikroliterpipetten: In den Größen 0–20, 10–100, 50–250 oder 10–200 und 100–1000 µl. Wenn Sie einen Satz Pipetten von Ihrem Vorgänger erben, rekalibrieren Sie sie als erstes. Pipetten können ordentlich in einer flachen Schublade gelagert werden, aber besser ist es, einen passenden Ständer zu besorgen oder sich einen behelfsmäßigen Ständer zu bauen, indem man 50-ml-Plastikröhrchen am Regal befestigt.

Parafilm: Ein dehnbarer Plastikfilm, der verwendet wird, um Platten und Röhrchen zu verschließen. Sollte auf keiner Arbeitsbank fehlen! Für Parafilm gibt es Spender mit Abreißkante, wenn Sie keinen solchen haben, lagern Sie eine Schere oder ein verschlossenes Skalpell in der Nähe.

Pasteurpipetten (steril) und Saugbälle: Alternativ kann man auch Einmalpipetten aus Plastik verwenden. Benötigt man, um Eppis zu füllen oder auszutarieren, um Überstände abzunehmen und allgemein für das Umfüllen von kleineren Flüssigkeitsmengen.

Pipettierhilfen: Da Mundpipettieren strengstens untersagt ist, benötigt man zum Pipettieren ein Hilfsmittel, mit dem man Sog erzeugen kann. Ein Gummiball (z.B. Peleusball) reicht im Allgemeinen aus, aber eine automatische Pipettierhilfe ist verlässlicher und einfacher zu bedienen.

Spitzen-/Glasabfall: Pipettenspitzen und Pasteurpipetten können Plastiktüten durchstechen und sollten/müssen daher in separaten Gefäßen gesammelt werden. Sie können eine Kanülen-Abfallbox für alle Ihre scharfen und schneidenden Abfälle verwenden oder eine kleine Tüte, die Sie in ein Becherglas stecken. Fragen Sie den Sicherheitsbeauftragten, was er empfiehlt (und vielleicht sogar zur Verfügung stellt), um Nadeln, Spritzen und andere scharfen und spitzen Gegenstände zu entsorgen.

Spritzflaschen: Eine der Spritzflaschen sollte destilliertes Wasser enthalten, zum Auffüllen von Tarierröhrchen usw., eine andere 70% Ethanol zum Desinfizieren von Röhrchen, Verschüttetem, und zum Reinigen der Arbeitsbank.

Ständer für Reaktionsgefäße („Eppiständer"): Sie brauchen 3–4 Ständer, um mehrere Experimente gleichzeitig durchzuführen. Lagern Sie sie in einer Schublade, damit sie nicht „verloren" gehen.

Sterile Pipettenspitzen und Spitzenkästen: Sie sollten immer 3-4 Kästen mit Pipettenspitzen fertig sterilisiert und griffbereit haben. Nicht alle Spitzen passen genau auf alle Pipetten, daher sollten Sie mit dem Spitzenhersteller (oder mit jemandem im Labor) abklären, welches die richtigen Spitzen sind.

Sterile Reaktionsgefäße (Eppis): Werden in einem mit Aluminiumfolie abgedeckten Becherglas oder einem anderen autoklavierbaren Behälter gelagert. Sie sollten immer mindestens zwei Gefäße mit den Eppis, die Sie am häufigsten benötigen, auf Vorrat haben. Die 1,5- und 0,5-ml-Reaktionsgefäße sind am populärsten.

Tischzentrifuge: OK, eine eigene Tischzentrifuge sollte man nicht gerade erwarten, aber wenn Sie eine haben, werden Sie sie den lieben langen Tag benutzen. Es gibt auch kleine Tischzentrifugen für nur 6 Proben, diese erreichen aber nicht die Umdrehungsgeschwindigkeiten, die man z.B. zur DNA-Fällung benötigt.

Timer (Stoppuhr/Wecker): Egal, ob Sie für eine Minute einen Objektträger färben oder einen zweistündigen Restriktionsverdau angesetzt haben, Sie sollten sich immer einen Wecker stellen. Nehmen Sie am besten einen, der mehrere Kanäle hat, sodass Sie zwei oder drei Experimente gleichzeitig im Griff haben. Viele Timer haben einen Magneten auf der Rückseite, sodass sie an metallischen Regalen befestigt werden können, oder einen Clip, mit dem man sie am Kittel tragen kann.

Wirbelmischer (Vortex/Vortexer): Steht üblicherweise auf der Laborbank. Für die meisten Modelle gibt es nützliche Adaptoren für mehrere Röhrchen.

3.1.3 Mikroliterpipetten, Glaspipetten und Pipettierhilfen

Mikroliterpipetten

Es gibt Dutzende verschiedener Mikroliterpipetten, sodass Sie kein Problem haben sollten, eine zu finden, die Ihren Ansprüchen genügt. Einige haben einen Druckknopf, um die Probe sowohl aufzunehmen und wieder abzugeben als auch die Pipettenspitze abzuwerfen. Andere haben zwei Knöpfe dafür. Einige können im Labor kalibriert werden, andere müssen dazu eingeschickt werden. Viele sind vollständig autoklavierbar und sind daher ideal für das Arbeiten mit pathogenen Organismen.

> Die meisten Mikroliterpipetten haben zwei Druckpunkte. Zum Entlassen des Spitzeninhalts drücken Sie bis zum ersten Druckpunkt, warten eine Sekunde und drücken dann weiter bis zum zweiten Druckpunkt. Dadurch wird der letzte Rest an Flüssigkeit zusammen mit etwas Luft herausgedrückt. Um Aerosolbildung zu vermeiden, sollten Sie nur sehr sachte drücken.

Neben der Spezifität, die durch die große Auswahl von Pipetten geboten wird, ist die Flexibilität durch das Angebot an verschiedenen Spitzen gegeben. Verlängerungen für Spitzen ermöglichen Ihnen, mit Ihrer Pipette auch an Zellkulturen zu arbeiten, wobei die sterile Spitze in die Flaschen und Gläser eintaucht, während die Pipette selbst draußen bleibt. Lange, abgeflachte Spitzen werden zum Beladen von Sequenziergelen verwendet. Andere Spitzen besitzen Filter, die Verschleppungen (*carryover*) von einer Probe zur nächsten verhindern und sind daher exzellent für die PCR sowie für infektiöse und radioaktive Proben geeignet.

Variable Pipetten: Gute Laborbankpipetten, ideal für eine Reihe verschiedener Pipettieranwendungen.

Elektronische Pipetten: Können programmiert werden, um verschiedene Volumina abzugeben und um Verdünnungen durchzuführen.

Fix(volumen)pipetten: Fixpipetten sind verlässliche Instrumente für spezielle Assays, bei denen immer das gleiche Volumen pipettiert werden muss.

Mehrkanalpipetten: Sind so konstruiert, dass mehrere Proben gleichzeitig pipettiert werden können. Sie werden üblicherweise für die Anwendungen mit Mikrotiterplatten hergestellt und haben 4, 8 oder 12 Auslässe. Sie können ein fixes Volumen haben, variabel sein oder als Multipette ausgelegt sein.

Direktverdrängungspipetten: Bei einem Direktverdrängungsmechanismus gibt es kein Luftkissen zwischen Probe und Kolbenkopf mehr. Diese Pipetten sind extrem genau, weil das Probenvolumen nicht mehr von Oberflächenspannung, Viskosität, Dampfdruck oder Dichte beeinflusst wird. Gekoppelt mit Filterspitzen sind Direktverdrängungspipetten sehr gut für die PCR sowie radioaktive und infektiöse Proben geeignet, weil keine Aerosolbildung und keine Probenverschleppung stattfinden.

Multipetten: Zum schnellen wiederholten Abgeben einer bestimmten Flüssigkeitsmenge. Das gleiche Volumen kann mehrfach aus einem Reservoir abgegeben werden, ohne dass man nachfüllen muss. Das Reservoir ist entweder eine angeschlossene Spritze oder Flasche oder wird durch Schläuche aus einem beliebigen Behälter in die Pipette gepumpt. Multipetten gibt es als Ein- und Mehrkanalpipetten mit Fix- oder einstellbarem Volumen.

Pipetten

Glaskapillaren: Kleine Glasröhrchen, die Mikrolitervolumen durch Kapillarkraft oder durch Sog aufnehmen. Werden zum Beladen von Dünnschichtchromatographieplatten, für die PCR oder die Elektrophorese verwendet.

Pasteurpipetten: Aus Glas, gibt es in verschiedenen Längen und Aussehen. Gut zum Befüllen von Tariergefäßen für die Zentrifugation und zum Abnehmen und Transferieren von Flüssigkeiten. Können mit Watte verstopft werden. Findet man häufig als Spitze einer Absaugvorrichtung.

Messpipetten: Das sind Ihre alltäglichen Standardpipetten. Aus Glas oder Plastik, wiederverwendbar oder zum Einmalgebrauch, mit Wattestopfen oder nicht, einzeln verpackt, in Großpackungen oder selbst gepackt – es gibt viele Optionen und Größen. Für organische Lösungsmittel werden Glaspipetten benötigt, für Arbeiten mit Zellkulturen werden üblicherweise sterile Plastikpipetten verwendet. Jedes Labor hat sein eigenes System für die Auswahl der Pipetten und den Umgang damit. Die meisten Pipetten sind auf völligen Ablauf kalibriert, d.h. sie liefern das gewünschte Volumen, wenn man die Pipette vollständig leer laufen lässt, seltener findet man Pipetten mit teilweisem Ablauf, bei dem man die Flüssigkeit nur bis zur untersten Markierung ablassen darf.

Transferpipetten: Einmal verwendbar, aus Plastik. Mit eingebautem Saugball. Ideal zum Austarieren von Zentrifugengefäßen oder zum Umfüllen von Zellen oder Substanzen, die an Glas haften bleiben könnten.

Vollpipetten: Auf ein bestimmtes Volumen kalibriert. Nicht sehr nützlich für die meisten Labors.

Pipettierhilfen

Mit Pipettierhilfen erzeugt man manuell den Sog, den man für normale Pipetten, egal ob aus Glas oder Plastik, benötigt. Sie werden auch für Pasteurpipetten verwendet, aber beim Arbeiten mit diesen kurzen Pipetten besteht die Gefahr, Flüssigkeit in die Pipettierhilfe zu saugen.

Peleusball: Der Peleusball ist gegen Chemikalien resistent und stellt eine nützliche „low-tech"-Hilfe dar, die man unbedingt am Abzug haben sollte. Zum Pipettieren wird zuerst die Luft durch das Ventil A (für engl. *aspirate*) am oberen Ende herausgedrückt. Zum Aufsaugen der Flüssigkeit drückt man auf Ventil S (für engl. *suction*) unter dem Ball. Zum Ablassen drückt man auf Ventil E (für engl. *exhaust*) an der seitlichen Öffnung.

Box 3.4: Auslaufpipetten

Vollpipetten und Messpipetten sind in aller Regel *auf Auslauf kalibriert*. Das bedeutet, dass das angezeigte Volumen auch abgegeben wird. Dazu muss in der Pipette tatsächlich mehr Flüssigkeit vorhanden sein, da immer ein Rest in der Pipette verbleibt, z.B. als dünner Flüssigkeitsfilm an der Wandung. Im Gegensatz dazu sind z.B. Messkolben und Messzylinder üblicherweise *auf Einlauf kalibriert*. D.h. das abgemessene Volumen befindet sich im Gefäß, kann aber nicht vollständig entnommen werden (weil noch ein paar Tropfen an der Wandung festkleben).

Geräte, die auf Auslauf kalibriert sind, werden mit „Ex" gekennzeichnet. *Das bedeutet aber nicht zwangsläufig (wie häufig angenommen), dass die Pipette vollständig auslaufen muss.* Das hängt vom Pipettentyp ab, wobei die Pipetten mit *völligem Ablauf* tatsächlich leerlaufen gelassen werden, während Pipetten mit teilweisem Ablauf nur bis zum letzten Skalenstrich abgelassen werden dürfen.

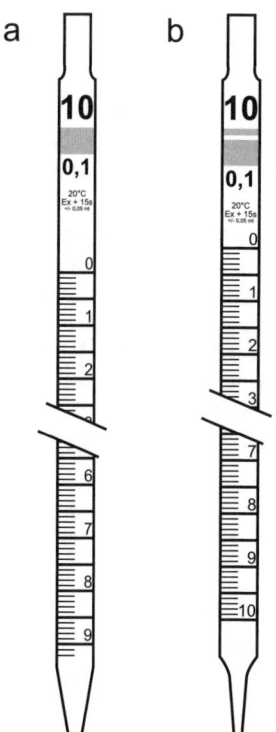

Abb. 3.2: Messpipetten mit völligem (a) und teilweisem Ablauf (b).

Elektrische Pipettierhilfe: Für Glas- oder Plastikpipetten von 1–100 ml, zum Pipettieren von Volumina von 0,1–100 ml. Eventuell mit eingebautem Sterilfilter, der die Elektronik vor eindringender Flüssigkeit schützt und Kreuzkontaminationen vermeidet. Erhältlich mit Netzkabel oder eingebautem Akku.

Manuelle Pipettierhilfe: Zum manuellen, sicheren und genauen Einhandpipettieren. Zum Aufnehmen der Flüssigkeit wird am Daumenrad gedreht, zum Auslassen kann man entweder den Kolben wieder herunterdrücken oder auf den Auslasshebel drücken.

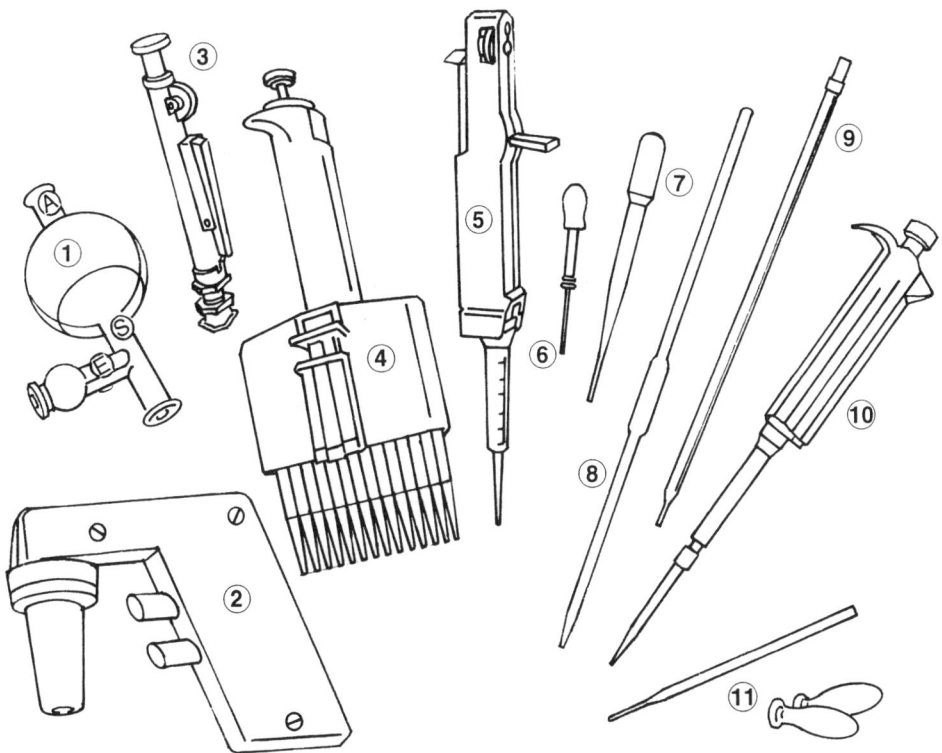

Abb. 3.3: Es gibt Dutzende von Pipetten, Mikroliterpipetten und Pipettierhilfen für die Laborarbeit. Hier ein paar Beispiele: (1) Peleusball, (2) elektrische Pipettierhilfe, (3) manuelle Pipettierhilfe, (4) Mehrkanalpipette, (5) Multipette, (6) Kapillare mit Saugball, (7) Einweg-Transferpipette, (8) Vollpipette, (9) Messpipette, (10) Fixvolumenpipette, (11) Pasteurpipette mit Saugbällen.

 Aufbau einer Absaugvorrichtung

Sie benötigen:

Vakuum, entweder aus der Hausleitung oder von einer Pumpe. Hausvakuum ist vorzuziehen, weil es keine Wartung (Ihrerseits) erfordert.

Zwei 1–2-Liter-Saugflaschen. Um zu verhindern, dass Flüssigkeiten in die Pumpe oder die Hausvakuumleitung gezogen werden, werden zwei Flaschen hintereinander geschaltet: die zweite Flasche sorgt dafür, dass ein versehentlich oder fahrlässig erzeugter Überlauf aus der ersten Flasche aufgefangen wird.

Vakuumschläuche. Spezielle Gummi- oder Silikonschläuche, die bei Vakuum nicht zusammengezogen werden. Innendurchmesser 6,4 bis 8,0 mm, Außendurchmesser 12,8 bis 14,4 mm bei einer Wandstärke von 1,6 bis 3,2 mm.

Gummistopfen mit Loch. Mindestens 2 cm des Gummistopfens sollten noch aus der Flasche herausragen, damit man ihn zum Reinigen auch wieder einfach herausziehen kann. In vielen Katalogen findet man eine Größentabelle. Gummistopfen kann man mit oder ohne Loch bestellen. Kaufen Sie von vornherein einen Stopfen mit Loch, es sei denn, Sie wollen unbedingt eins bohren und sich dabei verletzen.

Glasrohr, das durch das Loch im Gummistopfen passt. Nehmen Sie ein dickwandiges Glasrohr, aber keine normalen Pipetten oder Pasteurpipetten. Normale Glaspipetten sind üblicherweise zu lang, sodass Sie die Flasche nicht hoch genug füllen können. Pasteurpipetten sind zu lang und zu zerbrechlich, sodass sie häufig schon beim Einpassen in den Gummistopfen zerbrechen.

> Die meisten Materialen für eine Absaugvorrichtung werden Sie im Labor finden oder in der Chemikalienkammer. Falls nicht, können Sie alle Materialien von einem der großen Laboraustatter beziehen.

0,45-µm-Filter. Wenn Sie die Absaugvorrichtung in einer Sicherheitswerkbank benutzen, um mit transgenen oder infektiösen Biomaterialien zu arbeiten, brauchen Sie einen Filter, der verhindert, dass dieses Material in die Vakuumleitung gelangt (siehe auch Kapitel 9).

Beachten Sie den Abschnitt „Laborbankpflege" für Tipps zur Instandhaltung und Kapitel 9 und 14 für die Benutzung einer Absaugvorrichtung, um Überstände zu entfernen.

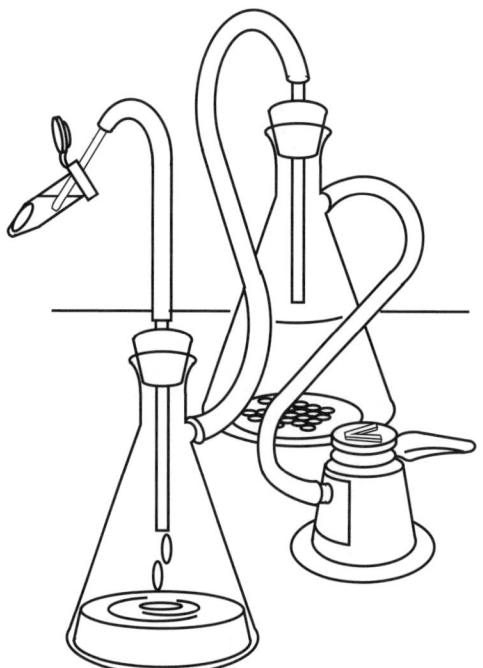

Abb. 3.4: Absaugvorrichtung für die Laborbank, die an einer Hausvakuumleitung angeschlossen ist (Abgedruckt mit Genehmigung von Sambrook et al., 1989).

 Laborbankpflege

Täglich

Räumen Sie Ihre Arbeitsfläche frei. Wischen Sie am Ende des Tages die Arbeitsbank mit einem milden Reinigungsmittel oder 70% Ethanol sauber. Wenn Sie mit gentechnisch veränderten Organismen arbeiten, verwenden Sie ein Flächendesinfektionsmittel zur prophylaktischen Desinfektion (anstatt 70% Ethanol). Falls Ihre Bank mit Auslegepapier bedeckt ist, wechseln Sie dieses bei Beschmutzung aus. Entsorgen Sie Ihr Eis und spülen Sie den Eisbehälter aus.

Wöchentlich

Füllen Sie Pipettenspitzen und Reaktionsgefäße nach.

Entsorgen Sie den Biomüll/Gentechnikabfall.

Bei Bedarf

Entsorgen Sie den Glasmüll und Kanülen nach Vorschrift, besorgen Sie sich eine neue Kanülenabfallbox.

Absaugvorrichtung

Die erste Flasche sollten Sie regelmäßig reinigen, auch wenn Sie die Vorrichtung nur unregelmäßig benutzen. Sonst verdunstet die Flüssigkeit darin vollständig und hinterlässt einen schwer zu entfernenden Restfilm auf der Flasche. Wenn Sie viel und oft absaugen, sollten Sie die Flasche täglich reinigen. Je nach Inhalt verwenden Sie unterschiedliche Reinigungsmethoden:

- Ungefährliche und nichtbiologische Substanzen wie z.B. Puffer werden unter laufendem Wasser ins Spülbecken geschüttet. Die Flasche wird einige Male mit Wasser ausgespült.

- Abfälle von gentechnisch veränderten Organismen (ja, das beinhaltet auch Überstände von *E. coli*) und infektiösen Organismen müssen vor der Entsorgung inaktiviert werden. Die in Deutschland vorgeschriebene Art der Inaktivierung ist das Autoklavieren bei 1 bar Überdruck und 121 °C für 20 min. Chemische Inaktivierung (z.B. mit Hypochlorit) ist nur in Fällen erlaubt, in denen eine thermische Inaktivierung nicht möglich ist.

- Organische Lösungsmittel oder andere Gefahrstoffe (z.B. Phenol) müssen nach den entsprechenden Sicherheitsvorschriften entsorgt werden. Fragen Sie den Sicherheitsbeauftragten.

Entsorgung von Biomüll/Gentechnikabfall

Dieser Abfall wird üblicherweise in spezielle Autoklavenbeutel verpackt und autoklaviert, bevor er in den normalen Müll gegeben wird. Je nach Regelung macht das jeder für sich selbst, oder es wird labor- oder institutsweise durchgeführt.

Spitzenboxen

Pipettenspitzen kann man bereits sterilisiert kaufen, aber es ist billiger, Spitzen in Beuteln oder in Rahmen vorgesteckt zu kaufen und sie dann selbst zu stecken bzw. nachzufüllen. Tragen Sie beim Nachfüllen immer Handschuhe, um eine Übertragung von Hautfett auf die Spitzen zu vermeiden. Nach dem Füllen markieren Sie die Box mit Autoklavierband und datieren Sie sie auf dem Band. Die Spitzen sollten für 15–20 min autoklaviert werden.

Einige Spitzen werden als Türme geliefert, bei denen eine Box auf der anderen steht. Stechen Sie nicht zu wild darauf herum, wenn Sie eine Spitze aufnehmen wollen; sonst kann es passieren, dass der ganze Turm umkippt und auseinanderfällt.

Reaktionsgefäße (Eppis)

Wie Pipettenspitzen kann man auch Eppis bereits sterilisiert kaufen, oder man füllt sie selbst in ein Becherglas oder ähnliches um, bevor man sie autoklaviert. Schließen Sie nicht die Deckel der Eppis, bevor Sie sie autoklavieren! Zum Entnehmen der Eppis fassen Sie niemals mit der unbedeckten Hand in das Behältnis, sondern benutzen Sie eine Pinzette oder schütten Sie vorsichtig einige Eppis auf die Bank.

Elektrische Pipettierhilfen

Obwohl einige Pipettierhilfen mit einem Stromkabel ausgestattet sind oder mit Batterien betrieben werden, müssen die meisten Geräte nachgeladen werden, indem sie mehrere Stunden an ein Ladegerät angeschlossen werden. Wenn Ihnen auffällt, dass die Saugkraft der Pipettierhilfe stark nachgelassen hat, prüfen Sie als erstes, ob ein Wattestopfen von einer Pipette in den Adapter gelangt ist. Entfernen Sie ihn gegebenenfalls mit einer Pinzette. Ein Filter in der Pipettierhilfe verhindert, dass Flüssigkeiten in den Körper der Pipettierhilfe gelangen. Dieser Filter ist eventuell nass geworden und muss dann ersetzt werden. Öffnen Sie das Adapterstück, überprüfen Sie den Filter und wechseln Sie ihn gegebenenfalls. Bestellen Sie mehrere Filter, die Sie griffbereit an Ihrer Bank aufbewahren. Wenn Sie keine physikalischen Blockierungen finden, laden Sie die Pipettierhilfe über Nacht auf.

Mikroliterpipetten

Mikroliterpipetten sollten alle paar Monate oder, je nach Gebrauch, zumindest einmal jährlich kalibriert werden. Achten Sie beim Pipettieren auf die Füllhöhe in der Pipettenspitze: Ihnen fällt vielleicht auf, dass sich das Volumen verändert hat oder dass sich die Pipette beim Auslassen anders anfühlt. Testen Sie die Genauigkeit Ihrer Pipetten alle paar Wochen, z.B. im Vergleich mit einer neuen oder gerade kalibrierten Pipette. Einige Pipetten können Sie selbst kalibrieren, andere müssen eingeschickt werden. Bevor Sie die Pipette wegschicken können, muss sie komplett gereinigt und frei von Radioaktivität sein.

Wasserbäder

Das Wasser im Wasserbad sollte spätestens ausgewechselt werden, wenn es trüb wird oder anfängt zu riechen. Man kann dem Wasser antimikrobiell wirkende Substanzen zusetzen, aber das ist eigentlich nicht notwendig. Verwenden Sie nur destilliertes Wasser. Um Verdunstung zu vermeiden, benutzen Sie einen Deckel oder bedecken Sie die Oberfläche mit Tischtennisbällen.

3.2 Einrichten einer Kommandozentrale

Einen Großteil der Forschung, die Sie durchführen werden, wird nicht im Labor stattfinden, sondern am Schreibtisch und am Computer, wenn Sie Ihre Informationen organisieren, denken, lesen und Daten auswerten. Ihr Schreibtisch sollte daher nicht nur der Platz sein, auf dem Sie Ihr Laborbuch und Ihre Telefonnummern lagern. Er sollte eine Zuflucht und eine Ressource darstellen, ein machtvoller Ort, von dem aus Sie die Richtung Ihrer Forschung steuern.

3.2.1 Der Schreibtisch

Es ist sehr praktisch, seinen Schreibtisch direkt neben der Laborbank zu haben. Sie können Ihre Experimente beaufsichtigen, während Sie lesen, und haben gleichzeitig einen sauberen Platz, auf dem Sie Ihre Aufzeichnungen zu den Experimenten machen können. Der Schreibtisch ist üblicherweise klein und man sollte daher die meisten Sachen in Schubladen und Regalen verstauen, um eine freie Arbeitsfläche zu haben. Ihre gute

Ein vollständiger bzw. einziger Schreibarbeitsplatz im Labor ist eher unüblich. Möglichweise gibt es einen extra Schreibplatz im Labor, aber üblicherweise hat man einen normalen Schreibtisch in einem Büroraum.

Organisation mag der einzige Vorteil sein, den Sie gegenüber anderen Wissenschaftlern haben, und sie beginnt auf Ihrem Schreibtisch.

Bücherregale über dem Schreibtisch sind praktisch für Lehr- und Methodenbücher, Zeitschriften und Papierstapel. Lagern Sie dort keine Chemikalien oder andere Laborausstattung.

Eine der Schubladen sollten Sie für Fachartikel (*paper*) reservieren. Falls Sie keine geeignete Schublade haben sollten, ist es häufig möglich, einen kleinen Aktenschrank unter oder neben den Schreibtisch zu stellen. Eine Schublade sollte verschließbar sein. Dort können Sie Wertgegenstände und wertvolle Daten verschlossen aufbewahren. Selbst aus scheinbar gut gesicherten Laboren verschwinden immer wieder Rucksäcke, Geldbörsen, Handys und Computer.

Falls an der angrenzenden Laborbank radioaktiv gearbeitet wird, sollte eine Abschirmung aus Plastik oder Plexiglas zwischen Laborbank und Schreibtisch gestellt werden.

Was auf keinem Schreibtisch fehlen sollte

Blätter oder Notizbuch: Zum Aufzeichnen von Vorschriften, Inhalt der –70-°C-Truhe, usw.

Bleistift: Nützlich zum Beschriften von Objektträgern, weil er sich nicht mit Ethanol oder Methanol abwischen lässt.

Dokumentablage: Sie sollten zwei bis drei Dokumentablagen haben, um Ihre Papiere zu organisieren.

Kalender/Organizer: Kann der Schlüssel zu Ihrem Glück sein. Nehmen Sie das Format – Papier oder elektronisch – das für Sie am besten funktioniert, aber Sie sollten darin genug Platz haben, um Seminartermine, Treffen, Ideen und experimentelle Pläne aufzuschreiben. Heutige Smartphones können das fast alles (und ersetzen damit den *personal digital assistant*, PDA), sind aber nutzlos, wenn der Akku gerade leer ist.

Laborbuch: Buch oder Blattsammlung. Mehr dazu in Kapitel 5.

Lineal: Aus durchsichtigem Plastik, um Gelbanden auszumessen oder gerade Linien in Abbildungen zu ziehen.

Post-Its: Unschätzbar hilfreich zum Markieren von Seiten in Büchern oder Zeitschriften oder um Nachrichten zu hinterlassen.

Speichermedien für den Computer: Sie müssen jederzeit in der Lage sein – manchmal unter extremem Zeitdruck – Daten auf eine Zip-Disk, einen Memory-Stick, eine CD oder andere Medien zu speichern.

> Laborgeräte werden gelegentlich sehr alt. Rechnen Sie also damit, auch veraltete Speichermedien (z.B. Disketten) zur Hand zu haben und auch auslesen zu können.

Stifte: Halten Sie immer einen Stift in Griffweite. Benutzen Sie Kugelschreiber, um Ihre Daten niederzuschreiben, niemals Bleistift (nicht permanent) oder Filzstift (verlaufen bei Nässe).

Taschenrechner: Obwohl Sie wahrscheinlich auch einen Taschenrechner auf Ihrem Computer haben, benötigen Sie einen, den sie jederzeit verwenden können. In einigen Laboren müssen Sie Ihren eigenen Taschenrechner mitbringen.

Tesafilm: Wenn Sie Reaktionsgefäße beschriftet haben, decken Sie die Beschriftung mit Tesafilm ab, um ein Verwischen zu vermeiden. Wird auch verwendet, um Datenblätter und Abbildungen ins Laborbuch zu kleben.

3.2.2 Umgang mit Papern und anderem Papierkram

- Jede Information, die auf Ihrem Schreibtisch liegt, sollte innerhalb von 5 Minuten greifbar sein. Zeit ist zu kostbar, um sie zu verschwenden – weder auf der Suche nach einer Methode, die Sie letzte Woche in einem Artikel gesehen haben, noch bei der Kontrolle, ob das Seminar, das Sie auf keinen Fall verpassen wollten, diese Woche stattfindet oder bereits letzte Woche stattgefunden hat.

  Wenn Sie nicht aufpassen, haben Sie ruck-zuck einen Schreibtisch, der mit Artikeln bedeckt ist, in die Sie niemals schauen werden oder die bereits veraltet sind. Wenn Sie dann einen ganzen Nachmittag gebraucht haben, um das alles wegzuschmeißen, haben Sie vielleicht sogar noch das Gefühl, etwas geschafft zu haben. Nein, haben Sie nicht!

Wissenschaft beschäftigt sich mit Informationen, und Sie müssen Ihre Informationen so gut wie möglich...nun, informativ halten. Der einzige Weg dazu ist:

- **Vermeiden Sie, ein Blatt Papier mehr als zweimal in die Hand zu nehmen.** Kümmern Sie sich um alles in dem Moment, in dem Sie es bekommen.

- **Entwickeln Sie System.** Alle Ihre Information müssen entweder direkt sichtbar oder aber leicht auffindbar sein. Mögliche Hilfsmittel sind:

Box 3.5: Grundlage für das Management des Papierkrams

Weder Ordentlichkeit noch Schlampigkeit ist der Schlüssel zum erfolgreichen Artikelmanagement, noch ist die große Menge an Artikeln der Grund für eine „Papeüberschwemmung". Der wahre Grund für eine Krise mit dem Papierkram ist Entscheidungsfindung: das fünfmalige Aufnehmen und wieder Weglegen eines Stück Papiers, weil Sie nicht wissen, was sie damit tun sollen.

(Winston 1983, Seiten 35–36)

- *Organizer/Terminplaner*: Ein großes Buch, in dem Sie alle Termine, zu erledigende Aufgaben, Telefonnummern und E-Mail-Adressen, Seminarzeiten und Treffen eintragen. So ein Planer ist unerlässlich. Sie sollten nur einen Terminplaner haben, kurzfristige Notizen schreiben Sie in ein Notizbuch oder auf ein Post-It.

- *Computerprogramm und/oder PDA (Palmtop)*: Wenn Sie an Ihrem Schreibtisch einen eigenen Computer haben, können Sie ein Kalenderprogramm als persönliches Ablagesystem verwenden. Ein PDA (*personal digital assistant*), Palmtop-Computer, Netbook oder Smartphone ist eine exzellente Absicherung, falls Sie gerade unterwegs sind, ist aber üblicherweise schwieriger im Labor zu verwenden, wenn Sie nur schnell mal ein paar Notizen oder Erinnerungen eintragen wollen: Ihr Kalender und Ihre „to-do"-Liste müssen entweder sichtbar sein oder sofort zugreifbar sein, wenn sie ihren Zweck erfüllen sollen.

  Die einzigen Artikel, die Sie aufbewahren sollten, sind: Artikel, die eine Methode beschreiben, die Sie benötigen, wichtige Arbeiten zu Ihrem Forschungsgebiet und Artikel, an die man schwer herankommt. Die meisten Artikel sind relativ leicht in einer Bibliothek oder online erhältlich. Eine gute Lösung sind spezielle Computerprogramme, in denen Sie Ihre Referenzen verwalten und Kommentare dazu schreiben können.

- *Aktenschrank*: Sie benötigen Fächer für Zeitschriftenartikel, persönliche Unterlagen (Versicherungen, Lebenslauf, Briefe), Nachdrucke von Ihren Artikeln und für Originaldaten (z.B. Röntgenfilme und Ausdrucke, die nicht in Ihr Laborbuch passen).

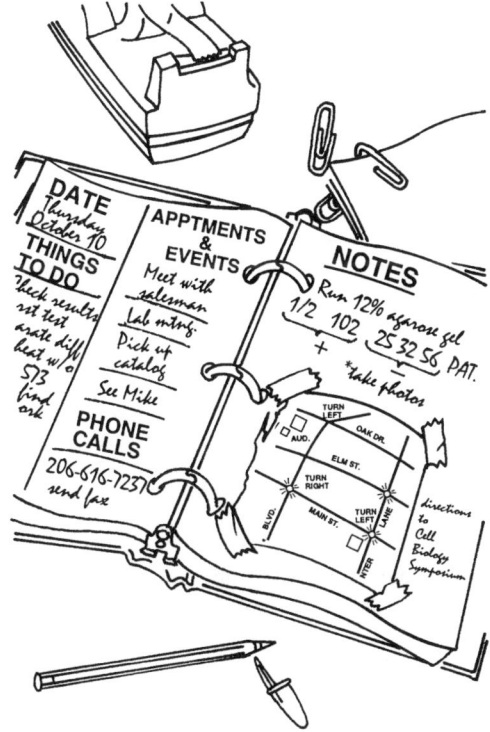

Abb. 3.5: Benutzen Sie einen Organizer oder Terminkalender, um Gespräche, geplante Experimente, Seminare und Treffen aufzuschreiben.

– *Ablagen für den Schreibtisch*: Mit zwei Ablagen kommen Sie aus: Eine für eingehende und noch zu erledigende Papiere, eine für Papiere, die später erledigt werden. Die Ablagen können mit Mappen in Bereiche unterteilt werden – z.B. eine Mappe mit Anrufen, die beantwortet werden müssen, eine für Artikel, die Sie lesen möchten, bevor Sie sie archivieren, eine für Seminartermine, die Sie in Ihren Kalender eintragen wollen.

Entwickeln Sie eine tägliche Routine, wie Sie mit Papierarbeit und noch zu erledigenden Dingen umgehen wollen, eine Routine, die Teil einer größeren, übergeordneten Routine ist (andere Aufgaben, für die Sie ebenfalls Zeit reservieren sollten, sind die Auswertung und Begutachtung ihrer Daten und die Literaturrecherche, mit der Sie sich auf dem laufenden Stand der wissenschaftlichen Literatur halten). Vereinen und vereinfachen Sie Aufgaben soweit wie möglich: Öffnen Sie Ihre Post einmal täglich, bearbeiten Sie Anforderungen nach Plasmiden einmal die Woche, führen Sie Ihre Literaturrecherche immer mittwochs durch, usw.

• Es gibt nur **wenige Optionen**, die Sie für jedes Stück Information haben. Sie können: es sofort wegwerfen, es archivieren, damit oder daran arbeiten, oder eine Kombination der drei Dinge damit durchführen. Einige Dinge können Sie nicht sofort bearbeiten, diese sollten auf einen Stapel vereint werden, mit dem Sie sich später beschäftigen. Sie können z.B. sämtliche Literatur, die Sie täglich bekommen, in einer „Muss gelesen werden"-Ablage archivieren. Dann bestimmen Sie entweder einen festen Termin für das Lesen oder Sie setzen ein Zeitlimit, wie lange ein Artikel ungelesen bleiben darf. Lassen Sie diesen Stapel niemals zu groß werden.

• **Experimente haben immer Vorfahrt.** Es wird Zeiten geben, an denen selbst das ausgeklügeltste System mit lautem Quietschen zum Stehen kommt, weil einfach keine Zeit für et-

---

Box 3.6: Beispiele für das Aussortieren von Papieren: Die tägliche Post

Die wöchentliche Seminarliste des Institutes: Lesen Sie die Liste, entscheiden Sie, welche Seminare Sie besuchen wollen und notieren Sie Thema, Sprecher und Termin in Ihrem Terminkalender. Hängen Sie nicht die Liste auf oder behalten Sie sie zur Sicherheit. Werfen Sie sie weg!

Ein Einführungsangebot für eine neue Zeitschrift: Sind Sie interessiert? Werden Sie die Zeitschrift wirklich lesen? Können Sie sie sich leisten? Entscheiden Sie jetzt. Wenn Sie die Zeitschrift nicht wollen, werfen Sie das Angebot weg (wenn Sie es sich später anders überlegen sollten, werden Sie 100%ig irgendwo eine Telefonnummer der Zeitschrift finden, ganz bestimmt!). Wenn Sie die Zeitschrift haben wollen, füllen Sie das Formular aus und schicken es ein.

Anfragen nach Reagenzien: Wenn nur wenige Anfragen eintrudeln, bearbeiten Sie sie sofort. Delegieren Sie die Aufgabe (freundlich) an denjenigen, der üblicherweise dafür verantwortlich ist, oder machen Sie es selbst. Wenn Sie viele Anfragen erhalten, legen Sie sie beiseite und bearbeiten Sie sie alle 2 Wochen. Stellen Sie sicher, dass der Laborleiter weiß, wem Sie etwas schicken: Wenn Sie keine andere Übereinkunft getroffen haben, informieren Sie den Laborleiter immer, bevor sie irgendetwas an irgendwen schicken.

---

was anderes als Laborarbeit bleibt. Machen Sie die Laborarbeit und versuchen Sie, so schnell wie möglich wieder Kontrolle über die Büroarbeit zu bekommen.

3.2.3 Benutzung des Computers

Der Laborcomputer ist kein Luxus, sondern unverzichtbar zum Schreiben, Untersuchen und Kommunizieren. Sie müssen unbedingt Zugriff auf einen Computer haben, um (mindestens) Textverarbeitung und Literaturrecherchen durchführen zu können. Eine der ersten Prioritäten während Ihrer ersten Woche im Labor sollte es sein, die Computersituation am Institut zu prüfen (Kapitel 1).

Textverarbeitung

Ein Textverarbeitungsprogramm wird benutzt, um Texte zu schreiben und zu bearbeiten. Selbst wenn Sie am liebsten mit einem No.-2-Bleistift auf einem gelben Block schreiben, wird die Information sich letztendlich auf einer Festplatte wieder finden, wo sie editiert, gedruckt, versendet und als Artikel eingereicht wird.

Textverarbeitungsprogramme haben eine Rechtschreib- und Grammatikprüfung und Tabellen- und Zeichenfunktionen. Wichtiger noch, sie können mit bibliographischen, Tabellenkalkulations- und Datenbankprogrammen zusammenarbeiten und Daten aus anderen Anwendungen können in Manuskripte und Präsentationen eingefügt werden.

Finden Sie heraus, welches Programm in Ihrem Institut und Labor benutzt wird und benutzen Sie das gleiche

Wenn Sie nicht wissen, wie ein bestimmtes Computerprogramm bedient wird oder Sie Zweifel über die Verwendung einer bestimmten Anwendung haben, fragen Sie im Rechenzentrum oder im Computer-Servicecenter nach. Belegen Sie alle für Sie relevanten Computerkurse, die Ihnen angeboten werden. Das erfordert zwar etwas von Ihnen, was Ihnen vielleicht wie eine sehr extravagante Investition erscheint, nämlich 1–2 Tage Zeit, es wird Ihnen aber helfen, später Stunden über Stunden einzusparen.

Falls der Zugang zum Computer sehr schwierig sein sollte, können Sie die ersten Entwürfe auf Papier machen, aber je mehr Entwürfe Sie auf dem Computer machen können, desto mehr Zeit werden Sie langfristig sparen.

Programm. Bleiben Sie nicht an Ihrem alten Lieblings-
programm hängen: Wenn Sie jemals Hilfe von der Sekretärin für einen Antrag oder ein Manuskript benötigen, sollten Sie besser das gleiche Programm verwenden. Die meisten Programme sind so ähnlich, dass es
weniger als einen Tag dauern sollte, bis Sie das neue
Programm recht gut beherrschen.

> Stellen Sie sicher, dass Ihre
> Programme untereinander kom-
> patibel sind: Am einfachsten ist
> das, wenn Sie ein Programmpa-
> ket von einem Hersteller erwer-
> ben.

Literaturverwaltung

Besonders zu Beginn Ihrer Zeit im Labor werden Artikel und Listen von Artikeln, die Sie noch lesen wollen,
schnell akkumulieren. Ein Literaturverwaltungsprogramm kann Sie unterstützen, diesen Stapel zu kontrollieren, indem es Ihre Literaturverweise (Referenzen)
nummeriert und organisiert. Sie können die Referenzen

> Prüfen Sie, ob Ihr Literaturver-
> waltungsprogramm mit Ihrem
> Textverarbeitungsprogramm
> zusammenarbeitet!

nach Stichwörtern oder Autoren oder Zeitschrift sortiert abrufen oder sich eine Liste von Referenzen für ein bestimmtes Thema ausdrucken lassen. Außerdem können Sie Zusammenfassungen oder Notizen zu den Referenzen eingeben.

Die Liste der Referenzen, die Sie in einem Manuskript verwenden, kann in jedem beliebigen
Zeitschriftenformat formatiert werden. Falls Sie das Manuskript für eine andere Zeitschrift
verwenden wollen, benötigt man zum Umformatieren nur ein paar Tastendrücke.

Referenzen aus PubMed, Medline, und anderen Datenbanken können direkt vom Internet in
das Literaturverwaltungsprogramm geladen werden. Man kann die Referenzen natürlich auch
manuell eingeben.

Internetzugang

Finden Sie heraus, wie Sie von Ihrem Computer Zugang zum Internet bekommen. Wahrscheinlich müssen Sie dafür einen Antrag stellen und ein Passwort beantragen. Erkundigen Sie
sich, wie Sie auch von zuhause aus diese Zugangsdaten verwenden können, um sich einzu-
loggen.

E-Mail ermöglicht es Ihnen, weltweit mit Kollegen in Kontakt zu treten. Sie können Manuskripte an Kooperationspartner schicken oder Daten einscannen und sie an ein anderes Labor
schicken. Und, ja, Sie können auch Grüße an Ihre Mutter versenden. Neben Ihrem Onlinezu-
griff benötigen Sie für ihre E-Mail eventuell noch ein eigenes Konto und ein Passwort. Wenn
Sie Ihren Computer mit anderen Kollegen teilen, stellen Sie sicher, dass Sie ein eigenes Passwort und einen eigenen E-Mail-Ordner haben.

Viele Zeitschriften veröffentlichen ihre Artikel mittlerweile auch online und immer mehr, aus
Platzgründen, sogar nur noch online. Schauen Sie, für welche Zeitschriften Ihr Labor, Ihr Institut und Ihre Einrichtung Zugriffsrechte hat und fragen Sie, wie Sie diese nutzen können.
Wenn Sie keine Zugriffsrechte auf Artikel einer bestimmten Zeitschrift haben, können Sie sich
wahrscheinlich den Artikel als PDF (*portable document format*) kostenpflichtig zuschicken
lassen. Viele Zeitschriften zeigen Nichtabonnementen auf Ihrer Homepage nur die Inhaltsan-
gaben und Zusammenfassungen der Artikel. Viele Zeitschriften versenden auf Anfrage per E-
Mail sogenannte eTOCs (*e-mail notification of the table of contents*), das Inhaltsverzeichnis
für die jeweils neueste Ausgabe.

Literaturrecherchen werden heutzutage online durchgeführt, am häufigsten über PubMed
(siehe Box 3.7).

Newsgruppen ermöglichen es Ihnen, Fragen zu stellen und an Diskussionen zu bestimmten Fragen teilzunehmen. Wenn Sie z.B. wissen wollen, welches der zurzeit beste Elektroporator auf dem Markt ist oder Sie Ratschläge für eine bestimmte Versuchsvorschrift haben wollen, stellen Sie diese Frage an die richtige Newsgruppe. Die richtige Newsgruppe finden Sie, indem Sie z.B. das Internet mit einem entsprechenden Stichwort durchsuchen, oder eine der Seiten besuchen, die am Ende dieses Kapitels aufgelistet sind. Sie können auch Fragen an Listserver stellen, das muss dann aber per E-Mail geschehen, die Antwort erhalten Sie dann ebenfalls per E-Mail.

Box 3.7: Über PubMed

PubMed ist die Datenbank der US-amerikanischen Nationalbibliothek für Medizin (National Library of Medicine, NLM) und enthält Millionen von Referenzen für Zeitschriftenartikel bis zurück in das Jahr 1950. Sie wurde vom Nationalen Zentrum für Biotechnologische Information (National Center for Biotechnology Information, NCBI) entwickelt, die am Nationalinstitut für Gesundheit (National Institute of Health, NIH) untergebracht ist. Der Zugriff zu PubMed ist frei.

Medline ist die größte Datenbank innerhalb von PubMed, daher wird der Service häufig als Medline/PubMed bezeichnet.

Entrez ist eine Suchmaschine für textbasierte Suchen in PubMed und anderen großen Datenbanken (z.B. GenBank). Auf der Hompage finden Sie auch ein Lernprogramm, das Ihnen zeigt, wie Sie Entrez optimal nutzen.

Die *medical subject headings* (MeSH, engl. für: medizinische Themenstichwörter) bilden ein von der NLM kontrolliertes Synonymwörterbuch, welches auch verwendet wird, um Artikel in Medline zu katalogisieren. Die MeSH können daher auch als alternative Suchstrategie für Artikel verwendet werden. Eine Suche mit dem MeSH nach „*ascorbic acid*" (engl. für Ascorbinsäure) findet auch Artikel, in denen das Stichwort „Vitamin C" steht.

Box 3.8 Über andere Datenbanken

PubMed hat seinen Schwerpunkt in biologischen und medizinischen Fachzeitschriften. Wenn Ihr Arbeitsgebiet sehr biochemisch ausgerichtet ist, sind aber möglicherweise auch chemische Zeitschriften für Sie interessant. Die folgenden Datenbanken/Suchmaschinen umfassen wesentlich mehr Themengebiete als PubMed.

Google Scholar: Der wissenschaftliche Bruder von Google. Findet neben Zeitschriftenartikeln auch Dissertationen, Buchkapitel, Patente, etc. und die Zitate darin. Google Scholar ist praktisch, um ein bestimmtes Dokument zu finden, aber etwas unhandlich, wenn es darum geht, sich über ein Fachgebiet einen Überblick zu verschaffen. Wie bei Google üblich, ist kaum vorhersehbar, welche Ergebnisse als erstes gezeigt werden, eine Sortierung, z.B. nach Publikationsdatum, ist nicht möglich.

Scirus: Die wissenschaftliche Suchmaschine des Elsevier-Verlages. Durchsucht neben Zeitschriften-, Dissertations- und Patentdatenbanken auch wissenschaftliche Homepages. Im Gegensatz zu Google Scholar gibt es verschiedene Filter, die es ermöglichen, die Ergebnisse in vorhersehbarer Weise zu sortieren.

Während PubMed, Google Scholar und Scirus frei zugänglich sind, sind die nachfolgenden Datenbanken/Suchmaschinen kostenpflichtig. Erkundigen Sie sich, ob Ihr Institut Zugriff darauf hat und lassen Sie sich erklären, wie man diese Ressourcen nutzt:

Scopus
SciFinder
ISI Web of Knowledge/Web of Science

Viele Firmen stellen technische Literatur zu Ihren Produkten, aber auch zu verwandten Techniken, auf ihren Homepages zur Verfügung.

Außerdem können Sie schnell Antworten auf viele Fragen bekommen, technischer Natur oder nicht, indem Sie den Begriff oder die Suchphrase „googeln" (d.h. die Suchmaschine Google verwenden).

Programme wie Skype ermöglichen das kostenlose Telefonieren über das Internet, sogar mit Bildverbindung, wenn Sie eine Kamera am Computer installiert haben. Für Wissenschaftler aus dem Ausland ist das eine gute Möglichkeit, mit der Heimat in Verbindung zu bleiben, es ist aber auch sehr praktisch um mit Kooperationspartnern im In- und Ausland zu kommunizieren. Ein persönliches Gespräch kann viel effizienter sein, als ein ständiger Pendelverkehr von E-Mails. Für das Telefonieren über das Internet gelten die gleichen Regeln wie für das „normale" Telefonieren (siehe Kapitel 1). Beachten Sie auch die Regeln des Rechenzentrums.

Daten sammeln und organisieren

Sie können Ihre Daten in Tabellenkalkulationsprogramme eingeben (für Berechnungen) oder in Datenbankprogramme (zum schnellen Organisieren und Wiederfinden). Viele Geräte wie Photometer, Mikroskope, Beta-Zähler und Fraktionskollektoren, sind direkt mit einem Computer verbunden, der die entsprechenden Programme zur Datensammlung und Auswertung besitzt. In solchen Fällen hat die Kompatibilität mit Ihrem Textverarbeitungsprogramm nicht gerade Priorität und ist häufig auch nicht gegeben. Nichtsdestotrotz haben viele Programme die Möglichkeit, die Daten so zu exportieren, dass sie in Ihren anderen Programmen verwendet werden können.

Grafiken

Spezialisierte Grafikprogramme erlauben Ihnen, Ihre Daten einzugeben und daraus eine Vielzahl verschiedener Graphen und Tabellen zu kreieren. Daten können einfach zugefügt oder entfernt werden und die Graphen werden sofort neu gezeichnet. Einfache Grafiken können aber auch mit den meisten Textverarbeitungs-, Tabellenkalkulations- und Datenbankprogrammen angefertigt werden oder mit Zeichen- und Präsentationsprogrammen.

Präsentationsprogramme

Mit Präsentationsprogrammen kann man zwar relativ gut Abbildungen für einen Vortrag erstellen, für das Herstellen von Abbildungen für Veröffentlichungen sind sie allerdings weniger geeignet. Texte, Abbildungen und Tabellen werden meisterhaft dargestellt und können als Diashow auf dem Computer präsentiert werden oder gedruckt (und später fotografiert) oder (selten) direkt als Dia belichtet werden. Letzteres verlangt allerdings einen speziellen Diabelichter.

Spezielle Software

Es gibt eine Reihe von Programmen, die spezielle mathematische oder theoretische Funktionen ausführen, z.B. das Ableiten von Oligonucleotiden für die PCR oder das Modellieren von Proteinstrukturen. Falls Ihr Labor nicht gerade eine solche Software verwendet oder Sie das Programm sehr gut kennen, sollten Sie jetzt noch nicht zu viel Zeit darin investieren, diese Programme zu erlernen.

Organisation und Terminplanung

Wenn Sie uneingeschränkten Zugriff auf einen Computer haben, dann – und nur dann – sollten Sie darüber
nachdenken, ein Terminplanungsprogramm oder Organizer zu verwenden. Ein entsprechendes Programm behält immer ein Auge auf Ihre Termine und erinnert Sie
rechtzeitig daran, wann Sie zu einem Seminar gehen
oder wann Ihre Zellen geerntet werden müssen. Es ver-
waltet Ihre Telefonnummern und wählt sie sogar für Sie.
Voraussetzung ist allerdings, dass Sie das Programm
auch konsistent benutzen, damit es sich rentiert.

> Sie sollten nur *ein* System für
> die Organisation Ihrer Termine
> haben. Es ist nahezu unmög-
> lich, sowohl einen Computer
> als auch einen Terminkalender
> aus Papier gleichzeitig zu ver-
> wenden, um Ihre täglichen Ge-
> schäfte im Griff zu behalten.

Scanner und Scannersoftware

Bilder, Texte, Daten und Dokumente können mit einem Scanner in Ihren Computer übertragen werden. Sie können dann die eingescannten Bilder in Ihre Programme einfügen, mit denen Sie sie bearbeiten und/oder als E-Mail oder über das Internet an andere Wissenschaftler
schicken. Sie können z.B. ein Gel einscannen und mit einem Bildverarbeitungs- oder Präsentationsprogramm Beschriftungen an den Spuren anbringen, um eine Abbildung für einen Vortrag zu erstellen.

3.2.4 Grundlegende Regeln für das Arbeiten mit Computern

- **Welche Computer dürfen Sie benutzen?** Die Leute sind üblicherweise sehr eigen, was ihre Computer angeht, und der Anblick von jemandem, der gerade einen potenziell virenver-
  seuchten USB-Stick in den Computer steckt, ohne vorher um Erlaubnis gefragt zu haben,
  kann Tobsuchtsanfälle auslösen. Wenn nicht genügend Computer im Büro vorhanden sind,
  erkundigen Sie sich nach zentralen Lehrstuhl- oder Institutscomputern, die Sie benutzen
  dürfen. Fragen Sie auch in Ihrem Rechenzentrum nach frei zugänglichen Computern.

- **Benutzen Sie niemals einen Computer, wenn es offensichtlich ist, dass gerade jemand
  daran arbeitet.** Sonst kann es passieren, dass Sie die ganze Arbeit dieser Person löschen,
  falls sie nicht vorher abgespeichert wurde. Und die logische Konsequenz daraus ist natürlich:

- **Schließen Sie immer das Programm, mit dem Sie arbeiten, bevor Sie den Computer
  verlassen.** So wird für die anderen ersichtlich, dass der Computer im Moment frei ist. Es
  senkt auch die Gefahr, dass jemand (1) Ihre privaten Dokumente liest, (2) unabsichtlich Ihre Daten löscht oder (3) zu viele Programme öffnet und damit den Computer zum Absturz
  bringt.

- **Speichern, speichern, speichern.** Speichern Sie auf
  zwei verschiedene Medien: Auf einem externen
  Laufwerk, einer CD, oder einem Memory-Stick *und*
  auf der Festplatte. Wenn Sie auf einer gemeinsam benutzten Festplatte etwas abspeichern, erstellen Sie einen Unterordner, in dem Ihre Dateien gespeichert
  werden (z.B. .../Ihr Name/Manuskript3). Neuere Be-
  triebssysteme erlauben von vornherein das Anlegen
  mehrerer Benutzer, sodass automatisch ein eigenes
  Verzeichnis für Sie angelegt wird. Vertrauliche Dokumente sollten Sie nur auf CD, einem Memory-

> Das Ausschalten des Compu-
> ters, während er Daten liest
> oder schreibt, kann Schäden an
> den Datenträgern, der Festplatte
> oder beidem verursachen. Prü-
> fen Sie, dass die Lämpchen an
> den Laufwerken nicht mehr
> blinken, bevor Sie den Compu-
> ter ausschalten.

Stick oder einer herausnehmbaren Festplatte speichern. Es gibt auch Online-Dienste, die sowohl für Privatleute als auch Firmen einen Sicherungskopieservice anbieten.

- **Überprüfen Sie jede heruntergeladene Software, alle Daten und alle Speichermedien auf Computerviren.** Der Computer sollte ein Antivirenprogramm installiert haben, das die Dateien bei jedem Start und beim Öffnen überprüft. Falls Ihr Computer kein Antivirenprogramm hat, besorgen Sie sich eins von Ihrem Rechenzentrum. Laden Sie Daten aus dem Internet zuerst in einen temporären Ordner, überprüfen Sie die Daten auf Viren; erst dann sollten Sie die Daten dort abspeichern, wo Sie sie haben wollen.

- **Schließen Sie alle Programme, bevor Sie den Computer ausschalten.** Über Nacht sollte der Computer ausgeschaltet sein, obwohl es eine relativ harmlose Sitte in den meisten Labors ist, den Computer immer angeschaltet zu lassen.

- **Keine Spiele oder Websurfen, wenn jemand anderes den Computer benötigt.** Arbeit geht immer vor.

- **Löschen Sie nichts vom Computer außer Ihren eigenen Daten und Dateien.** Wenn die Festplatte voll wird, informieren und bitten Sie alle Nutzer, alle unnötigen Dateien zu löschen oder anderswo zu speichern. Entfernen Sie niemals etwas, ohne allen Bescheid gegeben zu haben und ohne massive vorherige Warnungen!

- **Für den Internetzugang benötigen Sie ein Passwort. Besorgen Sie sich eins und geben Sie es niemals jemand anderem.** Für den Computer und einige Programme benötigen Sie eventuell ebenfalls ein Passwort, das sich wahrscheinlich von Ihrem Internetzugangspasswort unterscheidet.

- **Kein Essen und Trinken, wenn Sie am Computer arbeiten.** Das mindeste, was passieren wird, ist, dass die Tastatur klebrig wird. Denken Sie daran, dass Essen und Trinken im Labor ohnehin verboten ist.

- **Setzen Sie Ihre Datenträger und den Computer keinen magnetischen Feldern aus, wie sie z.B. von großen Lautsprechern erzeugt werden.** Die Informationen auf Disketten sind magnetisch gespeichert und zu große Nähe zu einem Magneten kann die Diskette löschen.

Falls Sie ein Getränk über der Tastatur verschütten, schalten Sie den Computer sofort aus, stöpseln Sie die Tastatur ab und versuchen Sie, soviel Flüssigkeit wie möglich wieder aus der Tastatur zu bekommen. Trocknen Sie die Tastatur über Nacht, bevor Sie sie wieder anschließen.

Box 3.9: Bevor Panik ausbricht:

Wenn der Computer wiederholt abstürzt oder hängen bleibt, speichern Sie Ihre Arbeit sofort auf einem USB-Stick oder CD.

Falls der Computer nicht angeht, überprüfen Sie alle Kabel und stellen Sie sicher, dass Strom vorhanden ist.

3.3 Quellen und Ressourcen

BioSupplyNet.http://www.biosupplynet.com
  Umfangreiches Lieferantenverzeichnis für die biomedizinische Forschung.
BioTechniques Home Page
  http://www.biotechniques.com
  Sammlung verschiedener Techniken, Lieferantenverzeichnis sowie Links zu vielen Bio-
  forschungs-Sites.
Küstenmacher, T.K, Seiwert, L.J. 2008. *Simplify your life,* Knaur Taschenbuch, Verlagsgruppe
  Droemer Knaur, München.
National Institutes of Health (NIH)
  http://www.nih.gov/science/journals
  Umfangreiche Liste von Online-Journals.
PubMed Central. Das Digitalarchiv der U.S. National Library of Medicine für Journals aus den
  Biowissenschaften.
  http://www.pubmedcentral.nih.gov
PubMed Tutorial. Ein web-basiertes Lernprogramm für den optimalen Umgang mit PubMed.
  http://www.nlm.nih.gov/bsd/pubmed_tutorial/m1001.html
Sambrook J., Russell D. 2001. *Molecular cloning. A laboratory manual,* 3.Aufl. Cold Spring
  Harbor Laboratory Press, Cold Spring Harbor, New York.
Sambrook J., Fritsch E.F., Maniatis T. 1989. *Molecular cloning. A laboratory manual.*
  2. Aufl. Cold Spring Harbor Laboratory Press, Cold Spring Harbor, New York.
United States National Library of Medicine (NLM). Zusätzlich zum Zugang zu PubMed und
  MedLine gibt es hier auch Informationen zu Forschungsgebieten, Stipendien und Studium.
  http://www.nlm.nih.gov
Winston, S. 1983. *The organized executive. New ways to manage time, paper, and people.*
  Warner Books, New York.

Teil 2

Einen Kurs bestimmen

Kapitel 4
Wie man ein Experiment durchführt   67

Kapitel 5
Das Laborbuch   87

Kapitel 6
Präsentation Ihrer Daten und Selbstdarstellung   97

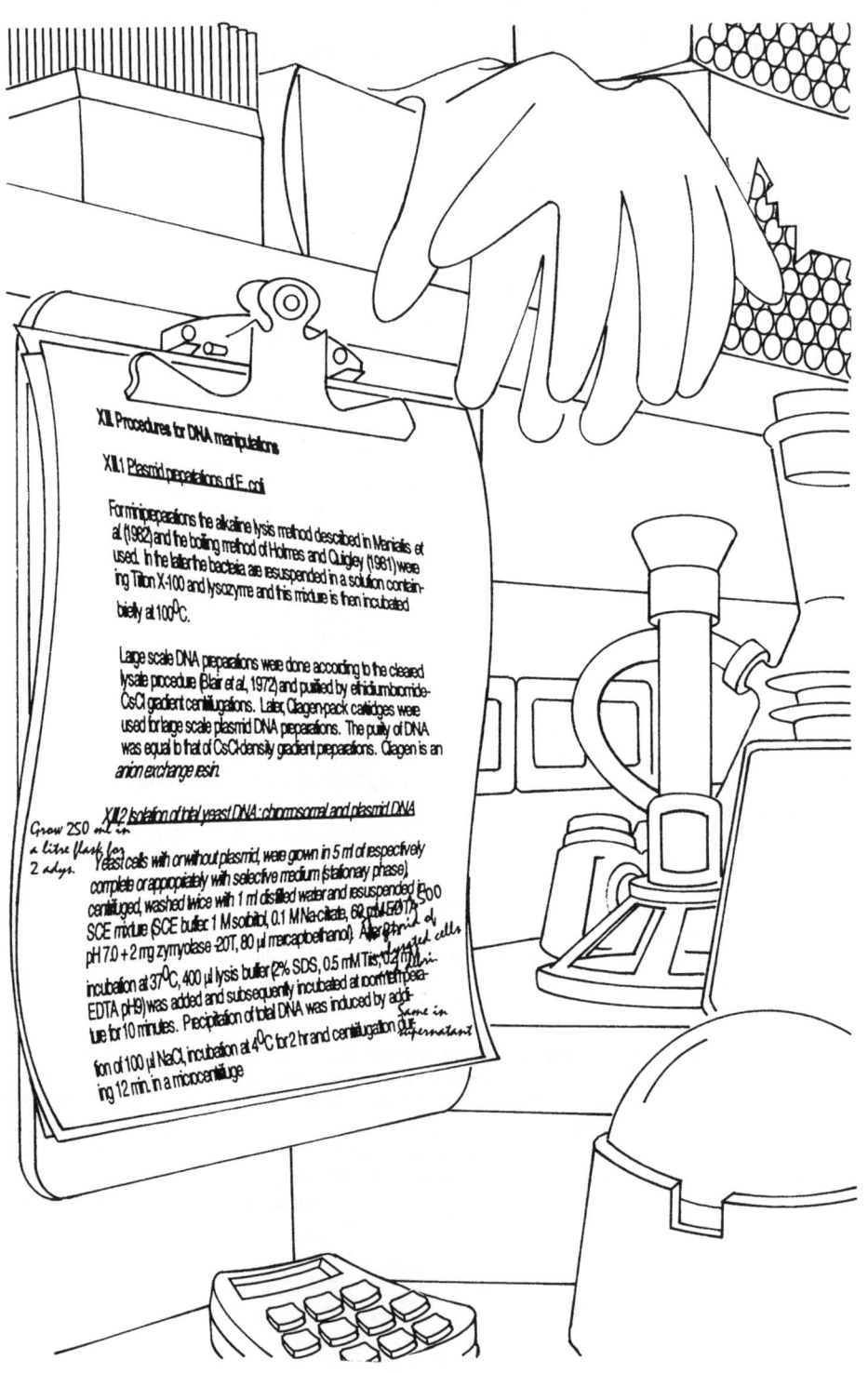

4 Wie man ein Experiment durchführt

Ein Experiment ist ein Testverfahren, mit dem man die Gültigkeit einer Hypothese überprüft. Experimentieren ist der Grund für Ihr Dasein im Labor. Wenn Sie Ihre Experimente nicht von Anfang an gewissenhaft und sorgfältig durchführen, werden Sie sehr schnell in einem Sumpf von unausgegorenen Experimenten und unklaren Ergebnissen versinken, die nur rückgängig gemacht werden können, indem Sie das Labor verlassen.

Es gibt aber eine extrem wichtige Ausnahme zu diesem Ratschlag: **Machen Sie ein Experiment in Ihrer ersten Woche!** Warten Sie nicht, bis Sie denken, dass Sie „mehr wissen". Mit der Planung von Experimenten ist es ein bisschen wie mit dem Hauptmann von Köpenick: Ohne Arbeit keinen Ausweis, ohne Ausweis keine Arbeit, oder hier: Sie sollen keine Experimente ohne Planung durchführen, aber die Erfahrung für die Planung von Experimenten bekommen Sie erst, wenn Sie Experimente durchführen. Selbst wenn Sie alle relevanten Artikel gelesen, sich die Versuchsvorschrift eingeprägt und mit allen und jedem im Labor darüber gesprochen haben, werden Sie das Experiment, auf das Sie sich vorbereiten, immer noch nicht vollständig verstanden haben. **Machen Sie es trotzdem!** Nachdem Sie das erste Experiment durchgeführt haben wird *alles* – Theorie, Techniken, Folgen – mit einem Schlag klarer. Trotzdem müssen Sie sich natürlich einlesen und gut vorbereiten, aber rechnen Sie damit, dass das volle Verständnis über Ihr Projekt erst dann kommen wird, wenn Sie die ersten Experimente tatsächlich gemacht haben.

Nicht alle Experimente werden aufregend sein. Es ist natürlich toll zu glauben, dass man nur spannende und entscheidende Experimente durchführt. Es ist allerdings viel wichtiger sicherzustellen, dass Ihre Experimente reproduzierbar, verlässlich und in sich geschlossen sind.

4.1 Philosophische Überlegungen

♦ **Behalten Sie die Wichtigkeit Ihrer Experimente im Kopf.** Es besteht die Gefahr, dass Sie, wenn Sie einmal mit dem Arbeiten angefangen haben, nicht mehr viel Zeit finden werden, um bewusst über die allgemeine Bedeutung Ihrer Experimente nachzudenken. Aber wenn Sie Ihre Experimente vorbereiten, ist es wichtig sich daran zu erinnern, warum Sie das tun, was Sie da gerade tun. Denken Sie an die Wissenschaft. Laborarbeit kann manchmal langweilig erscheinen, aber es hält Sie in Gang, wenn Sie sich daran erinnern, warum Sie dieses Experiment gerade zum zehnten Male wiederholen. Wenn Sie dieses große Bild im Hinterkopf behalten, wird es Ihnen auch leichter fallen, eine inhaltliche Geschlossenheit Ihrer Experimente zu bewahren.

♦ **Denken Sie daran, dass Sie die Ergebnisse Ihrer Experimente veröffentlichen müssen.** Publikationen sind wichtig – Sie können als Wissenschaftler nicht ohne Publikationen überleben. Wenn Sie jedes Experiment als eine getrennte und zur Veröffentlichung gedachte Einheit betrachten, werden Sie eher an all die darin enthaltenen Variablen und die notwendigen Kontrollen denken. Jedes Experiment als potenziell publizierbar zu betrachten, hilft Ihnen auch, sich auf Ihre aktuellen Experimente zu konzentrieren. Es ist sehr einfach, in andere Gebiete abzudriften und es gehört zur Forschung, auch neue Wege zu gehen. Aber auch deren Erforschung muss sorgfältig durchgeführt werden, nicht nur so nebenbei.

♦ **Etablieren Sie sich als sorgfältiger und exakter Forscher.** Ihr Ruf wird nicht alleine durch Ihre Ergebnisse bestimmt, sondern auch durch die Art und Weise, wie Sie Ihre Experimente anlegen. Einige Leute sind als gute Experimentatoren bekannt, d.h. dass ihre Experimente gut durchdacht und gut durchgeführt worden sind. Etablieren Sie Ihren guten Ruf früh, dann wird jedes unorthodoxe Ergebnis, das Sie erhalten, von den anderen als wahrscheinlich richtig anerkannt werden. Wenn Ihre Kollegen Ihren Ergebnissen trauen, wird es Ihr Laborleiter wahrscheinlich auch tun und darüber hinaus der Rest der wissenschaftlichen Gemeinschaft. Glaubwürdigkeit ist der Schlüssel.

♦ Seien Sie ein kritischer Denker. Wie alles in der Wissenschaft ist die Theorie, die hinter einem Experiment steckt, nicht in Stein gemeißelt und es gibt mehrere Möglichkeiten zu erklären, wie und warum Experimente gemacht werden sollten. Alleine für sich ist jeder Ansatz unzureichend. Fügen Sie so viele verschiedene Denkansätze in Ihre Arbeit ein wie möglich. Testen Sie Ihre Ergebnisse von allen Seiten auf Mark und Bein, um Fehler in Ihrer Denkweise oder im experimentellen Ansatz zu finden. Versuchen Sie nicht, Ihre Ergebnisse so zurechtzuschustern, dass sie gut zu Ihren erwarteten oder gewünschten Schlussfolgerungen passen.

4.2 Planung eines Experiments

1. **Definieren Sie die Frage.** Ein Experiment sollte eine Hypothese testen, indem es eine oder zwei spezifische Fragen beantwortet. Sorgfältiges Überlegen und Nachlesen sowie die Diskussionen mit anderen Wissenschaftlern werden Ihnen helfen, die Fragen zu definieren und die Parameter des Experiments festzulegen. Stellen Sie sicher, keine Fragen herauszupicken, die nicht beantwortet werden können.

2. **Konzipieren Sie das Experiment.**

   – Experimentelle *Variablen*: Worauf wollen Sie schauen? Wollen Sie z.B. einen Effekt über die

„...Wissenschaftler halten die allgemeine Reputation eines Experimentators für sorgfältige, gewissenhafte Arbeit für mindestens genauso wichtig für die Beurteilung der Frage, ob die Daten eines Experiments verlässliche Beweise darstellen, wie die technischen Details des Experiments."

(Abgedruckt mit Genehmigung des American Scientist, Magazine of Sigma Xi, The Scientific Research Society, Woodward und Goodstein, 1996)

„Ich habe oftmals Grund zu der Annahme, dass meine Hände cleverer sind als mein Kopf. Das ist eine grobe Charakterisierung der Dialektik des Experimentierens. Wenn alles gut läuft, ist es wie eine stille Unterhaltung mit der Natur. Man stellt eine Frage und bekommt eine Antwort; dann stellt man die nächste Frage und bekommt die nächste Antwort. Ein Experiment ist ein Apparat, der es der Natur erlaubt, verständlich zu uns zu sprechen. Wir müssen nur zuhören."

(Abgedruckt mit Genehmigung von Georg Wald 1968, © The Nobel Foundation 1967; wie gedruckt in Science, 1968; © American Association for the Advancement of Science.)

Box 4.1: Problemlösungsstrategien

Reduktionist: Zerlegt das Problem in möglichst kleine Stücke und löst jedes einzelne Stück für sich.

Deduktiv: Schlägt eine Hypothese vor und sammelt Daten, um die Hypothese zu stützen oder zu widerlegen.

Induktiv: Betrachtet eine Sammlung von Beweisen ohne Vorurteil und schlägt dann eine Hypothese vor, die alle beobachteten Fakten erklärt.

Falsifikation: Nach Karl Popper: Wenn sich eine Vorhersage, die sich aus einer Hypothese ergibt, als falsch herausstellt, wird die Hypothese, aus der die Vorhersage hervorgegangen ist, als falsifiziert (widerlegt) bezeichnet und muss abgelehnt werden.

Box 4.2: Über kleine und große Experimente

FÜHREN SIE KLEINE EXPERIMENTE DURCH. Es ist zwar sehr verlockend, so viele Daten wie möglich aus einem Experiment zu erhalten, weil es, zumindest theoretisch, Zeit und Geld spart: Zellen müssen seltener angezogen werden, Reagenzien werden eingespart und die eingesetzte Zeit wird optimal ausgenutzt. Aber das Verhältnis von Ertrag zu Anstrengung ist tatsächlich viel größer für kleine Experimente. Die erfolgreiche Durchführung eines großen Experiments verlangt eine große Portion an Erfahrung und Glück und sollte daher nicht angegangen werden, bevor man mehrere kleine Experimente erfolgreich bewältigt hat.

Die Frage, was ein großes und was ein kleines Experiment ist, ist natürlich völlig subjektiv. Im Allgemeinen gilt: Wenn Sie so viele Reaktionsgefäße vor sich haben, dass Sie sich unter Druck gesetzt fühlen oder verwirrt sind, dann ist das Experiment zu groß. Wenn Sie das Gefühl haben, dass Ihnen genau das passiert, teilen Sie Ihr Experiment in zwei Teile und führen Sie nur den ersten Teil durch.

Am Ende wird Sie niemand dafür belohnen, dass Sie es geschafft haben, ein riesiges Experiment durchzuziehen. Aber eine hübsche Abbildung in einer veröffentlichten Arbeit kann Sie belohnen, und diese Abbildungen bekommen Sie fast unmöglich mit einem hirnverbiegenden Experimentiermarathon hin. Seien Sie kein Macho. ∎

Zeit beobachten, oder in Abhängigkeit von der Konzentration, oder beides? Welche Konzentrationen wollen Sie verwenden, welche Zeitpunkte auswählen?

– *Kontrollen*: Jede experimentelle Variable benötigt eine Kontrolle, die zeigt, dass das beobachtete Ergebnis das Resultat der durchgeführten Behandlung ist.

– *Anzahl der Proben*: Sollten Sie Ihre Proben als Duplikate durchführen? Triplikate? Noch mehr? Duplikate sind das Minimum für jegliche Messung von biologischer Aktivität.

– *Statistik*: Die notwendige statistische Analyse wird Ihnen helfen, Probenanzahl und andere Aspekte des experimentellen Designs festzulegen. Überlegen Sie vorher, ob Sie Ihr Experiment statistisch auswerten wollen – hinterher ist es zu spät.

3. **Bereiten Sie das Experiment vor.**

– Besorgen Sie sich eine *Versuchsvorschrift* und bereiten Sie sie vor.

– *Setzen Sie die benötigten Lösungen und Reagenzien an*, tragen Sie sich in die entsprechenden Listen für die Geräte ein, impfen Sie Ihre Kulturen an und vergewissern Sie sich, dass Sie alles haben, was Sie benötigen.

– Führen Sie einen *Trockenlauf im Kopf* durch, um sicher zu sein, dass Sie nichts vergessen haben.

> Es ist eine Verschwendung von Zeit und Reagenzien, wenn Sie nicht sorgfältig über ein Experiment nachdenken, bevor Sie es durchführen. Viele Anfänger (und auch erfahrene Experimentatoren) verwechseln das Gefühl, beschäftigt und wichtig zu sein, wenn man viele Experimente macht, mit der Tatsache, tatsächlich etwas Bedeutungsvolles zu tun. Lassen Sie sich nicht täuschen. ES GIBT KEINEN ERSATZ FÜR SORGFÄLTIGE PLANUNG!

– Falls es ein schwieriges Experiment ist, bei dem Sie wertvolle Reagenzien benötigen, machen Sie zuerst auch einen *physikalischen Trockenlauf*, d.h. ohne die teuren Reagenzien zu benutzen. So stellen Sie sicher, dass Ihre geplanten Versuchsabläufe technisch durchführbar sind.

– *Beobachten Sie* jemand anderen beim Durchführen des Experiments. Falls Sie eine neue Technik einsetzen wollen, bitten Sie jemanden um Hilfe, der schon einmal ein ähnliches Experiment durchgeführt hat.

4. **Führen Sie das Experiment durch.** Stellen Sie sicher, dass Sie genug Zeit dafür eingeplant haben und addieren Sie noch mal eine Stunde dazu. Notieren Sie Ihre Ergebnisse und Beobachtungen sofort.

5. **Nehmen Sie die Daten auf und analysieren Sie sie.** Schauen Sie möglichst schnell auf Ihre Daten – auf jeden Fall, bevor Sie das nächste Experiment durchführen! Lassen Sie keine unausgewerteten Daten akkumulieren. Jetzt ist auch ein guter Zeitpunkt, um mit anderen Wissenschaftlern im Labor oder aus Ihrem Forschungsgebiet über Ihre Ergebnisse zu sprechen und zu fragen ob sie „gut" oder „schlecht" sind.

> Führen Sie keine Unterhaltungen, während Sie ein kompliziertes Experiment planen oder durchführen. Haben Sie keine Scheu, Ihre Kollegen zu bitten, Sie nicht anzusprechen. Einige Leute tragen einen speziellen Hut oder tragen Kopfhörer (mit oder ohne Musik), um ihren Kollegen zu signalisieren, dass sie sich konzentrieren müssen.

6. **Wiederholen Sie das Experiment.** Ihre Ergebnisse müssen reproduzierbar sein, andernfalls sind sie völlig wertlos. Letzten Endes sollen sie auch von anderen wiederholt werden können, also müssen Sie sicher sein, dass Ihre Ergebnisse verlässlich sind.

Box 4.3: Übliche Fehler beim Vorbereiten eines Experiments

- Nicht über die Notwendigkeit des Experiments nachdenken.

- Planung eines riesigen, aber schlampigen Experiments, mit dem man jede große Fragestellung in der Biologie auf einmal lösen will.

- Vergessen, vorherige Experimente zu bewerten.

- Nicht über die Kontrollen nachdenken, die sicherstellen, dass die Ergebnisse interpretierbar sind.

- Nicht prüfen, dass alle Reagenzien fertig und griffbereit sind, bevor man mit dem Experiment startet.

4.2.1 Hintergrundrecherchen

Viele Fehler beim Vorbereiten eines Experiments können vermieden werden, wenn Sie gut im Thema stehen. Selbst wenn Sie eine Versuchsvorschrift haben, müssen Sie trotzdem die Details und die Theorie kennen, die dahinter stecken. Wenn Sie in der relevanten Literatur nachschlagen, werden Sie schnell herausbekommen, welche Techniken üblicherweise verwendet werden, welche Ergebnisse Sie zu erwarten haben, welche Reagenzien die besten sind und in welchen Konzentrationen sie eingesetzt werden – zusätzlich zu einer Vielzahl von Details, die irgendwann einmal hilfreich für Sie sein können.

Fangen Sie mit wenigen Artikeln an, am besten mit den Klassikern für Ihr Gebiet. Achten Sie auch auf die zitierten Arbeiten; es ist wahrscheinlich, dass Sie ein Großteil davon werden lesen müssen, insbesondere, wenn diese in mehreren Arbeiten zitiert werden. Gehen Sie in die Bibliothek und lesen Sie.

Führen Sie eine Stichwortsuche in PubMed durch. Beachten Sie nicht nur die aktuellen Arbeiten, sondern auch die alten – eine erstaunliche Anzahl sehr guter Experimente findet man in obskuren Zeitschriften vergraben, weil ihre Bedeutung nicht erkannt wurde. Natürlich erscheinen Artikel meistens in obskuren Zeitschriften, weil sie obskur sind. Benutzen Sie Ihr eigenes Urteilsvermögen, um die Gültigkeit der präsentierten Daten zu beurteilen. Versuchen Sie, sich nicht nur von dem guten Ruf eines Autors oder einer Zeitschrift beeinflussen zu lassen, wenn Sie die Daten begutachten.

Halten Sie sich auf dem aktuellen Stand in Ihrem For-schungsgebiet, indem Sie die aktuelle Literatur lesen. Die meisten Leute haben einige Zeitschriften, die sie regelmäßig lesen, um über wichtige Entwicklungen informiert zu bleiben. Experimentelle Ideen und Techniken findet man allerdings häufiger in speziellen Zeitschriften oder in Zeitschriften, die nicht in Ihrer Bibliothek vorhanden sind. Daher sollten Sie systematisch die aktuelle Literatur durchsuchen. Reservieren Sie sich regelmäßig Zeit für sich, in der Sie Literatursuchen in PubMed mit Stichworten und Autorennamen durchführen.

Es kann enorm hilfreich sein, einen oder zwei Experten auf Ihrem Gebiet zu kontaktieren. Natürlich sollten Sie nicht deren Zeit verschwenden und sie mit Fragen belästigen, die Sie selbst einfach hätten recherchieren können (und sollen), wie z.B. die Frage nach der Größe von ribosomaler RNA der Säuger. Aber wenn Sie spezielle Fragen zu bestimmten Experimenten haben, rufen Sie an oder schreiben Sie eine E-Mail.

4.2.2 *In silico*-Analysen

Nutzen Sie die machtvollen Werkzeuge der Bioinformatik. Es gibt viele Programme oder Internetressourcen, die Ihnen bei der Vorbereitung, Durchführung und Auswertung Ihrer Experimente helfen können. Diese Tools können Ihnen im einfachsten Fall sagen, wie groß die Restriktionsfragmente sein sollten, wenn die Klonierung positiv verlaufen ist, oder wie groß Ihr Protein ist, dass Sie in *E. coli* exprimieren wollen.

Mit **Sequenzsuchen** (BLAST, FastA) können Sie z.B. schauen, wie groß das Gen ist, das Sie klonieren wollen, ob es mehrere Isoformen davon gibt, ob dieses Gen auch in anderen Organismen vorkommt oder ob es schon von jemand anderen kloniert wurde.

Sequenzanalysen sagen Ihnen, welche Restriktionsschnittstellen in Ihrem Gen vorkommen, ob es möglicherweise für ein Protein kodiert und wie groß dieses Protein ist. Für Proteinsequenzen kann vorhergesagt werden, ob es sich möglicherweise um Transmembranproteine handelt, oder wo sie möglicherweise in der Zelle lokalisiert sind.

Homologievergleiche und **phylogenetische Analysen** verraten Ihnen etwas über die Herkunft und die mögliche Funktion des Proteins, mit dem Sie arbeiten. Durch den Vergleich mehrerer homologer Sequenzen („Sequenzalignments") können Sie wichtige konservierte Positionen im Protein identifizieren, die für die enzymatische Funktion wichtig sind, oder eben sehr variable Bereiche, die die unterschiedlichen Substratspezifitäten bedingen.

Strukturmodellierung erlaubt es, die 3-dimensionale Struktur von Proteinen abzuleiten, um z.B. durch **Docking-Versuche** Liganden oder Substrate zu identifizieren.

Wenn Sie mit einem klassischen Modellorganismus arbeiten, wird es wahrscheinlich umfangreiche **Datensammlungen** geben. Dort können Sie z.B. nachschauen, ob es schon eine Mutante in dem Gen gibt, das Sie interessiert. Sie können sehen, wo, wann und unter welchen Bedingungen das Gen exprimiert wird und welche anderen Gene gleichzeitig exprimiert werden (sogenannte Co-Expressionsanalysen), was Ihnen Rückschlüsse auf die mögliche physiologische Funktion erlaubt.

Bei vielen dieser Analysen dürfen Sie aber nicht vergessen, dass es sich dabei lediglich um Vorhersagen mit einer mehr oder weniger großen Eintreffwahrscheinlichkeit handelt. Ob Ihr Protein tatsächlich wie vorhergesagt in der Zellwand vorkommt oder vielleicht doch im Zellkern lokalisiert ist, werden Ihnen nur die Experimente sagen, die Sie machen werden.

4.2.3 Kontrollen

Eine Kontrolle zeigt Ihnen, theoretisch, was in Ihrem Experiment passieren würde, wenn Sie nichts damit tun würden; sie zeigt Ihnen also, was Ihr schönes Ergebnis wirklich bedeutet. *Für*

jede Variable in Ihrem Experiment brauchen Sie eine eigene Kontrolle. Es ist nicht ungewöhnlich, mehr Kontrollen zu haben als experimentelle Proben. Kontrollen sind kein luxuri-
öses Extra – sie sind absolut wesentlich für die Interpretation jedes Experiments.

Kontrollen werden nicht nur einmal gemacht – sie müssen für jedes Experiment wiederholt
werden. Das schließt Eichkurven für enzymatische Messungen genauso ein wie Molekularge-
wichtsstandards für Gelelektrophoresen. Es ist unter keinen Umständen erlaubt – in der Annahme, dass die Kontrollen gleich geblieben sind – für ein aktuelles Experiment die Daten der
Kontrollen von älteren Experimenten zu verwenden.

Typen von Kontrollen

Verfahrenstechnische Kontrollen. Diese Kontrollen zeigen Ihnen, ob die grundlegenden experimentellen Prozeduren richtig funktionieren. Beispiele für experimentelle Kontrollen sind
die Molekülmassenstandards, die Sie für DNA-, RNA- und Proteingele verwenden (neben ihrer Funktion, Molekülmassen bestimmen zu können). Mit diesen Standards erkennt der Forscher, ob das Gel die richtige Agarose- oder Acrylamidkonzentration aufweist, ob der Transfer auf eine Membran vollständig war und ob die Elektrophorese effektiv war.

Kontrollen für die Behandlung. Diese Kontrollen werden als Positiv- und Negativkontrollen durchgeführt und zeigen Ihnen, ob der durchgeführte experimentelle Eingriff einen Effekt
ausgelöst hat. Wenn Sie z.B. eine Probe haben, die Sie mit mehreren Faktoren behandelt haben, muss der Effekt der einzelnen Faktoren für sich unabhängig kontrolliert werden. Wenn
Sie also auf den Effekt einer gleichzeitigen Inkubation mit den Faktoren X und Y schauen,
müssen Sie Kontrollen haben, in denen nur mit Faktor X und Faktor Y alleine inkubiert wurde.
Manchmal ist Ihnen vielleicht gar nicht bewusst, dass Sie mehrere Faktoren eingesetzt haben:
Wenn Sie z.B. eine bestimmte Substanz zu Ihren Zellen geben, die Sie in Methanol gelöst haben (weil sie schwer wasserlöslich ist), müssen Sie zu Ihrer Kontrolle die gleiche Menge Methanol geben. Grundsätzlich sollten Sie die Kontrollen für die Behandlung soweit wie möglich
identisch zu den Testansätzen durchführen. Wenn Sie zu Ihren Proben etwas geben und schütteln, sollten Sie auch zu ihren Kontrollen etwas geben (Wasser/Puffer/Lösungsmittel etc) und
sie schütteln.

Positivkontrollen. Eine Positivkontrolle ist üblicherweise eine experimentelle Kontrolle, die
Ihnen zeigt, was passiert, wenn die Behandlung einen Effekt auslösen würde. Wenn Sie z.B.
Immunfluoreszenzmikroskopie an Zellen durchführen, die Sie mit dem Rezeptor X transfiziert
haben, sollten Sie als Positivkontrolle eine Zelllinie verwenden, die den Rezeptor X von vor-
neherein exprimiert. Oder wenn Sie den Effekt des Faktors X auf eine bisher ungetestete Zelllinie untersuchen, sollten Sie eine Zelllinie mit einbeziehen, die eine bekannte Reaktion auf
diesen Faktor zeigt.

Negativkontrollen. Negativkontrollen zeigen Ihnen, wie Ihre Messwerte aussehen, wenn Sie
keinen Eingriff vornehmen. Wenn Sie z.B. Immunfluoreszenzmikroskopie an Zellen durchführen, die Sie mit dem Rezeptor X transfiziert haben, sollten Sie als Negativkontrolle eine
Zelllinie verwenden, die den Rezeptor X nicht exprimiert, oder besser: Zellen, die sie mit etwas anderem, z.B. einem leeren Konstrukt transfiziert haben. Oder wenn Sie den Effekt des
Faktors X auf eine bisher ungetestete Zelllinie untersuchen, sollten Sie als Negativkontrolle
eine Zelllinie mit einbeziehen, die definitiv keine Reaktion auf diesen Faktor zeigt.

Die Negativkontrolle ist die Kontrolle, die am häufigsten vergessen wird und deren Abwesenheit am wenigsten ausmacht – bis man feststellt, dass es in diesem speziellen Fall doch darauf
angekommen wäre. Die Negativkontrolle ist besonders wichtig, wenn man ein Experiment
oder eine Reihe von Experimenten das erste Mal durchführt, um zwischen einem positiven Ergebnis und einem hohen Hintergrundsignal zu unterscheiden. Viele Hoffnungen wurden bereits zerstört, als man zuerst ein positives Ergebnis gefunden hatte und das Experiment mit dem

gleichen positiven Ergebnis wiederholen konnte – bis die Negativkontrolle gezeigt hat, dass absolut alle Ansätze, passend oder nicht, ein positives Ergebnis aufweisen.

Zeitpunkte. Sie brauchen für jede Veränderung der Dauer des Experiments eine eigene Kontrolle. Wenn Sie z.B. die Halbwertszeit von mRNA nach 0, 5, 15 und 30 min nach Zugabe des Faktors X untersuchen wollen, benötigen Sie Kontrollen für die Inkubation Ihrer Zellen ohne den Faktor X ebenfalls nach 0, 5, 15 und 30 min. Versuchen Sie keine Abkürzungen zu nehmen, indem Sie nur Kontrollen für die Zeitpunkte 0 und 30 min durchführen, jede Veränderung benötigt eine eigene Kontrolle.

Richten Sie die Zeitpunkte so ein, dass die Ernte der einen Probe beendet ist, bevor Sie mit der Ernte der nächsten Probe beginnen. Wenn Sie in einen Probenstau geraten, versuchen Sie eine „Ruhemöglichkeit" zu finden, z.B. können die Zellen auf Eis zwischengelagert werden. Aber was Sie mit der einen Probe machen, müssen Sie auch mit den anderen Proben machen: Wenn Sie eine Probe für 5 min auf Eis stellen, müssen Sie die anderen Proben ebenso behandeln.

Kontrollen für den Zeitpunk 0. Sie benötigen eine Probe, die so schnell wie möglich nach Start der Behandlung entnommen wurde. Es stimmt, in vielen Fällen beinhaltet der Zeitpunkt 0 tatsächlich einen Fehler von mehreren Sekunden bis Minuten, aber Sie brauchen eine Probe (und die entsprechende Kontrolle) so nahe am „Jetzt" wie möglich.

Um eine Nullzeitkontrolle durchzuführen, ist es sinnvoll, diese Probe *nach* den anderen Zeitpunkten zu starten, allerdings nur, wenn das „Alter" der Proben keinen Einfluss hat. Wenn Sie z.B. Zellen 0, 5, 10 und 30 min nach der Zugabe des Faktors X ernten wollen, starten Sie die Inkubation der Proben für 5, 10 und 30 min. Während die Inkubation läuft, geben Sie Faktor X zu Ihrer Nullzeitprobe und ernten sie sofort oder stoppen die Reaktion.

Box 4.4: Nicht genug Material – welche Kontrollen können weggelassen werden?

Trotz sorgfältiger Versuchsplanung kann immer einiges schief gehen: Einige Proben fallen Ihnen herunter oder werden kontaminiert, Sie haben nicht mehr genug von Ihrem Faktor X, Sie werden von Ihrem Experiment weggerufen und können nicht alle Zeitpunkte nehmen. Trotzdem, die Proben sind wertvoll und Sie brauchen so viele Daten wie möglich.

Es kann sich natürlich nachträglich herausstellen, dass die Kontrolle, die Sie weglassen, eigentlich die wichtigste war. Wenn Sie Kontrollen weglassen müssen, dann (in dieser Reihenfolge):

1. Verfahrenstechnische Kontrollen.

2. Duplikate von experimentellen Kontrollen.

Wenn Sie mehr Kontrollen auslassen müssen, brauchen Sie das Experiment gar nicht mehr durchzuführen. Es gibt keine gültigen Experimente ohne Kontrollen!

4.2.4 Statistik

Müssen Ihre Daten statistisch ausgewertet werden, um überzeugend zu sein? In der biologischen Forschung ist das keine einfache Frage. Einige Forschungsgebiete wenden Statistik geradezu religiös an, während in anderen Bereichen darauf bestanden wird, dass die beobachteten Effekte so groß und die Ergebnisse so offensichtlich signifikant sind, dass das „Spielen" mit Zahlen nicht notwendig ist. Ihr Labor wird statistische Analysen auf die Daten, die es generiert, anwenden oder nicht. Sie müssen für sich selbst entscheiden, ob Sie Ihre Daten analysieren wollen. Die Entscheidung mag offensichtlich sein, insbesondere, wenn Sie statistisch geschult sind. Schauen Sie in die Veröffentlichungen Ihres Labors oder anderer Gruppen auf Ihrem Gebiet, wie die Daten ausgewertet werden. Zeigen Sie diese Arbeiten und Ihren Experimentierplan einem Statistiker an Ihrem Institut, vielleicht finden Sie einen im Rechenzentrum. Kontaktieren Sie eine der vielen Firmen, die Statistikprogrammpakete vertreiben, per Telefon oder per Internet. Senden Sie Ihre Fragen an eine relevante Newsgruppe.

Das, was Sie wahrscheinlich am häufigsten interessieren wird, ist die Frage, ob Ihre Daten sich aus den experimentellen Veränderungen ergeben haben oder rein zufällig sind und ob Ihre Daten in Übereinstimmung mit einer Hypothese sind.

> Achten Sie darauf, dass Formeln für Populationen und Stichproben manchmal unterschiedlich sind. Daher können Sie nicht einfach ein Buch öffnen und eine Formel herausnehmen, ohne dass Sie verstehen, was Sie da eigentlich tun. Lieber keine Statistik als schlechte Statistik.

Vier typische Anwendungen von Statistik im biomedizinischen Labor

- Sind zwei Messreihen wirklich unterschiedlich, oder basiert der beobachtete Effekt nur auf Zufall? Ist das Enzym nach Zugabe eines möglichen Inhibitors weniger aktiv? Wächst die Pflanze, bei der das Gen X ausgeschaltet ist, langsamer? Steigt die Vitalität der Zellen durch Faktor Y? Solche und ähnliche Fragen, bei denen Sie zwei Messreihen miteinander vergleichen, werden üblicherweise mit dem Students t-Test beantwortet, insbesondere dann, wenn Sie nur wenige Messpunkte (< 30 pro Reihe) haben. Als Voraussetzung sollten ihre Daten ungefähr normalverteilt und die Varianzen der beiden Messreihen ähnlich sein. Der t-Test vergleicht die Mittelwerte der beiden Messwerte, wobei die sogenannte Null-Hypothese besagt, dass die Mittelwerte sich nicht unterscheiden. Ist die Wahrscheinlichkeit für diese Hypothese klein genug, kann sie zugunsten der Alternativhypothese („die Werte sind unterschiedlich") verworfen werden. Je nach Gestaltung Ihres Experimentes müssen Sie verschiedene Versionen des t-Testes anwenden:

> Der P-Wert (vom engl. *probability*, Wahrscheinlichkeit) testet, ob eine beobachtete Abweichung von der Hypothese zufällig sein kann. Wenn der P-Wert sehr klein ist, muss die Hypothese verworfen werden.

> Die Nullhypothese ist die Annahme, dass die beobachteten experimentellen Abweichungen zufällig geschehen. Abhängig von der Stichprobengröße und der angenommenen Verteilung wird aus den Messwerten eine Zahl berechnet. Wenn die Wahrscheinlichkeit, diese Zahl zu erhalten (der P-Wert), kleiner ist als eine vorgegebene kleine Prozentzahl (häufig 5%), sind die Ergebnisse signifikant und die Nullhypothese kann verworfen werden. Das bedeutet aber nicht zwangsläufig, dass Ihre Ergebnisse auch wichtig sind!

Unabhängig oder abhängige Stichproben: Wenn Sie den Einfluss eines Faktors messen, indem Sie behandelte Ansätze mit unbehandelten Ansätzen vergleichen, dann handelt es sich um unabhängige Stichproben. Vergleichen Sie aber die gleichen Ansätze vor und nach Behandlung mit dem Faktor, dann haben Sie abhängige Stichproben. Sie wollen z.B. die Wirksamkeit eines bestimmten Augentrainings auf das Sehvermögen untersuchen. Dann können Sie zum einen das Sehvermögen der Testpersonen vor und nach dem Training vergleichen (abhängige Stichproben) oder das Sehvermögen der Testpersonen nach dem Training mit dem Sehvermögen einer Kontrollgruppe (unabhängige Stichproben).

Einseitiger oder zweiseitiger Test: Der übliche t-Test ist *zweiseitig*, d.h. er überprüft, ob die zwei Messreihen *unterschiedlich* sind, die Kontrolle kann also größer oder kleiner sein. Bei einem *einseitigen* Test wird davon ausgegangen, dass nur ein Ergebnis signifikant sein kann, z.B. dass das Augentraining das Sehvermögen nur verbessern kann (oder keinen Einfluss hat), aber nicht verschlechtern. Der einseitige Test führt dazu, dass die Nullhypothese schneller verworfen werden kann, oder anders gesagt: Messreihen, die im einseitigen Test signifikant unterschiedlich sind, sind es nicht unbedingt im zweiseitigen Test. Deswegen wird häufig der einseitige Test verwendet, wenn man ein bestimmtes Ergebnis erwartet (der Inhibitor kann das Enzym nur inhibieren, das Training kann Leistung nur verbessern, usw.). Das ist aber falsch, denn *theoretisch* sind die Ergebnisse in beiden Richtungen möglich! Der bekannte Inhibitor für Enzym X kann auf Enzym Z aktivierend wirken und ein schlechtes Trainingsprogramm kann die Leistung auch verschlechtern. Deswegen sollte der einseitige Test nur angewendet werden, wenn auch *praktisch* nur eine Richtung möglich ist. Sie wollen z.B. prüfen, ob eine Pflanze innerhalb eines Tages nachweisbar gewachsen ist (die Pflanze wird in dieser Zeit nicht kleiner werden!). Wenn Sie sich nicht sicher sind, verwenden Sie den zweiseitigen Test.

- Wenn Sie mehr als zwei Messreihen haben, dürfen Sie den *t*-Test nicht mehr verwenden. Um z.B. den Einfluss von fünf verschiedenen Düngern auf den Ernteertrag zu bestimmen, müssten Sie zehn *t*-Tests durchführen, um zu bestimmen, welcher Dünger signifikant besser als der jeweils andere Dünger ist. Das ist zwar mit der Hilfe von Computern heutzutage schnell machbar, aber mit jedem weiteren Einzelvergleich steigt die Gefahr, ein zufälliges Ergebnis als signifikant zu bewerten. Bei zehn Einzelvergleichen mit einem Signifikanzniveau von jeweils 5% beträgt Ihr Gesamtsignifikanzniveau nur noch 40%! In solchen Fällen wendet man daher die Varianzanalyse an (ANOVA, von engl. *analysis of variance*). Die ANOVA vergleicht die Varianzen der einzelnen Messreihen mit der gemeinsamen Varianz aller Messreihen, um zu entscheiden, ob die Messreihen aus einer gemeinsamen Population stammen (also nicht unterschiedlich sind) oder eben nicht. Das Problem mit der ANOVA ist, dass sie am Ende nur eine Aussage darüber macht, ob alle Messreihen gleich (bzw. nicht signifikant unterschiedlich) sind oder eben nicht. Um zu sagen, welche der Messreihen unterschiedlich ist/sind, müssen nachträglich weitere statistische Tests durchgeführt werden.

- Um zu prüfen, ob Ihre Daten einer bestimmten Verteilung entsprechen, wird der χ^2-Test verwendet. Eine typische Fragestellung wäre, ob das Auftreten einer bestimmten Eigenschaft bei Nachkommen durch eine Mendel'sche Regel erklärt wird (also z.B. im Verhältnis 3:1 vorkommt). Oder ob das Auftreten von Mehrlingsgeburten in der Stadt B vom Auftreten in der Bundesrepublik Deutschland unterschiedlich ist.

- Mit dem Korrelationskoeffizienten kann man prüfen, ob zwischen zwei Variablen möglicherweise ein linearer Zusammenhang besteht, z.B. ob die Menge eines Giftstoffes in einer Pflanze mit dem Schutz der Pflanze vor Schädlingen korreliert. Korrelationskoeffizienten größer 0,5 oder 0,6 werden häufig für das Vorliegen einer Korrelation akzeptiert. Bewegen sich beide Variablen in die gleiche Richtung (wenn X größer wird, wird Y auch größer) spricht man von positiver Korrelation, bei gegenläufigem Verhalten (wenn X größer wird, wird Y kleiner, oder umgekehrt) von

> Achten Sie darauf, dass Ihre Daten linear sind. Für quadratische oder exponentielle Zusammenhänge gibt es andere Modelle, die zur Berechnung verwendet werden können. Die Annahme von Linearität der Daten, die tatsächlich gar nicht vorliegt, ist ein häufiger Fehler und ergibt falsche Ergebnisse.

Box 4.5: Standardabweichung und Standardfehler

Die Standardabweichung ist das Maß für die Abweichung eines einzelnen Messwertes vom Mittelwert vieler Messungen. Der Standardfehler (auch als Standardabweichung des Mittelwertes bezeichnet) ist ein Maß für die Abweichung des berechneten Mittelwertes (aus der Stichprobe) vom tatsächlichen Mittelwert der Population. Standardabweichung und Standardfehler werden manchmal (fälschlicherweise) austauschbar verwendet, wobei häufig der Standardfehler gewählt wird, weil er kleinere Werte aufweist und somit die Datenstreuung scheinbar senkt.

Benutzen Sie die Standardabweichung, um zu zeigen, wie reproduzierbar ein bestimmter Datenpunkt ist, der auf mehreren Messungen basiert.

negativer Korrelation. Aber Vorsicht, das Vorliegen einer Korrelation bedeutet nicht automatisch, dass X und Y sich direkt beeinflussen. So nimmt die Anzahl der Autos auf deutschen Straßen zu, aber die Anzahl der Verkehrstoten ab. Es wäre fatal zu glauben, dass es weniger Verkehrstote gibt, *weil* es mehr Autos gibt.

> Viele statistische Tests (z.B. ANOVA und der *t*-Test) sollten nicht verwendet werden, wenn Sie einen Effekt erwarten, der die Population „verdreht". Die meisten Tests gehen von einer Normalverteilung der unbekannten Population aus.

Während man früher erst über rechenintensive Formel ein Prüfwert berechnen musste und dann in Tabellenwerken in der jeweiligen Verteilung nachschauen musste, ob er größer oder kleiner als der gegebene Wert ist, können Sie heutzutage mit den meisten Tabellenkalkulationsprogramme die oben dargestellten statistischen Berechnungen durchführen. Häufig können Sie sich direkt den *P*-Wert ausgeben lassen. Spezielle Statistikprogramme können das natürlich auch und helfen Ihnen darüber hinaus, die richtigen Testverfahren anzuwenden.

4.2.5 Verwendung einer Versuchsvorschrift

1. **Sie bekommen Ihre Versuchsvorschriften:**

   – *Von einem anderen Wissenschaftler.* Die beste Adresse, von der Sie eine Vorschrift bekommen können, insbesondere für Ihre ersten Versuche, ist ein Kollege aus dem Labor. Diese Vorschrift wird an die Ressourcen und Expertise im Labor angepasst sein und mag wichtige Details enthalten, z.B. welche Reaktionsgefäße verwendet werden sollen, oder Tricks, wie man die Standards in Lösung bringen kann, usw. Außerdem haben Sie dann einen Experten direkt vor Ort.

Box 4.6: Ohne Versuchsvorschrift geht nichts

Jedes Experiment, egal wie vorläufig es ist, braucht eine Versuchsvorschrift. *Jedes* Mal. Selbst wenn Sie nur eine Technik zum ersten Mal ausprobieren wollen oder eine häufig durchgeführte Prozedur wiederholen: Sie sollten es immer anhand einer geschriebenen Anweisung tun. Auch wenn Sie das Experiment schon 50 Mal durchgeführt haben, sollten Sie immer noch die Vorschrift oder eine Referenz zur Vorschrift (z.B. „Extraktion genauso durchgeführt wie im Protokoll auf Seite 3 beschrieben") in Ihr Laborbuch schreiben.

   – *Aus einem Buch mit Versuchsvorschriften.* Eine Vielzahl von Laborhandbüchern mit einfachen und klaren Versuchsvorschriften für viele Bereiche der Biologie ist kommerziell erhältlich. Labor-, Kurs- und Institutslaborhandbücher sind auch immer eine gute Quelle für einfache Vorschriften. Der Nachteil bei der Verwendung von gekauften Handbüchern ist, dass Sie die Details selbst ausarbeiten müssen.

   – *Aus Methoden-Abschnitten in veröffentlichten Artikeln.* Das ist die unzuverlässigste Methode, um eine Versuchsvorschrift zu finden. Methoden-Abschnitte sind berüchtigt dafür, dass aus Platz- oder anderen Gründen wichtige Details ausgelassen werden.

2. **Lesen Sie die Vorschrift, um zu sehen, ob sie Ihnen sinnvoll erscheint.** Stellen Sie sich vor, das Experiment durchzuführen, und achten Sie auf offensichtlich fehlende Schritte in der Logik (Ihrer oder der der Quelle) oder im Ablauf des Experiments. In vielen Vorschriften werden Annahmen vorausgesetzt, die nicht offensichtlich für Sie sein mögen. „Phenol-Extraktion" z.B. bedeutet häufig, dass einmal mit puffergesättigtem Phenol extrahiert wird, und nachfolgend zweimal mit einer Phenol:Chloroform:Isoamylalkohol-Mischung.

3. **Passen Sie die Vorschrift an Ihre Bedürfnisse an und überarbeiten Sie sie.** In dieser Phase bezieht sich das nur darauf, bestimmte Schritte für sich selbst klarer darzustellen oder bestimmte Geräte nach Bedarf anzupassen. Wenn eine Vorschrift angibt, dass eine Probe bei $13\,000 \times g$ zentrifugiert wurde, müssen Sie eine entsprechende Zentrifuge mit passendem Rotor finden und das in der Vorschrift vermerken.

4. **Bereiten Sie alle Reagenzien vor, die in der Versuchsvorschrift vermerkt sind, und prüfen Sie, ob Sie alles haben, was Sie brauchen.** Alles! Nichts ist sicher. Sie können ein echtes Problem haben, wenn Sie mit Ihren Proben zur Zentrifuge rennen und dann feststellen, dass jemand anderes einen einstündigen Lauf gestartet hat. Sie sollten eine zweite Zentrifuge in der Hinterhand haben oder sich die Zentrifuge rechtzeitig reservieren. Bei Experimenten, die Sie das erste Mal durchführen, ist eine Reservierung etwas riskant, weil Sie nicht genau abschätzen können, wann Sie die Zentrifuge genau brauchen; daher ist es sicherer, eine zweite Zentrifuge in der Hinterhand zu haben. Achten Sie besonders darauf, dass Sie ein eventuelles Radioisotop, das Sie benötigen, auch wirklich haben. Radioisotope müssen eventuell mehrere Wochen vorher bestellt werden.

5. **Wenn Sie das Experiment das erste Mal durchführen, halten Sie sich exakt an die Versuchsvorschrift.** Warum? Nun, wenn Ihnen jemand eine Vorschrift gibt und Sie sich nicht exakt daran halten, kann dieser jemand Ihnen auch nicht helfen, die Daten zu interpretieren (und er wird es vielleicht auch gar nicht mehr wollen). Sie müssen zuerst in der Lage sein, die üblichen Ergebnisse zu reproduzieren, bevor Sie anfangen, Modifikationen einzubauen. Sie müssen sicher sein, dass Sie die Effekte einer Versuchsvariablen messen und nicht die Effekte Ihrer Methode. *Sie* sollten nicht die Variable in Ihren eigenen Experimenten sein!

6. **Modifizieren Sie die Vorschrift auf der Grundlage Ihrer Erfahrungen, die Sie damit gemacht haben.** Wenn Sie das Experiment durchführen, schreiben Sie alle Verbesserungen auf, die Ihnen sinnvoll erscheinen. Wenn Sie dann Ihre Daten beurteilen, denken Sie über die Veränderungen nach und besprechen Sie mit einem Kollegen, ob sie sinnvoll sind. Schreiben Sie das Protokoll für den nächsten Durchlauf neu. Üblicherweise haben Sie eine gedruckte Versuchsvorschrift, in die Sie die Änderungen im Verlauf mehrerer Experimente eintragen. Es lohnt sich, neue Vorschriften in den Computer einzuscannen oder sogar einzutippen und die Modifikationen direkt am Computer durchzuführen. Je früher Sie anfangen, Ihre Vorschriften im Computer zu be-

Wenn Sie Fragen zu einer Versuchsvorschrift haben, die in einem Artikel veröffentlicht wurde, zögern Sie nicht, den Autor zu kontaktieren. Adresse, Telefonnummer und E-Mail-Adresse des Autors, an den die Korrespondenz geschickt werden soll, sind entweder auf der ersten oder letzten Seite des Artikels abgedruckt. Schicken Sie zuerst eine E-Mail, wenn Sie darauf keine Antwort bekommen, rufen Sie an.

Sollten Sie Kits verwenden? In einem Kit sind alle Reagenzien vorhanden und die Anleitungen sind klar; in den meisten Fällen gilt also: Ja, Sie sollten – wenn der Preis nicht unerschwinglich ist. Es gibt allerdings einen wichtigen Vorbehalt: **Ersetzen Sie Ihren Kopf nicht durch das Kit.** Sie sollten die Bestandteile des Kits und dessen Funktionsweise genau kennen.

Machen Sie sich nicht zu viele Sorgen, wenn es nicht sofort klappt. Jedermann, der schon mal im Labor gearbeitet hat, weiß: Ein neues Experiment funktioniert nicht beim ersten Mal. Man wiederholt es, sorgfältig. Es funktioniert immer noch nicht. Man wiederholt es nochmal und vielleicht nochmal. Es funktioniert immer noch nicht. Aber beim nächsten Versuch, obwohl man sich sicher ist, es exakt so gemacht haben wie die vorherigen Male, funktioniert es. Und von da ab funktioniert es immer.

arbeiten, desto besser. Wenn sich die Vorschrift nun weiter entwickelt, können Sie Änderungen schnell einfügen und Sie haben trotzdem eine lesbare Vorlage.

4.2.6 Beispiele für Versuchsvorschriften

RNA-Isolierung III

1
- ~~2~~ g Pflanzenmaterial in flüssigem Stickstoff mörsern, in *4* ml Homogenisierungspuffer (+ Mercaptoethanol) aufnehmen und in 2 ~~große~~ *kleine* Eppis überführen.

- Zelltrümmer abzentrifugieren (10 min., 10000 rpm, 4 °C).

- ~~Je~~ 2x 1 ml Überstand in neues, großes Eppi überführen (*2* Eppis pro Ansatz) und mit 30 μl 4 M NaAc, pH 6,0 und 1 ml EtOH Nukleinsäuren für >30 min. bei -20 °C ausfällen.

15 *1 h*
- Zentrifugation (~~20~~ min., 12000 rpm, 4 °C).

Beide   gesamt
- ~~Je 2~~ Pellets in 1 ml TENS mit Pipette lösen und vereinigen (also 2 ml TENS/2 g Frischgewicht, muss nicht vollständig lösen.

25
- Extraktion mit 1 ml Phenol/Chloroform/~~Isoamylalkohol~~ (25:~~24~~:T): 5 min. schütteln, Zentrifugation (10 min., 12000 rpm, RT).

2- *2-5*
- Extraktion mit 1 ml Chloroform/~~Isoamylalkohol~~ (24:T): 5 min schütteln, Zentrifugation (~~10~~ min., 12000 rpm, RT).

- 1 ml Überstand mit 20 μl Essigsäure, 50 μl 4 M NaCl und 600 μl Isopropanol versetzen. > 30 min. bei -20 °C inkubieren.

1 h   *15*
- Zentrifugation (~~10~~ min., 12000 rpm, 4 °C).

(- Pellet mit 70% (w/v) Ethanol waschen. Zentrifugation (10 min, 12000 rpm, 4 °C).) *optional*

- Pellet in 600 μl TE resuspendieren.

200
- ~~2x 600 μl vereinigen und mit 400~~ μl 8 M LiCl RNA selektiv bei 0 °C für 3 h bis ü.N. fällen.

15   *12000*
- Zentrifugation (~~10~~ min., ~~10000~~ rpm, 4 °C).

- Pellet mit 70% EtOH waschen, Zentrifugation (10 min., 10000 rpm, 4 °C).

80 - 120
- Pellet bei RT kurz trocknen un in 100 μl TE aufnehmen.

- Testgel: Minigel, ~ 2 μg RNA, Konzentrationsmessung
2 μl + 138 μl Bidest
=> 1:70 verdünnt

Abb. 4.1: Die Kopie einer Vorschrift kann als Vorlage genutzt werden, in der Besonderheiten des Experiments und Änderungen aufgeschrieben werden können.

Immunoprecipitation of the 68K Protein—^{32}P-Labeled 68K protein was immunoprecipitated from cell lysates containing equivalent amounts of protein using an antiserum directed against the bovine brain 87K protein as previously described (4). In some cases, an antiserum directed against purified mouse brain 68K protein was used. The two antisera gave identical results. Immunoprecipitated 68K protein was separated by electrophoresis on 8% SDS-PAGE gels according to Laemmli (9), and ^{32}P-labeled 68K protein was visualized by autoradiography using Kodak X-Omat X-ray film and intensifier screens. Where indicated, autoradiograms were scanned on an LKB Ultroscan densitometer.

IMMUNPRÄZIPITATIONSVORSCHRIFT

Starte mit Zell-Lysat (Proteinkonzentration 1,5 µg/µl) in ca. 100 µl Lysispuffer auf Eis. Die Proben müssen in den nachfolgenden Schritten immer bei 4 °C gehalten werden.

Preaclear: 50 µl Protein A-Sepharose (Sigma P3391, 50% slurry in PD) zugeben und 15 Minuten bei 4 °C im Überkopfschüttler inkubieren.

Zentrifugation bei 7'000 upm für 2 Minuten bei 4 °C in TOMY-Ausschwingrotor.

Überstand vorsichtig in neue Eppis überführen.

Pro 150 µg Protein 5 µl Antikörper zugeben. Für 1 Stunde bei 4 °C im Überkopfschüttler inkubieren.

50 µl Protein A-Sepharose zugeben und für 15 Minuten bei 4 °C im Überkopfschüttler inkubieren.

Zentrifugieren wie oben. Überstand aufbewahren, um Fällung des Antikörpers nachzuweisen.

Pellet zweimal mit Waschlösung A waschen.

      Einmal mit Waschlösung B

      Einmal mit Waschlösung C

(jeweils 1 ml Lösung zugeben, vortexen, zentrifugieren wie oben und Überstand verwerfen)

Sepharose in SDS-Probenpuffer resuspendieren, für 5 Minuten kochen und auf SDS-PAGE trennen.

Vorbereitung der Protein A-Sepharose

Zu 1,5 g Protein A-Sepharose 30 ml PD geben.

Für 15 Minuten schütteln (Überkopfschüttler).

In Kneewell-Zentrifuge bei 1'500 upm für 10 Minuten bei 4 °C zentrifugieren.

Überstand absaugen.

Diese Waschprozedur zweimal wiederholen.

6 ml frisches PD zugeben, sodass Endvolumen 12 ml beträgt.

2,4 mg NaAzid zugeben (Endkonzentration: 0,2 mg/ml).

Abb. 4.2: Diese Immunpräzipitationsvorschriften stammen aus dem gleichen Labor. Die erste (oben) stammt aus einer veröffentlichten Arbeit (Rosen et al. 1989. J. Biol. Chem. 264: 9118–9121), die zweite (darunter) ist die aktuelle Vorschrift, wie sie im Labor durchgeführt wird (Freundlichst zur Verfügung gestellt von Alan Aderem, Institute for Systems Biology, Seattle).

SCHÖNE FLUORESZENZBILDER MIT DEM ZEISS

Mikroskop anschalten (Knopf hinten rechts)

Kamera beladen (rechte Seite):

Rote Markierungen übereinander bringen, Kassette herausschwenken.

Aus Halter herausziehen.

Kurbel benutzen um sicherzustellen, dass kein Film in der Kassette liegt (! Lampe vorne rechts blinkt, wenn kein Film eingelegt ist).

Kassette abnehmen.

Silbernen Knopf drücken, um Filmhalter zu öffnen.

Filmdose einlegen, Film einfädeln.

Filmhalter schließen.

Filmhalter zurück in Filmkassette und Halter bringen.

Kassette (rote Markierungen übereinander bringen) zurückschieben.

Kassette wieder einschwenken.

Knopf B (vorne) dreimal drücken, um Film zu transportieren.

ASA einstellen (vorne am Mikroskop).

Fluoreszenzlicht anschalten (rechter Kasten).

Sichtbares Licht ausblenden (schwarzer Knopf links).

Fluoreszenzfilter auswählen (schwarzer Knopf rechts, zweiter von oben).

1. Halt, 4 Linien = Grün (für Rhodamin)

2. Halt, 3 Linien = Blau (für Fluorescein)

FILTER NICHT VOLLSTÄNDIG HERAUSZIEHEN, WENN DIE FLUORESZENSLAMPE AN IST – GEFAHR DER AUGENVERLETZUNG!

Fokussieren.

Licht zum Okular ausblenden (schwarzer Knopf rechts, ganz oben). Mit Fadenkreuz kontrollieren, dass der Fokus OK ist (Licht ist sehr schwach).

Zum Photographieren Knopf A drücken (vorne rechts). Lichtmesser zeigt an, wie lange Belichtung noch dauert (1 = fertig). 3200 ASA braucht ca. 15–30 Sekunden, 160 ASA braucht länger als 3 Minuten.

Filter (hinter Objektiv) verschieben, um Fluoreszenz auszublenden. Sichtbares Licht anschalten (hinten links) um Bild bei normaler Beleuchtung zu photographieren.

Film herausnehmen:

Kassette herausschieben.

Mit Kurbel Film vollständig aufdrehen.

Film entnehmen, Kassette zurückschieben.

Mikroskop ausschalten:

Fluoreszenzlampe ausschalten.

Strom abschalten.

Objektiv mit Spezialpapier vorsichtig und ordentlich reinigen.

Abb. 4.3: Eine Vorschrift kann auch eine Bedienungsvorschrift sein, die z.B. in der Nähe des Gerätes aufgehängt wird, dessen Benutzung beschrieben wird.

4.3 Die Interpretation der Ergebnisse

Sie müssen Ihre eigenen Daten mit dem gleichen Augenmerk auf Details prüfen, die Sie auch bei der Analyse der Experimente eines Konkurrenten aufbringen. Breiten Sie die Daten vor sich aus und fragen Sie sich:

1. **Hat das Experiment funktioniert?** Schauen Sie sich Ihre *Kontrollen* an. Beginnen Sie mit den verfahrenstechnischen Kontrollen, um sicher zu sein, dass die Ausstattung funktioniert hat. Haben die Zellen die Substanz aufgenommen? Ist der Molekulargewichtsmarker so gelaufen, wie Sie erwartet haben? Betrachten Sie Ihre Positivkontrolle. Wenn die funktioniert hat, haben Sie das Experiment vermutlich ordentlich durchgeführt. Betrachten Sie nun die Negativkontrolle. Wenn Sie dort einen Effekt sehen, den Sie nicht erwartet haben, müssen Sie entscheiden, ob es sich um einen echten Effekt handelt oder um eine Hintergrundreaktion. Wenn die Negativkontrolle negativ erscheint, ist wahrscheinlich alles OK. Wenn sie positiv ist, war das Experiment entweder nicht vernünftig geplant oder eine andere Variable hat sich während des Experiments durchgesetzt.

> **Machen Sie sich selbst Gedanken.** Laufen Sie nicht mit dem Bild der Gelelektrophorese, die Sie gerade durchgeführt haben, zu Ihrem Betreuer und halten es ihm unter die Nase, ohne selbst vorher einmal darauf geschaut und darüber nachgedacht zu haben. Wie viele Banden erwarten Sie, wie viele sehen Sie? Stimmen die Größen?

2. **Wie sehen die Ergebnisse aus?** Verglichen mit den Kontrollen, abzüglich des Hintergrunds, *gibt es einen Effekt?* Wie stark ist er? Zweifach? Fünfzigfach? Führen Sie alle notwendigen Berechnungen aus und fertigen Sie Graphen an, damit Sie wirklich Daten miteinander vergleichen und nicht subjektive Effekte. Sind zwei Effekte synergistisch oder additiv? Verändert sich der Effekt mit der Zeit?

3. **Was bedeutet das Ergebnis?** Erscheint es Ihnen sinnvoll? Haben Sie es erwartet? Haben Sie eine Erklärung für falsche Ergebnisse? Würden zusätzliche Kontrollen helfen, die Ergebnisse zu verstehen?

4. **Wird das Experiment von anderen Wissenschaftlern verstanden?** Sprechen Sie mit Ihren Kollegen. Diskutieren Sie die Ergebnisse mit demjenigen, der Ihnen die Versuchsvorschrift gegeben hat oder mit jemand anderem, der in der verwendeten Technik versiert ist. Gehen Sie zurück an den Schreibtisch und lesen Sie noch einmal die Hintergrundarbeiten. Freuen Sie sich nicht zu früh, bevor Sie die Ergebnisse reproduziert haben.

5. **Ist das Ergebnis reproduzierbar?** Wiederholen Sie das Experiment. Fügen Sie neue Kontrollen ein, die das Ergebnis unterstützen und Fragen bezüglich des Ergebnisses beantworten.

Box 4.7: Erfahrung

Der einzige Weg, die Interpretation von Experimenten zu erlernen, ist eine Menge Experimente durchzuführen. Sie werden ein Gefühl für die Bedeutung von Ergebnissen entwickeln und dafür, was den Ergebnissen noch fehlt. Die Erfahrung mit einer Reihe unterschiedlicher Experimente wird es Ihnen ermöglichen, unmittelbar zu erkennen, ob ein Experiment funktioniert hat oder nicht. Machen Sie eine Menge Experimente.

4.4 Wenn Experimente nicht funktionieren

Sie haben ein Experiment durchgeführt und vollkommen unerwartete Ergebnisse erhalten.

1. Wenn es ein verfahrenstechnisches Problem ist, *überprüfen Sie die Ausstattung*. Stellen Sie sicher, dass die Kabel richtig eingesteckt waren und dass Sie den richtigen Puffer verwendet haben. Schauen Sie sorgfältig durch Ihre Notizen, um zu sehen, ob Sie etwas vergessen haben.

2. *Wiederholen Sie das Experiment*. Meistens ist das Problem damit schon gelöst, denn die meisten Fehler bei Positiv- oder Negativkontrollen sind Fehler in der Durchführung.

3. Wenn das Problem wieder auftritt, *wiederholen Sie nur den Teil des Experiments, der in Frage gestellt ist*. Das, was jetzt benötigt wird, ist üblicherweise ein Experiment, bei dem nur Positiv- und Negativkontrollen durchgeführt werden.

Box 4.8: Beispiel

Wenn z.B. die Negativkontrolle ein starkes Signal in Ihrem Test ergibt, prüfen Sie nur die Negativkontrolle und eine Negativkontrolle, die Sie woanders her haben, gegen die Positivkontrolle in einem kleinen Wiederholungsexperiment. Wenn nur die ursprüngliche Negativkontrolle wieder Probleme macht, haben Sie ein Problem mit dieser Negativkontrolle und nicht mit dem Rest des Experiments. Wenn beide Negativkontrollen ein positives Ergebnis zeigen, müssen Sie anfangen, Ihre Puffer und andere Komponenten des Experiments zu prüfen.

---

4. Wenn Sie die vermutliche Quelle des Problems identifiziert haben, *führen Sie ein kleines Experiment* durch, um zu prüfen, ob das Problem gelöst ist. Lassen Sie sich nicht verführen, gleich das ganze Experiment noch einmal zu wiederholen – warten Sie, bis das Ergebnis erklärbar ist.

5. Wechseln Sie das Labor. Wenn Ihre Experimente in einem anderem Labor mit anderen Pipetten und anderen Lösungen und Reagenzien auf einmal wieder funktionieren, können Sie das Problem Stück für Stück einkreisen.

6. Wenn Sie die Quelle für den Ärger nicht finden können, wenn Sie alle um Rat gefragt haben und alles ausprobiert haben, was in Ihrer Macht steht, *wiederholen Sie das Experiment*, wieder und wieder.

Box 4.9: Geht's oder geht's nicht?

Die Schwierigkeit besteht darin, zu unterscheiden, ob ein Experiment noch nicht funktioniert oder nie funktionieren wird. Dazu benötigen Sie Praxis und Erfahrung, und es wird mit der Zeit leichter – aber nicht funktionierende Experimente werden immer ein Teil des Lebens an der Laborbank ausmachen.

Das Projekt wechseln

Die meisten Projekte starten mit Begeisterung und freudiger Hoffnung. Sie werden gepflegt und gehegt und es werden viele Stunden in Experimente investiert, sodass es passieren kann, dass der Forscher die richtige Perspektive verliert.

Ideen eilen oftmals den verfügbaren Techniken voraus. Egal wie spektakulär und wichtig Ihre Idee ist, wenn Sie sie nicht überzeugend beweisen können, sollten Sie auch nicht daran arbeiten.

spektive verliert. Gefühle und Ego hängen am Erfolg des Projekts. Daher scheint es manchmal undenkbar, ein Projekt aufzugeben.

Es ist für Wissenschaftler aber zwingend erforderlich zu lernen, wann man ein Projekt besser stoppt. Und weil Sie selbst emotional so stark involviert sind, dass es für Sie nicht immer möglich ist, solch eine Entscheidung zu treffen, sollten Sie Ratschläge einholen und diese auch akzeptieren.

Wann Sie ein Projekt stoppen sollten, ist nicht immer offensichtlich, tatsächlich ist es fast nie klar. Einige Hinweise sind:

- *Die Daten lassen sich nicht reproduzieren.* Wenn Sie (oder andere) Ihre Daten nicht reproduzieren können, selbst wenn Sie mit tiefstem Herzen an sie glauben, können Sie nicht mit dem Projekt fortfahren. Es kann natürlich sein, dass es an Problemen mit einem bestimmten Test oder einem bestimmten Gerät liegt und das sollten Sie natürlich ausgiebig untersuchen, bevor das Projekt fallen gelassen wird. Es kann auch sein, dass die Variationen im System selbst begründet sind, oder dass der Effekt nicht wichtig ist oder dass der Effekt, den Sie untersuchen, so klein ist, dass er mit den verfügbaren Techniken nicht glaubwürdig nachgewiesen werden kann.

- *Das Projekt findet keine Unterstützung beim Laborleiter.* Die Unabhängigkeit, die man den Mitarbeitern zugesteht, kann von Labor zu Labor sehr unterschiedlich sein. An einigen Orten können Sie sich Ihr Projekt und Ihre Vorgehensweise selbst aussuchen und Sie werden nur wenige Anweisungen vom Laborleiter bekommen. Sie werden aber wahrscheinlich Ratschläge und Meinungen hören, denen Sie gut zuhören sollten. Selbst wenn man Ihnen völlig freie Hand lässt, ist es nicht sinnvoll an einem Projekt weiterzuarbeiten, an das der Laborleiter nicht *glaubt*, und es ist auch sehr schwierig, an einem Projekt weiterzuarbeiten, das der Laborleiter nicht *mag*. Natürlich sollten Sie versuchen, den Laborleiter mit Ihren Daten zu überzeugen. Wenn das nicht klappt, denken Sie über einen Projektwechsel nach.

- *Die Richtung des Projekts hat sich geändert.* Unerwartete Ergebnisse können das Projekt in eine Richtung lenken, die weder das Labor noch der Forscher einschlagen wollen. Ein Student arbeitet z.B. in einem Fliegenlabor an einem Protein, von dem angenommen wird, dass es wichtig für die Physiologie von *Drosophila* ist. Durch die Klonierung und Sequenzierung des Gens wird klar, dass dieses Protein in Säugern an der Entwicklung von Nervenzellen beteiligt ist, in *Drosophila* aber nur eine untergeordnete Rolle spielt. Das Projekt hat sich geändert und der Student muss sich nun entscheiden, ob er in einem Labor, das eigentlich für *Drosophila*-Genetik eingerichtet ist, an Neurogenese arbeiten will, ob er das Labor wechselt oder einen Kooperationspartner in einem anderen Labor sucht oder das Projekt fallen lässt.

> Es gibt Laborleiter, die wenig Rücksicht auf ihre Mitarbeiter nehmen und Projekte mit geringen Erfolgsaussichten ausgeben. Das passiert normalerweise, weil sie eine Idee haben, an der sie interessiert sind, die aber keine echten Chance hat, zu funktionieren. Wenn Sie das Gefühl haben, einer solchen Idee geopfert zu werden, handeln Sie sofort. Sprechen Sie mit Ihrem Laborleiter und mit anderen Leuten am Institut: Es ist sowohl eine Charaktereinschätzung als auch wissenschaftlicher Scharfsinn, den Sie beurteilen müssen. Wenn der Laborleiter es ablehnt, Sie von einem offensichtlich zum Scheitern verurteilten Projekt abzuziehen, sollten Sie darüber nachdenken, das Institut zu wechseln.

- *Es ist technisch nicht möglich, die Experimente gut durchzuführen.* Zuallererst: Lassen Sie sich nicht durch die Ausstattung und vorhandenen Reagenzien an Ihrem Institut einschränken. Wenn Ihre Fragestellung interessant genug ist und es jemanden gibt, der das hat, was Sie brauchen, versuchen Sie Zugriff darauf zu bekommen. Vergessen Sie niemals, dass Sie sogar vielleicht in der Lage sind, die benötigten Werkzeuge selbst zu erfinden, lassen Sie Ihrer Vorstellungskraft freien Lauf. Aber es mag sein, dass Sie Ihrer Zeit zu weit voraus sind. Ihre hervorragende Frage mag von großer Bedeutung sein, aber wenn Sie diese Frage nicht eindeutig und klar mit der vorhandenen Technologie lösen können, wird Ihre Arbeit nur nachlässig und unvollständig sein.

- *Das Projekt ist zu schwer.* Die Komplexität und der Umfang eines Projekts müssen vor dem Hintergrund der zur Verfügung stehenden Zeit beurteilt werden. Wenn Ihr Visum in 2 Jahren abläuft, werden Sie nicht an einem Projekt weiterarbeiten wollen, das noch 4 oder mehr Jahre andauert. Eine Option ist es, das Projekt an jemand anderen zu übergeben und am Ruhm teilzuhaben. Es ist keine Schande, das Projekt zu wechseln! Die häufigsten Probleme in wissenschaftlichen Lebensläufen stammen von unerfahrenen Wissenschaftlern, die sich an ein nicht durchführbares Projekt festklammern.

Box 4.10: „Im Regen auf den Bus warten" oder „Ich habe bereits zu viel Zeit in dieses Projekt investiert, um es nun aufzugeben."

Sie kommen an die Bushaltestelle. Sie warten auf den Bus. Er hat Verspätung. Sie schauen auf Ihre Uhr, Sie schauen auf die verregneten Straßen, Sie schauen wieder auf Ihre Uhr. Dieser Bus hat niemals Verspätung – normalerweise. Aber heute schon. Es gibt noch einen anderen Bus, den Sie nehmen können, wenn Sie schnell um die Ecke eilen. Aber jetzt haben Sie schon so viel Zeit in diesen Bus investiert, was ist, wenn er dann kommt, wenn Sie gerade gegangen sind?

Na und? Was haben Sie wirklich verloren, wenn Sie den anderen Bus nehmen? Forschung ist wie das Warten auf den Bus im Regen. Es wird keine blinkende Leuchtschrift geben, die Ihnen sagt, wann Sie ein Projekt zu wechseln haben, sondern Sie müssen eine fundierte Entscheidung treffen. Sie dürfen sich keine Sorgen über die Zeit machen, die Sie glauben verschwendet zu haben, falls Sie das Projekt wechseln sollten. Denken Sie lieber über die Zeit nach, die Sie verschwenden werden, falls Sie nicht wechseln. Denn im schlimmsten Fall kommt der erste Bus gar nicht mehr und Sie bleiben im Regen stehen. ∎

4.5 Quellen und Ressourcen

Barker K. 2002. *At the helm: A laboratory navigator.* Cold Spring Harbor Laboratory Press, Cold Spring Harbor, New York.

Bausell R. B. 1994. *Conducting meaningful experiments: 40 steps to becoming a scientist.* Sage Publications, Thousand Oaks, California.

Boss J.M., Eckert S.H. 2003. *Academic scientists at work: Navigating the biomedical research career.* Kluwer Academic Publishers, New York.

Brown S., McDowell L., Race P. 1995. *500 tips for research students.* Kogan Page, London.

Carey S.S. 1993. *A beginner's guide to scientific method.* Wordsworth Publishing, Belmont, California.

Carr J.J. 1992. *The art of science: A practical guide to experiments, observations, and handling data.* Hightext Publications, San Diego.

Claverie J.-M., Notredame C. 2006. Bioinformatics for dummies. Wiley Publishing, New York, New York.

Koch A.L. 1994. *Growth measurement.* In *Methods for general and molecular bacteriology* (Hrsg. Gerhardt P. et al.), S. 249–276. American Society for Microbiology, Washington, D.C.

Ramon y Cajal S. 1999. *Advice for a young investigator.* MIT Press, Cambridge, Massachusetts.

Stent G. 1982. *Prematurity and uniqueness in scientific discovery.* In *Scientific genius and creativity: Readings from Scientific American* (Hrsg. Gingerich O.), S. 95–104.

Stephenson F.H. 2005. Mathematik im Labor. Ein Arbeitsbuch für Molekularbiologie und Biotechnologie. Elsevier GmbH, Spektrum Akademischer Verlag, Heidelberg.

van Emden H. 2008. Statistics for terrified biologists. Blackwell Publishing, Oxford.

Wald G. 1968. *Molecular basis of visual exitation. Science* 162: 230–239.

Woodward J., Goodstein D. 1996. *Conduct, misconduct and the structure of science. Am. Sci.* 84: 479–490.

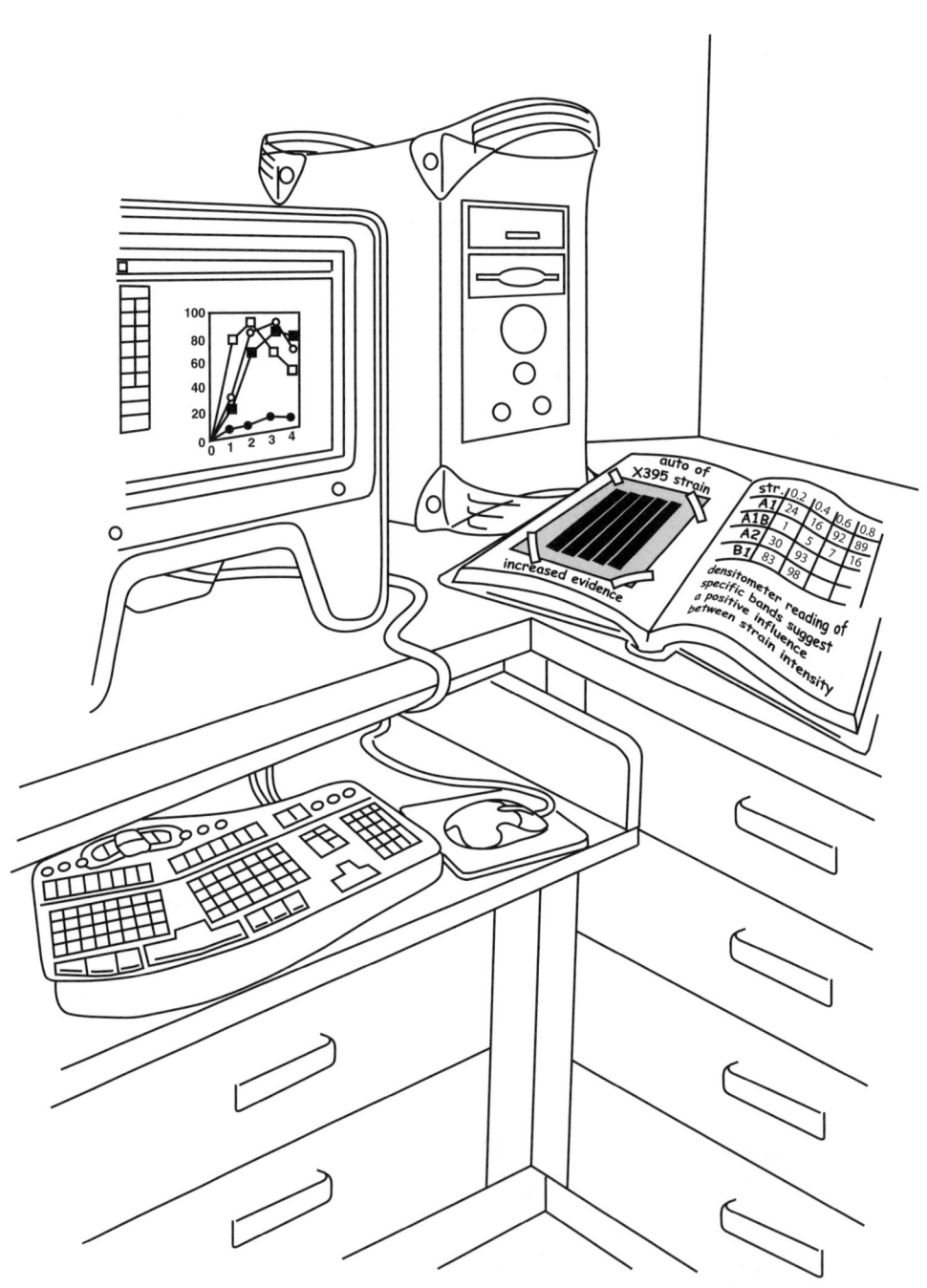

5 Das Laborbuch

Das Laborbuch (auch Laborjournal genannt) enthält die Aufzeichnungen, die Sie über die Methoden und Ergebnisse Ihrer Experimente führen. Wenn ein Feuer im Labor ausbricht, *retten Sie Ihr Laborbuch*! Lassen Sie den Computer stehen, kümmern Sie sich nicht um die Plasmide in der Tiefkühltruhe, vergessen Sie diese spezielle Apparatur, die die Glasbläser für Sie angefertigt haben – nichts ist wertvoller als Ihre Rohdaten. Mit ihnen können Sie Artikel schreiben, Experimente planen und auf Ihre Ergebnisse aufbauen. Ohne Ihre Daten ist es so, als ob Sie nie im Labor gewesen wären.

Ihr Laborbuch sollte klar und exakt geschrieben sein. Wenn etwas schief geht, müssen Sie Ihr Experiment zurückzuverfolgen können, um herauszubekommen, was geschehen ist: Haben Sie diesmal ältere Zellen verwendet? Haben Sie den Inkubationspuffer richtig angesetzt? Hat das Enzym von heute auf morgen den Geist aufgegeben? Ihr Laborbuch sollte mit Hinweisen gespickt sein, die Ihnen die Lösung des Problems erleichtern. Außerdem sollte auch ein anderer Wissenschaftler in der Lage sein, Ihre Aufzeichnungen zu verstehen. Hingekritzelte Notizen, die nur der Schreiber selbst interpretieren kann, sind nicht nur obskur, sondern auch verdächtig. Ihr Laborbuch sollte eine Verteidigung gegen Betrugsvorwürfe sein, kein Beweis dafür. Ihr Laborbuch belegt, was für eine Art von Wissenschaftler Sie sind.

5.1 Art und Format

Lose Blätter oder gebundenes Buch? Vielleicht sogar eine Computerdatei? Es gibt viele Möglichkeiten, Daten aufzuzeichnen. Bevor Sie viel Zeit in eine bestimmte Methode investieren, sollten Sie herausfinden, ob der Laborleiter oder das Institut ein bestimmtes Format verlangt. Einige Firmen und Organisationen haben extrem strenge Regeln: Das gilt nicht nur dem Schutz vor Betrugsvorwürfen, sondern auch als Schutz und notwendige Maßnahme in Patentfragen oder bei Rechtsstreitigkeiten.

In einer internationalen pharmazeutischen Firma werden z.B. nummerierte Laborbücher gegen Unterschrift ausgeteilt. Das Buch enthält nummerierte Seiten, die Eintragungen müssen jeden Tag gemacht werden und werden jeden Tag von jemandem gegengezeichnet, der nicht an dem Projekt arbeitet. Die Laborbücher werden jede Nacht eingeschlossen, für unbestimmte Zeit aufbewahrt und jedes Jahr auf Mikrofiches übertragen. Sie werden auch nicht als persönliches Eigentum betrachtet. Wenn eine Substanz für klinische Versuche in Betracht gezogen wird, werden die Daten und Berechnungen in den Laborbüchern von einer Gruppe von Fachleuten auf Fehler hin untersucht.

Überflüssig zu sagen, dass nicht jedermann im Labor so strikt mit den Laborbüchern umgehen will. Aber wenn von Ihnen verlangt wird, Ihre Aufzeichnungen auf diese Weise aktuell zu halten, tun Sie es. Sie werden es niemals bereuen, Ordnung in Ihren Daten zu haben und Sie müssen nur mit der manchmal langweiligen Detailgenauigkeit zurechtkommen.

Elektronische Laborbücher werden immer populärer, insbesondere in Industrielaboren, die Hochdurchsatzarbeit durchführen, bei denen die Experimente und Daten digitalisiert sind. Einige Labore verwenden normale Tabellenkalkulations-, Datenbank- und Textverarbeitungsprogramme, um Ihre Daten aufzuzeichnen, aber spezielle Laborprogramme erleichtern das Eintragen der Daten wesentlich.

Akademische Labore sind üblicherweise viel liberaler in ihren Ansprüchen an das Laborbuch und viele haben diesbezüglich überhaupt keine Regeln oder Richtlinien. Man findet dort alles mögliche, angefangen von Aufzeichnungen auf Laborpapierhandtüchern bis hin zu gebundenen Büchern mit Durchschlagseiten. Aber die Verantwortlichkeit gewinnt (richtigerweise) mehr und mehr an Wichtigkeit, sodass auch viele akademische Laborleiter keine Schlampigkeit bei den Aufzeichnungen der Experimente tolerieren. Die meisten werden ein gebundenes Laborbuch empfehlen.

> Das Führen von Aufzeichnungen bzw. die Dokumentation von Resultaten ist Bestandteil der „guten wissenschaftlichen Praxis", auf die die Deutsche Forschungsgemeinschaft 1998 alle Hochschulen und Forschungsinstitute eingeschworen hat, die Forschungsgelder von ihr bekommen.

Box 5.1: Laborbücher

Art	Vorteile	Nachteile
Gebundenes Buch	Keine verlorenen Seiten, Beweis gegen Betrugsvorwurf	Experimente werden in zeitlicher Reihenfolge eingetragen, keine logische Reihenfolge
Lose Blätter/Ordner	Können nach Experimenten sortiert werden, einfache Aufzeichnung der Daten während der Experimente	Seiten können verlorengehen, Authentizität schwerer zu beweisen
Elektronisches Notizbuch	Leicht zu lesen, leicht zum Durchführen von Berechnungen	Daten müssen regelmäßig gesichert werden, Authentizität schwerer zu beweisen

---

Alle Arten von Laborbüchern haben Vor- und Nachteile. Loseblatt-Sammlungen sind praktisch, wenn man mehrere Projekte gleichzeitig organisiert. Sie haben auch Vorteile bei der Aufzeichnung der Daten im Labor, weil Sie ein Klemmbrett benutzen können und nicht das ganze Laborbuch mitschleppen müssen. Das direkte Eintippen der Daten in den Computer macht nachfolgende Auswertungen, wie das Erstellen von Statistiken oder Abbildungen, sehr einfach, aber viele Laborwissenschaftler bevorzugen während ihrer Experimente die Direktheit der Datenaufzeichnung auf Papier. Wenn Sie die Form des Laborbuchs frei wählen können, bevorzugen Sie die Authentizität und Einfachheit eines gebundenen Buches.

◆ **Ansprüche an ein gebundenes Laborbuch**

- DIN A4. Sie können Fotografien und Ausdrucke einkleben und haben trotzdem Platz für Notizen.

- Gebundene Seiten. Es sollte unmöglich sein, Seiten herauszureißen, ohne das Buch zu zerstören.

- Nummerierte Seiten.

- Weiße Seiten, kariert. Linierte Seiten engen zu sehr ein, unlinierte Seiten werden schnell unordentlich.

- Eventuell doppelte Seiten. Die zweite Seite ist üblicherweise gelb und besitzt eine Perforation, sodass sie einfach herausgerissen werden kann ($\rightarrow$ dient der Anfertigung von Durchschlägen mit Kohlepapier).

Abb. 5.1: Bauen Sie ein System mit Hängeregistern oder Mappen auf, in denen Sie Ausdrucke, Fotografien, Röntgenfilme, Kopien der Seiten ihres Laborbuchs und alles, was nicht einfach in ein Laborbuch eingeklebt werden kann, aufbewahren. Jedes Experiment sollte seine eigene Mappe haben.

Box 5.2: Effektive Nutzung eines gebundenen Laborbuchs mit Durchschlag

– Benutzen Sie immer einen Kugelschreiber, niemals Bleistift. Beschreiben Sie die weiße Seite und benutzen Sie Kohlepapier, um eine Kopie anzufertigen. Die weiße Seite verbleibt im Laborbuch.

– Die gelbe Seite bildet Ihre Kopie. Bauen Sie ein Ablagesystem in Hängeregistern für diese Seiten auf. Packen Sie alle Daten, die nicht in das Laborbuch passen, in die Register zu den entsprechenden gelben Seiten.

– Schreiben Sie das Datum und das Experiment auf alle Daten, inklusive Ausdrucke und Fotografien.

– Bewahren Sie Ihr Laborbuch und die Register an verschiedenen Orten auf. ∎

5.2 Inhalt

Die Aufzeichnungen zu jedem Experiment sollte folgende Daten enthalten:

- **Datum des Versuchsbeginns.** Schreiben Sie das vollständige Datum (inklusive Jahr) auf jede Seite, selbst auf fortlaufende Seiten.

- **Titel des Experiments.** *Kurz* ist am besten. Beispiele sind „Mini-Präps von cDNA-Bank-Klonen" oder „Effekt von Substanz X auf die Ausschüttung von Chemokinen aus Maus-Fibroblasten".

- **Kurze Begründung.** Als Erweiterung zum Titel, aber mit etwas mehr Details. Für die obigen Beispiele könnten Sie z.B. „Zur Überprüfung der Insertgröße der cDNA-Bank humaner Mastzellen" oder „Zum Vergleich dünn und dicht gewachsener Kulturen bezüglich IL-8 und IL-2 Freisetzung" schreiben.

- **Beschreibung des Experiments.** Die Versuchsvorschrift für das Experiment kann schon in das Laborbuch geschrieben werden, bevor Sie anfangen, und während des Experiments entsprechend geändert und ergänzt werden. Sie können auch einen Ausdruck oder eine Kopie des Protokolls einkleben und es entsprechend abändern. Geben Sie immer eine Referenz für die Vorschrift, die Sie benutzen. Das kann eine Publikation sein, eine Vorschrift aus einem Buch oder eine Vorschrift, die Sie selbst entwickelt haben („Durchführung wie am 05.09.2012, Seite 13").

Schreiben Sie *Berechnungen* auf eine leere, nachfolgende Seite, einschließlich Berechnungen für Konzentrationen, Verdünnungen, Molekülmassen und Molaritäten.

Alles was passiert – und auch was nicht passiert – sind *Ergebnisse*. Nehmen Sie auch die Daten der Kontrollen auf, einschließlich Standardkurven und Nullzeit-Messungen.

Wenn Sie mit dem Experiment voranschreiten, kleben Sie *Ausdrucke und Fotografien*, die in das Laborbuch passen, ein. Alles andere bewahren Sie zusammen auf, gut beschriftet, sodass die Herkunft nachvollziehbar ist, wenn es vom Rest der Aufzeichnungen getrennt wird. Legen Sie Mappen mit den gelben Seiten an (s.o.). Lassen Sie genügend Platz im Laborbuch, um Abbildungen einzukleben, die Sie erst später bekommen.

Wenn es Ihnen hilft, die Übersicht über die Datenpunkte zu behalten, sollten Sie ein Schema der Anordnung Ihrer Proben anlegen. Wenn Sie z.B. häufig eine 96-Napf-Mikrotiterplatte benutzen, fotokopieren Sie eine Platte oder Vorlage, kleben Sie die Fotokopie in Ihr Laborbuch und beschriften Sie sie mit den Bezeichnungen der Proben.

Notieren Sie auch die Namen und Speicherorte von Computerdateien, die Daten enthalten, wie z.B. Bilder aus digitalen Kameras oder die *Tracefiles* von DNA-Sequenzierungen.

Hinter den Daten schreiben Sie *einen Satz als Zusammenfassung der Ergebnisse* des Experiments. Notieren Sie jegliche Merkwürdigkeit und Abweichung und kommentieren Sie, warum das Experiment funktioniert hat oder nicht.

Box 5.3: Inhaltsangabe

Erstellen Sie eine Inhaltsangabe auf der ersten Seite des Laborbuchs oder auf einer separaten leeren Seite, in der die Experimente mit Titel, Datum und Seitenzahlen aufgelistet sind. Es mag Ihnen quälend erscheinen, aber es wird Ihnen immer eine Menge Zeit sparen, wenn Sie nach einem bestimmten Datensatz suchen.

5.3 Pflege des Laborbuchs

Es reicht nicht aus, nur Ihre neuen Daten aufzuzeichnen, wenn Sie mit Ihren Experimenten voranschreiten. Solange Sie Ihr Laborbuch nicht aktualisieren und überprüfen, werden Sie den Inhalt nicht in den Griff bekommen.

Schreiben Sie alles sofort auf. Versuchen Sie, die Aufzeichnungen bereits während des Experiments durchzuführen. Falls das nicht möglich ist (weil Sie z.B. mit Radioaktivität arbeiten), machen Sie es am Ende des Experiments. Falls das nicht geht, tun Sie es allerspätestens am nächsten Tag. AUF KEINEN FALL sollten Sie sich einen Tag in der Woche reservieren, an dem Sie Ihr Laborbuch schreiben. Bis zum Ende der Woche werden die 20 und mehr Experimente, die Sie in der Woche durchgeführt haben mögen, ein einziges Durcheinander in Ihrem Kopf sein.

Der Stil, in dem man sein Laborbuch führt, kann sehr individuell sein, aber es müssen immer alle wesentlichen Elemente vorhanden sein (siehe Beispiele für Laborbuchseiten in Abbildung 5.2.a und b, mit freundlicher Genehmigung von Julia Volmer und Markus Piotrowski, Ruhr-Universität Bochum).

Box 5.4: Erinnerungsvermögen

Sie werden nicht in der Lage sein, sich an alles zu erinnern. Manchmal werden Sie sich an gar nichts erinnern. Schreiben Sie alles auf. Nichts ist unwesentlich. Schreiben Sie so, dass jedermann (auch Sie selbst) Ihr Laborbuch nehmen und die Experimente (und die Ergebnisse) perfekt reproduzieren kann.

Informationen, die man üblicherweise vergisst, aber später braucht:

Chargennummer des Serums
Antikörpertiter
beteiligte Mitarbeiter
Zentrifugenmodell, -geschwindigkeit und -temperatur
Inkubationszeiten
Anzahl der Waschschritte
Art der Reaktionsgefäße und deren Größe
Unvorhergesehene Verzögerungen bei Inkubationen, Waschschritten und Behandlungen
Benutztes Medium zur Anzucht
pH-Wert des Puffers
Berechnungen
Anfangszahl der Zellen
Alter und Anzahl der Passagen der Kultur
Prozentigkeit von Agarose- oder Acrylamidgelen
Wachstumsstadium der Bakterien
Zustand der verwendeten Zellen: dünn oder überwachsen, granuläre Zellen, flottierende Zellen in einer Adhäsionskultur

Führen Sie wöchentliche Checks durch. Setzen Sie sich einen festen Termin für eine Stunde, in der Sie Ihr Laborbuch durchgehen. Freitag ist häufig ein passender Tag dafür, selbst wenn Sie das Wochenende durcharbeiten. Nutzen Sie diese Zeit, um folgendes zu tun:

- *Ordnen Sie alle Daten, Ausdrucke und Röntgenfilme den entsprechenden Experimenten zu.* Wenn der Ausdruck oder das Bild klein ist, kleben Sie es in das Laborbuch, wenn es zu groß dafür ist, packen Sie es in die dazugehörige Mappe. Röntgenfilme kann man oft nur gut betrachten, wenn Sie gegen Licht gehalten werden, daher sollten Sie auch kleine Röntgenfilme in der Mappe archivieren, anstatt Sie einzukleben.

- *Erstellen Sie Tabellen und Abbildungen.* Versuchen Sie, das bereits in der Woche zu erledigen, aber sie sollten es auf jeden Fall machen, bevor die Woche vergangen ist. Eine Abbildung oder Tabelle vereinfacht die Interpretation der Daten; es sieht „echt" aus und wird Ihren Standpunkt in einer Diskussion besser klar machen, als eine wortreiche Erklärung. Sie wollen vielleicht auch vermeiden, erst dann Dutzende von Graphen und Tabellen erstellen zu müssen, wenn Sie einen Artikel schreiben oder ein Seminar geben müssen. Wenn die Abbildungen und Tabellen klein genug sind, kleben Sie sie ins Laborbuch, sonst bewahren Sie sie in der Mappe auf.

- *Schreiben Sie Zusammenfassungen für die Experimente, die Sie in dieser Woche durchgeführt haben.* Gehen Sie die Experimente durch und vergewissern Sie sich, dass ein oder zwei Sätze die Ergebnisse am Ende jedes Experiments zusammenfassen. Seien Sie so frei und schreiben Sie auch mehr, wenn Sie wollen – Interpretationen, Vorschläge für andere Experimente – aber schreiben Sie Ihre Zusammenfassung immer dorthin, wo Sie sie beim Durchblättern schnell wiederfinden.

- *Nehmen Sie die Experimente ins Inhaltsverzeichnis auf.* Das einfache Auflisten der Titel und Daten Ihrer Experimente wird die Übersichtlichkeit beträchtlich steigern, weil Sie viel schneller die Experimente wiederfinden, an denen Sie interessiert sind. Falls möglich, schreiben Sie auch die Seitenzahlen dazu.

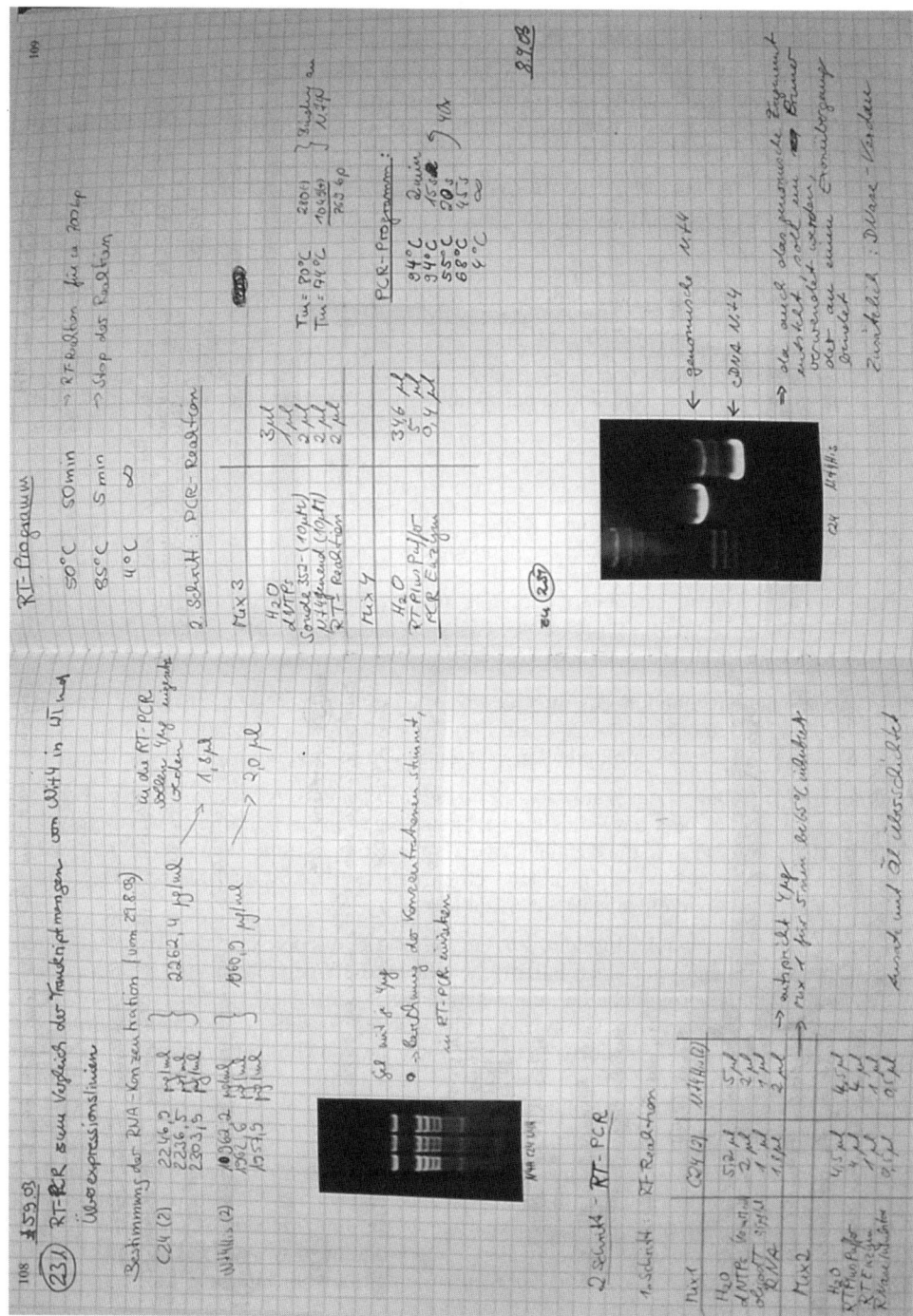

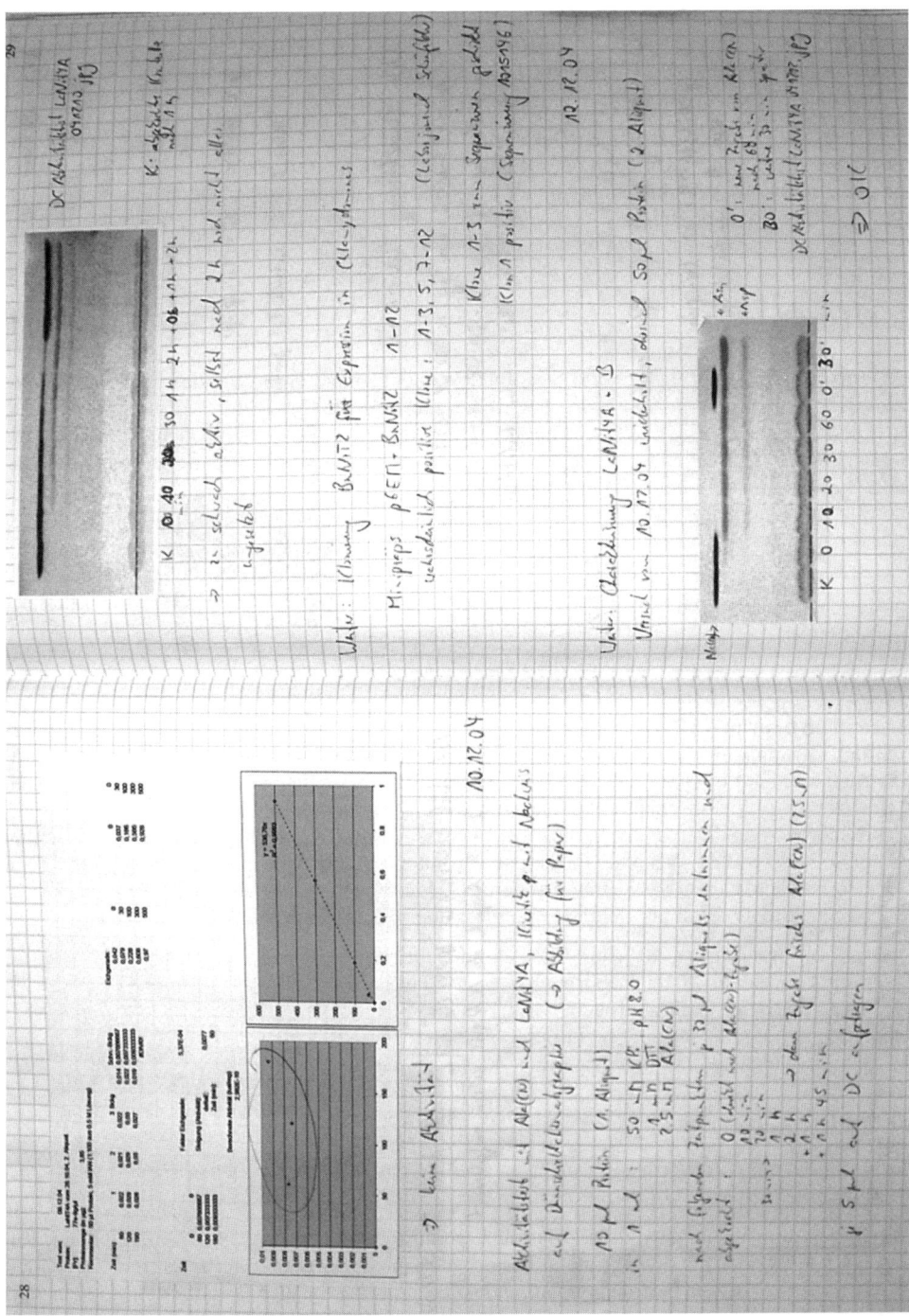

Abb. 5.2.a und b: Auszüge aus zwei Laborbüchern.

- *Machen Sie einen Plan für die nächste Woche*. Solange die Daten noch frisch in Ihrem Gedächtnis sind, denken Sie darüber nach, was sie bedeuten und was Sie als nächstes tun müssen. Eine geschriebene Zusammenfassung ist wahrscheinlich unrealistisch, würde aber unheimlich hilfreich sein.

Erbitten Sie Feedback zu Ihren Daten und Plänen. Sobald Sie Ihre Daten kennen, diskutieren Sie sie mit Ihren Kollegen oder Ihrem Laborleiter. Sie müssen nicht vollständig verstehen, was alle Ihre Daten bedeuten, um eine Diskussion zu starten, aber Sie müssen schon wissen, wie Ihre Daten aussehen.

5.4 Ethik

Eigentum. Das Laborbuch gehört dem Institut, nicht Ihnen. Wenn Sie das Labor verlassen, bleibt das Laborbuch da. Sie sollten daher zwischenzeitlich Versuchsvorschriften, die für Sie in einem neuen Labor nützlich sein könnten, fotokopieren. Viele Leute heben sich das für die letzten, hektischen Tage auf, bevor sie gehen. Versuchen Sie, diese Hektik zu vermeiden, indem Sie bereits zwischenzeitlich eine Sammlung von nützlichen Techniken und Vorschriften anlegen und pflegen.

> Es wird als ein Eingriff in die Privatsphäre betrachtet, wenn Sie das Laborbuch einer anderen Person lesen, ohne vorher gefragt zu haben.

Machen Sie sich keine Sorgen über die persönliche Ausgestaltung des Laborbuchs mit Bemerkungen, Klagen und verärgerten Notizen. Zu weites Abschweifen von den Daten ist allerdings unprofessionell und kann peinlich werden, also minimieren Sie die emotionalen Informationen.

Öffentlich oder privat? Das Laborbuch ist ein seltsames Dokument, eine Mischung von öffentlich zugänglichen und privaten Aufzeichnungen. In den meisten Instituten kann das Laborbuch offen auf dem Schreibtisch oder auf der Laborbank liegen, aber niemand außer dem „Besitzer" wird hineinschauen. Versuchen Sie nicht, sich einen flüchtigen Blick in ein fremdes Laborbuch zu erschleichen, selbst (oder gerade) wenn Sie nach mutmaßlich gefälschten Daten schauen wollen. Wenn Sie Fälschung vermuten, sprechen Sie mit dem Laborleiter. Wenn Sie den Verdacht haben, dass jemand anderes Ihr Laborbuch durchsucht, schließen Sie es weg, oder geben Sie es dem Laborleiter, damit er es über Nacht wegschließt.

Zugriff für den Laborleiter. Sie sollten damit rechnen, dass Ihr Laborleiter in Ihr Laborbuch schaut. Häufig liest der Laborleiter die Laborbücher von TAs und Studenten ungefragt, tut das aber nicht bei Master-Studenten/Diplomanden, Doktoranden oder Postdocs, weil das von vielen als intellektueller Eingriff angesehen wird. Aber so ist es nicht – der Laborleiter ist letztendlich verantwortlich für die Gültigkeit der Daten, und dafür, den Labormitgliedern beizubringen, sauber zu arbeiten und verantwortlich zu sein.

> Wenn Sie mit gentechnisch veränderten Organismen in der Sicherheitsstufe 2 oder höher arbeiten, müssen Sie Ihre Aufzeichnungen für 30 Jahre nach Beendigung der Arbeiten aufbewahren.

Archivierung. Wie lange sollten Laborbücher und Rohdaten aufbewahrt werden? Die meisten Institute können aus Platzgründen Laborbücher nicht für immer aufbewahren. Sie sollten für **10 Jahre** aufbewahrt werden und nur auf Anordnung des Institutsleiters weggeworfen werden.

Behalten Sie auf jeden Fall:

- Alte Laborbücher, die Sie finden, wenn Sie im Labor anfangen.

- Ihre eigenen Laborbücher, auch nach 10 Jahren.

- Jegliche Laborbücher für laufende Projekte.

- Daten, die Sie in Schubladen oder auf dem Computer finden.

Aufzeichnen der Daten. In dem Moment, wo ein „Fehler", der sich in Ihr Laborbuch eingeschlichen hat, es bis in eine Publikation schafft, wird dieser in die Welt entlassen. Also seien Sie absolut rigoros damit, alles so genau und ehrlich aufzuschreiben, wie Sie es können.

> Das Auslassen von Ergebnissen ist Fälschen von Daten.

Lassen Sie niemals Daten in Ihrem Laborbuch aus! Es gibt statistische Kriterien für das Verwerfen von Datenpunkten, an die Sie sich halten sollten. Mit einigen Arten von Daten können solche Analysen aber nicht durchgeführt werden, und die Entscheidung, einen Datenpunkt einfach fallen zu lassen, ist dann schwerer zu rechtfertigen.

Box 5.5: Sie sind für Ihre Daten verantwortlich

Es kann vorkommen, dass Sie gedrängt werden, bestimmte Ergebnisse zu erzielen. In vielen Fällen von Wissenschaftsfälschung hat der Täter nachträglich den Laborleiter belastet, weil dieser ein bestimmtes Ergebnis erwartet habe und er (der Täter) sich gezwungen gefühlt habe, dieses Ergebnis zu produzieren. Es ist möglich, dass der Laborleiter vielleicht ein bestimmtes Resultat haben möchte. **Aber *Ihre* Daten unterliegen *Ihrer* Verantwortung,** und es liegt an Ihnen sicherzustellen, dass die Daten ehrlich und genau aufgezeichnet werden.

Wenn Sie einen Datenpunkt auslassen, notieren Sie in Ihr Laborbuch, warum Sie ihn nicht in Abbildungen und Berechnungen einbezogen haben. Schreiben Sie „weil ich denke, dass ich bei dieser Platte gewackelt habe" oder „weil so ein Ergebnis in 6 anderen Versuchen nie aufgetreten ist" oder „die Zellen sahen nicht gut aus". Egal wie schwach Ihnen Ihre Argumentation erscheint (und wenn sie Ihnen schwach erscheint, sollten Sie den Punkt vielleicht besser doch nicht auslassen), Sie müssen klar machen, welche Daten Sie warum verworfen haben.

5.5 Quellen und Ressourcen

Barker K. 2002. *At the helm: A laboratory navigator.* Cold Spring Harbor Laboratory Press, Cold Spring Harbor, New York.
Boss J.M., Eckert S.H. 2003. Academic scientists at work: Navigating the biomedical research career. Kluwer Academic Publishers, New York.
Broad W., Wade N. 1992. Betrayers of the truth. Fraud and deceit in the halls of science. Simon and Schuster, New York.
Carr J.J. 1992. The art of science. A practical guide to experiments, observations, and handling data. HighText Publications, San Diego.
Kevles D.J. 1998. The Baltimore case: A trial of politics, science, and character. W.W. Norton & Company, New York.

6 Präsentation Ihrer Daten und Selbstdarstellung

Daten, die Sie anderen nicht mitteilen können, existieren auch nicht. Sie müssen in der Lage sein, Ihre Ergebnisse und deren Bedeutung anderen zu erklären, die entweder mehr oder weniger Wissen als Sie haben. Das geschieht mündlich bei Diskussionen und Seminaren und schriftlich durch Zeitschriftenartikel („Paper") und bei Forschungsanträgen. Beides sollte Ihnen leicht fallen – oder zumindest sollte es anderen so erscheinen. Wenn Ihre Muttersprache nicht die Sprache im Labor ist, kann die Selbstdarstellung noch schwieriger werden, aber Sie müssen trotzdem dazu in der Lage sein.

Die Präsentation von Daten ist nicht nur etwas für Ambitionierte. Es ist absolut notwendig für Ihr Überleben als Wissenschaftler.

6.1 Tipps zum Kommunizieren

Vergessen Sie das verklärt romantische Bild des Wissenschaftlers, der sich alleine um Mitternacht im Labor abmüht und der Welt aus dem Wege geht. Sicherlich, es wird eine große Anzahl von Abend- oder Nachtstunden geben, in denen Sie alleine mit Ihren Reaktionsgefäßen an der Laborbank sitzen. Aber es ist nicht möglich, moderne Wissenschaft im Vakuum durchzuführen. Durch Gespräche werden genauso viele Entdeckungen gemacht und Zusammenhänge aufgedeckt, wie durch biochemische Versuche; Sie müssen daher offen für den Kontakt mit anderen Wissenschaftlern sein, um das Beste aus deren – und Ihrer – Forschung zu machen.

6.1.1 Umgang im Labor

Die erste und wichtigste Situation, in der Sie sich präsentieren müssen, ist die Selbstdarstellung gegenüber Ihren Kollegen im Labor. Viel von dem, was Sie aus sich als Wissenschaftler machen, hat seine Grundlagen darin, wie die Kollegen Sie und Ihre Daten wahrnehmen, und es ist es durchaus viel wert, einige Energie in den Umgang mit den anderen Labormitgliedern zu investieren.

In Kapitel 1 wurden einige der unausgesprochenen Regeln beschrieben, die Sie befolgen sollten, wenn Sie neu im Labor sind. Aber wenn aus den ersten Wochen Monate werden, wird sich auch die Art der Kommunikation mit den Kollegen weiterentwickeln und neue Themen werden wichtiger.

- **Abwesende Laborleiter.** Die Leute im Labor beschweren sich entweder darüber, dass der Chef bedrückend präsent ist und jedes Detail über das, was vorgeht, wissen will, oder darüber, dass er nie da ist. Wenn der Laborleiter selten da ist, kümmern Sie sich selbst darum, mit ihm in Kontakt zu bleiben. Hinterlassen Sie eine Nachricht über ein gutes Ergebnis, tauchen Sie für 5 Minuten in seinem Büro auf, oder versuchen Sie, mit ihm Mittag zu essen. Es ist Ihre Karriere und Sie haben den Schaden, falls Ihr Chef sich nicht an Sie erinnern kann, wenn er eine Empfehlung für Sie schreiben soll.

- **Labor- und Banknachbarn.** Das sind die Kollegen am Institut, mit denen Sie den engsten physischen (und häufig auch emotionalen) Kontakt haben. Ihre Bank- und Labornachbarn sind die ersten, die Ihre großartigen Rohdaten sehen, die ersten, die wissen, dass das Große

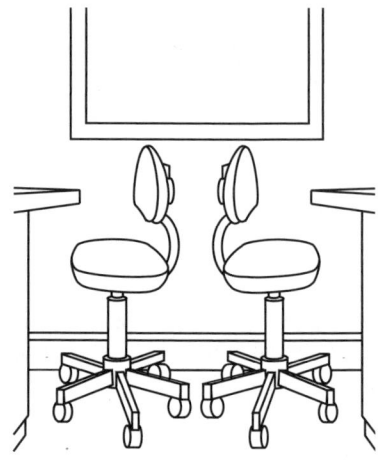

Experiment nicht geklappt hat, die ersten, die Ihre Grübeleien mitbekommen und Ihnen Ratschläge für Ihre Experimente geben. Und das Gleiche gilt auch umgekehrt. Genießen Sie das wissenschaftliche Fachwissen und die Kameradschaft in Ihrer direkten Nähe. Aber auch in dieser vertrauten Atmosphäre müssen Sie etwas Platz für die Privatsphäre lassen: Es gibt Zeiten, in denen Sie sich zurückziehen und Ihren Bank- oder Labornachbarn alleine lassen müssen.

- **Kooperationen und Anerkennung.** Kooperationen bieten eine reiche Quelle von Kontakten und Beziehungen und somit, wie in jeder Beziehung, auch eine reichliche Quelle von Meinungsverschiedenheiten. Obwohl die meisten Kooperationen ausgearbeitet werden, bevor die Experimente tatsächlich beginnen, können Sie sich in ungeplante Richtungen entwickeln. Das übliche Problem ist, dass sich die Wichtigkeit der einzelnen Experimente verändert hat und der zuerst vorgeschlagene Erstautor auf eine nachgeordnete Stelle der Autorenliste rücken soll. Bitten Sie Ihren Laborleiter, bei Streitigkeiten zu vermitteln.

- **Auseinandersetzungen.** Die meisten Konfrontationen im Labor entstehen, weil ein Labormitglied darüber verärgert ist, dass ein anderes Labormitglied z.B. etwas kaputt gemacht und sich nicht darum gekümmert hat, seine zugeteilten Aufgaben im Labor nicht erledigt hat, Chemikalien aufgebraucht hat, ohne sie nachzubestellen oder ein „privates" Reagenz oder Gerät benutzt hat, ohne vorher um Erlaubnis gefragt zu haben. Wenn Sie die anklagende Partei sind, beziehen Sie sich nur auf die augenblickliche Angelegenheit, machen Sie keine persönlichen Bemerkungen oder unterstellen dem Täter Bösartigkeit. Wenn Sie der Schuldige sind, geben Sie es zu und beheben Sie das Problem so schnell wie möglich – ohne Ausreden oder Verbitterung.

> Es ist hilfreich, gelegentliche Laborbesprechungen zu haben, bei denen Beschwerden über die Laborausstattung diskutiert werden können.

Eine andere Art von Auseinandersetzungen betrifft geistiges (und emotionales) Eigentum. Kollegen können verärgert sein, weil sie glauben, dass ein anderer Kollege in ihr Forschungsgebiet eindringt oder mit Leuten außerhalb des Labors vertrauliche Daten diskutiert hat. Die beiden Parteien sollten alleine versuchen, das Problem zu lösen, aber üblicherweise ist es notwendig, den Laborleiter um Vermittlung zu bitten. Sprechen Sie nicht mit dem Laborleiter über persönliche Meinungsverschiedenheiten, es sei denn, sie wirken sich auf die Laborarbeit aus.

- **Fristen.** Halten Sie Fristen, Ihre eigenen und andere, äußerst gewissenhaft ein. So bleiben Sie organisiert und es hilft jedem, dem gegenüber Sie Verpflichtungen eingegangen sind. Versuchen Sie sofort, eine Frist zu setzen, wenn Sie jemand um etwas bittet (oder wenn Sie jemanden um einen Gefallen bitten): Wenn Sie z.B. jemanden fragen, ob er ein Manuskript für Sie liest, könnten Sie sagen: „Kannst Du das Manuskript diese Woche noch lesen? Wenn nicht, sag Bescheid, dann frage ich jemand anderen."

- **Schwierige Laborleiter.** Der Laborleiter hat einen großen Einfluss auf die Karriere eines Wissenschaftlers und es wird immer einige geben, die schlecht mit dieser Art von Macht umgehen. Obwohl Sie eigentlich herausbekommen sollten, wie die Stimmung am Institut ist, bevor Sie sich entscheiden dort zu arbeiten (indem Sie andere Leute im Labor und am Institut fragen, ob sie sich dort wohl fühlen), kann es trotzdem passieren, dass Sie sich in einer sehr unangenehmen Situation wiederfinden. Die Schwierigkeiten können verschiedene Ausmaße annehmen und Sie müssen die trivialen von den ernsthaften trennen können. Suchen Sie Rat bei entsprechenden Hilfegruppen oder Institutionen, wie z.B. dem Ombudsmann des Instituts, der Gleichstellungsbeauftragten oder der Personalabteilung. Informieren Sie sich über Ihre Rechte in Fällen von sexueller Belästigung oder unethischem Verhalten. Wenn Sie glauben, dass ein ernsthaftes Problem besteht, führen Sie Buch über Termine, Vorkommnisse, Gespräche und Zeugen für diese Vorkommnisse und Gespräche.

- **Lieblinge.** Im Labor scheint es immer einen zu geben, der die volle Aufmerksamkeit und Bewunderung des Laborleiters auf sich zieht. Schauen Sie genau hin. Ist es verdient? Vielleicht können Sie ja etwas lernen. Wenn es nicht verdient ist, kümmern Sie sich um Ihren eigenen Kram und lernen Sie, darüber hinwegzusehen. Es ist nur tatsächlich ein Problem, wenn Sie den Eindruck haben, dass Sie Nachteile dadurch haben. Konzentrieren Sie sich auf Ihre Experimente. Sie könnten der Liebling sein! Wenn Sie der Liebling sind, missbrauchen Sie die Situation nicht und lassen Sie es sich nicht zu Kopf steigen. Schon morgen kann es damit vorbei sein.

- **Gerüchte und üble Nachrede.** Es ist wahr, dass man nicht immer eine klare Trennungslinie zwischen Gerüchten und Informationen ziehen kann. Leute sprechen über Leute. Aber seien Sie vorsichtig, Sie müssen mit Ihren Laborkollegen leben, also sabotieren Sie nicht die guten Beziehungen, indem Sie Informationen weitergeben, die keinen etwas angehen. Die vertrauliche Atmosphäre im Labor verlangt ein hohes Maß an Respekt und Rücksicht, auch Leuten gegenüber, die Sie nicht mögen.

  In vielen großen Laboren gibt es einen klassischen Sündenbock, jemanden, der immer die Schuld für die fehlenden Gelkämme, radioaktiv kontaminierten Eisboxen und den Mangel an guten Ergebnissen bekommt. Springen Sie nicht auf den fahrenden Zug auf. Das Gerede mag stimmen, aber es kann auch sein, dass ein weit zurückliegendes persönliches Problem mit einer anderen Person sich unfairerweise ausgebreitet hat. Machen Sie sich mit der Zeit Ihre eigene vorurteilslose Bewertung.

  Es ist auch üblich, dass ein Labor die Arbeit bestimmter anderer Labore – üblicherweise Konkurrenten – prinzipiell nicht mag. Nehmen Sie nicht automatisch an, dass das richtig ist und fahren Sie fort, die Arbeit von Konkurrenten ehrlich und fair zu beurteilen. Diskreditieren Sie die Ergebnisse anderer Leute nicht ohne guten Grund. Es stimmt nicht, dass *Sie* besser aussehen, wenn Sie jemand *anderen* schlechter aussehen lassen. Sie erreichen nichts mit übler Nachrede.

- **Belästigungen.** Die lockere Atmosphäre im Labor kann einen dazu bringen, sich zu viel herauszunehmen und sehr salopp zu werden. Seien Sie nie gleichgültig gegenüber rassistischen oder sexistischen Bemerkungen. Wenn Sie glauben, dass Sie das Ziel der Belästigung sind, sprechen Sie Ihre Gedanken entschieden und in Anwesenheit anderer Labormitglieder aus, bevor Sie daran denken, offizielle Schritte einzuleiten.

- **In oder out.** Ihre Daten sind gut – der Laborleiter denkt Sie sind gut. Die Daten sind nichts – der Laborleiter denkt Sie sind nichts. Legen Sie sich ein dickes Fell zu und verlassen Sie sich nicht auf Ergebnisse als einzige Basis für Ihr Selbstwertgefühl.

- **Empfehlungsschreiben.** Empfehlungsschreiben werden für viele Jahre ein Thema für Sie sein, weil Sie sie für viele Forschungsanträge und Bewerbungsschreiben benötigen, selbst als Professor. Das soll nicht bedeuten, dass Sie sich bei Leuten einschmeicheln sollen, weil Sie von ihnen diese Schreiben benötigen. Sie sollten aber im Hinterkopf behalten, dass Sie zumindest so gut in der „scientific community" bekannt sein sollten, dass Sie leicht mehrere Namen von Wissenschaftlern nennen können, die Sie und Ihre Arbeit kennen. Wenn Sie keine drei Leute kennen, von denen Sie positive Schreiben erwarten können, interagieren Sie vielleicht nicht genug mit anderen Wissenschaftlern.

Box 6.1: Für fremdsprachige Mitarbeiter

– Widerstehen Sie dem Verlangen, Ihre Muttersprache im Labor zu sprechen, auch wenn die Mehrzahl der Labormitglieder die gleiche Sprache sprechen sollte. Sprechen Sie Deutsch oder Englisch.

– Schreiben Sie Ihr Laborbuch auf Deutsch oder Englisch.

– Belegen Sie einen Deutschkurs. Viele Universitäten haben Konversationsgruppen, in denen Sie Ihr Deutsch mit anderen fremdsprachigen Studenten üben können. Sie können auch Ihre eigene Konversationsgruppe gründen.

– Üben Sie die Sprache mit Leuten, die gewillt sind, Sie zu korrigieren. Lassen Sie die anderen wissen, dass Sie korrigiert werden möchten.

– Fragen Sie immer einen Muttersprachler, ob er Ihnen einen deutschen Text korrigiert.

– Bitten Sie Ihre Kollegen zu erklären, was Sie nicht verstehen. Das ist besonders für Versuchsvorschriften wichtig. Wenn eine wiederholte Erklärung nicht zufriedenstellend ist, bitten Sie die Person, es niederzuschreiben.

– Gehen Sie Ihren Vortrag mit einem Muttersprachler vor jeder mündlichen Präsentation durch – selbst für ein informelles Laborseminar. Arbeiten Sie die Kommentare ein und üben Sie den Vortrag noch einmal vor der gleichen Person.

– Bitten Sie jemanden, der Ihre Muttersprache, aber auch gut Deutsch spricht und schreibt, Ihre Sprache und Ihr Schreiben zu beurteilen. Leute mit der gleichen Muttersprache tendieren dazu, die gleichen Fehler zu machen, und diese Person kann Sie auf einige Muster hinweisen.

– Für Ihr erstes Seminar schreiben Sie genau auf, was Sie sagen werden. Lassen Sie es jemanden korrekturlesen. Wenn Sie zu nervös sind, um Ihren Vortrag auswendig oder aus dem Stehgreif zu halten, lesen Sie ihn ab.

– Unternehmen Sie etwas mit den anderen Labormitgliedern. Gehen Sie mit ihnen ab und zu Mittagessen oder nach Feierabend aus und versuchen Sie, an den Gesprächen teilzunehmen. Vergessen Sie nicht, die Leute zu bitten, Sie zu korrigieren.

- **Persönliche und politische Differenzen.** Im Labor wird fast alles diskutiert, manchmal auch sehr emotional. Meinungsverschiedenheiten sollten sich aber nicht den Interaktionen im Labor in den Weg stellen.

- **Gemeinsame Unternehmungen.** Sehr wichtig! Insbesondere wenn Sie Kinder haben oder Pendler sind und nicht in der Nacht im Labor herumhängen können. Viele Kooperationen wurden beim Essen oder bei einem gemeinsamen Bier geschmiedet. Versuchen Sie, zumindest gelegentlich, bei Laborparties oder Ausflügen dabei zu sein.

- **Zeit.** Im Labor gibt es keine Zeiteinheit, die kleiner ist als eine halbe Stunde. Wenn Sie eine Zeit für ein Treffen planen, addieren Sie immer 30 Minuten zu Ihrer großzügigsten Schätzung, wann Sie im Labor fertig sind.

- **Urlaub.** Neben der offiziellen Urlaubsregelung gibt es wahrscheinlich auch eine inoffizielle Regelung. Finden Sie heraus, welche Urlaubspolitik in Ihrem Institut gilt und versuchen Sie, sich daran zu halten. Wenn es die Sitte ist, keinen Urlaub zu nehmen (eine seltsame und machohafte Sitte in einigen akademischen Einrichtungen), sollten Sie trotzdem welchen nehmen, aber rechnen Sie mit mürrischen Blicken und abfälligen Bemerkungen.

Versuchen Sie, Ihren Urlaub nicht gerade dann zu nehmen, wenn es für das Labor eine ausgesprochen ungünstige Zeit ist. Geben Sie dem Laborleiter (persönlich) mehrfach über die Termine und die Dauer Ihres Urlaubs Bescheid! Schreiben Sie die Termine Ihrer Abreise und Rückkehr auf und geben Sie sie der Sekretärin. Es ist auch hilfreich, eine Notiz auf Ihrem Schreibtisch und Ihrer Laborbank zu hinterlassen, damit die anderen im Labor wissen, wann sie Sie zurückerwarten können. Auch wenn Sie nur einen Tag frei nehmen, sollten Sie immer jemandem im Labor Bescheid sagen.

6.1.2 Networking

„Networking" ist ein etwas pompöser Begriff, der einfach beschreibt, dass man in Kontakt mit den Leuten im eigenen Forschungsgebiet bleibt. Networking ist notwendig. Networking verbraucht Energie. Aber haben Sie keine Angst, wenn Sie nicht ungeheuer extrovertiert sind. Extrovertiertheit hilft zwar, aber es gibt viele Möglichkeiten, wie Sie mit anderen Wissenschaftlern interagieren können.

- **Chaträume und Newsgroups im World Wide Web.** Wissenschaftliche Chaträume und Newsgroups erlauben Ihnen, über das Internet Informationen auszutauschen, egal ob wissenschaftliche oder andere. Sie können dort alles nachfragen, angefangen von einem Rezept für einen Puffer bis hin zu Ratschlägen über ein Jobangebot an einem anderen Institut.

- **Kooperationen.** Eine gute Kooperation kann aufregend sein. Zwei oder mehr Leute mit unterschiedlichen, aber sich ergänzenden Expertisen können viel mehr erreichen als die Summe der Einzelteile. Und es macht Spaß, es ist genau das, was man sich von der Wissenschaft erwartet.

> Verabreden Sie keine Kooperationen, nicht einmal eine flüchtige, ohne vorher mit Ihrem Laborleiter darüber gesprochen zu haben!

Kooperationen verlangen mehr Zeit, als man erwartet. Die Abmachung startet üblicherweise mit „nur einem Experiment", aber fast immer expandiert die Kooperation zu einer Vielzahl von Experimenten und Kontrollen. Wenn Sie die Zeit nicht aufbringen können, wenn die Beteiligung einseitig wird oder unfair, oder wenn es zu keinen Ergebnissen kommt, sollten Sie die Kooperation so schnell wie möglich beenden.

- **Selbstvertrauen.** Lassen Sie sich nicht durch Titel oder lange Lebensläufe einschüchtern. Die Angst, nicht so viel zu wissen wie jemand anderes, darf Sie nicht davon abhalten, Daten mit dieser Person zu diskutieren.

- **Interessenskonflikt.** Mehrere Kooperationen gleichzeitig können Sie in einen Interessenskonflikt bringen, also passen Sie auf, dass Ihre Kooperationspartner nicht in Konkurrenz zueinander stehen. Seien Sie offen zu jedem, mit dem Sie arbeiten.

Ein anderer Interessenskonflikt tritt auf, wenn Sie den Forschungsantrag eines Konkurrenten begutachten sollen. Wenn Sie glauben, von dessen Daten beeinflusst zu werden, sollten Sie den Antrag oder das Manuskript nicht begutachten. Es ist vollkommen in Ordnung, eine Begutachtung mit der Begründung eines Interessenskonflikts abzulehnen.

- **Gute Daten.** Gute Daten sind die Eintrittskarte für die wissenschaftliche Gemeinschaft. Wenn Sie ein Gewinner sind, wird Sie jeder kennen wollen. Falls sich bei Ihnen plötzlich Erfolg einstellt, nutzen Sie die Gunst der Stunde, um so viele Leute wie möglich zu treffen. Machen Sie so viel Werbung für Ihre Daten und sich selbst, dass es auch über die unvermeidlichen Dürrezeiten andauert. Ruhen Sie sich aber nicht auf Ihren Lorbeeren aus und beurteilen Sie Ihren Selbstwert nicht stärker an Ihren guten Daten als an Ihren „schlechten" Daten.

- **E-Mail.** E-Mail ist ein einfacher Weg, ein Plasmid anzufordern oder nach einer Versuchsvorschrift zu fragen. Das Versenden einer kurzen Nachricht an jemanden, den Sie auf einer Tagung getroffen haben, oder eines Kompliments für einen Vortrag, ist eine relativ schmerzfreie Angelegenheit für Sender und Empfänger und erhält den Kontakt zur äußeren Welt.

Box 6.2: Tipps zur Posterpräsentation

– Wenn jemand Interesse für Ihr Poster zeigt, stehen Sie nicht still daneben, sondern fragen Sie: „Möchten Sie, dass ich es Ihnen erkläre?".

– Wenn die Person nein sagt, treten Sie zurück aber bleiben Sie für eventuelle Fragen in der Nähe.

– Die meisten werden ja sagen, in diesem Fall geben Sie eine sehr kurze Zusammenfassung, Abbildung für Abbildung.

– Hören Sie auf, wenn Sie fertig sind und lassen Sie die Leute weiterziehen, wenn sie möchten. In Postersessions tendieren viele Leute zu schnellen Manövern, also seien Sie nicht beleidigt, wenn die meisten nur kurz stehen bleiben und dann schnell weitergehen.

– Wenn Sie gerade mit jemandem sehr beschäftigt sind und andere Leute zu Ihrem Poster kommen, lassen Sie sie wissen, dass Sie sie bemerkt haben und gleich zu Ihnen kommen. Wenn Sie merken, dass das Gespräch mit der Person, die Sie mit Beschlag belegt hat, länger als 5 Minuten dauert, verabreden Sie ein weiteres Treffen oder tauschen Sie Adressen aus.

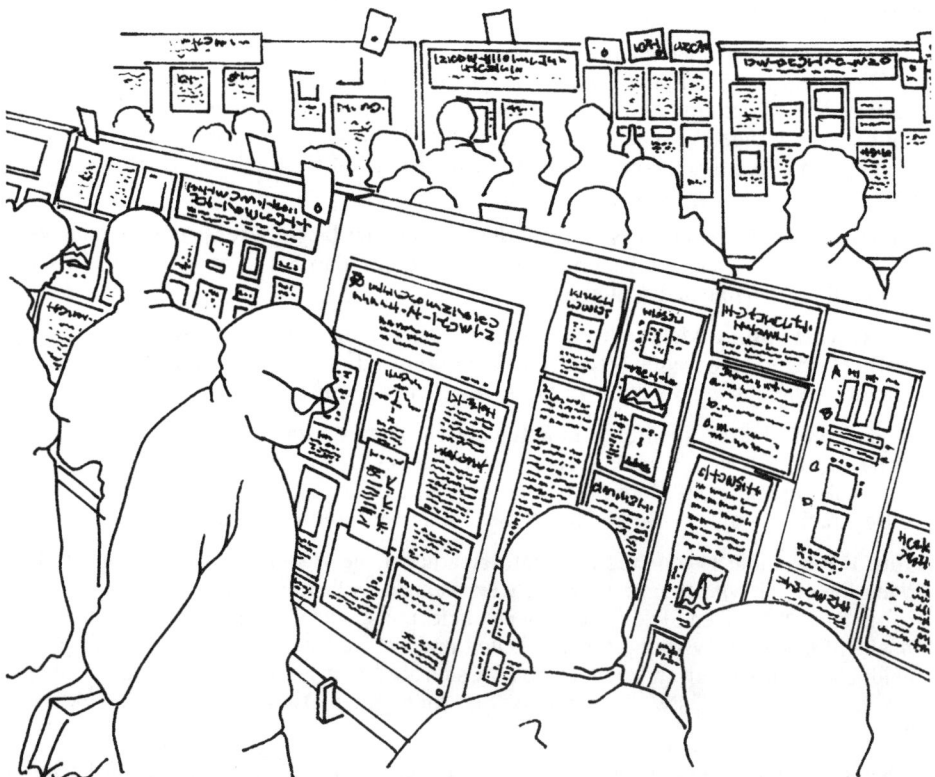

Abb. 6.1: Aufbau einer Posterpräsentation (Postersession). Die eigentliche Präsentation, während der alle präsentierenden Wissenschaftler an den Postern stehen und die Daten erklären können, dauert 1–2 Stunden. Die Poster hängen eventuell noch bis zum nächsten Tag oder bis zum Abend.

- **Institutsübergreifende Seminare und Journal Clubs.** Themenbezogene Treffen mit Wissenschaftlern außerhalb der eigenen Gruppe sind ein einfacher Weg, Netzwerke im lokalen Umkreis zu bilden. Falls es noch kein institutsübergreifendes Treffen für Ihr Fachgebiet gibt, denken Sie darüber nach, eins zu organisieren.

- **Kongresse.** Besuchen Sie mindestens einen Kongress oder ein Meeting pro Jahr. Bewerben Sie sich, um einen Vortrag zu halten oder ein Poster zu präsentieren, aber gehen Sie auf jeden Fall hin, selbst wenn Sie nichts präsentieren. Wenn Sie da sind, versuchen Sie möglichst viel über Ihr Fachgebiet zu lernen und möglichst viele Leute kennen zu lernen. Machen Sie sich jede Gelegenheit zunutze, Kollegen und Freunde Ihres Laborleiters zu treffen. Postersessions bieten die beste Gelegenheit, andere Wissenschaftler zu treffen und mit Ihnen zu interagieren, insbesondere auch Leute in Ihrer Position (Master-Studenten, Doktoranden, Postdocs), die Sie vielleicht in den nächsten Jahren auf den gleichen oder ähnlichen Kongressen wieder treffen werden. Lesen Sie nicht nur die Poster, stellen Sie auch Fragen und geben Sie Kommentare ab. Die meisten Präsentierenden werden Ihnen mit Freude Rede und Antwort stehen. Wenn Sie in Kontakt bleiben wollen, schicken Sie nach dem Meeting eine E-Mail.

6.1.3 Besuch von Seminaren

Regel Nummer 1: Bleiben Sie wach! Es ist manchmal hart, das „Donnerstagnachmittag-16.00-Uhr-Zusammensacken" zu vermeiden. Sie sitzen in einem überfüllten Seminarraum und „hören" dem Vortrag zu. Das Licht ist ausgeschaltet, der Raum ist warm, das Thema ist mau... aber reißen Sie sich zusammen! Es ist unhöflich und grotesk, einzuschlafen – mit offenem Mund, schnarchend und den Kopf gegen die Schulter des Sitznachbarn gelehnt. Es ist beleidigend für den Sprecher und gibt ein Bild ab, das der Rest des Institutes nicht aus seinen Köpfen bekommt, vielleicht sogar für immer.

> Wählen Sie Ihre Seminare sorgfältig aus. Besuchen Sie keine Seminare, von denen Sie wissen, dass Sie nicht zuhören werden.

Abgesehen davon ist es eine absolute Zeitverschwendung, zu einem Seminar zu gehen und dann nicht zuzuhören. Solange es nicht nur politische Gründe sind, die verlangen, dass Ihr Körper beim Seminar erscheint, bringen Sie auch Ihr Gehirn mit. Durch bloße Präsenz lernen Sie nichts.

> Selbst wenn es ein schreckliches Seminar ist (und das kommt vor), geben Sie nicht der Versuchung nach, sich durch Ihren Pieper oder Ihr Handy herausrufen zu lassen – das ist ein zu offensichtlicher Trick. Wenn Sie wirklich gehen müssen, stehen Sie einfach auf und gehen Sie.

Fragen stellen

Fragen und Antworten bilden die Grundlage wissenschaftlicher Forschung. Werfen Sie allen Ballast ab, der Sie daran hindert, Fragen geradeheraus zu stellen.

Formulieren Sie die Fragen bereits, während das Seminar noch läuft. Versuchen Sie, mindestens eine Frage pro Seminar zu stellen. Hören Sie der Antwort zu, vielleicht ergeben sich daraus neue Fragen.

> Sie sind vielleicht nervös, aber lernen Sie, damit zu leben. Es ist wichtig, dass Sie ein aktiver – kein passiver – Teilnehmer in allen Seminaren und Diskussionen sind.

Würdigen Sie die Antwort. Nicken oder lächeln Sie oder sagen etwas, um dem Vortragenden für die Antwort zu danken. Sie sollten fragen, nicht attackieren. Wenn Sie eine feindselige Frage stellen müssen, tun Sie es sehr freundlich und professionell.

Stellen Sie nur Fragen, zu denen Sie auch Antworten bekommen wollen. Stellen Sie keine Fragen, um alle Welt wissen zu lassen, dass Sie Ihr Zeug beherrschen und Ihre Experimente aufregend und brillant sind („Das war ein sehr interessanter Vortrag. Nun, in *meinem* Labor…"). Das ist ein sehr durchsichtiges Manöver.

Box 6.3: Folgen Sie dem Seminar, indem Sie:

- **Aktiv zuhören.** Versuchen Sie zu verstehen, was der Vortragende sagt.

- **Vorausahnen,** wohin der Vortragende Sie mit seinen Daten führen will.

- **Abwägen** dessen, was der Vortragende sagt, gegen das, was Sie wissen. Setzen Sie die vorgestellen Experimente in Zusammenhang mit dem bekannten Wissen.

- **Beurteilen** und **zusammenfassen**, was gesagt wird.

- **Auf den Vortragenden schauen.** Es ist verlockend, immer nur auf die Abbildungen zu schauen, aber Sie sollten sie nur so lange anschauen, bis Sie die Daten verinnerlicht haben und dann den Blick zurück auf den Vortragenden richten.

- **Sich Notizen machen.** Aber hören Sie auch zu! Es passiert leicht, dass man sich wunderschöne Notizen macht, ohne ein Wort gehört zu haben.

- Die **Fakten und Beweise** von den **Behauptungen trennen**, die nicht durch Beweise unterlegt sind. Bilden Sie sich Ihr Urteil, aber bleiben Sie aufgeschlossen. Seien Sie bereit, Fragen zu stellen, wenn Sie etwas nicht verstehen.

- **Fragen stellen.** In einem informellen Seminar können Sie dann Fragen stellen, wenn Sie Ihnen gerade in den Kopf kommen, aber in förmlichen Seminaren sollten Sie bis zum Ende des Vortrages warten.

- **Aufrecht sitzen.** Machen Sie es sich nicht zu bequem und halten Sie den Blick auf den Vortragenden gerichtet.

Box 6.4: Fragen stellen

In den meisten Seminaren sind es immer die gleichen paar Leute, die die Fragen stellen. Warum? Haben die anderen keine Fragen? Natürlich haben sie – falls sie zugehört haben. Der Grund, warum nicht mehr Leute Fragen stellen, ist Unsicherheit. Natürlich gibt es eine Menge (schlechter) Ausreden dafür:

- Meine Frage interessiert sonst keinen, also frage ich den Vortragenden später persönlich.

- Meine Frage ist zu kompliziert, ich werde sie nicht vermitteln können.

- Meine Frage ist so offensichtlich, dass sie jemand anderer stellen wird.

- Ich sollte die Antwort wahrscheinlich wissen, es ist mein Fachgebiet.

- Die Frage ist zu einfach, alle anderen kennen die Antwort wahrscheinlich.

- Ich will nicht dumm oder unbelesen dastehen.

- Ich möchte keine öffentliche Auseinandersetzung.

- Ich habe wahrscheinlich die Abbildung verpasst, die meine Frage erklären würde. Ich kann nicht zugeben, dass ich nicht zugehört habe.

6.2 Vorträge halten

Stellen Sie sich jedes Mal, wenn Sie Ihre Daten mit jemandem diskutieren, vor, dass Sie gerade einen Vortrag halten. Nicht dass Sie steif oder formal sein sollen, aber Sie müssen organisiert und konzentriert sein. Für Gespräche gelten die gleichen Regeln wie für internationale Kongresse.

◆ Vorbereitung

- **Bereiten Sie das, was Sie sagen wollen, vor, bevor Sie es sagen,** egal ob Sie ein Vier-Augen-Gespräch mit Ihrem Laborleiter führen oder einen Vortag auf einem internationalen Kongress halten. Lernen Sie so viel wie möglich über das Thema, das diskutiert werden wird.

- **Denken Sie über Ihr Publikum nach.** Es ist Ihre Aufgabe, eine Idee zu vermitteln. Wenn Sie einen Vortrag an einem für Sie fremden Ort halten müssen, erkundigen Sie sich mehrere Wochen vorher über die Zusammensetzung des Auditoriums. Sind es Studenten, Ärzte, Chemiker? Es wird (es sollte!) einen Unterschied für Ihre Vorbereitungen machen.

- **Üben Sie Ihren Vortrag.** Üben Sie ihn zuerst alleine, üben Sie ihn dann vor Kritikern, mindestens drei Tage vor dem Seminar, sodass Sie in Ruhe Änderungen einbringen können. Üben Sie mit der technischen Ausstattung. Kürzen Sie Ihren Vortrag, wenn Sie nicht in der Zeit bleiben.

◆ Durchführung

- **Machen Sie sich keine Sorgen über Ihre Nervosität** – betrachten Sie sie als freudige Aufregung und kanalisieren Sie sie in Enthusiasmus. Die meisten Leute werden nervös.

- **Sprechen Sie klar und deutlich.** Nuscheln Sie nicht, sprechen Sie weder zu schnell noch zu langsam und vermeiden Sie Fehlbetonungen von Wörtern.

- **Achten Sie auf „Macken"** und eliminieren Sie sie. Sagen Sie nicht ständig „ähm" oder „äh" und beenden Sie nicht jeden Satz mit „Okay" oder „gut".

- **Achten Sie während des Seminars auf die Zeit.** Wenn Sie einen 45-minütigen Vortrag halten sollen, hören Sie nach 45 Minuten oder früher auf, selbst wenn Sie dafür ein paar Ihrer Abbildungen fallen lassen müssen. Weniger ist mehr.

- **Bringen Sie Ihre Persönlichkeit in Ihren Vortrag ein.** Es steigert die Aufmerksamkeit bei Ihnen und Ihren Zuhörern und erinnert jeden daran, dass ein Vortrag eigentlich eine lange Unterhaltung ist.

6.2.1 Forschungsseminare

Das Laborseminar bildet das Forum, in welchem Sie Ihre Daten Ihrem Institut oder Labor vorstellen. Obwohl Sie natürlich regelmäßig mit Ihrem Laborleiter und Ihren Kollegen über Ihre Daten sprechen, ist das Seminar

> Daten aus Laborseminaren sind vertraulich.

der Ort, wo Sie Ihre Daten für alle am Institut zu einem Gesamtbild zusammenfassen. Es passiert zu häufig, dass die Vorbereitung des Seminars der Zeitpunkt ist, an dem sich ein Wissenschaftler zum ersten Mal tatsächlich mit seinen Daten hinsetzt, um eine Geschichte daraus zu machen. Vermeiden Sie diese Falle, indem Sie routinemäßig Ihre Daten analysieren. Stellen Sie aber trotzdem sicher, dass Sie genug Zeit für die Vorbereitung Ihres Seminars haben, um sich selbst zu organisieren. Das Seminar wird entweder *förmlich* oder *informell* sein und je nachdem wird es unterschiedlich durchgeführt. Jedes Institut hat seine eigenen Regeln, die Sie befolgen sollten.

Ein förmliches Laborseminar:

- Findet üblicherweise für das ganze Institut (Abteilung/Lehrstuhl) statt und wird wie ein Seminar auf einem internationalen Kongress durchgeführt.

- Wird in einem Hörsaal gehalten.

- Dauert üblicherweise 45–60 Minuten.

- Die Daten werden als PowerPoint-Präsentationen dargestellt.

- Sollte eine ausgefeilte Präsentation sein.

- Fokussiert auf das Verständnis des Problems und die Herangehensweise, sowie die Daten.

- Beschäftigt sich weniger mit technischen Problemen.

- Jargon wird nicht verwendet.

- Am Ende gibt es eine förmliche Diskussion.

Ein informelles Laborseminar:

- Ist nur für die Mitglieder der Arbeitsgruppe.

- Wird im Seminar- oder Konferenzraum abgehalten.

- Dauert 30–45 Minuten.

- Die Rohdaten in Form von Gelen oder Röntgenfilmen werden direkt herumgereicht, über den Overhead-Projektor projiziert oder eingescannt als PowerPoint-Folien gezeigt. Die Tafel oder das Whiteboard werden häufig benutzt.

- Ist ein Forum zur Problemlösung.

- Fokussiert auf die Daten. Technische Probleme werden zur Diskussion gestellt.

- Erlaubt Jargon.

- Alle Fragen werden üblicherweise während des Vortrags gestellt.

> Vermeiden Sie das „Vor-dem-Seminar-schnell-noch-ein-paar-Daten-generieren"-Syndrom. Anstatt am Tag vor dem Seminar noch wie verrückt PCRs laufen zu lassen, sollten Sie lieber die Zeit nutzen, um die Daten zu sortieren und vorzubereiten, die Sie schon haben. Keinen interessieren die zusätzlichen paar Banden, die Sie produziert haben, aber jeder wird ein chaotisches Seminar bemerken. Abgesehen davon ist es allgemein bekannt, dass Experimente, die man kurz vor Seminaren „noch mal eben schnell" macht, nur selten funktionieren.

Das informelle Laborseminar

- **Zielsetzung.** Informelle Seminare sind Arbeitstreffen, und Sie sollten bei Ihrem Vortrag nicht versuchen zu imponieren, sondern zu lernen. Auch bei einem informellen Seminar sollten Sie so gut vorbereitet sein wie bei einem förmlichen. Sie müssen das Seminar steuern und die Kontrolle darüber behalten. Ihr Hauptanliegen sollte es sein, Ihre Experimente zu erklären – welche Sie durchgeführt haben, welche Ergebnisse herausgekommen sind, was geklappt hat und was nicht und warum.

- **Einleitung.** Geben Sie eine kurze Beschreibung der Theorie und des Hintergrunds Ihrer Experimente. Sie können davon ausgehen, dass die Zuhörer sich im Forschungsgebiet auskennen, aber sie sollten erwähnen, wo genau Ihre Experimente ansetzen. Länger als fünf Minuten sollten Sie dafür nicht verwenden. Rekapitulieren Sie kurz die Experimente, die Sie zu den Arbeiten geführt haben, die Sie jetzt vorstellen werden. Erklären Sie neue Methoden, die den anderen nicht bekannt sind.

- **Datenpräsentation.** Halten Sie Ihre Daten – Objektträger, Gele, Graphen und Fotografien – griffbereit und sortiert, um sie zu zeigen oder herumzureichen. Sie können auch PowerPoint-Folien zeigen, aber die Benutzung der Tafel oder des Whiteboards macht die Atmosphäre entspannter und (scheinbar) spontaner. Zeigen Sie Ihre Daten grundsätzlich in der Reihenfolge, wie sie entstanden sind, aber halten Sie eine logische Gedankenreihenfolge ein. Erklären Sie immer, warum Sie ein Experiment durchgeführt haben.

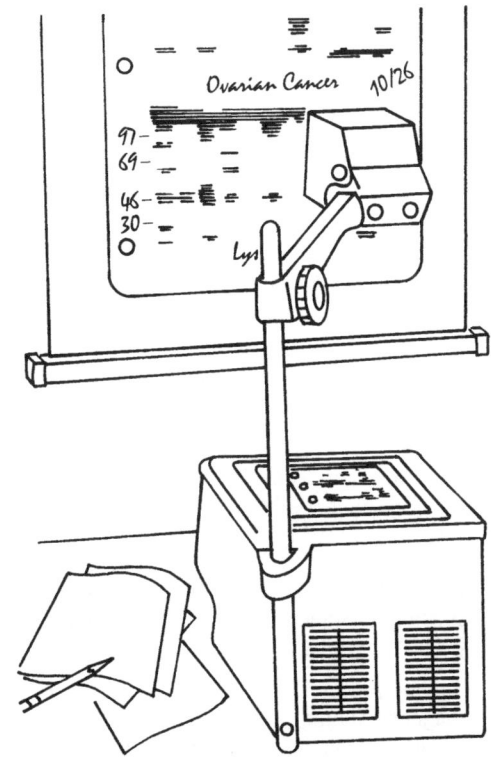

Zeigen Sie nur gute Daten, es sei denn, Sie wollen technische Schwierigkeiten demonstrieren. Sagen Sie aber auch, ob dieses exzellente Gel typisch ist oder die Ausnahme darstellt und seien Sie ehrlich, was die Reproduzierbarkeit Ihrer Daten betrifft.

Halten Sie Statistiken und Auswertungen griffbereit. Sie müssen sie nicht alle zeigen, aber Sie sollten die harten Fakten dabeihaben. Sie müssen sich in Ihren Daten auskennen. Wenn Sie ein kompliziertes Gel zeigen, sollten Sie jede Spur kennen, auch wenn nur die Spuren 1–3 relevant für Ihr Experiment sind. Sie müssen die Methoden kennen, die Sie verwendet haben. Jetzt ist nicht die richtige Zeit, um zu oft „Ich weiß es nicht" zu sagen. In der kleinen Welt Ihrer eigenen Arbeit sollten Sie alles wissen.

Würdigen Sie jede Hilfestellung, die Sie bei Ihren Experimenten erhalten haben. Vergessen Sie nicht, die intellektuelle Beteiligung anderer dankend zu erwähnen.

Ziehen Sie aus jedem Ergebnis, dass Sie zeigen, eine Schlussfolgerung. Fassen Sie Ihre Minischlussfolgerungen für jedes Experiment zusammen. War Ihr Experiment erfolgreich? Diskutieren Sie, ob Sie Ihre Zielsetzung damit erreicht haben und wenn nicht, warum. Bringen Sie Ihrem Publikum Ihr Ziel und die Experimente, die Sie dafür benötigen, in Erinnerung.

- **Fragen beantworten.** Beantworten Sie Fragen über die Experimente noch während Sie vortragen. Wenn jemand viele Hintergrundfragen stellt oder der einzige zu sein scheint, der den Punkt verpasst hat und Sie nur wenig Zeit haben, stellen Sie die Fragen bis zum Ende des Vortrags zurück. Nutzen Sie die Fragezeit, um Antworten auf Ihre eigenen Fragen zu bekommen. Sie können Ihre Zuhörer nach Vorschlägen für ein bestimmtes Experiment fragen oder nach Ratschlägen über eine Versuchsvorschrift.

Förmliche Laborseminare und Kongresse

- **Zielsetzung.** Ein förmlicher Vortrag ist eine Geschichte und sollte ohne lose Enden in sich geschlossen sein. Der Hintergrund, die Motive, die Methoden, die Daten und Schlussfolgerungen sollten in sich logisch und sinnvoll und attraktiv für ein gemischtes

> Starten Sie mit der ganzen Geschichte, lassen Sie die Leute wissen, wo Sie sie hinführen wollen. Der Vortrag als ein sich Stück für Stück zusammensetzendes Puzzel funktioniert nur in der Theorie.

Publikum sein. Es geht nicht so sehr darum, den Leuten etwas beizubringen, sondern zu überzeugen und zu unterhalten.

- **Einleitung.** Die Einleitung sollte mindestens 10 Minuten lang sein. Stellen Sie in wenigen Sätzen dar, an welchem generellen Problem Sie arbeiten. Erklären Sie, warum dieses Problem so wichtig ist. Machen Sie dem Auditorium klar, warum dieses Thema es wert ist, erforscht zu werden (und warum es die Aufmerksamkeit des Auditoriums verdient).

Lernen Sie die ersten paar Sätze Ihres Vortrags auswendig. Die ersten Momente eines Seminars können sehr schwierig sein; es nimmt etwas von der Anspannung, wenn Sie exakt wissen, was Sie in Ihrer Eröffnung sagen werden.

Geben Sie die notwendigen Hintergrundinformationen. Ihr Publikum ist vermutlich gemischt und Sie müssen daher die Theorie und die Experimente, die zu Ihrer Forschung geführt haben, in einer Art und Weise erklären, sodass Sie/sie jeder verstehen kann. Sagen Sie, worüber Sie den Rest des Seminars sprechen werden. Geben Sie im Wesentlichen eine Übersicht über Ihren Vortrag.

- **Datenpräsentation.** Präsentieren Sie die Daten in einer logischen Reihenfolge, jede Abbildung auf die vorherige aufbauend, auch wenn Ihre Experimente nicht in dieser Reihenfolge durchgeführt wurden. Interpretieren Sie jede Abbildung sorgfältig, Punkt für Punkt. Stellen Sie deutlich dar, was die Aussage jeder Abbildung ist.

Selbst bei förmlichen Veranstaltungen werden Sie üblicherweise den Projektor selbst bedienen müssen, meistens mit einem Computer am Podium. Falls es die Umstände erfordern, dass jemand anderes den Projektor (Beamer) bedient, denken Sie daran, „Nächstes Bild bitte" bzw. „Next slide, please" zu sagen, wenn Sie das Bild wechseln wollen. Danken Sie der Person am Ende des Vortrages.

Teilen Sie Ihre Daten in Themen ein und diskutieren Sie jedes Thema einzeln. Jedes Thema sollte fließend ins nächste übergehen. Auch wenn Sie nur wenige Daten haben, sollten Sie sie in Themen unterteilen. Drei bis vier unterschiedliche Themen sind optimal. Rekapitulieren Sie jedes Thema, bevor Sie zum nächsten übergehen. Übergänge sind absolut wichtig für jeden Vortrag. Sie müssen eine logische Brücke zwischen den einzelnen Themen und Abschnitten Ihres Vortrags schaffen.

Bleiben Sie enthusiastisch und **machen Sie Ihre eigenen Daten nicht schlecht!** Sprechen Sie offen, aber nicht ausgiebig, über Probleme. Schlagen Sie sich nicht selbst ins Gesicht. Wann immer möglich, sollten Sie Probleme oder Schwierigkeiten bei der Interpretation der Daten während des Vortrages abhandeln. Beschreiben Sie Experimente, mit denen Sie diese Probleme angehen werden. Fassen Sie Ihre Daten zusammen, Punkt für Punkt, aber kurz. Stellen Sie die Schlussfolgerungen auf einer Folie dar, es ist in Ordnung, wenn Sie diese Folie vorlesen.

Lesen Sie Ihren Vortrag nicht ab. Nutzen Sie Ihre Abbildungen als Stichwortgeber, an denen Sie sich orientieren.

Erinnern Sie das Publikum regelmäßig, was Ihre Daten bedeuten, warum Sie dieses oder jenes Experiment machen, und wo es langgeht.

Üblicherweise ist es am einfachsten, den Vortrag mit den Danksagungen zu beschließen. Es ist gute Tradition, eine Folie mit der Liste aller Leute zu zeigen, die an der Arbeit beteiligt waren und den Beitrag eines jeden mit einem kurzen Satz darzustellen. Eine Variation dazu ist, einzelne Fotos oder Gruppenfotos der Leute zu zeigen, während Sie deren Beitrag nennen.

Lassen Sie die Leute nicht in der Luft hängen. Geben Sie ihnen am Ende des Vortrags das Gefühl, dass es keine offenen Enden gibt.

Machen Sie sich keine Sorgen, dass ausgiebige Danksagungen Ihnen etwas von Ihrem

Ruhm wegnehmen. Das werden sie nicht. Danken Sie jedem, der Ihnen geholfen hat, einschließlich derer, die Ihnen vielleicht bei der Herstellung der Folien geholfen haben.

Wenn Sie keine abschließende Danksagungsfolie haben, müssen Sie die Danksagungen für alle Beiträge mündlich erledigen.

- **Fragen beantworten.** Wenn es keinen Diskussionsleiter („Chairperson") gibt, der Ihnen für den Vortrag dankt und um Fragen des Auditoriums bittet, sollten Sie dem Publikum danken und selbst um Fragen bitten. Sie müssen nicht alles erzählen. Wenn einige Daten noch nicht so weit sind, dass sie diskutiert werden können, sagen Sie es. Antworten Sie nur auf das, was Sie gefragt worden sind. Wenn Sie keine Antwort wissen, sagen Sie es. Hören Sie der Frage bis zum Ende zu. Stellen Sie die Fragen klar: „Meinen Sie…" oder „Wenn ich die Frage richtig verstanden habe, wollen Sie wissen…". Behandeln Sie jedermann mit Respekt, auch diejenigen, die sich feindselig verhalten. Vermeiden Sie Wortgefechte. Wenn jemand streitsüchtig ist, versuchen Sie würde- und taktvoll, die Situation zu entschärfen. Schlagen Sie ein Treffen nach dem Seminar vor.

Box 6.5: Kontrolle über das Seminar

Sie sollten nicht nur Ihre Daten unter Kontrolle haben, sondern auch die physische Umgebung:

1. **Ton.** Verlangen sie ein mobiles Mikrofon, das üblicherweise um den Nacken oder mit einem Clip befestigt wird. Nehmen Sie kein fest montiertes Mikrofon.

2. **Bühne.** Entscheiden Sie sich, wo Sie stehen wollen. Bewegen Sie sich, um die Aufmerksamkeit des Auditoriums zu erhalten.

3. **Pult.** Legen Sie Ihre Notizen darauf und gehen Sie weg. Lassen Sie sich nicht an einer Stelle festketten.

4. **Licht.** Schalten Sie nicht das Licht im Zuschauerraum aus. Prüfen Sie, ob Sie eine Lampe am Podium haben, falls Sie kurzfristig eine benötigen.

5. **Raum.** Ermuntern Sie die Leute, sich weit nach vorne zu setzen.

6. **Visuelle Hilfen.** Lassen Sie Ihre visuellen Hilfen nicht dominant werden. *Sie* sollten im Fokus sein.

7. **Bringen Sie Sicherungskopien mit.** Wenn Sie Ihren eigenen Computer verwenden, sollten Sie Ihren Vortrag auch auf einer CD dabeihaben. Wenn Sie einen Laserpointer brauchen, bringen Sie selber einen mit.

8. **Seien Sie sicher, dass Sie in der Zeit bleiben.** Wenn Ihr Vortrag länger dauert als geplant, tun Sie alles, was Sie können, einschließlich dem Überspringen ganzer Abschnitte, um in der Zeit zu bleiben.

9. **Probieren Sie alles aus.** Erscheinen Sie frühzeitig und testen Sie die technische Ausstattung, einschließlich Licht, Pointer und Folien.

(Nach Hamlin, 1988)

Kurzvorträge

Viele Vorträge, die Sie auf Kongressen halten werden, dürfen nur 10 Minuten lang sein. Einen guten 10-Minuten-Vortrag zu erstellen, ist eine Kunst: Kurze Vorträge lassen sich schwerer organisieren als lange. Sie dürfen nicht Ihre ganze Forschung vorstellen, sondern müssen sich auf ein bis zwei Punkte konzentrieren und extrem selektiv sein, was die Auswahl der zu präsentierenden Daten angeht. Polieren Sie diesen kleinen Vortrag wie ein Juwel.

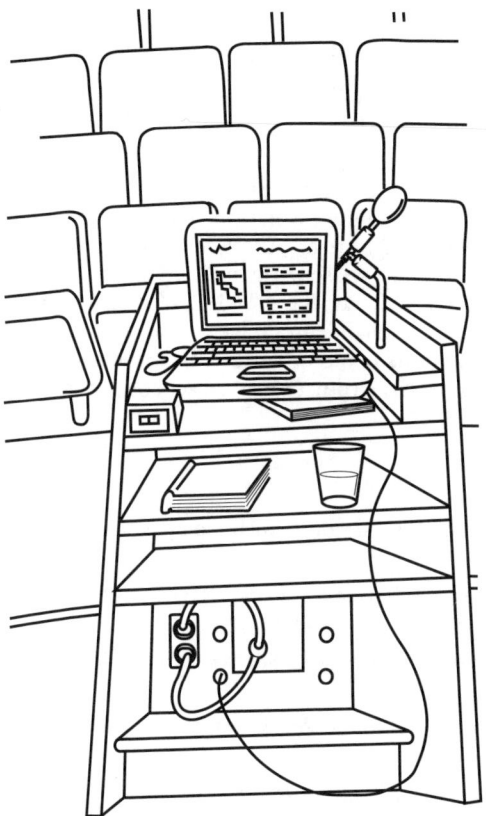

Abb. 6.2: Vergewissern Sie sich, wie der Computer, das Mikrofon und die Lampen bedient werden, bevor das Seminar beginnt.

Die *Einleitung* bekommt 1 bis 2 Minuten Ihrer wertvollen Zeit. Sie sollte kurz aber gründlich sein, weil sie den Hintergrund bildet, vor dem die Daten verstanden werden müssen. Dafür brauchen sie ein bis zwei Folien.

Gehen Sie dann direkt zur *Datenpräsentation* über. Benutzen Sie dafür drei bis sechs Folien und beschreiben Sie jede sehr genau. Benutzen Sie keine Textfolien zur Überleitung, sondern machen Sie Ihre Überleitungen mündlich.

Eine Folie mit *Schlussfolgerungen* hilft bei der Klarstellung Ihrer Hauptaussage. Fassen Sie Ihre Daten zusammen und vermeiden Sie Voraussagen und lange Beschreibungen geplanter Experimente.

Nach dem Vortrag gibt es eine sehr *kurze Diskussion*, die Zeit reicht häufig nur für zwei bis drei Fragen. Sie sollten ein paar Folien mit zusätzlichen Daten, die Sie aus Zeitgründen nicht zeigen konnten, in der Hinterhand haben; vielleicht können Sie diese zur Beantwortung von Fragen benutzen.

Besprechungen mit dem Laborleiter

Ihre wichtigsten Treffen sind die Vier-Augen-Gespräche mit Ihrem Laborleiter. Eine häufige Klage von Laborleitern ist, dass sie keine Zeit mehr haben, um das zu tun, was sie eigentlich am liebsten machen würden: Über Wissenschaft reden. Tun Sie das Beste, damit gerade das passiert und um das Treffen klar und effektiv zu gestalten.

Wenn Ihr Laborchef eine Politik der offenen Tür pflegt und er jederzeit für Diskussionen erreichbar ist, achten Sie darauf, *regelmäßig vorbeizuschauen*, auch (oder insbesondere) wenn Ihre Daten nicht so großartig sind. Wenn er schwerer zu erreichen ist, versuchen Sie regelmäßige Treffen zu arrangieren, egal wie kurz. Wenn Ihr Laborleiter keine regelmäßigen festen Termine haben möchte, nehmen Sie es nicht persönlich. Fragen Sie stattdessen in regelmäßigen Zeitabständen nach einem Treffen. Machen Sie klar, dass Sie es kurz und auf den Punkt gebracht durchführen wollen und seien Sie dann auch entsprechend vorbereitet.

Bereiten Sie eine *kurze Einleitung* für die Experimente, die Sie zeigen wollen, vor. Das kann eine einfache Aussage sein wie: „Wie wir in unserem April-Meeting entschieden haben, sollte die Aufklärung der Herkunft des Signals erste Priorität haben. Aus diesem Grund habe ich dieses Experiment vorbereitet, um zu …". Wenn Sie in einem sehr großen Labor arbeiten, braucht Ihr Chef vielleicht eine etwas längere Einleitung.

Beschriften Sie jede Abbildung und jede Probe klar und übersichtlich, selbst Experimente, die sozusagen frisch aus der Presse kommen. Selbst der aufmerksamste Laborleiter hat vielleicht mehrere Projekte und Forschungsvorhaben zur gleichen Zeit laufen, und mag nicht sofort die Wichtigkeit des Röntgenfilms, über den Sie so begeistert sind, begreifen. Machen Sie es ihm einfach.

Nennen Sie Ihre Folgerungen und fragen Sie nach Vorschlägen und Kommentaren. In diesem Projekt sind Sie beide Partner und der Laborleiter sollte eine wertvolle Ressource für Sie sein. Stellen Sie kurz dar, wie Sie weitermachen wollen und warum.

Halten Sie sich an das Besprochene. Wenn Sie die entsprechenden Versuche durchgeführt haben, sagen Sie dem Laborleiter Bescheid oder, falls das besser funktioniert, schicken Sie Ihm eine E-Mail. Sie sollten nicht für jedes kleine Ergebnis ein Treffen arrangieren, aber finden Sie einen unaufdringlichen Weg, Ihren Laborleiter involviert und interessiert zu halten.

Seien Sie professionell.

6.2.2 Literaturseminare (Journal Clubs)

Viele Leute glauben, dass Journal Clubs nur eine Zeitverschwendung darstellen und nichts mit der eigenen Arbeit zu tun haben (die natürlich das einzig Wichtige auf der Welt ist). Falsch! Erstens kann man in einem Journal Club viel lernen. Zweitens sollte man nicht glauben, dass die wissenschaftliche Allgemeinbildung nicht auch beurteilt wird und dass der Eindruck darüber nicht etwas über die eigene Arbeit aussagt. Wenn Sie schlecht vorbereitet sind, die Abbildungen nicht erklären können und nichts über den Hintergrund der Arbeit sagen können, kann man glauben, dass Sie auch Ihre eigene Forschung nachlässig durchführen. Eine kurze, scharfsinnige Präsentation hingegen hinterlässt bei Ihren Zuhörern den Eindruck, dass Sie alles unter Kontrolle haben.

> Lesen Sie immer den zu besprechenden Artikel (das „*paper*"), bevor Sie das Literaturseminar besuchen. Wenn das Paper nicht zugeschickt oder verteilt wird, fragen Sie den Vortragenden nach dem Titel und organisieren Sie es sich selbst. Das vorherige Lesen des Papers wird Ihr Verständnis deutlich verbessern und hilft Ihnen, ein *Teilnehmer* zu sein, nicht nur ein Zuhörer.

- **Format.** Es gibt zwei übliche Formate für Journal Clubs: sehr kurze Übersichten über fünf bis sechs aktuelle, nicht miteinander in Beziehung stehende Artikel, oder eine mehr ins Detail gehende Begutachtung von ein bis zwei Arbeiten, die sich mit dem gleichen Thema beschäftigen. Sie werden keinen Journal Club bestreiten müssen, bevor Sie nicht an mehreren teilgenommen haben, also passen Sie gut auf und halten Sie sich an das Format.

Vom Vortragenden wird möglicherweise erwartet, dass er den Artikel austeilt oder zumindest die Referenz dazu eine Woche oder mehrere Tage vor dem Journal Club bekannt gibt. Auch wenn es nicht erwartet wird, tun Sie es trotzdem! Um Papier zu sparen können PDFs der Paper z.B. heruntergeladen und per E-Mail verteilt werden.

Minimieren Sie den Gebrauch von Handzetteln („Handouts"). Ein guter Grund zur Verwendung von Handouts ist die Möglichkeit, die Beschriftungen von Abbildungen so zu verändern, dass sie einfacher zu verstehen und zu diskutieren sind. Aber selbst wenn Sie PowerPoint zur Präsentation verwenden, sollten Sie allgemein visuelle Hilfen nur dann verwenden, wenn sie benötigt werden, um die Daten besser darzustellen.

- **Länge der Präsentation.** Regel Nummer 1: Überziehen Sie niemals. Journal Clubs werden traditionell über Mittag oder am Abend gehalten: Die Experimente laufen, Zeit ist knapp und die meisten Leute werden aufsässig, wenn es zu lange dauert. Machen Sie es kurz und Sie behalten das Interesse.

Es kann sein, dass Sie zu zweit einen Journal Club bestreiten, oder alleine. Wenn Sie Ihre Zeit mit jemandem teilen, wird man üblicherweise von Ihnen erwarten, sich knapper zu halten. Die Zeit, die Ihnen dann zur Verfügung steht ist meistens 15–30 Minuten. Wenn Sie alleine vortragen, ist 30 Minuten der Standard, einige Institute erlauben auch einstündige Vorträge für eine tiefergehende Präsentation.

- **Organisation der Präsentation.** Führen Sie die Arbeit ein: Titel, Autoren und kurze Vorstellung des Themas. Erklären Sie die Hintergründe (10–20% der gesamten Zeit). Machen Sie klar, in welchem Kontext diese Arbeit dazu steht und warum sie so wichtig oder interessant dafür ist. Sagen Sie, warum *Sie* diese Arbeit ausgewählt haben.

Erklären Sie die Daten (50–80% der Zeit). Falls nötig, erklären Sie ungewöhnliche oder unbekannte Methoden. Nennen Sie die Schlussfolgerungen der Autoren.

Machen Sie sich mit dem Hintergrund der Arbeit vertraut. Lesen Sie mindestens drei Paper, auf die Bezug genommen wird. Sie sollten die Experimente kennen, die zur Entstehung dieser Arbeit geführt haben und Sie sollten wissen, ob und warum die Ergebnisse kontrovers sind. Sie müssen verstehen, wie die Experimente durchgeführt wurden und wie verläßlich die Methoden sind.

Weisen Sie auf Schwachpunkte in den Daten, in der Arbeit selbst oder in den Schlussfolgerungen hin. Rechtfertigen die Daten die Schlussfolgerungen der Autoren? Fassen Sie kurz (drei Sätze) die Schlussfolgerungen und die Wichtigkeit der Arbeit zusammen.

Wählen Sie die Arbeit eine Woche vor dem Journal Club aus. Planen Sie zwei Abende zur Vorbereitung Ihres ersten Journal Clubs ein. Während Sie lesen, versuchen Sie, mögliche Fragen vorauszusehen. Pufferkonzentrationen können Sie schnell während der Präsentation nachschlagen, die Beschreibung einer konkurrierenden Theorie nicht.

Box 6.6: Journal Club: Wahl des Themas

Einige Institute erwarten, dass der Vortragende ein Thema auswählt, das nahe an seiner eigenen Arbeit liegt. Andere erwarten, des Lerneffekts wegen, dass die Wahl auf ein vollständig anderes Thema fällt. Folgen Sie der üblichen Sitte.

Wählen Sie etwas, was die anderen *interessieren wird*. Interessieren *wird*, nicht *sollte*! Obwohl in der Wissenschaft alles zusammenhängt, wird es Ihnen wesentlich schwerer fallen, eine Gruppe von müden und geplagten Tierphysiologen mit der Wichtigkeit der Antwort von Pflanzen auf Lichtreize zu imponieren, als wenn Sie ein Thema mit etwas mehr Bezug zur Arbeit des Instituts gewählt hätten.

Eine Kombination des Bekannten mit dem Unbekannten funktioniert üblicherweise am besten. Wählen Sie ein Thema, das nicht ganz fremd für Sie ist, dann fühlen Sie sich etwas sicherer und Sie müssen weniger Hintergrundwissen aufarbeiten. Aber wählen Sie auf keinen Fall immer nur Arbeiten, die sich exakt mit Ihrem Thema beschäftigen, es sei denn, es handelt sich dabei um eine außergewöhnlich großartige, kontroverse oder wichtige Arbeit. Es lässt Sie sonst etwas eindimensional erscheinen (und vielleicht sind Sie es auch). Nutzen Sie den Journal Club als eine Gelegenheit, um etwas zu lernen und um etwas von sich zu zeigen.

Wählen Sie eine *aktuelle Arbeit*, vom letzten Monat oder so. Die Ausnahme ist ein Thema, das sehr wichtig für die Gruppe ist, und eine sehr gute Arbeit.

Wählen Sie eine *solide Arbeit*. Obwohl Sie die Schwachpunkte jeder Arbeit, die Sie vorstellen, aufzeigen sollen, werden sich die anderen schon fragen, warum Sie ausgerechnet dieses Paper ausgesucht haben, wenn es doch voll von Schwachpunkten ist. Nehmen Sie nicht an, dass eine Arbeit automatisch gut ist, nur weil sie in Science, Nature oder Cell erschienen ist. Aber wenn Sie eine Arbeit aus einer bekannten Zeitschrift auswählen, reduziert das die Abwehrhaltung gegen den Journal Club und die Zuhörer nehmen an, dass ihre Zeit zum Zuhören gut investiert war.

Wählen Sie eine *einfache Arbeit*. Wenn die Gedankengänge zu kompliziert sind, verlieren Sie Ihr Auditiorium, es sei denn, Sie haben eine spezielle Gabe, geplagte Leute zur Konzentration zu inspirieren. Und Sie sollten natürlich eine Arbeit auswählen, die Sie selbst verstehen!

Wählen Sie eine *interessante Arbeit*. Nehmen Sie keine Arbeit, die nur schrittweise den großen Fundus an Wissen erweitert. Wählen Sie z.B. keine Arbeit, die den Effekt von 15 verschiedenen Agenzien auf ein Protein untersucht – das ist langweilig und gibt den Leuten keine Ideen für ihre eigenen Arbeiten (nun ja, vielleicht ja doch! Aber sie werden es trotzdem nicht mögen). Arbeiten, die einen Funktionsmechanismus vorschlagen, funktionieren für Gruppen mit gemischten Interessen am besten.

6.2.3 Präsentationshilfen für Vorträge und Seminare

Falls Sie nicht gerade eine 5-Minuten-Präsentation geben müssen, benötigen Sie visuelle Hilfen, die den Zuhörern helfen, den Fokus zu behalten. Benutzen Sie visuelle Hilfen aber nur, um Ihren Vortrag zu *verbessern*. Ein Ablaufplan zum Beispiel kann die hinter Ihren Experimenten stehende Logik aufzeigen und ein Bild kann in einer Art und Weise imponieren und beeindrucken, an die keine gesprochene Beschreibung heranreichen kann. Aber *Sie* sollten die beherrschende Quelle des Interesses während des Seminars bleiben.

Fast alle Präsentationen für Vorträge sind heutzutage *PowerPoint-Präsentationen*. Diashows auf einem Computer, die Präsentationsprogramme wie PowerPoint (Microsoft) verwenden, sind die Regel. Diese Programme erlauben Ihnen, Ihre Daten sowohl zu bearbeiten als auch zu präsentieren, und machen es so relativ einfach, Ihre Präsentation zu ändern und anzupassen, selbst wenn Sie unterwegs sind. Widerstehen Sie aber der Versuchung, allen möglichen

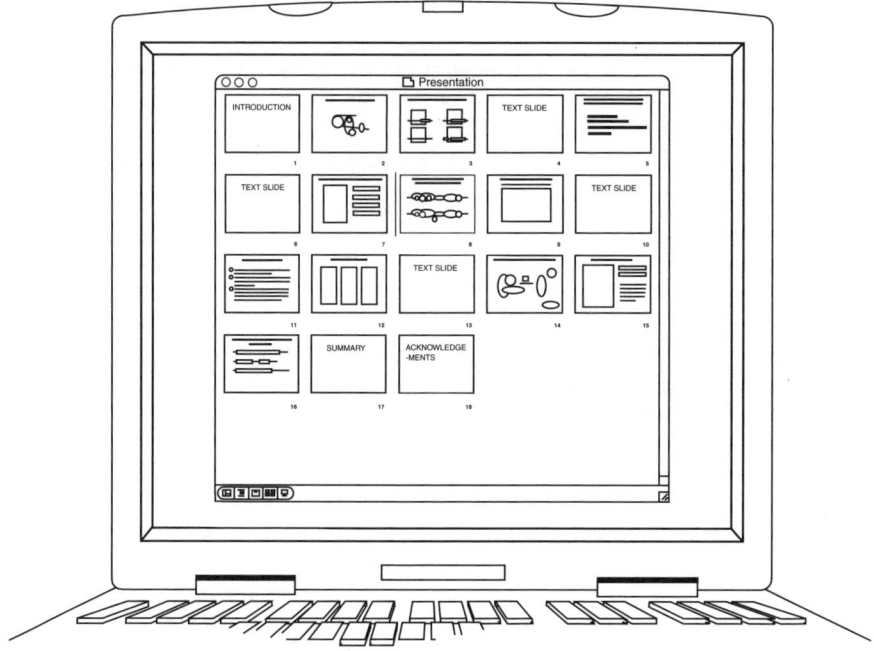

Abb. 6.3: Vergrößerung eines Bildschirms, auf dem PowerPoint-Folien in der Ansicht „Foliensortierung" dargestellt sind.

Schnickschnack des Programms zu verwenden und halten Sie die Abbildungen und Texte einfach.

Tafelvorträge („chalk talks", engl. für Kreidevorträge) benötigen am wenigsten visuelle Unterstützung, weil die einzigen Hilfsmittel die Sie verwenden, die *Tafel oder das Whiteboard* sind. Bei einem Journal Club können ein paar Abbildungen vorher aufgezeichnet werden, dann wird die Tafel sozusagen wie ein Tageslichtprojektor genutzt.

Aber die beste Verwendung der Tafel (oder des Whiteboards), ist das schnelle Schreiben und Zeichnen während man spricht – ein echter *chalk talk* eben. Nicht nur so gut in den eigenen Daten zu stehen, sondern auch genügend organisiert und fokussiert zu sein, dass man einen spontanen Tafelvortrag vor einem kritischen Publikum halten kann – das ist eine Fertigkeit, die es wert ist, geübt zu werden.

Das Austeilen von *Fotokopien* ist quasi das Gleiche wie die Verwendung von Folien, zumindest was die Vorbereitung angeht. Versuchen Sie, die Anzahl der Fotokopien klein zu halten. Vergessen Sie nicht, Augenkontakt mit Ihrem Publikum zu behalten. Augenkontakt geht schnell verloren, wenn jeder den Text direkt vor sich hat. Für Journal Clubs können Sie den ganzen Artikel fotokopieren, aber das ist normalerweise eine Verschwendung von Papier und Arbeit.

Folien (oder Dias) sind das Herz und das Rückgrat eines formellen Seminars. Die meisten Diapräsentationen werden mit einem Grafik- oder Präsentationsprogramm durchgeführt und da fast überall das Programm Power-Point verwendet wird, wird diese Art der Präsentation üblicherweise einfach als PowerPoint-Präsentation bezeichnet.

Die „Dinger" von PowerPoint, die vom Computer mit Hilfe eines speziellen Projektors („Beamer") direkt an die Wand geworfen werden, heißen im Englischen „*slides*", also Dias, im Deutschen aber Folie.

Box 6.7: Die Schrift macht's

Schriften (Schrifttypen), die für Manuskripte in Ordnung sind, sind es nicht zwangsläufig auch für Folien oder Abbildungen

Serif- und Sans-Serif-Schriften. Schriften lassen sich in Serif-Schriften (mit den kleinen Abschlussstrichen am Ende der Buchstaben = Serifen) und Sans-Serif-Schriften (ohne Abschlussstriche) unterscheiden. Für Manuskripte werden üblicherweise Serif-Schriften verwendet, weil Sie die Wörter wohl unterscheidbarer machen und daher schneller zu lesen sind. Für Folien (und Überschriften in Manuskripten) bevorzugen die meisten Wissenschaftler die schnörkellosen Linien von Sans-Serif-Schriften.

> Serif-Schriften: Times New Roman, Courier, Cambria
> Sans-Serif-Schriften: Arial, Helvetica, Verdana, Geneva, Calibri

Proportional- und Nicht-Proportionalschriften. Bei Nicht-Proportionalschriften sind alle Buchstaben gleich breit, bei Proportionalschriften nehmen die Buchstaben nur so viel Platz ein, wie sie optisch benötigen. Nicht-Proportionalschriften (ein Erbe der Schreibmaschinenzeit) werden sehr selten benutzt, sind aber ein Muss, wenn Sie einen Sequenzvergleich von Protein- oder DNA-Sequenzen darstellen wollen.

> Nicht-Proportionalschriften: Courier, Monospaced, Consolas
> Proportionalschriften: Times New Roman, Arial

Box 6.8: Checkliste für Folien/Dias

– Zu Beginn eine Textfolie mit dem Titel, eventuell zusätzlich Datum, Anlass und Name des Vortragenden.

– Folien zum wissenschaftlichen Hintergrund können von anderen Wissenschaftlern geliehen werden oder aus Lehrbüchern oder Artikeln kopiert werden.

– Folien mit Daten.

– Textfolien mit einem Satz für jeden Abschnitt des Vortrags.

– Textfolie mit Schlussfolgerungen und/oder einer Zusammenfassung.

– Am Ende des Vortrags sollte eine Folie mit Danksagungen gezeigt werden. Erwähnen Sie nicht nur wissenschaftliche Hilfestellungen, sondern auch die Unterstützung, die Sie beim Herstellen der Folien oder der Computergrafiken erhalten haben und Kollegen, von denen Sie Material bekommen haben. Keiner wird annehmen, dass Sie selbst nichts getan haben, wenn Sie zu viele Leute auflisten, aber es stellt einen Verstoß gegen die Höflichkeit dar, wenn Sie jemanden vergessen.

- Sie sollten Ihre Folien mindestens eine Woche vor dem Vortrag fertig haben. Dann haben Sie genug Spielraum, um neue Folien einzufügen, zu prüfen, ob alle Folien auch von der hinteren Ecke des Raums lesbar sind und gegebenenfalls nicht lesbare Abbildungen zu überarbeiten.

- Für Text verwenden Sie mindestens eine 20-Punkt-Schriftgröße. Prüfen Sie Ihre Folien darauf, ob sie wirklich von der hinteren Ecke des Raumes gelesen werden können. Verwenden Sie immer einheitliche Schriftgrößen für die Überschriften und den normalen Text und verwenden Sie nicht nicht mehr als zwei unterschiedliche Schriftarten (z.B. eine Schriftart für Überschriften, eine für den normalen Text).

- Jede Folie sollte nur eine Hauptaussage enthalten. Überfrachten Sie Ihre Folien nicht mit Informationen.

Box 6.9: Hinweise, Tipps und Warnungen zu PowerPoint

Präsentationsprogramme haben weit mehr Optionen, als Sie für einen wissenschaftlichen Vortrag benötigen. Widerstehen Sie dem Verlangen, allen möglichen Schnickschnack des Programms zu verwenden und halten Sie die Abbildungen und Texte einfach.

- *Animationen.* Eine gelegentliche Animation kann effektiv sein – eine sehr, sehr gelegentliche Animation. Ebenso sollten Sie Töne nur in absoluten Ausnahmefällen verwenden.

- *Weiterschalten der Folien.* Schalten Sie Ihre Folien mit den Pfeiltasten der Tastatur oder einer kabellosen Fernbedienung manuell weiter. Eine zeitgesteuerte Weiterschaltung sieht zu sehr nach Roadshow aus und macht Sie zu einem Sklaven der Präsentation. Behalten Sie die Kontrolle.

- *Sicherungskopie.* Bevor Sie losreisen, um einen Vortrag zu halten, sollten Sie wissen, welches das am Zielort bevorzugte Speichermedium/-format ist. Speichern Sie es so ab, aber halten Sie eine weitere Sicherungskopie griffbereit. Wenn Sie Ihren eigenen Computer benutzen, bringen Sie zusätzlich eine Kopie des Vortrages auf CD oder USB-Stick mit. Wenn Ihr Vortrag bereits fertig ist, bevor Sie losreisen, können Sie Ihn auch per E-Mail an Ihr Gastinstitut schicken.

- *Handzettel.* Sie können in PowerPoint Ihre Folien als Handzettel ausdrucken (mit mehreren Folien pro Seite). Das ist nicht nur praktisch für das Publikum, sondern auch für die Vorbereitung und das Üben des Vortrages, wenn Sie nicht am Computer sitzen.

- *Folien ausblenden.* Wenn Sie Daten haben, die Sie zwar während des Vortrags nicht zeigen wollen, aber bei einer entsprechenden Nachfrage während der Diskussion doch greifbar haben wollen, können Sie die „Folie ausblenden"-Option von PowerPoint verwenden. Dann ist die Folie zwar in der Foliensortierung zu sehen und kann durch Anklicken gezeigt werden, wird aber während der laufenden Präsentation übersprungen.

- *Notizen.* Das Notizenfeld erlaubt Ihnen, zu jeder Folie Notizen hinzuzufügen, zu zeigen oder zu drucken. Diese elektronischen Karteikarten sind unbezahlbar für das Proben Ihrer Präsentation, weil Sie damit die Folienübergänge und andere wichtige Punkte planen können.

- *Rechtschreibung.* Ein für Ihr Publikum vielfach vergrößert projizierter Tipp- oder Rechtschreibfehler auf einer Folie lässt den Verdacht der Nachlässigkeit aufkommen. Vermeiden Sie dies, indem Sie die Rechtschreibprüfung verwenden, entweder direkt, wenn Sie am Vortrag arbeiten, oder wenn Sie fertig sind.

- *Bild-/Folienübergänge.* Wissenschaftler benötigen keine Übergangseffekte. Bilder, die zersplittern, sich langsam auflösen, oder als Schachbrettmuster verschwinden, sind störend und lenken von den Daten ab.

- Abbildungen sollten gut beschriftet sein, sodass sie ohne weitere Erklärungen verständlich sind. Im Gegensatz zu Abbildungen und Tabellen in Manuskripten sollten auf Folien alle Achsen beschriftet sein und eine Überschrift haben, die die Abbildung zusammenfasst.

- Schauen Sie sich Ihre Folien projiziert an, am besten in einem Raum, der die gleiche Größe hat wie der Raum, in dem Sie vortragen werden. Einige Folien sehen auf dem Computer sehr gut aus, eignen sich aber nicht zur Projektion.

- 20–40 Folien sind eine gute Anzahl für einen Vortrag von 45–60 Minuten Dauer. Benutzen Sie nicht mehr als 20 Folien mit „harten" Daten. Wenn Sie mehr als 20 Folien haben, sollten diese Bilder, Zeichnungen, Modelle und Textfolien enthalten.

35-mm-Dias werden so gut wie gar nicht mehr verwendet. Falls Sie Dias verwenden, sollten Sie unbedingt vorher abklären, ob ein Diaprojektor vorhanden ist.

6.3 Abschlussarbeiten, Manuskripte und Anträge

6.3.1 Abschlussarbeiten

Bachelor, Master, Diplom oder Promotion, ja sogar Habilitation, all diese Stufen der wissenschaftlichen Erfolgsleiter enden mit einer Abschlussarbeit. Es gibt zwar keine in Beton gegossenen Vorschriften zum Abfassen von wissenschaftlichen Abschlussarbeiten, und wenngleich bei den Details die Unterschiede überwiegen, gibt es auch viele Gemeinsamkeiten und einige allgemeine Regeln, an die man sich halten sollte.

Vorbereitung

- Lassen Sie sich genug Zeit zum Schreiben der Arbeit. Genug heißt, so lange wie alle anderen auch gebraucht haben, nicht nur so lange, wie Sie glauben zu brauchen. Für eine Bachelorarbeit sollte man mindestens vier Wochen veranschlagen, für eine Master-/Diplomarbeit sechs Wochen und für eine Promotionsarbeit 6–8 Wochen. Wenn Sie wissen, dass das Schreiben keine Ihrer Stärken ist, planen Sie eine oder zwei Wochen mehr ein. Falls Ihr Laborleiter Bedenken anmelden sollte, sollte er Verständnis dafür haben, wenn Sie ihm die Lage erklären. Es ist *Ihre* Note, die auf dem Spiel steht. Der häufigste Grund dafür, länger im Labor zu bleiben und das Zusammenschreiben aufzuschieben ist, dass man noch unbedingt ein paar Experimente zu Ende bringen möchte. Aber selbst das schönste Ergebnis nutzt Ihnen wenig, wenn man der Arbeit auf den ersten Blick ansieht, dass sie in Eile zusammengeschustert wurde.

- Machen Sie sich mit Ihrem Computer und Ihrer Software vertraut. Sie brauchen nicht nur ein Schreibprogramm, sondern auch ein Zeichenprogramm, mit dem Sie Abbildungen in Druckqualität erstellen können (PowerPoint eignet sich nur bedingt dafür). Es geht ja nicht nur darum, Excel-Abbildungen in Ihr Dokument einzufügen, sondern Sie müssen z.B. auch Ihre Gelfotos beschriften und es soll nicht nur auf dem Bildschirm gut aussehen, sondern auch auf dem Papier. Als Schreibprogramm eignen sich die üblichen Programme wie Word (aus dem Microsoft Office-Paket) oder Writer (aus dem frei erhältlichem OpenOffice-Paket). Wichtig ist nicht, welches Programm Sie verwenden, sondern wie gut Sie sich damit auskennen. Deswegen sollten Sie jetzt auf keinen Fall auf ein anderes Pferd setzen, respektive das Programm wechseln. Word bzw. Writer können alles, was Sie brauchen (inklusive Formeln schreiben). Wenn Sie mit der jetzigen Version Ihres Programms gut zurechtkommen, sollten Sie auch nicht unbedingt auf eine vollständig neue Version umsteigen. Die

Für Bachelor- und Master-Diplomarbeiten gibt es feste Bearbeitungszeiten, also auch festgelegte Abgabetermine. Wenn Sie diesen Termin nicht einhalten, sind Sie durchgefallen!

Verfallen Sie nicht auf den „ich brauche nur drei Wochen, weil ich vorher schon zwischendurch was für die Arbeit schreibe"-Fehler. Es ist unrealistisch und wird nicht funktionieren.

Vielleicht haben Sie schon mal von LaTeX gehört, oder man hat Ihnen sogar gesagt, dass LaTeX das beste Programm ist, um wissenschaftliche Arbeiten zu schreiben. Wenn Sie vorher noch nicht mit LaTeX gearbeitet haben, ist jetzt der schlechteste Augenblick, damit anzufangen. Ihr Lieblings-Schreibprogramm kann alles, was Sie brauchen!

OpenOffice und LaTeX sind umsonst erhältlich. Für Studenten oder Mitarbeitern von Universitäten oder wissenschaftlichen Instituten gibt es aber auch für andere Programme häufig deutlich vergünstigte Angebote. Möglicherweise hat Ihre Universität sogar Softwarelizenzen erworben, sodass Sie auch als Student bestimmte Programme umsonst erhalten können.

neue Version wird zur vorherigen kaum Vorteile für Sie haben, aber wahrscheinlich langsamer und für Sie ungewohnt sein.

- Es gibt Bücher darüber, wie man Abschlussarbeiten in einem bestimmten Fachgebiet schreiben sollte, zusätzlich gibt es eine Menge Quellen im Internet, die man zu Rate ziehen kann. Aber diese Ressourcen haben einen großen Nachteil: Sie wurden nicht von den Personen geschrieben, die Ihre Arbeit bewerten werden. Wenn Sie Glück haben, gibt es an Ihrem Institut oder in Ihrer Arbeitsgruppe einen vom Laborleiter verfassten Leitfaden; wenn dem so ist, halten Sie sich daran! Aber die besten Vorlagen sind die bereits am Institut verfassten Abschlussarbeiten. Sie finden solche Arbeiten entweder in Ihrer Fachbibliothek oder fragen Sie Ihren Betreuer, ob er Ihnen zwei oder drei Arbeiten ausleihen kann. Achten Sie darauf, dass Sie sehr gute Arbeiten bekommen, denn Sie wollen ja wissen, wie es richtig geht. Wenn Sie diese Arbeiten ausgiebig studieren, können Sie ein Menge lernen, sowohl über die äußere Form, die allgemeine Gliederung, als auch den wissenschaftlichen Sprachstil, aber insbesondere auch über die lokalen Präferenzen (zum Beispiel: steht die Zusammenfassung vorne oder hinten, gibt es eine bevorzugte Art der Zitierung?). Nutzen Sie diese Vorlagen als äußeren Rahmen Ihrer Arbeit und füllen Sie den Inhalt mit Ihrer Originalität.

Der Aufbau der Arbeit und die Gliederung

Unbeschadet der Regel, dass es für die Gliederung einer Abschlussarbeit keine allgemein gültigen Regeln gibt, bestehen die meisten Arbeiten doch mehr oder weniger aus diesen Kapiteln: 1. Einleitung, 2. Material und Methoden, 3. Ergebnisse, 4. Diskussion, 5. Zusammenfassung, 6. Literaturverzeichnis. Halten Sie sich an die lokalen Gegebenheiten: Wenn die Einleitung an Ihrem Institut „Theoretischer Abschnitt" oder „Literaturübersicht" heißt, dann nennen Sie sie auch so. Wenn die Zusammenfassung vor die Einleitung gestellt wird, machen Sie es auch so. Möglicherweise ist die Aufgabenstellung ein Abschnitt innerhalb der Einleitung, oder ein eigenes Kapitel.

Bevor Sie sich an das Schreiben machen, müssen Sie natürlich erst einmal überlegen, welche Ihrer Experimente und Ergebnisse Sie in die Arbeit aufnehmen werden. Wenn Sie Ihre Materialien ausgesucht haben, bringen Sie sie in eine sinnvolle Reihenfolge, indem Sie am besten jetzt schon einmal ein *ausformuliertes* Inhaltsverzeichnis schreiben, mit *vollständigen Titeln* aller Unterkapitel. Diese Gliederung muss nicht in Stein gemeißelt sein, sie darf sich im Verlaufe des Schreibens noch ändern, aber Sie sollten wissen, was Sie schreiben wollen, bevor Sie damit anfangen! Besprechen Sie die Gliederung unbedingt mit Ihrem Laborleiter, er wird sicher noch einige Hinweise für Sie haben.

Vor der eigentlichen Arbeit gibt es noch das „Vorgeplänkel", das üblicherweise mit römischen Ziffern nummeriert wird:

- **Das Titelblatt** enthält den Titel der Arbeit, Ihren Namen, den Fachbereich, an dem die Arbeit angefertigt wurde und das Datum der Einreichung (üblicherweise nur Monat und Jahr). Eventuell stehen auch Ihre Betreuer/Prüfer auf dem Titelblatt. Vermutlich existiert an Ihrem Fachbereich/Ihrer Fakultät eine Mustervorlage. Falls nicht, schauen Sie in eine aktuelle Arbeit und halten Sie sich in Inhalt und Form an diese Vorlage. Auf das Titelblatt wird keine Seitenzahl gedruckt.

- **Die „zweite Seite"**. Wenn nicht schon auf dem Titelblatt genannt, stehen hier häufig die Namen der Referenten, die die Arbeit benoten werden, und das Abgabe- bzw. Prüfungsdatum.

- Entweder zu Begin oder zum Ende der Arbeit findet man eine **Danksagung**. Danken Sie Ihrem Chef und

> Die Danksagung der Arbeit ist wahrscheinlich der Abschnitt der Arbeit, der am meisten gelesen werden wird. Denken Sie also daran, dass auch Ihnen unbekannte Personen diese Danksagung lesen werden und werden Sie nicht zu vertraulich.

Ihren Betreuern/Prüfern und allen, die etwas zu Ihrer Arbeit beigetragen haben. Üblicherweise findet man auch einen Dank an die Eltern („für die tolle Unterstützung") und den Lebenspartner („für das große Verständnis in den letzten Monaten").

- **Das Inhaltsverzeichnis**. Versuchen Sie, mit drei bis maximal vier Gliederungsebenen auszukommen. Wenn Sie wirklich ein „3.1.1.4.3" brauchen, haben Sie wahrscheinlich etwas falsch gemacht, überdenken Sie Ihre Gliederung noch einmal. Übrigens, wer A sagt, muss auch B sagen, in diesem Fall heißt das, auf ein Kapitel 3.1.1 muss ein Kapitel 3.1.2 folgen. Wenn Sie in Ihrem Schreibprogramm Formatvorlagen verwenden und Überschriften immer als solche auszeichnen, kann das Programm das Inhaltsverzeichnis automatisch erstellen.

- **Das Abkürzungsverzeichnis** enthält alle *nicht gängigen* Abkürzungen. Demnach gehören „z.B." und „usw." nicht in das Abkürzungsvezeichnis. Auch die Einheitenzeichen des SI-Systems und der daraus abgeleiteten Einheiten, wie z.B. M für die molare Konzentration (mol/Liter) oder W für Watt gehören eigentlich nicht in das Abkürzungsverzeichnis; erstens sollte man diese kennen, und zweitens sind es Einheitenzeichen und keine Abkürzungen. Grundsätzlich gilt es, dass eine Abkürzung erst im Text eingeführt werden muss, bevor man sie benutzt: „Die Alkoholdehydrogenase (ADH) katalysiert die Umsetzung von … Mehrere ADH-Isoformen wurden untersucht und …" Überlegen Sie lieber zweimal, bevor Sie eine Abkürzung benutzen; wenn ein Wort nur wenige Male in der Arbeit vorkommt, verwirrt die Abkürzung mehr, als sie an Platzersparnis einbringt. Abkürzungen dürfen niemals am Satzanfang stehen.

- Optional ein Abbildungsverzeichnis und ein Tabellenverzeichnis.

Nach dem „Vorgeplänkel" geht es dann *in media res* mit der eigentlichen Arbeit:

- **Die Einleitung** erklärt den wissenschaftlichen Hintergrund, vor dem sich Ihre Arbeit abspielt. Sie gibt üblicherweise eine Übersicht über den Stand der Dinge, wie er zu Beginn der Arbeit vorlag. Sie zeigt die noch offenen Fragen auf und leitet damit in die Aufgaben- bzw. Fragestellung der Arbeit über. Art und Umfang der Einleitung unterliegen starken lokalen Gebräuchen; einige Laborleiter bevorzugen eine umfassende und nahezu lückenlose Literaturübersicht zum Thema, während andere eine prägnante, auf das eigentliche Thema der Arbeit fokussierte Einleitung wünschen. Je nachdem kann/soll die Einleitung auch in mehrere Unterkapitel aufgeteilt werden, oder aus einem durchgehenden Text bestehen, bei dem die Themenwechsel durch Absätze markiert sind. Dementsprechend länger oder kürzer wird sich die Einleitung gestalten. Als Daumenregel kann man annehmen, dass die Einleitung 10–20% der Arbeit ausmachen sollte, also 5–10 Seiten bei einer 50-seitigen Bachelorarbeit oder 10–20 Seiten bei einer 100-seitigen Master- oder Doktorarbeit.

- Für eine experimentalwissenschaftliche Arbeit ist ein **Material-und-Methoden-Kapitel** unerlässlich. Auch hier entscheiden wieder lokale Gebräuche über den Umfang und die Ausführlichkeit. Es gilt aber eine Maxime, die es zu befolgen gilt: Die in der Arbeit dargestellten Experimente müssen ohne Wenn und Aber reproduzierbar sein! Das heißt jemand anderes muss in der Lage sein, nur mit Ihrer Arbeit in der Hand, Ihre Experimente nachzumachen, und zwar so, dass das gleiche oder zumindest ein sehr ähnliche Ergebnis dabei herauskommt, wie Sie es erzielt haben. Verweisen dürfen Sie dabei nur auf veröffentlichte Originalarbeiten, Methodenbücher oder Gebrauchanweisungen zu Kits, wenn Sie diese Methoden unverändert übernommen haben. Im Zweifelsfall geben Sie die Methode vollständig mit allen relevanten Details wieder. Der Material-und-Methoden-Abschnitt kann 15–30% Ihrer Arbeit ausmachen.

- **Das Ergebnis-Kapitel** ist sozusagen das Flaggschiff Ihrer Arbeit. Hier zeigen Sie ihre *ausgewerteten* Ergebnisse, üblicherweise in Form von Tabellen und Abbildungen. Im Gegensatz zu Praktikumsprotokollen ist es nicht üblich, die Auswertungen oder Rechenwege im Detail zu erläutern; üblicherweise geht man davon aus, dass Sie Ihr Handwerk verstehen. Ihr Ergebnis-Kapitel sollte aber keine reine Ergebnisauflistung sein. Beginnen Sie Ihren Ergebnisteil mit einer (sehr) kurzen Einführung, aus dem noch einmal hervorgeht, welchem Zweck die nun folgenden Experimente dienen. Ebenso sollte in jedem Ergebnis-Kapitel kurz dargelegt werden, warum Sie das nun folgende Experiment durchgeführt haben. Beziehen Sie sich dabei auch auf die vorherigen Ergebnisse. Zeigen Sie die Ergebnisse nicht nur in den Tabellen und Abbildungen, sondern fassen Sie sie auch mit Ihren eigenen Worten noch einmal zusammen und schreiben Sie, was Sie daraus schlussfolgern. Im besten Fall ergibt Ihr Ergebnis-Kapitel eine durchgehende, spannende Geschichte, im schlechtesten Fall sieht es aus wie ein Nachschlagewerk für einige Messdaten.

- In der **Diskussion** geht es darum, Ihre Ergebnisse zu … diskutieren. Auch die Diskussion sollte nicht direkt *in media res* gehen, sondern wieder eine komprimierte Einleitung enthalten (ca. eine Seite). Dann werden die einzelnen Ergebnisse kurz dargestellt und vor dem Hintergrund des bekannten Literaturwissens diskutiert. Dabei sollten Sie herausstellen, inwieweit Ihre Ergebnisse die schon veröffentlichten Daten unterstützen, sie erweitern oder ihnen sogar widersprechen. Wenn möglich, sollten Sie Widersprüche erklären oder auflösen. Nutzen Sie die Diskussion, um Ihre Ergebnisse zusammenhängend in einem Gesamtbild darzustellen. Der Höhepunkt einer Diskussion ist sicherlich, wenn Sie mit Ihren Daten eine bestehende Theorie erweitern oder sogar eine neue Theorie entwerfen können, aber möglicherweise geben das Ihre Ergebnisse nicht her. Sie sollten die Diskussion mit einem Ausblick beenden, in dem Sie Wege oder Experimente aufzeigen, mit denen z.B. bestehende Widersprüche oder drängende offene Fragen angegangen werden können.

- Die **Zusammenfassung** umfasst ein bis zwei Seiten, auf denen die Fragestellung und die wesentlichen Ergebnisse und Erkentnisse Ihrer Arbeit kurz resümiert werden. Bei Bachelor- und Masterarbeiten wird es zunehmend gefordert, sowohl das Titelblatt der Arbeit als auch die Zusammenfassung sowohl in Deutsch als auch in Englisch zu erstellen. Die Zusammenfassung kann auch an den Anfang der Arbeit gestellt werden (vor die Einleitung).

- Das **Literaturverzeichnis** enthält in alphabetischer Auflistung alle Veröffentlichungen, die in der Arbeit irgendwo zitiert wurden. Es ist aber kein zusätzliches Quellenverzeichnis, das heißt, Arbeiten, die Sie nicht zitiert haben, dürfen hier auch nicht auftauchen. Es gibt Dutzende von Arten, wie man ein Literaturzitat formatieren kann. Nehmen Sie die, die vorgeschrieben ist oder die an Ihrem Institut üblich ist. Zwei wichtige Regeln sollten Sie beachten: Im Gegensatz zu einer Veröffentlichung in einer Fachzeitschrift herrscht in Ihrer Abschlussarbeit üblicherweise kein Platzmangel, also zitieren Sie mit ausgeschriebenem Titel und einer vollständigen Auflistung der Autoren. Und die zweite Regel: Achten Sie peinlichst genau auf Einheitlichkeit. Wenn Sie sich auf ein bestimmtes Format festgelegt haben, halten Sie sich daran! Wenn Sie sich entschieden haben, den Namen der Zeitschrift kursiv und abgekürzt mit Punkten zu Schreiben, wie z.B. „*J. Biol. Chem.*", dann machen Sie es bitter *immer* so mit *allen* Zeitschriftennamen.

> Literaturverwaltungsprogramme können Ihnen eine Menge Arbeit abnehmen, da sie Literaturverzeichnisse automatisch in einer einheitlichen Formatierung erstellen können. Aber auch hier ist Vorsicht geboten: Aus dem Internet importierten Artikeldaten fehlen häufig die Formatierungen im Titel (z.B. Kursivstellung bei Artnamen) oder Sonderzeichen. Dies muss nachträglich korrigiert werden. Gute Programme (die sich z.B. direkt in das Schreibprogramm integrieren lassen) sind meistens kostenpflichtig und für eine kurze Arbeit (Bachelorarbeit) lohnt sich der Nutzen im Vergleich zum Aufwand (Erstellen der Literaturdatenbank, Einarbeitung in die Software, Vereinheitlichung der Einträge) kaum.

- **Anhänge** sind praktisch, um wichtige, aber für den Ergebnisteil zu umfangreiche Daten zur Verfügung zu stellen. Das können z.B. noch unveröffentlichte DNA-Sequenzen sein, oder weitere Phylogenie-Bäume, die man mit anderen Methoden erstellt hat, aber zum gleichen Ergebnis kommen, wie der Stammbaum, den man im Ergebnisteil gezeigt hat. Umfangreiche, relevante Primärdaten, z.B. die

Daten eines Mikroarray-Experiments oder einer Genomsequenzierung können als CD oder DVD beigelegt werden. Die Anhänge sind aber kein Müllabladeplatz, in die man alles packt, was sonst nirgendwo thematisch hinpasst.

Abbildungen und Tabellen

Ein Bild sagt mehr als tausend Worte. In einer gut gemachten Abbildung erkennt der Leser sofort, um was es geht. Aber nicht alles lässt sich sinnvoll in einer Abbildung darstellen. Wenn Sie z.B. nur zwei Messwerte haben, die Sie miteinander vergleichen, ist eine eigene Abbildung dafür zu viel des Guten.

- Tabellen verwenden Sie dann, wenn es Ihnen auf die genaue Zahlenwerte ankommt (die man in Abbildungen schlecht ablesen kann) und/oder wenn Sie zwischen dem, was Sie untersuchen, und dem, was Sie messen, keine Korrelation vermuten. Sie messen z.B. die enzymatischen Parameter eines Proteins (Temperatur- und pH-Optima, K_M und V_{Max}-Werte) aus verschiedenen Organismen oder untersuchen das Vorkommen einer bestimmten Verbindung in verschiedenen Organen. Tabellen haben Überschriften. Einheiten werden nur in der Titelzeile angegeben und Bemerkungen werden als Fußnoten gegeben, die unter der Tabelle erklärt werden. Es ist üblich, nur noch die Titelzeile und das Ende der Tabelle mit horizontalen Strichen zu markieren, Spalten werden nicht mit Strichen getrennt.

- Um Zusammenhänge, Abhängigkeiten oder Korrelationen darzustellen, werden üblicherweise Diagramme, meistens Balkendiagramme oder XY-Diagramme verwendet. Der vorgegebene Parameter wird auf der X-Achse abgebildet, die gemessenen Daten auf der Y-Achse. Achten Sie auf eine vollständige Beschriftung der Achsen (nicht nur die Messgrößen angeben, z.B. Zeit, sondern auch die Einheit, z.B. Sekunden). Verändern Sie die Skalierung der Achsen so, dass sie nur die gemessenen Werte umfasst: bei Messwerten zwischen 10 und 11 sollte sich die Y-Achse nicht über einen Bereich von 0–15 erstrecken, sondern besser von 9–12. Verwenden Sie für die unterschiedlichen Messreihen gut unterscheidbare Symbole/Strichführungen oder Farben, aber machen Sie Zusammengehöriges deutlich. Wenn Sie z.B. vier Messreihen „Kontrolle X", „Behandlung X", „Kontrolle Y", „Behandlung Y" darstellen, ist es sinnvoll, die zusammengehörigen Experimente (Kontrolle und Behandlung X

Tab. 3-1: Enzymkinetische Parameter der beiden untersuchten Nitrilasen mit verschiedenen Substraten. Dargestellt sind die Mittelwerte (± Standardabweichung) von 2-3 unabhängigen Dreifachbestimmungen.

	Nitrilase 1		Nitrilase 2	
	K_m	V_{max}	K_m	V_{max}
	[mM]	[nkat (mg Protein)$^{-1}$]	[mM]	[nkat (mg Protein)$^{-1}$]
β-Cyanoalanin[a]	0.74 ± 0.11	250 ± 22	0.72 ± 0.22	323 ± 23
2-Phenylacetonitril	n.b.	n.b.	0.11 ± 0.01	910 ± 206
4-Hydroxyphenylacetonitril	n.b.	n.b.	0.15 ± 0.08	870 ± 153
Indol-3-acetonitril	n.b.	n.b.	0.19 ± 0.03	233 ± 15

[a]Nur die Nitrilase-Aktivität wurde bestimmt. Aufgrund der starken Nitrilhydratase-Aktivität der Enzyme mit diesem Substrat ist die Gesamtaktivität ca. 3–4 höher.n.b.:nicht bestimmt.

Abb. 6.4: Beispiel für eine Tabelle.

bzw. Kontrolle und Behandlung Y) mit gleichen Symbolen zu markieren (z.B. Quadrat für X und Kreis für Y), während die Kontrollen und Behandlungen durch unterschiedliche Füllungen deutlich gemacht werden (z.B. gefüllte Symbole für Kontrollen, offene Symbole für die Behandlungen). Dadurch wird die Abbildung deutlicher, als wenn Sie wahllos vier unterschiedliche Symbole oder Farben verwenden. Verwenden Sie für alle Abbildungen Ihrer Arbeit immer die gleichen Symbole/Strichführungen/Füllungen, immer in einer ähnlichen Zuordnung (also z.B. die Kontrollen immer mit gefüllten Symbolen). Das macht es dem Leser einfacher, sich in Ihren Abbildungen zurechtzufinden. Verwenden Sie eine Symbol-/Farblegende, die Sie am besten platzsparend in die Abbildung platzieren (und nicht daneben). Aber verwenden Sie keine Abbildungsüberschrift.

- Diagramme, die Sie von einer Spezialsoftware übernehmen, z.B. ein HPLC-Chromatogramm aus der Auswertesoftware des HPLC-Programms oder ein Massenspektrum aus einem Massenspektrometer, sollten Sie unbedingt nachträglich überarbeiten oder von vornherein nur so darstellen lassen, dass keine unnötigen Beschriftungen mehr vorhanden sind. Zum Teil findet sich der Dateiname in einer Titelzeile, oder die Art der Auswertung, oder alle Peaks sind mit ihren Retentionszeiten angegeben. Ein möglicherweise vorhandenes Raster sollte auch entfernt werden. Die Achsenbeschriftungen sind wahrscheinlich in Englisch und müssen übersetzt werden.

- Fotos von Untersuchungsobjekten (egal ob makro- oder mikroskopisch) müssen einen Maßstab (z.B. als Maßstabsbalken) enthalten. Bei Fotos von Gelen oder Blots müssen Sie den Größenstandard (oder zumindest die relevanten Teile davon) beschriften. Markieren Sie z.B. eine Bande in einem Gelfoto, mit einem Pfeil oder Sternchen, wenn Sie besonders darauf hinweisen wollen und die Bande von alleine nicht ins Auge fällt.

- Abbildungen (Diagramme, Fotos, Zeichnungen) tragen immer Abbildungsunterschriften. Um Platz zu sparen, können diese aber auch neben die Abbildung gesetzt werden. Es empfiehlt sich, die Abbildungslegende mit einem *kurzen* Satz zu beginnen, der darlegt, was in der Abbildung dargestellt bzw. dokumentiert ist. Alle Abkürzungen, die in der Abbildung verwendet werden, müssen in der Legende erklärt werden. Achten Sie darauf, dass alle Abbildungslegenden immer einheitlich formatiert sind (Abbildung 1.1., oder **Abb. 1-1:** oder **Abb. 1.1.**?).

- Abbildungen und Tabellen werden getrennt nummeriert. Sie können die Nummerierungen durch die gesamte Arbeit durchlaufen lassen (Abb. 1 bis Abb. XY) oder nach Hauptkapitel getrennt nummerieren (Abb. 1-1, Abb. 3-1, etc.).

- Platzieren Sie die Abbildungen so nahe wie möglich an die Stelle, wo auf sie Bezug genommen wird. Achten Sie vor dem Drucken darauf, dass die Abbildungslegende nicht auf die nächste Seite verrutscht ist. Falls sich eine Trennung von Abbildung und Abbildungslegende nicht vermeiden lässt (weil z.B. die Abbildung sehr groß und die Legende sehr lang ist), machen Sie das in der Abbildungslegende kenntlich, z.B. „Abbildung 3-2 (vorherige Seite)". Im Text muss es immer einen Hinweis auf die Abbildung geben, z.B. „wie in Abb. 15 ersichtlich" oder „das Ergebnis dieses Experimentes (Abb. 3.7) zeigt auf, …".

- Wenn Sie Farbe in Ihren Abbildungen oder Fotos verwenden, müssen Sie auch farbig drucken, was ein Kostenfaktor darstellen kann. Wenn Sie zum Beispiel ein Diagramm mit grünen, blauen, roten und gelben Linien schwarz-weiß ausdrucken, sind die Linien nur noch schwer unterscheidbar oder zum Teil kaum sichtbar. Aber gerade bei Diagrammen kann man durch die Verwendung verschiedener Symbole (die zusätzlich gefüllt oder nicht gefüllt sein können) und verschiedener Strichführungen (durchgehend, gestrichelt, gepunktet, etc.), sowie einiger ab-

> Ungefähr 9% aller Männer und 0,8% aller Frauen leiden an einer Rot-Grün-Sehschwäche. Haben Sie darüber schon einmal nachgedacht, wenn Sie rote und grüne Farben in Ihren Diagrammen verwenden?

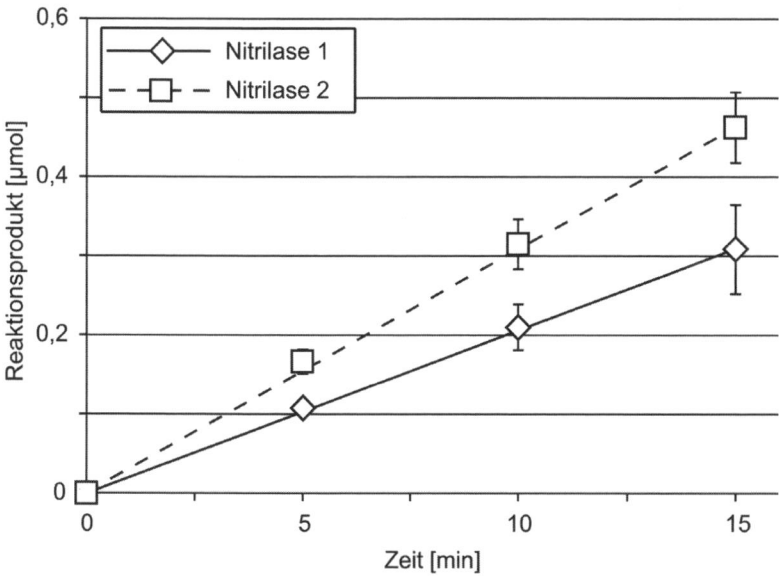

Abb. 3-3: Vergleich der Aktivität der beiden untersuchten Nitrilasen.
Je 100 ng Enzym wurden in 1-ml-Reaktionsansätzen mit
10 mM Substrat eingesetzt und die Produktbildung über
3 Zeitpunkte bestimmt.

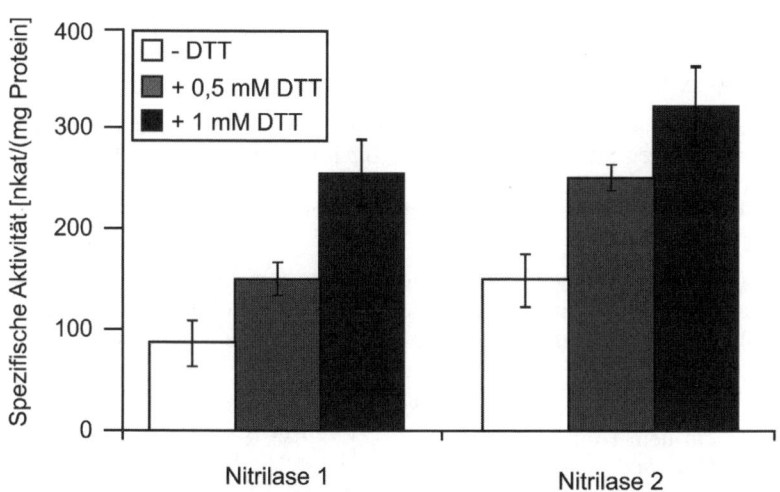

Abb. 3-4: Abhängigkeit der Enzymaktivität von Dithiothreitol (DTT).
Je 100 ng Enzym wurden in 1-ml-Reaktionsansätzen mit 10 mM
Substrat und den angegebenen DTT-Konzentrationen eingesetzt
und die Aktivität wie in Abb. 3-3 bestimmt.

Abb. 6.5: Zwei Beispiele für Abbildungen in einer Masterarbeit.

gestufter Grautöne, gut auf Farbe verzichten. Wenn Sie ein farbiges Foto schwarz-weiß drucken wollen, sollten Sie es vorher in ein Schwarz-Weiß-Bild umwandeln.

Das Schreiben

- *Schreiben Sie so, da und dann, wie, wo und wann Sie es am besten können.* Aber wenn Sie sich diesbezüglich noch nicht so gut kennen, oder es nicht funktioniert, versuchen Sie sich an folgenden Regeln zu halten: Schreiben Sie zu Hause und halten Sie einen regelmäßigen Tagesrythmus ein, inklusive regelmäßiger Pausen. Gönnen Sie sich ein paar Tage Pause, nachdem Sie das Labor verlassen haben und bevor Sie sich an den Schreibtisch setzen. Aber dann legen Sie auch los!

- Erstellen Sie zuerst ein ausformuliertes Inhaltsverzeichnis als Gliederung Ihrer Arbeit, das Sie mit Ihrem Betreuer bzw. Laborleiter besprechen. Das machen Sie am besten schon, bevor Sie das Labor verlassen.

- Um die Angst vor dem weißen Blatt Papier zu brechen (oder gar nicht erst aufkommen zu lassen), beginnen Sie beim Schreiben mit dem Material-und-Methoden-Kapitel der Arbeit. Dieses Kapitel besteht zum Teil in der einfachen Auflistung der verwendeten Geräte und Reagenzien, und in der schriftlichen Niederlegung der durchgeführten Methoden. Das sind alles Sachverhalte, die Sie einfach nachschlagen/nachsehen können und über die Sie nicht viel nachzudenken haben (sollten). So kann sich ein flüssiger Schreibstil entwickeln, und die erste Hürde ist genommen.

> Es gibt immer wieder Fälle von Studenten, die das Labor zum Zusammenschreiben verlassen und dann scheitern oder fast scheitern, weil sie nicht anfangen oder nicht fertig werden. Für Bachelor- und Masterarbeiten kommt man ohne Krankschreibung nicht aus der Misere heraus, weil es festgesetzte Fristen für diese Arbeiten gibt. Wenn Sie merken, dass Sie Probleme haben, suchen Sie nach Hilfe. Sprechen Sie z.B. mit Ihrem Betreuer. Vielleicht ist es ja besser für Sie, am Institut zusammenzuschreiben, wo Sie einem geregelten Tagesablauf und einer gewissen sozialen Kontrolle unterliegen.

- Dann empfiehlt es sich, mit dem wichtigsten Abschnitt der Arbeit fortzufahren, den Ergebnissen. Zum Schluss schreiben Sie die Diskussion und die Einleitung. Für diese beiden Kapitel müssen Sie vermutlich noch eine Menge Literaturarbeit leisten und Sie werden viele Aha-Momente erleben und sich fragen, warum Sie dieses oder jenes Paper nicht schon vorher mal gelesen haben.

- Das Abkürzungs- und Literaturverzeichnis erstellen Sie am besten „just in time", während Sie die Arbeit schreiben. Das heißt, immer wenn Sie Abkürzung verwenden, tragen Sie sie sofort in das Abkürzungsverzeichnis ein, genauso machen Sie es mit dem Literaturverzeichnis.

- Wenn Sie glauben, dass die Arbeit fertig ist (und erst dann), beginnen Sie mit dem Korrekturlesen. *Drucken Sie die Arbeit dazu aus! Wirklich!* Am Bildschirm werden Ihnen viele Fehler entgehen. Bitten Sie einen oder zwei Kollegen, ebenfalls die Arbeit zu korrigieren. Versuchen Sie auch einen Fachfremden einzubinden, der sich hauptsächlich um sprachliche und orthographische Mängel kümmern kann.

> Einfache Rechtschreib- und Grammatikfehler werden effektiv von der Korrekturhilfe Ihres Schreibprogramms erkannt. Nutzen Sie diese Möglichkeit und erweitern Sie das Wörterbuch um die für Sie wichtigen Fachbegriffe.

- Es ist durchaus üblich, dass der Betreuer die Arbeit ebenfalls korrekturliest. Geben Sie Ihrem Betreuer die Version der Arbeit, von der Sie annehmen, dass es die vollständige und endgültige Fassung ist. Reichen Sie auf keinen Fall die Arbeit ein, ohne dass Ihr Betreuer sie vorher gesehen hat. Dieser Schuss wird mit großer Wahrscheinlichkeit nach hinten losgehen. Falls es bei Ihnen nicht üblich ist, dass der Betreuer die Arbeit korrekturliest, lassen Sie sie zumindest von einem fortgeschritteneren Kollegen (am besten einen erfahrenen Doktoranden oder Postdoc), der sich auskennt, korrigieren.

- Wenn Sie noch die Zeit dazu haben: Lassen Sie die Arbeit ein bis zwei Tage liegen, z.B. über ein Wochenende, das hilft Ihnen, etwas Abstand zu gewinnen. Lesen Sie sie dann noch einmal Korrektur und wundern Sie sich, was Sie vorher alles nicht gesehen haben.

> Jeder, der eine Abschlussarbeit geschrieben hat, kennt das: Sie haben die Arbeit drucken lassen oder schon abgegeben, schlagen sie an einer beliebigen Stelle auf und finden sofort einen Fehler.

Die äußere Form

Verwenden Sie eine Standard-Serifenschriftart für den Fließtext (z.B. Times New Roman) und eine Sans-Serif-Schriftart (z.B. Arial) für Überschriften und Beschriftungen in Abbildungen. Die Schriftgröße für den Fließ-

> Halten Sie sich an die bei Ihnen gängigen Regeln und Formate!

text sollte zwischen 11- und 12-Punkt betragen, der Zeilenabstand 1½ Zeilen. Wählen Sie jeweils einheitliche und sinnvolle Fomatierungen (Schriftgröße, Schriftschnitt, Abstände zwischen Absätzen und Unterkapiteln, usw.) für die unterschiedlichen Überschriftenebenen, am besten erstellen Sie eine Formatvorlage. Machen Sie die Seitenränder nicht kleiner, als sie standardmäßig eingestellt sind, es ist sogar sinnvoll, den linken Seitenrand etwas größer zu machen, weil die Arbeit an der linken Seite gebunden wird. Üblicherweise werden Abschlussarbeiten einseitig gedruckt. Lassen Sie die Arbeit entweder binden, kleben oder heften, geben Sie sie auf keinen Fall in einem Heftordner oder einem einfachen Klemmordner ab. Prüfen Sie rechtzeitig, wie Ihre Arbeit nach dem Drucken aussieht. Das betrifft insbesondere Sonderzeichen, die gelegentlich Probleme bereiten, und die Abbildungen. Sind die Abbildungen lesbar? Sind die Fotos gut zu erkennen? Sind bestimmte Muster (z.B. Schraffuren) noch zu sehen, werden die Farben so gedruckt, wie es sein sollte, wirken Fotos gerastert? Mögliche Probleme mit dem Drucken können sehr schwer zu lösen sein, sie sollten Ihnen also nicht erst am Abgabetag auffallen.

Weitere Hinweise

- Verwenden Sie einen neutralen und sachlichen Sprachstil.

- Vermeiden Sie Laborjargon und unkritisch übernommene englische Begriffe.

- Achten Sie auf Einheitlichkeit! Das heißt: Immer die gleichen Formate (z.B. bei Kapitelüberschriften: immer gleiche Schriftart und -größe? Bei Bildunterschriften: Abb. 1-1 oder Abbildung 1.1?) und immer die gleichen Schreibweisen. Vielleicht bevorzugen Sie die Schreibweise „Glukose" und Ihr Chef „Glucose". Solange Sie *immer* „Glukose" schreiben, lässt er es Ihnen durchgehen (weil er annimmt, dass Sie sich dabei was gedacht haben, auch wenn ihm nicht klar ist, was), aber wenn Sie lustig zwischen den Schreibweisen hin und her springen, gibt es Abzüge (weil es Ihnen offensichtlich egal ist, wie das Wort geschrieben wird).

> Notieren Sie sich sofort jeden Begriff, bei dem Sie unsicher sind, ob Sie ihn in unterschiedlichen Schreibweisen verwenden. Nutzen Sie die Suchen/Ersetzen-Funktion Ihres Schreibprogramms, um die Schreibweise zu vereinheitlichen.

> Definieren Sie für sich ein Standardwerk für die Rechtschreibung von Fachbegriffen (wenn Ihnen keines vorgegeben wird), z.B. ein umfassendes Biologie-Lehrbuch oder ein Biologie-Lexikon.

- Die Gutachter Ihrer Arbeit sind darauf trainiert, Fehler zu finden, sie können gar nicht anders. Achten Sie also peinlichst darauf, dass weder auf dem Titelblatt noch auf der ersten Seite der Einleitung ein Fehler vorkommt. Ebenso fällt es den Gutachtern sofort ins Auge, wenn Sie bestimmte Begriffe uneinheitlich schreiben. Nehmen Sie auch Rücksicht auf die Eigenheiten Ihrer Gutachter, der Begutachtungsprozess ist eine Einbahnstraße, d.h. Sie können sich gegenüber den Gutachern nicht mehr erklären. Wenn Sie also wissen, dass Ihre Gutachter die Schreibweise „Glukose" bevorzugen, beharren Sie nicht auf „Glucose".

- Sichern Sie Ihre Arbeit regelmäßig. Nutzen Sie auf jeden Fall die Autospeichern-Funktion Ihres Schreibprogramms, damit bei einem Computerabsturz maximal die letzten 10 Minuten verloren sind. Speichern Sie die Arbeit auf verschiedenen Datenträgern (z.B. auf Ihrem Computer, auf einem USB-Stick und auf einem Fileserver) und halten Sie die Kopien aktuell. Bewahren Sie mindestens eine Kopie an einem anderen Ort auf; wenn Ihre Wohnung schon abbrennt, sollte nicht auch noch Ihre Doktorarbeit abfackeln.

Box 6.10: Laborjargon

Sie sagen	Sie meinen
Blotten	auf eine Membran übertragen
Gele fahren, laufen lassen	eine Gelelektrophorese durchführen
hochreguliert	verstärkt exprimiert
Primer	Startermolekül/Oligonucleotid
Screening	durchsuchen/durchmustern
vortexen	kräftig mischen

6.3.2 Manuskripte

Die wissenschaftlichen – nicht zu sprechen von den laborinternen – Prozeduren, einen Forschungsartikel veröffentlicht zu bekommen, sind sehr kompliziert. Neben Büchern über das Thema (von denen einige in den „Quellen und Ressourcen" aufgelistet sind), gibt es eine Vielzahl guter und praktischer Ratschläge von anderen Wissenschaftlern.

Einige allgemeine Ratschläge

- Betrachten Sie Ihre Experimente von Anfang an als Abbildungen in einem Paper. Das mag jetzt zwar so klingen, als ob das wissenschaftliche Interesse durch nackten Ehrgeiz ersetzt würde. Aber Sie müssen veröffentlichen, und das Nachdenken über Publikationen kann Sie davon abhalten, Sackgassen zu weit zu erkunden. Außerdem hilft es Ihnen, immer an die angemessenen Kontrollen zu denken.

- Basieren Sie Ihren Artikel auf die Daten, nicht umgekehrt. Stellen Sie Ihre Abbildungen fertig, bevor Sie anfangen zu schreiben.

- Ihre Daten müssen reproduzierbar sein, bevor Sie eine Geschichte daraus machen können.

- Fangen Sie so früh wie möglich mit dem Schreiben von Artikeln an. Schreiben Sie, bevor Sie mit allem fertig sind. Nicht zu jeder Geschichte gibt es eine passende Antwort, also machen Sie ihr ein Ende und verpacken Sie sie schön. Sie werden schon beim Schreiben rechtzeitig merken, wenn noch mehr Experimente gemacht werden müssen.

- Stellen Sie alle Paper fertig, bevor Sie ein Projekt oder das Labor verlassen. Kein Mensch kann zwei Herren dienen. Das „Verschleppen" von Projekten ist äußerst anstrengend, daher sollten Sie das Schreiben beendet haben, bevor Sie mit etwas Neuem anfangen.

- Nutzen Sie die Rechtschreib- und Grammatikprüfung Ihres Textverarbeitungsprogramms. Schreibfehler verursachen einen Glaubwürdigkeitsverlust bei Ihren Lesern.

- Wenn Ihr Englisch sehr schlecht ist oder Sie in einer sehr guten Zeitschrift veröffentlichen wollen, sollten Sie darüber nachdenken, einen professionellen Editier-Service zu bemühen, der Ihr Manuskript sprachlich auf Vordermann bringt.

- Wählen Sie Ihre Zitate mit Bedacht und sorgfältig aus. Passen Sie auf, dass in der letzten Version des Entwurfs die Zitate an den richtigen Stellen stehen; bei Verwendung von Literaturverwaltungsprogrammen werden sie schon mal durcheinander geworfen.

- Lassen Sie Ihr Manuskript von mindestens drei verschiedenen Leuten lesen, und zwar *bevor* Sie das Manuskript Ihrem Laborleiter geben! Zwei Leser sollten mit dem Fachgebiet vertraut sein; diese werden Sie auf Auslassungen im Hintergrund hinweisen, Ihnen weitere Implikationen vorschlagen usw. Der dritte Leser muss nicht unbedingt mit der Materie vertraut sein; er soll auf Fehler in der Logik, der Rechtschreibung und der Grammatik achten. Lassen Sie jeden Entwurf Ihres Manuskripts korrekturlesen, wenn möglich von den gleichen Leuten. Nehmen Sie nicht zu viele Leser, denn sonst geraten Sie in ein Durcheinander von sich widersprechenden Vorschlägen. Aber besorgen Sie sich gute Leute, von denen Sie wissen, dass sie sorgfältig, schnell und ehrlich sind.

- Beurteilen Sie selbst die Qualität Ihrer Arbeit, wenn Sie die Entscheidung treffen, bei welcher Zeitschrift Sie sie einreichen wollen. Wenn Sie für die Wahl der Zeitschrift alleine verantwortlich sind, fragen Sie Ihren Laborleiter um Rat. Zeitschriften tendieren manchmal dazu, Arbeiten von einer bestimmten Arbeitsgruppe eher anzunehmen also von anderen und Ihr Laborleiter kann Ihnen da bestimmt helfen.

> Die internationale Wissenschaftssprache ist zwar „schlechtes Englisch" („bad English" oder „bad simple English"), aber die Gutachter werden ein fehlerarmes und sprachlich abgerundetes Manuskript zu würdigen wissen. Oder anders herum: Machen Sie es den Gutachtern nicht zu leicht, Ihre Arbeit aufgrund sprachlicher Mängel abzulehnen.

> Wenn Sie gebeten werden, ein Manuskript zu lesen und zu beurteilen, machen Sie es so schnell wie möglich. Nur ein schnelles Feedback ist hilfreich. Sagen Sie vorher Bescheid, falls Sie das Manuskript für ein paar Tage nicht lesen können.

> Das Manuskript sollte in einer nahezu publizierbaren Form vorliegen, bevor Sie es Ihrem Laborleiter geben. Es ist nicht der Job Ihres Chefs, Ihre Rechtschreib- und Grammatikfehler zu korrigieren.

> Wenn Sie ein Manuskript bei einer Zeitschrift einreichen, müssen Sie ein kurzes Anschreiben an den Editor aufsetzen.

- Lassen Sie sich nicht durch eine negative Beurteilung entmutigen. Vielen Beurteilungen kann widersprochen werden, es ist also immer einen Versuch wert. Abgesehen davon wird die Qualität der meisten Artikel tatsächlich verbessert, wenn Sie anhand der Begutachtungen überarbeitet werden.

Box 6.11: Wenn Sie Manuskripte beurteilen:

– Seien Sie kritisch.   – Seien Sie nicht selbstgefällig.
– Machen Sie es unverzüglich.   – Seien Sie nicht kleinkariert.

Box 6.12: Wörterbuch der wissenschaftlichen Phrasen

Das nachfolgende „Wörterbuch der wissenschaftlichen Phrasen" zirkuliert seit mehreren Jahren in den Laboren. Es enthält schmerzhafte Wahrheiten und die meisten erwähnten Phrasen sollten vermieden werden.

"It has long been known..." Ich habe mir nicht die Mühe gemacht, die Originalreferenzen herauszusuchen.

"Of great theoretical and practical importance" Interessant für mich.

"While it has not been possible to provide definite answers to theses questions..." Die Experimente haben zwar nicht geklappt, aber ich schätze, dass ich etwas Publicity herausschlagen kann.

"Extremely high purity, superpurity" Abgesehen von den übertriebenen Behauptungen des Herstellers ist die Zusammensetzung unbekannt.

"Three of the samples were chosen for detailed study" Die Ergebnisse der anderen Proben ergaben keinen Sinn und wurden ignoriert.

"Accidentally stained during mounting" Versehentlich auf den Boden fallen gelassen.

"Handled with extreme care during experiments" Nicht auf den Boden fallen gelassen.

"Typical results are shown" Die besten Ergebnisse sind dargestellt.

"Presumably at longer times..." Ich habe mir nicht die Zeit genommen, es herauszufinden.

"These results will be reported at a later date" Vielleicht komme ich mal dazu.

"The most reliable values are those of Jones" Jones war ein Student von mir.

"It is believed that..." Ich glaube.

"It is generally believed that..." Ein paar andere Jungs glauben auch daran.

"It might be argued that..." Ich habe eine so gute Antwort auf diesen Einwand, dass ich ihn nun nennen werde.

"It is clear that much additional work will be required before a complete understanding..." Ich verstehe es nicht.

"Correct within an order of magnitude" Falsch.

"It is to be hoped that this work will stimulate further work in the field" Mein Artikel ist zwar nicht besonders gut, aber die anderen über dieses elende Thema sind es auch nicht.

"Thanks are due to Joe Glotz for assistance with the experiments and to John Doe für valuable discussions" Glotz hat die Arbeit gemacht und Doe hat Sie mir erklärt.

(Anonym)

6.3.2 Anträge

Forschungsanträge sind noch schwieriger zu schreiben als Manuskripte, denn Sie müssen die Leser nicht nur von der Glaubwürdigkeit Ihrer Daten überzeugen, sondern auch davon, dass Sie die richtige Person für das Projekt sind. Das Leben eines Projektleiters ist untrennbar mit Politik verbunden.

Anträge: Politische Überlegungen und Machbarkeit

- Falls es in Ihrer Organisation so etwas wie ein „Büro für Forschungsanträge" geben sollte, bleiben Sie in engem Kontakt damit. Einige unterschreiben die Anträge nur, bevor sie abgeschickt werden. Andere bewerten tatsächlich die wissenschaftlichen, finanziellen und administrativen Abschnitte des Antrags kritisch und machen Verbesserungsvorschläge. Versuchen Sie, die Fristen des Büros einzuhalten. Auch wenn man versteht, dass Sie es nicht immer schaffen, sollten Sie dem Büro so viel Zeit wie möglich geben, damit die Hilfe, die es Ihnen anbieten kann, optimal genutzt wird. Antragsformulare – z.B. auf Diskette – bekommen Sie ebenfalls dort. Wenn nicht, bekommen Sie die auch von den geldgebenden Einrichtungen.

  > Viele Förderinstitutionen erbitten das ganze Jahr Anträge zu bestimmten Themen. Diese Institutionen haben meistens eine höhere Förderquote.

- Sie sollten wissen, wer die Programmverantwortlichen bei der Deutschen Forschungsgemeinschaft und anderen Förderinstitutionen für Ihren Bereich sind. Deren Job ist es unter anderem, Ihnen zu helfen, Ihren Antrag in den richtigen Bereich zu lenken, Vorschläge für Wiedereinreichungen zu machen und generell die Ansprüche und das Entscheidungsverfahren klar zu machen.

- Es ist sinnvoll, einen Antrag an so viele Förderinstitutionen wie möglich zu schicken. Aber täuschen Sie sich nicht, was den Zeitbedarf für eine Überarbeitung zur Einreichung bei einer anderen Institution angeht: Es braucht mindestens eine Woche.

- Seien Sie Perfektionist. Die Gutachter haben eine Menge guter Anträge zur Begutachtung für einen Bereich vorliegen und suchen daher häufig nach Gründen, einen Antrag von der weiteren Prüfung auszuschließen.

  > Vermeiden Sie rote Tücher! Damit sind Fehler und Unvollständigkeiten gemeint, die auf einen Gutachter wie ein rotes Tuch auf einen Stier wirken. Alles was z.B. Nachlässigkeit und Schlampigkeit vermuten läßt, kann einen Gutachter in eine extrem unempfängliche Stimmung bringen. Beispiele dafür sind Rechtschreibfehler, falsch nummerierte Zitate und schlecht beschriftete Abbildungen.

- Die besten Chancen haben Sie, wenn Sie schon etwas auf dem Gebiet publiziert haben.

- Sie müssen zumindest vorläufige Daten haben, bevor Sie einen Forschungsantrag einreichen können. Das gilt insbesondere, wenn Sie etwas machen wollen, was Sie vorher noch nie gemacht haben oder wenn Sie an etwas Kontroversem oder Neuem arbeiten wollen. Die vorläufigen Daten müssen nicht unbedingt Ihre eigenen sein.

- Viele Förderinstitutionen erlauben Ihnen, vor der Begutachtung zusätzliche Daten nachzureichen, nachdem Sie Ihren Antrag eingereicht haben. Nutzen Sie diesen Vorteil nur, wenn Sie sehr saubere, überzeugende und relevante Daten hinzuzufügen haben.

- Finden Sie Kooperationspartner, die Ihnen die Expertise zur Verfügung stellen können, die Ihnen (scheinbar) fehlt. Erwähnen Sie diese Kooperationspartner im Antrag. Die meisten Förderinstitutionen verlangen, dass Sie auch den Lebenslauf des Kooperationspartners und eine Erklärung einreichen, in dem er die Kooperation bestätigt.

- Finden Sie mindestens drei Leute, die Ihren Antrag lesen, wie bei einem Manuskript (s. oben). Überarbeiten Sie den Antrag und bitten Sie die gleichen Personen, den Antrag noch einmal zu lesen.

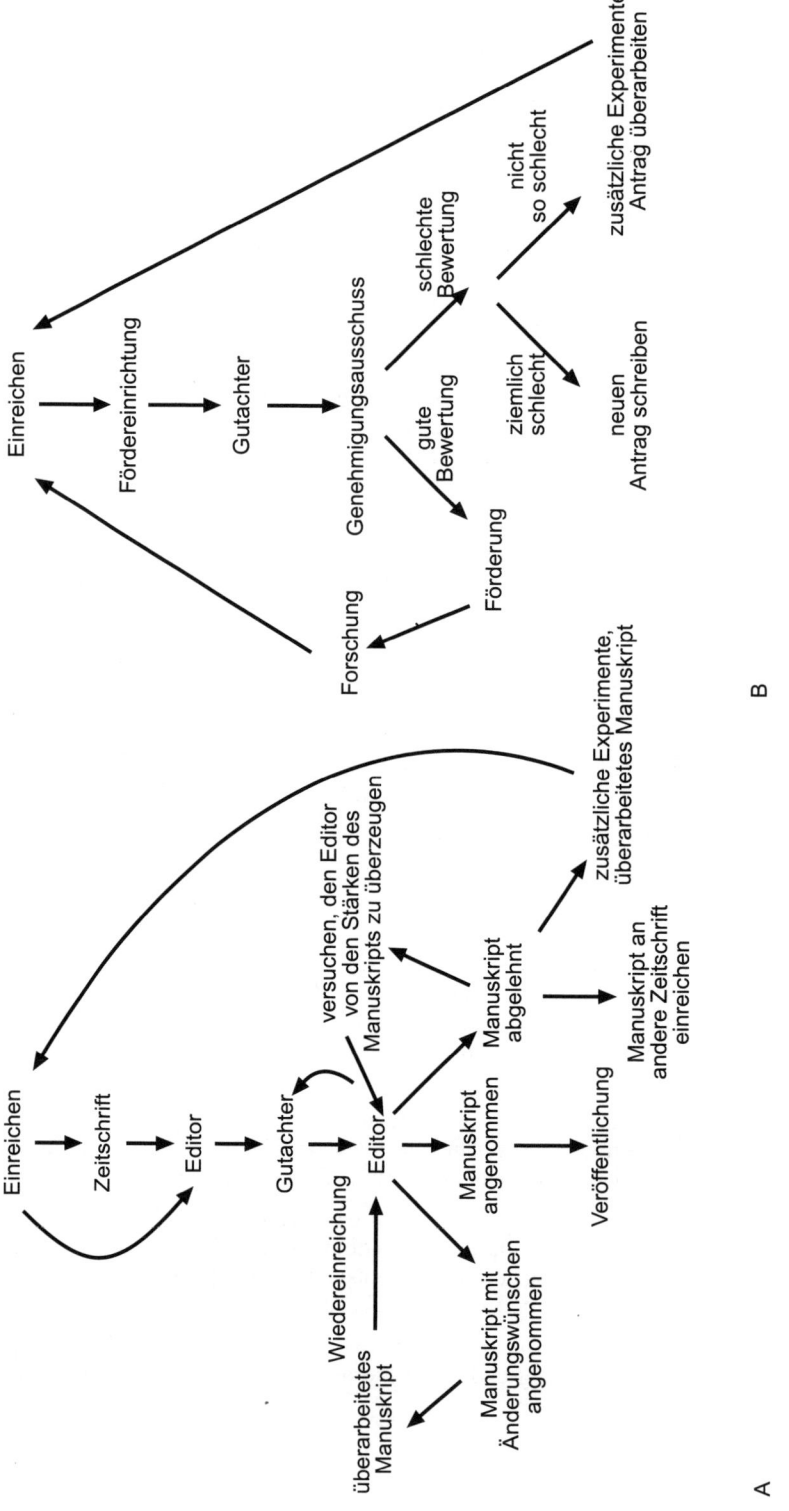

Abb. 6.6: Ablauf der Ereignisse nach dem Einreichen eines Manuskripts (A) oder Forschungsantrags (B). Beide Abläufe sind ähnlich, mit der Ausnahme, dass bei der Einreichung eines Manuskripts üblicherweise mehr Optionen zur Verfügung stehen. Die dargestellten Abläufe laufen nicht zwangsläufig überall gleich ab. Einige Editoren schicken z.B. überarbeitete Manuskripte nicht wieder an die Gutachter, sondern entscheiden selbst über die Annahme oder Ablehnung. Überarbeitete Forschungsanträge werden bei einigen Fördereinrichtungen von den gleichen Gutachtern begutachtet, die sie auch schon beim ersten Mal gelesen haben. Einige Fördereinrichtungen fällen ihre Entscheidung, ohne dass nachher eine Begründung oder Bewertung mitgeteilt wird.

6.4 Quellen und Ressourcen

Alley M. 1996. *The craft of scientific writing*, 3.Aufl. Springer, New York.

Alley M. 2002. *The craft of scientific presentations: Critical steps to succeed and critical errors to avoid*. Springer Verlag, New York.

Bradwick J.M. 1995. *Danger in the comfort zone*. American Management Association, New York.

Barker K. 2002. *At the helm: A laboratory navigator*. Cold Spring Harbor Laboratory Press, Cold Spring Harbor, New York.

Barnes G.A. 1982. *Communication skills for the foreign-born professional*. ISI Press, Philadelphia.

Carter S.P. 1987. *Writing for your peers. The primary journal paper*. Praeger, New York.

Covey S.R., Merill A.R. 2001. *First things first: Coping with the ever-increasing demands of the workplace*. Simon and Schuster, New York.

Davis M. 1997. *Scientific papers and presentations*. Academic Press, San Diego.

Day R.A. 1995. *Scientific english: A guide for scientists and other professionals*, 2. Aufl. Oryx Press, Phoenix.

Day R.A.1998. *How to write and publish a scientific paper*, 5.Aufl. Oryx Press, Phoenix.

Friedland A.J., Folt C.L. 2000. *Writing successful science proposals*. Yale University Press, New Haven.

Goleman D. 2000. *Working with emotional intelligence*. Bantam, New York.

Gosling P.J. 1999. *Scientist's guide to poster presentations*, Kluwer Academic Publishers, Boston.

Hamlin S. 1988. *How to talk so people listen*. Harper and Row, New York.

Kremer B.P. 2009. *Vom Referat bis zur Examensarbeit. Naturwissenschaftliche Texte perfekt verfassen und gestalten*, 3. Aufl. Springer Berlin Heidelberg

Mandell S. 1993. *Effective presentation skills. A practical guide for better speaking*. Crisp Publications, Menlo Park, California.

Matthews J.R., Bowen J.M., Matthews R.W. 1996. *Successful scientific writing. A step-by-step guide for the biological and biomedical sciences*. Cambridge University Press.

North T. 2001. *Fonts: How to choose between them*. iBoost Journal at http://search.ibook.com. http://www.iboost.com/build/design/articles/10036.htm

Rosenberg A.D. 1997. *Career busters. 22 Things people do to mess up their careers and how to avoid them*, Kap. 2. McGraw-Hill, New York.

Strunk W. Jr., White E. B. 1979. *The elements of style*, 3. Aufl. Macmillan Publishing, New York.

Tufte E.R. 1992. *The visual display of quantitative information*. Graphics Press, Cheshire, Connecticut.

Tufte E.R. 2003. *The cognitive style of PowerPoint*, September 2003, Graphics Press, LLC, Cheshire, Connecticut.

Uniform Requirements for Manuscripts Submitted to Biomedical Journals: Writing and Editing for Biomedical Publication. November 2003. International Committee of Medical Journal Editors. http://www.icmje.org/index.html

Teil 3

Den Kurs halten

Kapitel 7
Ansetzten von Reagenzien und Puffern   135

Kapitel 8
Lagern und Entsorgen   167

Kapitel 9
Arbeiten ohne Kontamination   185

Kapitel 10
Eukaryotische Zellkulturen   205

Kapitel 11
Bakterien   243

Kapitel 12
DNA, RNA und Proteine   275

Kapitel 13
Radioaktivität   311

Kapitel 14
Zentrifugation   341

Kapitel 15
Elektrophorese   367

Kapitel 16
Mikroskopieren   393

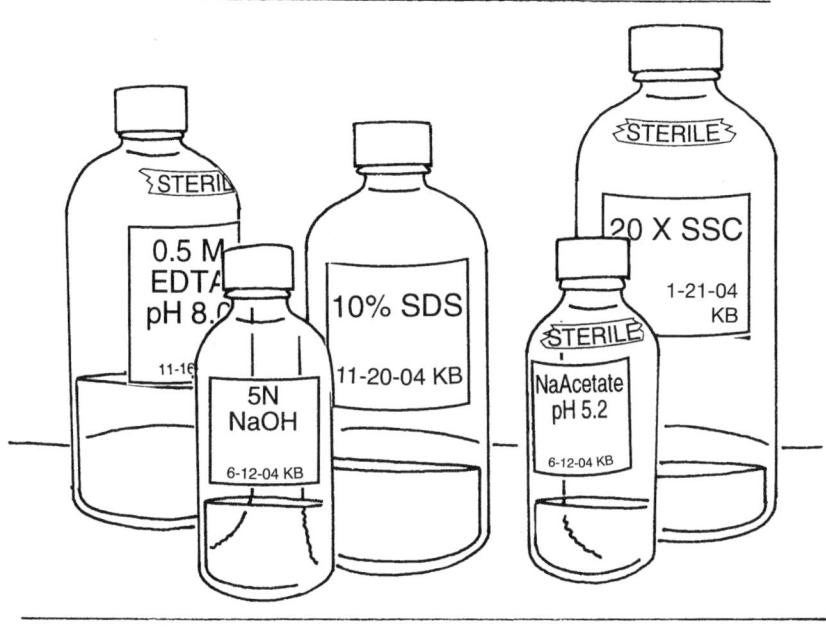

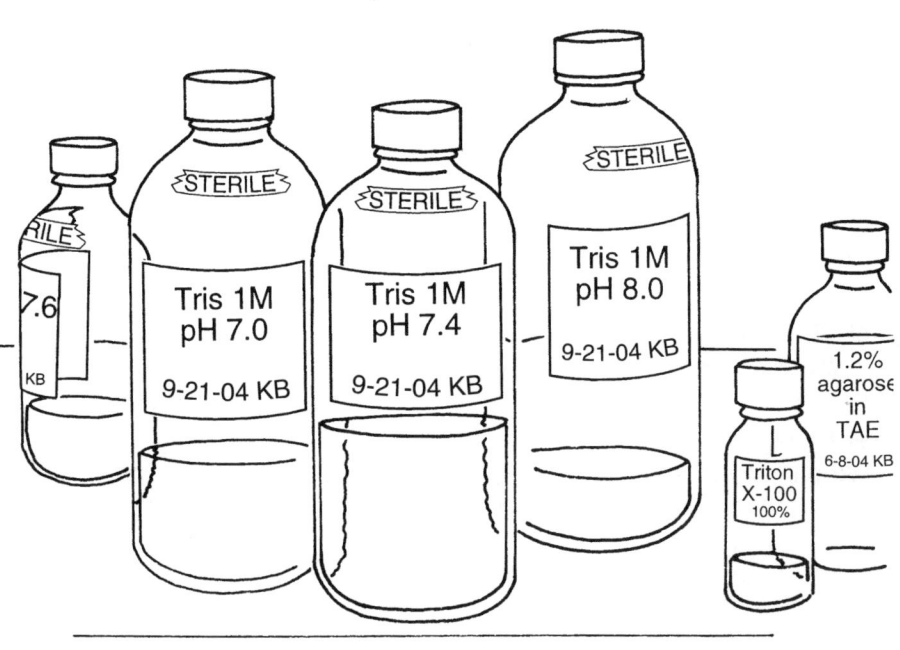

7 Ansetzen von Reagenzien und Puffern

Viel der Zeit, die man in ein Experiment steckt, fließt nicht in das eigentliche Experiment, sondern in die Vorbereitung von Reagenzien und Hilfsmitteln, die man zu dessen Durchführung und Analyse benötigt. Das erste, was ein Neuling im Labor üblicherweise tun muss, ist sich einen Vorrat an Puffern herzustellen, damit die Regale über der Laborbank nicht so „jungfräulich" leer aussehen und man mit den Experimenten beginnen kann. Das Ansetzen und Herstellen von Puffern und Lösungen ist eine Tätigkeit, die sich durch den Rest Ihrer Laborzeit hindurchziehen wird: Die Qualität Ihrer Reagenzien hat einen wichtigen Einfluss auf Ihre Experimente.

Ein Puffer ist eine Lösung, die nicht so schnell ihren pH-Wert ändert. Da jede Enzymreaktion, jede Zelle und jede Extraktion ein pH-Optimum aufweist, gibt es für Puffer endlose Anwendungen. Sie werden benutzt, um Zellen zu waschen, DNA zu restringieren, Elektrophoresen durchzuführen – einfach jede Tätigkeit, bei der die Struktur und/oder Aktivität von biologischem Material erhalten werden muss. Manche Salzlösungen, wie z.B. Natriumchlorid (NaCl), brauchen nicht extra gepuffert zu werden, normalerweise werden sie Bestandteil einer komplexeren Lösung, die dann gepuffert wird.

7.1 Was benötigt man?

Wenn Sie in einem Labor arbeiten, das biologische oder medizinische Forschung betreibt, gibt es bestimmte Reagenzien, die Sie immer benötigen werden, unabhängig davon, welche speziellen Experimente Sie durchführen. Dieses werden die ersten Reagenzien sein, die Sie herstellen, und Sie können von den anderen Labormitgliedern genau erfahren, welche Sie ansetzen müssen, bevor Sie mit den Experimenten beginnen können. Einige dieser Reagenzien sind in den Boxen 3.2 und 3.3 in Kapitel 3 aufgelistet, und Rezepte für einige häufig verwendete Reagenzien werden später in diesem Kapitel genannt.

Nach der Besprechung mit dem Laborleiter und den anderen Labormitgliedern und nachdem Sie sich eingelesen haben, werden Sie entweder eine Versuchsvorschrift bekommen – eine Art „Spielplan", der die Logistik des Experiments detailliert ausführt – oder sich selbst eine ausdenken müssen. Mindestens einen Tag vor dem Experiment müssen Sie sicher sein, dass alle Reagenzien und Puffer, die Sie für das Experiment benötigen, fertig angesetzt, gegebenenfalls autoklaviert und gebrauchsfertig sind. Mehr Details zum Befolgen von Versuchsvorschriften finden Sie in Kapitel 4. Arbeiten Sie immer mit einer Vorschrift!

1. **Gehen Sie die Versuchsvorschrift durch und notieren Sie alle Lösungen, die verwendet werden.** Notieren Sie den Namen, die Konzentration (Molarität oder Prozent), den pH-Wert und die Menge, die im Experiment verwendet wird.

2. **Kalkulieren Sie, wieviel Sie von jeder Lösung herstellen sollten.** Wenn Sie wissen, dass Sie das Experiment nicht öfter als ein paar Mal durchführen werden (was sehr unwahrscheinlich ist – die meisten Experimente werden vielfach wiederholt), setzen Sie das minimale Volumen an, das sinnvoll erscheint. Wenn die Vorschrift 10 ml einer 1 M NaCl-Lösung verlangt, planen Sie, 100 ml anzusetzen. Wenn zwischen 1–50 ml pro Experiment eingesetzt werden und Sie das Experiment routinemäßig durchführen werden, setzen Sie 500 ml oder einen Liter an. Wenn das Material aber teuer oder instabil ist, sollten Sie nur die Menge ansetzen, die Sie für ein Experiment benötigen.

3. **Entscheiden Sie, ob Sie eine gebrauchsfertige oder konzentrierte Lösung ansetzen.** Viele komplexe Puffer werden als 5, 10, 20 oder 50× konzentrierte Lösungen angesetzt und zum Zeitpunkt des Experiments auf die gewünschte Endkonzentration verdünnt.

Die Grenze bei konzentrierten Puffer-Stocklösungen wird durch die Löslichkeit der eingesetzten Chemikalien bestimmt, weil bei zu hohen Konzentrationen die Salze ausfallen. Das ist keine Katastrophe, aber man spart nicht wirklich Zeit, wenn man den Puffer erst erwärmen und rühren muss, bis er wieder in Lösung geht.

Fragen Sie jemanden im Labor oder den Hersteller einer Lösung, wenn Sie nicht genau wissen, wie konzentriert Sie einen bestimmten Puffer ansetzen können; mit 5× sind Sie meistens auf der sicheren Seite. Konzentrierte Puffer werden üblicherweise bei Raumtemperatur gelagert, um das Ausfallen zu verhindern.

> Halten Sie immer ein bis zwei Flaschen mit autoklaviertem, doppelt-destilliertem Wasser im Kühlschrank bereit, um Puffer aus den konzentrierten Stocklösungen verdünnen zu können.

Übliche konzentrierte Puffer sind **PBS** (10×), **SSC** (10× oder 20×) und **TAE** (50×). Viele Firmen bieten auch vorgefertigte konzentrierte Puffer an, also prüfen Sie, was die Sitte im Labor ist, bevor Sie die Öfen heißlaufen lassen. Vorgefertigte Puffer sind teuer, aber sie machen das Leben leichter.

Box 7.1: Beispiel

Der Tris/Glycin-SDS-Puffer (Laemmli-Laufpuffer) ist ein allgemein gebräuchlicher Laufpuffer für Protein-Gelelektrophoresen, der häufig als 10× konzentrierte Lösung angesetzt wird. Da die 1×-Konzentration 25 mM Tris, 192 mM Glycin und 0,1% SDS ist, besteht der 10×-konzentrierte Puffer aus 250 mM Tris, 1,920 M Glycin und 1% SDS. Zum Zeitpunkt des Experiments wird der 10×-konzentrierte Puffer 1:10 in Wasser verdünnt.

---

4. **Sind alle benötigten Chemikalien im Labor vorhanden?** Nehmen wir an, Ihre Vorschrift verlangt nach einer 1 M NaCl-Lösung. Schauen Sie im Labor nach, ob NaCl vorhanden ist, ob Sie sich eventuell etwas leihen können oder ob es nachbestellt werden muss. Häufig verwendete Materialien wie NaCl sind normalerweise im Labor vorrätig und stehen für den allgemeinen Gebrauch zur Verfügung. *Aber öffnen Sie die Packung und schauen Sie hinein*, bevor Sie sich eine Glasflasche besorgen – vielleicht hat Ihnen jemand nur ein halbes Gramm übrig gelassen und sich geweigert, mehr nachzubestellen („Ich hab' es doch nicht leer gemacht! Da war noch was in der Packung übrig!").

5. **Besorgen Sie sich alles, was nicht vorrätig ist.** Sprechen Sie mit der Person, die für die Bestellungen verantwortlich ist, mit der zentralen Beschaffung oder der Lieferfirma, um zu prüfen, ob Nachschub angefordert wurde. Wenn Sie in großer Eile sind, das NaCl tatsächlich leer ist und das neue erst in 3 Tagen geliefert wird, haben Sie mehrere Optionen. Sie können in einem anderen Labor nachfragen, ob Sie sich etwas NaCl leihen dürfen, natürlich mit dem Versprechen, die entnommene Menge zurückzubringen, sobald die Lieferung da ist. Ob Sie das NaCl tatsächlich wieder zurückbringen müssen und ob Sie es sich ausgerechnet von diesem einen Labor ausleihen sollten, ist allerdings eine andere Frage.

Eine einfachere Lösung des Problems ist, wenn Sie eine konzentrierte Stocklösung von einem Kollegen bekommen können. Wissenschaftler haben oft eine Flasche mit 5 M NaCl in ihrem Regal. NaCl ist ein Bestandteil vieler komplexer Puffer, die in der Molekularbiologie verwendet werden, und 5 M kann

> Viele der allgemein gebräuchlichen Reagenzien sind in der zentralen Chemikalienkammer Ihrer Einrichtung vorrätig, sodass Sie diese Reagenzien normalerweise am gleichen Tag bekommen, wenn Sie sie selbst abholen.

einfach auf die gewünschte Konzentration herunter verdünnt werden. Kalkulieren Sie, wie viel Sie von der Stocklösung brauchen werden, bis Sie Ihre eigene Stocklösung ansetzen können und fragen Sie, ob Sie sich diese Menge „ausleihen" dürfen. Wahrscheinlich müssen Sie die 20 ml, die Sie brauchen, gar nicht zurückgeben – tatsächlich werden sogar viele Leute keinen Puffer von einem Laborneuling annehmen wollen. Aber machen Sie trotzdem das Angebot.

7.1.1 Sicherheit

Bevor Sie irgendwelche Puffer oder Reagenzien ansetzen, müssen Sie prüfen, ob und welche Gefahren mit der Benutzung der Chemikalien verbunden sind. Das wird kein anderer für Sie tun. Einige Gefahren sind allgemein bekannt und werden Ihnen sofort mitgeteilt werden, z.B. wird es keiner im Labor zulassen, dass Sie zu lässig mit Ethidiumbromid umgehen. **Aber Sie können nicht davon ausgehen, dass etwas ungefährlich ist, nur weil keiner etwas zu Ihnen sagt.**

- **Sie sollten die Zusammensetzung jeder Substanz, mit der Sie arbeiten, und die damit verbundenen Gefahren kennen.**

  – Lesen Sie die Materialsicherheitsdatenblätter (MSDS). Diese Datenblätter müssen mit jeder gekauften Chemikalie mitgeliefert werden und sollten in einem Ordner im Labor aufbewahrt werden. Sie enthalten die Beschreibung der Zusammensetzung und der Eigenschaften der Chemikalie sowie Hinweise auf Gefahren, die von ihr ausgehen, und wie damit umgegangen werden sollte.

  – Schauen Sie nach Gefahrenaufklebern. Diese Schilder beschreiben die gesundheitlichen Gefahren, feuertechnische Gefahren, die Reaktivität und spezifische Gefahren, die von dem Material ausgehen.

  – Suchen Sie auf der Verpackung nach geschriebenen Gefahrenhinweisen. Nicht immer sind Gefahrenaufkleber auf der Verpackung angebracht, aber trotzdem können Gefahrenhinweise aufgedruckt sein, manchmal im Kleingedruckten.

  – Wenn Sie keine Warnungen finden, schauen Sie im Merck-Index nach.

  – Wenn die Beschriftung in einer anderen Sprache ist oder Sie keine Informationen finden, kontaktieren Sie den Hersteller oder fragen Sie Ihren Sicherheitsbeauftragten.

- Halten Sie sich an die vorgeschlagenen Vorsichtsmaßnahmen. Halten Sie sich an die Vorkehrungen, die das spezielle Material, mit dem Sie arbeiten, verlangt. Ihr Labor sollte eine Liste von Vorsichtsmaßnahmen für bestimmte Klassen von gefährlichen Substanzen haben. Wenn nicht, kontaktieren Sie Ihren Sicherheitsbeauftragten.

Materialsicherheitsdatenblätter (MSDS für engl. *materials safety data sheet*) können auf vielen Online-Seiten gefunden werden. Setzen Sie ein Lesezeichen (*bookmark*) auf eine gute Webseite, sodass Sie die MSDS schnell finden.

Einige Leute haben eine Allergie gegen Chemikalien, die bei der Herstellung von Latex verwendet werden, oder gegen die Proteine, die in Naturlatex vorkommen. Diese Allergie äußert sich üblicherweise in einer chronischen Dermatitis und wird mit der Zeit schlimmer. Ganz selten wird sie sogar lebensbedrohlich. Wenn Sie Ausschlag auf Ihren Händen bekommen, der in Zusammenhang mit der Benutzung von Latexhandschuhen steht, hören Sie auf, Latexhandschuhe zu verwenden. Fragen Sie nach Handschuhen aus anderem Material. Die Verwendung ungepuderter Handschuhe verringert die Gefahr der Latexallergie. Viele Labore sind zu Nitrilhandschuhen gewechselt oder haben zumindest Nitrilhandschuhe verfügbar.

– **Handschuhe.** Stellen Sie sicher, dass Sie die richtigen Handschuhe für die jeweilige Tätigkeit tragen. Latex-, Nitril- und Polyvinylchloridhandschuhe sollten immer getragen werden, wenn Sie irgendein Reagenz ansetzen. Sie bieten guten Schutz gegen die meisten pulverförmigen Reagenzien, aber nicht gegen beispielsweise Phenol. Gegen organische Lösungsmittel benötigen Sie chemikalienresistente Gummi- oder Neoprenhandschuhe. Wenn Sie eine Latexallergie haben, sprechen Sie mit Ihrer arbeitsmedizinischen Abteilung.

Tab. 7.1: Vergleich von Handschuhmaterialien.

Material	Latex	Vinyl	Nitril	Polyurethan
	natürliches Latexgummi	Polyvinylchlorid (PVC)	Acrylnitril und Butadien	Polyurethan
Dichtigkeit	sehr gut	mittelmäßig bis schlecht	sehr gut	sehr gut
Haltbarkeit	sehr gut	schlecht	sehr gut	sehr gut
Elastizität	sehr gut	schlecht	gut	gut
Durchstoßungsfestigkeit	gut	schlecht	sehr gut	sehr gut
chemische Stabilität	gut	schlecht	sehr gut	gut
Passform und Tragekomfort	sehr gut	mittelmäßig	gut	sehr gut
allergene Eigenschaften	abhängig vom Handschuh und Hersteller	keine	keine	keine
Kosten	niedrig bis moderat	niedrig bis moderat	moderat bis hoch	moderat bis hoch

Mit Erlaubnis nachgedruckt von: http://www.adenna.com/rc_CompareGloveMaterials.htm.
Diese Tabelle vergleicht die Eigenschaften und Kosten von verschiedenen Handschuhmaterialien. Nutzen Sie sie als Anhalt und wählen Sie die geeigneten Handschuhmaterialien für die von Ihnen durchgeführten Arbeiten mit Bedacht aus.

– **Augenschutz.** Gegen Spritzer, Aerosole, Entflammbares oder brechendes Glas tragen Sie eine Schutzbrille.

– **Abzug.** Mit flüchtigen Substanzen sollte man immer unter dem Abzug arbeiten. Stellen Sie sicher, dass der Abzug für den Betrieb geprüft ist.

– **Schutzmasken.** Einige Pulver, wie z.B. SDS, können Schädigungen an den Atemwegen hervorrufen. Eine einfache Einmalstaubmaske oder ein Einmalmundschutz schützt dagegen. Andere Substanzen hingegen, insbesondere wenn sie flüchtig sind, verlangen die Verwendung von Atemmasken. Scheuen Sie sich nicht, zu übertreiben, nur weil sich kein anderer an die Vorsichtsmaßnahmen hält!

– **Beschriftungen.** Beschriften Sie Ihre Flaschen mit den entsprechenden Gefahrensymbolen oder -hinweisen. Nur für den Fall, dass Sie es eventuell vergessen oder jemand anderes Ihr Reagenz benutzt.

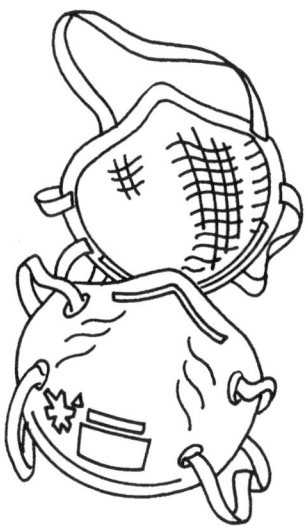

Abb. 7.1: Staubmasken.

A. Alte Kennzeichung

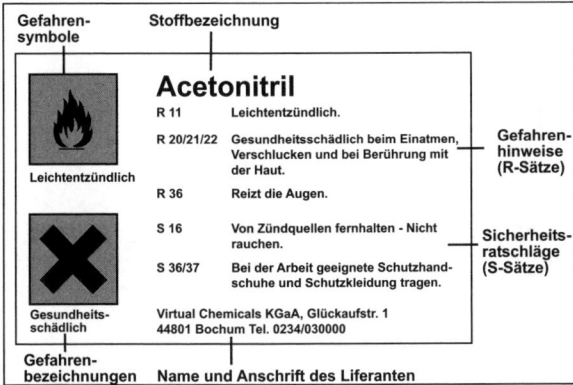

B. Neue Kennzeichnung nach GHS

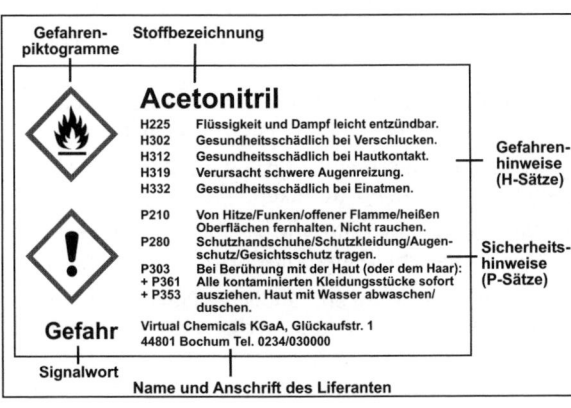

Abb. 7.2: Gefahrstoffkennzeichnung nach alter (A) und neuer Regelung (B). Neben der Bezeichnung der Chemikalie und dem Namen des Herstellers enthält der Aufkleber die Gefahrensymbole/ -piktogramme sowie die zutreffenden R- und S- bzw. H- und P-Sätze.

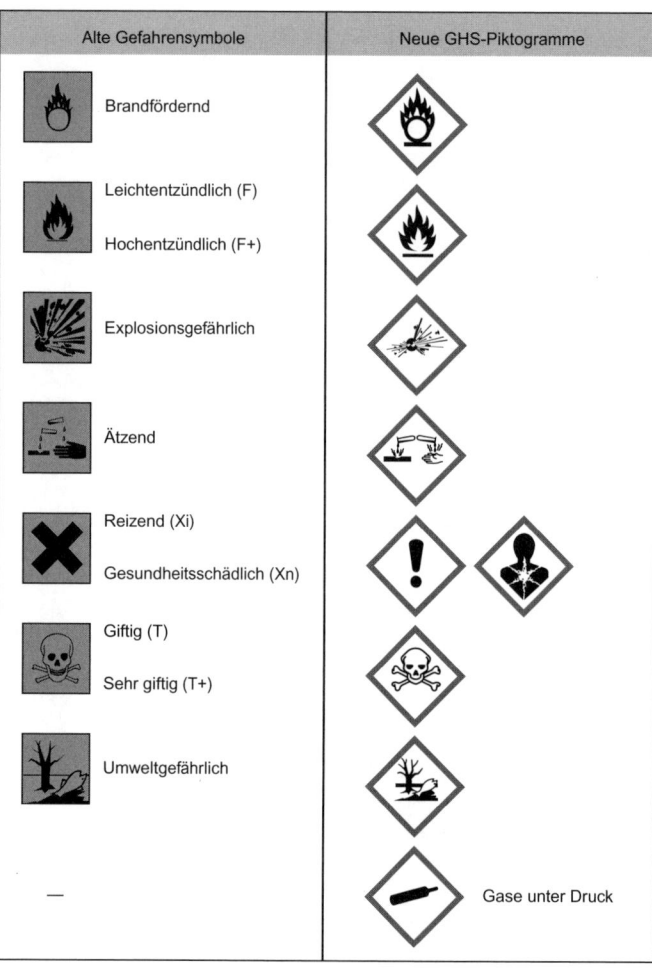

Alte Gefahrensymbole	Neue GHS-Piktogramme
Brandfördernd	
Leichtentzündlich (F) Hochentzündlich (F+)	
Explosionsgefährlich	
Ätzend	
Reizend (Xi) Gesundheitsschädlich (Xn)	
Giftig (T) Sehr giftig (T+)	
Umweltgefährlich	
—	Gase unter Druck

Abb. 7.3: Die alten Gefahrensymbole und die neuen Gefahrenpiktogramme im Vergleich.

Box 7.2: Gefahrstoffe

Die folgenden häufig verwendeten Reagenzien sind potenziell gefährlich und sollten mit mehr als der sonst üblichen Vorsicht behandelt werden. Tragen Sie Handschuhe. Befolgen Sie die Vorsichtsmaßnahmen sorgfältig – keine Kompromisse!

Acrylamid. Dieses Neurotoxin wird für Protein- und Sequenziergele verwendet. Tragen Sie eine Maske.

Ethidiumbromid. EtBr, ein Mutagen, interkaliert in DNA und wird zur Anfärbung von Nukleinsäuren verwendet. Es ist giftig, der Feststoff ist reizend zu Haut und Schleimhäuten.

Phenol. Phenol ist stark ätzend und führt zu Verbrennungen auf der Haut. Benutzen Sie einen Abzug, wenn Sie mit Phenol extrahieren oder Phenol ansetzen.

Phenylmethylsulfonylfluorid (PMSF). Wird zur Inhibierung von Proteasen während der Extraktion von Proteinen eingesetzt. Kann bei Verschlucken tödlich sein.

Natriumdodecylsulfat (SDS). Dieses Detergens ist ein leicht entzündliches Pulver und extrem reizend, insbesondere in den Nasengängen. Es ist leicht und puderig; seien Sie vorsichtig beim Abwiegen und tragen Sie eine Maske.

- **Machen Sie sich mit dem Abzug vertraut.**

  - *Schalten Sie den Abzug ein* und prüfen Sie, ob er auch wirklich saugt; das können Sie sowohl hören als auch spüren. In der Nähe des Abzugs sollten keine Klimaanlage und kein Lüfter in Betrieb sein, weil diese den Luftzug im Abzug stören können.

  - *Die Frontscheibe des Abzugs muss bis unterhalb Kinnhöhe geschlossen werden.* Schließen Sie den Abzug bis auf die auf der Frontseite angegebene Höhe. Je niedriger Sie die Frontscheibe ziehen, desto besser zieht der Abzug. Wenn Sie mit Substanzen arbeiten, die schnell Aerosolen bilden, muss die Frontscheibe ganz heruntergezogen sein.

  - *Arbeiten Sie mindestens 20 Zentimeter innerhalb des Abzugs.*

  - *Befestigen Sie Papier und anderes leichtes Material.* Es wird sonst in das Abluftsystem gezogen und bleibt eventuell stecken.

  - *Blockieren Sie nicht den hinteren Absaugschlitz und die vordere Kante*, indem Sie etwas davor stellen.

7.1.2 Das global harmonisierte System (GHS) zur Einstufung und Kennzeichunung von Chemikalien

Das GHS ist ein von den Vereinten Nationen entwickeltes System zur Einstufung und Kennzeichnung von Chemikalien, das weltweit einheitliche Standards schaffen soll. Die Modellvorschrift wurde weitgehend in europäisches Recht übernommen. Seit Dezember 2010 sind Stoffe nur noch nach dem neuen System zu kennzeichnen, während Gemische noch bis 2015 nach dem alten System ausgezeichnet werden dürfen. Die bisherigen orangefarbenen rechteckigen Gefahrensymbole werden durch (z.T. sehr ähnliche) rot umrandete rautenförmige Gefahrenpiktogramme ersetzt. Statt der bisherigen R- und S-Sätze (Risiko- und Sicherheitssätze) treten H- und P-Sätze (von *hazard*: Gefährdung und *precaution*: Vorsicht, Schutzmaßnahme). Die H- und P-Sätze tragen dreistellige Nummern, wobei die erste Ziffer einer Kategorie entspricht und die folgenden Ziffern der Nummerierung dienen (z.B. H2xx: Physikalische Gefahren, H221: Entzündbares Gas, P1xx: Allgemeines, P102: Darf nicht in die Hände von Kindern gelangen). R-Sätze, die in den H-Sätzen keine Entsprechung finden, wurden mit ihrer alten Nummer und der Kennzeichnung EUH übernommen (EUH014 entspricht z.B. dem R-Satz 14: Reagiert heftig mit Wasser). Zur weiteren Einstufung der Gefährlichkeit können die Signalwörter „Gefahr" und „Achtung" verwendet werden.

7.1.3 Welches Wasser benutzt man wofür?

Wasser ist eine wichtige Komponente von Lösungen; es ist nicht einfach nur der Stoff, in dem Sie Ihre Sachen lösen. Qualität, Zusammensetzung und pH-Wert des Wassers können einen drastischen Einfluss auf Ihre Experimente haben und jeder im Labor kennt Geschichten über Experimente, die auf einmal nicht mehr funktionierten, nachdem man Wasser aus einer anderen Quelle bezogen hatte.

> Wenn nichts anderes erwähnt wird, können Sie immer annehmen, dass das Lösungsmittel Wasser ist.

Die Wasserqualität kann grob in folgende Kategorien eingeteilt werden:

1. **Leitungswasser.** Die Qualität von Leitungswasser schwankt stark, der Mineralgehalt und die Zusammensetzung von Verunreinigungen hängen von der geographischen Lage, den Wasserleitungen oder der Regenmenge im Frühling ab. Einige Mineralien können Enzymreaktionen inhibieren oder Zellwachstum verhindern. Leitungswasser ist eine nichtrepro-

duzierbare Variable in der experimentellen Gleichung und sollte nicht verwendet werden. Es wird nur zum Spülen von Glaswaren und anderer Laborausstattung verwendet.

2. **Laborwasser (*laboratory grade*).** Häufig auch als VE-Wasser (voll entsalztes Wasser) bezeichnet. Wird durch Umkehrosmose oder Destillation hergestellt. Laborwasser wird üblicherweise zum Nachspülen von Glasmaterialien und als Füllwasser in Wasserbädern, Autoklaven, Laborspülmaschinen usw. verwendet, sowie als Grundlage zur Reinwasserherstellung.

3. **Reinwasser (*analytical grade*).** Laborwasser wird durch Destillation oder Ionenaustausch weiter gereinigt. Reinwasser kann für biochemische Reagenzien, Puffer und Zellkulturen verwendet werden.

4. **Reinstwasser (*ultrapure*).** Einige Labore haben besonders hohe Ansprüche an das Wasser, z.B. muss das Wasser für bestimmte Zellkulturen frei von Endotoxinen (Endotoxine sind bakterielle Zellwandbestandteile) sein, was durch eine Ultrafiltration erreicht werden kann.

> Halten Sie immer einen oder zwei Liter autoklaviertes Reinwasser in Reserve, das Sie zum Verdünnen von konzentrierten Stocklösungen brauchen.

Die gebräuchlichste Methode zur Wasserreinigung im Labor ist die **Destillation**. Reinwasser wird auch häufig durch eine Kombination von *Umkehrosmose* (bei der das Wasser durch eine semipermeable Membran gepresst wird, die Verunreinigungen nicht durchdringen können) und *Deionisierung* (d.h. die Entfernung von Ionen während der Passage durch Anionen- und/oder Kationenaustauscherharze) hergestellt. *Ultrafiltration*, *Adsorption* und *UV-Oxidation* werden in einigen Laboren verwendet, um das Wasser weiter zu reinigen. Reinstwasser kann auch fertig abgefüllt im Laborfachhandel bezogen werden.

Viele Institute haben „im Haus destilliertes" Wasser, das an einer zentralen Stelle destilliert wird und durch einen Hahn in der Nähe des Waschbeckens ausgegeben wird. Dabei handelt es sich um Laborwasser, das auch für Puffer verwendet werden kann. Es sollte aber nicht für Zellkulturen verwendet werden oder für Puffer, die in enzymatischen Reaktionen verwendet werden. Es wird meistens zum Nachspülen von Glasmaterialien verwendet.

Falls Reinwasser in ausreichendem Maße vorhanden ist, sollten Sie es für alle Ihre Puffer verwenden.

7.1.4 Plastik- und Glaswaren

Um Reagenzien anzusetzen, benötigen Sie Messzylinder, Bechergläser, Mess- und Erlenmeyerkolben. Das sind wiederverwendbare Laborgeräte, die in einem geschlossenen Schrank aufbewahrt werden, um Staub fernzuhalten.

Einige Labore benutzen Glaswaren, andere Plastikwaren, die meisten haben eine Mischung von beidem. Glas ist durchsichtig, zerbricht aber schnell beim Reinigen. Plastik ist robust, aber einige Sorten werden schnell trüb oder undurchsichtig, insbesondere beim Autoklavieren. Außerdem bildet sich in einigen Plastikmesszylindern kein Meniskus aus. Benutzen Sie die Materialien, die Sie im Labor vorfinden, sie funktionieren alle.

Plastik- und Glasgeräte werden üblicherweise autoklaviert, bevor sie nach dem Spülen zurück in die Schrän-

> Das sofortige Ausspülen von Glasgeräten nach Gebrauch verhindert die Bildung von festsitzenden Rückständen, die sonst vielleicht noch nicht einmal in der Spülmaschine entfernt werden.

> Horten Sie keine Glasgeräte auf Ihrer Laborbank. Wenn abends im Labor keine Messzylinder mehr vorhanden sind, sollten Sie welche nachbestellen.

Box 7.3: Glaswaren im Labor

Glasgeräte zum Mischen
Becherglas: Zum Lösen von Feststoffen in Flüssigkeiten. Kunststoff oder Glas sind gut geeignet.

Erlenmeyerkolben: Falls Gase freigesetzt werden.

Reagenzglas: Für Volumina kleiner als 10 ml.

Messkolben: Zum Mischen zweier Flüssigkeiten; aber keinen Rührfisch verwenden, nur schütteln.

Glasgeräte, die nicht zum Mischen verwendet werden
Messzylinder: Widerstehen Sie der Versuchung, die Feststoffe direkt in einen Messzylinder zu füllen. Die Basis des Messzylinders ist normalerweise zu hoch, sodass ein Magnetrührer nicht richtig arbeitet, und das Verschließen des Zylinders mit Parafilm, um ihn zu schütteln, kann zu einer extrem unsauberen und gefährlichen Prozedur werden.

Glasgeräte für die Lagerung von Puffern
Glasflaschen mit ausgekleideten Deckeln: Gut für Medien.

Flaschen für Zellkulturmedien: Vorgefertigte Kulturmedien und Puffer werden in diesen Flaschen verkauft, die auf unbestimmte Zeit wiederverwendet werden können.

Schmalhalsflaschen: Sehr gut für Puffer.

Glasgeräte, die sich nicht zum Lagern von Puffern eignen
Weithalsige Glasgefäße: Der Inhalt kann leicht kontaminiert werden.

Bernsteinfarbene oder braune Gefäße: Benutzen Sie diese nur, wenn Sie lichtempfindliche Reagenzien lagern.

Flaschen mit schlecht schließenden Deckeln: Kontaminationen können ein Problem werden. Flaschen, bei denen der Deckel nicht richtig schließt, sind auch oftmals nicht für den Dauergebrauch hergestellt worden.

Jedes Gefäß, das angeschlagen, zerkratzt oder in irgendeiner Weise beschädigt ist: Beschädigtes Glas zerbricht viel leichter beim Autoklavieren oder sogar bei geringeren Temperaturveränderungen.

---

ke gestellt werden. Eine Abdeckung mit Alufolie ist häufig der einzige Hinweis, dass der Gegenstand steril ist.

Sie haben wahrscheinlich eine vielfältige Auswahl an Flaschen für die Lagerung von Puffern und Reagenzien zur Verfügung. Einige Flaschen wurden extra gekauft, um darin Puffer zu lagern, aber die meisten sind recycelte Flaschen, die ursprünglich als Behältnis für eine gekaufte Lösung gedient haben.

> Beim Mischen von Flüssigkeiten kann es zur Volumenkontraktion oder –dilatation kommen, d.h. das Endvolumen ist kleiner oder größer als die Summe der gemischten Flüssigkeiten. So entsteht bei der Mischung von 52 ml Ethanol und 48 ml Wasser nur 96,3 ml Lösung.

7.2 Wie viel benötigt man?

Die Versuchsvorschrift oder das Rezept beschreiben die Konzentration jeder Lösung entweder in Molarität oder in Prozent. Dabei bezieht sich das Volumen auf das Volumen der *Lösung*, nicht des *Lösungsmittels*. Es ist also falsch zu sagen, dass eine bestimmte Menge eines Stoffes, z.B. in einem Liter Wasser gelöst wird, sondern es wird so viel Wasser zugegeben, bis das Volumen der Lösung ein Liter beträgt.

7.2.1 Molare (M) Lösungen

Um eine Lösung einer bestimmten Molarität ganz neu anzusetzen, müssen Sie das benötigte Volumen und die molare Masse der Substanz kennen. *Molar* bedeutet nämlich mol Substanz pro Liter Lösung. Die molare Masse (angegeben in Gramm/mol) hat den gleichen Wert, wie die relative Molekülmasse der Substanz. Eine ältere (und eigentlich falsche) Bezeichnung für die relative Molekülmasse ist „Molekulargewicht".

> Verwechseln Sie nicht die Begriffe **mol** und **molar**. Mol steht für die Stoff*menge* (ein mol einer Substanz enthält $6,022 \times 10^{23}$ Moleküle), molar (abgekürzt M) steht für die *Konzentrations*angabe mol pro Volumen.

Bestimmung der relativen Molekülmasse

- Wenn Sie den Namen, aber nicht die Summenformel der Substanz wissen, schauen Sie im *Merck-Index* oder in einem der vielen Online-Chemielexika nach.

> Der Merck-Index enthält auch Informationen über Löslichkeit und Stabilität.

- Sie können die Molekülmasse auch mit Hilfe des Periodensystems der Elemente berechnen (die Molekülmasse für NaCl errechnet sich aus 22,98 für Na und 35,45 für Cl, macht zusammen 58,43).

- Am einfachsten erfahren Sie die relative Molekülmasse von der Packung der Substanz. Auf diese Weise können Sie sicher sein, dass Sie die richtige Zahl zur richtigen Substanz haben. Wenn die relative Molekülmasse nicht auf dem Etikett angegeben ist, schauen Sie im Katalog nach oder rufen Sie den technischen Service der Herstellerfirma an.

Lesen Sie das Etikett sorgfältig und passen Sie auf, dass Sie auch die relative Molekülmasse der Substanz bekommen, die Sie brauchen. Schauen Sie nicht nur auf den Namen sondern auch auf die Summenformel, kleine Unterschiede können viel ausmachen. Prüfen Sie insbesondere:

- *Salz- oder Säure/Base-Form*. Das grundlegende Problem bei der Benutzung von Salzen im Gegensatz zur freien Säure ist der Unterschied im pH-Wert. Tris, ein häufig verwendeter Puffer, gibt es z.B. als Tris-HCl oder als Tris-Base und eine 1 M Lösung beider Formen unterscheidet sich um mehrere Einheiten im pH-Wert.

> Wenn sich Ihre Substanz nicht löst oder der gewünschte pH-Wert sich nicht einstellen lässt, haben Sie vermutlich die falsche Form eingesetzt.

- *Wasserfrei oder mit Kristallwasser*. Zusätzlich eingelagertes Wasser in Substanzen ist normalerweise kein Problem, solange das Wasser als Teil der relativen Molekülmasse mit einberechnet wird.

Wie man die Einwaage berechnet

Box 7.4: Sie benötigen nur eine Formel:

Einwaage (g) = molare Masse (g/mol) × gewünschte Konzentration (mol/l) × Volumen (l)

Beispiel: 1 Liter einer 1 molaren NaCl-Lösung
Das ist einfach. Die relative Molekülmasse von NaCl ist 58,43, ein Mol wiegt also 58,43 g. Da 1 molar „1 Mol pro Liter" bedeutet, muss man also 58,43 g pro Liter einwiegen.

Beispiel: 1 Liter einer 5 M NaCl-Lösung
x = 58,43 g/mol × 5 mol/l × 1 l = 58,43 g/mol × 5 mol/l × 1 l = 292,15 g

Beispiel: 300 ml einer 1 M NaCl-Lösung
x = 58,43 g/mol × 1 mol/l × 0,3 l = 58,43 g/mol × 1 mol/l × 0,3 l = 17,53 g

Beispiel: 400 ml einer 0,25 M NaCl-Lösung
x = 58,43 g/mol × 0,25 mol/l × 0,4 l = 58,43 g/mol × 0,25 mol/l × 0,4 l = 5,84 g

Beispiel: 10 Liter einer 5 M NaCl-Lösung
x = 58,43 g/mol × 5 mol/l × 10 l = 58,43 g/mol × 5 mol/l × 10 l = 2 921,5 g

---

Diese Rechnungen werden Sie mit der Zeit instinktiv ausführen können: Bei 10 Litern einer 5 M NaCl-Lösung ist es ziemlich offensichtlich, dass man nur 58,43 mit 50 multiplizieren muss, um die Menge NaCl auszurechnen, die man braucht. Aber führen Sie immer die vollständige Rechnung durch, bis Sie ein Gefühl für die Zahlen haben.

Schreiben Sie Ihre Rechnungen ins Laborbuch. Selbst alte Laborhasen machen bei diesem Schritt die meisten Fehler und es ist viel einfacher, die Gründe für ein nichtfunktionierendes Experiment zu finden, wenn man alles niederschreibt.

Box 7.5: Normale (N) Lösungen

Molarität ist definiert als die relative Molekülmasse in Gramm (= 1 mol) pro Liter Lösung. Normalität ist definiert als die *relative Molekülmasse in Gramm geteilt durch die Wasserstoff-Äquivalente pro Liter Lösung*. Molarität betrachtet die Welt als Basen und ihrer Salze, während Normalität die Welt in Begriffen von Säuren sieht.

Was bedeutet das? Für die meisten Chemikalien ist der Zahlenwert für Molarität und Normalität gleich: Eine 1 M HCl-Lösung ist das gleiche wie eine 1 N HCl-Lösung. Wenn Sie aber mit divalenten und trivalenten Molekülen arbeiten (Sulfat, Phosphor, Carbonat usw.), sieht es anders aus. Eine konzentrierte Schwefelsäure (H_2SO_4) hat z.B. zwei H^+-Äquivalente pro Molekül: Die Konzentration von Schwefelsäure ist 18 M, aber 36 N. Wenn Sie die Molarität einer Lösung mit der Anzahl der Mole für diese Verbindung, die in einer chemischen Gleichung auftreten, multiplizieren, dann erhalten Sie die Normalität.

7.2.2 Konzentrationsangaben in Prozent

Konzentrationsangaben in Prozent beziehen sich immer auf 100 ml (oder, gelegentlich, auf 100 Gramm) der Lösung. Fast jede Konzentrationsangabe in Prozent wird als (w/v) berechnet, wobei das Gewicht (*weight*) des Feststoffs in Gramm mit so viel Wasser gemischt wird, dass 100 ml Volumen (*volume*) entstehen.

Es gibt drei Möglichkeiten, Konzentrationen in Prozent auszudrücken:

- *Gewichtprozent pro Volumen (w/v): Gramm gelöster Stoff pro 100 ml Lösung*. Wenn die Prozentigkeit nicht weiter spezifiziert ist, wird bei gelösten Feststoffen angenommen, dass es sich um (w/v) handelt.

  Beispiel: 20% NaCl. Um eine 20%ige NaCl-Lösung anzusetzen, lösen Sie 20 g NaCl in 70 ml Wasser und füllen das Volumen auf 100 ml auf.

- *Volumenprozent pro Volumen (v/v): Milliliter gelöster Stoff pro 100 ml Lösung*. Volumenprozent wird üblicherweise benutzt, wenn man eine konzentrierte Stocklösung verdünnt.

  Beispiel: 1% SDS-Lösung. Jedermann hat eine 10%ige SDS-Lösung (w/v) im Regal stehen. Verdünnen Sie sie 1:10, indem Sie 10 ml der 10%igen SDS-Lösung mit Wasser auf 100 ml auffüllen.

- *Gewichtprozent pro Gewicht (w/w): Gramm gelöster Stoff pro 100 g Lösung*. Diese Einheit wird so gut wie nie beim Ansetzen von Puffern oder Salzlösungen verwendet, findet sich aber in Vorschriften zum Ansetzen von Gradienten-Lösungen.

  Beispiel: 10% (w/w) Saccharose-Lösung. Wiegen Sie 10 g Saccharose ab und geben Sie 90 g Wasser zu. Theoretisch wiegt 1 ml Wasser 1 g, also geben Sie 90 ml Wasser zu dem Becherglas zu, in dem Sie die Saccharose abgewogen haben.

> Sie müssen peinlichst darauf achten, ob Ihre Chemikalie als freie Säure/Base oder als Salz vorliegt, und wie viel Kristallwasser sie enthält. $MgCl_2$ z.B. gibt es sowohl ohne Kristallwasser als auch mit 6 Molekülen Kristallwasser. Letzteres wiegt mehr als doppelt so viel wie die wasserfreie Verbindung!

7.2.3 Verdünnen von Stocklösungen

Nachdem Sie erst einmal Ihre Wurzeln geschlagen haben, wird der Großteil Ihrer Arbeitslösungen einfach durch Verdünnen Ihrer Stocklösungen hergestellt.

Führen Sie alle Arbeitsschritte so sauber wie möglich durch. Es ist aber nicht notwendig, die Flaschen abzuflammen, wenn Sie nicht für Zellkulturen verwendet werden. Benutzen Sie sterile Pipetten und schließen Sie die Deckel nach Gebrauch sofort wieder. Wenn Sie sterile Puffer verdünnen, benutzen Sie aseptische Arbeitsmethoden (Kap. 9).

> Um Stocklösungen zu verdünnen, verwenden Sie folgende Formel:
>
> $$C1 \times V1 = C2 \times V2$$
>
> $C1$ = Konzentration Ihrer Stocklösung
>
> $V1$ = das eingesetzte Volumen der Stocklösung
>
> $C2$ = die gewünschte Endkonzentration und
>
> $V2$ = das gewünschte Endvolumen

Box 7.6: Beispiel

Sie benötigen 100 ml einer 1 M Lösung und haben eine 5 M Stocklösung von NaCl:

Sie müssen also V1 (das einzusetzende Volumen der Stocklösung) berechnen:

$$V1 = (C2 \times V2)/C1 = (1 \text{ M} \times 100 \text{ ml})/5 \text{ M}$$

$$V1 = 20 \text{ ml}$$

Füllen Sie 20 ml der 5 M Lösung in einen Messzylinder und füllen Sie mit destilliertem Wasser auf 100 ml auf.

Benutzen Sie entweder eine sterile 5 M Stocklösung und steriles destilliertes Wasser oder sterilisieren Sie die fertige Lösung durch Autoklavieren oder Filtration durch einen 0,2-μm-Filter.

Box 7.7: 1:1 oder 1:2?

Nicht in allen Laboren bedeutet Verdünnen immer das Gleiche. Wenn man 1 ml einer konzentrierten Lösungen zu 9 ml Verdünnungsmittel gibt, wird das üblicherweise als 1:10 geschrieben. Diese Notation ist verwirrend, denn wenn man 1 ml einer konzentrierten Lösung zu 1 ml Verdünnungslösung gibt, wird das mal als 1:1, mal als 1:2 bezeichnet. Es wäre besser, die Notation 1/10 für 1 in 10 zu verwenden und 1:10 für 1 + 10.

Verdünnungsreihen

Verdünnungsreihen stellen die einfachste Methode dar, die Konzentration eines Reagenz, einer Bakterien- oder Zellprobe, von Standards und allem, was Sie in steigenden oder sinkenden Konzentrationen testen wollen, zu verändern. Man stellt fortschreitende Verdünnungen her, deren Konzentrationen sich sukzessive um den gleichen Faktor unterscheiden.

- **Stocklösung**. Die Stocklösung ist die konzentrierte Lösung.

- **Verdünnungsfaktor**. Bevor Sie Ihre Verdünnungen ansetzen, müssen Sie Ihre Versuchsvorschrift oder die Literatur befragen, um zu entscheiden, welche Verdünnungen Sie benötigen. 1:10- oder 1:2-Verdünnungen sind die gebräuchlichsten. Die Verdünnungsreihe, die Sie auswählen, hängt davon ab, wie eng oder weit die Konzentrationen Ihrer Gebrauchslösungen verteilt sein müssen. Für eine erste Begutachtung erstrecken sich die Konzentrationen meistens über einen weiten Bereich, und Sie würden einen Faktor von 1:10 oder sogar 1:100 wählen. Um die Effektivität einer bestimmten Konzentration genau festzulegen, sind Verdünnungsreihen mit dem Faktor 1:2 nützlicher.

  > Wenn Sie über die benötigte Verdünnung nachdenken, sollten Sie nicht vergessen, die Verdünnung mit einzuberechnen, die man dadurch erhält, dass Sie die verdünnte Lösung in die eigentlichen Ansätze geben.

- **Verdünnungspuffer.** Setzen Sie die Verdünnungen im gleichen Puffer an, den Sie auch im anschließenden Experiment verwenden. Nehmen Sie nicht einfach nur Wasser oder das Lösungsmittel, in dem Sie Ihre Stocklösung angesetzt haben, es sei denn, dass das die Lösungen sind, die Sie benötigen.

  > Gelegentlich sind Stocklösungen in Lösungsmitteln angesetzt, in denen die Substanz zwar gelöst werden kann, die aber schädlich für Zellen oder enzymatische Reaktionen sind. Die Verdünnung der Substanz dient hier auch gleichzeitig der Verdünnung des Lösungsmittels auf harmlose Konzentrationen.

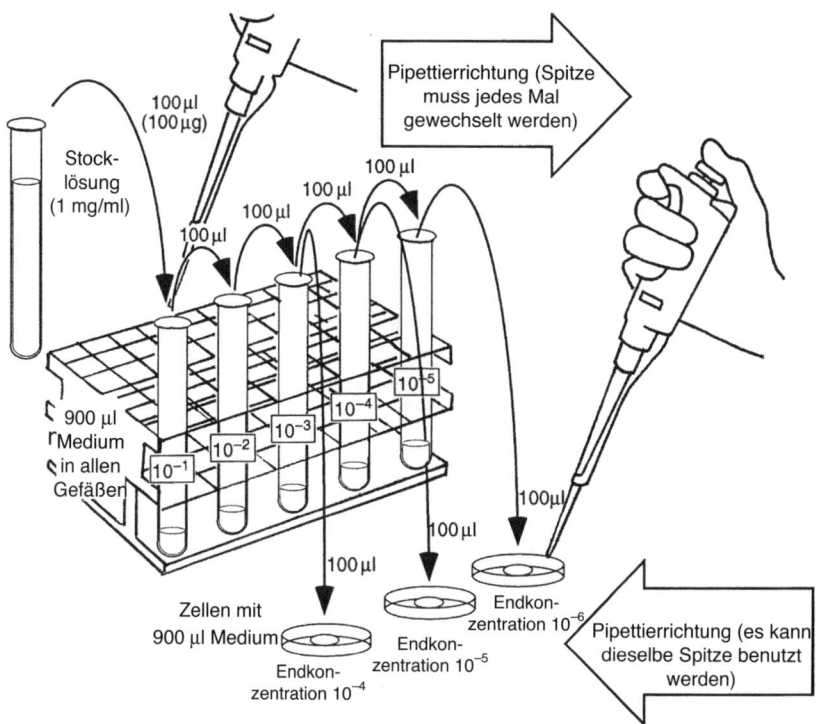

Abb. 7.4: Ein Beispiel für eine serielle Verdünnung, bei der eine Stocklösung der Konzentration 1 mg/ml schrittweise verdünnt wird, um Endkonzentrationen von 100, 10 und 1 ng/ml zu erhalten.

- **Volumen.** Die Volumina und die Größen der Gefäße, die Sie zur Verdünnung verwenden, sind abhängig davon, wie konzentriert Ihre letzten Verdünnungen sein müssen. Nehmen Sie keine 1,5-ml-Eppis, wenn Sie 3 ml Ihrer Verdünnung einsetzen müssen, um die gewünschte Konzentration zu bekommen. Ebenso sollten Sie keine 15-ml-Röhrchen benutzen, wenn Sie nur Volumina von 1 ml verdünnen.

- **Gefäße.** Stellen Sie Ihre Gefäße (Reagenzgläser, Reaktionsgefäße usw.) auf und geben Sie den Verdünnungspuffer hinein. Beschriften Sie jedes Gefäß mit der Verdünnung und/oder schreiben Sie alle Verdünnungen in Ihr Laborbuch. Stellen Sie den Ständer mit den Gefäßen immer in der gleichen Art und Weise vor sich, sodass Sie immer wissen, in welche Richtung Sie sich vorarbeiten. Pipettieren Sie immer von links nach rechts, um sinkende Konzentrationen zu bekommen. Orientieren Sie Ihre Gefäße so, dass es Ihnen die Arbeit erleichtert.

> Verschleppungen (*carryover*) von hohen zu niedrigen Konzentrationen können in unberechenbarer Weise dazu führen, dass die Konzentration höher wird, als Sie es eigentlich berechnet haben. Wechseln Sie immer die Pipette oder Pipettenspitze, falscher Geiz ist hier nicht angebracht.

- **Pipetten.** Wählen Sie Ihre Pipetten so aus, dass sie für die zu pipettierenden Volumina gut geeignet sind. Wechseln Sie die Pipette oder Pipettenspitze nach jedem Verdünnungsschritt.

- **Zugabe der Verdünnungen zur Probe.** Geben Sie die benötigten Volumina in steigender Konzentration zu Ihren Proben. Auf diese Weise können Sie immer die gleiche Pipette oder Spitze verwenden, weil dann die Verschleppungen vernachlässigbar sind.

7.2.4 Nützliche Tabellen

Tab. 7.2: Konzentrationen von Säuren und Basen: Handelsübliche Verpackungen.

Substanz	Summen-formel	relative Molekül-masse	Mol/Liter	Gramm/Liter	Gewichts-prozent	Milliliter/Liter um eine 1 M Lösung herzustellen
Ameisensäure	HCOOH	46,02	23,4	1080	90	42,7
Eisessig	CH_3COOH	60,05	17,4	1045	99,5	57,5
Essigsäure		60,05	6,27	376	36	159,5
Perchlorsäure	$HClO_4$	100,5	11,65 / 9,2	1172 / 923	70 / 60	85,8 / 108,7
Phosphorsäure	H_3PO_4	80,0	18,1	1445	85	55,2
Salpetersäure	HNO_3	63,02	15,99 / 14,9 / 13,3	1008 / 938 / 837	71 / 67 / 61	62,5 / 67,1 / 75,2
Salzsäure	HCl	36,5	11,6 / 2,9	424 / 105	36 / 10	86,2 / 344,8
Schwefelsäure	H_2SO_4	98,1	18,0	1766	96	55,6
Ammoniumhydroxid	NH_4OH	35,0	14,8	251	28	67,6
Kaliumhydroxid	KOH	56,1	13,5 / 1,94	757 / 109	50 / 10	74,1 / 515,5
Natriumhydroxid	NaOH	40,0	19,1 / 2,75	763 / 111	50 / 10	52,4 / 363,6

(Abgedruckt mit Genehmigung von Sambrook et al. 1989)

Tab. 7.3: Ungefähre pH-Werte von Stocklösungen unterschiedlicher Konzentrationen.

Substanz	1 N	0,1 N	0,01 N	0,001 N
Essigsäure	2,4	2,9	3,4	3,9
Salzsäure	0,1	1,07	2,02	3,01
Schwefelsäure	0,3	1,2	2,1	
Zitronensäure		2,1	2,6	
Ammoniumhydroxid	11,8	11,3	10,8	10,3
Natriumhydroxid	14,05	13,07	12,12	11,13
Natriumbicarbonat		8,4		
Natriumcarbonat		11,5	11,0	

(Abgedruckt mit Genehmigung von Sambrook et al. 1989)

Tab. 7.4: pK$_S$-Werte gängiger Puffer.

Puffersubstanz	Relative Molekülmasse	pK$_S$	Pufferbereich
Tris[a]	121,1	8,08	7,1–8,9
HEPES[b]	238,3	7,47	7,2–8,2
MOPS[c]	209,3	7,15	6,6–7,8
PIPES[d]	304,3	6,76	6,2–7,3
MES[e]	195,2	6,09	5,4–6,8

(Abgedruckt mit Genehmigung von Sambrook et al. 1989)
[a]Tris(hydroxymethyl)aminomethan
[b]4-(2-Hydroxyethyl)-piperazin-1-ethansulfonsäure
[c]3-Morpholino-propansulfonsäure
[d]Piperazin-1,4-bis-(2-ethansulfonsäure)
[e]2-Morpholino-ethansulfonsäure

7.2.5 Phenol- und Phenol/Chloroform-Lösungen

Phenol

Phenollösungen wurden früher häufig eingesetzt, um DNA- oder RNA-Präparationen von Proteinen zu befreien, damit man eine qualitativ bessere Nucleinsäurequalität erhielt, die man z.B. für die DNA-Sequenzierung benötigt. Mit der Entwicklung Silica-basierter Verfahren zur Reinigung von DNA und RNA ist der Gebrauch von Phenol für diese Zwecke stark zurückgegangen. Es lohnt sich daher kaum der Mühe, Phenol selbst auf den benötigten pH-Wert durch Äquilibrierung mit bestimmten Pufferlösungen einzustellen. Kaufen Sie am besten bereits fertig äquilibriertes Phenol. Zur De-Proteinisierung von DNA- und RNA-Lösungen wird basisches Phenol verwendet (mit Tris auf einen pH-Wert zwischen 7,8 und 8,0 eingestellt). Zur selektiven Isolierung von RNA wird saures Phenol verwendet (pH 4,3), weil bei diesem pH die DNA in die Phenolphase übergeht, während die RNA in der wässrigen Phase verbleibt.

Vorsicht: Phenol ist stark ätzend und kann schwere Verätzungen verursachen. Tragen Sie Handschuhe, Schutzkleidung und eine Schutzbrille, wenn Sie mit Phenol arbeiten. Führen Sie alle Arbeitsschritte in einem Abzug durch. Spülen Sie Hautpartien, die mit Phenol in Berührung gekommen sind, mit viel Wasser ab und waschen Sie sie anschließend mit Seife und Wasser. Benutzen Sie *nicht* Ethanol.

Phenol:Chloroform:Isoamylalkohol (25:24:1)

Diese Mischung wird regelmäßig verwendet, um Proteine aus einer Nucleinsäurepräparation zu entfernen. Das Chloroform denaturiert die Proteine und erleichtert die Trennung der wässrigen und organischen Phasen, und der Isoamylalkohol reduziert die Schaumbildung während der Extraktion.

Weder Chloroform noch Isoamylalkohol müssen vor Benutzung vorbehandelt werden. Die Phenol:Chloroform:Isoamylalkohol-Mischung kann unter 100 mM Tris-HCl (pH 8,0) in einer lichtdichten Flasche bis zu einen Monat bei 4 °C gelagert werden.

7.3 Abwiegen und Mischen

Das Abwiegen der Zutaten für Ihren Puffer gehört nicht gerade zu den schwierigsten Aufgaben, ist aber eine der wichtigsten. Tragen Sie erst *alles*, was Sie benötigen, zusammen, bevor Sie mit dem Abwiegen anfangen, damit Sie nicht mittendrin Ihren Feststoff offen auf der Waage liegen lassen müssen, während Sie verzweifelt nach einem Becherglas suchen.

Sie brauchen:

Wägepapier. Für Feststoffmengen unter 1 Gramm und kleiner als ein Golfball.

Wägeschalen oder Wägeschiffchen. Diese sind in verschiedenen Größen erhältlich. Nehmen Sie eine Nummer größer als Sie brauchen. Für Flüssigkeiten und große Mengen Feststoff können Sie ein Becherglas verwenden.

Spatel. Spatel sind ebenfalls in verschiedenen Größen und in verschiedenen Ausführungen, aus Metall oder Plastik, erhältlich. Nehmen Sie einen großen Spatel für große Mengen und einen kleinen Spatel für kleine Mengen. Sie können keinen Fehler machen, Sie können es sich höchstens schwieriger als nötig machen.

Ein sauberer Messzylinder mit einem Maximalvolumen, das möglichst nahe bei Ihrem gewünschten Volumen liegen sollte. Nehmen Sie lieber einen etwas größeren Messzylinder, anstatt mehrere Male mit einem zu kleinen Messzylinder abzumessen.

Becherglas oder Erlenmeyerkolben, worin auch immer Sie Ihren Puffer ansetzen. Wählen Sie eine Größe, die Ihnen noch Platz zum Mischen und zum Einstellen des pH-Werts ermöglicht: Für ein gewünschtes Endvolumen von 500 ml nehmen Sie z.B. ein 1-Liter-Becherglas.

Sie finden die Chemikalien üblicherweise an verschiedenen Plätzen im Labor und im Institut. In den meisten Instituten werden die Feststoffe alphabetisch sortiert in Regalen oder Schränken gelagert. Säuren und Basen werden getrennt voneinander und von den anderen Chemikalien gehalten. Chemikalien, die für Arbeiten mit RNA reserviert sind, können auch separat gelagert sein, das gleiche mag für Chemikalien gelten, die in einem Labor sehr häufig oder ausschließlich in diesem Labor benötigt werden.

Wiegen Sie niemals direkt auf der Waagschale ab.

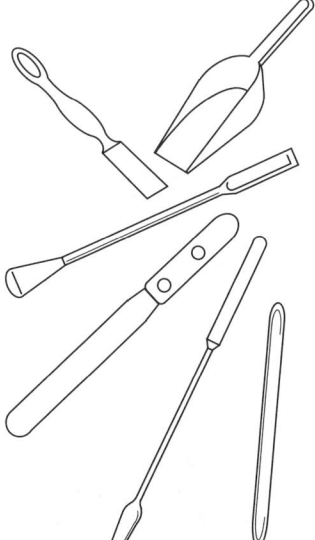

Abb. 7.5: Wäge-Utensilien gibt es bei verschiedenen Firmen unter unterschiedlichen Namen: Spatel, Mikrospatel, Schaufel und Löffel sind einige Varianten. Im Labor wird häufig nur eine Bezeichnung für alle Utensilien benutzt, aber man wird Sie auch verstehen, wenn Sie die anderen Begriffe verwenden.

Magnetrührer und Magnetrührstäbchen ("Rührfisch"). Der Magnetrührer muss nicht beheizbar sein. Der Rührfisch sollte die größtmögliche Größe haben, die noch frei im Gefäß rotieren kann.

> Stellen Sie kein Becherglas und keinen Kolben aus Plastik auf eine heiße Rührplatte!

Platz zum Aufbewahren der benutzten Spatel und Rührfische. Abhängig vom Labor – in manchen Labors werden sie sofort gewaschen, in anderen erst gesammelt.

Wischtücher ("Kimwipes"). Labortücher aus Fließstoff zum vorsichtigen Abwischen und Abtupfen.

Destilliertes Wasser. Ihr Lösungsmittel ist fast immer Wasser. Benutzen Sie filtergereinigtes oder destilliertes Wasser. Verwenden Sie niemals Leitungswasser!

7.3.1 Abwiegen

1. **Lesen Sie** auf dem Chemikaliengefäß nach, ob Sie einen Mundschutz tragen müssen. Viele Substanzen sind sehr feinpulvrig, und egal, wie vorsichtig Sie arbeiten, Sie werden kleine Staubwolken erzeugen, die Ihnen in den Mund oder in die Nasengänge fliegen können. Andere Substanzen sind offenkundig giftig.

2. **Ziehen Sie Latex- oder Nitrilhandschuhe an.** Das schützt sowohl Sie vor den Chemikalien als auch die Chemikalien vor Ihnen. Lesen Sie auf der Verpackung nach, ob Sie dicke Handschuhe tragen müssen.

3. **Schalten Sie die Waage an.** Abhängig von der Waage und den Laborgebräuchen werden einige Waagen den ganzen Tag angelassen, eventuell im Standby-Modus. Die meisten allerdings nicht. Wenn die Waage nicht sauber ist, säubern Sie sie, bevor Sie etwas darauf abwiegen.

> Einige ältere Waagen können nicht automatisch tariert werden. Falls Sie solch eine Waage benutzen, gehen Sie wie folgt vor:
>
> 1. Wiegen Sie Ihr leeres Gefäß oder Wägeschälchen.
>
> 2. Notieren Sie das Gewicht.
>
> 3. Addieren Sie das Gewicht zum Gewicht, das Sie abwiegen wollen.
>
> 4. Wiegen Sie Ihre Substanz auf das Gewicht ein, das Sie im vorherigen Schritt errechnet haben.

4. **Tarieren Sie die Waage mit dem Wägepapier oder der Wägeschale.** Stellen Sie sie auf die Waage und drücken Sie den „Tara"- oder „Zero"-Knopf. Die Waage sollte dann Null anzeigen.

5. **Wiegen Sie Ihre Substanzen ab.** Es sollte zu jedem Zeitpunkt, ohne Ausnahme, immer nur eine Chemikalie geöffnet sein. Entnehmen Sie mit dem Spatel eine kleine Menge der Substanz aus der offenen, geneigten Packung und füllen Sie sie in die Wägeschale. Geben Sie mehr Portionen hinzu. Verringern Sie die Größe der Portionen, wenn Sie sich dem gewünschten Gewicht nähern. Widerstehen Sie der Versuchung, die Substanz direkt aus der Packung zu schütten, wenn Sie die physikalischen Eigenschaften der Substanz nicht kennen und noch kein Gefühl dafür haben, was das anrichten kann.

> In einigen Laboren wird darauf bestanden, dass die Chemikalien durch leichtes Klopfen aus der Packung geschüttet werden, um jegliche Kontamination der Vorratspackung zu vermeiden. Klären Sie vorher ab, wie die lokalen „Wägesitten" sind.

6. **Wenn Sie die richtige Menge abgewogen haben, schütten Sie die Substanz in Ihr Becherglas oder Kolben.** Fassen Sie dazu die seitlichen Ränder des Wägeschälchens und biegen Sie sie sanft zusammen, damit eine trichterartige Öffnung entsteht, durch die Sie die

Substanz schütten können. Schütten Sie langsam. Wenn Reste an der Wägeschale verbleiben, klopfen Sie sie am Rand des Becherglases ab.

7. **Schließen Sie die Chemikalienpackung.** Je länger sie offen steht, desto mehr Staub kann hineingelangen und desto wahrscheinlicher ist es, dass sie von jemandem umgeworfen wird oder etwas hineinspritzt. Stellen Sie die Packung möglichst schnell wieder weg, selbst wenn Sie noch andere Sachen abwiegen. Je mehr Durcheinander Sie entfernen können, desto geringer ist die Gefahr von Verwechslungen oder Verschmutzungen.

8. **Nachdem Sie fertig sind, säubern Sie die Waage.** Eventuell liegt ein Pinsel neben der Waage, den Sie benutzen können, um verstreute Reste von der Waagschale zu entfernen. Wenn nicht, benutzen Sie ein Labor- oder Papiertuch. Wenn Sie etwas verschüttet haben, nehmen Sie die Waagschale ab und reinigen Sie sie mit destilliertem Wasser. Trocknen Sie sie und packen Sie sie auf die Waage zurück. Stellen Sie sicher, dass der ganze Bereich um die Waage sauber ist – es sollten keine Wägeschalen, Bechergläser, Flaschen und Papiertücher zurückgelassen werden und der Platz um die Waage sollte gegebenenfalls abgewischt werden.

Wenn Sie nicht sofort Wasser in Ihr Gefäß geben können, verschließen Sie es mit Folie, BESCHRIFTEN es und stellen es auf Ihre Laborbank.

7.3.2 Mischen

Alles was Sie jetzt noch tun müssen – theoretisch – ist, das Wasser zuzugeben. Aber es gibt verschiedene Denkweisen über diese einfache Tätigkeit: Zum Beispiel gibt es diejenigen, die das abgewogene Material zu dem Wasser in einem Messzylinder geben, diesen mit Plastikfolie verschließen und schütteln. Tun Sie das auf keinen Fall! Selbst wenn Sie den Messzylinder dabei nicht zerbrechen sollten oder das Labor mit Flüssigkeit vollspritzen, bekommen Sie wahrscheinlich keine sehr gut gemischte Lösung. Andere geben Substanzen und Wasser gleichzeitig in ein Becherglas und nutzen die Markierungen am Becherglas, um die Menge des zuzugebenden Wassers zu bestimmen. Tun Sie auch das nicht – die Markierungen am Becherglas sind nicht genau genug.

Für die meisten Lösungen gilt:

1. Legen Sie ca. 80% des Endvolumens an Wasser in das Becherglas vor und geben Sie dann die Feststoffe zu. Für einen Liter Lösung legen Sie also 800 ml Wasser, abgeschätzt an der Markierung des Becherglases, vor. *Beachten Sie*: Bei sehr konzentrierten Lösungen, z.B. mehr als 3 M oder mehr als 5× konzentriert, müssen Sie sehr viel Substanz zugeben, was dazu führen kann, dass der Rührfisch nicht mehr rühren kann. In diesem Fall geben Sie die

Beschriften, beschriften, beschriften! Jedes Gefäß, das irgendeine Substanz enthält (selbst Wasser) sollte beschriftet sein. Auch wenn Sie es nur „für eine Minute" auf der Laborbank stehen lassen. Post-Its sind praktisch für vorübergehende Beschriftungen, Sie können aber auch Klebeband nehmen, bei dem Sie ungefähr einen Zentimeter umgeklappt haben, um es leichter entfernen zu können.

Denken Sie an den Merksatz, wenn Sie Säuren oder Laugen mit Wasser mischen: „Nie das Wasser in die Säure, sonst geschieht das Ungeheure!"

Stoffe langsam in die Flüssigkeit, in der sich schon ein rührender Rührfisch befindet. Geben Sie die Substanzen in Portionen von ein bis zwei Teelöffeln zu und warten Sie, bis sich alles gelöst hat, bevor Sie weitermachen. Wenn Sie beträchtliche Schwierigkeiten haben, die Substanz in Lösung zu bekommen, nehmen Sie eine heizbare Rührplatte und erhitzen Sie sanft während des Rührens. *Die Lösung muss aber erst auf Raumtemperatur heruntergekühlt sein, bevor Sie den pH-Wert einstellen können*, andernfalls erhalten Sie einen falschen pH-Wert.

> Einige Substanzen, z.B. SDS, schäumen und bilden kleine Luftblasen. Solange Sie rühren, sieht es so aus, als ob die Substanz noch nicht gelöst wäre. Schalten Sie den Rührer aus und warten Sie ein paar Minuten, bis die Luftblasen aufgestiegen sind und schauen Sie dann, ob die Substanz gelöst ist.

2. Geben Sie vorsichtig einen Rührfisch zu. Nehmen Sie den Größtmöglichen, der sich noch frei im Gefäß drehen kann.

3. Stellen Sie zuerst das Becherglas auf den Rührer, bevor Sie ihn anschalten und langsam hochregulieren. Wenn Sie zu schnell hochregulieren oder den Rührer schon angeschaltet haben, bevor Sie das Becherglas darauf stellen, kann der Rührfisch wild durch das Becherglas springen und es dabei sogar zerbrechen. Wenn der Rührfisch außer Takt gerät, schalten Sie den Rührer aus und warten, bis der Rührfisch sich setzt. Schalten Sie den Rührer dann wieder an und regulieren ihn langsam hoch.

4. Rühren Sie so lange, bis die Substanzen vollständig gelöst sind.

> Wenn Sie den pH-Wert der Lösung nicht einstellen müssen, bringen Sie das Volumen auf 100% und gießen die Lösung sofort in ein geeignetes Behältnis, in dem es gelagert, autoklaviert oder sterilfiltriert wird.

5. Gießen Sie die Lösung in einen Messzylinder und füllen Sie auf 90% des gewünschten Endvolumens auf.

6. Gießen Sie die Lösung in das Becherglas oder den Erlenmeyerkolben zurück und stellen Sie den pH-Wert ein (siehe unten).

7. Gießen Sie die Lösung in einen Messzylinder oder Messkolben und füllen Sie mit Wasser auf das gewünschte Endvolumen auf. Für die meisten Anwendungen reicht die Genauigkeit eines Messzylinders aus.

8. Füllen Sie die Lösung in das vorgesehene Behältnis und beschriften es. Schreiben Sie aber nur auf Klebeband, niemals direkt auf Flaschen, Zylinder oder Kolben.

7.4 Messen des pH-Werts

Es ist sehr wichtig, dass alle Puffer und Lösungen, die in der Biologie verwendet werden, den richtigen pH-Wert aufweisen. Der pH-Wert von Lösungen wird vor dem Autoklavieren mit Hilfe eines pH-Meters eingestellt.

 Tipps zum pH-Meter

- Das pH-Meter besitzt eine empfindliche Elektrode, die die H^+-Konzentration einer Lösung misst. Die Elektrode wird von einer Glasummantelung geschützt. Deswegen müssen Sie aufpassen, sie nicht an das Becherglas oder mit dem Rührfisch zu stoßen. Wenn die Elektrode nicht in Gebrauch ist, wird sie in einem kleinen Becherglas oder Plastikröhrchen mit einer neutralen Lösung gelagert. Das pH-Meter, insbesondere wenn es ein neues Gerät ist, hat viele Knöpfe, deren Funktionen Sie nicht alle kennen müssen, wenn Sie den pH-Wert mes-

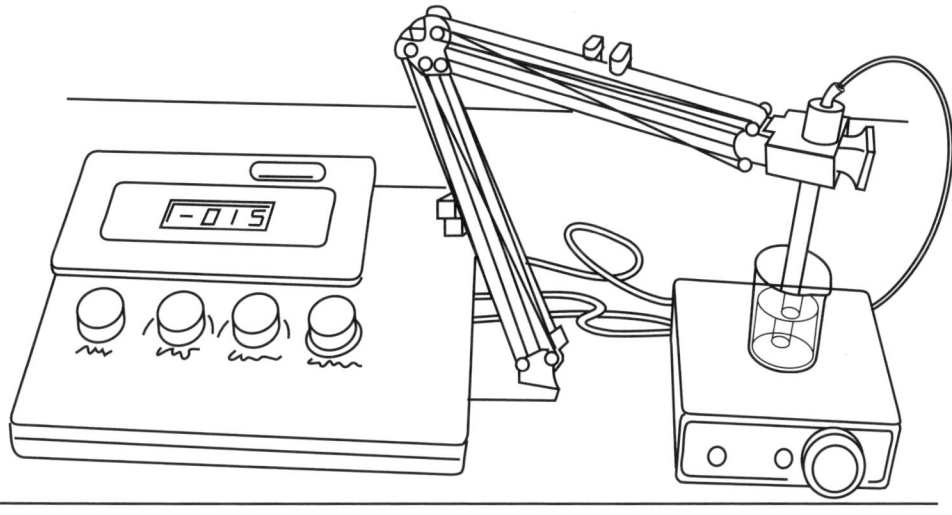

sen wollen. Die einzigen Knöpfe, die Sie wahrscheinlich benötigen werden, sind „Stand-by", „cal" und „pH".

- Es gibt verschiedene Arten von Elektroden: Einige sind mit einer Flüssigkeit oder einem Gel gefüllt, andere nicht, einige müssen gewartet werden, andere wiederum nicht. In den meisten Laboren weiß wahrscheinlich keiner, welche Art von Elektroden überhaupt verwendet wird, bis ein Problem auftritt und man die Schubladen nach der Beschreibung der Elektrode durchsucht, um herauszufinden, was zu tun ist. Machen Sie sich bei einem sachkundigen Kollegen oder dem Hersteller der Elektrode schlau, bevor ein Problem auftritt.

> Das Nachfüllloch für die Referenzelektrode muss während des Messens geöffnet sein.

- Das pH-Meter sollte mit zwei Puffern bekannten pH-Werts täglich kalibriert werden, oder nach jeweils 20–30 Proben. Diese Kalibrierung ist Grundlage für Ihre pH-Messungen, also seien Sie nicht faul und kalibrieren nur mit einem Puffer mit pH 7 (und sorgen damit dafür, dass Ihre pH-Messungen ungenau werden). Es herrscht eine Menge Trägheit vor, wenn es um das Kalibrieren des pH-Meters geht, aber es ist absolut notwendig. Es macht wirklich einen Unterschied und es ist absurd, sich die ganze Mühe mit dem Einstellen von pH-Werten zu machen, wenn die Kalibrierung nicht korrekt durchgeführt wurde.

- Wenn Sie bei mehreren Lösungen den pH-Wert einstellen möchten, müssen Sie nicht nach jeder Messung das pH-Meter neu kalibrieren. Falls Sie allerdings den Eindruck haben, dass jemand anderes die Kalibrierung nachlässig durchgeführt hat, sollten Sie es rekalibrieren.

> Benutzen Sie kein pH-Papier, dass Sie vielleicht in einer Schublade gefunden haben, um regelmäßig den pH-Wert Ihrer Lösungen einzustellen. pH-Papier wird benutzt, um den pH-Wert von kleinen Volumina zu prüfen, oder um schnell den pH-Wert zu testen, bevor man das pH-Meter benutzt. Entnehmen Sie immer ein paar Tropfen Ihrer Lösung, die Sie auf das pH-Papier geben, tauchen Sie niemals das pH-Papier in die Lösung.

- Der pH-Wert beeinflusst die Löslichkeit. Ein gutes Beispiel dafür ist die in der Molekularbiologie häufig verwendete 0,5 M EDTA-Lösung. Sie wird üblicherweise auf pH 8,0 gepuffert und geht auch erst in Lösung, wenn der pH sich diesem Wert nähert.

- Der pH-Wert ist abhängig von der Temperatur. Achten Sie darauf, dass der Puffer, den Sie einstellen wollen, die gleiche Temperatur hat, wie die Lösungen, die Sie zum Kalibrieren des pH-Meters verwendet haben. Und stellen Sie sicher, dass Puffer und Standards die Temperatur haben, bei der Sie Ihren Puffer verwenden wollen.

> Wählen Sie die Standardlösungen nach dem pH-Wert aus, den Sie einstellen wollen. Wenn Sie einen extremen pH-Wert einstellen wollen (z.B. < 4 oder > 10), benötigen Sie Standardlösungen, die näher am Zielbereich liegen. Wenn Sie z.B. bei einer Lösung den pH-Wert auf 3 einstellen wollen, sollten Ihre Standardlösungen pH 2 und pH 4 oder pH 7 sein. Wenn Sie mit dem Einstellen fertig sind, rekalibrieren Sie das pH-Meter mit den „normalen" Standardlösungen.

7.4.1 Kalibrieren des pH-Meters

Sie benötigen:

- **Mindestens zwei Standardlösungen.** In der Nähe des pH-Meters sollten Sie drei Standardlösungen mit den pH-Werten 4, 7 und 10 (häufig 9) finden. In den meisten Laboren werden diese Lösungen fertig angesetzt gekauft und sind in 500-ml-Flaschen gelagert. Je nach Bedarf kalibriert man das pH-Meter für den sauren Bereich zwischen pH 4 und pH 7 oder für den basischen Bereich zwischen pH 7 und pH 10 oder pH 9 (einige Labore führen eine allgemeine Kalibrierung zwischen pH 4 und pH 10 durch).

- **Drei bis vier 50-ml-Bechergläser oder Probedosen aus Glas oder Plastik.**

- **Wischtücher (Kimwipes).**

1. Nehmen Sie die pH-Elektrode aus der Lagerlösung und spülen Sie sie mit destilliertem Wasser aus der Spritzflasche ab. Spülen Sie die Elektrode über einem Becherglas ab, das extra dafür bereit stehen sollte. Spülen Sie die Elektrode nicht über dem Becherglas mit der Lagerlösung ab. Das pH-Meter sollte immer noch auf Standby stehen. Tupfen Sie mit einem Wischtuch vorsichtig überschüssige Flüssigkeit von der Elektrode ab.

2. Gießen Sie die pH-7-Standardlösungen bis zu einer Füllhöhe von ungefähr 4 Zentimetern in das Becherglas oder Probendöschen. Verschließen Sie die Flasche mit der Standardlösung und tauchen Sie die Elektrode in das Becherglas. Rühren Sie die Flüssigkeit vorsichtig.

> Tauchen Sie die Elektrode niemals in das Vorratsgefäß der Standardlösung und gießen Sie die benutzte Standardlösung nie zurück in das Vorratsgefäß.

3. Drücken Sie den „cal"-Knopf und warten Sie, bis die Anzeige sich bei pH 7 stabilisiert.

4. Nehmen Sie die Elektrode heraus und spülen und trocknen Sie sie, wie in Schritt 1 beschrieben.

> Eventuell (bei älteren Geräten) müssen Sie die Temperatur einstellen.

5. Füllen Sie die Standardlösung pH 10 oder pH 4 in ein sauberes Becherglas, tauchen Sie die Elektrode ein und drücken Sie wieder den „cal"-Knopf. Rühren Sie die Lösung vorsichtig und warten Sie, bis die Anzeige stabil pH 10 oder pH 4 anzeigt.

6. Drücken Sie den Standby-Knopf, spülen und trocknen Sie die Elektrode und lassen Sie sie in der Lagerlösung eingetaucht stehen.

7. Messen Sie die pH-Werte der Standardlösungen. Wenn der gemessene pH-Wert nicht so ist, wie er sein sollte, wiederholen Sie die Kalibrierung, bis es stimmt. Das pH-Meter ist jetzt für die Benutzung mit den meisten Puffern und Lösungen standardisiert.

Box 7.8: Kalibrieren mit nur einem Puffer

Wenn Sie Puffer messen wollen, deren pH-Wert nahe bei einer der Standardlösungen liegt, können Sie das pH-Meter auch nur mit einer Standardlösung kalibrieren.

– Benutzen Sie die Standardlösung pH 7 für neutrale Puffer, 10 für basische Puffer und 4 für saure Puffer.

– Kalibrieren Sie das pH-Meter und messen Sie, wie bei der 2-Puffer-Kalibrierung beschrieben.

Wenn Sie bei weiteren Lösungen einen anderem pH-Werte einstellen wollen, müssen Sie das pH-Meter rekalibrieren

---

7.4.2 Messung und Einstellung des pH-Werts

Sie benötigen die gleichen Materialen, die Sie auch zum Kalibrieren benötigt haben, sowie einen Magnetrührer, Rührfische und Pasteurpipetten. Sie benötigen ebenfalls Säuren und Basen, um den pH-Wert einzustellen: Konzentrierte HCl (12,1 M), 1 M HCl, NaOH (5 oder 10 M) und/oder 0,1 M NaOH sollten griffbereit am pH-Meter stehen.

Box 7.9: Womit soll ich den pH-Wert einstellen?

Die meisten Labore verwenden HCl und NaOH, um den pH-Wert der Säure- oder Basenformen gebräuchlicher Puffer einzustellen (andere starke Säuren oder Basen können auch verwendet werden). Es stimmt natürlich, dass Sie bei der Verwendung von HCl oder NaOH Ihrem Puffer zusätzlich Anionen (Cl^-) oder Kationen (Na^+) zugeben, die mit bestimmten Experimenten interferieren können. Aber meistens ist das nicht der Fall und es wird üblicherweise angenommen, dass Sie es genau so machen. „Tris-Cl" bedeutet z.B., dass Sie die Basenform von Tris gelöst und den pH mit HCl eingestellt haben. „Tris-Acetat" bedeutet, dass der pH mit Essigsäure eingestellt wurde.

Die Säure- oder Basenformen eines Puffers können auch separat eingesetzt werden, um den gewünschten pH zu erhalten. Phosphat- und Acetatpuffer werden häufig so angesetzt. Wenn Sie den pK_S kennen, können Sie ausrechnen, welches Verhältnis von Base zu Säure Sie benötigen, um einen bestimmten pH zu erhalten. Aber das werden Sie wahrscheinlich nie tun müssen. Entweder ist in der Versuchsvorschrift oder im Rezept beschrieben, wie viel Säure und Base Sie einsetzen müssen, oder Sie können sich nach einer der zahlreichen Tabellen richten, die man in vielen Katalogen findet.

---

1. Rühren Sie die Lösung, deren pH-Wert Sie einstellen wollen, auf dem Magnetrührer. Der Rührfisch sollte sich nur sehr wenig drehen, um die Gefahr zu vermindern, dass die Elektrode zerstört wird, wenn sie versehentlich den Boden berührt.

2. Nehmen Sie die Elektrode aus der Lagerlösung, spülen Sie sie mit destilliertem Wasser aus der Spritzflasche ab und tupfen Sie sie mit einem Wischtuch vorsichtig ab. Das pH-Meter sollte noch auf Standby stehen. Spülen Sie die Elektrode nicht über der Lagerlösung ab.

3. Tauchen Sie die Elektrode in die Lösung, die Sie messen wollen. Achten Sie darauf, dass der Rührfisch nicht die Elektrode berührt, bevor Sie den Magnetrührer einschalten.

4. Wenn das pH-Meter einen Funktionsumschalter hat, schalten Sie es von Standby auf pH (messen). Wenn Sie die Elektrode zwischenzeitlich aus der Lösung nehmen müssen, stellen Sie es wieder auf Standby.

5. Warten Sie, bis sich die Anzeige bei einem Wert stabilisiert. Lesen Sie den pH-Wert ab und stellen Sie ihn ein, indem Sie NaOH zugeben, wenn er zu niedrig ist, oder HCl, wenn er zu hoch ist. Benutzen Sie dazu eine Pasteurpipette mit Gummiball oder eine Transferpipette. Geben Sie die Säure oder Lauge nur tropfenweise zu: Geben Sie einen Tropfen zu und warten Sie, bis sich die Anzeige stabilisiert, bevor Sie den nächsten Tropfen zugeben.

Wenn der gemessene pH-Wert mehr als eine Einheit vom gewünschten pH abweicht, verwenden Sie konzentrierte HCl (12,1 M) oder NaOH (5 oder 10 M). Ansonsten benutzen Sie die 1 M HCl oder 0,1 M NaOH.

Geben Sie mehr Tropfen Säure oder Base zu, bis Sie den gewünschten pH-Wert erreicht haben. Sie werden mehr Tropfen zugeben müssen, wenn Sie sich dem pH-Wert nähern, bei dem eine Lösung gepuffert ist. Wenn der pH-Wert sich nicht vom Fleck rührt, nehmen Sie eine stärker konzentrierte Säure oder Lauge, aber seien Sie sehr, sehr vorsichtig: Geben Sie sie langsam und tropfenweise zu.

> Passen Sie auf, dass der Rührfisch nicht mit der Lösung autoklaviert wird. Es gibt nur wenig, was die Leute im Labor mehr ärgert, als eine Reihe von autoklavierten Reagenzien zu sehen, in denen überall ein Rührfisch schwimmt; die meisten Labore haben keine unbegrenzten Vorräte an Rührfischen. Falls Sie aus Versehen den Rührfisch mit in die Flasche gegossen haben, holen Sie ihn vor dem Autoklavieren mit einem Magnetstabentferner (auch malerisch als Rührfischangel bezeichnet) heraus, den Sie in der Nähe des Waschbeckens finden sollten.

6. Schalten Sie das pH-Meter zurück in den Standby-Modus.

7. Nehmen Sie die Elektrode heraus, spülen Sie sie mit destilliertem Wasser und tupfen Sie sie vorsichtig mit einem Wischtuch ab.

8. Stellen Sie die Elektrode in die Lagerlösung.

9. Gießen Sie die eingestellte Lösung in einen Messzylinder oder einen Messkolben und füllen Sie das Volumen auf 100% auf.

10. Füllen Sie die Lösung in eine Glas- oder Plastikflasche mit Deckel (wegen der Autoklavierbarkeit von Plastik, siehe unten). Lagern Sie Puffer nicht in Kolben, Bechergläsern oder Zylindern, die mit Parafilm verschlossen sind.

11. Beschriften Sie die Flasche. Nehmen Sie dazu ein Stück Klebeband und einen Edding oder einen anderen Markierungsstift. Schreiben Sie das Datum (inklusive Jahr), die Bestandteile, deren Konzentrationen, den pH-Wert und Ihre Initialen auf die Flasche.

12. Kleben Sie ein Stück Autoklavierband auf die Flasche. Dieses ist hitzesensitiv und verdunkelt sich sichtbar, wenn es autoklaviert wurde. Wenn Sie die Lösung nicht sofort autoklavieren können, lagern Sie sie bei 4 °C, um die Gefahr von Bakterienwachstum zu verringern.

 Wenn die gemessenen pH-Werte unregelmäßig sind, prüfen Sie:

- **Die Elektrode.** Einige Elektroden enthalten einen Puffer, der nachgefüllt oder erneuert werden muss. Wenn es so ist, füllen sie den richtigen Puffer ein (schauen Sie in der Gebrauchsanweisung nach) und schließen Sie die Elektrode wieder. Die Elektrode ist vielleicht auch angeschlagen oder zerbrochen und muss ersetzt werden.

- **Die Standardlösungen.** Einige Leute gießen die Standardlösungen nach Gebrauch wieder zurück in die Stockflasche, mit dem Argument, dass sie kaum gebraucht und daher noch so gut wie neu sind. Das ist falsch und diese Praxis hat negative Auswirkungen auf Ihre Kalibrierung. Testen Sie eine neue Flasche der Standardlösung.

Box 7.10: Tris-Puffer

Tris-Puffer können schwer einzustellen sein und ergeben oft unstabile Messwerte. Ein paar Elektrodentypen geben falsche Ergebnisse, wenn die Lösung Tris enthält. Insbesondere Silber/Silberchlorid-Referenzelektroden können ungenau sein, wenn sie für Tris-Lösungen verwendet werden, die Protein enthalten.

Nachdem Sie den pH-Wert Ihrer Tris-Lösung eingestellt haben, warten Sie 10 Minuten und prüfen dann den pH-Wert noch einmal. Wenn Ihre Messungen unterschiedlich sind, fragen Sie den Herstelller der Elektrode oder des pH-Meters, ob diese Elektrode kompatibel mit Tris-Puffern ist. Falls nicht, sind natürlich Tris-kompatible Elektroden erhältlich.

Die meisten Tris-Lösungen, die Sie ansetzen, enthalten keine Proteine und daher sollte es auch keine Probleme geben, bei diesen Lösungen den pH-Wert zu messen.

- **Die Temperatur des Puffers.** Da der pH temperaturabhängig ist, achten Sie darauf, dass alle Puffer Raumtemperatur haben, bevor Sie den pH-Wert messen. Die Schuldigen sind häufig frisch destilliertes Wasser (zu warm) oder gekühltes Wasser (zu kalt), gerade hergestellte Puffer, in denen endo- oder exotherme Prozesse stattfinden oder eine eingeschaltete Heizplatte des Magnetrührers.

- **Die Lagerlösung der Elektrode.** Wenn die Lagerlösung eingetrocknet ist, kann sich eine Salzkruste auf der Elektrode gebildet haben. Spülen Sie die Elektrode gut mit destilliertem Wasser ab und lagern Sie sie in frischer Lagerlösung.

- **Ihre Arbeitsweise.** Spülen Sie die Elektroden sorgfältig zwischen den Messungen ab. Rühren Sie die Lösung immer nur moderat, wenn Sie den pH-Wert messen.

7.5 Sterilisieren von Lösungen

Autoklavieren oder filtrieren? Die meisten Puffer werden vor der Verwendung und Lagerung sterilisiert, um Wachstum von Bakterien und Pilzen zu verhindern. Puffer werden üblicherweise autoklaviert: Filtration wäre zwar ebenso effektiv, aber die großen Volumina, in denen Puffer üblicherweise angesetzt werden, machen die Filtration extrem zeitaufwändig.

Selbst wenn der Puffer für nichtsterile Anwendung gebraucht wird, sollte er sterilisiert werden, weil mikrobielles Wachstum sowohl den pH als auch die Natur und Funktion des Puffers verändern kann.

Prüfen Sie, ob Ihre Lösung autoklaviert werden darf, denn hitzelabile Komponenten dürfen nicht erhitzt werden und ein Puffer mit solchen Bestandteilen muss dann entweder sterilfiltriert oder ohne die betreffende Komponente autoklaviert werden (die dann zuerst gefiltert und anschließend zu dem autoklavierten Puffer zugegeben wird).

Wenn eine hitzelabile oder aus anderen Gründen nicht autoklavierbare Komponente zu einem autoklavierbaren Puffer gegeben werden muss, autoklavieren Sie zuerst den Puffer. Wenn der Puffer auf Raumtemperatur abgekühlt ist, geben Sie die filtersterilisierten Komponenten zu.

Was können Sie autoklavieren?

- Die meisten Puffer.
- Komplexe Nährmedien für Bakterien und Hefen.

 Was dürfen Sie nicht autoklavieren?

- Ätzende Substanzen (Säuren, Basen, Phenol), organische Lösungsmittel und flüchtige Substanzen (Ethanol, Methanol, Chloroform) und radioaktives Material.
- Flüssigkeiten, die Bleiche, Formaldehyd oder Glutaraldehyd enthalten.
- Puffer mit Detergenzien, z.B. 10% SDS, weil sie überkochen können.
- Hitzelabile Zutaten, wie z.B. Serum, Vitamine, Antibiotika und Proteine (BSA).
- Medien für Säugetierzellen, Pflanzen und Insektenzellen.
- Lösungen, die HEPES enthalten.
- Lösungen, die Dithiothreitol (DTT) oder β-Mercaptoethanol (β-ME) enthalten.

7.5.1 Benutzung des Autoklaven

Das Funktionsprinzip des Autoklaven besteht darin, das Material bei Überdruck (üblicherweise 1 bar) einer großen Hitze (üblicherweise 121 °C) auszusetzen. Wenn Sie sich mit dem Autoklaven nicht auskennen, bitten Sie jemanden, Ihnen die Bedienung zu erklären. Das ist keine Maschine, an der man herumspielen sollte, obwohl sie sehr sicher ist, wenn man sie richtig bedient.

Achten Sie darauf, dass Ihre Gefäße aus Borosilikatglas oder autoklavierbarem Kunststoff bestehen. Glaswaren werden bevorzugt, weil wiederholtes Autoklavieren dem Plastik auf Dauer schadet. Als Daumenregel gilt, dass Plastik, das sich zerbrechlich oder spröde anfühlt, nicht zum Autoklavieren geeignet ist, aber überprüfen Sie das lieber im Katalog oder fragen Sie nach.

1. Lassen Sie mindestens ein Viertel des Gefäßes leer. Das lässt genug Platz für kochende Flüssigkeiten.

2. Stellen Sie Ihre Gefäße in eine flache Schale aus Metall oder autoklavierbarem Plastik, die die Flüssigkeit auffängt, falls eine Flasche zerbricht. Traditionell werden ein paar Zentimeter Wasser in die Schale gefüllt, um die Gefahr von Glasbruch während plötzlicher Druckänderungen zu vermindern. Das ist nicht notwendig, aber man hält Sie vielleicht für verrückt, wenn Sie es nicht tun.

3. Achten Sie darauf, dass alle Deckel lose sind, damit sich kein Druck in den Gefäßen aufbaut. Wenn Sie dünne Folie zum Abdecken benutzen, befestigen Sie eine Seite mit Klebeband, damit sie nicht heruntergestoßen wird.

4. Kleben Sie ein kleines Stück Autoklavierband an jeden Gegenstand, der autoklaviert wird. Autoklavierband ist ein hitze- und druckempfindliches Klebeband, das nach dem Autoklavieren durch Verfärbung ein bestimmtes Muster anzeigt. Logische Orte, auf die das Autoklavierband geklebt wird, sind auf den Deckeln oder direkt über den Beschriftungen. Schreiben Sie das Datum auf das Band.

5. Verschließen Sie den Deckel des Autoklaven und ziehen Sie ihn fest. Er sollte fest verschlossen sein, aber nicht so fest, dass man ihn nicht mehr öffnen kann. Wenn der Autoklav zwei Türen hat, prüfen Sie, ob beide Türen verschlossen sind.

6. Stellen Sie die richtigen Autoklavierbedingungen ein (Temperatur, Druck, Zeit) und schalten Sie ihn ein. Die meisten Autoklaven arbeiten automatisch und haben Programme für Flüssigkeiten (Flüssigkeiten in Glasgefäßen benötigen ein kontrolliertes Abkühlen und einen kontrollierten Druckablass) und trockene Materialien (die keine Abkühlzeit brauchen). Neuere Autoklaven haben wahrscheinlich durchnummerierte Programme und Möglichkeiten zur manuellen Einstellung. Für große Volumina läuft das Programm länger als für kleine.

> Für einen 2-Liter-Erlenmeyerkolben, der 1 Liter Medium enthält, stellen Sie eine Autoklavierzeit von 30 Minuten ein.

Box 7.11: Vermeidung von Präzipitaten, Substratzersetzung und Braunfärbung

- Autoklavieren Sie Glucose getrennt von Aminosäuren/Peptonen und Phosphaten.
- Autoklavieren Sie Phosphate getrennt von Aminosäuren/Peptonen und anderen Mineralsalzen.
- Autoklavieren Sie Mineralsalze getrennt von Agar.
- Vermeiden Sie das Autoklavieren von Medien mit pH-Werten > 7,5. Autoklavieren Sie bei neutralem pH und stellen Sie den pH-Wert nach dem Abkühlen mit einer sterilen Lauge auf den gewünschten Wert ein.
- Vermeiden Sie das Autoklavieren von Agarlösungen, die einen pH-Wert von < 6,0 haben.

(mit Erlaubnis nachgedruckt aus Cote und Gherna 1994, ASM Press) ∎

---

7. Prüfen Sie, ob der Autoklav Umgebungsdruck erreicht hat, bevor Sie ihn öffnen. Öffnen Sie ihn langsam und stehen Sie nicht direkt an der Deckelöffnung, um den Kontakt mit entweichendem Wasserdampf zu verhindern.

8. Ziehen Sie spezielle Hitzeschutzhandschuhe an, verwenden Sie keine Topflappen oder Topfhandschuhe.

9. Bevor Sie Flaschen aus dem Autoklaven nehmen, drehen Sie die Deckel zu. Die Flüssigkeit kann sonst überkochen, wenn Sie sie aus dem Autoklaven nehmen.

10. Lassen Sie die Flaschen bei Raumtemperatur stehen, bis sie abgekühlt sind. Wenn Sie die Flaschen sofort ins Kalte stellen, kann das Glas zerspringen. Es funktioniert eigentlich ganz gut, die Flaschen über Nacht auf der Laborbank stehen zu lassen.

7.5.2 Filtersterilisation

Wenn eine Flüssigkeit hitzelabil oder flüchtig ist oder es sich um weniger als 20 ml handelt, sollte sie durch Filtration sterilisiert werden. Die Flüssigkeit wird dabei (durch Gravitation, Druck oder Vakuum) durch einen Filter gepresst, dessen Poren so klein sind (0,2 oder 0,1 μm), dass die meisten Mikroorganismen zurückgehalten werden. Beachten Sie, dass Viren durch Filtersterilisation nicht entfernt werden. Benutzen Sie 0,4-μm-Filter nur zum Vorfiltrieren viskoser Lösungen: Die Passage durch einen 0,4-μm-Filter hat keine sterilisierende Wirkung und muss daher von einer Filtration durch einen 0,2-μm-Filter gefolgt werden.

> 0,2-μm-Filter werden üblicherweise zum Sterilisieren von Puffern und den meisten Medien verwendet. 0,1-μm-Filter werden für einige Gewebekulturmedien verwendet.

Es gibt eine Reihe unterschiedlicher, sowohl wiederverwendbarer als auch Einmalgebrauch-Systeme, die kommerziell erhältlich sind. Einige Labore oder Institute stellen ihre eigenen Medien her und haben große, pumpenbetriebene Filtrationseinheiten. Für den Gebrauch an der Laborbank gibt es verschiedene häufig verwendete Systeme für verschiedene Anwendungszwecke:

- Wiederverwendbare Filtrationsapparate, vakuumbetrieben, für Volumina von 20–1000 ml.

- Einweg-Filtrationseinheiten, vakuumbetrieben, für Volumina von 15–1000 ml.

- Einweg-Filtrationseinheiten mit Lagerflasche, vakuumbetrieben, für Volumina von 15–1000 ml.

- Spritzenfiltervorsätze, für Volumina von 1–20 ml.

- Mikrospritzenfilter, für Volumina kleiner 1 ml.

- Filtrationseinheiten für die Mikrozentrifuge, für Volumina kleiner 1 ml.

Arbeiten Sie steril. Noch mehr Sicherheit bekommen Sie, wenn Sie die Filtration in einer Sterilbank durchführen. Mehr Einzelheiten zu Filtersterilisationstechniken erfahren Sie in Kapitel 9: Arbeiten ohne Kontamination.

7.6 Lagern von Puffern und Lösungen

Lagern Sie Medien bei 4 °C.

Puffer können bei Raumtemperatur oder bei 4 °C gelagert werden. Einige Puffer, insbesondere konzentrierte Puffer, fallen aus, wenn sie kühl gelagert werden. Das ist üblicherweise kein Problem, da leichtes Erhitzen auf 37 °C für ein paar Minuten das Präzipitat wieder löst. Die Lagerung in der Kälte unterdrückt das Wachstum von Mikroorganismen, die eventuell bei der Benutzung in die Flasche gelangt sind. Das Ganze hat auch eine psychologische Komponente: Man ist eher vorsichtig mit Reagenzien, die im Kühlschrank gelagert sind, als mit denen, die auf der Laborbank stehen. Im Allgemeinen gilt: Lagern Sie Puffer für Kulturen kühl und Puffer für biochemische Tests bei Raumtemperatur.

Lagern Sie konzentrierte Lösungen bei Raumtemperatur.

Lichtempfindliche Substanzen sollten bei der entsprechenden Temperatur in einer braunen Flasche gelagert werden, oder in Flaschen, die mit Aluminiumfolie umwickelt sind. In Kapitel 8 erfahren Sie mehr Details zum Lagern von Lösungen.

Wann Sie einen Puffer entsorgen sollten

Viele Puffer können jahrelang verwendet werden, insbesondere wenn sie sterilisiert worden sind und kühl gelagert werden. Aber es gibt mehrere Gründe, einen Puffer wegzuwerfen.

- **Verfärbung.** Wenn sich ein Puffer verfärbt – wenn er einen Hauch von *gelb* bekommt – werfen Sie ihn weg. Er ist vielleicht noch in Ordnung, aber Sie hät-

> Wenn Sie im Zweifel sind: besser wegwerfen. Es hängt zu viel von der Qualität Ihrer Reagenzien ab, um an dieser Stelle Geld oder Zeit sparen zu wollen.

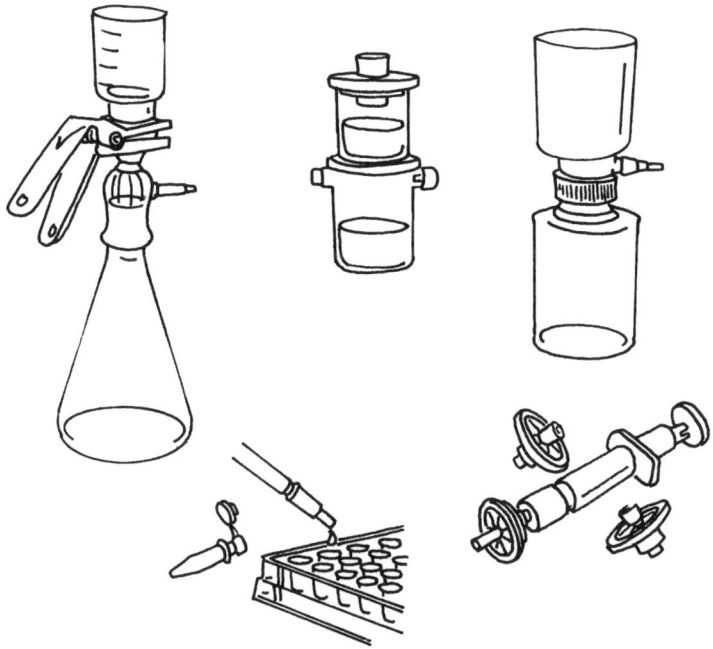

Abb. 7.6: Im Uhrzeigersinn von links beginnend: wiederverwendbare Filtrationseinheit, Einwegfiltrationseinheit, Einwegfiltrationseinheit mit Lagerflasche, Spritzenfiltervorsatz und Mikrospritzenfilter, Filtrationseinheit für die Mikrozentrifuge.

ten immer ein schlechtes Gefühl, ihn wiederzuverwenden. Setzen Sie den Puffer lieber gleich neu an. Passen Sie aber auf, dass der Puffer nicht ohnehin gefärbt ist. MOPS z.B. hat immer eine leicht gelbliche Farbe bei Konzentrationen über 1 M.

- **Kontamination.** Ein sicherer Grund, einen Puffer sofort zu entsorgen, ist Kontamination. Häufig handelt es sich um Schimmel, der als diskrete, ballförmige Einheiten erscheint, manchmal pelzig, meistens weiß oder blau-grünlich. Wenn eine klare, farblose Flüssigkeit trübe wird: entsorgen. Verzweifelte Forscher haben schon Schimmel durch Sterilfiltration entfernt, aber obwohl man dann eine sterile Lösung hat, weiß man nicht, was sich durch metabolische Nebenprodukte in der Lösung geändert hat.

Bakterielle Kontaminationen sind eher unwahrscheinlich und setzten sich entweder als Bodensatz ab oder lassen die Lösung trübe erscheinen. Gewöhnen Sie sich an, Ihre Flaschen vor Benutzung immer zu schwenken und auf Anzeichen von Kontaminationen zu prüfen.

- **Präzipitate.** Es ist manchmal schwierig, eine bakterielle Kontamination von einem ausgefallenen Salz zu unterscheiden. Im Zweifelsfall stellen Sie den Puffer für 20 Minuten in ein 37-°C-Wasserbad und schauen, ob sich die Wolken auflösen. Wenn ja, bringt die Lagerung im Kühlschrank einige Salze zum Ausfällen und Sie können den Puffer vor Verwendung aufwärmen (aber behalten Sie im Hinterkopf, dass Sie ihn demnächst austauschen sollten). Bleibt das Präzipitat bestehen, wissen Sie nicht, ob es sich um ein hartnäckiges Salzpräzipitat handelt oder um eine Kontamination, aber das ist egal – werfen Sie ihn weg, sofort.

Wenn Sie wirklich wissen müssen, ob es ein Salzpräzipitat oder eine Kontamination ist, geben Sie einen Tropfen auf einen Objektträger mit einem Deckgläschen und schauen Sie sich das Ganze bei 1 000facher Vergrößerung im Mikroskop an. Ein Präzipitat wird als große *Kristalle* erscheinen, eine Kontamination als winzige einheitliche Formen.

7.7 Quellen und Ressourcen

Cote RJ., Gherna R.L. 1994. *Nutrition and media*. In *Methods for general and molecular bacteriology* (Hrsg. Gerhardt P. et al.), S. 155 –178. American Society for Microbiology, Washington, D.C.

Die pH-Messung. Handbuch der Elektroanalytik, Teil 2, Sartorius, http://www.sartorius.com/fileadmin/sartorius_pdf/Prospekt/deutsch/ElektroAnalytik_Handbuch_Teil_2.pdf

Gershey E.L., Party E., Wilkerson A. 1991. *Laboratory safety in practice: A comprehensive compliance program and safety manual*. Van Nostrand Reinhold, New York.

Heidcamp W.H. 1995. *Cell biology laboratory manual:* Gustavus Adolphus College, St. Peter, Minnesota. http://www.gac.edu/~cellab/index-1.html

Lenga R.E. 1988. *The Sigma-Aldrich library of chemical safety data*, 2.Aufl. Bd.I und II. Sigma-Aldrich Corporation, Milwaukee.

Lide D.R. (Hrsg.) 1997–1998. *CRC handbook of chemistry and physics*, 78. Aufl. CRC Press, Boca Raton, Florida.

Maniatis T., Fritsch E.F., Sambrook J. 1982. *Molecular cloning: A laboratory manual*. Cold Spring Harbor Laboratory, Cold Spring Harbor, New York.

pH-Fibel. WTW, http://www.omnilab.de/tl_files/Omnilab_2011/Downloads/Wissen_Kompakt/PH_D.pdf

Roskams J., Rodgers L. (Hrsg.) 2002. *Lab ref: A handbook of recipes, reagents, and other reference tools for use at the bench*. Cold Spring Harbor Laboratory Press, Cold Spring Harbor, New York.

Sambrook J., Russell D.W. 2001. *Molecular cloning: A laboratory manual*, 3. Aufl. Cold Spring Harbor Laboratory Press, Cold Spring Harbor, New York.

Sambrook J., Fritsch E.F., Maniatis T. 1989. *Molecular cloning. A laboratory manual*, 2. Aufl. Cold Spring Harbor Laboratory Press, Cold Spring Harbor, New York.

Sigma Chemical Company. 1996. *TRIZMA. Tris(hydroxymethyl)aminomethane; Tris*. Technical Bulletin no.106B. St. Louis, Missouri.

Windholz M. (Hrsg.) 1976. *Merck index*, 9. Aufl. Merck and Co., Rahway, New Jersey.

8 Lagern und entsorgen

Nachdem Sie etwas angesetzt oder benutzt haben, oder wenn Sie etwas nicht mehr brauchen: Sie müssen es irgendwo hintun. *Alles im Labor braucht seinen Platz, an den es hingehört und wo man es auch immer wieder findet.* Für die Lagerung des experimentellen Materials ist das offensichtlich. Falsche Lagerung kann Reagenzien und Organismen zerstören. Für Abfall ist es weniger offensichtlich. Hier ist es „nur" eine Frage von Sicherheit und Eigennutz und nicht einmal unbedingt Ihrer Sicherheit und Ihres Eigennutzes, deswegen ist man dabei eher nachlässig. Aber: Die falsche Entsorgung von Material kann eine Gesundheitsgefahr für diejenigen darstellen, die die Entsorgung durchführen müssen. Es kann die Umwelt schädigen. An den meisten Orten ist es illegal. Und es kann ein Grund sein, Ihr Labor zu schließen.

8.1 Notfall-Lagerung

Wohin damit??? Es ist 1 Uhr morgens, Ihr Experiment hat drei Stunden länger gedauert, als Sie gedacht haben, alle anderen sind schon lange zuhause und Sie haben vergessen zu fragen, wo Sie Ihre Proben hintun können. Aber es können einige Annahmen gemacht werden, was man wie lagern sollte. Finden Sie am nächsten Morgen heraus, wo Sie Ihr Material für längere Zeit lagern können und packen Sie es dann dort hin.

> Im Zweifelsfall gilt die allgemeine Regel für die kurzfristige Lagerung: **Kalt ist am besten.**

- **Säuren oder Basen** lassen Sie auf Ihrer Laborbank bis zum nächsten Morgen stehen. Lagern Sie Basen und Laugen getrennt in Plastikschalen, die die auslaufende Flüssigkeit auffangen, falls eine Flasche zerbricht.

- **Monoklonale und polyklonale Antikörper.** Bei 4 °C. Die meisten gereinigten Antikörper werden auch langfristig bei 4 °C gelagert, einige allerdings bei –20 °C.

- **Reaktionsansätze.** Sie können es mit 4 °C versuchen, aber die Stabilität von solchen Ansätzen ist extrem variabel. Die meisten kolorimetrischen Tests sind am nächsten Tag nicht mehr auswertbar.

- **Bakterien.**
  Auf Platte oder als Stechkultur: 4 °C.
  In Flüssigkultur: 4 °C.
  Gefriergetrocknete Kulturen: 4 °C.
  Eingefrorene Kulturen: –70 °C.

- **Puffer.** 4 °C.

- **Zellen.** Dahin zurück, wo sie herkommen oder verwerfen. Packen Sie lebende Zellen *niemals* an einen Platz, wenn Sie nicht wissen, ob sie dort hingehören.

- **Detergenzien.** Raumtemperatur.

- **DNA.** 4 °C.

- **Enzyme.** Die meisten Restriktionsenzyme werden bei –20 °C gelagert, aber schauen Sie auf dem Etikett nach, da einige nicht eingefroren werden dürfen. Die meisten anderen Enzyme sollten auch bei –20 °C gelagert werden.

- **Ethanol.** Raumtemperatur.

- **Wachstumsfaktoren und Cytokine.** −20 °C.

- **Gefahrstoffe.** Hier sind keine Kompromisse erlaubt, noch nicht einmal für eine „kurze" Lagerung über Nacht. Bevor Sie mit Gefahrstoffen arbeiten, *müssen* Sie alle relevanten Informationen über die Lagerung und Entsorgung eingeholt haben.

- **Lipide.** −20 °C. Viele Lipide sind instabil und sensitiv gegenüber Sauerstoff oder Licht oder Temperaturschwankungen.

- **Medien.** 4 °C.

- **PCR-Ansätze.** 4 °C. Vielleicht finden Sie die Gefäße des vorherigen Nutzers noch in der PCR-Maschine.

- **Radioisotope.**
  ^{32}P: Nucleotide bei −20 °C, Phosphat bei 4 °C.
  ^{33}P: 4 °C.
  ^{35}S: Methionin bei −70 °C.
  ^{125}I: Protein A bei 4 °C, freies Jod im Abzug bei Raumtemperatur.
  ^{3}H: 4 °C.
  ^{14}C: 4 °C.

- **RNA.** −20 °C in Ethanol, −70 °C in Wasser.

- **Serum.** 4 °C.

Ethanol ist brennbar und explosiv. Große Volumina werden bei Raumtemperatur in einer Sicherheitskanne aus Plastik oder Glas gelagert. Einige Versuchsvorschriften verlangen aber nach kaltem Ethanol: Zwei übliche Anwendungen für kaltes Ethanol sind das Fixieren von Zellen und Geweben und die Fällung von Nucleinsäuren. Forscher versuchen oft, eine kleine Flasche mit 100%igem Ethanol im Kühlschrank zu lagern, aber bei Arbeitssicherheitsbegehungen werden diese vom Sicherheitsverantwortlichen wieder entfernt. Wenn Ethanol kalt gelagert wird, sollte das in einem explosionsgeschützten Kühlschrank geschehen. Falls Sie keinen haben, müssen Sie eine kleine Menge auf Eis vorkühlen.

8.2 Lagerung von Reagenzien

Für die langfristige Lagerung müssen Sie für jede Chemikalie einen Platz finden, an dem die biologische oder chemische Aktivität so gut wie möglich erhalten bleibt und gleichzeitig allen sicherheitsrelevanten Anforderungen Genüge getan wird. Diese Ansprüche können für jede Chemikalie und jedes Reagenz unterschiedlich sein, es reicht daher nicht aus, nur nach dem Typ oder der Stoffklasse des Reagenzes zu urteilen, Sie müssen es für jedes einzelne Reagenz prüfen.

Was müssen Sie über die Lagerbedingungen Ihrer Reagenzien wissen?

- **Temperatur.** Muss das Reagenz in einem Ofen gelagert werden, bei Raumtemperatur oder in flüssigem Stickstoff?

- **Atmosphäre.** Ist es sauerstoffempfindlich? Muss es in einem bestimmten Gas gelagert werden?

- **Feuchtigkeit.** Wenn das Material durch Wasserdampf beschädigt wird, muss es trocken gelagert werden.

Für die Lagerung einer Substanz müssen alle Lagerungsanforderungen der Substanz berücksichtigt werden. Wenn es sich z.B. um eine radioaktive und sauerstoffempfindliche Substanz handelt, muss sie unter Stickstoff an einem Platz im Tiefkühlschrank gelagert werden, an dem die Lagerung radioaktiver Substanzen erlaubt ist.

- **Gefahrstoffe.** Ist das Reagenz radioaktiv, brennbar, sehr giftig oder flüchtig? Enthält es organische Lösungsmittel?

Wo bekommen Sie die Informationen zur Lagerung und zur Entsorgung her?

- **Das Sicherheitsdatenblatt** (*material safety data sheet*, MSDS), das mit jeder Chemikalie geliefert wird, listet die Zusammensetzung, Eigenschaften, Informationen zur Toxizität und Anweisungen für den Umgang, die Maßnahmen beim Verschütten und für die Entsorgung auf. Die Sicherheitsdatenblätter finden Sie auch schnell im Internet. Wenn Sie keinen Internetzugang haben oder das MSDS nicht finden, kontaktieren Sie den Hersteller, er wird es Ihnen faxen oder schicken.

- **Der Merck-Index.**

- **Ihr Sicherheitsbeauftragter oder Ihre Abteilung für Arbeitssicherheit.** Dort sind eventuell Datenblätter für alle Chemikalien, die an Ihrem Institut oder in Ihrer Einrichtung verwendet werden, aufbewahrt. Auch wenn Sie die benötigte Information schon haben, sollten Sie in regelmäßigem Kontakt mit der Abteilung für Arbeitssicherheit stehen, um die Regeln für die Bestimmungen zur Lagerung und Entsorgung an Ihrem Institut zu erfahren. Dort bekommen Sie neben Rat auch eventuell entsprechende Kanister und Tonnen, in denen Sie bestimmte Abfälle sammeln können.

- **Im Internet (WWW).** Viele Universitäten sowie Hersteller und Vertreiber von Chemikalien betreiben Webseiten, auf denen Sie detaillierte Informationen zur Lagerung von Chemikalien finden.

Lagerung von Reagenzien, die empfindlich gegen Feuchtigkeit sind

Feuchtigkeit (in Form von Wasserdampf) wirkt sich nachteilig auf viele Reagenzien aus, die dadurch die strukturelle oder biologische Aktivität verlieren. Diese Stoffe sollten daher in einem luftdichten Gefäß gelagert werden, das ein Trocknungsmittel enthält. Das ist ein Material, das den Wasserdampf bindet und so die Feuchtigkeit im Gefäß erniedrigt. Manchmal wird dieses Gefäß dann noch zusätzlich unter Vakuum gelagert, um den Gehalt an Wasserdampf weiter zu verringern.

- **Gefäße.** Das Gefäß muss dicht verschließbar sein und Platz für das Trocknungsmittel haben. Für einige Reagenzien können Gefäße mit einem weiten Hals verwendet werden. Für größere Flaschen benötigen Sie einen Exsikkator aus Glas oder Plastik. Exsikkatoren gibt es in verschiedenen Größen und Ausführungen, hier ist die Größe entscheidend. Der Exsikkator hat eine Öffnung, an der Vakuum angelegt werden kann. Glasgefäße haben eine Rille auf der Ober- und Unterseite, in der ein Gummidichtring eingelegt wird, oder glatte Ränder.

  Für diese benötigen Sie kein Vakuumfett zur Abdichtung. Exsikkatoren mit geschliffenen Rändern benötigen *etwas* Vakuumfett zur Abdichtung. Statt eines Exsikkators können Sie auch jedes Gefäß verwenden, das zur Arbeit mit anaeroben Bakterien geeignet ist.

  > Benutzen Sie keine Gefäße aus Aluminium, da Sie diese erst öffnen müssen, um den Zustand des Trocknungsmittels zu begutachten.

  Tragen Sie das Vakuumfett nicht zu dick auf, weil die Abdichtung sonst nicht effektiv ist und Vakuumfett in das Gefäß gelangen kann.

- **Trocknungsmittel.** Das Trocknungsmittel besteht üblicherweise aus blau oder violett gefärbtem Kalciumcarbonat und ähnelt Kieselsteinen. Es ist auch in Tüten, Patronen oder perforierten Dosen erhältlich. Das Trocknungsmittel ist blau, wenn es trocken ist

Abb. 8.1: Verschiedene Typen von Exsikkatoren. Auf dem Boden aller Gefäße ist Platz für ein Trocknungsmittel. Mit Ausnahme des Drehdeckelglases können die meisten Modelle mit oder ohne Absperrhahn für das Anlegen von Vakuum gekauft werden. (1) Glas mit Drehdeckelverschluss. Gut für das Trocknen kleiner Reagenzgefäße bei Raumtemperatur oder im Kühlschrank. (2) Plastikexsikkator. Auch in lösungsmittelresistentem und unzerbrechlichem Plastik erhältlich. Kann mittelgroße Flaschen aufnehmen. (3) Glasexsikkator. Die größeren Modelle können Bakterienplatten und Flaschen aufnehmen. Diese Behälter sind sehr schwer und werden am besten bei Raumtemperatur auf der Laborbank verwendet. (4) Trockenschrank. Für Filter, Platten, Flaschen und Röhrchen.

und rosa, wenn es feucht ist. Das feuchte Trocknungsmittel kann in einem Ofen für 1–3 Stunden bei 200 °C (die genaue Temperatur ist von der Menge und der Art des Trocknungsmittels abhängig) regeneriert werden, es bekommt dann wieder seine blaue Farbe. Die Regeneration kann auch mit Gas durchgeführt werden, aber die meisten Labore haben nicht die notwendige Ausstattung dafür.

 Lagerung lichtempfindlicher Substanzen

Wenn eine Chemikalie vom Hersteller in einer braunen Flasche geliefert wird, sollten Sie annehmen, dass die Substanz lichtempfindlich ist. Falls möglich, lagern Sie die Substanz in dieser Flasche. Wenn Sie eine Lösung aus dieser Substanz herstellen, müssen Sie diese Lösung ebenfalls vom Licht fernhalten. Besorgen Sie entweder eine braune oder bernsteinfarbene Flasche oder wickeln Sie eine Klarglasflasche mit Aluminiumfolie ein. Nachdem Sie den Deckel aufgeschraubt haben, packen Sie auch Folie über den Deckel und das Oberteil der Flaschen.

Offene Rasierklingen sind eine Gefahr. Entweder entsorgen Sie Rasier- und Skalpellklingen sofort nach Gebrauch oder benutzen immer nur eine gleichzeitig. Stecken Sie die scharfe Seite in ein Stück Styropor oder in eine Styroporbox, sodass Sie nicht aus Versehen in die Schneide greifen. Entsorgen Sie Rasierklingen in den entsprechenden Abfall.

Kleine Röhrchen oder Reaktionsgefäße mit dem Reagenz können in einer Schachtel gelagert werden. Nehmen Sie entweder eine Lagerbox für die Tiefkühltruhe oder die Schachtel, in der das Reagenz verschickt wurde. Beschriften Sie die Schachtel mit den üblichen Informa-

---

Box 8.1: Anlegen von Vakuum an einen Exsikkator

1. Schieben Sie den Deckel auf das Unterteil, je nach Bedarf mit oder ohne Vakuumfett.

2. Öffnen Sie den Hahn.

3. Schließen Sie den Vakuumschlauch an.

4. Schalten Sie das Vakuum an. Vakuum aus der Hausleitung oder einer Wasserstrahlpumpe ist sehr schwach und benötigt mehrere Minuten, um den Exsikkator zu evakuieren. Eine Pumpe ist schneller. Wenn Sie den Deckel nicht mehr verschieben können, wissen Sie, dass Vakuum anliegt.

5. Schließen Sie den Hahn und schalten Sie schnell das Vakuum ab.

6. Warten Sie einige Minuten, bevor Sie den Schlauch abnehmen.

Box 8.2: Öffnen eines vakuum-verschlossenen Exsikkators

1. Öffnen Sie langsam den Hahn, um das Vakuum zu entlassen.

2. Versuchen Sie, den Deckel aufzuschieben.

3. Wenn er sich nicht bewegt, versuchen Sie, einen flachen Spatel zwischen Ober- und Unterteil zu schieben und das Vakumm an der Dichtung durch vorsichtiges Hin- und Herwackeln zu entlassen. Es geht auch mit einer Rasierklinge, aber dann sollten Sie sehr vorsichtig sein.

4. Wenn Sie das Zischen des entweichenden Vakuums hören, schieben Sie den Deckel ab, während Sie gleichzeitig das Unterteil sicher festhalten. Versuchen Sie niemals, den Deckel abzuheben.

Box 8.3: Öffnen eines Exsikkators, der kalt gelagert war

Die alte Weisheit lautet, dass ein Exsikkator erst auf Raumtemperatur gebracht werden muss, bevor man ihn öffnet, um Kondensation im Inneren zu vermeiden. Das Problem ist, dass einige Reagenzien nicht nur empfindlich auf Feuchtigkeit reagieren, sondern auch auf Wärme.

Exsikkatoren, die nicht unter Vakuum stehen oder nicht mit Vakuumfett abgedichtet sind, können sofort geöffnet werden; entnehmen Sie, was Sie brauchen, schließen Sie schnell wieder den Deckel und stellen Sie das Gefäß wieder zurück in den Kühlschrank. Wenn Sie sich besser damit fühlen, können Sie auch die Innenseiten des Gefäßes schnell mit einem Tuch abwischen, aber vermutlich macht es keinen Unterschied.

Exsikkatoren, die unter Vakuum stehen, müssen Sie erst auf Raumtemperatur bringen, bevor Sie sie öffnen. Vakuumfett dichtet nicht besonders gut, wenn es kalt ist, also können Sie gefettete Exsikkatoren ohnehin nicht sofort wieder ins Kalte stellen. Außerdem verhindern Sie die Bildung von Kondensat, wenn Sie den Exsikkator erst öffnen, sobald er warm ist.

---

tionen und zusätzlich mit „Enthält lichtempfindliches Material!". In dieser Schachtel sollten Sie auch nur das lichtempfindliche Material lagern, es wäre ungeschickt, diese Schachtel immer wieder zu öffnen, um nach anderen Materialien zu suchen.

Verlassen Sie sich nicht darauf, dass der Tiefkühlschrank oder Kühlschrank normalerweise geschlossen ist, und lagern Sie deshalb Ihre lichtempfindlichen Lösungen auch im Kühlschrank nicht in Klarglasflaschen.

Typische lichtempfindliche Substanzen sind Actinomycin D, Mitomycin C, Nitroblaues-Tetrazolium, Phenol, Rifampicin und Tetracyclin.

Lagerung von sauerstoffempfindlichen Reagenzien

Zur Verdrängung von Sauerstoff in sauerstoffempfindlichen Reagenzien wird üblicherweise Stickstoff verwendet, daher der Begriff „Lagerung unter Stickstoff".

1. Installieren Sie eine Stickstoffflasche neben dem Abzug; üblicherweise sind es organische Lösungsmittel, die Stickstoff benötigen. Schalten Sie den Abzug ein.

2. Achten Sie darauf, dass die Gasflasche angebunden oder angekettet ist (zum Gebrauch von Gasflaschen und der Benutzung der Druckregalutoren: siehe Kapitel 10).

> Die Verwendung aseptischer Arbeitsmethoden (Kapitel 9) verhindert das Einbringen von Kontaminationen während der Begasung des Gefäßes.

3. Stecken Sie eine Pasteurpipette in den Schlauch, der mit dem Regulierventil verbunden ist.

4. Stellen Sie den Stickstoff an. Regulieren Sie den Druck so, dass Sie den Stickstoffstrom gerade noch spüren, wenn Sie die Pasteurpipette nahe an Ihren Handrücken bringen.

5. Öffnen Sie Ihr Röhrchen oder Ihre Flasche. Es sollte fest in einem Ständer stehen.

6. Senken Sie die Pasteurpipette in die Öffnung des Gefäßes, bis Sie sehen, dass sich die Oberfläche der Flüssigkeit kräuselt. Begasen Sie für 5–10 Sekunden, oder länger, wenn mehr Luft im Gefäß ist.

7. Verschließen Sie das Gefäß schnell.

8. Stellen Sie den Stickstoff ab.

9. Lagern Sie Ihr Gefäß. Normalerweise bei –20 °C und eventuell sogar unter Vakuum.

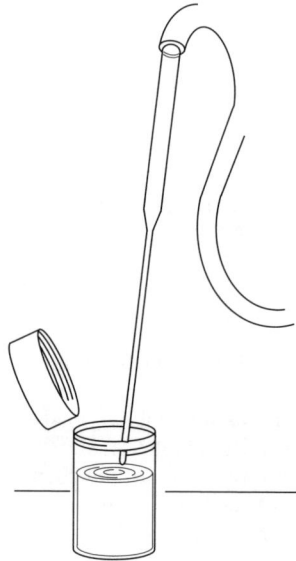

Abb. 8.2: Stellen Sie den Stickstoffstrom so ein, dass sich die Oberfläche der Flüssigkeit leicht kräuselt.

8.3 Portionieren (Aliquotieren)

Viele Substanzen im Labor werden in kleinen Portionen, sogenannten Aliquots, gelagert.

 Wozu aliquotieren?

- **Um den Abbau der Stocklösung durch wiederholtes Einfrieren und Auftauen zu vermeiden.** Viele Substanzen sind empfindlich gegenüber Einfrier-Auftau-Zyklen, daher teilt man die Stocklösung in kleine Aliquots auf, die dann nur ein bis zwei Mal verwendet werden, oder für kurze Zeit bei 4 °C gelagert werden. Beispiele dafür sind *Seren* und *Antikörper*.

- **Um die Kontamination einer Lösung zu verhindern, die von vielen Nutzern verwendet wird.** Je mehr Leute eine Stocklösung benutzen, desto größer ist die Gefahr, dass sie kontaminiert wird. Das gilt auch dann, wenn die Stocklösung bei der gleichen Temperatur benutzt wird, bei der sie auch gelagert ist. Beispiele dafür sind *Enzyme* und *Medien*.

> Die Stocklösung ist die konzentrierte Lösung, die aliquotiert wird. Die Gebrauchslösung entsteht durch Verdünnung des Aliquots zum Zeitpunkt der Verwendung auf die gewünschte Endkonzentration.

Box 8.4: Häufig aliquotierte Lösungen

Antibiotika. 1:1 000, 1:100 oder 1:50 sind hier typische und nützliche Verdünnungen. In den Kapiteln 10 und 11 finden Sie mehr Informationen zu den Konzentrationen von Antibiotika in Gewebe- und Bakterienkulturen.

Antikörper. Die meisten Antikörper reagieren empfindlich auf wiederholtes Einfrieren und Auftauen.

Bakterien. Der häufigste Gebrauch von aliquotierten Bakterien ist die Transformation. Kompetente Bakterien werden in Mengen gelagert, die es dem Forscher erlauben, ein Reaktionsgefäß zu nehmen und sofort eine Transformation damit durchzuführen.

Zellen. Zellen müssen, in Flüssigstickstoff oder im Tiefkühler, in Konzentrationen gelagert werden, die zum einen das unausweichliche Absterben abpuffern, zum anderen aber nicht dazu führen, dass eine frisch angesetzte Kultur überwächst.

Enzyme. Im Allgemeinen ist es am besten, Enzyme nur in kleinen Mengen zu kaufen, auch wenn es teurer ist. Nur ein großes Labor mit einer engagierten und dafür verantwortlichen Person kann Zeit und Anstrengung darauf verwenden, Enzyme ohne teure Fehler zu aliquotieren.

Serum. Serum ist billiger, wenn es in großen Mengen gekauft wird, aber es behält seine Aktivität am besten, wenn es bei −20 °C gelagert wird, ohne zwischendurch aufgetaut und wieder eingefroren zu werden.

- **Wegen der Bequemlichkeit.** Ein 10-ml-Röhrchen lässt sich viel einfacher handhaben, als eine 500-ml-Flasche!

- **Um Zeit zu sparen.** Anstatt immer neue Substanz einzuwiegen und zu lösen, setzt man einmal eine größere Menge an und nimmt sich einfach ein Aliquot, wenn man es braucht.

Sie sollten keine Aliquots ansetzen, wenn:

- Die verdünnte Substanz instabil ist.
- Sie die Substanz nur sehr selten brauchen.
- Sie verschiedene und sehr unterschiedliche Konzentrationen der Substanz benötigen.

> Die Konzentrationen von Stock- und Gebrauchslösungen werden entweder in % (w/v) oder in M (molar) angegeben. Benutzen Sie die gleichen Einheiten für Stock- und Gebrauchslösung

 Wie man aliquotiert

1. Um eine Stocklösung anzusetzen, müssen Sie folgendes wissen:

   – *Die Endkonzentration (auch Arbeitskonzentration), in der die Substanz benötigt wird*. Die Konzentration kann als % (w/v) oder in molaren Konzentrationen angegeben sein.

Box 8.5: Beispiel

Die Endkonzentration von Chloramphenicol beträgt 170 µg/ml für die Amplifikation von Plasmiden und zwischen 10 und 30 µg/ml für die Selektion resistenter Bakterien.

   – *Worin Sie die Substanz lösen können/müssen*. Nicht alles lässt sich in Wasser lösen. Einige Substanzen müssen in der Konzentration, in der sie in der Stocklösung vorkommen, in anderen Lösungsmitteln gelöst werden, sind aber in Wasser löslich, wenn sie in der Endkonzentration vorliegen.

   – *Das Volumen der Aliquots*. Das Volumen sollte an das Endvolumen Ihrer Arbeitslösung angepasst sein.

> Sie erfahren die Arbeitskonzentrationen für eine Substanz aus der Versuchsvorschrift, aus dem Handbuch, aus einem Artikel oder von einem Kollegen. Achten Sie darauf, dass Sie die richtige Konzentration für Ihre jeweilige Anwendung haben.

Box 8.6: Beispiel

Chloramphenicol kann in Methanol oder absolutem Ethanol gelöst werden, in geringer Konzentration auch in warmem Wasser. Da Methanol giftiger für Zellen und Bakterien ist als Ethanol, wird die Stocklösung in Ethanol angesetzt.

---

2. Entscheiden Sie, wie viele Aliquots Sie ansetzen wollen. Dabei sollte man einen Kompromiss zwischen Zweckmäßigkeit und Bedarf finden. Da es äußerst schwierig ist, sehr kleine Mengen abzuwiegen, werden Sie vielleicht mehr Aliquots machen müssen, als Sie jemals aufbrauchen können. 10-100 Aliquots sind üblicherweise eine gute Anzahl.

3. Bereiten Sie sterile Reaktionsgefäße vor. Beschriften Sie sie gut. Kühlen Sie die Gefäße auf Eis vor, wenn die Aliquots eingefroren oder gekühlt gelagert werden müssen (was üblicherweise der Fall ist). Öffnen Sie die Deckel.

> Um die Wasserlöslichkeit einer Substanz zu erfahren, schauen Sie auf die Verpackung, auf das mitgelieferte Datenblatt, in den Katalog oder kontaktieren Sie den Hersteller. Handbücher und Versuchsvorschriften beschreiben auch häufig, wie eine bestimmte Stocklösung angesetzt wird

---

Box 8.7: Beispiel

Sie möchten eine 20 mg/ml Stocklösung von Chloramphenicol haben, die Sie dann 1:1 000 auf die Endkonzentration von 20 µg/ml verdünnen können.

Wenn Sie immer 1 Liter (1 000 ml) Medium ansetzen, benötigen Sie 1-ml-Aliquots.

Wenn Sie immer 100 ml Medium ansetzen, benötigen Sie 100-µl-Aliquots.

---

4. Setzen Sie die Stocklösung an und filtrieren Sie sie gegebenenfalls. Arbeiten Sie in einer Sterilbank oder an einem Platz ohne Luftzug.

5. Verteilen Sie die sterile Lösung in die Gefäße. Packen Sie sie in eine Kiste oder in einen Ständer bei der richtigen Lagertemperatur.

> Setzen Sie Ihre Aliquots in Konzentrationen und Volumina an, die Ihnen das Verdünnen einfach machen, also z.B. 1 000×- oder 100×-konzentriert.

6. Schreiben Sie die Informationen zu den Aliquots in Ihr Laborbuch.

> Beschriften Sie jedes Aliquot. Die Beschriftung sollte den Namen der Lösung und die Konzentration enthalten, das Datum und Ihre Initialen. Ihr Name und der Inhalt müssen für jeden im Labor eindeutig identifizierbar sein. Wenn Sie einen Ständer oder eine Kiste haben, in der nur eine Sorte von Aliquots ist, können Sie auch den Ständer oder die Kiste beschriften und auf jedes Aliquot ein eindeutiges Zeichen anbringen.

8.4 Kühlschränke und Tiefkühlschränke

- *Benutzen Sie den richtigen Kühl- oder Tiefkühlschrank.* Wenn radioaktives oder infektiöses Material im Kühlschrank gelagert wird, darf keine Nahrung darin gelagert werden, und ein Warnschild an der Tür wird darauf hinweisen. Brennbares Material (wie Ethanol) muss in einem explosionsgeschützten Kühlschrank gelagert werden, der einen abgeschlossenen Motor besitzt, damit keine Funken freigesetzt werden.

- *Machen Sie nur die Tür auf, wenn es nötig ist.* Wenn Sie etwas suchen, nehmen Sie die Kiste oder den Ständer heraus und stellen Sie sie auf Eis.

- *Alle Gefäße im Kühl- oder Tiefkühlschrank müssen vollständig beschriftet und sicher verschlossen sein.* Keine losen Reaktionsgefäße in Styroporbecher oder ins Eierregal stecken! Jedes Gefäß muss Schütteln und Bewegen (typische Einwirkungen, die ein verzweifelter Forscher erzeugt, der auf der Suche nach einer verlorenen Probe wild den Kühlschrank durchwühlt) aushalten können, ohne aus dem Ständer zu fallen.

> Wenn die Stocklösung sterilfiltriert werden muss, setzen Sie etwas mehr an (10%) als Sie eigentlich brauchen. Prüfen Sie, ob der Feststoff nicht schon steril ist: Wenn Sie die ganze Packung verwenden und in sterilem Wasser oder Ethanol lösen, brauchen Sie nicht zu sterilisieren.

- *Entsorgen Sie von Zeit zu Zeit alles Material, das Sie nicht länger benötigen.* Flaschen, die nur noch 10 ml Medium enthalten, Petrischalen mit Bakterienmedium und Duplikate von Proben, die Sie „nur zur Sicherheit" behalten haben, nehmen eine Menge Platz weg und erschweren es, irgendetwas wiederzufinden.

- *Notieren Sie, was Sie wo lagern.* Es ist sehr einfach, mal eben schnell eine Probe in irgendeiner Kiste zwischenzulagern, mit der Absicht, sie später in eine beschriftete Kiste zu packen. Sie sollten ein System haben, das es Ihnen leicht macht, den Lagerplatz jedes Reagenzes schnell aufzuzeichnen. Folgen Sie den Laborbestimmungen für das Aufzeichnen.

- *Respektieren Sie den Platz der anderen.* Der Platz im Kühlschrank ist häufig bestimmten Personen zugeteilt, üblicherweise für jeden ein Regalbrett oder ein Ständer. Breiten Sie sich nicht in fremde Hoheitsgebiete aus. Falls Sie, nachdem Sie erst einmal ordentlich aussortiert und umorganisiert haben, immer noch mehr Platz brauchen, sprechen Sie mit dem Herrscher über die Kühl- und Tiefkühlschränke und erflehen Sie mehr Platz.

Frostfreie Tiefkühlschränke. Diese Geräte erhöhen zwischendurch immer leicht die Temperatur, um die Bildung von Frost zu vermeiden. Enzyme und Wachstumsfaktoren, die sehr empfindlich gegenüber Temperaturschwankungen sind, sollten nicht in solchen Tiefkühlschränken gelagert werden.

Frostfreie Kühlschränke. Kühlschränke sollten frostfrei sein, um Wasserschäden zu vermeiden.

Abtauen eines Tiefkühlschranks

Das Abtauen eines Tiefkühlschranks ist ein Laborjob und benötigt die Kooperation und Hilfe der gesamten Laborbesatzung. Es ist ein Job für 1–3 Tage: Der Inhalt muss ausgeräumt werden, der Tiefkühlschrank muss abgetaut und gereinigt werden, anschließend wieder gekühlt und zum Schluss muss alles wieder eingeräumt werden.

- *Das Abtauen muss eine Woche vorher geplant werden.* Alle Labormitglieder sollten darüber informiert werden, bis zu welchem Datum und zu welcher Uhrzeit sie ihre Reagenzien ausräumen müssen. Idealerweise steht ein leerer Tiefkühlschrank oder eine Tiefkühltruhe zur Zwischenlagerung zur Verfügung. Wenn nicht, muss jeder zusehen, wo er einen kalten Platz herbekommt.

Die Zwischenlagerung des Tiefkühltruheninhalts ist ein großes Problem: Nicht nur diese Tiefkühltruhe, sondern auch alle anderen sind üblicherweise bis zum Rand gefüllt. Wenn Sie Glück haben, gibt es irgendwo in Ihrer Universität eine „Leih"-Tiefkühltruhe für Notfälle oder kurze Zwischenlagerung. Sie sollten wissen, wo Sie eventuell Ihr Tiefkühlmaterial zwischenlagern können, bevor ein Notfall eintritt.

- *Das Aufräumen vor dem Abtauen ist eine gute Gelegenheit zum Entrümpeln.* Jeder Nutzer sollte abgelaufene oder nicht mehr benutzte Reagenzien entsorgen. Durchforsten Sie Ihre Proben und Reagenzien und aktualisieren Sie Ihre Aufzeichnungen.

- *Verpacken Sie Ihr Material sorgfältig, egal wie kurz die Strecke ist, die Sie zurücklegen.* Es sollte keine Ständer oder Halter geben, aus denen die Reaktionsgefäße herausfallen können. Jede Box und jeder Behälter muss mit Inhalt und Ihrem Namen beschriftet sein. Versuchen Sie nicht, Ihre Proben allein aufgrund der Lage wiederzufinden.

- *Fangen Sie mit dem Abtauen so früh wie möglich am Morgen an.* Tauen Sie auf keinen Fall über Nacht ab – es können große Wassermengen entstehen und daher muss jemand die ganze Zeit anwesend sein. Ziehen Sie den Stecker und öffnen Sie die Tür.

- *Tragen Sie Handschuhe, wenn Sie im Eis herumfummeln und es entfernen.* Etwas dickere Gummihandschuhe, wie sie auch zum Spülen verwendet werden, sind eine gute Wahl, um Ihre Hände gegen die Kälte und andere Unannehmlichkeiten, die das Eis für Sie bereithält, zu schützen. Achten Sie auf zerbrochene Reagenzgläser, die im Eis versteckt sind.

- *Halten Sie bereit*: Eimer und Aufnehmer, Zeitungspapier, Papierhandtücher, Labortücher – einfach alles, was zum Aufnehmen von Wasser verwendet werden kann. Praktisch sind auch Schüsseln, in die Sie das vollgesogene Material werfen können.

- *Helfen Sie beim Abtauen nach*, aber seien Sie dabei vorsichtig. Jeder sagt, dass man das Eis nicht abschlagen soll und trotzdem tun es alle. Wenn Sie es tun, achten Sie darauf, dass das Eis schon angetaut ist und dick genug, dass Sie nicht Gefahr laufen, die Truhe zu durchlöchern. Versuchen Sie, das Eis eher zu brechen als zu hacken.

- Richten Sie einen Ventilator in die Tiefkühltruhe, um das Abtauen zu beschleunigen. Benutzen Sie keinen Fön, die Gefahr eines tödlichen Stromschlages ist zu groß. Mit heißem Wasser gefüllte Gefäße sind eine gute Alternative. Füllen Sie ein Gefäß mit möglichst heißem Wasser, stellen es in die Truhe und schließen die Tür. Wechseln Sie das Gefäß alle 20 Minuten aus. Sie können auch fast kochendes Wasser in die Truhe gießen; so wird das Abtauen beschleunigt, vermehrt aber auch die Menge an Wasser, die Sie aufwischen müssen.

  > Die Bildung von Eis an den Türen und Dichtungen ist ein chronisches Problem und kann dazu führen, dass die Tür nicht mehr dicht schließt. Das wiederum führt zur Kondensation von Wasserdampf, was vermehrte Eisbildung zur Folge hat. Kratzen Sie einmal wöchentlich mit einem Plastikeiskratzer für die Windschutzscheibe das Eis ab.

- *Entfernen Sie während des Abtauens ständig das Wasser*. Bei Tiefkühlschränken ist das ziemlich einfach, aber auch langweilig, weil das Wasser auf den Fußboden oder auf den Boden des Tiefkühlschranks fließt, wo es gesammelt und aufgenommen werden kann. In Tiefkühltruhen kommt man schlecht an den Boden der Truhe, hier kann das Wasser abgesaugt oder abgepumpt oder mit einem Aufnehmer aufgenommen werden. Günstige Plastikpumpen für den Einmalgebrauch können ebenfalls dafür verwendet werden.

- Umgeben Sie die Truhe mit trockenem Material, so dass der Fußboden nicht nass wird. Ein nasser Laborfußboden ist eine tödliche Falle.

- *Reinigen Sie den abgetauten Tiefkühlschrank*. Sobald er vollständig abgetaut ist, wischen Sie ihn mit einem milden Desinfektionsmittel aus.

- *Schalten Sie den Tiefkühlschrank erst wieder ein, nachdem er vollständig getrocknet ist*. Es dauert mehrere Stunden, mindestens über Nacht, bis er wieder vollständig heruntergekühlt ist. Achten Sie darauf, dass die Temperatur konstant bleibt, bevor Sie ihn wieder einräumen.

- *Schreiben Sie alles auf, was irgendwo hingestellt wurde*. Vielleicht ist jemand im Labor für die Platzzuteilung verantwortlich, aber jeder sollte den Inhalt seiner Kisten kennen und protokollieren.

8.5 Entsorgung von Labormüll

Für jedes Stück Papier, jede Zelle, Chemikalie, Pipette und jedes Reagenzglas gibt es eine Vorschrift, wie es entsorgt wird – nichts darf einfach weggeworfen werden. Die Regeln für die Entsorgung werden durch Ihre Einrichtung festgelegt, also hören Sie bei den Sicherheitseinweisungen gut zu und fragen Sie bei Ihrem Laborleiter, Labormanager oder einem erfahrenen Mitarbeiter nach. Seien Sie sehr vorsichtig, wenn Sie etwas wegwerfen: das falsche Entsorgen von falschem Müll am falschen Platz ist der einfachste Weg, es sich mit allen im Labor zu verscherzen.

8.5.1 Was Sie vor der Entsorgung wissen müssen

- **Die chemische Zusammensetzung des Materials.**

- **Ist es ein Gefahrstoff?**

- **Ist es radioaktiv?**

- **Stellt es eine Biogefährdung dar?**

- **Kann es recycelt werden?** Zeitungen und anderes Papier können recycelt oder wiederverwendet werden. Das Gleiche gilt für einige Plastikverpackungen von Reagenzien, Styroporboxen und Abschirmgefäße für radioaktives Material. Jede dieser Müllsorten wird getrennt gesammelt.

> Informieren Sie sich beim Sicherheitsbeauftragten Ihres Instituts oder bei der Abteilung für Arbeitssicherheit Ihrer Einrichtung über die Regeln zur Lagerung und Entsorgung.

Box 8.8: Absolute Verbote

– Stellen Sie niemals, auch nicht nur für eine Minute, radioaktiven Abfall woanders hin als an die dafür vorgesehenen Orte.

– Werfen Sie niemals scharfen oder spitzen Abfall wie Kanülen, Skalpelle oder Pasteurpipetten in den normalen Abfall oder in den Bioabfall. Dafür gibt es spezielle Abfallboxen. Wenn diese Gegenstände mit gentechnisch verändertem oder infektiösem Material in Berührung gekommen sind, müssen sie vorher inaktiviert werden.

– Glasbruch darf nur in dem dafür vorgesehenen Abfall gesammelt werden. Wenn er gentechnisch verändertes oder infektiöses Material enthält, muss der Glasmüll autoklaviert werden.

Aluminiumfolie. Wird gesammelt und dem Recycling zugeführt.

Bakterien. Im Allgemeinen entweder Bioabfall oder Gentechnikabfall, der vor der Entsorgung inaktiviert werden muss. Die bevorzugte und vorrangig durchzuführende Inaktivierungsmethode ist das Autoklavieren. Das Gleiche gilt für Überstände von Bakterienkulturen.

Basen (Laugen). Kleine Mengen (<100 ml) können neutralisiert (mit pH-Papier überprüfen) und dann mit viel fließendem Wasser langsam in den Ausguss gegossen werden. Größere Mengen müssen wie Gefahrstoffe behandelt werden.

> Lagern Sie sauren oder basischen Abfall (pH-Werte <3 oder >9) nicht in Metallgefäßen, da diese korrodieren können.

Chemische Gefahrstoffe. Im Allgemeinen sollte man Chemikalienabfall nicht mischen. Gemischt wird nur dann, wenn es sich um kleine Volumina von Lösungen der gleichen Kategorie handelt, z.B. halogenierte Lösungsmittel. Fragen Sie zuerst den Sicherheitsbeauftragten oder jemanden von der Arbeitssicherheit. Gemischt wird natürlich auch, wenn es Teil der Arbeitsprozedur ist, wie es z.B. in einer DNA-Synthesemaschine passiert oder bei Extraktionen (z.B. Phenol-Chloroform-Extraktion).

Alle Abfallbehälter müssen beschriftet oder etikettiert werden. Der Name der Chemikalie, die Konzentration der Lösung, das Volumen, der Standort und Ihr Name müssen darauf festgehalten werden. Vorgedruckte Etiketten bekommen Sie vom Sicherheitsbeauftragten.

Benutzen Sie die richtigen Behälter. Sie können nicht einfach eine übriggebliebene Flasche aus dem Labor nehmen und Abfall hineingießen. Es könnte Explosions- oder Brandgefahr bestehen oder die Flasche ist eventuell nicht dicht. Fragen Sie den Sicherheitsbeauftragten nach den richtigen Behältern und Deckeln für jede Chemikalie, die Sie entsorgen wollen.

> Halten Sie organischen Abfall und wässrigen Abfall voneinander getrennt.

Bewahren Sie die Abfallflaschen an den dafür vorgesehen Plätzen auf, bis sie abgeholt werden oder Sie sie wegbringen. Einige Abfälle müssen neutralisiert werden, bevor sie entsorgt werden. Es ist eine gute Idee, den pH-Wert aller Abfälle zu kontrollieren – jetzt wissen Sie, wofür Sie das ganze pH-Papier haben! Notieren Sie den pH-Wert auf der Flasche. Fragen Sie den Sicherheitsbeauftragten nach Vorschriften zur Neutralisierung.

> Schütten Sie brennbaren und hochgiftigen Abfall, sowie Abfall, der sich nicht mit Wasser mischt oder mit Wasser reagiert, nicht einfach in den Ausguss.

- Beispiele für chemische Gefahrstoffe

Acetonitril	Formaldehyd
Acrylamid	Hydrazin
Benzol	Methylenchlorid
Chloroform	Osmiumtetroxid
Chromsäure	Perchlorsäure
Cyanbromid	Peressigsäure
Cyanwasserstoff (Blausäure)	Phenol- und phenolische Lösungen
Diethylether	Pikrinsäure
Diisopropylfluorophosphat (DFP)	Pyridin
Dimethylformamid (DMF)	Quecksilber und Quecksilberverbindungen
Dimethylsulfoxid (DMSO)	Trichlorethylen
Ethidiumbromid	Wasserstoffperoxid
Fluorwasserstoff	Xylen

Ungefährliche chemische Abfälle. Feststoffe werden in den Müll geworfen, Flüssigkeiten mit viel fließendem Wasser in den Ausguss gegossen.

- Organische Chemikalien:
  Acetate: Ca, Na, NH_4 und K
  Aminosäuren und deren Salze
  Milchsäure und deren Na-, K-, Mg-, Ca- und NH_4-Salze
  Zitronensäure und deren Na-, K-, Mg-, Ca- und NH_4-Salze

- Anorganische Chemikalien:
  Bicarbonate: Na, K
  Borate: Na, K, Mg, Ca
  Bromide: Na, K
  Carbonate: Na, K, Mg, Ca
  Fluoride: Ca
  Iodide: Na, K
  Oxide: B, Mg, Ca, Al, Si, Fe
  Phosphate: Na, K, Mg, Ca
  Sulfate: Na, K, Mg, Ca, NH_4

> Nichtbrennbare, nichtkorrodierende, nichtmetallische, nichtgiftige, geruchlose und wasserlösliche Substanzen können meistens durch den Ausguss entsorgt werden. Das Gleiche gilt für die meisten Puffer.

DNA. In Deutschland kann DNA, wenn sie kein Gefährdungspotenzial besitzt, direkt im Müll entsorgt werden.

Flüchtige Chemikalien. Entsorgen Sie flüchtige Chemikalien nach ihrer Zusammensetzung (Gefahrstoff, organisch, usw.). Entsorgen Sie flüchtige Chemikalien nicht dadurch, dass Sie sie einfach im Abzug verdunsten lassen.

Gele. Ethidiumbromidgefärbte Agarosegele kommen in den Ethidiumbromidabfall, normale Acrylamidgele in den normalen Abfall.

Handschuhe. Wenn Ihre Handschuhe mit gentechnisch verändertem oder infektiösem Material in Kontakt gekommen sind, müssen sie inaktiviert werden. Wenn nicht, kommen sie in den normalen Müll.

Abb. 8.3: Abfalltrennung im Labor. (1) Kleiner Abfallbehälter für gentechnisch veränderten Abfall. (2) Sicherheits-abfallbehälter für Kanülen, Skalpelle usw. (3) Sammelbehälter für gentechnisch veränderten Abfall. (4) Hausmüll. (5) Radioaktiver Abfall. (6) Papierabfall zum Recycling. (7) Ausguss. (8) Glasabfall. In vielen Laboren findet man zu-sätzlich noch Abfallbehälter für Gefahrstoffe.

Kanülen. Kommen in spezielle Sicherheitsabfallbehälter.

Lösungsmittel. Chemische Gefahrstoffe auf keinen Fall durch den Ausguss gießen. Benutzen Sie einen Ab-fallbehälter, dessen Volumen möglichst genau Ihrer Ab-fallmenge entspricht. Verschiedene Abfälle sollten nicht gemischt werden; einige Abfälle sind allerdings schon von vornherein Mischungen und sollten entsprechend deklariert werden.

> Nehmen Sie die Kanüle niemals von der Spritze ab und ver-schließen Sie niemals wieder eine Kanüle – das sind die Tä-tigkeiten, bei denen die meisten Unfälle passieren! Werfen Sie die Kanüle mit der Spritze di-rekt in den Sicherheitsabfallbe-hälter.

Müll. In den normalen Müll kommt alles, was nicht re-cycelbar, nicht radioaktiv, nicht biogefährdend, nicht scharf oder spitz und kein Gefahrstoff ist. Davon wird es nicht viel geben, und daher enthält dieser Müll haupt-sächlich Papierhandtücher. Dieser Abfall wird in einen Abfalleimer entsorgt, der häufig mit ei-nem Plastikbeutel ausgekleidet ist. Denken Sie daran – Sie dürfen im Labor nicht essen, also sollten im Labormüll auch keine Essensreste sein! Das ist ein rotes Tuch für die Leute von der Arbeitssicherheit, also halten Sie alle Kaffeebecher und Ihr Butterbrotpapier vom Labormüll fern.

Box 8.9: Trennung von chemischen Abfällen

Für die Entsorgung von komplexen Abfällen, die bei manuellen Synthesen oder anderen Prozessen enstehen, trennen Sie die Lösungsmittel in:

– Halogenierte Substanzen (z.B. Dichlormethan, Dichlorethan, Chloroform).

– Brennbare Substanzen (z.B. Toluol, Xylol, Benzol).

– Wässriger Abfall (z.B. HPLC-Laufmittel, Abfälle vom Aminosäureanalysator).

– Phenol-Chloroform.

Pipettenspitzen. In den Sicherheitsabfallbehälter oder zumindest getrennt vom normalen Müll.

Papier. Recycelfähiges Papier wird in einem eigenen Mülleimer gesammelt. Nicht-recycelfähiges Papier wie Papierhandtücher wird in den normalen Müll geworfen.

Fotofixierer und -entwickler. Verdünnter Fixierer und Entwickler dürfen eventuell weggeschüttet werden oder werden in Kanistern gesammelt. Sammeln Sie Fixierer und Entwickler in getrennten Kanistern.

Pipetten. Einwegpipetten werden üblicherweise direkt entsorgt. Aber Vorsicht, Pipetten können den Müllbeutel durchstechen, also verwenden Sie besser zwei Sicherheitsmülltüten übereinander, um Lecks oder Verletzungen zu vermeiden. Wiederverwendbare Pipetten werden normalerweise in einem Pipettenständer gesammelt, der in eine Pipettenspüle gestellt werden kann. Da dies Aerosole erzeugen kann, sollten die Pipetten mit Wattestopfen verschlossen und horizontal gelagert werden.

Puffer. Die meisten Puffer können durch den Ausguss entsorgt werden. Achten Sie auf die Ausnahmen unter „Chemische Gefahrstoffe".

Radioaktiver Abfall. Dazu gehört alles, was während des Experiments benutzt wurde: Papierhandtücher, Papierunterlagen, Pipettenspitzen, usw.

Säuren. Kleine Mengen (<100 ml) können neutralisiert (mit pH-Papier überprüfen) und dann mit viel fließendem Wasser langsam in den Ausguss gegossen werden. Größere Mengen müssen wie Gefahrstoffe behandelt werden.

Scharfe und spitze Gegenstände. Werfen Sie alle Pasteurpipetten, Skalpelle und Skalpellklingen, Kanülen mit Spritzen, Rasierklingen, Glasobjektträger und Deckgläschen in einen Sicherheitsabfallbehälter. Vielleicht gibt es in Ihrem Labor unterschiedliche Sicherheitsabfallbehälter, einen für „normalen" Müll und einen für Müll, der mit gentechnisch verändertem oder infektiösem Material in Berührung gekommen ist, eventuell wird aber auch alles in nur einem Behälter gesammelt. Radioaktiver Abfall muss in einer separaten Box gesammelt werden.

Beachten Sie Ihre Pflichten! Jedes Labor hat seine eigene Müllentsorgungspolitik und das Reinigungspersonal ist üblicherweise nur für den „normalen" Abfall zuständig. Es bleibt also an den Labormitgliedern, sich um alles andere zu kümmern (und neue Labormitglieder sind wahrscheinlich nicht davon befreit). Die Aufgaben können rotationsweise wechseln, oder jemand tut es freiwillig (der Ehre wegen), oder es wird jemandem zugeteilt. Nehmen Sie Ihre Pflichten ernst und vergessen Sie nicht, wann Sie dran sind.

Pipettenspitzen sollten nicht einfach in den Müll oder den Gentechnikabfall geworfen werden, da sie spitz sind und Müll- und Autoklavenbeutel durchstechen können, wobei das Labor- und Reinigungspersonal in Kontakt mit dem Inhalt des Beutels kommen könnte.

Entsorgen Sie flüchtige Substanzen wie Ether und Chloroform nicht dadurch, dass Sie sie einfach im Abzug oder auf der Arbeitsbank verdampfen lassen. Behandeln Sie flüchtige Chemikalien als Gefahrstoffe.

Spritzen. Spritzen mit Nadel werden in einen Sicherheitsabfallbehälter geworfen, Spritzen ohne Nadel eventuell in den Biostoffabfall. Fragen Sie Ihren Sicherheitsbeauftragten nach den lokalen Bestimmungen.

> Säuren und Basen sollten nicht gemischt werden.

Thermometer. Quecksilberthermometer *dürfen nicht* in den normalen Glasabfall geworfen werden. Die meisten Quecksilberthermometer sind in Plastik oder Harz eingegossen, um das Austreten von Quecksilber im Fall der Zerstörung zu verhindern. Wenn diese Versiegelung unbeschädigt ist, nehmen Sie das Thermometer mit Handschuhen auf, packen Sie es in eine verschlossene Box oder in ein Becherglas und kontaktieren Sie den Sicherheitsbeauftragten, damit er sich um die Entsorgung kümmert. Falls Quecksilber ausgetreten ist, informieren Sie sofort den Sicherheitsbeauftragten. Mit Alkohol oder Petroleumgeist gefüllte Thermometer können im Glasabfall entsorgt werden.

Trockeneis. Lassen Sie Trockeneis einfach verdampfen. Auf keinen Fall sollten Sie Trockeneis in das Waschbecken geben, auch nicht mit fließendem Wasser, weil dabei die Rohre einfrieren und platzen können.

Überstände. Überstände, die bei der Zentrifugation von Bakterien und Viren entstehen, müssen üblicherweise inaktiviert werden.

Zellen. Siehe Bakterien.

8.5.2 Prioritätenliste für die Entsorgung

Viele Abfälle fallen gleichzeitig in mehrere Kategorien: Sie sind z.B. nur biogefährdend oder biogefährdend und radioaktiv oder biogefährdend und radioaktiv und enthalten organische Lösungsmittel. Entsorgen Sie den Abfall nach seiner höchsten Priorität:

1. Radioaktiver Feststoffabfall.

2. Radioaktiver Flüssigabfall.

3. Gefahrstoffe.

4. Biogefährdende oder gentechnisch veränderte Materialien.

5. Scharf oder spitz.

6. Ungefährliche Chemikalien.

8.6 Quellen und Ressourcen

Collins C.H., Lyne P.M., Grange J.M. 1995. *Microbiological methods*, 7. Aufl. Butterworth-Heinemann, Oxford.

Fisher Safety Products Reference Manual. 2000. Fisher Scientific, Pittsburgh. http://www.fishersci.com/safety/safe_his.jsp

Gershey E.L., Party E., Wilkerson A. 1991. *Laboratory safety in practice: A comprehensive compliance program and safety manual*. Van Nostrand Reinhold, New York.

Harlow E., Lane D. 1999. *Using antibodies. A laboratory manual*. Cold Spring Harbor Laboratory, Cold Spring Harbor, New York.

Laboratory Safety Guidelines, 2. Aufl. 1996. Population and Public Health Branch, Health Canada. http://www.hc-sc.gc.ca/pphb-dgspsp/publicat/lbg-ldmbl-96/lbgc_e.html

Lenga R.E. (Hrsg.) 1988. The Sigma-Aldrich library of chemical safety data, 2. Aufl. Bd. I und II.

Sigma-Aldrich Corporation, Milwaukee. MSDS Search Databases http://www.msdssearch.com

O'Neil M.J., Smith A., Heckelman P.E., Obenchain J.R., Gallipeau J.R., D'Arecca A. (Hrsg.) 2001. *Merck index: An encyclopedia of chemicals, drugs & biologicals*, 13. Aufl. Merck and Co., Rahway, New Jersey. The Merck Index Online http://library.dialog.com/bluesheets/html/bl0304.html

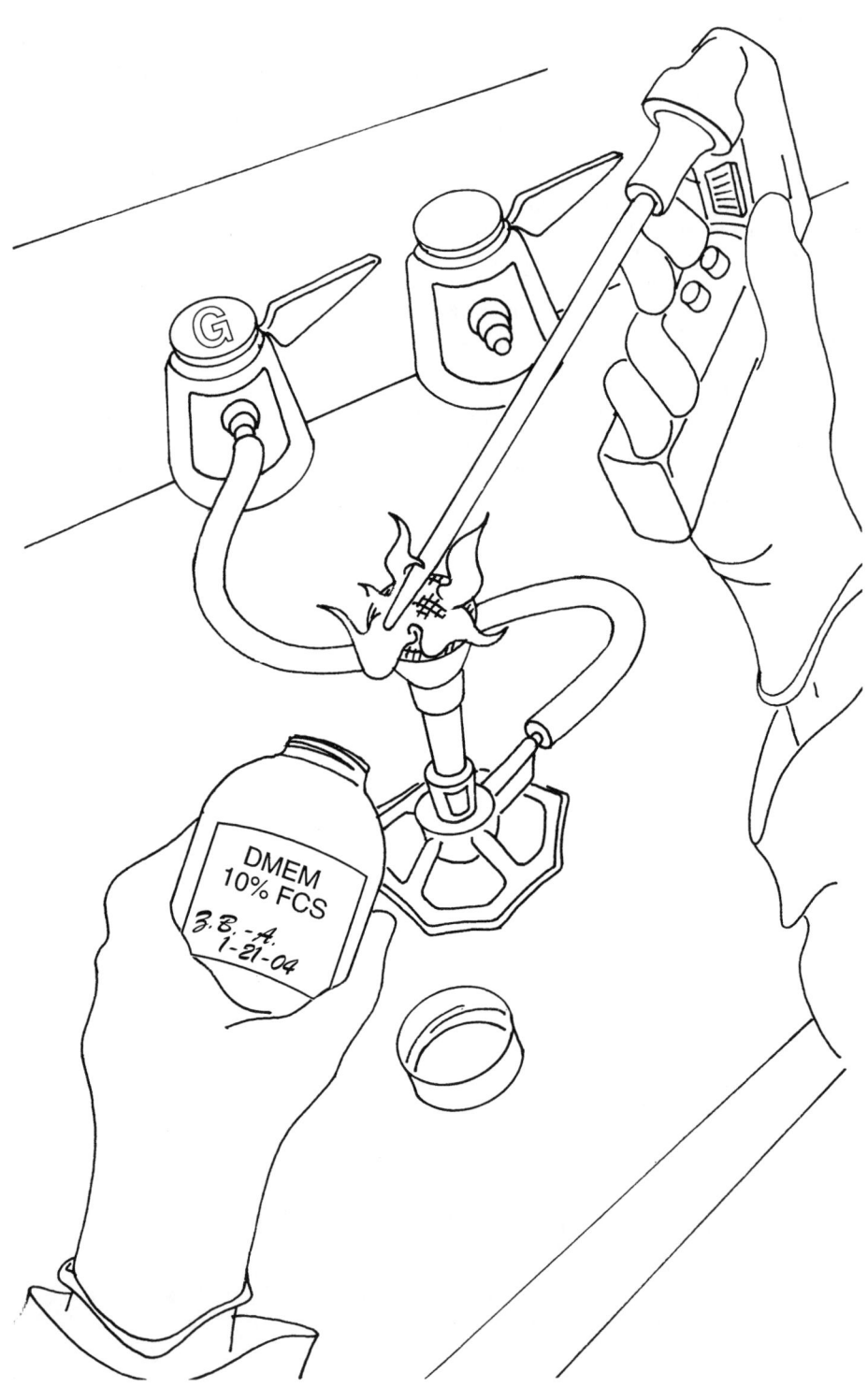

9 Arbeiten ohne Kontamination

Aseptische (oder sterile) Arbeitstechniken ermöglichen ein Arbeiten, bei dem die Sterilität gewahrt bleibt. Vor der Einführung des Labor-Abzugs wurden alle Arbeiten offen an der Laborbank durchgeführt. Heutzutage wird in vielen Laboren nicht mehr so stark auf aseptisches Arbeiten geachtet. In einigen molekularbiologischen Laboren wird tatsächlich noch nicht einmal mehr der Versuch unternommen, Sterilität zu erhalten.

Großer Fehler! Obwohl die Notwendigkeit, steril zu arbeiten, in einem biochemischen Labor nicht so offensichtlich ist wie z.B. in einem Zellbiologielabor oder einem Labor für Infektionskrankheiten, kann steriles Arbeiten vielen Problemen vorbeugen, die sonst unmöglich zu erkennen sind. Außerdem sind die Grenzen zwischen den verschiedenen Arbeitgebieten nicht mehr so klar getrennt; Molekularbiologie wird z.B. heutzutage eher als Technik denn als Forschungsgebiet verstanden; jeder Forscher muss seine eigenen Zellen züchten oder seine eigenen Bakterien einfrieren können.

Aseptisches Arbeiten sollte für Sie nicht nur eine Technik sein, die es Ihnen ermöglicht, Ihre Kulturen steril zu öffnen, sondern eine Leitlinie, an der Sie *immer* Ihr Denken und Handeln im Labor ausrichten sollten. Es gibt keine Aspekte in der Laborarbeit, die nicht von ein bisschen mehr Sorgfalt profitieren würden. Nutzen Sie es, um Ihre RNA-Lösungen anzusetzen, um Restriktionsansätze vorzubereiten und Membranproteine zu präparieren. Wenn Sie gewohnt sind, mit aseptischen Techniken zu arbeiten, wird Ihnen auch das Befolgen von Regeln für das Arbeiten mit Radioaktivität sehr leicht fallen.

Die nachfolgend beschriebenen Tätigkeiten sind immer für Rechtshänder beschrieben.

9.1 Wann benutzt man sterile Arbeitstechniken?

Wenn Sie steril arbeiten *müssen.* Sie **müssen** immer steril arbeiten, wenn Sie mit lebenden Organismen oder mit Medien, Puffern oder Kulturgefäßen arbeiten, die für lebende Organismen verwendet werden. Beispiele:

- **Vorbereiten einer *E. coli*-Kultur für eine Transformation**
- **Herstellen von LB-Platten**
- **Splitten von Zellen**
- **Filtern von Serum für Medien**
- **Öffnen und Rehydrieren eines Gefäßes gefriergetrockneter Bakterien**

Wenn steriles Arbeiten *nützlich* **ist.** Sie **sollten** immer dann steril arbeiten, wenn Sie darauf achten müssen, dass etwas nicht von einem Gefäß in ein anderes oder von einem Platz an einen anderen Platz gelangt. Ja, das trifft auf fast alle Arbeiten zu, die Sie im Labor durchführen. Auch wenn Sie mit Hochsalzpuffern oder Lösungen mit Detergenzien arbeiten, in denen wahrscheinlich keine Organismen wachsen können, müssen Sie darauf achten, Ihre Lösungen nicht mit Fett von der Haut oder Staub von einer schmutzigen Pipette zu kontaminieren.

Sie **sollten** auch immer dann sterile Arbeitstechniken anwenden, wenn Sie mit radioaktiven Gefahrstoffen oder giftigen Chemikalien arbeiten. Natürlich hat der Selbstschutz hier Vorrang und Sie müssen Ihre Arbeitsprozeduren entsprechend anpassen. Aber glücklicherweise haben das Schützen Ihres Materials und das Schützen Ihrer eigenen Person eines gemein: In beiden Fällen errichten Sie mit den gleichen Mitteln Barrieren zwischen sich und dem Material, um die gleichen Ziele zu erreichen. Zum Beispiel:

- **Ansetzen eines Restriktionsverdaus.** Die Kontamination von Restriktionsenzymen ist ein riesiges Desaster. Fast alle Restriktionsenzyme sind in Glycerol gelagert und Glycerolkonzentrationen von über 50% wirken bakteriostatisch; verdünnte Enzyme und Enzyme ohne Glycerol sind gegenüber bakterieller Kontamination aber empfänglich. Zusätzlich können Spuren von normalen chemischen Elementen Enzymreaktionen inhibieren.

- **Ansetzen einer PCR.** Ein notorisches Problem bei der PCR ist die Kontamination mit fremder DNA. Durch aseptisches Arbeiten, am besten in einem Raum, der von dem Raum getrennt ist, in dem die PCR durchgeführt und analysiert wird, kann das Einschleppen von DNA verhindert werden.

- **Markierung von Zellen mit [^{32}P]-Phosphat.** In diesem Fall dient das aseptische Arbeiten Ihrem Schutz, nicht dem Schutz der Zellen. Wenn Sie in aseptischen Begriffen denken, werden Sie keine Deckel geöffnet lassen, keine Aerosole erzeugen oder versehentlich eine radioaktiv kontaminierte Pipette wieder verwenden.

9.2 Steriles Arbeiten

Einfach gesprochen: Die Luft ist angefüllt mit Staub, Sporen und Keimen, und Sie wollen nicht, dass diese in Ihre Flaschen oder Zellen geraten. Solange sie kein Luftstrom von der Arbeitsbank wegbläst, werden diese potenziellen Kontaminationen auf die Arbeitsfläche, in offene Flaschen und auf Pipettenspitzen niedersinken. Mikroorganismen „fallen" von Händen und aus Ärmeln und sinken auf die Arbeitsfläche. Bewegungen mit dem Arm, schnelles Pipettieren und vorbeigehende Kollegen erzeugen unkalkulierbare Luftströmungen, gegen die man sich nicht schützen kann.

Die Anwendung von aseptischen Arbeitstechniken wird den Kontakt Ihres Materials mit möglichen Kontaminationen *minimieren*, aber es schützt nicht unter allen Umständen und kann daher nicht alle Kontaminationen verhindern. Aber je besser Ihre Arbeitstechniken sind, desto größer werden Ihre Erfolge bei der Vermeidung von Kontaminationen sein.

> Halten Sie die Oberflächen sauber, die Flaschen geschlossen und minimieren Sie Ihre Bewegungen.

9.2.1 Regeln

- **Die Arbeitsfläche sollte so weit wie möglich von Luftzug und Durchgangsverkehr entfernt sein.** Die Fenster sollten geschlossen sein und Sie sollten versuchen, nicht in der Nähe eines häufig benutzten Eingangs zu arbeiten. Die Verwendung einer Sterilbank macht das Durchführen von aseptischen Arbeiten einfacher, ist aber nicht unbedingt notwendig.

- **Achten Sie darauf, dass Sie eine freie Arbeitsfläche haben.** Entfernen Sie alle Vorräte und jede Ausstattung, die Sie nicht verwenden. Alte Flaschen und Gefäße sollten nicht im Weg stehen. Wenn Sie mit dem Arbeiten fertig sind, stellen Sie Ihre Vorräte und Geräte zurück und wischen Sie die Fläche noch einmal sauber.

- **Reinigen Sie die Arbeitsfläche mit einem Desinfektions- oder Reinigungsmittel, bevor Sie anfangen.** In den meisten Laboren verwendet man dafür 70%iges Ethanol (nehmen Sie das Mittel, das am Institut benutzt wird, Alkohol wirkt eventuell nicht gegen das spezielle „Unkraut", mit dem sich Ihr Labor herumschlägt). Halten Sie eine Spritzflasche mit 70%igem Ethanol in Griffweite und benutzen Sie sie großzügig. Reinigen Sie die Arbeitsfläche am Ende des Tages, bevor Sie mit einem Experiment beginnen und nach jedem Verschütten.

> Wegen der Brandgefährdung sollte 70% Ethanol nur für Flächen bis maximal 1 m^2 verwendet werden.

- **Alle Pipetten und Flaschen müssen steril sein.** Wenn Sie nicht WISSEN, ob etwas steril ist, benutzen Sie es nicht. Wiederverwendbare Flaschen und Pipetten sollten mit Autoklavierband markiert sein, das die Sterilität anzeigt oder mit einem Hinweis beschriftet ist, dass der Behälter sterilisiert wurde. Einmalpipetten müssen in Tüten stecken, bei denen sichergestellt ist, dass, selbst wenn sie geöffnet waren, die Sterilität der Pipetten nicht in Mitleidenschaft gezogen wurde. Wenn die Tüte alt ist oder zerrissen oder komplett offen, benutzen Sie die Pipetten nicht mehr.

- **Richten Sie Ihre Arbeitsfläche so ein, dass Handbewegungen minimiert werden.** Stellen Sie die Sachen, die Sie mit der rechten Hand benutzen, rechts von der freien Arbeitsfläche und die, die Sie mit der linken Hand benutzen, links von der freien Arbeitsfläche. Um z.B. eine kleine Flüssigkeitsmenge aus einem Glas zu entnehmen, sollte ein Rechtshänder die Pipettierhilfe und die Pipetten rechts liegen haben, das Glas links.

- **Halten Sie alles bereit, was Sie brauchen,** damit Sie den Arbeitsplatz nicht verlassen müssen, um etwas zu holen. Je mehr Sie herumrascheln, desto mehr Luft wird verwirbelt. Das Verlassen des Arbeitsplatzes unterbricht außerdem Ihre Konzentration.

- **Tragen Sie Gummihandschuhe und wechseln Sie sie regelmäßig.** Handschuhe schützen Sie und Ihr Material. Wenn Handschuhe nicht erhältlich sind, nicht gebraucht oder nicht gewünscht werden, müssen Sie Ihre Hände vor und nach dem Arbeiten waschen. Vielleicht mögen Sie lieber ohne Handschuhe arbeiten, was für ungiftiges und nichtpathogenes Material auch in Ordnung ist. Auf der anderen Seite benötigen Sie für viele Arbeiten Handschuhe, also sollten Sie sich besser daran gewöhnen, mit Handschuhen zu arbeiten.

9.2.2 Tipps zum sterilen Arbeiten

Jede Arbeit, die Sie machen, ist etwas anders. Darum müssen Sie sorgfältig über Ihre Handlungen nachdenken; es ist nicht möglich, hier jeden Arbeitsschritt, den Sie vielleicht einmal durchführen werden, zu beschreiben. Allgemein gilt, dass Sie immer versuchen sollten, das Aufeinandertreffen Ihres Materials mit möglichen Kontaminationen zu minimieren. Daher müssen Sie sich Ihrer Tätigkeiten immer bewusst sein.

- Minimieren Sie:

  - *Distanzen.* Je näher das Zubehör bei Ihnen steht und je mehr es zusammensteht, desto weniger Bewegungen sind notwendig.

  - *Exposition.* Je häufiger oder länger Sie etwas durch die Luft bewegen, desto mehr Partikeln wird es begegnen. Je länger eine Flasche offen steht, desto mehr Partikel können eindringen. Das Abflammen einer Flasche oder Pipette fixiert die Partikel auf der Oberfläche und erzeugt einen Aufwärtsstrom, der die Exposition verringert.

    > Das Abflammen dient nicht der Sterilisation. Ein kurzes Schwenken durch die Flamme für ein bis drei Sekunden genügt.

  - *Bewegung.* Bewegungen erzeugen Luftströme. Schnelle Bewegungen erzeugen schnelle Luftströme. Machen Sie alle notwendigen Bewegungen, aber machen Sie sie sanft.

Abb. 9.1: Aufbau der Laborbank für aseptisches Arbeiten. In diesem Beispiel sollen 5 ml einer wachsenden Bakterienkultur aus einem Röhrchen in einen Kolben mit 100 ml Kulturmedium gegeben werden. Die benötigten Materialen sind für einen Rechtshänder angeordnet, sodass alles, was mit der rechten Hand bedient wird, rechts steht und alles, was mit der linken Hand bedient wird, links steht. (1) Röhrchen mit Bakterienkultur. (2) Kolben mit Kulturmedium. (3) Handschuhbox. (4) Freie Arbeitsfläche. (5) Pipettierhilfe. (6) Bunsenbrenner. (7) Einzeln verpackte Pipetten. (8) Abfallbehälter für infektiösen Abfall.

Schwenken Sie Pipetten nicht durch die Luft und machen Sie keine hektischen Bewegungen über der Arbeitsfläche.

– *Gießen*. Gießen erzeugt Aerosole, die die Luft verwirbeln und Kontaminationen zu ungewünschten Plätzen tragen kann. Der Flüssigkeitsrest, der nach dem Gießen auf dem Flaschenrand verbleibt, ist außerdem eine der größten Kontaminationsquellen, da er eine Brücke von der Innenseite zur Außenseite der Flasche bildet. Benutzen Sie, wann immer möglich, eine Pipette, um Flüssigkeiten zu transferieren.

- **Halten Sie alle Flaschen beim Öffnen in einem Winkel von ca. 45°.** So verringern Sie die Gefahr von Kontaminationen durch die Luft und die Bildung von Aerosolen beim Pipettieren.

> Es gibt Pipetten, mit denen man bis zu 50 ml pipettieren kann. Wenn Sie solch eine Pipette benutzen, achten Sie darauf, dass sie fest in der Pipettierhilfe sitzt. Diese Pipetten sind länger als die üblichen Pipetten und wenn sie während des Pipettierens nicht aufrecht gehalten werden, verlieren sie das Vakuum und die Flüssigkeit wird heraustropfen.

- **Wenn Sie einen Deckel ablegen müssen, legen Sie ihn mit der Innenseite nach unten auf die saubere Arbeitsfläche.** Versuchen Sie besser, es zu vermeiden. Wenn Sie den Deckel mit der Innenseite nach oben ablegen, erhöht sich die Gefahr von Kontaminationen durch Ihre Hände oder Flaschen, die Sie darüber hinweg bewegen.

- **Flammen Sie Glaspipetten und offene Flaschen vor Benutzung ab.** Stellen Sie den Bunsenbrenner zwischen Ihre Hand und die Flaschen usw., mit denen Sie arbeiten.

- **Flammen Sie keine Pipetten oder Flaschen aus Plastik ab!** Arbeiten Sie stattdessen schnell, verschließen Sie die Flaschen wieder schnell und halten Sie alle Flaschen in einem Winkel von 45°, wenn Sie pipettieren, egal ob Sie sie abgeflammt haben oder nicht.

- **Schütteln Sie die Flaschen nicht und pipettieren Sie behutsam.** So verringern Sie Aerosolbildung. Seien Sie auch vorsichtig, wenn Sie Zentrifugenbecher öffnen.

- **Lassen Sie keine offenen Flaschen stehen.** Wenn Sie eine Flasche abstellen, verschließen Sie sie sofort mit dem Deckel. Lassen Sie keine Flaschen mit offenem Deckel und Pipetten darin stehen.

> Es gibt zwei unterschiedliche Lehrmeinungen, wie ein Deckel abgelegt werden soll: Innenseite nach oben oder nach unten. Beides ist möglich, entscheiden Sie sich für eine Möglichkeit und bleiben Sie dann dabei. Legen Sie den Deckel mit der Innenseite nach oben ab, müssen Sie vermeiden, mit Ihren Händen darüber zu gehen. Legen Sie die Innenseite nach unten, müssen Sie darauf achten, dass die Arbeitsfläche darunter gut desinfiziert worden ist.

- **Brechen Sie rechtzeitig ab.** Aseptische Techniken gehen in der Regel weit über das Notwendige hinaus, daher geht am Ende auch meistens alles gut. Also behalten Sie das im Hinterkopf und entspannen Sie sich. Es gibt aber ein paar *häufig vorkommende Fehler*, bei denen Sie nicht weiterarbeiten, sondern sofort mit dem was Sie tun, aufhören sollten.

Box 9.1: Missgeschicke, die der Sterilität schaden

1. Flüssigkeit zu weit in die Pipette aufgezogen. Verwerfen Sie die Pipette und überprüfen Sie die Pipettierhilfe. Eventuell müssen Sie den Filter wechseln.

2. Mit der Pipettenspitze die Arbeitsfläche, eine Flasche oder irgendetwas anderes berührt. Verwerfen Sie die Pipette.

3. Ein offenes Gefäß auf den Boden geworfen. Verwerfen Sie es.

4. Mit irgendetwas, inklusive einer behandschuhten Hand, den Partikelfilter der Sterilbank berührt. Das ist die hauptsächliche Quelle von Kontaminationen in Abzügen. Verwerfen Sie das, was den Filter berührt hat.

5. Pipetten wiederverwendet. Wenn eine Pipette einmal benässt ist, ist die Wahrscheinlichkeit, dass sie Partikel aus der Luft aufnimmt, viel höher.

 Pipettieren

Pipettieren mit wiederverwendbaren Glaspipetten

Wiederverwendbare Glaspipetten werden normalerweise in Metalldosen oder -büchsen aufbewahrt. Für das Arbeiten mit Zellen oder Bakterien sollten die Pipetten am hinteren Ende mit Wattestopfen abgedichtet sein.

> Ein kleiner Deckel einer Metalldose kann mit den äußeren beiden Fingern der linken Hand gehalten werden.

1. Lösen Sie den Deckel der Dose.

2. Halten Sie die Dose in der linken Hand und entfernen Sie den Deckel mit der rechten Hand.

3. Flammen Sie den Deckel und das offene Ende der Dose ab. Legen Sie den Deckel auf seiner Seite ab.

4. Halten Sie die Dose horizontal in Ihrer linken Hand und schütteln Sie sie vorsichtig, sodass ein bis zwei Pipetten ca. 2 cm aus der Dose herausragen und Sie sie einfach greifen können.

5. Legen Sie die Dose auf ihre Seite oder behalten Sie sie in der linken Hand und entnehmen Sie eine Pipette. Ziehen Sie sie heraus, indem Sie sie mit Daumen und Zeigefinger ca. 5 cm vom oberen Rand festhalten, berühren Sie dabei nicht die Wandung der Dose.

6. Flammen Sie das untere Drittel der Pipette für 1–3 Sekunden ab. Drehen Sie die Pipette dabei um 180° entlang ihrer Längsachse.

7. Stecken Sie die Pipette in die Pipettierhilfe.

8. Halten Sie die Flasche, aus der Sie pipettieren wollen, in einem 45°-Winkel in Ihrer linken Hand. Während Sie gleichzeitig die Pipettierhilfe in der rechten Hand halten, öffnen Sie mit den äußeren beiden Fingern der gleichen Hand den Deckel der Flasche. Halten Sie den Deckel mit diesen Fingern fest.

9. Flammen Sie mit der linken Hand das offene Ende der Flasche ab.

10. Flammen Sie noch einmal die Pipette kurz ab.

11. Tauchen Sie die Pipettenspitze in die Flüssigkeit ein. Berühren Sie dabei nicht die Flaschenwandung, sondern tauchen Sie die Spitze senkrecht in die Flüssigkeit. Nehmen Sie das gewünschte Volumen auf und ziehen Sie vorsichtig die Pipette wieder heraus.

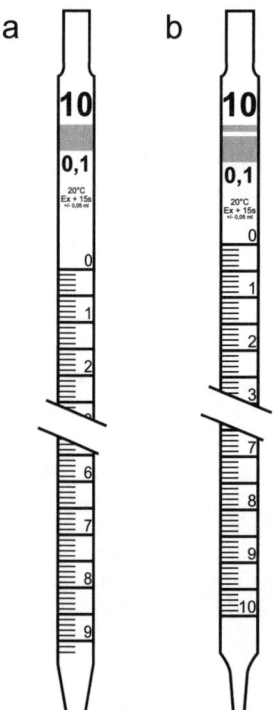

Abb. 9.2: Achten Sie sorgfältig auf den Typ der Pipette, den Sie verwenden. Die meisten Pipetten sind auf Vollablauf kalibriert (a), d.h. das abgemessene Volumen wird geliefert, wenn man die Pipette vollständig auslaufen lässt. Pipetten mit Teilablauf (b) darf man nur bis zur letzten Markierung auslaufen lassen, um das richtige Volumen zu bekommen.

12. Flammen Sie die Flasche wieder ab und verschließen Sie sie. Stellen Sie sie beiseite.

13. Halten Sie die Pipette so ruhig wie möglich, während Sie die Flasche, in die Sie pipettieren wollen, wie unter den Schritten 8–9 beschrieben, öffnen.

14. Stecken Sie die Pipette vorsichtig in die Flüssigkeit wie unter Schritt 11 beschrieben und entlassen Sie die Flüssigkeit.

15. Ziehen Sie die Pipette heraus und legen Sie sie beiseite, z.B. in ein Becherglas zur Zwischenlagerung. Anschließend werden üblicherweise alle Pipetten in einen Behälter zum Einweichen überführt.

16. Flammen Sie die Flasche ab, verschließen Sie sie und stellen Sie sie ab.

Pipettieren mit Einwegpipetten

1. Stellen Sie sicher, dass das obere Ende der Plastikpackung geöffnet ist (oder, falls sie mit Klebeband verschlossen war, dass dieses entfernt ist), damit Sie leichter eine Pipette entnehmen können.

2. Halten Sie die Pipettenpackung in der linken Hand, während Sie mit Daumen und Zeigefinger der rechten Hand eine Pipette entnehmen. Versuchen Sie, nicht die Innenseite der Packung oder andere Pipetten mit der Spitze der ausgewählten Pipette zu berühren. Drücken Sie vorsichtig die Packung zu einer Röhre zusammen, damit Sie die Pipette leichter entnehmen können.

> Der kritische Punkt, an dem häufig Kontaminationen auftreten, sind die letzten paar Zentimeter, wenn Sie die Pipette aus der Packung ziehen. Es kann passieren, dass Sie mit Ihren Fingern die anderen Pipettenenden berühren und eine Berührung der Pipettenspitze mit den oberen Enden der noch gepackten Pipetten kann die Pipette und alles, was sie berührt, kontaminieren.

3. Legen Sie die Pipettenpackung nach links ab.

4. Führen Sie alle weiteren Schritt so durch, wie sie für die wiederverwendbaren Pipetten beschrieben wurden, allerdings ohne das Abflammen.

Box 9.2: Öffnen einzeln verpackter Pipetten

1. Halten Sie die Pipette in der linken Hand, ca. 1/4 vom oberen Ende entfernt. Die Spitze zeigt nach links.

2. Greifen Sie fest zu, damit die Plastikpackung nicht verrutscht.

3. Greifen Sie das obere Ende der Verpackung mit Ihrer rechten Hand.

4. Während Sie mit der linken Hand die Pipette festhalten, ziehen Sie mit der rechten Hand die Verpackung herunter, sodass das obere Ende der Pipette ein Loch in die Verpackung stößt und diese in zwei Hälften teilt, die Sie umfalten können.

5. Ziehen Sie die Verpackung weiter herunter, bis Sie sie ca. 5 cm über die Außenseite umfalten können. Jetzt haben Sie einen sterilen Tunnel, durch den Sie die Pipette herausziehen können.

6. Stecken Sie die Pipette in eine Pipettierhilfe, die Sie in Ihrer rechten Hand halten.

7. Ziehen Sie die Pipette aus der Verpackung, achten Sie dabei darauf, keine Oberflächen zu berühren. Legen Sie die Verpackung nach links ab und entsorgen Sie sie, wenn Sie mit dem Pipettieren fertig sind. ∎

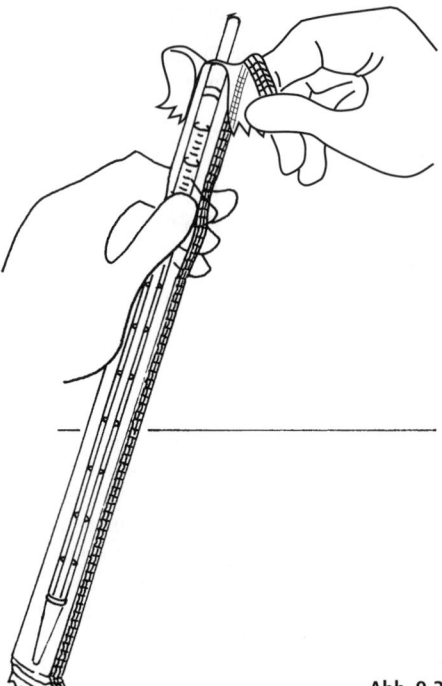

Abb. 9.3: Öffnen einer einzeln verpackten Einwegpipette.

Gießen

Halten Sie das Gefäß, in das Sie gießen wollen, in der linken Hand und das Gefäß, aus dem Sie gießen wollen, in der rechten Hand.

1. Flammen Sie das „Empfängergefäß" ab, halten Sie es dabei gewinkelt. Bewegen Sie das Gefäß wieder nach links, immer noch gewinkelt.

2. Flammen Sie das Gefäß, aus dem Sie gießen wollen, ab und warten Sie 1–2 Sekunden (damit die Flüssigkeit darin nicht versengt).

   > Da die Gefahr von Kontaminationen beim Gießen wesentlich größer ist als beim Pipettieren, sollten Sie nur gießen, wenn das Volumen zu groß ist, um es bequem zu pipettieren.

3. Halten Sie das Empfängergefäß gewinkelt und bereit. Halten Sie das Gießgefäß ebenfalls gewinkelt, ca. 5 cm über das Empfängergefäß.

4. Kippen Sie das Gießgefäß und gießen Sie.

5. Flammen Sie die Öffnungen beider Gefäße ab.

Sterilfiltrieren

 Sterilfiltrieren kleiner Mengen mit einem Spritzenfilter

Materialien:

- Ein Einwegspritzenfilter, 0,2 µm.

- Eine Spritze mit dem passenden Volumen (1, 2, 5, 10 oder 20 ml. 50-ml-Spritzen lassen sich nur schwierig handhaben). Benutzen Sie nur sterile Einwegspritzen, um Sauberkeit zu garantieren.

- Ein steriles Sammelröhrchen.

- Ein Halter für das Röhrchen.

1. Öffnen Sie nur die obere Seite der Filterverpackung. Dort ist das größere Ende, das auf die Spritze gesteckt wird.

2. Öffnen Sie die Verpackung der Spritze und ziehen Sie den Stempel heraus. Legen Sie den Stempel auf eine saubere Oberfläche.

> Sie können auch zuerst die Flüssigkeit in die Spritze aufziehen, bevor Sie den Filter aufstecken. Aber häufig passt die Spritze nicht in das Gefäß, in dem sich die zu sterilisierende Flüssigkeit befindet.

3. Entfernen Sie die Schutzkappe von der Spitze der Spritze und stecken Sie sie sofort auf den Filter. Lassen Sie die Verpackung am unteren Ende des Filters und legen Sie die Spritze mit Filter auf die Arbeitsfläche.

4. Entfernen Sie den Deckel vom Sammelgefäß und stellen Sie es in den Halter.

5. Entfernen Sie jetzt die restliche Verpackung des Filters und stecken Sie das Auslassende des Filters in das Sammelröhrchen, halten Sie die Spritze dabei aufrecht.

6. Gießen Sie die zu sterilisierende Lösung in die Spritze, stecken Sie den Stempel herein und drücken Sie ihn behutsam aber fest, bis die gesamte Lösung durch den Filter in das Sammelgefäß gedrückt wurde.

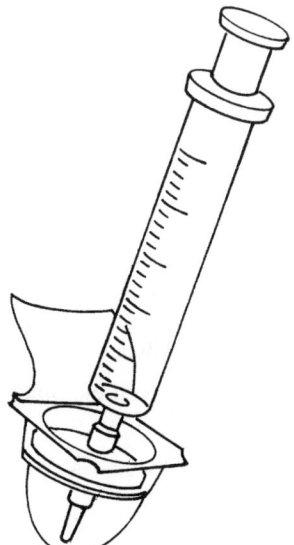

Abb. 9.4: Lassen Sie den Filter in der Verpackung, bis Sie soweit sind, die Flüssigkeit zu filtrieren.

7. Verschließen Sie das Gefäß, beschriften Sie es und entsorgen Sie die Spritze und den Filter.

 Sterilfiltrieren größerer Mengen mit einer Einweg-Filtrationseinheit

Materialien:

- Einwegfilter, 0,2 μm.

- Ein Halter oder Ständer für den Filter.

- Eine sterile Flasche als Sammelgefäß.

- Vakuumquelle mit angeschlossenem Schlauch. Hausvakuum, das aus Anschlüssen an der Laborbank kommt, ist am besten und gebräuchlichsten. Eine Wasserstrahlpumpe kann auch verwendet werden.

1. Schließen Sie den Vakuumschlauch an den Filter an. Stellen Sie den Filter in einen Ständer, in dem er stabil steht.

2. Gießen Sie die Lösung in den Filter. Machen Sie sich keine Sorgen, wenn Sie mehr Lösung haben, als in den Filter passt; Sie können die Lösung nach und nach filtrieren.

3. Packen Sie den Deckel auf den Filter und schalten Sie vorsichtig das Vakuum an. Die Lösung wird durch den Filter in das sterile Sammelgefäß gesaugt. Bei einigen Filtereinheiten ist das Sammelgefäß eine sterile Flasche, die auch gleich zur Lagerung der sterilisierten Lösung verwendet werden kann.

4. Schalten Sie das Vakuum ab und warten Sie eine Minute.

5. Nehmen Sie den Vakuumschlauch ab. Gießen Sie die sterilisierte Lösung sofort in eine sterile Flasche und verschließen Sie sie. Wenn die sterile Flasche Bestandteil der Filtrationseinheit ist, verschließen Sie sie einfach nur.

6. Beschriften Sie die Flasche. Denken Sie daran, zu notieren, dass der Inhalt filtersterilisiert wurde. Entsorgen Sie den Filter.

> Es gibt auch wiederverwendbare Filtrationsapparate mit Einwegfiltern, die zum Sterilisieren großer Volumina geeignet sind. Stecken Sie den Filterhalter, der mit einem 0,2-μm-Filter ausgestattet wurde, auf eine sterile Saugflasche, an der das Vakuum angelegt wird. Schalten Sie das Vakuum an, gießen Sie die Lösung auf den Filter und gießen Sie solange weiter, bis die ganze Lösung filtriert wurde. Entfernen Sie den Vakuumschlauch, flammen Sie die Öffnung der Saugflasche ab und gießen Sie die Lösung in eine sterile Flasche.

Absaugen

Der Bewegungsablauf, den man beim Entfernen von Flüssigkeit mit einer Absaugvorrichtung durchführt, ähnelt dem des Pipettierens. Bereiten Sie Ihre Arbeitsfläche so vor, als ob Sie pipettieren wollten und nehmen Sie noch ein Becherglas oder ein anderes Gefäß dazu, in dem Sie die gebrauchte Spitze der Absaugvorrichtung zwischenzeitlich abstellen können.

1. Öffnen Sie eine Packung mit Pipetten oder Pasteurpipetten. Eine Pipette wird die Spitze Ihrer Absaugvorrichtung.

2. Nehmen Sie die Pipette in die linke Hand und befestigen Sie sie im Schlauch der Absaugvorrichtung, den Sie in der rechten Hand halten.

3. Greifen Sie die Pipette nahe am oberen Ende.

4. Wenn Sie eine Glaspipette verwenden, flammen Sie sie kurz ab.

5. Schalten Sie das Vakuum an.

6. Öffnen Sie das Gefäß, aus dem Sie absaugen wollen. Halten Sie den Deckel gegebenenfalls mit den letzten beiden Fingern der rechten Hand fest. Halten Sie das Gefäß in einem 45°-Winkel.

7. Flammen Sie das Gefäß kurz ab.

8. Tauchen Sie die Spitze der Pipette knapp unter die Oberfläche der abzusaugenden Flüssigkeit. Folgen Sie mit der Spitze der Oberfläche, während Sie absaugen.

9. Wenn Sie sich dem Boden nähern, bewegen Sie die Spitze vorsichtig über und um das Pellet herum und testen Sie seine Festigkeit, ohne es zu berühren.

10. Nehmen Sie die Pipette aus dem Gefäß und stellen Sie sie solange in ein Becherglas, bis Sie mehr Zeit haben, sich darum zu kümmern.

11. Flammen Sie das Gefäß ab, verschließen Sie es und stellen es ab.

12. Halten Sie den Schlauch und die Pipette aufrecht nach oben, um sicherzustellen, dass die gesamte Flüssigkeit im Schlauch und in der Pipette abgesaugt wird.

13. Schalten Sie das Vakuum ab, lösen Sie die Pipette vom Schlauch und entsorgen Sie sie.

Eine Pipettenspitze für Mikropipetten kann an das Ende einer Pasteurpipette aufgesteckt werden, sodass das Abflammen unnötig wird, stattdessen wechseln Sie die Pipettenspitze. Stechen Sie vorsichtig mit der Pasteurpipette in die Pipettenspitze in der Spitzenbox.

Die Neigung des Gefäßes hilft nicht nur, Kontaminationen mit Partikeln aus der Luft zu vermeiden, sondern schützt auch die Unversehrtheit des Sedimentes beim Absaugen.

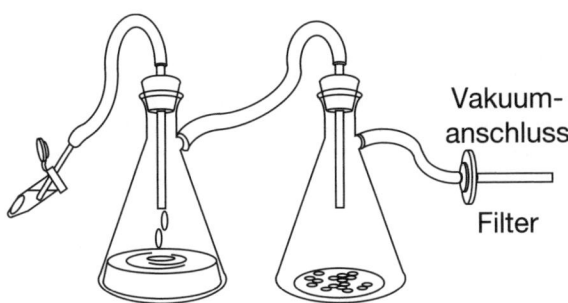

Wenn Sie mit der Absaugvorrichtung potenziell infektiöses Material absaugen wollen, müssen Sie einen hydrophoben Filter zwischen den Saugflaschen und der Vakuumquelle anbringen. So wird verhindert, dass Material in das Vakuumsystem gesaugt wird. Wenn das Vakuum plötzlich stark nachlässt, liegt das meistens daran, dass der Filter nass geworden ist und ersetzt werden muss. Vergewissern Sie sich, dass Sie wissen, wo die Ersatzfilter sind.

9.3 Schutz des Forschers

Biomedizinische Forscher arbeiten mit einer großen Anzahl potenziell infektiöser Agenzien. Dazu gehören neben virusinfizierten Zellen auch menschliches Blut und menschliche Abfallprodukte sowie pathogene Bakterien. Organismen werden anhand der Gefahr, mit der sie Krankheiten übertragen, klassifiziert. Verschiedene Gesundheitsorganisationen haben Regeln aufgestellt, die beim Arbeiten mit verschiedenen Arten von potenziell infektiösem Material befolgt werden müssen. Ihre Einrichtung hat vielleicht noch zusätzliche Regeln aufgestellt. *Das Befolgen dieser Regeln schützt nicht nur den Forscher, der direkt mit infektiösem Material arbeitet, sondern auch die anderen Personen im Labor.*

9.3.1 Risikogruppen und Schutzmaßnahmen

In Deutschland werden die Schutzmaßnahmen beim Arbeiten mit Organismen hauptsächlich durch die **Biostoffverordnung** (für infektiöse Organismen) und durch das **Gentechnikgesetz** (für alle gentechnisch veränderten Organismen, auch wenn sie nicht infektiös sind) geregelt. Nach der Biostoffverordnung werden die Organismen in vier **Risikogruppen** eingeteilt und das Arbeiten mit diesen Organismen unter entsprechende **Schutzstufen** gestellt. Wenn man also mit Organismen der Risikogruppe 2 arbeiten möchte, muss man die Sicherheitsmaßnahmen der Schutzstufe 2 einhalten. Im Gentechnikgesetz ist es prinzipiell ähnlich geregelt. Dort werden die Arbeiten mit gentechnisch veränderten Organismen in vier **Sicherheitsstufen** eingeteilt, denen entsprechende **Sicherheitsmaßnahmen** zugeordnet sind.

Die meisten dieser Regeln dienen der Abschottung und Eindämmung des gefährlichen Organismus. Diese Eindämmung wird durch die Verwendung von Sicherheitsarbeitsbänken verschiedener Sicherheitsstufen bewirkt, die durch kontrollierte Luftzufuhr und -abfuhr eine geschlossene Arbeitsumgebung bereitstellen.

„… auf diese Art machte ich Bekanntschaft mit Averys rigorosen bakteriologischen Techniken … Er … hatte bestimmt, dass sie alle Bakterienkulturen so behandeln würden, als wenn sie den Pestbazillus enthalten würden. Sie hatten nämlich festgestellt, dass ein häufiger Fehler darin lag, beim Arbeiten mit nichtpathogenen Organismen nachlässig zu werden, was wiederum dazu führte, beim Arbeiten mit gefährlicheren Agenzien die akzeptablen Arbeitstechniken zu lockern."
(McCarty, Seite 125)

Zur Erinnerung: Avery (und seine Kollegen McCarty und McLeod) konnte 1944 durch Experimente mit kapseltragenden infektiösen und kapsellosen nicht-infektiösen Pneumokokken zeigen, dass DNA der Träger der Erbmasse ist und nicht Proteine.

Die Art der durchzuführenden Arbeiten kann die tatsächliche Gefährlichkeit eines Organismus beinflussen. Zerstörende Tätigkeiten wie z.B. der Aufschluss von Zellen mit einer Ultraschallspitze, bei der Aerosole enstehen, erhöhen die potenzielle Gefahr und dementsprechend müssen die Schutzmaßnahmen erhöht werden.

Tab. 9.1: Klassifizierungssysteme für Mikroorganismen auf der Basis ihrer Gefährlichkeit für die Verwender im Labor sowie die Gesellschaft.

	Gefährdung/Risiko			
USPHS (1974)	Klasse 1 kein oder minimales Risiko	Klasse 2 normales Risiko	Klasse 3 spezielles Risiko für den Einzelnen	Klasse 4 hohes Risiko für den Einzelnen
WHO (1979)	Risikogruppe I niedrig für den Einzelnen, niedrig für die Gesellschaft	Risikogruppe II mäßig für den Einzelnen, niedrig für die Gesellschaft	Risikogruppe III hoch für den Einzelnen, niedrig für die Gesellschaft	Risikogruppe IV hoch für den Einzelnen, hoch für die Gesellschaft
ACPD (1990)	Gefährdungsgruppe 1 krankheitsauslösende Wirkung beim Menschen unwahrscheinlich	Gefährdungsgruppe 2 kann Krankheiten beim Verwender auslösen, Gefährdung der Gesellschaft unwahrscheinlich	Gefährdungsgruppe 3 eine gewisse Gefährdung für den Verwender, Kann sich auf die Gesellschaft ausbreiten	Gefährdungsgruppe 4 ernsthafte Gefahr für den Verwender, hohes Risiko für die Gesellschaft
Gentechnikgesetz (seit 1990, letzte Änderung 2010) Gilt nur für Arbeiten mit gentechnisch veränderten Organismen.	Sicherheitsstufe 1 Risiko für menschliche Gesundheit und Umwelt nach Stand der Wissenschaft nicht vorhanden	Sicherheitsstufe 2 Risiko für menschliche Gesundheit und Umwelt nach Stand der Wissenschaft gering	Sicherheitsstufe 3 Risiko für menschliche Gesundheit und Umwelt nach Stand der Wissenschaft mäßig	Sicherheitsstufe 4 Risiko für menschliche Gesundheit und Umwelt nach Stand der Wissenschaft hoch
Biostoffverordnung (seit 1999, letzte Änderung 2008) Gilt für biologische Arbeitsstoffe	Risikogruppe 1 Krankheitsauslösung unwahrscheinlich	Risikogruppe 2 Krankheiten können hervorgerufen werden, eine Vorsorge oder Behandlung ist möglich, Verbreitung in der Bevölkerung ist unwahrscheinlich	Risikogruppe 3 Schwere Krankheiten können hervorgerufen werden, eine Vorsorge oder Behandlung ist möglich, Gefahr der Verbreitung in der Bevölkerung ist gegeben	Risikogruppe 4 Schwere Krankheiten können hervorgerufen werden, eine wirksame Vorbeugung oder Behandlung ist nicht möglich, Gefahr der Verbreitung in der Bevölkerung ist u.U. groß

Verschiedene Organisationen haben für das Arbeiten in den jeweiligen Gefährdungsstufen Richtlinien erstellt. Das System des U.S. Departments für Gesundheit und Sozialwesen (USPHS), einem Zweig des NIH, wird in den meisten Betriebsanweisungen in den USA verwendet. In Deutschland sind das Gentechnikgesetz und die Biostoffverordnung maßgebend.

Tab. 9.2: Zusammenfassung der Anforderungen in den verschiedenen Stufen der biologischen Sicherheit.

Stufe	Ausstattung	Laborpraxis	Sicherheitsausstattung
1	Standard	GMP[a]	keine, Arbeiten an der offenen Laborbank
2	Standard	GMP und Schutzkleidung, Biogefährdungsschilder	offene Laborbank, bei Gefahr der Aerosolbildung Arbeiten in einer Sicherheitswerkbank
3	spezieller Sicherheitsbereich	wie in Stufe 2 mit besonderer Schutzkleidung und Zugangskontrolle	Sicherheitswerkbänke bei allen Arbeiten
4	abgeschlossener Sicherheitsbereich	wie in Stufe 3 mit Luftschleuse, Duschvorrichtung am Ausgang und Sondermüllentsorgung	Sicherheitswerkbänke der Stufe III, Autoklaven mit getrenntem Ein- und Ausgang

[a] GMP = gute mikrobielle Praxis

9.3.2 Sicherheitswerkbänke

Mikrobiologische Sicherheitswerkbänke werden in drei Klassen eingeteilt (I, II und III), die unterschiedlichen Schutz bieten.

Tab. 9.3: Die Nutzung von Sicherheitswerkbänken.

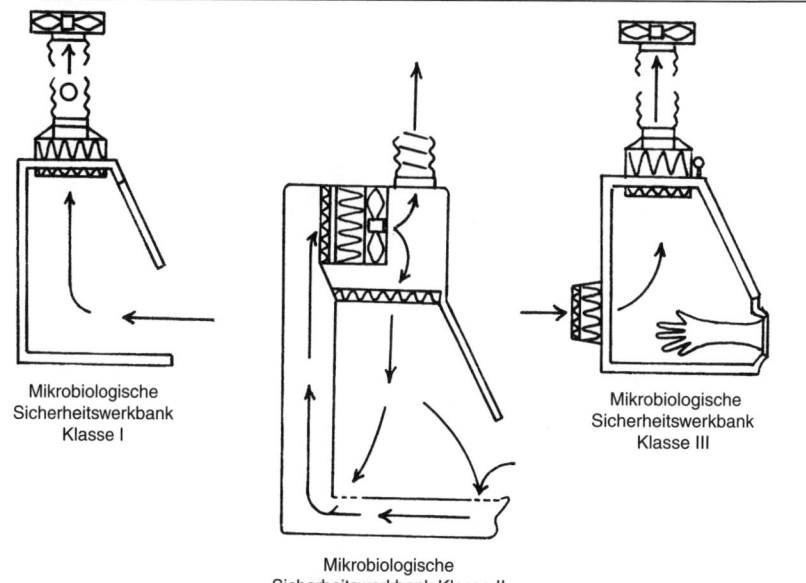

Mikrobiologische
Sicherheitswerkbank
Klasse I

Mikrobiologische
Sicherheitswerkbank
Klasse III

Mikrobiologische
Sicherheitswerkbank Klasse II

Klasse	Schutz des Experimentators	Schutz des Untersuchungsmaterials	Einsatzbereich
I	teilweise, zirkulierender Luftstrom; HEPA-gefilterte Abluft	nein, keine sterile Arbeitsfläche, ungefilterte Raumluft wird über die Arbeitsfläche geleitet	onkogene Viren mit niedrigem Risikopotential. Routinelaborarbeiten wie etwa Ultraschallbehandlung. Schutz des Experimentators bei Arbeiten mit karzinogenen Chemikalien, schwach radioaktiven Substanzen, leicht flüchtigen Lösungsmitteln. Einem Abzug vergleichbar, bei schwächerer Filtration.
II	teilweise, zirkulierender Luftstrom; HEPA-gefilterte Abluft	ja, sämtliche einströmende Luft wird gefiltert	onkogene Viren mit niedrigem bis mittlerem Risikopotenzial. CDC[a]-Klasse 1–3 Substanzen, alle Arbeiten die eine Sicherheitsstufe 2 benötigen, Zellkulturen *oder* Bakterienkulturen
III	ja, physische Barriere (Handschuh-Eingriff)	ja, sämtliche einströmende Luft wird gefiltert; schlechtere Luftzirkulation als in Klasse II, dadurch etwas schlechterer Materialschutz	Nutzung für CDC-Klasse-4-Substanzen, die eine Sicherheitsstufe 4 benötigen. Hoch toxische Chemikalien und Karzinogene (Abwässer müssen behandelt werden).

[a]CDC = Zentrum für Krankheitenkontrolle und Prävention, Teil des NIH

9.4 Steriles Arbeiten in einer Klasse-II-Sicherheitswerkbank

Die höchste Risikogruppe, mit der die meisten Wissenschaftler jemals in Berührung kommen werden, ist die Risikogruppe 2. Für Organismen der Risikogruppe 2 reicht eine Sicherheitswerkbank der Klasse II aus.

Die Sicherheitswerkbank der Klasse II liefert einen gefilterten, zirkulierenden Luftstrom innerhalb des Arbeitsplatzes. Der Luftstrom erzeugt einen Vorhang, der zum einen das Eindringen von Raumluft in die Werkbank verhindert und zum anderen das Entweichen von Luft aus der Sterilbank in den Raum unterbindet. So wird der an ihr arbeitende Wissenschaftler vor dem Inhalt der Sterilbank geschützt und sie ist daher ein guter Platz zum Arbeiten mit potenziell gefährlichen Organismen. Die Abluft wird durch effiziente Partikelfilter

Infiziertes menschliches Blut und bestimmte pathogene Organismen können unter die Risikogruppe 3 (und manchmal sogar 4) fallen, die einen Unterdruckraum erfordern, eine Einrichtung, die nicht in jedem Institut zur Verfügung steht.

Abb. 9.5: Aufbau für aseptisches Arbeiten in einer Sicherheitswerkbank. In diesem Beispiel sollen 5 ml einer Zellkultur aus einem Röhrchen in einen Kolben mit 40 ml Kulturmedium gegeben werden. Die benötigten Materialien sind für einen Rechtshänder angeordnet, sodass alles, was mit der rechten Hand bedient wird, rechts steht und alles, was mit der linken Hand bedient wird, links steht. (1) Kolben mit Kulturmedium. (2) Biogefährdender Müll. (3) Röhrchen mit Zellkultur in einem Reagenzglasständer. (4) Freie Arbeitsfläche. (5) Zellstofftücher (Kimwipes). (6) 70% Ethanol in Spritzflasche. (7) Absaugvorrichtung mit Filter. (8) Einzeln verpackte Einwegpipetten und Pipettierhilfe.

gefiltert, sodass keine gefährlichen Materialien in den Raum oder das Gebäude entlassen werden.

Die meisten Sterilbänke werden allerdings genutzt, um das *Experiment* zu schützen, nicht den Experimentator. Ihre häufigste Anwendung finden sie in der alltäglichen Gewebekulturarbeit, wo sie benutzt werden, um Kontaminationen während des Umimpfens und während der Experimente zu verhindern. Wegen der Bauweise der Sicherheitswerkbank befinden sich in der Luft weniger Partikel oder Mikroorganismen, die nur darauf warten, in Ihre Flaschen zu springen. Sie können also etwas lockerer mit Ihren sterilen Arbeitstechniken umgehen.

> Steriles Arbeiten mit radioaktivem Jod darf nicht in einer Arbeitssicherheitswerkbank der Klasse II durchgeführt werden. Jod ist flüchtig und muss daher in einem Abzug benutzt werden, der mit einem speziellen Aktivkohlefilter ausgestattet ist. Vergewissern Sie sich, dass Ihr Abzug für das Arbeiten mit ^{125}I zugelassen ist, bevor Sie das Experiment planen.

Personen, die aseptisches Arbeiten in einer Sicherheitswerkbank gelernt haben, sind meistens nachlässiger mit ihren Techniken, als diejenigen, die es an der offenen Laborbank gelernt haben. Sie glauben, dass die Sterilbank ihnen alle Nachlässigkeiten verzeiht. Das stimmt leider nicht! Wachsamkeit ist und bleibt notwendig, um Kontaminationen zu verhindern. *Der hauptsächliche Grund für Kontaminationen ist die Bewegung der Arme in die Sterilbank hinein und aus der Sterilbank heraus, durch die der Luftvorhang unterbrochen und der Luftstrom gestört wird.*

 Steriles Arbeiten in der Sicherheitswerkbank

1. **Achten Sie darauf, dass die Sterilbank angeschaltet ist und die Luft zirkuliert (An-/Ausschalter, Geräusche, Anzeigen).** Die Sterilbank sollte kontinuierlich laufen, 24 Stunden am Tag. Wenn Sie wegen Lärmbelastung und Wärmeentwicklung doch regelmäßig ausgeschaltet wird, schalten Sie sie mindestens 5 Minuten vor Benutzung an, damit sich der Luftstrom einregulieren kann.

2. **Senken Sie den Frontschieber bis zur Markierung.** Falls keine Markierung vorhanden ist, senken Sie den Frontschieber so weit, dass ein Luftstrom von ca. 30 Meter pro Minute erreicht wird (die Anzeige ist an der Frontseite angebracht) oder senken Sie sie auf ca. 30 cm herab. Die Frontscheibe muss unterhalb der Kinnhöhe sein. Wenn Sie beim Arbeiten Aerosole erzeugen, senken Sie die Frontscheibe so weit wie möglich herab.

3. **Blockieren Sie nicht den Luftstrom.**
   - Bedecken Sie nicht den Platz zwischen der vorderen Kante und dem Arbeitsbereich, z.B. mit Papier.
   - Blockieren Sie nicht die Abzugschlitze an der Hinterwand. Stellen Sie große Gegenstände an den Seiten und an der Rückwand auf eine luftdurchlässige Erhöhung von mindestens 5 Zentimetern.
   - Blockieren Sie die Front der Sterilbank nicht mit Abschirmungen oder großen Gegenständen.
   - Arbeiten Sie mindesten 20 Zentimeter innerhalb der Sterilbank.
   - Sitzen Sie nicht mit Ihrem Körper gegen die Sterilbank gepresst.

4. **Befestigen Sie Papier und andere leichte Gegenstände, damit sie nicht in das Abzugsystem geraten.** Machen Sie in der Sterilbank keine Notizen auf losen Zetteln.

5. **Wischen Sie vor jeder Benutzung der Sterilbank die Arbeitsfläche mit 70% Ethanol oder Isopropanol oder einem anderen Desinfektionsmittel aus.**

6. **Wenn Sie einen sterilen Deckel ablegen müssen, legen Sie ihn mit der Innenseite nach unten auf die saubere Arbeitsfläche.**

7. **Vermeiden Sie Handbewegungen aus der Sterilbank heraus und in sie hinein.** Die Bewegungen Ihrer Arme stören den Luftstrom in der Bank. Bevor Sie mit den Arbeiten beginnen, stellen Sie alles, was Sie brauchen, in die Sterilbank, inklusive eines Gefäßes für den Müll.

8. **Benutzen Sie keine offene Flamme in der Sterilbank.** Sie beeinflusst den kontrollierten Luftzug.

Heutzutage werden installierte UV-Lampen in Sicherheitswerkbänken nicht mehr empfohlen (es hat sich gezeigt, dass sie ineffektiv gegenüber Kontaminationen sind und daher ein falsches Gefühl von Sicherheit vermitteln). In älteren Bänken sind sie aber noch vorhanden und werden auch benutzt. Sie müssen nur darauf achten, dass das UV-Licht ausgeschaltet ist, bevor Sie mit der Arbeit in der Sterilbank beginnen.

Box 9.3: Pflege der Sterilbank

Gewöhnen Sie sich an, jedesmal wenn Sie sich an die Sterilbank setzten, auf die Luftstromanzeige an der Aussenseite der Sterilbank zu achten. Wenn die Werte sich verändern, zeigt das ein Problem mit dem Lufstrom an, welches die Sauberkeit und den Schutz, den die Sterilbank leistet, negativ beeinflusst.

Die Frontscheibe muss bis zur Markierung herabgezogen werden, um effektiv zu sein. Das Öffnen der Frontscheibe kann einen Alarm erzeugen, der anzeigt, dass der Luftstrom unterbrochen ist. Öffnen Sie ab und zu die Frontscheibe, um sich von der Funktion des Alarms zu überzeugen.

Sicherheitswerkbänke werden regelmäßig kontrolliert und ihre Sicherheit und Intaktheit zertifiziert. Das Datum der vergangenen und der nächsten Inspektion sollten an der Sterilbank kenntlich gemacht werden.

 Rücksichtsvolles Arbeiten an der Sicherheitswerkbank. Selten gibt es so viele Sterilbänke in einem Institut, dass der Bedarf aller Forscher gedeckt ist. Um die Sicherheit aller Mitarbeiter, die die Sterilbank benutzen, sicherzustellen, müssen gewisse Regeln der Höflichkeit und Rücksichtnahme akribisch befolgt werden.

- Tragen Sie sich rechtzeitig in alle Reservierungslisten ein und halten Sie sich daran.

- Benutzen Sie die Sterilbank nur, solange Sie sie benötigen. Bereiten Sie sich gut vor, bevor Sie anfangen.

- Füllen Sie die Vorräte wie z.B. 70% Ethanol und Hypochlorit sofort nach, wenn sie leer werden.

- Entsorgen Sie den Abfall und die Sicherheitsabfallboxen, wenn sie fast voll sind. Warten Sie nicht, bis sie überlaufen.

- Nehmen Sie Ihren ganzen Kram wieder mit, wenn Sie fertig sind. Reinigen Sie die Sterilbank sorgfältig.

9.5 Quellen und Ressourcen

Biostoffverordnung (BioStoffV). http://www.gesetze-im-internet.de/biostoffv/

Collins C.H., Lyne P.M., Grange J.M., Falkingham. 2004. *Collin's and Lyne's microbiological methods,* 8. Aufl. Hodder Arnold, London.

Freshney R.I. 1994. *Culture of animal cells. A manual of basic technique*, 3. Aufl. S. 51–59. Wiley-Liss, New York.

Freshney R.I. 2000. *Culture of animal cells: A multimedia guide.* Wiley-Liss, New York.

Gentechnikgesetz (GenTG). http://www.gesetze-im-internet.de/gentg/

Gershey E.L., Party E., Wilkerson A. 1991. Laboratory safety in practice: A comprehensive compliance program and safety manual. Van Nostrand Reinhold, New York.

Heidcamp W.H. 1995. *Cell biology laboratory manual.* Gustavus Adolphus College, St. Peter, Minnesota. http://homepages.gac.edu/~cellab/index-1.html

McCarty M. 1985. *The transforming principle. Discovering that genes are made of DNA.* W.W. Norton & Company, New York.

Richmond J.Y., McKinney R.W. (Hrsg.) 1999. *Biosafety in microbiological and biomedical laboratories.* 4. Aufl. U.S. Department of Health and Human Services, Centers for Disease Control and Protection, and the National Institutes of Health. U.S. Government Printing Office, Washington, D.C. http://www.cdc.gov/od/ohs/biosfty/bmbl4/bmbl4toc.htm

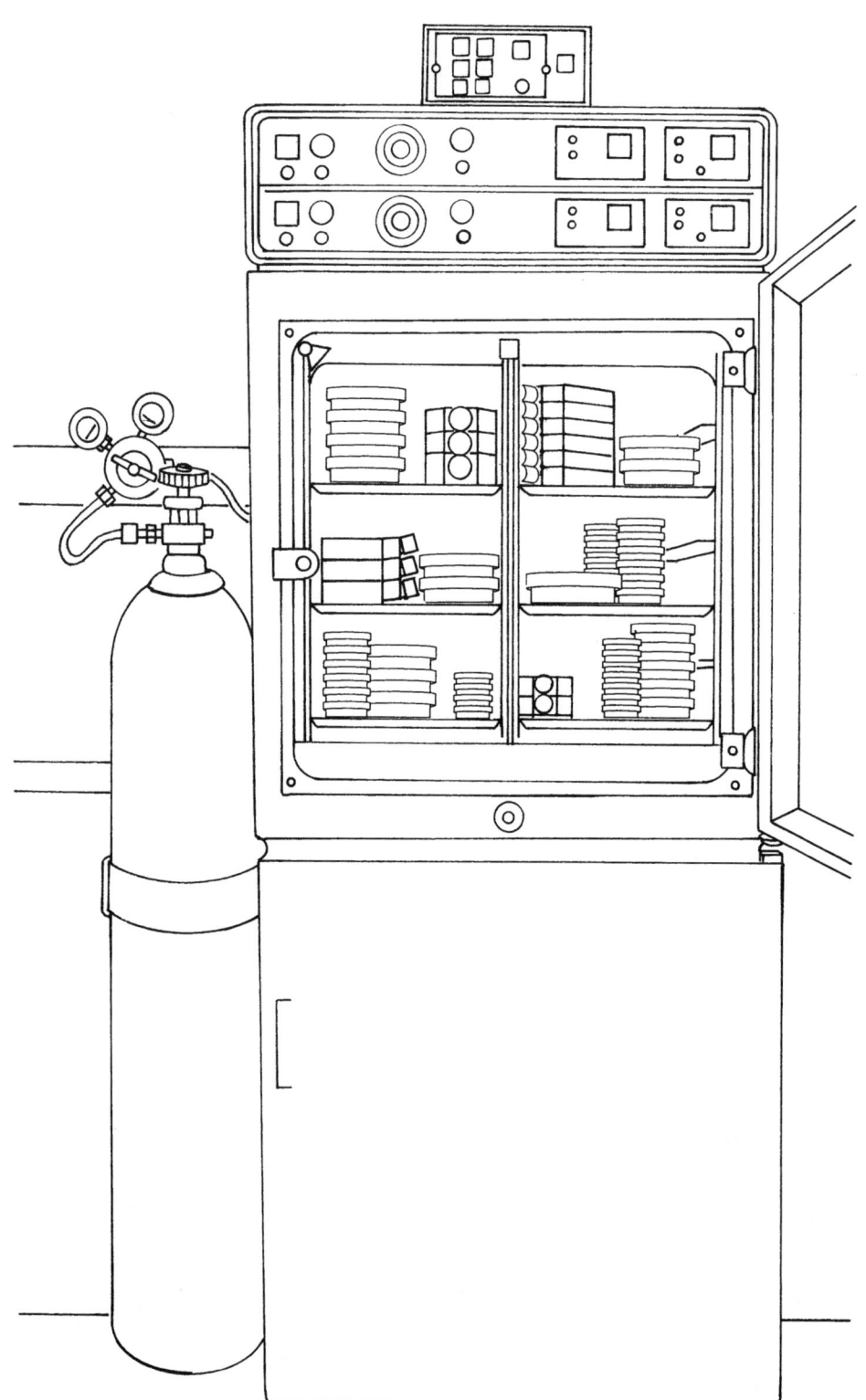

10 Eukaryotische Zellkulturen

Das Wichtigste, wenn Sie mit Zellkulturen arbeiten, ist: Sie müssen sich mit Ihren Zellen auskennen. Zu Beginn Ihrer Experimente wird Ihnen wahrscheinlich jemand aus dem Labor ein Röhrchen oder eine Flasche mit Zellen überreichen und Ihnen ein paar Instruktionen zu deren Pflege mitgeben. Aber ganz so einfach ist das nicht. Es kann sein, dass die Pflege Ihrer Zellen tatsächlich einfach ist, aber je mehr Sie über Ihre Zellen wissen und je besser Sie auf die Marotten Ihrer Zellen eingestellt sind, desto schneller und klarer werden Ihre Interpretationen der Ergebnisse sein. Schauen Sie sich die Literatur zu Ihren Zellen an. Sprechen Sie mit Leuten, die schon mit diesen Zellen gearbeitet haben und bitten Sie sie um Ratschläge. Am wichtigsten: Kontrollieren Sie Ihre Zellen ständig, sodass *Sie* der Experte für ihre Kultivierung werden.

10.1 Typen von Zellkulturen und -linien

Zellkulturen können auf zwei verschiedene Arten beschrieben werden:

- Herkunft der Zellen.
- Art des Wachstums.

10.1.1 Klassifizierung nach Herkunft

 Primärzellen werden aus einem Tier oder einer Pflanze isoliert und kultiviert.

Wenn sich eine Zelle das erste Mal geteilt hat, wird daraus eine primäre Zelllinie mit meist begrenzter Lebensdauer, die aber das Potenzial hat, unsterblich zu werden.

Die wiederholte Passage einer primären Zelllinie, die aus normalen Zellen hergestellt wurde, wird in einer Art und Weise durchgeführt, die schneller wachsende Zellen selektioniert, aus denen eventuell eine kontinuierlich wachsende Zellkultur entstehen kann. Das wird als spontane Transformation bezeichnet.

Die Herkunft der primären Zelle oder Zelllinie beeinflusst das Wachstumsverhalten. Wenn die primäre Zelle ein Fibroblast war, wird die Kultur das typische adhärente Wachstum von Fibroblasten zeigen. Durch die Transformation kann das Wachstumsverhalten aber von der ursprünglichen Zelle abweichen.

 Kontinuierlich wachsende Zelllinien haben eine schnellere Wachstumsrate, eine höhere Klonierungseffizienz, erhöhte Tumorbildung und einen variableren Chromosomensatz als primäre Zelllinien.

Kontinuierlich wachsende Zelllinien werden häufig manipuliert, damit sie in Zelllinien transformieren, die einen bestimmten gewünschten Phänotyp ausbilden.

> Je höher der Differenzierungsgrad der Zelllinie ist, desto langsamer wird sie wachsen.

Tab. 10.1: Zellkulturtypen klassifiziert nach ihrer Abstammung.

	Abstammung	Ähnlichkeit zum Ursprungsgewebe	Schwierigkeitsgrad der Kultivierung	Häufigkeit der möglichen Passagen
Primärzellen	tierisches Gewebe, fötal oder adult	vergleichbar	schwierig	0–1
Primäre Zelllinien mit begrenzter Lebensdauer	tierisches Gewebe, meist fötal	vergleichbar	schwierig	fötal: 20–80; adultes Gewebe: sehr wenige
kontinuierlich wachsende Zelllinien	spontane Transformation von Primär- oder finiten Zelllinien	nicht sehr vergleichbar; die Zellen sind weniger ausdifferenziert	leicht	unendlich, mit Selektion auf höhere Wachstumsrate
transformierte Zelllinien	Tumorgewebe; spontane *in vitro*-Transformation von kontinuierlichen Zelllinien oder *in vitro*-Transformation mit ganzen Viren oder Virus-DNA	nicht sehr vergleichbar; die Zellen sind weniger ausdifferenziert als die parentalen Zellen	leicht	unendlich, mit Selektion auf höhere Wachstumsrate
Hybridom-Zelllinien	Fusion von Antikörper-sezernierenden B-Zellen mit malignen Myelomzellen	mit keinem Zelltyp vergleichbar, was aber auch nicht ihr Zweck ist	schwierig	begrenzt

---

Box 10.1: Einige häufig verwendete Zelllinien

Zelllinie	Zelltyp und Herkunft	adhärent oder Suspension
3T3	Fibroblast (Maus, Embryo)	adhärent
BHK21	Fibroblast (Hamster, Niere)	Suspension
MDCK	Epithelzelle (Hund, Niere)	adhärent
ES	Embryonale Stammzelle (Maus, Mensch)	adhärent
HeLa	Epithelzelle (Mensch, Adenokarzinom)	Suspension oder adhärent
PtK1	Epithelzelle (Rattenkänguru, Niere)	adhärent
L6	Myoblast (Ratte, Skelettmuskel)	adhärent
PC12	Chromaffine Zelle (Ratte, Nebennieren–Phäochromozytom), Studien an Nervenzellen	adhärent
Sf9	(Ovar, Heerwurm), Baculorvirus-Infektion	Suspension
S2, S3	Embryonale Zellen (Drosophila) (Schneider–zellen)	adhärent
SP2	Plasmazelle (Maus, Myelom), Fusionszellen für Hybridomzellen	Suspension

Transformierte Zellen haben sich von normalen Zellen in Zellen umgewandelt, die viele Eigenschaften von Krebszellen haben.

Einige dieser Zelllinien stammen tatsächlich aus Tumoren, andere transformieren in der Kultur spontan durch Mutation. Zellen können auch absichtlich durch Chemikalien oder einen tumorinduzierenden Virus transformiert werden. Solch ein Virus enthält ein Gen, dass entweder die fehlerhafte Produktion oder die Überproduktion eines Zellproteins bewirkt, das für das Wachstum notwendig ist oder die Produktion eines anomalen Proteins, das das Wachstum bewirkt. Egal auf welche Weise die Transformation geschieht, das Ergebnis ist eine Zelle mit geänderter Funktion,

> Adhärent kultivierte Zellen wachsen nach Transformation häufig unabhängig von guten Anhaftbedingungen und haften sogar an Gewebekulturschalen nur leicht an. Waschen Sie Ihre Zellen daher sehr vorsichtig, weil der lockere Monolayer schnell unabsichtlich abgesaugt wird.

Morphologie und Wachstumseigenschaften, von denen einige hier aufgelistet sind:

- Höhere Zelldichten.

- Geringere Ansprüche für Wachstumsfaktoren und Serum.

- Müssen für das Wachstum nicht unbedingt am Untergrund anhaften.

- Fähigkeit, in unbestimmter Art und Weise zu proliferieren.

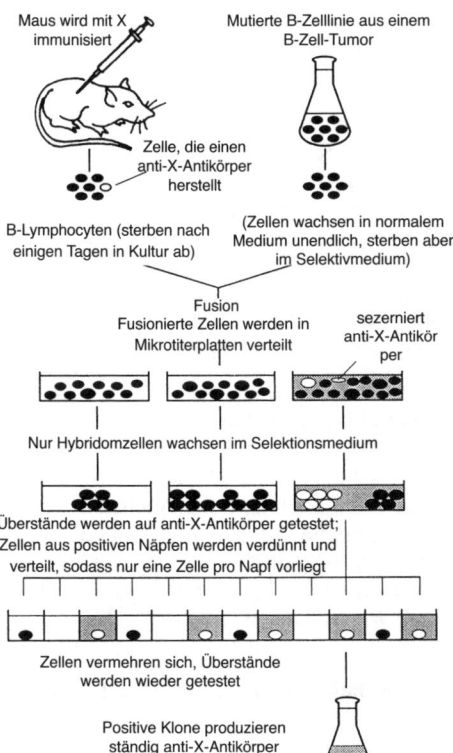

Abb. 10.1: Herstellung von Hybridomzellen, die monoklonale Antikörper gegen ein bestimmtes Antigen (X) sekretieren. Das selektive Anzuchtmedium enthält einen Inhibitor (Aminopterin), der den normalen Weg der Nucleotidbiosynthese blockiert. Die Zellen müssen daher einen Nebenweg nutzen, um ihre Nucleinsäuren herzustellen; dieser Weg ist in der mutierten B-Zelllinie allerdings defekt. Da also weder die mutierte B-Zelllinie noch die isolierten B-Lymphocyten alleine wachsen können, werden nur Hybridzellen überleben. (Verändert mit Genehmigung von Alberts et al. 1994; © Garland Science/Taylor & Francis Books)

Hybridomzellen sezernieren monoklonale Antikörper in das Medium, häufig in solch großen Konzentrationen, dass der Zellkulturüberstand direkt für Hybridisierungen verwendet werden kann.

10.1.2 Klassifizierung nach der Art des Wachstums

Zellen werden auch nach der Art und Weise, wie sie in flüssigen oder halbfesten Medien wachsen, klassifiziert. Die Wachstumcharakteristika sind nur funktionelle Beschreibungen und von der Herkunft der Zellen abhängig.

Adhärentes Wachstum oder Wachstum in Suspension sind Eigenschaften, die sowohl von den Zellen als auch von den Kulturbedingungen abhängen. Einige Zellen können so beeinflusst werden, dass sie sowohl adhärent als auch in Suspension wachsen.

Adhärentes Wachstum oder Wachstum in Suspension

Die einfachste und praktischste Weise, Zellwachstum zu beschreiben, ist die Beobachtung, wie sich die Zellen in flüssiger Kultur verhalten. Diese Information wird bei jeder Zelllinie angegeben und ist, zusammen mit der Beschreibung der Herkunft der Zellen, ein zentraler Bestandteil der Definition dieser Zelllinie.

- **Suspensionskulturen** wachsen als Suspension im Wachstumsmedium. Sie können sich ohne Anhaftung an das Kulturgefäß entwickeln und überleben. Zellen, die aus *Blut*, *Milz* oder *Knochenmark* kultiviert werden, insbesondere *unreife* Zellen, neigen dazu, in Suspension zu wachsen. Die Zellen in der Suspension sehen wie kleine Bälle aus. Der *Vorteil* von Suspensionskulturen ist, dass *große Zellzahlen* erreicht werden können, die zudem *einfach zu ernten* sind.

- **Adhärent wachsende Zellen** wachsen als nur eine Zellschicht dicke Schicht (der sogenannte *monolayer*), die an der Oberfläche des Kulturgefäßes anhaftet. Zellen, die von *ektodermalen* oder *endodermalen* embryonalen Zellschichten gewonnen wurden, wachsen häufig adhärent. Dazu gehören auch Fibroblasten und Epithelzellen. Zellen, die adhärent wachsen, haben verschiedene Formen, sind aber üblicherweise flach. Ließe man die gleichen Zellen in Suspension wachsen, dann wären sie rund. Der *Vorteil* von adhärentem Wachstum ist die Fähigkeit der Zellen, sich an Oberflächen z.B. von Objektträgern anzuheften und auszubreiten, sodass *Mikroskopie*, *Hybridisierungen* und *funktionelle Testverfahren* leichter ausgeführt werden können.

Anheftungsabhängiges und anheftungsunabhängiges Wachstum

Adhärentes Wachstum kann weiter in anheftungsabhängiges und anheftungsunabhängiges Wachstum unterteilt werden. Obwohl die Unabhängigkeit des Wachstums von der Anheftung häufig in weichen Agarmedien (in denen die Zellen eingebettet oder suspendiert sind) getestet wird, kann sie auch einen Effekt bei der Kultivierung in Gewebekulturschalen haben. Trotzdem ist die Abhängigkeit oder Unabhängigkeit von der Anheftung eine Eigenschaft der Zelllinie und nicht auf den Wechsel der Wachstumsbedingungen der Zellkultur zurückzuführen.

- Anheftungsabhängige Zellen benötigen die Anheftung an eine Oberfläche, damit sie sich weiter entwickeln.

- Anheftungsunabhängige Zellen benötigen keine Anheftung, um sich weiter zu entwickeln. Das findet man häufig bei transformierten Zellen. Das Wachstum dieser Zellen in Gewebekulturschalen sieht willkürlicher oder zufälliger aus als bei anheftungsabhängigen Zellen, wobei die Zellen nur lose am Untergrund angeheftet sind.

Box 10.2: Pflanzliche Zellkulturen

Da dieses Kapitel sich nahezu ausschließlich mit tierischen Zellkulturen beschäftigt, soll hier kurz erwähnt werden, dass man auch aus pflanzlichen Zellen Zellkulturen herstellen kann. Allgemein sind pflanzliche Zellen weniger anspruchsvoll als tierische Zellen, was die Zusammensetzung des Mediums angeht, **aber nicht was die Pflege, Sauberkeit und Sterilität angeht**. Gibt man dem Medium eine Kohlenstoffquelle zu, können pflanzliche Zellen auch ohne Licht wachsen und sind auch häufig nicht mehr grün. Die Anlage pflanzlicher Zellkulturen erfolgt üblicherweise über eine Kalluskultur, wobei es sich um ein Gewebe aus nicht differenzierten Zellen handelt, das z.B. entsteht, wenn man Pflanzenteile zerschneidet und auf ein entsprechendes Medium auslegt. Gibt man solche Kalluskulturen in ein Flüssigmedium, können daraus Suspensionskulturen aus einzelnen Zellen entstehen.

Das besondere an pflanzlichen Zellen ist ihre **Totipotenz**: Aus einzelnen Zellen können wieder ganze Pflanzen regeneriert werden. Im Verfahren der **Mikropropagation** können so aus einer einzelnen Pflanze viele Tausend genetisch identische Pflanzen hergestellt werden. Das ist insbesondere interessant für die Vermehrung von Pflanzen, deren normale Vermehrung über Samen sehr umständlich ist (weil sie z.B. sehr lange dauert, wie bei Bäumen) oder nicht möglich ist (z.B. bei Hybriden, deren Nachkommen genetisch unterschiedlich wären). Mikropropagation wird u.a. bei der Vermehrung von Zierpflanzen wie Rosen oder Orchideen eingesetzt. Die Totipotenz pflanzlicher Zellen und die Regeneration ganzer Pflanzen aus einzelnen Zellen oder Gewebestücken ist auch eine wichtige Voraussetzung für die Herstellung der meisten gentechnisch veränderten Pflanzen.

Als Protoplasten bezeichnet man pflanzliche Zellen, denen man die Zellwand entfernt hat. Protoplasten werden auch verwendet, um gentechnisch veränderte Pflanzen herzustellen, man kann sie aber auch nutzen, um unterschiedliche Zellen zu fusionieren. Nach einer Zeit wachsen die Zellwände wieder nach und es können wieder ganze Pflanzen regeneriert werden.

Neben der Anwendung pflanzlicher Zell- oder Gewebekulturen in der Mikropropagation und der Grundlagenforschung werden pflanzliche Zellkulturen auch zur Gewinnung von medizinisch wirksamen Substanzen verwendet. Taxol z.B. ist ein sehr wirksames Krebsmittel, das aus Zellkulturen der Eibe gewonnen wird. Ursprünglich wurde Taxol in der Rinde der pazifischen Eibe entdeckt, in denen es aber nur in geringen Mengen vorkommt. Würde man heute noch Taxol aus der Rinde der Bäume gewinnen, gäbe es mittlerweile keine pazifische Eibe mehr.

10.2 Beobachtung der Zellen

Es muss zu Ihrer zweiten Natur werden, jede Zellkultur makroskopisch und mikroskopisch zu inspizieren, wenn Sie sie aus dem Inkubationsschrank nehmen, um sie zu überimpfen oder ein Experiment damit durchzuführen. Wenn Ihre Zellen nicht gesund sind, werden Ihre Experimente nicht reproduzierbar sein.

Wenn Sie eine Kultur aus dem Inkubationsschrank nehmen, achten Sie auf:

- Die Farbe des Mediums. In den meisten Medien ist ein pH-Indikator vorhanden (siehe unten), der gelb wird, wenn das Medium sauer ist, und leicht violett,

Sie müssen lernen zu erkennen, was für Ihre Zellen normal ist und was nicht. Wenn Sie eine neue Zelllinie bekommen, schauen Sie sich so viele Kulturen wie möglich an, damit Sie für sich selbst definieren können, wie eine „normale" Kultur aussieht. Lassen Sie sich auch bei kleineren Fragen von jemandem im Labor beraten.

wenn das Medium alkalisch ist. Ein zu saures oder zu basisches Medium kann auf eine Kontamination hinweisen oder auf eine überwachsene Kultur, auf eine tote Kultur oder auf einen Defekt in der CO_2-Versorgung bzw. -Kontrolle.

- Jede Trübung oder Flocken im Medium, die auf eine Kontamination oder eine stark überwachsene Kultur hinweisen.

- Verklumpte Zellen (bei Suspensionskulturen) oder sich ablösende Zellen (bei Adhäsionskulturen).

Wenn Sie eine Flasche oder Schale mit Zellen haben, betrachten Sie sie unter einem Inversmikroskop mit 40facher Vergrößerung, bevor Sie sie überhaupt in die Sterilbank stellen. Machen Sie es sich zur Angewohnheit, Zellkulturflaschen direkt vom Inkubationsschrank unter das Mikroskop zu stellen.

 ## Adhärente Zellen

Sie sollten eine ziemlich regelmäßige Anordnung der Zellen sehen, die relativ flach auf dem Boden der Schale erscheinen. Jeder Zelltyp hat eine charakteristische Form in der Kultur: rund, dreieckig, quadratisch oder gestreckt. Das Wachstumsmuster kann aussehen wie ein Kopfsteinpflaster, oder wie Wirbel oder ganz und gar zufällig, wobei einige Zellen scheinbar auf anderen Zellen wachsen.

In den einzelnen Zellen können Sie vielleicht den Zellkern als dunklen runden Schatten erkennen, mit noch dunkleren Nucleoli. Manchmal ist der Zellkern so groß, dass nur wenig Cytoplasma sichtbar ist. Zellen, die sich gerade teilen, können als Kugeln erscheinen, manchmal in Paaren: Eieruhrförmige (mitotische) Zellen mit auffälliger Anordnung der kondensierten Chromosomen können vielleicht auch beobachtet werden.

 ## Suspensionskulturen

Zellen in Suspension sind Kugeln. Aber auch in Suspensionskulturen können einige Zellen eventuell schwach an den Wandungen des Kolbens anhaften: Solche Zellen bewegen sich möglicherweise nicht, wenn Sie den Kolben sanft schwenken, und sie können etwas flach oder dreieckig aussehen. Über diesen Zellen sehen Sie die runden, scheinbar schwimmenden Zellen. Sie können granulär aussehen, aber Sie werden keinen Zellkern oder andere Organellen erkennen können, selbst nicht bei 100facher Vergrößerung.

Die meisten Inversmikroskope bieten eine maximal 40fache Vergrößerung. Wenn Sie Ihre Zellen bei einer stärkeren Vergrößerung beobachten wollen (um z.B. nach bakteriellen Kontaminationen zu sehen), können Sie eine Probe entnehmen und entweder fixieren und färben oder direkt bei 100facher Vergrößerung unter einem Standardmikroskop beobachten (Kapitel 16).

10.3 Beschaffung der Zellen

Sie brauchen eine Impfung gegen Hepatitis B, wenn Sie in einem Labor arbeiten, das primäre Humanzellen, insbesondere Blutzellen verwendet. Selbst wenn Sie die Zellen nicht selbst isolieren, ist jedes Verschütten und jedes Aerosol eine Gefahr.

10.3.1 Primärkulturen

Primärkulturen sind schwierig zu bekommen. Üblicherweise muss dafür ein Tier getötet und seziert werden, um die Zellen zu isolieren und zu kultivieren. Es ist zeitaufwändig und sehr fehleranfällig. Bei vielen Zelltypen erhält man nur wenige Zellen, die nur für kurze Zeit leben. Dennoch kommen Primärzellen dem lebenden Organismus am nächsten, und wenn Sie sie wirklich benötigen (und sie sollten gut darüber nachdenken), sind die Ergebnisse, die Sie damit erzielen, den Aufwand wert.

- **Fragen Sie jemanden im Labor oder im Institut,** der mit diesen Zellen arbeitet. Für ein erstes Experiment fragen Sie einen Laborkollegen, ob Sie einige übrig gebliebene Zellen von der nächsten Isolierung bekommen können. Bieten Sie Ihre Mithilfe bei der Isolierung an.

- **Fragen Sie einen anderen Wissenschaftler,** der mit diesen Zellen arbeitet. Falls es nicht gerade jemand ist, zu dem Sie bereits eine gute Beziehung haben, kann das eine heikle Angelegenheit sein. Wenn die Primärzelllinie absolut notwendig für Ihre Experimente und schwer zu bekommen ist, können Sie versuchen, offiziell mit dem „Hersteller" der Zellen zu *kooperieren*. Besprechen Sie das aber zuerst mit Ihrem Laborleiter, weil Kooperationen unerwünschte politische Auswirkungen haben können.

- Selbst wenn Sie die Zellen von jemand anderem bekommen haben, **versuchen Sie zumindest, bei der Herstellung zuzuschauen.** Vorschriften ändern sich und es kann sein, dass Sie es an einem hektischen Tag einmal selbst machen müssen. Es kann auch nicht schaden, so viel wie möglich über die Zellen zu wissen und Interesse und Anerkennung gegenüber dem Geber zu zeigen.

- **Krankenhäuser und Universitätskliniken** sind gute Quellen für bestimmte menschliche Gewebe und Zellen, aber Sie müssen einen Ansprechpartner finden, der Ihnen bei der Beschaffung der Proben behilflich ist. Viele **Blutbanken** stellen teilweise isolierte Blutzellen gegen eine Gebühr zur Verfügung.

Sie sollten nicht davon ausgehen, von jemand anderem eine Primärzellkultur zu bekommen. Häufig hat ein Labor noch nicht einmal genügend Primärzellkulturen für seine eigenen Experimente. Bedenken Sie bei einer Nachfrage nach einer Primärzellkultur die Schwierigkeit der Herstellung und seien Sie deshalb nicht beleidigt, wenn man Ihren Wunsch ablehnt.

Ihr Kooperationspartner hat die Aufgabe, Sie mit den Zellen zu versorgen, aber damit wird er gleichzeitig Teil des Projektes und Autor auf allen Arbeiten, die aus den Experimenten mit seinen Zellen resultieren.

Beobachten Sie die Isolierung mit einer Kopie der Vorschrift in der Hand, notieren Sie alles, was Ihnen nicht klar ist oder an das Sie sich nicht mehr erinnern werden können, wenn Sie alleine sind. Zellisolierungen sind bekannterweise abhängig von trivialen Details – z.B. wie lange Sie ein Gefäß schütteln, welche Zentrifuge benutzt wird, wie hoch die Platte gefüllt wird – Sie sollten so viel wie möglich von diesen Informationen mitbekommen.

Behandeln Sie Zellen so, als ob sie infektiöse Organismen wären. Zellen können eine Vielfalt verschiedener Viren und anderer Organismen enthalten. Halten Sie sich an die gleichen Vorsichtsmaßnahmen, die Sie auch beim Arbeiten mit infektiösen Organismen beachten würden. Kein Mundpipettieren! Tragen Sie Handschuhe! Seien Sie vorsichtig!

Box 10.3: Schriftliche Anfragen

Eine schriftliche Anfrage sollte:

Per E-Mail verschickt werden, mit der Anfrage in der Betreff-Zeile.

Sie selbst und Ihr Labor (kurz!) vorstellen.

Das Projekt (kurz!) vorstellen.

Kurz darlegen, wie Sie von den Zellen erfahren haben.

Darlegen, was Sie mit den Zellen machen wollen (kurz, aber ehrlich).

Ihre Adresse und Telefonnummer enthalten.

Mit „Vielen Dank" enden.

Eine Anfrage kann:

Eine Kooperation anbieten.

Falls Sie nach einigen Wochen keine Antwort bekommen haben, senden Sie eine zweite E-Mail oder rufen Sie an. Anforderungen nach Zellen haben üblicherweise eine sehr geringe Priorität, also nehmen Sie eine fehlende Reaktion nicht persönlich.

- Mit großer Wahrscheinlichkeit **müssen Sie die Zellen selbst isolieren.** Besorgen Sie sich nicht nur ein Protokoll und versuchen es einfach – falls möglich, bitten Sie jemanden, der die Isolierung schon einmal durchgeführt hat, es Ihnen zu zeigen.

- Mehrere **Firmen** können primäre Zellkulturen liefern, zu einem ziemlich hohen Preis. Er ist es aber wert, wenn es um ein einziges Experiment geht und es sich daher nicht lohnt, einen großen Aufwand für die Isolierung eines komplizierten oder neuen Zelltyps zu planen. Erkundigen Sie sich bei Ihrer Beschaffungsstelle nach Kontaktinformationen für diese Firmen und, falls möglich, fragen Sie die Firma nach Laboren oder Wissenschaftlern, die schon mit Ihren Zellen gearbeitet haben und bereit sind, mit Ihnen zu sprechen.

> Holen Sie von der Ethikkommission Ihrer Einrichtung eine Erlaubnis ein, bevor Sie irgendwelches menschliches Material anfordern. Sprechen Sie auch mit den für die Arbeitssicherheit verantwortlichen Stellen, um Ratschläge zu den Regularien für den Versand und das Empfangen von Sendungen jeglicher Art von Zellen aus dem Ausland zu bekommen.

10.3.2 Kontinuierlich wachsende Zelllinien

Wenn eine Zellkultur gut wächst, ist es normalerweise einfach, die Zellen zu bekommen. Wenn Sie nicht gut wächst, werden Sie ähnliche Schwierigkeiten bei der Beschaffung haben wie bei primären Zellkulturen.

- Sie dürfen niemals vergessen, dass Zelllinien einen **phänotypischen Drift** bei fortdauernder Kultivierung erfahren und dass daher die gleiche Zelllinie, die in zwei unterschiedlichen Laboren kultiviert wurde, durchaus verschiedene Charakteristika aufweisen kann. Wenn Sie Zellen für ein ganz bestimmtes Experiment verwenden wollen, besorgen Sie sich die Zellen von den Leuten, die diese Experimente durchführen.

- Wenn Sie die gleiche Zelllinie wie der Rest des Labors benutzen, bitten Sie jemanden um eine gefrorene Stockkultur. Eine Stockkultur ist Zellen vorzuziehen, die aus einer aktuellen Umimpfung stammen, weil die Anzahl der Passagen kleiner ist, und die Wahrscheinlichkeit, dass sich die Zellen wie gewünscht verhalten, größer ist. Wenn Sie die Zellen von einer Umimpfung nehmen, werden Sie wahrscheinlich nie einen früheren Stock bekommen und es später bereuen.

- Zellkulturen können Sie auch von Zellkultursammlungen beziehen. In Deutschland gibt es die **Deutsche Sammlung von Mikroorganismen und Zellkulturen** GmbH (**DSMZ**, www.dsmz.de), eine unabhängige gemeinnützige Organisation, die Stocks von Mikroorganismen, Zellkulturen (menschlichen, tierischen und pflanzlichen Ursprungs) und Viren sammelt, bewahrt und (gegen Gebühr) zur Verfügung stellt. Auf den Webseiten finden Sie auch die Medien und Anzuchtbedingungen für die verschiedenen Zelllinien. Weitere Quellen für Zellkulturen sind die „**European Collection of Cell Cultures**" (**ECACC**, www.ecacc.org.uk) und die „**American Type Culture Collection**" (**ATCC**, www.atcc.org).

> Falls ein Wissenschaftler seine Zellkultur aus einer Zellkultursammlung bezogen hat, sollten Sie ihn nicht um diese Kultur bitten, sondern sie selbst aus der Sammlung anfordern. Die einzige Ausnahme davon ist, wenn Ihre finanziellen Mittel wirklich knapp sind oder der Wissenschaftler aus der erhaltenen Zelllinie eine neue, veränderte Zelllinie generiert hat.

- Schauen Sie in die **Material-und-Methoden-Abschnitte** der besten Artikel, die sich mit den Zellen beschäftigen, die Sie gerne haben möchten, und schauen Sie dort nach der Quelle für die Zellen, die in den Experimenten verwendet wurden. Notieren

> Sie müssen die Quellen für Ihre Zellen in allen Publikationen und Vorträgen nennen.

Sie sich alle erwähnten Besonderheiten, wie Anzahl der Passagen oder welches Medium benutzt wurde, damit Sie die Bedingungen so gut wie möglich reproduzieren können. Wenn die Zelllinie zum ersten Mal in dieser Arbeit beschrieben wurde, treten Sie mit den Autoren in Kontakt.

10.3.3 Vorschrift: Anzucht gefrorener Zellen

Hintergrund

Eukaryotische Zellen werden üblicherweise in Medium mit Serum und einem Gefrierzusatz eingefroren und in Flüssigstickstoff bei −196 °C gelagert. Wenn sie bei einer Firma bestellt werden, werden sie in einem Glasfläschchen oder einer Ampulle auf Trockeneis geliefert. Gefrorene Zellen müssen schnell aufgetaut und sofort angezogen werden, um die Überlebensfähigkeit zu maximieren. Um den Gefrierzusatz zu entfernen, wird das Medium nach 24 Stunden gewechselt.

> Wenn Sie ein Labor besuchen, um die Zellen selbst abzuholen, bringen Sie ein Gefäß mit Trockeneis mit, in dem Sie die Zellen transportieren können.

> Gefrorene Zellen sollen so schnell wie möglich angezogen werden. Wenn Sie die Zellen nicht sofort anziehen können, lagern Sie sie in Flüssigstickstoff.

Materialien

- Kulturmedium, auf 37 °C erwärmt
- Kulturgefäß
- 70% Ethanol in einem kleinem Becherglas
- 1-ml- und 10-ml-Pipetten, Pipettierhilfe und Pipettenspitzen

> Zellen werden üblicherweise in einem Volumen von 1 ml eingefroren und werden zu 10 ml frischem Medium gegeben.

Durchführung

1. Halten Sie das Gefäß mit der Kultur in ein 37-°C-Wasserbad und schwenken Sie es dabei schnell. Es wird in ca. einer Minute auftauen.

2. Tauchen Sie das Gefäß in das Becherglas mit dem 70%igen Ethanol und stellen es dann in die Sterilbank, in der Sie alle weiteren Schritte durchführen.

3. Öffnen Sie die Ampulle oder das Röhrchen. Achten Sie darauf, dass kein Ethanol in die Zellen läuft.

4. Transferieren Sie den Inhalt der Ampulle in das Kulturgefäß und geben Sie sofort warmes Medium hinzu.

5. Verschließen Sie das Gefäß und inkubieren Sie es für 24 Stunden.

6. Ersetzen Sie das Medium durch frisches Medium.

7. Inkubieren Sie die Zellen für 2–3 Tage oder für die Zeit, die für diese speziellen Zellen vorgeschrieben ist.

Das Gefriermedium kann auch vor der Kultivierung entfernt werden, indem man die aufgetauten Zellen abzentrifugiert und in frischem Medium resuspendiert. Das ist aber nur notwendig, wenn die Zellen besonders empfindlich gegenüber dem Gefrierzusatz sind, oder wenn Sie am nächsten Tag nicht da sind, um das Medium zu wechseln.

Ampullen bestehen aus Glas und stehen unter Druck, daher besteht die reale Gefahr, dass die Ampulle explodieren kann. Öffnen Sie die Ampulle daher unbedingt in einer Sicherheitswerkbank. Falls Sie keine haben, tragen Sie einen Gesichtsschutz und eine Schutzbrille. Wenn Sie mit Proben in Flüssigstickstoff arbeiten, sollten Sie ohnehin immer Gesichts- und Augenschutz tragen.

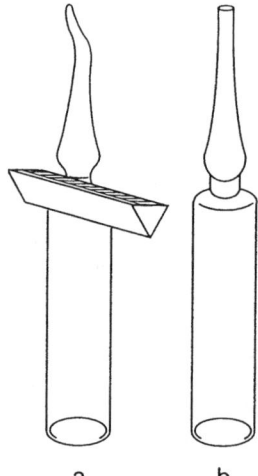

a   b

Abb. 10.2: Verschiedene Ampullentypen. Standardampullen (a) müssen mit einer Glasfeile, die vorher kurz in Ethanol getaucht wurde, angeritzt werden: Nachdem Sie die Ampulle auf der einen Seite angeritzt haben, wickeln Sie die Ampulle in ein Handtuchpapier, halten Sie den unteren Teil fest in der linken Hand und brechen Sie den oberen Teil mit der rechten Hand ab. Brechampullen (b) brauchen nicht angesägt zu werden, sondern können direkt aufgebrochen werden.

10.4 Versorgung der Zellen

10.4.1 Routineversorgung der Zelllinien

 Die Zellen müssen

- **Gefüttert werden** (mit frischem Medium versorgt). Während des Wachstums werden dem Medium benötigte Faktoren entzogen, die ersetzt werden müssen.

- **Geteilt werden** (eine Passage durchlaufen, die Zellzahl reduzieren). Während des Wachstums erhöht sich die Anzahl der Zellen über die Kapazität des Kulturgefäßes und Mediums hinaus, sodass sie keine ausreichende Versorgung mehr haben.

> Füttern und Teilen werden zur gleichen Zeit durchgeführt. Es wäre schwierig, das eine ohne das andere durchzuführen.

- **Eingefroren werden.** Wann immer Sie eine Zelllinie bekommen oder herstellen, müssen Sie mehrere Aliquots davon einfrieren. Diese Aliquots dienen als Reserve, falls die Zellen eine phänotypische Drift aufweisen oder kontaminiert sind.

Box 10.4: Regel Nr. 1 – Schauen Sie auf Ihre Zellen!

Schauen Sie immer auf Ihre Zellen, bevor Sie sie teilen, einfrieren oder damit experimentieren. Betrachten Sie sie makroskopisch und mit einem Inversmikroskop. Durch das ständige Beobachten werden Sie nicht nur Kontaminationen entdecken, bevor sie ein Problem werden, oder einen Drift an morphologischen Veränderungen feststellen, sondern Sie lernen Ihre Zellen auch kennen: Sie wissen, wann Sie die Zellen teilen müssen, wann Sie damit experimentieren können und wann Sie es besser lassen.

10.4.2 Füttern und Subkultivieren

Je schneller die Zellen wachsen, desto öfter müssen sie versorgt und geteilt werden. Wenn Sie die Zellen bekommen, finden Sie heraus:

- Müssen Antibiotika benutzt werden?

- Wie werden sie angezogen?

- Welches Medium funktioniert am besten?

- Benötigen die Zellen Serum?

- Wie oft müssen die Zellen versorgt und geteilt werden?

> *feeder cells.* Klonierte Zellen, die nur in geringen Zelldichten wachsen, oder sehr anspruchsvolle Zellen wachsen z.T. nur auf einer Schicht von Feederzellen. Feederzellen sind normale Zellen, die durch γ-Strahlung inaktiviert wurden, aber immer noch Metaboliten und eine basale Schicht für die gewünschten Zellen zur Verfügung stellen können. Feederzellen sind kommerziell erhältlich oder können selbst im Labor hergestellt werden.

Antibiotika

Antibiotika werden standardmäßig in vielen Laboren verwendet, aber sie werden eigentlich nicht benötigt, wenn aseptische Arbeitstechniken sauber angewendet werden (Kapitel 9). Die Halbwertszeit vieler Antibiotika bei 37 °C ist sehr kurz (Tabelle 10.2), es ist also oftmals weniger Antibiotikum im Medium, als man glaubt.

Tab. 10.2: In Zellkulturmedien verwendete Antibiotika.

Antibiotikum	wirksam gegen	Endkonzentration	Konzentration der Stocklösung	Halbwertszeit im Medium (37 °C)	Strukturklasse	Wirkmechanismus
Benzylpenicillin (Penicillin G)	Gram-positive Bakterien	100 Units/ml (~100 µg/ml)	10 000 Units/ml	2 Tage	Penicilline	Inhibiert die Zellwandsynthese
Streptomycin	Gram-negative Bakterien	100 µg/ml	10 mg/ml	4 Tage	Aminoglykoside	Inhibiert die Translation (30S Untereinheit)
Kanamycin	Gram-negative Bakterien	100 µg/ml	10 mg/ml		Aminoglykoside	Inhibiert die Translation (30S Untereinheit)
Tetracyclin	ein breites Bakterienspektrum	10–50 µg/ml	5 mg/ml		Aminoglykoside	Inhibiert die Translation (30S Untereinheit)
Gentamicin (Gentamycin)	ein breites Bakterienspektrum, Mykoplasmen	50 µg/ml	5 mg/ml	15 Tage	Aminoglykoside	Inhibiert die Translation (30S Untereinheit?)
Linomycin	Mykoplasmen, Gram-positive Bakterien	50 µg/ml	5 mg/ml			Inhibiert die Translation (50S Untereinheit)
Tylosin	Mykoplasmen, Gram-positive Bakterien	10 µg/ml	5 mg/ml		Makrolide	Inhibiert die Translation (50S Untereinheit)
Amphotericin B (Fungizon)	Pilze, Hefen	2,5 µg/ml	250 µg/ml	4 Tage	Polyene	Verändert die Membranpermeabilität
Nystatin (Mycostatin)	Pilze, Hefen	20 U/ml	2 000 U/ml		Polyene	Verändert die Membranpermeabilität

(Abgedruckt mit Genehmigung von Harlow and Lane 1988)

Bei sehr wertvollen Zellen, oder Zellen, die sehr anfällig für Kontaminationen sind, weil sehr viel mit ihnen herumhantiert wird, kostet es manchmal zu viel Nerven, keine Antibiotika ins Medium zu geben.

Antibiotika für die Zellkultur werden normalerweise als sterile Lösungen bezogen, aber manchmal auch als getrocknetes Pulver in einem sterilen Röhrchen. Lösen Sie das Pulver mit sterilem Wasser oder Lösungsmittel. Es ist nicht notwendig, die so verpackten Antibiotika durch Filtration zu sterilisieren.

Die Antimykotica Amphotericin B (Fungizon) und Nystatin (Mycostatin) sollten nicht standardmäßig angewendet werden, weil sie die Membranpermeabilität aller eukaryotischen Zellen beeinflussen.

Box 10.5: Zwei Standardantibiotika für die Zellkultur

Gentamicin 5–10 mg/ml Stocklösung, Endkonzentration 50 µg/ml.

Penicillin (10 000 Einheiten)/**Streptomycin** (10 mg/ml) Stocklösungen, Endkonzentrationen 100 Einheiten/ml (Penicillin) und 100 µg/ml (Streptomycin).

Aliquotieren Sie die Antibiotika in 1-ml-Aliquots und lagern Sie sie bei –20 °C. Geben Sie jeweils 1 ml auf 99 ml Medium. Wenn Sie größere Medienvolumina verwenden, stellen Sie 5-ml-Aliquots her und geben Sie sie zu 500 ml Medium zu.

Zellkulturgefäße

Welche Gefäße Sie für die Zellkulturen verwenden, hängt von der Art der Zellen und der Menge, die Sie benötigen, ab. Die meisten Labore verwenden Kolben und Schalen, die sowohl für adhärente Zellen als auch für Suspensionskulturen geeignet sind, aber es gibt auch eine Vielzahl von Gefäßen für spezielle Anwendungen und spezielle Zellen.

Gewebekulturgefäße sind üblicherweise aus Plastik, wurden durch Bestrahlung sterilisiert und sind für den Einmalgebrauch vorgesehen. Gelegentlich findet man auch Glasgefäße, aber die Einfachheit der Nutzung macht Einweggefäße zum Mittel der Wahl.

Unbehandeltes Plastik kann üblicherweise für Suspensionskulturen verwendet werden, aber die meisten adhärenten Zellen wachsen besser auf vorbehandeltem Plastik. Laborartikelfirmen verkaufen „vorbehandelte" Schalen und Kolben für die Gewebekultur. Die Vorbehandlung (eine permanente Modifikation der Polystyroloberfläche, z.B. mit Plasma oder funktionellen Aminogruppen) variiert von Hersteller zu Hersteller. Es kann sein, dass Zellen die Platten eines bestimmten Herstellers bevorzugen, daher ist es nicht unkritisch, die Quelle der Kulturschalen zu wechseln.

Die Platten können auch mit einem Protein beschichtet werden, das unspezifisch wirkt, indem es z.B. positive Ladungen zur Verfügung stellt. Ein Beispiel dafür ist Poly-D-Lysin.

Einige Zellen benötigen zum Differenzieren oder zur Expression bestimmter Funktionen die Anheftung an ganz bestimmte Substrate. Dabei handelt es sich üblicherweise um eine Komponente oder eine Mischung verschiedener Komponenten der extrazellulären Matrix, wie z.B. Kollagen, Fibronektin oder Laminin.

Die Schalen können auch im Labor vorbehandelt werden, indem man eine Suspension des Materials in die Schale gibt, um die Oberfläche zu benetzen, die Schale inkubiert, um die Anheftung zu unterstützen, anschließend die überschüssige Lösung abgießt und die Oberfläche der Schale mit Puffer oder Medium wäscht.

Abb. 10.3: Zellkulturgefäße. (1) *Petrischalen*. Werden üblicherweise für adhärente Zellen benutzt. Die meisten sind vorbehandelt, um die Anheftung der Zellen zu optimieren. Die 100-mm-Schalen (Füllvolumen 10 ml) sollten nicht mit Petrischalen verwechselt werden, die zur Anzucht von Bakterien verwendet werden, weil diese nicht vorbehandelt sind. Die 60-mm- Schalen können 4-5 ml aufnehmen, die 35-mm-Schalen 1-2 ml. (2) *Zellkulturflaschen*. Mit geradem oder geknicktem Hals. Ein gerader Hals minimiert das Herumschwappen, was gut für Suspensionkulturen ist, während ein geknickter Hals einen einfacheren Zugang zu der Kulturoberfläche bietet, was beim Arbeiten mit adhärenten Zellen ein Vorteil ist. Nichtsdestotrotz können beide Sorten sowohl für adhärente Zellen als auch für Suspensionskulturen verwendet werden. Typische Größen sind 25 cm^2 (50 ml), 75 cm^2 (250 ml) und 175 cm^2 (750 ml). (3) *„Multiwell"-Gewebekulturplatte*. Diese Platten haben eine Standardgröße von 86 × 128 mm und sind in 6, 12, 24, 48 oder 96 Näpfe unterteilt. Sie sind kompatibel mit automatischen Pipettierautomaten und Plattenlesegeräten. Sie werden für Arbeiten mit Hybridomen und monoklonalen Antikörpern benutzt, für Titrationen, Toxizitätsanalysen und alle Arten von Experimenten, bei denen ein Vergleich verschiedener Behandlungen von Zellkulturen durchgeführt werden muss. Sie können sowohl für adhärente als auch für nicht-adhärente Zellkulturen benutzt werden. Die Platten werden üblicherweise vorbehandelt gekauft und einige Größen gibt es mit flachen oder gerundeten Böden. Die meisten Geräte verlangen Platten mit flachen Böden. (4) *Rollflaschen*. Für die maximale Ausbeute. In Rollflaschen, die als offene oder geschlossene Systeme ausgelegt sein können, können adhärente Zellen oder Suspensionskulturen angezogen werden. (5) *Rührflaschen*. Für langsames und schonendes Rühren. Wird für Suspensionskulturen und Microcarrier-Zellkulturen verwendet. Verschiedene Gasmischungen können zugegeben werden und die Flaschen können sowohl als offene als auch als geschlossene Systeme genutzt werden. (6) *Röhrchen*. Für adhärente Zellen. Der runde Boden erlaubt die Anheftung an alle Teile des Röhrchens. Leighton-Röhrchen haben eine abgeflachte Seite, die eine mikroskopische Untersuchung ermöglicht.

Zellmedium

In den meisten Laboren wird gekauftes Medium verwendet, dass entweder schon fertig in Flaschen abgefüllt ist oder als getrocknetes Pulver erst gelöst und sterilfiltriert werden muss. Logischerweise ist die zweite Option die billigere und besonders dann sinnvoll, wenn das Medium in großen Mengen verwendet wird.

> Gekauftes Medium hat ein Verfallsdatum, an das man sich zwar halten sollte, aber abgelaufenes Medium kann z.B. noch zum Waschen von Zellen verwendet werden.

Zellmedien sehen zwar alle ähnlich aus, denn fast alle enthalten Phenolrot oder einen anderen Farbstoff als pH-Indikator, aber sie sind nicht gleich, also nehmen Sie nicht irgendein Medium, das gerade vorrätig ist. Schauen Sie nach, welche Zusammensetzung Ihr Medium haben muss und bestellen Sie dieses Medium bei einer Firma, die Ihnen garantiert, dass keine Mycoplasmen darin enthalten sind.

Box 10.6: Phenolrot als pH-Indikator

Medium mit Phenolrot hat folgende Farben:

Zitronengelb unter	pH 6,5
Gelb bei	pH 6,5
Orange bei	pH 7,0
Rot bei	pH 7,4
Rosa bei	pH 7,6
Violett bei	pH 7,8

Die meisten Zellen wachsen am besten, wenn das Medium einen pH-Wert von ca. 7,4 hat.

Gelbliches Medium ist sauer, eventuell verusacht durch:

- Überwachsen der Kultur

- Bakterielle Kontamination

- Zu hohe CO_2-Konzentration im Inkubationsschrank

Leicht violettes Medium ist alkalisch, eventuell verursacht durch:

- Eine dünne und nicht wachsende Kultur

- Schimmelpilz-Kontamination

- Zu geringe CO_2-Konzentration im Inkubationsschrank

Einige Zellen benötigen den Zusatz bestimmter anderer Komponenten zum fertigen Medium. L-Glutamin ist ein gebräuchlicher Zusatz, weil viele Zellen das Glutamin im Medium sehr schnell aufbrauchen. Filtersterilisierte und eingefrorene Aliquots der Zusätze können schnell aufgetaut und dann zugegeben werden, wenn es nötig ist.

Zellkulturmedien können hitzelabile Bestandteile enthalten, daher sollten Sie die Medien kühl lagern. Vor der Verwendung sollte das Medium aber auf 37 °C aufgewärmt werden: Schocken Sie niemals Ihre Zellen durch Zugabe von kaltem Medium. Aber lassen Sie das Me-

> Seien Sie vorsichtig, wenn Sie irgendetwas direkt zu den Zellen geben, insbesondere wenn es Komponenten sind, die in DMSO, Ethanol oder Methanol gelöst sind, weil diese Stoffe in hohen Konzentrationen giftig für die Zellen sind. Sie sollten die Kultur schütteln oder rühren, wenn Sie etwas hinzugeben, um die Komponenten so schnell wie möglich zu verdünnen.

dium nicht stundenlang im 37-°C-Wasserbad stehen, weil viele Bestandteile, wie z.B. einige Antibiotika, bei 37 °C kürzere Halbwertszeiten haben. Erwärmen Sie das Medium 10 Minuten bevor Sie es benötigen, oder, noch besser, entnehmen und erwärmen Sie nur die Menge, die Sie tatsächlich benötigen.

> Selbst bei langsam wachsenden Zellen muss das Medium regelmäßig gewechselt werden, weil auch diese Zellen Bestandteile des Mediums metabolisieren und verbrauchen.

Es ist praktisch, Medien in 500-ml-Flaschen zu kaufen oder herzustellen. Wenn Sie eine 500-ml-Flasche pro Woche verbrauchen, geben Sie das benötigte Serum und andere labile Substanzen direkt in diese Flasche. Denken Sie daran, dass Sie gerade soviel Medium in der Flasche haben dürfen, dass nach der Zugabe der anderen Komponenten das Endvolumen 500 ml beträgt (eventuell müssen Sie also vorher Medium entnehmen).

Box 10.7: Beispiel

Wenn Sie 10% Serum und 5 ml Antibiotika zugeben, bereiten Sie Flaschen mit 445 ml Medium vor. Geben Sie 50 ml Serum und 5 ml Antibiotika-Lösung kurz vor Gebrauch des Mediums zu. ■

Serum

Serum stellt die benötigten Wachstumsfaktoren und Nährstoffe zur Verfügung. Einige Zellen, insbesondere transformierte Zellen, benötigen nur sehr wenig Serum, so um die 0,5%. Einige Zelllinien wurden darauf „trainiert", in Medium mit wenig Serum zu überleben. Da immer mehr über die benötigten Komponenten aus dem Serum bekannt wird, können mehr und mehr Zelllinien ohne Serum durch Zugabe der benötigten Komponenten und Ergänzungsstoffe kultiviert werden. Sie sind in einer glücklichen Situation, wenn Sie Ihre Zellen ohne Serum anziehen können.

> Serum ist teuer. Sehr teuer. Aliquotieren und frieren Sie Ihr Serum immer ein und geben Sie es erst kurz vor der Verwendung des Mediums zu. Lagern Sie nicht benötigte Portionen aufgetauten Serums im Kühlschrank, wo es für einige Wochen haltbar ist.

Folgendes müssen Sie bei der Verwendung von Serum beachten:

- **Die Konzentration des Serums.** Die meisten Zellen benötigen für gutes Wachstum 5–20% Serum im Medium.

- **Die Art des Serums.** Einige Zellen bevorzugen Pferdeserum. Der Standard für Gewebekulturen ist Kälberserum. Einige Zellen benötigen das teurere fötale Kälberserum und manche Zellen (üblicherweise menschliche Zellen) benötigen Serum von ihrer eigenen Spezies, was das teuerste Serum von allen ist.

- **Ist das Serum hitzeinaktiviert oder nicht?** Serum wird hitzeinaktiviert, um Bestandteile wie z.B. Komplement zu inaktivieren.

> Die mögliche Verbreitung infektiöser Agenzien oder Partikel durch Serum hat bei Regierungsbehörden und Firmen Sorgen über die Herkunft des Serums hervorgerufen, das für Zellkulturen verwendet wird. Erkundigen Sie sich über den aktuellen Stand der Vorschriften und ordern Sie Serum nur von Firmen, die die Herkunft des Serums nachweisen können.

- **Wo bekommen Sie das Serum her?** Erkundigen Sie sich bei einem Laborkollegen, der mit den Zellen bereits gearbeitet hat, da einige Zellen nur ganz bestimmte Seren tolerieren. Es gibt einen großen Wettbewerb zwischen den Firmen, die Serum verkaufen, aber beim Serumkauf sollten Sie nicht auf den Cent achten.

Box 10.8: Hitzeinaktvierung von Serum

Tauen Sie das Serum bei Raumtemperatur auf; das kann für eine 500-ml-Flasche ca. 5–6 Stunden dauern. Inkubieren Sie das aufgetaute Serum für 30 Minuten bei 65 °C. Aliquotieren Sie dann das Serum in die üblicherweise verwendeten Portionen und frieren Sie diese zur Lagerung ein. Tauen Sie die Aliquots bei 37 °C im Wasserbad auf, wenn Sie sie benötigen. ∎

Teilen der Zellen

Jede Zellkultur wächst mit ihrer eigenen Geschwindigkeit, was dazu führt, dass das Teilen der Zellen zu individuellen Zeiten durchgeführt werden muss. Die Zelldichte, bei der eine Zelle angezogen wird, hat einen nachhaltigen Einfluss auf ihre Physiologie, daher müssen Sie die Mühe auf sich nehmen, die Zellen bei einer gesunden Dichte zu erhalten und für Experimente immer nur die Kulturen zu verwenden, die zu der gleichen Dichte gewachsen sind.

> Serum unterscheidet sich von Charge zu Charge. Viele Labore testen verschiedene Chargen von Serum auf die Fähigkeit, Wachstum und die Funktion der Zellen zu unterstützen, und kaufen dann große Mengen der besten Charge. Es gibt auch Abweichungen zwischen den Seren verschiedener Firmen, Sie sollten sich daher im Labor nach dem besten getesteten Serum für Ihre Zellen erkundigen.

Zellkulturen sollten so geteilt werden, dass sie zu Beginn eine definierte Zelldichte aufweisen. Theoretisch bedeutet das, dass die Zellen vor jedem Teilen der Kultur gezählt werden müssten. In der Praxis werden die Kulturen häufig in einem bestimmten Verhältnis von altem zu neuem Medium geteilt, z.B. in einem Verhältnis 1:4, d.h. 10 ml Zellen der alten Kultur werden zu 30 ml frischem Medium gegeben. OK, das ist nicht ganz präzise, aber es funktioniert für einige Kulturen. Wenn Sie so vorgehen, sollten Sie gelegentlich die Zellzahlen vor und nach dem Teilen bestimmen, damit Sie diese Zahlen kennen. Schreiben Sie auch immer auf, in welchem Verhältnis Sie teilen.

Es ist praktisch, wenn man die Zellen zweimal pro Woche teilt. Die meisten Zelllinien haben eine Verdopplungszeit von ungefähr 24 Stunden, und wachsen so innerhalb weniger Tage zu der alten Dichte heran. Sie können die Zellen auch dünner animpfen, aber eine zu dünne Kultur wächst nicht mehr. Sie können auch einfach warten und die Kulturen nur einmal wöchentlich teilen, aber die Zellen werden ab einer bestimmten Dichte nicht mehr weiter wachsen und die Kultur als Ganzes mag nicht mehr so gesund sein.

Box 10.9: Häufige Fehler bei der Kultivierung von Zellen

- Kulturen überwachsen, weil Sie keine Zeit hatten, sie am richtigen Tag zu teilen.
- Sie verwenden Kulturen, die offensichtlich die falsche Zelldichte haben, für ein Experiment, anstatt noch einen Tag zu warten oder die Zellen noch einmal zu teilen.
- Sie verwenden altes Medium, anstatt neues anzusetzen. ∎

Adhärente Zellen, die als Monolayer wachsen, müssen zuerst von der Gefäßwandung gelöst werden und in eine Einzelzellsuspension überführt werden. Da Zellen Komponenten der extrazellulären Matrix sekretieren, an die sie sich fest binden oder sich über Ca^{2+}-abhängige Rezeptor-Liganden-Interaktionen gegenseitig binden, kann das etwas schwierig sein. Das Lösen kann mechanisch, z.B. durch Abkratzen, erfolgen, aber dabei können die Zellen verletzt werden. Üblicherweise werden die Zellen durch enzymatischen Verdau der Zelladhäsions- und

> Verwenden Sie die sanfteste Methode, die für Ihre Zellen funktioniert.

extrazellulären Matrixbestandteile mittels Trypsin gelockert. Besonders stark anhaftende Zellen werden zusätzlich mit EDTA (welches das Ca^{2+} bindet) in Kombination mit verschiedenen Proteasen (die die Matrix verdauen) behandelt.

Tab. 10.3: Zelltrennung für den Transfer oder die Auszählung.

1.	Lösen durch Schütteln	mitotische oder andere schwach anhaftende Zellen
2.	Trypsin[a] in PBS (0,01–0,5%, je nach Bedarf; üblicherweise 0,25% für 5–15 min)	die meisten kontinuierlichen Zelllinien
3.	Waschen in PBS oder CMF, dann 0,25% Trypsin[a] in PBS oder Kochsalz-Citrat-Puffer	einige stark anhaftende kontinuierliche Zelllinien und viele Zelllinien in den ersten Passagen
4.	Zellen mit 1 mM EDTA in PBS oder CMF vorspülen, dann 0,25% Trypsin[a] in Citratpuffer	einige stark anhaftende Zelllinien in frühen Passagen
5.	Zellen mit 1 mM EDTA zweimal waschen, beim zweiten Mal nicht entfernen (1 ml/5 cm²)	Epithelzellen, wobei einige jedoch sensitiv auf EDTA reagieren
6.	Vorwaschen mit EDTA, dann 0,25% Trypsin[a] mit 1 mM EDTA	stark anhaftende Zellen, insbesondere Epithelzellen und einige Tumorzellen (*Achtung*: EDTA kann für einige Zellen toxisch sein)
7.	Vorwaschen mit 1 mM EDTA, 0,25% Trypsin[a] und Kollagenase[a] (200 Units/ml PBS oder Kochsalz-Citrat-Puffer oder EDTA/PBS)	dichte Kulturen, mehrlagige Zellkulturen, insbesondere kompakte, Kollagen bildende Kulturen
8.	Abschaben	alle Kulturen, allerdings können viele Zellen mechanisch zerstört werden und in der Regel entstehen keine Einzelzellsuspensionen
9.	Zugabe von Dispase (0,1–1,0 mg/ml) oder Pronase (0,1–1,0 mg/ml) in das Medium und Inkubation bis zur Zellablösung	die meisten Zellen werden gelöst, aber ein Zentrifugationsschritt ist nötig, um Enzym, das nicht durch das Serum inaktiviert wurde, zu entfernen. Kann für einige Zellen schädlich sein

(Abgedruckt mit Genehmigung von Freshney 1994, Urheberrecht von Wiley-Liss, Inc.)

[a]Verdauungsenzyme sind in verschiedenen Reinheitsgraden erhältlich (Difco, Worthington, Roche, Sigma). Rohpräparationen, z.B. Trypsin von Difco 1:250 oder CLS Kollagenase von Worthington, enthalten noch andere Proteasen, die die Ablösung einiger Zelltypen erleichtern, für andere aber toxisch sein können. Beginnen Sie mit einer Rohpräparation und erhöhen Sie den Reinheitsgrad, wenn nötig. Reinere Präparationen werden häufig in geringeren Konzentrationen (mg/ml) eingesetzt, da ihre spezifische Aktivität (Enzymeinheiten/g) höher ist.

10.4.3 Vorschrift: Subkultivieren adhärenter Zellen

1. Saugen Sie das Medium vom Monolayer ab.

2. Geben Sie vorsichtig auf 37 °C erwärmtes PBS oder Kulturmedium ohne Serum zu. Pipettieren Sie das Medium an eine Wand des Gefäßes, nicht auf die Zellen, um das Ablösen von nur lose anhaftenden Zellen zu vermeiden.

Die Zellen werden gewaschen, um die letzten Spuren von Serum zu entfernen, das sonst die Protease Trypsin inhibiert. Sie können zum Waschen auch altes Medium ohne Serum verwenden.

3. Saugen Sie die PBS- oder die Mediumwaschlösung vom Monolayer ab.

4. Geben Sie 0,25% Trypsin in PBS zu, gerade so viel, dass die Zellen bedeckt bleiben, wenn das Zellkulturgefäß geschwenkt wird.

5. Saugen Sie das Trypsin sofort wieder ab, es sollte nur 10–30 Sekunden auf den Zellen verbleiben, bevor Sie es absaugen.

6. Inkubieren Sie die Zellen für 5–15 Minuten bei Raumtemperatur und kontrollieren Sie alle paar Minuten, ob der Monolayer anfängt zu rutschen, wenn Sie das Kulturgefäß kippen (das können Sie makroskopisch erkennen). Wenn es passiert, können Sie die Inkubation beenden. Alternativ können Sie die Zellen auch für 5 Minuten bei 37 °C inkubieren.

7. Geben Sie frisches Medium zu (das gleiche Volumen, das Sie vorher entfernt haben) und pipettieren Sie es kräftig auf und ab, damit die Zellklumpen aufgelöst werden. Prüfen Sie auf einem Inversmikroskop, ob Sie eine Einzelzellsuspension haben. Pipettieren Sie so lange, bis es soweit ist.

8. Geben Sie 1 Milliliter der Zellsuspension in ein Reaktionsgefäß.

9. Zählen Sie die Zellen.

10. Berechnen Sie die Verdünnung, die Sie herstellen müssen, um die gewünschte Animpfkonzentration zu erhalten.

11. Entnehmen Sie die berechnete Menge an Zellen und füllen Sie sie in ein neues Kulturgefäß.

12. Geben Sie die berechnete Menge an frischem Medium (das Sie vorher auf 37 °C erwärmt haben) zu.

Box 10.10: Beispiel

Sie haben die Zellen gezählt und dabei eine Zelldichte von $1,0 \times 10^6$ Zellen/ml ermittelt; die gewünschte Animpfkonzentration ist 1×10^5 Zellen/ml. Das Endvolumen im Kolben soll 10 ml betragen. Sie müssen die Zellen also 1:10 verdünnen, also 1 ml der Zellsuspension zu 9 ml Medium geben.

---

13. Schwenken Sie das Gefäß behutsam, um sicherzustellen, dass die Zellen gleichmäßig über den Boden verteilt sind.

14. Stellen Sie die Zellen in den Inbubationsschrank. Der Deckel darf nicht fest zugedreht sein.

Wenn Sie 100-mm²-Platten für die Kultur Ihrer Zellen verwenden, sollten das unbedingt *Gewebekultur*schalen sein, keine Schalen für Bakterienkulturen. Gewebekulturschalen sind speziell vorbehandelt, um die Anheftung der Zellen zu verbessern, an Bakterienkulturschalen werden die Zellen nicht haften.

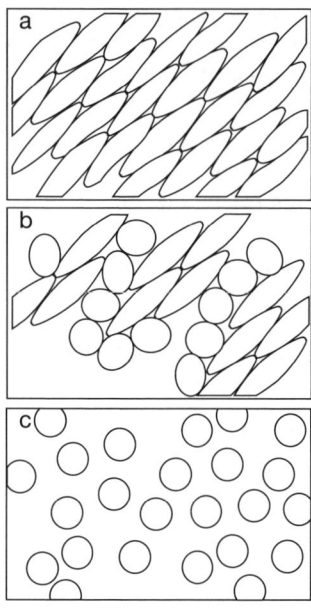

Abb. 10.4: Ablösen adhärenter Zellen. Die Zellen des Monolayers (a) erscheinen flach und sind kontrastarm. Wenn die Zellen sich zu lösen beginnen, sind sie immer noch aneinander geklumpt (b). Danach lösen sie sich relativ schnell von der Oberfläche, die meisten Zellen liegen einzeln vor (c) und jetzt kann frisches Medium zugegeben werden.

10.4.4 Vorschrift: Subkultivieren von Suspensionskulturen

1. Schwenken Sie den Kolben mit der Kultur sachte, damit Sie eine gleichmäßige Suspension erhalten. Überführen Sie 1 Milliliter der Kultur in ein Reaktionsgefäß.

2. Zählen Sie die Zellen, werfen Sie dabei auch einen Blick auf die Zellen selbst, um ihren allgemeinen Zustand zu überprüfen.

3. Berechnen Sie die Verdünnung, die Sie herstellen müssen, um die gewünschte Animpfkonzentration zu erhalten.

4. Entnehmen Sie die berechnete Menge an Zellen und füllen Sie sie in einen neuen Kolben.

5. Geben Sie die berechnete Menge an frischem Medium (das Sie vorher auf 37 °C erwärmt haben) zu.

6. Stellen Sie die Zellen in den Inkubationsschrank. Achten Sie darauf, dass der Kolben nicht dicht verschlossen ist.

> Schauen Sie sich Ihre Zellen unter einem Inversmikroskop an, um die Verdünnung zu überprüfen. Sie sollten lernen, wie unterschiedliche Konzentrationen von Zellen aussehen.

7. Stellen Sie auch den Ursprungskolben wieder in den Inkubationsschrank, ohne Medium zuzugeben. Immer wenn Sie Zellen teilen, sollten Sie den ursprünglichen Kolben als Reserve für den Fall einer Kontamination behalten. Beschriften Sie ihn mit „Reserve" und entsorgen Sie ihn, wenn Sie das nächste Mal Ihre Zellen teilen.

Box 10.11: Beispiel

Sie haben die Zellen gezählt und eine Zelldichte von $2,3 \times 10^6$ Zellen/ml ermittelt. Die gewünschte Animpfkonzentration soll 5×10^5 Zellen in einem Volumen von 10 ml betragen.

Erinnern Sie sich noch an die Formel aus Kapitel 7: C1 × V1 = C2 × V2 ?

C1: Konzentration der Stocklösung, hier $2,3 \times 10^6$ Zellen/m

V1: Volumen der einzusetzenden Stocklösung (wollen wir berechnen)

C2: Konzentration der verdünnten Lösung, hier 5×10^5 Zellen/ml

V2: Volumen der verdünnten Lösung, hier 10 ml

V1 = (5×10^5 ~~Zellen/ml~~ × 10 ml) / $2,3 \times 10^6$ ~~Zellen/ml~~ = 2,2 ml

Geben Sie 2,2 ml der Zellsuspension zu 7,8 ml Medium.

10.4.5 Vorschrift: Zählen lebender Zellen unter dem Mikroskop

Eine Probe der Zellen wird mit Trypanblau gemischt. Das ist ein Farbstoff, der von lebenden Zellen nicht aufgenommen wird, aber tote Zellen in einem dunklen Blau färbt. Die Zellen werden auf einen gerasterten Objektträger, einen sogenannten Hämacytometer, gegeben und manuell unter dem Mikroskop gezählt.

Materialien

- Hämacytometer (verbesserter Neubauer-Typ), muss vor jeder Benutzung gereinigt und getrocknet werden (andere Hämacytometer können auch verwendet werden, das Raster sieht eventuell anders aus).

- Deckglas für Hämacytometer (wiederverwendbar!), muss vor jeder Benutzung gereinigt und getrocknet werden.

- Trypanblau, 0,4% (w/v) in PBS.

- Handzähler.

- Die Zellsuspension, entweder von einer Suspensionskultur oder von trypsinisierten adhärenten Zellen. Achten Sie darauf, dass die adhärenten Zellen tatsächlich als einzelne Zellen vorliegen (Abbildung 10.4) und dass Sie die Kultur geschwenkt haben, um eine repräsentative Probe zu erhalten.

- Pipetten, Pipettenspitzen.

- Reaktionsgefäße.

- Phasenkontrast-Mikroskop, Standard oder Invers, mit einem 10x-Objektiv.

- Steriles Medium zum Verdünnen.

Die Bestimmung der Zellzahl ist wichtig für die Pflege und das Einfrieren von Zelllinien; Sie sollten es jederzeit schnell und sicher durchführen können. Halten Sie immer ein Hämacytometer und eine Trypanblau-Lösung griffbereit.

Für das Zählen der Zellen kann auch ein automatischer Zellzähler (*coulter counter*) benutzt werden. Hämacytometer sind praktischer, um einzelne Proben zu zählen und haben außerdem den Vorteil, dass man auf die Zellen schaut.

Durchführung

1. Legen Sie das Deckglas eben in die Mitte des Hämacytometers.

2. Entnehmen Sie 500 µl der Kultur und überführen Sie sie in ein Eppi. Wenn Sie nur wenig Kultur haben, nehmen Sie nur 100 µl.

3. Füllen Sie 50 µl der Zellen und 50 µl der Zellen-Trypanblau-Lösung in ein neues Eppi und mischen Sie die Lösungen durch „leichtes Antippen".

> Einer der häufigsten Gründe für Fehler beim Bestimmen der Zellzahl mit dem Hämacytometer ist die Verwendung von Proben, die vorher nicht gut suspendiert und gemischt wurden.

4. Entnehmen Sie mit einer Mikroliterpipette 50 µl der Mischung und geben Sie jeweils ca. 20 µl davon an beide Seiten des Deckglases. Lassen Sie dazu einen Tropfen von der Pipettenspitze durch Kapillarsog unter das Deckglas ziehen (falls Sie zwei unterschiedliche Proben haben, laden Sie die Proben vorsichtig in jeweils eine Seite). Füllen Sie beide Seiten

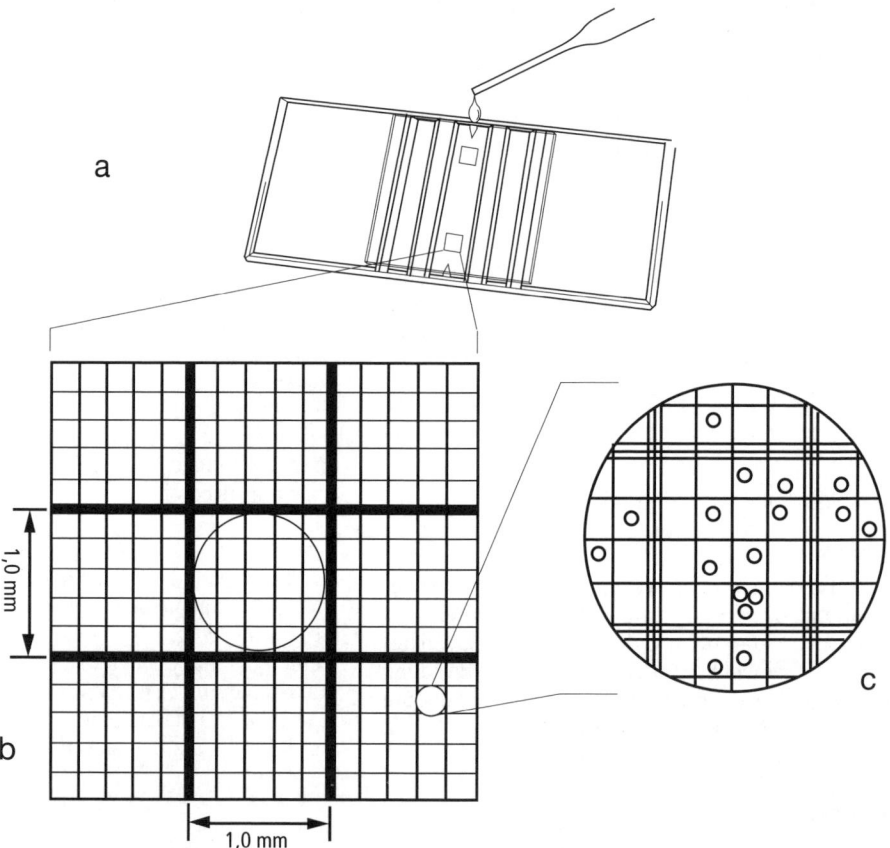

Abb.10.5: Zellzahlbestimmung mit einer Neubauer-Zählkammer. Das Hämacytometer wird in beiden Kammern auf jeder Seite mit Zellen beladen (a). Mit einem 10× Objektiv (100× Gesamtvergrößerung) wird jedes 1-mm-Quadrat das Sichtfeld ausfüllen. Jedes 1-mm-Quadrat ist in 25 kleinere Quadrate aufgeteilt (b). Jedes der kleineren Quadrate ist wiederum in 16 noch kleinere Quadrate unterteilt, um das Zählen kleiner Zellen oder sehr dünner Kulturen zu erleichtern. Die Zellzahl in einem 1-mm-Quadrat wird benutzt, um die Zellkonzentration zu berechnen. (Verändert mit Genehmigung von Freshney, 1994; © Wiley-Liss, Inc.)

der Kammer, auch wenn Sie nur eine Probe haben, weil die Bestimmung sonst ungenau wird.

5. Legen Sie die Zählkammer sofort auf das Mikroskop und suchen Sie bei schwacher Vergrößerung das Raster. Sie werden nur die Zellen in den 1-mm-Quadraten zählen, also stellen Sie das Mikroskop so ein, dass ein 1-mm-Quadrat das Sehfeld ausfüllt. Sie können die Zellen auch bei geringerer Vergrößerung zählen, aber dann ist es schwieriger, tote von lebenden Zellen zu unterscheiden. Wenn Sie ein Inversmikroskop benutzen, lassen Sie das Objektiv weg, damit Sie genug Licht haben – diese Einstellung macht einen großen Unterschied.

6. Zählen Sie die Zellen in einem 1-mm-Quadrat mit 25 Boxen grob durch, um zu entscheiden, ob Sie die Zellen verdünnen oder konzentrieren müssen. Idealerweise sollten Sie zwischen 30 und 300 Zellen in einem 1-mm-Quadrat haben. Wenn es mehr sind, verdünnen Sie sie 1:5 oder 1:10 (für eine 1:10 Verdünnung mischen Sie 50 µl Zellen von Schritt 2 mit 450 µl Medium; nehmen Sie davon 50 µl und mischen Sie sie mit 50 µl Trypanblau wie in Schritt 3).

7. Zählen Sie alle lebenden Zellen in einem 1-mm-Quadrat. Tote Zellen sind über die ganze Zelle blau gefärbt, während lebende Zellen nicht gefärbt sind (obwohl sie einen blauen Rand haben können oder granulär erscheinen mögen). Es ist praktisch, einen Handzähler mit zwei Zähleinrichtungen zu haben, dann können Sie gleichzeitig die toten und die lebenden Zellen zählen und so den Anteil lebender Zellen bestimmen.

8. Bestimmen Sie die Zellzahl in insgesamt drei 1-mm-Quadraten und teilen Sie die Summe durch drei, um den Mittelwert der Zellzahl/1-mm-Quadrat zu erhalten.

9. Berechnen Sie die Anzahl der Zellen pro Milliliter. Der Mittelwert der Zellen/1-mm-Quadrat $\times$ 10 000 $\times$ Verdünnung der Probe ergibt die Zahl der Zellen pro Milliliter in der Kultur.

Wenn Sie weniger als 30 Zellen haben, können Sie die Zellen konzentrieren, indem Sie ein Aliquot zentrifugieren und in einem kleineren Volumen wieder resuspendieren. Aber normalerweise ist es die Mühe nicht wert; machen Sie stattdessen drei unabhängige Zählungen, um die beste Abschätzung für Ihre Zellzahlen zu bekommen.

Damit Sie keine Zellen doppelt zählen, zählen Sie bei auf dem Rand liegenden Zellen nur diejenigen, die auf dem oberen und auf dem linken Rand liegen, aber nicht die, die auf dem unteren oder rechten Rand liegen. **Einheitlichkeit der Zählweise** – also die Zellen immer in der gleichen Art und Weise zählen – ist der einzige Weg, um reproduzierbare Zahlen zu bekommen.

Wenn die Anzahl der Zellen in den drei Quadraten sehr unterschiedlich ist, sagen wir, mehr als 20%, haben Sie die Zellen wahrscheinlich nicht gut genug resuspendiert oder es gibt noch Zellklumpen.

Eine Lebensrate von weniger als 80–90% ist ein Zeichen für eine kranke Zellpopulation. Die wahrscheinlichste Erklärung dafür ist, dass die Zellkultur zu dicht gewachsen ist, aber es kann auch ein Hinweis auf eine Kontamination oder auf Probleme mit dem Medium oder dem Serum sein.

10. Berechnen Sie auch den Anteil der lebenden Zellen in der Kultur. Teilen Sie dazu die Zahl der lebenden Zellen in den drei 1-mm-Quadraten durch die Gesamtzahl toter und lebender Zellen in den drei 1-mm-Quadraten und multiplizieren Sie mit 100.

> Die Höhe der Zählkammer beträgt 0,1 mm, ein 1-mm-Quadrat entspricht also einem Volumen von einem 10 000stel Milliliter. Oder anders herum: 1 Milliliter Flüssigkeit würde 10 000 1-mm-Quadrate füllen.

Box 10.12: Beispiel

Sie haben folgende Werte ermittelt: 113, 99 und 118 (Mittelwert = 110)

$$110 \text{ Zellen/Quadrat} \times 10\,000 \text{ Quadrate/ml} = 1,1 \times 10^6 \text{ Zellen/ml}$$

Da Sie vor dem Zählen 50 µl Zellen mit 50 µl Trypanblau gemischt haben, ist Ihr Verdünnungsfaktor 2.

$$2 \times 1,1 \times 10^6 \text{ Zellen/ml} = 2,2 \times 10^6 \text{ Zellen/ml}$$

Sie haben also $2,2 \times 10^6$ Zellen/ml in der ursprünglichen Kultur. ∎

10.5 Einfrieren und Lagern von Zellen

Während Zellen wachsen, kann sich der Phänotyp verändern oder driften. Da es wichtig ist, dass Ihre Zellen berechenbar bleiben, sollten Sie jede Zelllinie so früh wie möglich einfrieren.

> Unglücklicherweise ist es immer noch nicht möglich, die meisten Primärzellen einzufrieren und aufzutauen.

 Vor dem Einfrieren

Prüfen Sie, was Sie beim Einfrieren Ihrer speziellen Zellen beachten müssen.

- Schauen Sie in den Katalogen oder Webseiten der Zellkultursammlungen (DSMZ, ECACC, usw.) nach Hinweisen zum Einfrieren Ihres Zelltyps nach.

- Fragen Sie auf jeden Fall einen Laborkollegen, ob es Modifikationen zum vorgeschlagenen Einfriermedium oder den Bedingungen gibt, aber behandeln Sie diese Information mit Vorsicht, weil viele Leute im Labor noch nie in die Kataloge der Zellkultursammlungen oder in andere Literatur geschaut haben. Stattdessen sind sie auf eine generelle Methode zurückgefallen, die zwar normalerweise funktioniert und wahrscheinlich auch diesmal funktionieren wird, die aber vermutlich nicht die optimale Methode für diese bestimmten Zellen darstellt.

- Wenn es sich um eine neue Zelllinie handelt, kontaktieren Sie den Hersteller der Linie (schauen Sie in die Literatur).

- Wenn Sie keine Informationen zu Ihren Zellen finden können, verwenden Sie eine der unten aufgeführten Standardmethoden.

Denken Sie daran, dass Sie sterile Einfrierampullen (Kryoröhrchen) benötigen. Dabei handelt es sich um Plastikröhrchen mit Drehdeckel, die extra hergestellt wurden, um großer Kälte widerstehen zu können. Es gibt sie mit flachem oder rundem Boden, beide Sorten sind zum Einfrieren geeignet (obwohl Sie zum Zentrifugieren die mit dem flachen Boden vielleicht bevorzugen). Glasampullen können auch verwendet werden. *Nehmen Sie auf keinen Fall Eppis mit Schnappdeckel.*

Stellen Sie sicher, dass Sie Platz für Ihre Zellen im Flüssigstickstoff reserviert haben. Flüssigstickstofftanks sind notorisch überfüllt und Sie wollen bestimmt nicht mit Ihren auftauenden Zellen davor stehen und verzweifelt in den Fächern nach einem freien Platz suchen. Sie sollten auch nicht riskieren, Ihre Zellen am falschen Platz zu lagern, jemand anders wird sie vielleicht wegwerfen.

10.5.1 Vorschrift: Einfrieren von Zellen

1. Lassen Sie Ihre Zellen bis zur logarithmischen Phase im üblichen Medium/Serum wachsen.

2. Bestimmen Sie die Lebensfähigkeit Ihrer Zellen. Frieren Sie die Zellen nicht ein, wenn Sie mehr als 20% tote Zellen haben.

> Wenn Sie zu wenig Zellen haben, wird die Kultur nach dem Auftauen nicht mehr wachsen, haben Sie zu viele Zellen, wird die Kultur krank.

3. Kalkulieren Sie, wie viele Kryoröhrchen Sie benötigen. Jedes Röhrchen kann 1×10^7 Zellen (oder zwischen 4×10^6 und 2×10^7 Zellen) in einem Milliliter Medium aufnehmen.

Box 10.13: Konzentration der Zellen beim Einfrieren

Frieren Sie die Zellen in einer Konzentration ein, die, wenn die Zellen beim Auftauen 1:10 verdünnt werden, der fünffachen Animpfkonzentration entspricht.

Beispiel: Wenn die normale Animpfkonzentration $5{,}0 \times 10^5$ Zellen/ml beträgt, sollte die Konzentration der Zellen nach Auftauen und Resuspension im frischen Medium $2{,}5 \times 10^6$ (= $5 \times 5{,}0 \times 10^5$ Zellen/ml) betragen. Da die Zellen beim Auftauen 1:10 verdünnt werden, muss die Konzentration beim Einfrieren also $2{,}5 \times 10^7$ Zellen/ml sein.

---

4. Bereiten Sie das Medium zum Einfrieren vor, Sie brauchen 1 ml pro Aliquot plus 10%. Einfriermedium enthält normalerweise normales Kulturmedium, 10–20% Serum und 5–10% Glycerol oder DMSO. Wenn das beste Einfriermedium nicht bekannt ist, frieren Sie die Zellen in 20% Serum und 10% DMSO ein.

5. Resuspendieren Sie die Zellen durch vorsichtiges Pipettieren im Einfriermedium.

6. Füllen Sie je 1 ml pro Kryoröhrchen ab. Halten Sie die Zellen solange auf Eis.

7. Stellen Sie die Röhrchen in eine Kryobox, die Sie mit Papierhandtüchern ausgelegt haben. Stellen Sie die Box in eine Tiefkühltruhe, die –60 °C oder kälter ist. Lassen Sie sie für 16–24 Stunden dort.

8. Gießen Sie ein wenig Flüssigstickstoff in eine Styroporbox und legen Sie Ihre Kryoröhrchen hinein, während Sie sie zum Flüssigstickstofftank transportieren. Wenn Sie keinen Flüssigstickstoff bekommen, nehmen Sie stattdessen Trockeneis.

> Beschriften Sie jedes Kryoröhrchen, auch wenn Sie eine ganze Box von Röhrchen vorbereiten. Notieren Sie Zelltyp, die Anzahl der Passagen, die Konzentration der Zellen, das Datum des Einfrierens und Ihren Namen. Benutzen Sie keine Klebeetiketten, sondern schreiben Sie mit einem Permanentmarker, der nicht mit Ethanol ablösbar ist, direkt auf das Röhrchen. Etiketten werden in der Kälte spröde und brechen ab.

> Wenn Sie einen programmierbaren Tiefkühlschrank zur Verfügung haben, kühlen Sie Ihre Zelle mit einer Rate von –3 °C/min ab, bis die –60 °C erreicht sind.

Abb. 10.6: Flüssigstickstofftank (a), Kanister (b) und „Cryocanes" (c). Nehmen Sie den Deckel ab und legen Sie ihn zur Seite. Ergreifen Sie das gebogene Ende des Kanisters und ziehen Sie ihn aus dem Tank. Entnehmen Sie das richtige Rohr und klemmen Sie das Kryoröhrchen ein (oder aus). Bringen Sie schnellstmöglich alles wieder an seinen alten Platz. Tragen Sie immer Handschuhe und Gesichtschutz, auch wenn Sie nur ein einzelnes Röhrchen entnehmen wollen.

9. Packen Sie Ihre Röhrchen in das vorgesehene Fach und tragen Sie den Standort sofort in Ihr Laborbuch und in das Nutzerbuch für den Stickstofftank ein, falls es eines gibt.

 Verwenden von Flüssigstickstoff

- Zellen werden entweder in einem Flüssigstickstofftank gelagert, der mit Flüssigstickstoff gefüllt ist, oder in einem Flüssigstickstoffkühlschrank, der an einen großen Flüssigstickstofftank angeschlossen ist. Tanks müssen alle paar Wochen manuell mit Flüssigstickstoff nachgefüllt werden.

> Wenn der Stickstoffstand niedrig ist, sollten Sie den Tank nicht öffnen, damit der Inhalt so kalt wie möglich bleibt.

- Automatisch nachfüllende Tanks sollten von Zeit zu Zeit überprüft werden, um sicherzustellen, dass sie ordnungsgemäß arbeiten und der Tank nicht leer ist.

- Tragen Sie dicke Handschuhe, wenn Sie Rohre, Ständer oder Boxen herausnehmen. Flüssigstickstoff kann schwere Verbrennungen verursachen.

- Tragen Sie mindestens Latexhandschuhe, wenn Sie Kryoröhrchen aus Rohren oder Boxen nehmen.

- Stecken Sie Ihren Kopf nicht in Flüssigstickstofftanks oder -schränke und atmen Sie die Dämpfe niemals tief ein. Wedeln Sie mit Ihren Händen die Dämpfe weg und dann sehen Sie den Flüssigstickstoff darunter.

- Schützen Sie ihre Augen immer mit einer Schutzbrille, wenn Sie mit Flüssigstickstoff arbeiten. Gefäße können in der extremen Kälte jederzeit plötzlich zerbrechen und splittern.

- Packen Sie niemals lose Gefäße in den Tank. Jedes Röhrchen muss in der richtigen Box oder in dem richtigen Rohr gelagert werden. Fragen Sie bei der verantwortlichen Person rechtzeitig nach Platz.

- Inaktivieren Sie nicht den Alarm. Prüfen Sie den Alarm von Zeit zu Zeit, um sicherzustellen, dass niemand anderes ihn ausgeschaltet hat.

- Wenn Sie einen Alarm von einem Flüssigstickstofftank oder -schrank hören, informieren Sie sofort das Labor. Wenn es am Wochenende passiert oder um 3 Uhr nachts, prüfen Sie zuerst an der Alarmanzeige, ob der Flüssigstickstoffstand tatsächlich niedrig und/oder die Temperatur zu hoch ist. Rufen Sie erst dann die verantwortliche Person an.

10.6 Kontaminationen

Kontaminationen kommen immer mal vor, aber sie sind wirklich lästig und können sich sogar zu einer Katastrophe entwickeln. Die Anwendung guter steriler Arbeitstechniken (Kapitel 9) verhindert die meisten Probleme; bleiben Sie trotzdem wachsam, um Kontaminationen so früh wie möglich zu entdecken. Schauen Sie sich jede

> Wenn Sie eine kontaminierte Kultur sehen, die jemand anderem gehört, informieren Sie ihn sofort.

Kultur, die Sie aus dem Inkubationsschrank nehmen, aufmerksam an; genau genommen sollten Sie es sich angewöhnen, *immer* einen Blick auf *alle* Kulturen zu werfen, wenn Sie den Inkubationsschrank öffnen.

Kontaminationen werden durch Bakterien, Hefen, Pilze, Schimmelpilze, Mycoplasmen und andere Zellkulturen verursacht.

10.6.1 Wie erkennt man eine Kontamination?

 Makroskopisch. Schauen Sie auf den Kolben oder die Schale mit Zellen, wenn Sie sie herausnehmen. Halten Sie sie gegen das Licht und prüfen Sie auf:

- **Trübung.** Selbst in einer sehr dichten Kultur sollte das Medium klar sein. Achten Sie auf die Trübung des Mediums und Wolken, die sich bei der Bewegung des Kolbens bewegen. Einige Schimmelpilze können auch Kolonien bilden, die auf der Oberfläche des Mediums schwimmen.

- **Farbveränderung des Mediums.** Das Phenolrot in roten Medien wird unter sauren Bedingungen gelb und unter alkalischen Bedingungen rosa. Eine starke Bakterieninfektion verändert die Farbe des Mediums häufig nach gelb, während eine Pilzkontamination die Farbe knallrosa werden lassen kann.

- **Geruch.** Natürlich sollen Sie nicht den Kolben öffnen und Ihre Nase reinstecken. Aber viele Kontaminationen erzeugen einen wahrnehmbaren und charakteristischen Geruch, der Ihnen vielleicht schon beim Öffnen des Inkubators auffällt.

> Schauen Sie sich erst die Kultur an, bevor Sie sie wegwerfen. Eine schnell wachsende oder eine überwachsene Kultur können das Medium auch nach gelb umschlagen lassen. Das gleiche gilt bei Problemen mit dem CO_2-Pegel, die das Medium gelb (zu viel CO_2) oder rosa (zu wenig CO_2) werden lassen.

 Mikroskopisch. Schauen Sie sich die Kultur zuerst bei schwacher (10fache Objektiv-Vergrößerung) und dann sorgfältiger bei starker Vergrößerung (40fache Objektiv-Vergrößerung, 400fache Gesamtvergrößerung) auf einem Inversmikroskop an, wobei Sie den Focus auf und ab bewegen sollten, um verschiedene Tiefenebenen zu betrachten. Achten Sie auf:

- **Andere Organismen.** Bei schwacher Vergrößerung wirken die Mycelien von *Pilzen* als lange Fäden, die sich oft über das gesamte Blickfeld ziehen. *Hefen* sind bei dieser Vergrößerung vielleicht auch schon sichtbar und erscheinen als glatte Bälle, manchmal mit Knospen.

  Bei starker Vergrößerung werden *Bakterien* sichtbar. Diese können als Stäbchen oder Kokken auftreten, einzeln, als Kettenfäden oder in Haufen. Sie können mit den Zellen assoziiert sein und sogar scheinbar in den Zellen gesehen werden. Die Zellen können lysiert sein. Es können so viele Bakterien da sein, dass man die Zellen schon gar nicht mehr sieht. Es kann aber auch nur eine Kontamination alle zwei Blickfelder auftauchen (was immer noch als Kontamination zählt!). Sie können sogar beweglich sein.

- **Beschädigte Zellen.** Infektionen können Zellen töten, sie können sogar dazu führen, dass alle Zellen lysiert werden und sich der ganze Monolayer vom Kunststoff löst. Wahrscheinlich werden die Zellen unregelmäßiger geformt aussehen (und größer oder kleiner als sonst) und dunkel granuliert, was auch schon bei schwacher Vergrößerung zu sehen ist.

Um zu entscheiden, ob eine Form einen Mikroorganismus darstellt, müssen Sie regelmäßig auf Ihre Kulturen schauen. Manchmal treten auch Präzipitate von Mineralsalzen auf oder granuläre Zellausstülpungen und Zelltrümmer, aber diese haben meistens eine unregelmäßige Form.

Verwechseln Sie Beweglichkeit nicht mit der Brownschen Molekularbewegung, die alle Partikel leicht hin und her vibrieren lässt. Zelluläre Granula können leicht zittern und können daher bakteriellen Kontaminationen ähneln.

Wenn es sich nicht um extrem seltene Zellen handelt, die fast unmöglich zu bekommen sind, sollten Sie nicht versuchen, die Kultur durch Gabe von Antibiotika zu retten! Werfen Sie sie weg!

Box 10.14: Mikroskopische Betrachtung von Suspensionskulturen

Suspensionkulturen sind schwieriger unter dem Mikroskop zu betrachten als adhärente Zellen, insbesondere bei starker Vergrößerung.

- Nachdem Sie die Kultur unter das Mikroskop gelegt haben, warten Sie eine Minute, bis sich die Turbulenzen gelegt haben.

- Fokussieren Sie auf den Boden des Gefäßes und achten sie sorgfältig auf schwach adhärente Zellen, an denen vielleicht Mikroorganismen anhaften.

- Verlagern Sie die Betrachtungsebene langsam nach oben. Immer wenn Sie eine Zelle im Fokus haben, benutzen Sie die Feinregulierung und untersuchen Sie das Medium um die Zellen herum auf Kontaminationen.

Box 10.15: Wenn Sie im Zweifel über eine Kontamination sind...

1. Fertigen Sie ein Nasspräparat oder einen gefärbten Objektträger an (Kapitel 16). Zentrifugieren Sie dazu 1 ml der Zellkultur und resuspendieren Sie die Zellen in 50 µl Medium oder Puffer. Geben Sie die Zellen auf den Objektträger und legen Sie für ein Nasspräparat ein Deckglas auf oder machen Sie einen Ausstrich, den Sie fixieren und mit Methylenblau oder Gramfärbung anfärben. Betrachten Sie die Zellen bei starker Vergrößerung.

2. Streichen Sie ein wenig von der Kultur auf Nähr- oder Blutagarplatten aus und inkubieren Sie die Platten für 3 Tage bei 37 °C. Kolonien? Kontamination!

3. Füllen Sie 1 ml der Kultur in ein steriles Reaktionsgefäß und inkubieren Sie es für 3 Tage im Inkubationsschrank. Achten Sie auf Trübung und fertigen Sie ein Nasspräparat an. ∎

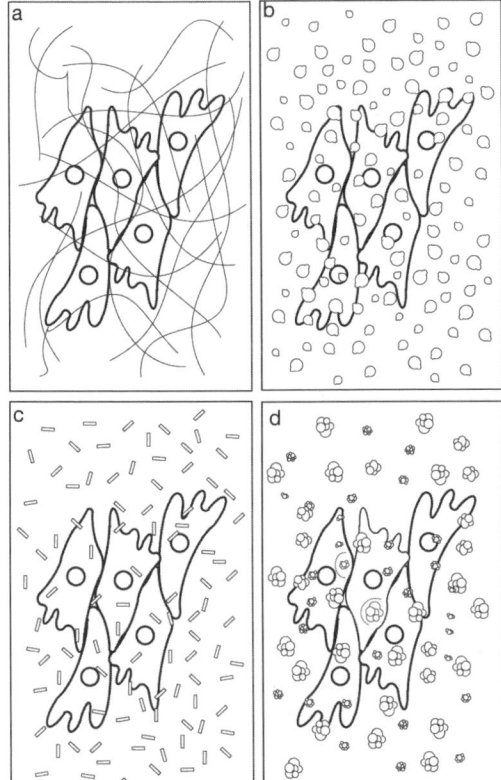

Abb. 10.7: Kontaminationen in einer adhärent wachsenden Zellkultur bei 400× Vergrößerung auf einem Inversmikroskop beobachtet. (a) Schimmelpilz, (b) Hefen, (c) Bakterien, kleine Stäbchchen, (d) Bakterien, Haufen von Kokken. Einige der Kokken wurden von den Zellen aufgenommen.

10.6.2 Kontamination mit Mycoplasmen

 Erkennen von Mycoplasmakontaminationen. Ein schwieriges und allgegenwärtiges Problem! Mycoplasmen sind die kleinsten sich selbst replizierenden Organismen, ca. 0,3 µm groß, die normalerweise nicht mit einem Inversmikroskop gesehen werden können. Mycoplasmen haben keine Zellwände und sind gegenüber den üblicherweise verwendeten Antibiotika unempfindlich. Die Experimentatoren wissen häufig gar nicht, dass ihre Zellen mit Mycoplasmen infiziert sind, bis die Lebensfähigkeit der Kultur absinkt oder die Zellen nicht mehr das tun, was sie sollen.

Ohne die Hilfe von speziellen Färbungen oder wenn die Zellen nicht gerade durch eine schwere Infektion sichtbar geschädigt sind, entsteht der Verdacht auf eine Mycoplasmeninfektion häufig nur dann, wenn die Experimente nicht mehr funktionieren. Die einzige Art, eine Mycoplasmeninfektion zu entdecken und zu behandeln, ist das routinemäßige Untersuchen der Zellen auf Mycoplasmen, eine sehr einfache Prozedur.

> Der häufigste Grund für neue Mycoplasmeninfektionen sind neu geordete, bereits mit Mycoplasmen kontaminierte Zelllinien. Testen Sie alle neuen Zelllinien auf Mycoplasmen und frieren Sie niemals eine Kultur ein, bevor sie nicht getestet wurde.

Verhindern von Mycoplasmakontaminationen.
Benutzen Sie nur garantiert mycoplasmenfreies Medium und Serum. Die meisten Firmen können Ihnen diese Garantie geben. Bestellen Sie nur Zellen, die garantiert mycoplasmenfrei sind. Wenn Sie die Zellen bei einer Firma bestellen, ist das einfach, schwieriger wird es, wenn Sie die Zellen von einem anderen Wissenschaftler bekommen. Fragen Sie geradeheraus, ob die Zellen auf Mycoplasmen geprüft wurden.

Routinemäßige Prüfungen stellen eine Verpflichtung dar, womit sich Wissenschaftler und Labore, die sich nur für ein kurzfristiges Experiment mit Zellkulturen beschäftigen, keine Mühe machen wollen. Bitte sehr. Aber Sie werden nie erfahren, dass die Gründe, weshalb Sie keine Antikörper gegen ein Zelloberflächenprotein bekommen haben oder weshalb die Proteinexpression nicht effektiv war, in der Verwendung von mycoplasmainfizierten Zellen lag.

Prüfen auf Mycoplasmakontaminationen. Wenn die Integrität der Zellen für Sie wichtig ist, prüfen Sie sie routinemäßig alle 4–6 Wochen. Es gibt mehrere Methoden dazu:

- **Fluoreszenzfärbung auf Mycoplasmen** ist die einfachste, billigste und übliche Methode.

- **Der PCR-Nachweis mit mycoplasmenspezifischen Primern** ist vielleicht der einfachste Weg, wenn Ihr Labor für PCR und Agarosegele gut ausgestattet ist. Sie können die Primer selbst herstellen oder sie (und entsprechende Kontrollprimer) bei einer Firma bestellen.

- **Senden Sie eine Probe an eine der vielen Firmen, die Mycoplasmen-Nachweise durchführen.** Die Firma stellt eventuell Päckchen zum Probenversand zu Verfügung, aber es geht nicht so schnell (obwohl es einfacher und teurer ist), als wenn Sie es selbst machen.

Und wenn Sie Mycoplasmen finden …
Viel Glück.

- Am besten werfen Sie die Zellen weg und tauen eine neue Linie auf.

- Sie können es ignorieren.

- Es gibt Methoden, eine mycoplasmenkontaminierte Kultur zu „heilen", aber sie sind schwierig und sollten nur angewendet werden, wenn die Zellen nicht ersetzbar sind. Am besten fragen Sie eine Firma, die Kits zur Entfernung von Mycoplasmen anbietet, und lassen sich beraten.

> Die meisten „Nicht-Zellkultur"-Labore unternehmen gar nichts, gemäß dem Motto „Warum was ändern, wenn's (anscheinend) funktioniert?". Aber Mycoplasmenkontaminationen können Zellfunktionen beeinträchtigen, die nicht offensichtlich sind. Sie können Chromosomenabnormitäten, Verlust von gewünschten Eigenschaften und eine reduzierte Kapazität für die Unterstützung von viralem Wachstum bewirken.

10.6.3 Kreuzkontaminationen

Zellen können andere Zellkulturen infizieren. Es wird angenommen, dass diese Kreuzkontaminationen sehr häufig vorkommen und viele Wissenschaftler versehentlich die falschen Zellen anziehen, benutzen und einfrieren, anstelle der gewünschten.

Das lässt sich einfach vermeiden.

- **Besorgen Sie sich Ihre Zellen von einer angesehenen Quelle** oder prüfen Sie selbst die Identität der Zellen. Es gibt Firmen, die das für Sie tun können.

- **Arbeiten Sie nie mit mehr als einer Zelllinie gleichzeitig.** Sie sollten noch nicht einmal Kolben mit unterschiedlichen Zellen gleichzeitig unter der Sterilbank stehen haben.

- **Benutzen Sie niemals die gleichen Pipetten** für unterschiedliche Zelllinien.

- **Benutzen Sie niemals die gleiche Flasche** mit Medium oder Trypsin für unterschiedliche Zelllinien.

- **Stecken Sie niemals eine Pipette ins Medium zurück**, mit der Sie vorher Zellen pipettiert haben.

- **Benutzen Sie Pipetten mit Baumwollstopfen** für das Arbeiten mit Zellen.

Kontrollieren Sie Ihre Zellen auf Kreuzkontamination, wenn sie plötzlich anders wachsen oder reagieren als sonst und Sie eine Mycoplasmakontamination ausgeschlossen haben (Veränderungen können aber auch durch Mutation oder Drift hervorgerufen werden).

10.7 CO$_2$-Inkubationsschränke und CO$_2$-Flaschen

CO$_2$ wird in offenen Zellkultursystemen verwendet, um den pH-Wert des Mediums zu regulieren. Es wird als komprimiertes Gas in Gasflaschen gekauft und an einen Inkubationsschrank angeschlossen, der den CO$_2$-Gehalt misst und anzeigt und eine eingestellte Temperatur aufrechterhält.

10.7.1 CO$_2$-Inkubationschränke

- Stellen Sie keine Kultur in einen Inkubationsschrank, ohne vorher mit den anderen Nutzern gesprochen zu haben.

- Im Inkubationsschrank befindet sich eine Wanne aus rostfreiem Stahl, in die Wasser gefüllt wird. So wird zum einen verhindert, dass die Zellen austrocknen, zum anderen arbeiten die CO$_2$-Messgeräte nur bei ausreichender Luftfeuchtigkeit genau. Füllen Sie immer genug destilliertes Wasser nach und wechseln Sie es einmal wöchentlich. Benutzten Sie keine Substanzen, die Bakterienwachstum inhibieren, weil sie den rostfreien Stahl angreifen können.

- Das regelmäßige Reinigen der Schalen, auf denen die Kulturen stehen, minimiert die Gefahr von Kontaminationen. Wischen Sie die Schalen mindestens einmal wöchentlich mit 70%igem Ethanol ab. Autoklavieren Sie sie einmal monatlich.

> Benutzen Sie niemals Clorox oder ein anderes chlorhaltiges Desinfektionsmittel, um die Schalen zu reinigen, weil es für die Zellen toxisch ist.

- Vermeiden Sie ständiges Öffnen und Schließen des Inkubationsschranks und lassen Sie ihn auch nicht offen stehen, während Sie Ihre Zellen zur Sterilbank tragen. Schwankungen der Temperatur und des CO$_2$-Gehalts bekommen den meisten Zelllinien nicht gut.

- Wenn die CO_2-Flasche leer wird, ertönt ein Alarm am Inkubationsschrank.

- Die meisten CO_2-Inkubationsschränke sind auf 37 °C eingestellt, aber nicht alle, also vergewissern Sie sich besser. Ein Summton oder Alarm ertönt, wenn die Temperatur zu hoch oder zu niedrig ist. In diesem Fall stellen Sie die Temperatur neu ein. Wenn der Inkubationsschrank repariert werden muss, müssen Sie vorübergehend einen anderen Inkubationsschrank finden.

> Ändern Sie **niemals** eine Einstellung am Inkubationsschrank, ohne mit den anderen Nutzern gesprochen zu haben.

- Häufig liegt ein Thermometer in einer der Schalen, mit dem man die Temperaturanzeige des Schranks kontrolliert. Passen Sie auf, dass Sie das Thermometer nicht zerbrechen! Sehr genaue Thermometer sind meistens mit Quecksilber gefüllt und in einem Inkubationsschrank, der mit Quecksilber kontaminiert ist, werden vielleicht nie wieder Zellen wachsen. Um die Temperatur präzise zu bestimmen, stellen Sie das Thermometer in ein wassergefülltes Becherglas in den Inkubationsschrank.

- Wenn das Wasser in der Wasserummantelung knapp wird, ertönt ebenfalls ein Summton oder Alarm. Die Wasserummantelung wird benötigt, um die Temperatur einzustellen. Füllen Sie sie mit deionisiertem Wasser nach (kein destilliertes Wasser notwendig). Geben Sie keine antimikrobiell wirkenden Substanzen zu. Falls der Inkubationsschrank keinen Alarm besitzt, achten Sie auf Kondensation an der Decke der Kammer, was darauf hindeutet, dass das Wasser in der Ummantelung knapp wird.

> Wenn der Alarm am CO_2-Inkubationsschrank ertönt (ein Zeichen dafür, dass das CO_2 knapp wird) und Sie keine CO_2-Ersatzflasche zur Hand haben, **lassen Sie die Tür des Inkubationsschranks geschlossen.** Wenn Sie die Tür nicht öffnen, wird das CO_2 im Schrank für noch ca. einen Tag halten.

- Die meisten Inkubationsschränke sind auf 5 % CO_2 eingestellt, aber die Einstellungen sind von den speziellen Zellen und dem benutztem Medium abhängig.

- Die CO_2-Anzeige des Inkubationsschrankes kann ungenau sein. Ab und zu und immer dann, wenn ein Wechsel in der Farbe des Mediums ein Problem anzeigt, sollten Sie die genaue CO_2-Konzentration in der Kammer mit einem unabhängigen CO_2-Messgerät z.B. einem Fyrite-Gasanalysator oder einem anderen geeigneten Gerät kontrollieren.

10.7.2 CO_2-Flaschen

- Am Inkubationsschrank ist eine Flasche mit komprimiertem CO_2 angeschlossen, die das benötigte CO_2 in der am Inkubationsschrank eingestellten Menge liefert.

- Die Gasflaschen und ihre Anschlüsse sehen komplizierter aus, als sie sind. Wenn Sie vorsichtig sind, besteht kaum Gefahr.

- CO_2-Flaschen werden üblicherweise an eine zentrale Stelle angeliefert und dann nach Bedarf von dort abgeholt. Die Flaschen selbst sind nur gemietet, daher sollten Sie die leeren Flaschen so schnell wie möglich zurückbringen, um die Kosten zu reduzieren. Üblicherweise bringen Sie die Flaschen wieder dahin zurück, wo Sie sie auch abgeholt haben.

> Seien Sie immer vorsichtig, wenn Sie mit komprimierten Gasen arbeiten. Kohlendioxid (und Argon, Helium und Stickstoff) sind reaktionsträge und sowohl farb- als auch geruchlos, aber können in engen, schlecht belüfteten Räumen zu Sauerstoffmangel und damit zum Tode führen. Sie können auch schwere Erfrierungen an Augen und Haut verursachen. Bei unvorsichtigem Umgang können Flaschen mit komprimierten Gasen sogar explodieren.

- Die Schutzkappe auf der Gasflasche schützt das Anschlussventil vor mechanischen Schäden und Schäden durch Wettereinflüsse. Sie sollte erst entfernt werden, wenn die Gasflasche gesichert ist und bereit zum Anschluss an den Inkubationsschrank.

- Viele Inkubationsschränke haben einen automatischen CO$_2$-Flaschen-Umschalter, ein kleiner Kasten, der sich oben auf dem Inkubationsschrank befindet. Dieses System kontrolliert den CO$_2$-Zufluss in den Schrank und schaltet automatisch auf eine volle Flasche um, wenn die erste Flasche leer ist. Er gibt Alarm, wenn beide Flaschen leer sind und schaltet die CO$_2$-Zufuhr während eines Stromausfalls ab, um eine tödliche CO$_2$-Akkumulation im Inkubationsschrank zu verhindern.

Der Druckminderer

Das Gas in Gasflaschen steht üblicherweise unter sehr hohem Druck, genau genommen unter *gefährlich* hohem Druck. Der Druckminderer (wie der Name schon sagt) vermindert den Druck, damit das Gas gefahrlos verwendet werden kann.

- Es gibt zwei Arten von Druckminderern: Einstufige und zweistufige, die aber gleich aussehen. Die zweistufigen Druckminderer liefern einen konstanteren Druck auch unter härteren Betriebsbedingungen als einstufige Druckminderer. Von außen sind beide nicht voneinander zu unterscheiden.

> Die Anzeige mit den niedrigeren Zahlen misst den Gasfluss, während die Anzeige mit den höheren Zahlen den verbleibenden Gasdruck in der Gasflasche anzeigt.

- Die meisten Druckminderer (egal ob ein- oder zweistufig) haben zwei Anzeigen. Eine misst den Gasdruck in der Flasche, die andere misst den austretenden Gasfluss oder den Druck des austretenden Gases.

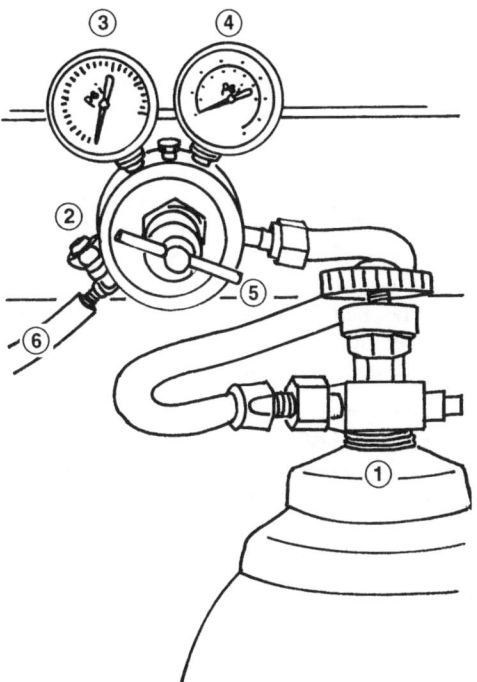

Abb. 10.8: Druckminderer. (1) *Flaschenventil.* (2) *Ausgangsventil.* (3) *Druckanzeige für den Ausgangsdruck.* (4) *Druckanzeige für den Flaschendruck.* (5) *Reduzierventil.* (6) *Schlauch zum Inkubationsschrank.*

Box 10.16: Vorsichtsmaßnahmen beim Umgang mit komprimierten Gasen

- Achten Sie darauf, dass die Schutzkappe fest sitzt, bevor Sie eine Gasflasche lagern oder transportieren.
- Achten Sie beim Transport großer Flaschen darauf, dass eine Schutzkappe vorhanden ist und dass die Flasche am Transportkarren befestigt ist.
- Jede Gasflasche muss durch Gurte, Ketten oder einen speziellen Ständer vor dem Umfallen gesichert werden.
- Setzen Sie die Flaschen nicht Temperaturen über 50 °C aus.
- Benutzen Sie keine Gasflaschen, deren Inhalt Sie nicht zweifelsfrei bestimmen können. Verlassen Sie sich nicht auf die Farbe der Flasche.
- Verwenden Sie den richtigen Druckminderer für das richtige Gas. Benutzen Sie keine Gasflaschen, die manipuliert oder verändert worden sind.
- Fetten Sie niemals das Ventil der Gasflasche, ebenso dürfen Sie es nicht modifizieren oder mit Gewalt bewegen. Lösen oder entfernen Sie auch nicht ein eventuell vorhandenes Sicherheitsventil oder eine Berstscheibe.
- Das schnelle Entlassen eines komprimierten Gases kann dazu führen, dass ungesicherte Leitungen gefährlich hin- und herpeitschen. Es können sich auch elektrostatische Ladungen aufbauen, die zum Entzünden explosiver Gase führen können.
- Lassen Sie eine Gasflasche niemals vollständig leerlaufen, lassen Sie immer etwas Restdruck in der Flasche, um das Eindringen von Kontaminationen zu verhindern.
- Wenn die Flasche nicht gebraucht wird, sollten die Ventile immer fest geschlossen sein.
- Bestellen Sie keine überschüssigen Gasflaschen. Sie stellen ein Sicherheitsrisiko dar und es fallen meistens tägliche Mietkosten an.
- Wenn die Gasflasche leer ist, entfernen Sie den Druckminderer und setzen Sie die Schutzkappe wieder auf. Markieren Sie die Flasche als leer und bringen Sie sie ins Gaslager zurück (oder wo immer Ihre Gasflaschen hin zurückgebracht werden müssen).
- Benutzen Sie keine Gasflaschen, die korrodiert oder beschädigt sind oder deren Testdatum, das auf der Schulter der Flasche aufgeprägt ist, länger als fünf Jahre zurückliegt. Schicken Sie sie zum Hersteller zurück (bzw. lassen Sie schicken).
- Einige Gase sind brennbar (Acetylen, Butan, Ethan, Wasserstoff, Methylbromid, Propan), einige sehr reaktiv (Sauerstoff) und einige sehr giftig (Schwefeldioxid, Ammoniak, Chlorgas). Informieren Sie sich über die Gefährlichkeit der Gase, bevor Sie mit ihnen arbeiten.

- Einige Druckminderer passen nur auf bestimmte Flaschen. Damit wird verhindert, dass Zubehör, das nicht mit bestimmten Gasen kompatibel ist, verwechselt wird. Versuchen Sie nicht, einen Druckminderer mit Gewalt auf eine Flasche aufzuschrauben.

- Gasflaschen werden manchmal an eine Sammelleitung angeschlossen, eine Reihe von Röhren und Metallschläuchen, die den Anschluss mehrerer Gasflaschen an eine allgemein benutzte Gasleitung ermöglicht und einen größeren kontinuierlichen Gasfluss gewährleistet. Mehrere (üblicherweise bis zu vier) Gasflaschen können so effektiv wie eine einzige Gasflasche reguliert werden, was die Strapazen des häufigen Gasflaschenwechsels verringert und Zeit spart. Aber Vorsicht, da mehrere Labore von den gleichen Gasflaschen mit CO_2 versorgt werden, sind alle von dieser einen Quelle abhängig, was bei Ausfall der Anlage zu massiven Problemen führen kann.

Wechseln der CO_2-Flasche am Inkubationsschrank

1. Schließen Sie das Flaschenventil an der alten Flasche. Schrauben Sie den Druckminderer ab.

2. Setzen Sie die Schutzkappe auf und rollen Sie die Flasche beiseite.

3. Stellen Sie die neue Flasche an ihren Platz und sichern Sie sie mit einem Gurt oder einer Kette.

4. Schrauben Sie den Druckminderer auf den Anschluss der Flasche.

5. Schrauben Sie das Reduzierventil gegen den Uhrzeigersinn so weit heraus, bis es sich locker dreht.

6. Öffnen Sie langsam das Flaschenventil, bis der Druckanzeiger Druck anzeigt. Prüfen Sie, ob der erwartete Druck angezeigt wird, falls nicht, ist das Ventil vielleicht undicht.

7. Drehen Sie bei geschlossenem Ausgangsventil das Reduzierventil im Uhrzeigersinn herein, bis der gewünschte Ausgangsdruck erreicht ist (der benötigte Gasdruck steht im Handbuch für den Inkubationsschrank).

Box 10.17: Kontrolle des Gasflusses

Der Gasfluss kann entweder durch das Ausgangsventil am Druckminderer reguliert werden oder durch ein nachgeschaltetes Ventil. Das Reduzierventil sollte nicht zur Kontrolle des Gasflusses eingesetzt werden, in dem der Ausgangsdruck reguliert wird, um verschiedene Flussraten zu erreichen. Das widerspricht dem Sinn und Zweck des Reduzierventils.

10.8 Quellen und Ressourcen

Alberts B., Johnson A., Lewis J., Raff M., Roberts K., Walter P. 2002. *Molecular biology of the cell*, 4. Aufl. Garland Publishing, New York.

American Society for Cell Biology (ASCB). http://www.ascb.org

Banker G., Goslin K. (Hrsg.) 1998. *Culturing nerve cells*. 2. Aufl. MIT Press. Cambridge. Bioconcepts 3 (2):6. 1997. ICN *Biomedical research products*, Bd. 3., S. 6. ICN Biochemicals, Costa Mesa, California.

Forma Scientific. 1990. Water-jacketed incubators. In *Instruction manual #7043158*. 1990. Forma Scienific, Inc., Marietta, Ohio.

Freshney R.I. 2000. *Culture of animal cells. A manual of basic technique*, 4. Aufl. Wiley-Liss, New York.

Gershey E.L., Party E., Wilkerson A. 1991. *Laboratory safety in practice: A comprehensive compliance program and safety manual*. Van Nostrand Reinhold, New York.

Harlow E., Lane D. 1988. *Antibodies: A laboratory manual*. Cold Spring Harbor Laboratory, Cold Spring Harbor, New York.

Harlow E., Lane D. 1999. *Using antibodies: A laboratory manual*. Cold Spring Harbor Laboratory Press, Cold Spring Harbor, New York.

Hay R., Caputo J., Chen T.R., Macy M., McClintock P., Reid Y. 2003. ATCC *Catalog of cell lines and hybridomas*, 9. Aufl. American Type Culture Collection, Rockville, Maryland.

Heidcamp W.H. 1995. *Cell biology laboratory manual*. Gustavus Adolphus College, St. Peter, Minnesota. http://www.gustavus.edu/~cellab/index-1.html

Kirsop B.E., Doyle A. (Hrsg.) 1991. *Maintenance of microorganisms and cultured cells. A manual of laboratory methods*, 2. Aufl. Academic Press, New York.

Lindl T., Gstraunthaler G. 2008. *Zell- und Gewebekultur: Von den Grundlagen zur Laborbank*, 6. Auflage, Spektrum Akademischer Verlag, Heidelberg

Minimizing the Risk of Transmitting Animal Spongiform Encephalopathy Agents via Medicinal Products, 5.28. 2001. European Directorate for the Quality of Medicines. http://www.pheur.org

Richmond .Y., McKinney R.W. (Hrsg.) 1999. *Biosafety in microbiological and biomedical laboratories*. 4. Aufl. U.S. Department of Health and Human Services, Centers for Disease Control and Protection, and the National Institutes of Health. U.S. Government Printing Office, Washington, D.C. http://www.cdc.gov/od/ohs/biosfty/bmbl4/bmbl4toc.htm

Schmitz, S. 2011. *Der Experimentator: Zellkultur*, 3. Auflage, Spektrum Akademischer Verlag, Heidelberg

Veile R. 1990. *Appendix: Operation and maintenance of Nuaire incubators*. http://hdklab.wustl.edu/lab_manual/12/12_10.html

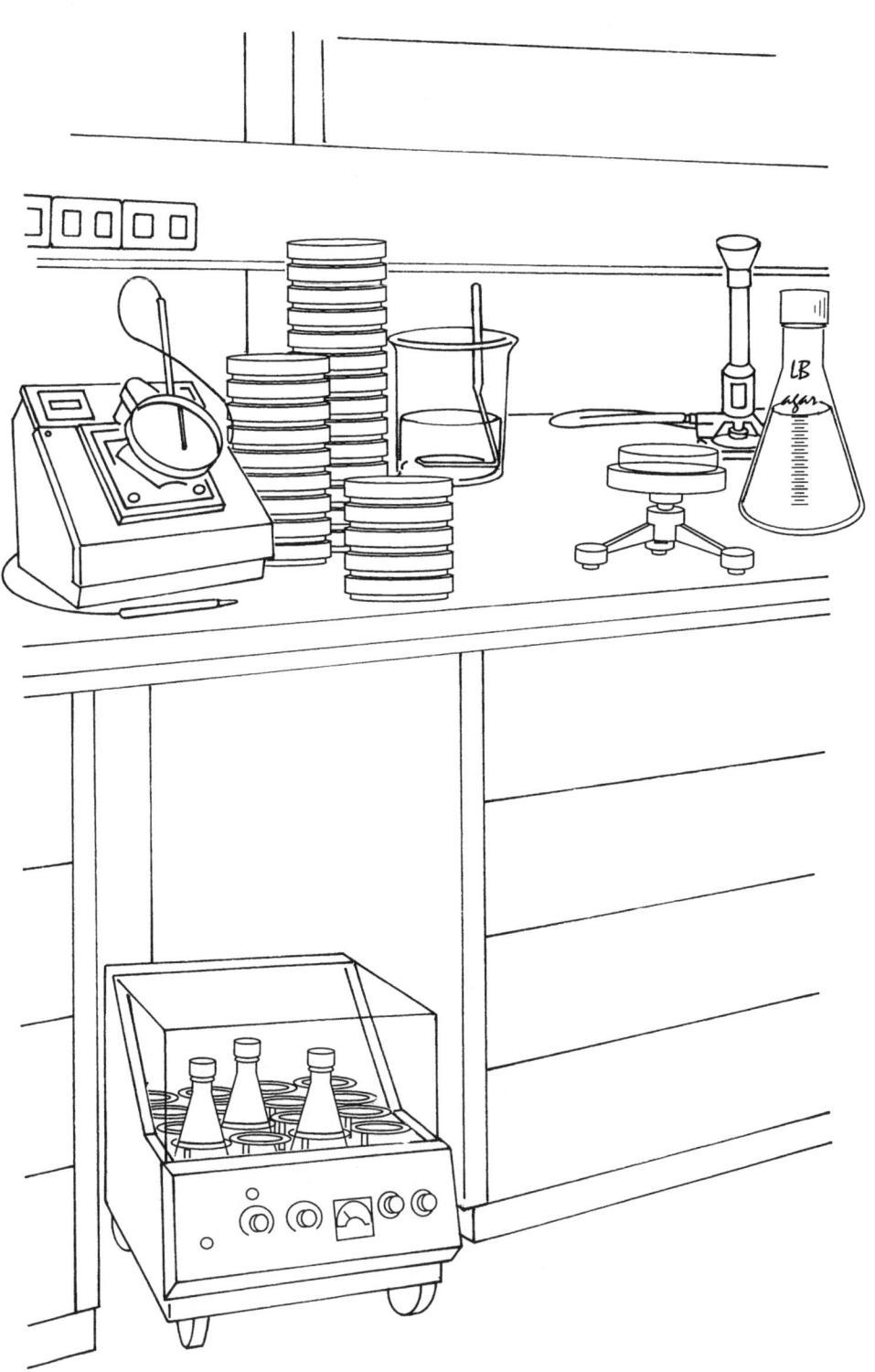

11 Bakterien

Vielleicht sind Bakterien für Sie eine faszinierende Lebensform und Sie studieren, wie sie wachsen, warum sie Krankheiten verursachen und was sie benötigen, um zu gedeihen. Oder Sie betrachten Bakterien nur als einen Sack voller Enzyme, der nützlich für die Manipulation von Genen und zur Proteinexpression ist. Wenn Letzteres bei Ihnen der Fall ist: Vorsicht! Bakterien sind tatsächlich lebende Wesen, die richtig behandelt und kultiviert werden müssen, damit Sie mit ihnen verlässliche und saubere Ergebnisse erzielen können.

11.1 Voraussetzungen

Sie werden die meisten Arbeiten mit Bakterien an Ihrer eigenen Laborbank durchführen können. Mikroorganismen werden nach der Fähigkeit klassifiziert, Personen infizieren und Krankheiten auslösen zu können. Diese Klassifizierung hat Einfluss auf die Art und Weise, wie Sie mit einem bestimmten Mikroorganismus umgehen müssen und wo Sie mit ihm arbeiten können.

Die Bakterien, die üblicherweise in der Molekularbiologie verwendet werden, wie z.B. nichtpathogene Stämme von *E. coli* und *Bacillus subtilis*, gehören zur Risikogruppe 1 (d.h. es besteht keine Gefahr); einige wenige, wie z.B. *Salmonella* und *Shigella* gehören zur Risikogruppe 2 (geringes Risiko). Für die Risikogruppe 1 können Sie die meisten Arbeiten an Ihrer Laborbank durchführen, das Gleiche gilt weitestgehend auch für Arbeiten mit Organismen der Risikogruppe 2, allerdings müssen hier die Arbeiten rechtzeitig der zuständigen Behörde vorher angezeigt werden oder, wenn es sich um Arbeiten mit gentechnisch veränderten Organismen handelt, sogar durch die Behörde genehmigt werden.

Organismen der Risikogruppe 3 können schwere Krankheiten beim Menschen hervorrufen, und Arbeiten mit diesen Organismen dürfen nur in abgetrennten Laboren durchgeführt werden, wenn die Infizierung über die Luft erfolgen kann. Beispiele für Organismen der Risikogruppe 3 sind *Mycobacterium tuberculosis*, *Mycobacterium bovis* und *Francisella tularensis*. Die Abluft des Labors wird gefiltert und im ganzen Raum muss ein Unterdruck aufrechterhalten werden, sodass bei Verletzung der Absperrung keine möglicherweise kontaminierte Luft aus dem Labor nach außen dringt, sondern nur Luft von außen nach innen strömen kann. Alle Arbeiten werden unter Sicherheitswerkbänken durchgeführt, Schutzkleidung muss getragen werden und der Zugang zum Labor wird kontrolliert.

Wenn Sie mit Organismen der Risikogruppe 3 arbeiten wollen, sollten Sie mindestens einen Monat vorher mit den Verantwortlichen für Arbeitssicherheit an Ihrer Einrichtung sprechen. Das Arbeiten in einem abgetrennten Labor erfordert Instruktionen, weil die meisten Routinetätigkeiten streng kontrolliert werden. Der Zugang zu

> *Mycobacterium tuberculosis* und *Mycobacterium bovis* (seltener) sind die Erreger der Tuberkulose. *Francisella tularensis* ist der Erreger der sogenannten Hasenpest, kann aber auch Menschen infizieren und dort schwere und lebensbedrohliche Krankheitsverläufe auslösen.

> In Kapitel 9 (Arbeiten ohne Kontamination) erfahren Sie mehr über die Klassifizierung in Risikogruppen und die dafür notwendigen Sicherheitsmaßnahmen.

einem solchen Labor wird üblicherweise durch spezielle Schlüssel oder Magnetkarten kontrolliert und häufig müssen die Nutzer geprüft und untersucht werden, bevor sie darin arbeiten dürfen. Versuchen Sie nicht, diese Prozeduren zu umgehen, indem Sie sich einfach einen Schlüssel ausleihen; Sie und der Verleiher werden wahrscheinlich vom weiteren Arbeiten in diesem Raum ausgeschlossen werden.

Das Lagern von Organismen der Risikogruppe 3 darf nur in Räumen der Schutzstufe 3 geschehen, auch wenn es sich „nur" um gefriergetrocknete Bakterien in verschlossenen Behältern handelt. Selbst kurzfristiges Lagern in normalen Tiefkühlschränken oder Flüssigstickstofftanks ist nicht erlaubt.

Labore der Schutzstufe 4, in denen mit Organismen der Risikogruppe 4 gearbeitet werden darf, findet man nur selten. Diese Organismen können schwere Krankheiten hervorrufen und bergen die große Gefahr in sich, sich in der Bevölkerung zu verbreiten. Dazu gehören z.B. bestimmte Arenaviren (z.B. Lassa-Virus) und Filoviren (z.B. Ebola-Virus).

In diesem Buch werden nur Organismen der Risikogruppe 1 und 2 behandelt.

 Die Laborbank

- Die Tätigkeiten, die Sie wahrscheinlich durchführen werden, beinhalten:
  - Selektion von Mutanten
  - Anzucht der Organismen
  - Bestimmung der Bakterienkonzentration
  - Zentrifugation von Bakterien
  - Transformation
  - Isolierung von Plasmiden

All diese Tätigkeiten können an der Laborbank durchgeführt werden.

- Die Einrichtung der Laborbank sollte genauso vorgenommen werden, wie es für die normale Laborbank in Kapitel 3 beschrieben ist. Da Sie aseptisch arbeiten werden, muss die Laborbank regelmäßig aufgeräumt und gepflegt werden, um unnötige Bewegungen und Unordnung zu vermeiden.

- Sie benötigen außerdem einen Wirbelmischer („Vortexer"), einen Bunsenbrenner und eine Absaugvorrichtung.

  Jeglicher Abfall, der mit *E. coli* und anderen Organismen in Berührung gekommen ist, muss extra gesammelt werden. Sie benötigen dementsprechend auch getrennte Abfallbehälter für die Abfälle, die bei der Anzucht der Mikroorganismen anfallen: für spitze und scharfe Gegenstände, für Flüssigabfall, für Festabfall und für radioaktiven Abfall.

Außerdem benötigen Sie Zugriff auf:

- Einen 37-°C-Inkubationsschrank oder Wärmeraum. Einige Bakterien benötigen andere Anzuchttemperaturen (und daher auch einen anderen Inkubationsschrank).

- Einen Inkubationsschüttler oder einen Schüttler bzw. einen Drehmischer in einem Wärmeraum, für das aerobe Wachstum von *E. coli*.

- Zentrifugen – Tischzentrifuge und Hochgeschwindigkeitszentrifuge.

Praktisch wäre auch ein Zugriff auf:

- Eine Sicherheitswerkbank (Sterilbank), zum Gießen von Platten und Sterilfiltrieren von Medienzutaten und Antibiotika.
- Einen Elektroporator zum Transformieren.
- Ein Spektrophotometer, um das Wachstum der Bakterien zu verfolgen.

11.2 Arbeitsvorschriften

- **Halten Sie sich an die allgemeinen Sicherheitsvorschriften** (Kapitel 1). Streng verboten: Essen, Trinken, Mundpipettieren, offenes Schuhwerk, Kittel außerhalb der Labore.

- **Reinigen Sie die Flächen, auf denen Sie arbeiten, mindestens einmal täglich und nach jeder Kontamination mit Bakterien.** Beginnen Sie ihre Arbeit morgens mit dem Abwischen Ihrer Laborbank mit einen Desinfektionsmittel, z.B. 70% Ethanol. Beseitigen Sie Verschüttetes und Tropfen sofort und desinfizieren Sie die betroffenen Flächen.

  70%iges Ethanol sollte wegen der Brandgefährdung nur für Flächen bis 1 m^2 verwendet werden.

- **Inaktivieren Sie den Abfall, bevor Sie ihn entsorgen.**

- **Waschen Sie Ihre Hände, nachdem Sie mit infektiösem oder transgenem Material gearbeitet haben und bevor Sie das Labor verlassen.** Das sollten Sie selbst dann tun, wenn Sie während der Arbeiten Handschuhe getragen haben, denn Ihre Kollegen könnten Bakterienspuren auf Telefonhörern, Klinken, Tastaturen und Stiften hinterlassen haben.

- **Vermeiden Sie die Bildung von Aerosolen.** So reduzieren Sie die Gefahr von Infektionen über die Lunge und gleichzeitig minimieren Sie die Möglichkeit von Kontaminationen. Aerosole entstehen bei so offensichtlich „disruptiven" Methoden wie Lysis mit Detergenzien oder Ultraschallbehandlung. Aber auch beim Pipettieren, Gießen und Öffnen von Reaktionsgefäßen können Aerosole entstehen. Lassen Sie Eppis nicht „aufpoppen", öffnen Sie sie langsam und sanft. Gießen Sie Flüssigkeiten, ohne zu spritzen. Halten Sie die Pipettenspitze nahe an der Flüssigkeitsoberfläche, um Spritzer zu vermeiden, wenn Sie sie mit Hilfe der Pipettierhilfe ausleeren.

> Jegliches Material, das mit Mikroorganismen in Berührung gekommen ist, wird als potenziell infektiös angesehen.

> „Is' ja nur *E. coli*…" Großer Fehler! Lassen Sie sich durch das einfache Anzüchten von *E. coli* nicht dazu verführen, unachtsam zu werden. Sicherheitsfragen scheinen beim Arbeiten mit *E. coli* kein großes Thema zu sein, aber der Einfluss von üblicherweise harmlosen Mikroorganismen auf immunkompromitierte Personen ist real. Außerdem können durch nachlässige Arbeitsweise schnell Kontaminationen passieren – insbesondere mit anderen *E. coli*-Stämmen, die Ihre Experimente wirklich durcheinander bringen können. Behandeln Sie *alle* Bakterien mit Vorsicht.

Box 11.1: Beseitigung von Bakterienabfall

Das vorgeschriebene Verfahren zum Inaktivieren von Flüssig- und Festabfällen ist das Autoklavieren. Eventuell ist jemand anderes für das Autoklavieren zuständig, aber Sie müssen den Abfall zumindest sachgerecht lagern und beschriften (weitere Informationen dazu in Kapitel 8).

- **Machen Sie keine „Platten"-Sammlung auf.** Entsorgen Sie alle alten Kulturen, sobald Sie die gewünschten Bakterien erhalten und Proben davon gelagert haben. Selbst im Kühlschrank können Agarplatten wunderbare Quellen von Kontaminationen sein, indem sie als Wachstumsquelle für Schimmelpilze und *Bacillus*-Arten (und noch andere kleine Kreaturen) dienen.

11.3 Beschaffung der Bakterien

Bakterienstämme bekommen Sie von:

- **Laborkollegen.** Üblicherweise bekommt man die Stämme von den Kollegen aus dem Labor, da sie höchstwahrscheinlich mit demselben Organismus arbeiten. Bitten Sie um eine gefrorene Stockkultur (eine frisch gestartete Kultur ist auch OK) und bleiben Sie standhaft, wenn man versucht, leichtfertig darüber hinwegzugehen. Aber fragen Sie nicht irgendjemanden. Vermutlich ist jemand für die Pflege der Laborstockkulturen zuständig, fragen Sie diese Person zuerst. Sonst fragen Sie jemanden, der einen gut organisierten Eindruck auf Sie macht.

- **Andere Wissenschaftler.** Wenn Sie in der Literatur auf die Beschreibung eines Stammes stoßen, den Sie benötigen, kontaktieren Sie die Autoren, um den Stamm anzufordern. Wenn Sie nach zwei Wochen noch keine Antwort bekommen haben, versuchen Sie es mit einem Telefonanruf. Fordern Sie aber keine Stämme an, die kommerziell erhältlich sind. In diesen Fall wenden Sie sich an die Quelle, die wahrscheinlich im Material-und-Methoden-Teil des Artikels erwähnt ist. Falls nicht, erkundigen Sie sich bei den Autoren nach der Quelle.

- **Die Deutsche Sammlung von Mikroorganismen und Zellkulturen GmbH (DSMZ**, www.dsmz.de). Die DSMZ ist eine unabhängige, gemeinnützige Organisation, die Stocks von Mikroorganismen, Zellkulturen (menschlichen, tierischen und pflanzlichen Ursprungs) und Viren sammelt, bewahrt und (gegen Gebühr) zur Verfügung stellt. Auf den Websites finden Sie auch die Medien und Anzuchtbedingungen für die verschiedenen Bakterienstämme. Weitere Quellen sind die **„European Collection of Cell Cultures"** (ECACC, www.ecacc.org.uk) und die **„American Type Culture Collection"** (ATCC, www.atcc.org).

- **Andere Sammlungen oder Serviceorganisationen.** Es gibt viele Organisationen und Sammlungen für ganz bestimmte Stämme. Üblicherweise erfährt man von diesen Quellen aus der Literatur oder über Mund-

---

Das Robert-Koch-Institut (in Deutschland) bzw. das Europäische Zentrum für die Prävention und Kontrolle von Krankheiten (für Europa, ECDC) haben in ihrer Kontrollfunktion für biologische Agenzien, die eine Gefahr für die öffentliche Gesundheit darstellen können, Vorschriften für das Beschaffen, Verschicken, Lagern und Transferieren von Mikroorganismen, Viren und Toxinen ausgearbeitet. Erkundigen Sie sich bei Ihrem zuständigen Ausschuss für biologische Sicherheit oder bei Ihrem Verantwortlichen für Arbeitssicherheit nach den Vorschriften, bevor Sie irgendein biologisches Agenz verschicken oder anfordern. Zuwiderhandlungen können schwerwiegende Strafen für Sie und Ihr Institut nach sich ziehen.

Überprüfen Sie jeden neuen Bakterienstamm, damit Sie sicher sein können, das zu haben, was Sie glauben zu haben. Das gilt nicht nur für Bakterien, die Sie von einem schusseligen Laborkollegen bekommen, sondern auch für Bakterien, die sie von Firmen beziehen. Nur weil die Kulturen in einer schicken Packung zu einem schicken Preis geliefert werden, heißt das noch lange nicht, dass keine menschlichen Hände involviert waren und keine Fehler passiert sind. Ziehen Sie eine Kultur von einer Einzelkolonie an und führen Sie entsprechende funktionelle Tests durch, um die Identität des Stammes zu bestätigen.

propaganda. Wenn Sie dafür keine Zeit haben, versuchen Sie, bei der DSZM anzurufen oder führen Sie eine Suche im Internet durch.

- **Firmen**. Firmen sind die Hauptquelle für Bakterien, die für gentechnische Arbeiten verwendet werden – Stämme zum Vermehren von Phagen und Plasmiden und zur Expression von Proteinen. Erkundigen Sie sich beim technischen Service der Firma, bevor Sie einen Stamm kaufen, um sicherzustellen, dass der Stamm, den Sie wollen, auch das leistet, was Sie brauchen. Und fragen Sie nach der Risikogruppe des Organismus.

Box 11.2: Veränderungen bei Bakterien

Durch wiederholte Anzucht können mit der Zeit bestimmte Eigenschaften unabsichtlich selektioniert werden, sodass der Stamm phänotypisch und genetisch unterschiedlich zum Ausgangsstamm wird. Versuchen Sie, keine Stämme zu bekommen, die kontinuierlich angezogen wurden.

Es herrscht häufig das Vorurteil, dass phänotypischer Drift nur bei „exotischen" Bakterien auftritt (wobei für einige Labore alles exotisch ist, was nicht *E. coli* oder *Salmonella* ist), aber jeder gekaufte 08/15-proteinexprimierende *E. coli*-Stamm kann bei wiederholter Anzucht driften und somit unbrauchbar für den Zweck werden, für den er eigentlich angeschafft wurde. ∎

11.4 Anzucht und Pflege

Bakterien werden in unterschiedlichsten Weisen angezogen, zum Teil bestimmt durch die Ansprüche der Bakterien selbst (aerob oder anaerob, schüttelnd oder stehend, usw.), zum Teil aber auch durch die Zweckmäßigkeit (Flüssigkultur oder Kulturen auf Festmedien).

Der hauptsächliche Vorteil von Flüssigkulturen ist die große Menge von Bakterien, die damit erzeugt werden können und das einfache Ernten dieser Bakterien.

> Im Allgemeinen sollten Sie keine Bakterien anziehen, wenn Sie sie nicht benötigen, um Selektion von Varianten und Kontaminationen zu verhindern.

Festmedien sind Flüssigmedien, zu denen als Festigungsmittel Agar zugegeben wurde, sodass es die Konsistenz eines festen Wackelpuddings bekommt. Festmedien werden in Platten von zweckmäßiger Größe (z.B. Petrischalen) gegossen, bevor sie aushärten. Die Bakterien können in das Medium eingegossen oder auf die Oberfläche des Mediums aufgebracht werden. Da jede Kolonie, die auf Festmedium wächst, von einem einzelnen Bakterium abstammt, sind Plattenkulturen ideal für die Isolierung und Selektion bestimmter Kolonien und Stämme.

Für die richtige Anzucht Ihres Organismus benötigen Sie etwas Wissen über dessen Physiologie. *Escherichia coli* ist z.B. fakultativ anaerob, d.h. es kann sowohl in der Abwesenheit als auch in der Anwesenheit von molekularem Sauerstoff wachsen. Ist O_2 vorhanden, wird es als Oxidationsmittel in der Atmung verwendet, fehlt es, betreibt *E. coli* Fermentation zur Energiegewinnung. Allerdings wächst *E. coli* unter aeroben Bedingungen besser und schneller und darum werden Kolben bei der Anzucht geschüttelt und deshalb sollte man auch genügend Platz im Kolben für eine kräftige Durchlüftung lassen.

Box 11.3: Die typische Wachstumskurve von Bakterien

Bakterien weisen ein charakteristisches Wachstumsmuster in Flüssigkulturen auf, das in mehrere Phasen unterteilt werden kann (Abbildung 11.1). Wenn das Medium mit den Bakterien angeimpft wird, wachsen diese erst einmal nicht. In dieser **„lag"-Phase** steigt die Zellmasse, weil die Bakterien sich an die neue Umgebung anpassen und benötigte Komponenten bilden.

Die Kultur geht dann in die **exponentielle Wachstumsphase** über (auch als logarithmische Phase bekannt), so benannt weil sich die Zahl der Zellen in dieser Phase exponentiell vermehrt.

Veränderungen in der chemischen und physikalischen Umgebung signalisieren den Beginn der **stationären Phase**. In dieser Phase gibt es keine Nettozunahme der Zellzahl, aber die Bakterien benötigen weiterhin eine Energiequelle, um zu überleben. Wenn die Energiequelle aufgebraucht ist, geht die Kultur in die **Sterbephase** über. In dieser Phase nimmt die Anzahl der Zellen ab.

Einige Anwendungen verlangen, dass die Bakterien in einer bestimmten Wachstumsphase vorliegen, häufig in der späten exponentiellen Phase oder in der stationären Phase. Wenn Sie die Angaben zur Wachstumsphase in einer Vorschrift missachten, kann das einen schwerwiegenden schädlichen Einfluss auf die Prozedur oder das Experiment haben. Das Bakterienwachstum wird am besten durch die Zunahme der Trübung der Kultur überwacht.

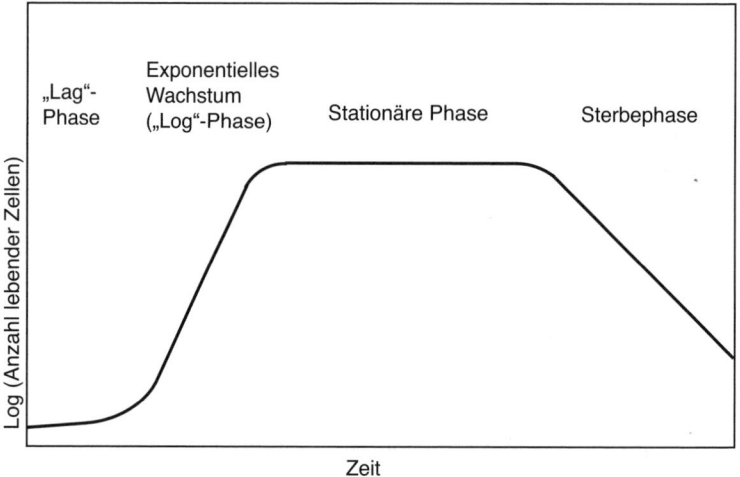

Abb. 11.1: Normale Wachstumskurve von Bakterien in Flüssigmedium. Die Phasen bakteriellen Wachstums müssen berücksichtigt werden, wenn Kulturen für Experimente oder die Lagerung angeimpft und geerntet werden sollen.

11.4.1 Vorschrift: Herstellen von Flüssigmedien für Reagenzgläser oder Kolben

Die Medien, die zur Anzucht von *E. coli* & Co. benutzt werden, sind sehr einfach herzustellen. Für einige Vorschriften muss man nur eine bis drei Zutaten einwiegen, autoklavieren und verteilen.

Materialien

- Zutaten für 500 ml des gewünschten Mediums.
- Wasserbad, eingestellt auf 37 °C.
- Glas- oder Plastikpipetten.
- Mikroliterpipette.
- Bunsenbrenner (nur falls Sie Glaspipetten und Reagenzgläser benutzen).

Durchführung

1. Setzen Sie das Medium an, aber lassen Sie alle thermolabilen Zutaten wie z.B. Antibiotika, Wachstumsfaktoren oder Vitamine heraus. Falls nötig, stellen Sie den pH-Wert ein.

   Wenn möglich, arbeiten Sie unter einer Sterilbank.

2. Autoklavieren Sie das Medium für 20 Minuten.

3. Nachdem das Medium aus dem Autoklaven genommen wurde, stellen Sie es für 30 Minuten in das Wasserbad. Sie können es auch auf der Laborbank oder in einem warmen Raum abkühlen lassen.

   Wenn Sie den Verdacht haben, dass Sie Ihr Medium während des Gießens kontaminert haben, inkubieren Sie es einfach bei 37 °C über Nacht und schauen Sie am nächsten Morgen, ob etwas gewachsen ist.

4. Die thermolabilen Komponenten müssen Sie sterilfiltrieren. Geben Sie die Antibiotika und/oder andere thermolabile Zutaten dann steril in das Medium. Mischen Sie das Ganze durch Schwenken des Kolbens.

5. Stellen Sie den Kolben auf Ihre linke Seite. Verwenden Sie aseptische Arbeitsmethoden (Kapitel 9), um das Medium zu entnehmen und zu verteilen. Flammen Sie Glaspipetten und Reagenzgläser ab.

6. Beschriften Sie die Gefäße mit Ihrem Namen, dem Namen des Mediums und dem vollständigen Datum. Geben Sie auch die zugegebenen Antibiotika an.

7. Lagern Sie die Röhrchen bei 4 °C. Medien ohne Antibiotika oder andere hitzelabile Zutaten können für mehrere Monate gelagert werden. Medien mit Antibiotika sollten innerhalb einer Woche verwendet werden.

   Flüssigmedium in Reagenzgläsern (für die Anzucht der typischen „DNA-Minipräp"-Klone) aliquotieren Sie am besten vor dem Autoklavieren, das spart Ihnen eine mögliche Kontaminationsquelle (das Umfüllen nach dem Autoklavieren). Geben Sie die Antibiotika erst dann zu, wenn Sie die Medien benötigen. So sind Sie sehr flexibel, was die Verwendung Ihrer Medien angeht und die Medien bleiben lange haltbar. Das Gleiche gilt auch für andere Kulturgrößen (z.B. 100-ml-Kulturen, etc.). Das nachträgliche Aliquotieren lohnt sich eigentlich nur, wenn Sie ständig viele unterschiedliche Kulturgrößen verwenden.

11.4.2 Vorschrift: Gießen von Platten mit Festmedien

Viele Institute haben einen „Medienkocher", eine Person, die die Platten für die Institutsmitglieder gießt und verpackt. Aber selbst wenn Sie das Glück haben sollten, einen solchen Service nutzen zu können, wird es Momente geben, in denen Sie selbst schnell ein paar Platten für sich selbst gießen müssen.

> Benutzen Sie für die Bakterienmedien keine 100-mm-Gewebekulturplatten anstelle von „normalen" Plastikpetrischalen. Es schadet dem Medium zwar nicht, aber die speziell beschichteten Gewebekulturplatten sind wesentlich teurer.

Petrischalen werden mit 15–20 Milliliter Medium gefüllt, das 1,5% Agar enthält. Wenn Sie zu wenig Medium in die Schalen gießen, werden die Platten sehr schnell im Inkubationsschrank austrocknen. Platten, die Medium mit Antibiotika enthalten, sollten innerhalb von ein oder zwei Wochen benutzt werden.

Materialien

- Ein 1l-Kolben.

- Zutaten für 500 ml des gewünschten Mediums.

- Agar: 7,5 Gramm. Bacto-Agar (Difco) ist eine gute Wahl für die meisten Medien. Benutzen Sie keine Agarose.

> Agarose kostet ca. doppelt so viel wie Agar.

- Sterile Petrischalen aus Plastik (üblicherweise 90 mm Durchmesser).

- Wasserbad, eingestellt auf 45–50 °C. Stellen Sie es für die ersten Gießversuche auf 50 °C ein. Wenn Sie schneller werden, können Sie das Wasserbad auch auf 45 °C einstellen, ohne befürchten zu müssen, dass das Medium hart wird, bevor Sie mit dem Gießen fertig sind.

- Bunsenbrenner.

Durchführung

1. Setzen Sie das Medium an, aber lassen Sie alle thermolabilen Zutaten wie z.B. Antibiotika, Wachstumsfaktoren oder Vitamine heraus.

2. Autoklavieren Sie das Medium für 20 Minuten.

3. Nachdem das Medium aus dem Autoklaven genommen wurde, stellen Sie es für 30 Minuten in das Wasserbad.

4. Während das Medium auf „Arbeitstemperatur" herabkühlt, können Sie schon mal die Platten vorbereiten. Nehmen Sie die Platten aus der Tüte und beschriften Sie sie mit dem Namen des Mediums und eventuell darin enthaltenen Antibiotika. Beschriften Sie die Unterseite der Platten, weil die Platten auf dem Kopf inkubiert werden. Stellen Sie die Platten in Stapeln zu Ihrer linken Seite.

> Es ist durchaus üblich (und auch einfacher) nur die Tüte zu beschriften, aus der Sie die Petrischalen genommen haben und in die Sie die Petrischalen später wieder einpacken, um sie zu lagern. Einige Labore haben auch einen „Strichcode" entwickelt, bei denen die Platten am Rand mit einem Filzschreiber mit unterschiedlich vielen oder farbigen Strichen markiert werden (z.B. ein Strich = Ampicillin, zwei Striche = Kanamycin).

5. Filtersterilisieren Sie die thermolabilen Zutaten und halten Sie sie griffbereit. Wenn das Volumen der zuzugebenden Komponenten relativ groß ist, achten Sie darauf, dass sie Raumtemperatur haben, damit das Medium bei Zugabe nicht zu schnell abkühlt.

6. Nehmen Sie den Kolben aus dem Wasserbad. Bei 50 °C brauchen Sie dazu wahrscheinlich hitzegeschützte Handschuhe, bei 45 °C können Sie den Kolben auch mit der ungeschützten Hand oder mit Latexhandschuhen anfassen.

7. Geben Sie die Antibiotika und/oder andere thermolabile Zutaten dem Medium steril zu.

8. Nehmen Sie den Deckel vom Kolben ab und legen Sie Ihn auf die Bank. Nehmen Sie den Kolben zügig in Ihre rechte Hand und flammen Sie die Öffnung ab. Öffnen Sie mit Ihrer linken Hand eine Petrischale.

9. Gießen Sie ca. 15 ml Medium in die Petrischale, bis die Füllhöhe einige Zentimeter unter dem Rand beträgt. Flammen Sie den Kolben wieder ab und halten Sie ihn in einem 45°-Winkel.

10. Setzen Sie den Deckel zurück auf die Petrischale und bilden Sie einen Stapel mit gegossenen Platten, indem Sie jede neu gegossene Platte auf die anderen stellen. Heben Sie sie vorsichtig an, um Verschütten zu vermeiden.

11. Öffnen Sie die nächste Petrischale, flammen Sie den Kolben ab und gießen Sie das Medium in die Schale. Gelegentlich sollten Sie den Kolben etwas schwenken, um sicherzustellen, dass das Medium gleichmäßig durchmischt bleibt.

12. Machen Sie so weiter, bis das gesamte Medium gegossen ist. Am Ende des Gießens wird das Medium vielleicht schon anfangen auszuhärten. Wenn das passiert, gießen Sie nicht mehr weiter.

13. Stellen Sie einen Kolben oder eine Flasche mit heißem Wasser auf jeden Plattenstapel, um Kondensation zu reduzieren. Lassen Sie die Platten für 20–60 Minuten stehen.

14. Befreien Sie die Platten von überschüssiger Kondensation, indem Sie sie in einem warmen Raum oder unter der Sterilbank für mehrere Stunden stehen lassen. In der Sterilbank können Sie die Deckel der Platten einen Spalt offenstehen lassen.

Auch wenn Sie den Kolben mit Handschuhen halten können, wenn die Temperatur größer als 50 °C ist, sollten Sie trotzdem warten, bis das Medium auf 50 °C abgekühlt ist. Platten, die mit zu heißem Medium gegossen wurden, kondensieren sehr stark.

Lassen Sie das Medium nicht an der Außenseite des Kolbens herablaufen. Es könnte sonst in die Petrischalen tropfen und sie so kontaminieren. Wischen Sie Tropfen auf der Außenseite ab.

Eine alternative Gießtechnik besteht darin, dass Sie Ihre Petrischalen vor dem Gießen zu Fünferstapeln aufbauen. Zum Gießen greifen Sie dann den Deckel der *untersten* Platte und heben ihn und damit auch die anderen vier Platten an. Gießen Sie jetzt die unterste Platte, setzen den Deckel (mit den übrigen vier Platten) wieder auf und greifen Sie den nächsten Deckel von unten. So können Sie in einen Rutsch fünf Platten gießen und brauchen die Platten nach dem Gießen auch nicht anheben. Schieben Sie den Stapel vorsichtig zur Seite und machen Sie mit dem nächsten Stapel weiter.

Die Oberfläche der Platten muss glatt sein. Wenn sich Blasen auf der Oberfläche gebildet haben, richten Sie schnell die Flamme des Bunsenbrenners auf die Oberfläche, damit sie zerplatzen. Vorsicht: Nicht die Petrischale schmelzen!

Abb. 11.2: Gießen von Agarplatten mit der „Stapeltechnik".

15. Wickeln Sie die Platten entweder in Plastikfolie oder -tüten ein oder packen Sie sie in die Beutel, in denen die Petrischalen vorher verpackt waren. Klappen Sie das obere Ende um und kleben es mit Klebeband zu. Beschriften Sie die Tüte und lagern Sie sie im Kühlschrank.

> Wenn das verwendete Antibiotikum lichtempfindlich ist, wickeln Sie die Platten zusätzlich in Aluminiumfolie ein oder stellen Sie sie in eine Kiste. Tetracyclin z.B. ist lichtempfindlich.

 Herstellen von Festmedien in Reagenzgläsern („Slants"). Slants sind Röhrchen mit festem Medium. Sie werden *slants* genannt (von engl. sich neigen), weil die Röhrchen während des Aushärtens des Mediums geneigt stehen, sodass eine glatte und geneigte Oberfläche zum Ausstreichen entsteht. Slants können auch für Stechkulturen verwendet werden, bei denen eine Impfnadel in das Medium gestochen wird, damit die Bakterien innerhalb des Agarmediums wachsen können.

Die grundlegende Prozedur zum Gießen von Slants ist die gleiche wie für das Gießen von Platten. Anstatt das warme Agarmedium zu gießen, wird es in sterile Röhrchen pipettiert, bis diese zu einem Drittel oder bis zur Hälfte gefüllt sind. Stellen Sie die Röhrchen dann gewinkelt hin, entweder in einem speziellen Ständer oder mithilfe eines Stücks Schaumstoff. Lassen Sie die Kappen lose, um Kondensation zu verhindern.

Jede Größe von Röhrchen kann verwendet werden. Viele Wissenschaftler benutzen die kleinen Gefäße, die üblicherweise in Szintillationszählern verwendet werden. Diese Gefäße sind billig und die Größe ist praktisch für die Lagerung oder den Versand per Post.

11.5 Wiederbeleben von Kulturen

Sie können Bakterienkulturen auf verschiedenste Art und Weise bekommen. Wenn Sie die Kultur von jemandem aus Ihrem Labor beziehen, bekommen Sie sie entweder als gefrorene

Stammkultur, auf Platte ausgestrichen oder als Stechkultur. Stocksammlungen (wie das DSZM) verschicken gefriergetrocknete oder gefrorene Kulturen und manchmal werden auch wachsende Kulturen verschickt.

Durchführung: Wiederbeleben einer gefriergetrockneten Kultur

1. Wischen Sie die Außenseite des Glasfläschchens mit 70%igem Ethanol ab.

2. Geben Sie 0,4 ml des geeigneten, sterilen Mediums (vorgewärmt) zu dem Fläschchen.

3. Mischen Sie vorsichtig durch Pipettieren mit einer Mikroliterpipette oder einer Pasteurpipette, bis sich die Bakterien vollständig gelöst haben.

4. Geben Sie die Bakteriensuspension zu einem Röhrchen mit 5 ml des angemessenen sterilen Mediums (vorgewärmt). Behalten Sie ca. 10 µl zurück.

5. Pipettieren Sie diese 10 µl auf eine Agarplatte oder in ein Slant. Streichen Sie sie so aus, dass Sie Einzelkolonien erhalten (siehe dazu auch Abschnitt 11.7).

6. Inkubieren Sie das Röhrchen und die Platte unter den entsprechenden Bedingungen.

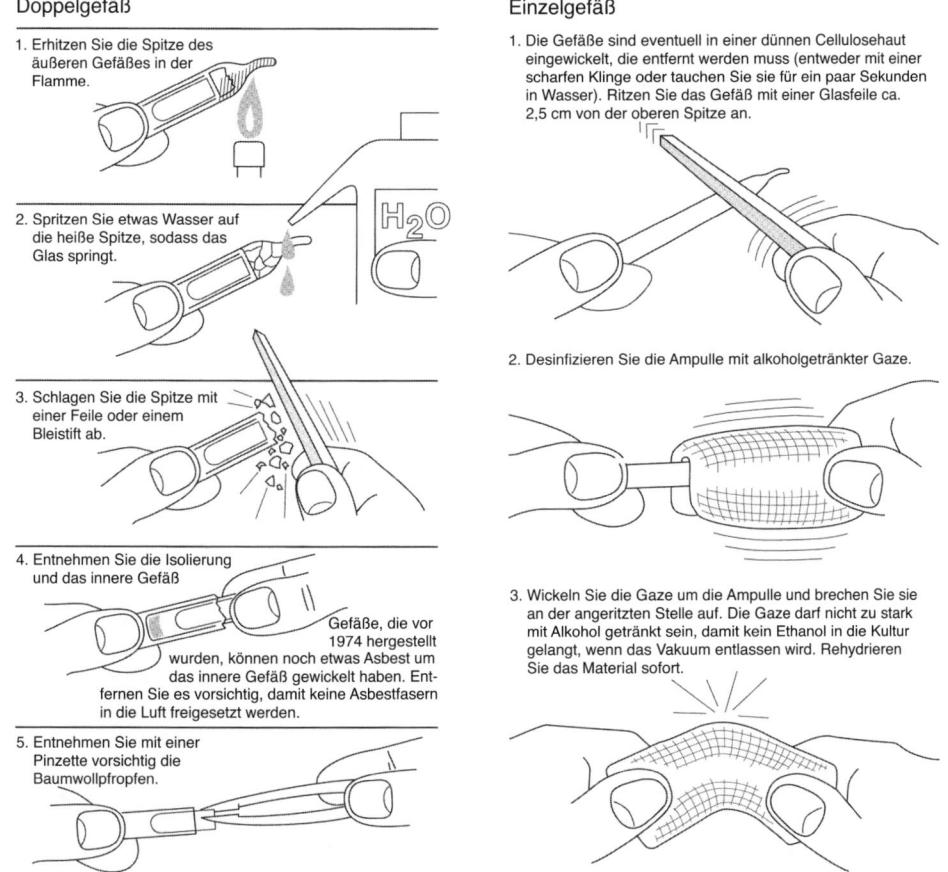

Abb. 11.3: Anleitung zum Öffnen von Gefäßen mit gefriergetrockneten Kulturen. (Abgedruckt mit Genehmigung von Pienta et al. 1996 in American Type Culture Collection Catalogue of Bacteria, Phages, and rDNA Vectors 1996)

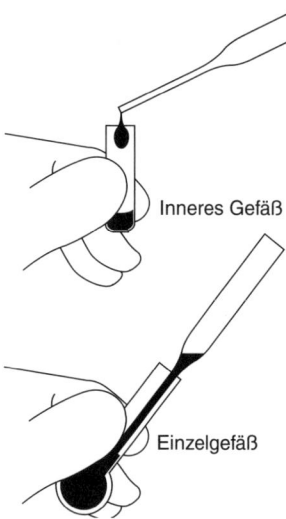

Inneres Gefäß

Einzelgefäß

Abb. 11.4: Benutzen Sie eine sterile Pasteurpipette für die Rehydrierung, Resuspension und den Transfer der Bakterienkultur in Flüssigmedium oder auf Agarplatten. Die Pasteurpipette sollte mit Watte gestopft sein. Entsorgen Sie die Pasteurpipette in den Klingen- und Glasabfall für biogefährliche Stoffe. (Abgedruckt mit Genehmigung von Pienta et al. 1996 in American Type Culture Collection Catalogue of Bacteria, Phages, and rDNA Vectors 1996)

Durchführung: Wiederbeleben einer gefrorenen Kultur

Die meisten gefrorenen Bakterienkulturen (z.B. die meisten *E. coli*-Stämme) müssen für die Rekultivierung nicht vollständig aufgetaut werden.

1. Entnehmen Sie das Gefäß aus dem Trockeneis oder dem Tiefkühlschrank, stellen Sie es in einen Ständer und nehmen Sie es sofort an die Laborbank oder die Sterilbank mit.

2. Flammen Sie eine Impföse ab (oder nehmen Sie eine sterile Einweg-Impföse), lassen Sie sie für einige Sekunden abkühlen und berühren Sie dann damit die Oberfläche der gefrorenen Kultur.

3. Stellen Sie die Kultur auf Eis.

4. Streichen Sie die Impföse auf einer Platte aus. Streichen Sie immer so aus, dass Sie Einzelkolonien erhalten.

5. Stellen Sie die gefrorene Kultur sofort wieder in den Tiefkühlschrank zurück, mindestens bei –70 °C.

6. Inkubieren Sie die Platte unter den angemessenen Bedingungen.

Durchführung: Wiederbeleben einer gefrorenen Kultur empfindlicher Bakterien

Langsam wachsende oder wählerische Bakterien benötigen eventuell ein großes Inokulum, bevor sie wieder wachsen. Auch alte *E. coli*-Kulturen müssen manchmal auf diese Art und Weise wiederbelebt werden.

> Wiederbelebte Kulturen können verlängerte lag-Phasen haben, also geben Sie den Kulturen doppelt so viel Zeit, wie Sie üblicherweise erwarten würden.

> Vermeiden Sie wiederholtes Einfrieren und Auftauen von Bakterienkulturen.

> Wenn Ihre Kultur ein Plasmid mit einer Antibiotikaresistenz trägt, sollten normalerweise die entsprechenden Antibiotika in das Medium gegeben werden. Aber Stämme, die Resistenzen gegen Tetracyclin, Ampicillin, Kanamycin oder Chloramphenicol tragen, sollten zuerst in Medium ohne Antibiotika angezogen werden, damit die Resistenzen exprimiert werden können, bevor die Antibiotikaselektion durchgeführt wird.

1. Entnehmen Sie das Gefäß aus dem Trockeneis oder dem Tiefkühlschrank.

2. Inkubieren Sie das Gefäß in einem 37-°C-Wasserbad, bis die Kultur aufgetaut ist.

3. Transferieren Sie mit einer sterilen Pasteurpipette ca. die Hälfte der Bakteriensuspension zu 4 ml eines angemessenen Mediums. Stellen Sie den Rest der Kultur auf Eis.

4. Inkubieren Sie die frisch angeimpfte Kultur wie benötigt.

5. Lagern Sie die ursprüngliche Kultur im Tiefkühlschrank bei mindestens –70 °C.

11.6 Antibiotika

- Gentechnisch konstruierte Plasmide enthalten üblicherweise mindestens ein Resistenzgen gegen ein Antibiotikum. So kann das Plasmid, das zusätzlich das Gen enthält, welches der Wissenschaftler untersuchen möchte, selektioniert werden: Nur die Bakterien, die das Plasmid enthalten, können im Medium mit dem entsprechenden Antibiotikum überleben.

- Fast alle standardmäßig verwendeten Plasmide enthalten ein oder mehrere Resistenzgene gegen Ampicillin, Tetracyclin, Chloramphenicol oder Kanamycin (Neomycin).

- Antibiotika sind thermolabil und werden erst zu dem Medium gegeben, nachdem es autoklaviert wurde und abgekühlt ist. Häufig benutzt man eingefrorene Aliquots, aber einige Wissenschaftler setzen die Antibiotika erst dann an, wenn sie sie benötigen.

- Wenn ein bestimmtes Antibiotikum nur sehr unregelmäßig benutzt wird, sollten Sie eine Menge kaufen, die ohne nachzuwiegen verwendet werden kann, z.B. 100 mg. Das kostet zwar relativ gesehen mehr, als wenn Sie eine größere Menge kaufen würden, ist aber immer noch billiger, als den Rest wegzuwerfen, weil das Verfallsdatum überschritten ist.

- Antibiotika sind in einer Spannbreite von Konzentrationen wirksam, Sie werden daher viele verschiedene Angaben über die empfohlenen Konzentrationen finden, die wahrscheinlich alle okay sind. Benutzen Sie die Konzentrationen, die auch von anderen benutzt werden, die mit dem gleichen Stamm wie Sie arbeiten und ähnliche Experimente durchführen.

Tab. 11.1: Üblicherweise verwendete Antibiotika für die Selektion von Stämmen, die Plasmide enthalten.

1.	**Tetracyclin (15 mg/ml Stocklösung)** Wiegen Sie 15 mg Tetracyclin ab und lösen Sie es in 0,5 ml sterilem H_2O und 0,5 ml Ethanol (unter dem Abzug). Umhüllen Sie das Reaktionsgefäß mit Alufolie. Geben Sie 1 ml der Stocklösung direkt zu 1 l abkühlendem Agar (Endkonzentration 15 µg/ml).
2.	**Streptomycin (100 mg/ml Stocklösung)** Setzen Sie mehr Stocklösung an, als Sie brauchen, da etwas Volumen bei der Sterilfiltration verloren geht. Wiegen Sie 200 mg Streptomycin ab und geben Sie 2 ml H_2O hinzu. Sterilfiltrieren Sie die Lösung. Geben Sie 1 ml der Stocklösung direkt zu 1 l abkühlendem Agar (Endkonzentration: 100 µg/ml).
3.	**Kanamycin (30 mg/ml oder 50 mg/ml Stocklösung)** In Abhängigkeit von der Art der Selektionsplatten bereiten Sie eine 30 mg/ml oder eine 50 mg/ml Stocklösung vor. Setzen Sie mehr Stocklösung an, als Sie brauchen, da etwas Volumen bei der Sterilfiltration verloren geht. Wiegen Sie 60 oder 100 mg Kanamycin ab und geben Sie 2 ml H_2O hinzu. Sterilfiltrieren Sie die Lösung. Geben Sie 1 ml der Stocklösung direkt zu 1 l abkühlendem Agar (Endkonzentration: 30 oder 50 µg/ml, in Abhängigkeit von der Art des Mediums).
4.	**Ampicillin (100 mg/ml Stocklösung)** Setzen Sie mehr Stocklösung an als Sie brauchen, da etwas Volumen bei der Sterilfiltration verloren geht. Wiegen Sie 100 mg Ampicillin ab und geben Sie 1 ml H_2O hinzu. Sterilfiltrieren Sie die Lösung. Geben Sie 1 ml der Stocklösung direkt zu 1 l abkühlendem Agar (Endkonzentration: 100 µg/ml).

Tab. 11.1: Fortsetzung

5.	**Chloramphenicol (20 mg/ml Stocklösung)** Wiegen Sie 20 mg Chloramphenicol ab und geben Sie 1 ml Ethanol hinzu (unter dem Abzug). Geben Sie 1 ml der Stocklösung direkt zu 1 l abkühlendem Agar (Endkonzentration: 20 µg/ml).
6.	**Rifampicin (50 mg/ml Stocklösung)** Wiegen Sie 100 mg Rifampicin ab und lösen Sie es in 2 ml Methanol (unter dem Abzug). Vortexen Sie die Lösung sofort, um zu verhindern, dass sich das Rifampicin am Gefäßboden absetzt. Geben Sie ~ 5 Tropen 10 N NaOH hinzu, um das Lösen zu erleichtern. Geben Sie 2 ml der Stocklösung direkt zu 1 l abkühlendem Agar (Endkonzentration: 100 µg/ml). Rifampicin ist lichtempfindlich, daher sollten die Platten im Dunkeln gelagert, oder mit Alufolie umwickelt werden. Die Haltbarkeit der Platten kann manchmal durch den Einsatz von Minimalsalz A erhöht werden (100 ml 10×- konzentriertes Minimalsalz A pro 1 Liter Medium).
7.	**Nalidixinsäure (100 mg/ml Stocklösung)** Wiegen Sie 100 mg Nalidixinsäure ab und lösen Sie diese in 1 ml 1 N NaOH. Geben Sie 0,3 ml der Stocklösung direkt zu 1 l abkühlendem Agar (Endkonzentration: 30 µg/ml).
8.	**Trimethoprim** Für die Verwendung im Medium wiegen Sie 10 mg Trimethoprim unter sterilen Bedingungen ab und geben Sie das Pulver direkt zu 1 l abkühlendem Agar (Endkonzentration: 10 µg/ml).

Die angegebenen Konzentrationen sind Standardkonzentrationen, aber für bestimmte Stämme können andere Konzentrationen nötig sein. Benutzen Sie steriles destilliertes Wasser, wenn in den Rezepten H_2O angegeben ist. Lagern Sie Portionen bei −20 °C. (Abgedruckt mit Genehmigung von Miller 1992).

11.7 Wie man Einzelkolonien erhält

Es ist absolut wichtig, dass Sie lernen, wie man Bakterien ausstreichen muss, um Einzelkolonien zu erhalten. Eine Kolonie ist quasi eine Insel auf einer Platte von Festmedium, bestehend aus Klonen, die von einem einzelnen Bakterium stammen. Wenn Sie Ihre Kultur nicht mit einer einzelnen Kolonie animpfen, erhalten Sie eventuell anstatt des Stammes, den Sie eigentlich zu haben glaubten, eine gemischte Kultur oder sogar Kontaminationen. Das Herstellen und Picken von Einzelkolonien muss zu Ihrer zweiten Natur werden, andernfalls können Sie niemals sicher sein, dass Sie mit dem richtigen Tierchen arbeiten.

11.7.1 Vorschrift: Ausstreichen eines Stammes auf Agarplatten mit der Impföse

Einzelkolonien erhält man durch Verdünnen der Bakterien, bis man eine Kolonie picken kann, ohne eine andere Kolonie dabei zu berühren.

Materialien

- Eine Impföse mit Metalldraht (üblicherweise Platin). Es gibt auch Einwegimpfösen aus Plastik (die zwar teuer aber praktisch sind, wenn man z.B. mit Organismen der Risikogruppe 3 arbeitet).

- Ein Bunsenbrenner oder ein elektrischer Impfösenerhitzer.

- Platten mit Festmedium.

- Bakterien in Flüssigkultur oder auf Festmedium.

> Das Ausstreichen ist unverzichtbar zum Isolieren eines Bakterienstammes aus einer Mischkultur oder um sicherzustellen, dass eine Kolonie wirklich nur **eine** Kolonie ist.

Durchführung

1. Beschriften Sie die Platten mit Ihrem Namen, dem Datum und dem Namen des Bakteriums. Wenn Sie noch etwas unsicher mit dem Ausstreichen sind, teilen Sie die Platte mit dünnen Strichen in vier Quadranten ein und beschriften Sie diese im Uhrzeigersinn von 1-4.

2. Flammen Sie die Impföse ab. Wenn Sie dazu einen Bunsenbrenner verwenden, fangen Sie immer ca. 15 cm von der Öse entfernt an. So vermeiden Sie, dass Bakterien, die sich eventuell noch an der Öse befinden, herumspritzen. Wenn Sie einen elektrischen Impfösenerhitzer verwenden, müssen Sie die Impföse vollständig für die vorgeschriebene Zeit darin lassen.

3. Nehmen Sie das Kulturröhrchen in die linke Hand, resuspendieren Sie die Kultur durch Schwenken und nehmen Sie den Deckel mit den letzten beiden Fingern der rechten Hand ab. Flammen Sie das offene Röhrchen für 1 Sekunde in der Flamme ab.

4. Gehen Sie mit der abgekühlten Impföse in das Röhrchen, ohne die Ränder zu berühren. Stecken Sie sie nur soweit herein, bis Sie die Kultur berühren und ziehen Sie sie dann wieder heraus.

5. Flammen Sie das Röhrchen wieder ab, setzen Sie den Deckel wieder auf und stellen Sie es in den Ständer zurück. Arbeiten Sie schnell aber konzentriert und winken Sie nicht mit der Impföse herum.

6. Nehmen Sie die Platte in die linke Hand. Benutzen Sie die letzten drei Finger als Plattform und halten Sie mit Daumen und Zeigefinger den Deckel 3–5 Zentimeter geöffnet.

7. Berühren Sie mit der Impföse die Oberfläche der Platte im ersten Quadranten, nahe dem Rand. Stechen Sie die Impföse nicht in das Medium. Bewegen Sie die Impföse rhythmisch hin und her und bewegen Sie sie dabei zur Mitte der Platte. Bleiben Sie aber im Quadranten und kreuzen Sie keine der Linien, die Sie bereits ausgestrichen haben.

8. Schließen Sie den Deckel der Platte und flammen Sie die Impföse erneut ab. Nähern Sie die Impföse langsam der Flamme und flammen Sie für ca. 5–10 Sekunden ab.

9. Drehen Sie die Platte um 90°, öffnen Sie den Deckel und setzen Sie die Impföse im ersten Quadranten ab (am Ende des letzten Ausstrichs). Kreuzen Sie den letzten Ausstrich einmal und streichen Sie dann mit der Impföse in den nächsten Quadranten. Streichen

---

Stellen Sie Ihre Materialien so hin, dass unnötige Bewegungen vermieden werden und so die Gefahr der Kontamination vermindert wird.

- Wenn Sie Rechtshänder sind, stellen Sie den Bunsenbrenner auf Ihre rechte Seite.
- Stellen Sie die Platten, auf denen Sie ausstreichen möchten, auf Ihre linke Seite.
- Stellen Sie die Bakterienprobe vor sich in die Mitte.
- Lockern Sie die Deckel der Röhrchen oder Kolben.

Inkubieren Sie Platten immer auf dem Kopf stehend, damit kein Kondenswasser auf die Kolonien tropfen kann.

Abflammen tötet nicht nur die Bakterien auf der Oberfläche ab, die Konvektionsstömung von der erhitzten Oberfläche verhindert auch, dass sich Bakterien auf die Oberfläche oder in ein offenes Röhrchen absetzen.

Wenn Ihre Bakterienprobe auf einer Platte ist, achten Sie darauf, nur eine einzige Einzelkolonie zu picken. Berühren Sie sie nur ganz vorsichtig mit der Spitze der abgekühlten Impföse. Sie müssen nicht die gesamte Öse in die Kolonie tauchen!

Um sicherzustellen, dass die Impföse nicht zu heiß ist, drücken Sie sie leicht auf eine freie Stelle der Platte. Das ist jetzt Ihre „Abkühlzone", streichen Sie auf dieser holprigen Stelle nicht aus.

Sie weiter hin und her, ohne eine alte Ausstreichlinie zu kreuzen oder den Quadranten zu verlassen und füllen Sie den Quadranten.

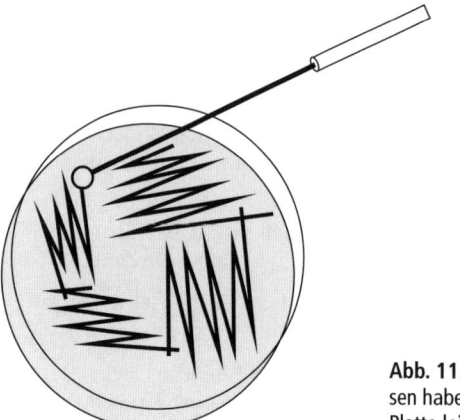

Abb. 11.5: Die Spuren, die Sie beim Ausstreichen bereits hinterlassen haben, sind sichtbar, wenn Sie den Deckel etwas öffnen und die Platte leicht schräg gegen das Licht halten.

10. Wiederholen Sie die Schritte 7–9 für die letzten beiden Quadranten.

11. Flammen Sie die Impföse ab und legen Sie sie beiseite.

12. Inkubieren Sie die Platten auf dem Kopf stehend bei der angemessenen Temperatur.

11.7.2 Vorschrift: Ausstreichen mehrerer Proben auf einer Agarplatte

Wenn Sie mehrere Proben haben – die allerdings jeweils aus einer Einzelkolonie hervorgegangen sein müssen – können Sie diese auf einer Platte ausstreichen, um Zeit und Material zu sparen. Weil es dabei aber schwieriger ist, Einzelkolonien zu erhalten, sollten sie diese Art des Ausstreichens nur durchführen, wenn Sie das normale Ausstreichen schon gut beherrschen.

Materialien

• Die gleichen wie oben beschrieben (Kapitel 11.7.1)

Durchführung

1. Beschriften Sie die Platten mit Ihrem Namen, dem Datum und dem Namen des Bakteriums.

2. Teilen Sie die Platte mit dünnen Strichen in 6 oder 8 gleichmäßige Abschnitte. Beschriften Sie jeden Sektor mit dem Namen oder der Nummer der Probe.

3. Berühren Sie mit der abgeflammten und abgekühlten Impföse leicht die Kolonie, die Sie picken möchten. Wenn Ihre Probe eine Flüssigkultur ist, tauchen Sie die Impföse nicht vollständig ein, sondern berühren Sie die Kultur mit der Kante der Öse.

4. Beginnen Sie am Rand der Platte mit dem Ausstreichen, indem Sie die Impföse leicht aufsetzen und in rhythmischen Bewegungen sanft über die Oberfläche streichen, wobei Sie sie in Richtung Plattenmitte bewegen. Überschreiten Sie nicht die Sektorgrenze und kreuzen Sie keine bereits ausgestrichenen Linien.

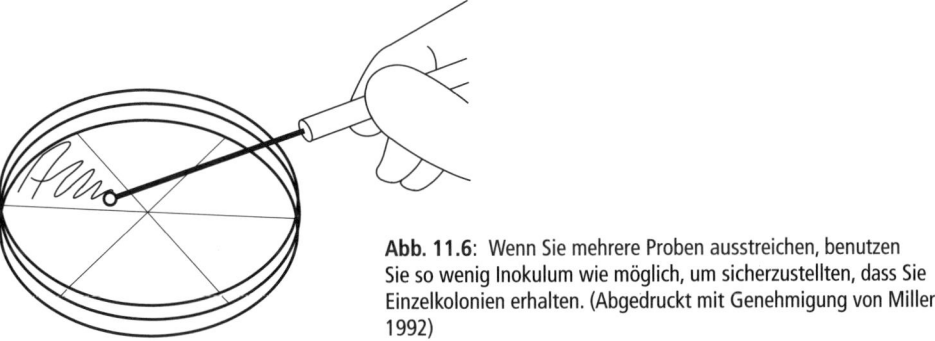

Abb. 11.6: Wenn Sie mehrere Proben ausstreichen, benutzen Sie so wenig Inokulum wie möglich, um sicherzustellen, dass Sie Einzelkolonien erhalten. (Abgedruckt mit Genehmigung von Miller 1992)

5. Flammen Sie die Impföse ab und wiederholen Sie die Prozedur für alle Proben.

6. Inkubieren Sie die Platte kopfüber bei der angemessenen Temperatur.

Slants und Stichkulturen

Benutzen Sie nur eine Einzelkolonie zum Animpfen. Beginnen Sie das Ausstreichen am unteren Ende des Glases und fahren Sie dann in Richtung oberes Ende fort, wobei Sie die Impföse rhythmisch hin und her bewegen. Für eine Stichkultur benutzen Sie eine Impfnadel, mit der Sie einmal so tief wie möglich in den Agar stechen. Slants werden üblicherweise sowohl ausgestrichen als auch eingestochen.

11.7.3 Vorschrift: Picken von Kolonien mit Zahnstochern

Diese Methode können sie verwenden, wenn Sie viele deutlich isolierte Kolonien zum Animpfen haben. Sie können dazu auch eine Impfnadel (ähnlich der Impföse, aber ohne Öse, sondern mit stumpfer Spitze) verwenden, aber das ist wesentlich zeitaufwändiger.

Materialien

- Platten mit Festmedium.

- Schablone. Machen Sie sich eine Pappschablone, die eine Petrischale mit 30–100 durchnummerierten Feldern darstellt (Abbildung 11.7). Sie können als Schablone auch den Deckel einer alten Petrischale benutzen, den Sie von innen beschriften und in den Sie dann Ihre Platte hereinstellen können.

- Bakterien: Deutlich getrennte Einzelkolonien auf Festmedium. Wenn Sie ganz bestimmte Kolonien picken wollen, markieren und nummerieren Sie diese Kolonien, bevor Sie mit dem Picken anfangen.

> Anstelle der Zahnstocher kann man auch sterile gelbe Pipettenspitzen nehmen. Die sind allerdings teurer.

- Sterile Zahnstocher. Sterilisieren Sie die Zahnstocher mit dem Autoklaven im Trockenprogramm. Ein guter Behälter für die Zahnstocher ist ein kleines Becherglas, das mit Aluminiumfolie abgedeckt wird.

- Abfallbehälter für „scharfe und spitze" Bakterienabfälle (zum Entsorgen der Zahnstocher).

Durchführung

1. Beschriften Sie die Platten auf dem Deckel (auf der Unterseite bleibt kein Platz mehr) mit Ihrem Namen, dem Datum und den Namen der Bakterien. Beschriften Sie den Boden dünn mit Orientierungssymbolen, sodass Sie jede Kolonie mit der Schablone identifizieren können. Beschriften Sie jede Reihe.

2. Stellen Sie die Platte richtig herum auf die Schablone.

3. Berühren Sie eine Kolonie mit einem sterilen Zahnstocher und drücken Sie den Zahnstocher dann leicht auf die vorgesehene Stelle der Platte.

4. Entsorgen Sie den Zahnstocher und fahren Sie mit den nächsten Kolonien fort.

11.8 Zählen von Bakterien

Es gibt im Wesentlichen zwei Methoden, mit denen Bakterien gezählt werden: mikroskopisch mit einer Zählkammer, z.B. der Petroff-Hausser-Kammer (Bakterien können auch in einem automatischen Zellzähler gezählt werden) oder durch Auszählen lebender Kolonien auf Platten.

Das Auszählen in einer Zählkammer ist dann angebracht, wenn Sie schnell wissen müssen, wie hoch die Zahl der Bakterien in einer Kultur ist, z.B. wie viele Bakterien Sie in einer Kultur vorliegen haben, die Sie für eine Infektion einsetzen. Dafür nehmen Sie einfach

> Es gibt Färbereagenzien, mit denen man lebende von toten Bakterien unterscheiden kann.

eine Probe der Kultur, bringen sie in eine Petroff-Hausser-Zählkammer, legen sie unter das Mikroskop und zählen die Bakterien. Hierbei zählen Sie allerdings lebende und tote Bakterien.

Die meisten Wissenschaftler zählen aber standardmäßig die Kolonien auf Platten aus, um Wachstumskurven oder den Titer (die Konzentration) der Kultur zu bestimmen oder den Effekt von verschiedenen Bedingungen auf die Überlebensrate der Bakterien zu untersuchen. Dazu werden Verdünnungen der Kultur auf Platten mit Festmedium ausgestrichen und inkubiert. Nur die Bakterien, die noch wachsen können, bilden Kolonien und werden daher als CFUs (engl. von *colony forming units* = koloniebildende Einheiten) gezählt.

Anstatt die genaue Zahl der Zellen zu zählen, wird das Wachstum der Bakterien häufig und einfach durch die Zunahme der Trübung gemessen, die durch die Zunahme der Organismenzahl auftritt. Das ist die einfachste und schnellste Art, das Wachstum der Bakterien zu überprüfen. Einzelne Messungen haben aber nur dann eine Aussagekraft, wenn die gemessene Extinktion (die „optische Dichte") zuvor mit der tatsächlichen Zellzahl verglichen wurde, sodass die Zellzahl aus dem Messwert der Extinktion extrapoliert werden kann.

11.8.1 Vorschrift: Benutzung der Petroff-Hausser-Zählkammer

Materialien

- Petroff-Hausser-Zählkammer oder andere Bakterienzählkammer, z.B. Helber-Zählkammer. Verwenden Sie kein Hämacytometer.

- Spezielles, wiederverwendbares Deckglas für die Zählkammer.

- Mikroliterpipetten mit Spitzen.

- Medium zur Verdünnung.

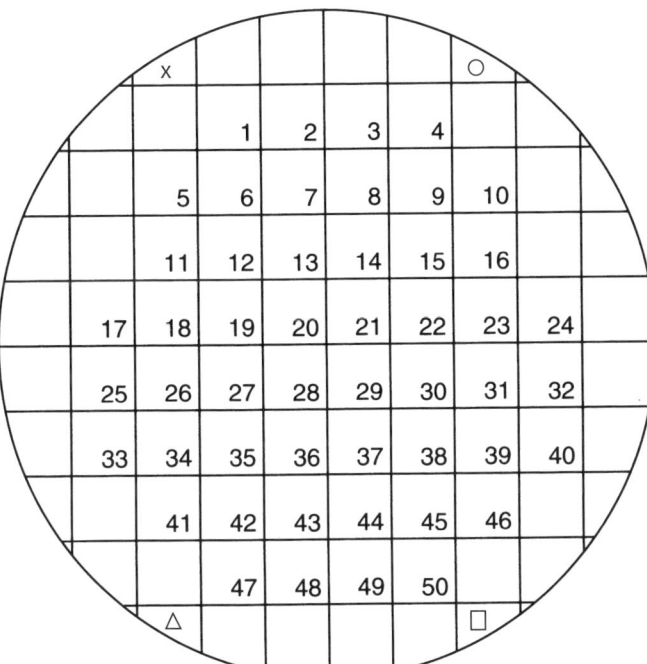

Schablone für 50 Kolonien

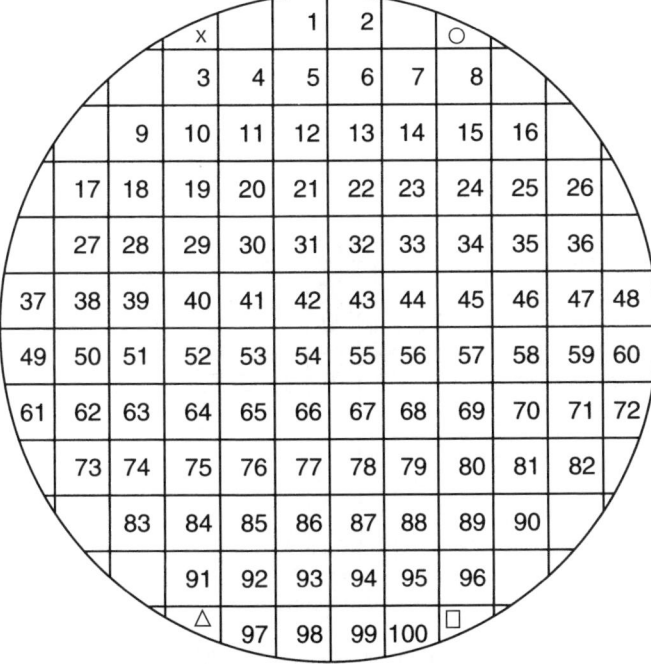

Schablone für 100 Kolonien

Abb. 11.7: Schablonen für 50 und 100 Kolonien mit Orientierungspunkten. Zeichnen Sie 3-4 Orientierungspunkte auf die Gittervorlage und die Platte und bringen Sie diese zur Deckung, während Sie arbeiten. (Abgedruckt mit Genehmigung von Miller 1992)

- Reaktionsgefäße (1,5 ml).

- Handzähler.

- Standard- oder Inverslichtmikroskop.

Durchführung

1. Pipettieren Sie steril 0,5 ml der Kultur mit einer 1- oder 2-ml-Pipette in ein Eppi. Achten Sie darauf, dass die Kultur gut geschüttelt wurde, bevor Sie die Probe entnehmen. Wenn die Kultur sehr knapp ist, können Sie auch weniger entnehmen, aber es ist besser, Glaspipetten zu verwenden als Mikroliterpipetten.

2. Bereiten Sie die Zählkammer vor: Reinigen Sie sie mit Wasser und abschließend mit 70% Ethanol und wischen Sie sie mit einem Zellstofftuch (Kimwipe) trocken. Legen Sie das Deckglas mittig auf die Zählkammer.

3. Schütteln Sie das Reaktionsgefäß, um die Bakterien wieder zu resuspendieren, und ziehen Sie 50 µl der Bakterienkultur mit einer Mikroliterpipette auf. Drücken Sie dann langsam auf den Pipettenknopf, bis Sie einen Tropfen am Ende der Pipettenspitze hängen haben. Berühren Sie mit diesem Tropfen das eine Ende der Zählkammer. Durch Kapillarkräfte wird die Flüssigkeit unter das Deckglas in die Kammer gezogen. Achten Sie darauf, dass Sie

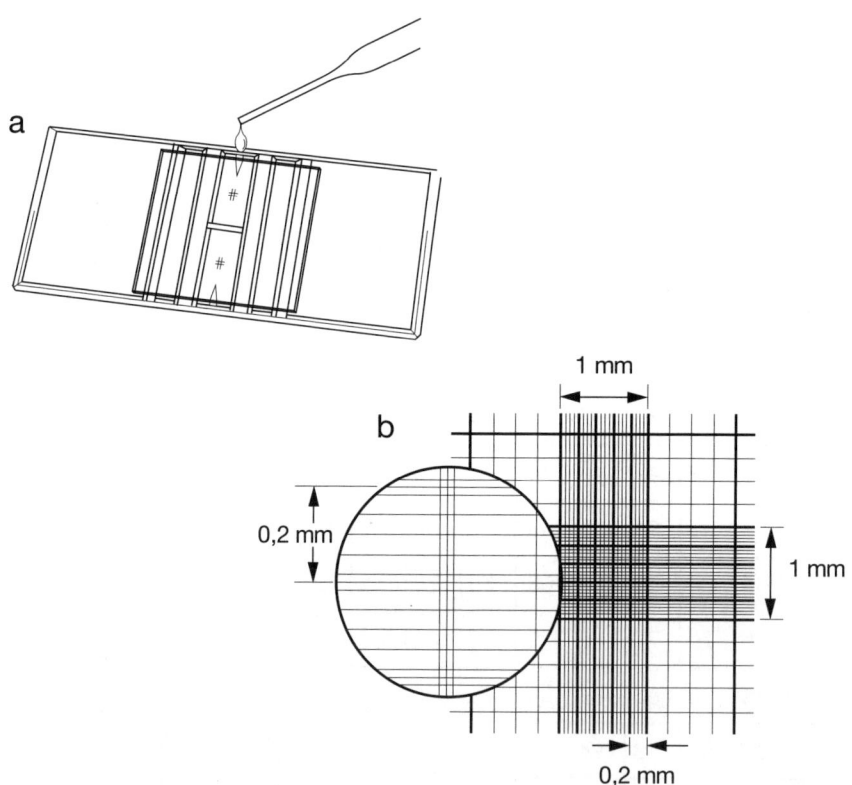

Abb. 11.8: Petroff-Hauser-Zählkammer. (a) Befüllen Sie die Kammer, indem Sie einen Tropfen Bakteriensuspension durch Kapillarkräfte in die Kammer eindringen lassen. (b) Ansicht des Petroff-Hauser-Gitternetzes bei hoher Auflösung. Die eingeteilte Oberfläche befindet sich 0,02 mm unter dem Deckgläschen, sodass das Volumen über einem Quadratmillimeter 0,02 Kubikmillimeter beträgt.

nicht zu viel Flüssigkeit aufgeben. Wenn Flüssigkeit in die seitlichen Vertiefungen läuft, müssen Sie die Zählkammer erneut waschen und trocknen und von vorne anfangen.

4. Warten Sie 5 Minuten, sodass die Bakterien sich absetzen können.

5. Legen Sie die Zählkammer unter das Mikroskop und lokalisieren Sie bei 10facher Vergrößerung das Raster der Zählkammer. Finden Sie das zentrale Raster und gehen Sie dann auf 40fache Vergrößerung.

6. Um zu entscheiden, ob Sie die Kultur noch verdünnen müssen, führen Sie eine schnelle Überschlagszählung durch: In 25 Quadraten sollten ca. 100–500 Bakterien sein, d.h. ca. 5– 20 Bakterien pro Quadrat. Wenn es zu wenige Bakterien sind, wird Ihre Zählung ungenau. Wenn Sie zu viele Bakterien haben, können Sie eine Menge Zeit sparen, indem Sie die Bakterien vorher 1:5 oder 1:10 (oder stärker) verdünnen.

7. Führen Sie jetzt die Zählung durch. Zählen Sie die Bakterien in mindestens 25 Quadraten, wobei Sie alle Zellen, die die Randlinien berühren, mitzählen. Teilen Sie diese Zahl durch die Anzahl der gezählten Quadrate. Wiederholen Sie diese Zählung zweimal und bilden Sie den Mittelwert der drei Ergebnisse.

8. Berechnen Sie die Zellzahl/ml der Ausgangskultur. Multiplizieren Sie dazu die ausgezählte Zahl der Bakterien/Quadrat mit 2×10^7 (1 ml entspricht dem Volumen von 2×10^7 Quadraten). Wenn Sie die Kultur vorher verdünnt haben, müssen Sie dieses Ergebnis noch mit dem Verdünnungsfaktor multiplizieren, um die Zahl der Bakterien/ml Ausgangskultur zu

---

Box 11.4: Beispiel

Eine Probe wird genommen und zu der Zählkammer gegeben. Eine schnelle Überschlagszählung ergibt 90 Zellen/Quadrat, also werden die Bakterien 1:10 verdünnt, indem zu 100 µl der Probe 900 µl Medium in ein Reaktionsgefäß gegeben werden.

Diese verdünnte Probe wird ausgezählt. Es ergeben sich Zahlen von 200, 171 und 192 für jeweils 25 Quadrate. Das macht in Summe 563 Bakterien geteilt durch 75 Quadrate, was 7,5 Bakterien pro Quadrat ergibt.

7,5 Bakterien/Quadrat $\times$ 10 (Verdünnungfaktor) $\times$ 2×10^7 Quadrate/Milliliter = $1,5 \times 10^9$ Bakterien/ml in der Ausgangskultur.

---

erhalten.

11.8.2 Vorschrift: Zählen der Kolonien auf Agarplatten

Materialien

- Verdünnungsmittel. Nehmen Sie zum Verdünnen Medium oder 0,1% Pepton in Wasser. Das Verdünnungsmittel muss steril sein und Raumtemperatur haben, bevor es benutzt wird (ein Kälteschock verhindert eventuell die Vermehrung der Bakterien). Benutzen Sie zum Verdünnen nur dann Kochsalzlösung oder Wasser, wenn Sie wissen, dass es für Ihre Bakterien okay ist.

- Pipetten aus Glas oder Plastik (steril) oder Mikroliterpipetten mit sterilen Spitzen.

- Sterile Gefäße. Die meisten Gefäße können verwendet werden, z.B. Reaktionsgefäße aus Plastik oder Reagenzgläser, solange Sie sauber und steril sind, genug Platz für kräftiges Mischen lassen und groß genug sind, sodass man mit einer Pipette oder Pipettenspitze hineinkommt. Je billiger, desto besser.

- Festmedium in Petrischalen. Die Platten sollten die entsprechenden Antibiotika enthalten und vor Benutzung auf Raumtemperatur erwärmt werden. Prüfen Sie jede Platte auf Kontaminationen.

> Zur Not können Sie einen Glasspatel zum Ausplattieren aus einer langen Pasteurpipette herstellen: Erhitzen Sie die Pasteurpipette über einem Bunsenbrenner und biegen Sie sie mit einer Pinzette in die gewünschte Form.

- Wirbelmischer (Vortexer).

- Bakterien in Flüssigkultur.

- Bunsenbrenner.

- Drehtisch für Petrischalen (optional).

- Gebogener Glasstab zum Ausplattieren. Sie können diese selbst aus Glasstäben biegen oder im Laborfachhandel kaufen (Drigalski-Spatel).

- 70% Ethanol (100–200 ml) in einem 500-ml-Becherglas.

- Kolonienzählgerät (optional).

Durchführung

Herstellen der Verdünnungen

Werfen Sie auch einen Blick in Kapitel 7 zum Herstellen von Verdünnungsreihen.

1. Bereiten Sie die Röhrchen für die Verdünnungen vor, indem Sie die Verdünnungslösung vorlegen. Typischerweise werden 1:10-Verdünnungen durchgeführt. Ein Volumen von 900 µl spart einerseits Medium und erlaubt gleichzeitig genaues Pipettieren und Mischen. Wenn Sie die Wachstumscharakteristika Ihres Bakterienstamms nicht kennen, bereiten Sie Verdünnungen für 8–10 Platten vor.

2. Entnehmen Sie der Kultur 100 µl und geben Sie sie zum ersten Verdünnungsgefäß (1:10 Verdünnung). Verwerfen Sie die Pipette bzw. Pipettenspitze. Mischen Sie die Verdünnung vorsichtig auf einem Wirbelmischer.

> Wenn Sie Glasröhrchen zum Verdünnen verwenden, flammen Sie sie jedesmal ab, wenn Sie Flüssigkeit zugeben oder abnehmen.

3. Entnehmen Sie dem ersten Verdünnungsgefäß 100 µl und geben Sie diese in das zweite Verdünnungsgefäß (1:100 Verdünnung). Verwerfen Sie die Pipette bzw. Pipettenspitze. Mischen Sie die Verdünnung. Wiederholen Sie diese Prozedur bis zur letzten Verdünnung.

Ausplattieren

1. Beschriften Sie die Platten mit der Verdünnung, Ihrem Namen, dem Datum und der Bezeichnung der Probe. Duplikate wären eine sehr gute Idee.

2. Entnehmen Sie der **letzten** Verdünnung 100 µl und geben Sie sie tropfenweise auf die dafür vorgesehene Platte. Verwerfen Sie die Pipette bzw. Pipettenspitze.

3. Stellen Sie die Platte auf den Drehtisch oder die Laborbank.

4. Tauchen Sie den Drigalski-Spatel (gekauft oder selbstgemacht) in das Ethanol. Das Ethanol sollte nur den unteren Abschnitt des Spatels und die ersten zwei Zentimeter des Stiels benetzen.

5. Flammen Sie den Drigalski-Spatel ab. Die Flamme sollte sich den Spatel entlang bewegen und schnell verlöschen.

6. Kühlen Sie den Spatel ab, indem Sie ihn, möglichst weit von den Bakterien entfernt, leicht auf das Medium drücken.

7. Verteilen Sie die Bakterien möglichst gleichmäßig, indem Sie den Drigalski-Spatel über die gesamte Fläche der Platte hin und her bewegen. Wenn Sie einen Drehtisch benutzen, halten Sie den Spatel still, während Sie den Drehtisch drehen.

8. Lassen Sie die Platten 5 Minuten stehen, bevor Sie sie kopfüber inkubieren. Prüfen Sie die Platten täglich und stoppen Sie die Inkubation, sobald Sie deutlich Kolonien erkennen können. Lassen Sie die Platten nicht überwachsen.

Wenn Sie sehr schnell arbeiten, können Sie zuerst alle Verdünnungen auf die Platten pipettieren, wobei Sie die gleiche Pipette oder Pipettenspitze verwenden können, wenn Sie von der verdünntesten zur konzentriertesten Lösung hin arbeiten. Sie brauchen dann aber mehrere Drigalski-Spatel, weil das Abkühlen zu lange dauert, bis man ihn wieder sicher in das Ethanol tauchen kann.

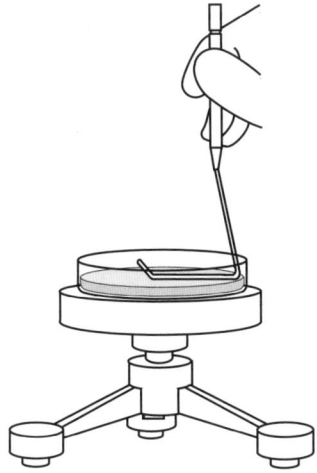

Abb. 11.9: Die Verwendung eines Drehtisches erleichtert das gleichmäßige Verteilen der Bakterien.

Zählen der Kolonien und Berechnung der koloniebildenden Einheiten (CFUs)

1. Betrachten Sie alle Platten. Suchen Sie eine Platte, die zwischen 30 und 300 Kolonien enthält, oder nehmen Sie die Platte, die diesen Werten am nächsten kommt. Sie brauchen nur diese eine Platte auszuzählen, oder, falls Sie eine Doppelbestimmung durchgeführt haben, beide Platten.

2. Zählen Sie die Kolonien.

3. Multiplizieren Sie die Anzahl der Kolonien mit dem Verdünnungsfaktor der Platte und mit 10 (da Sie nur 100 µl ausplattiert haben), um die Zahl der Bakterien/ml der ursprünglichen Kultur zu erhalten.

Die „low-tech"-Methode zum Auszählen ist, jede Kultur auf dem Deckel der Petrischale mit einem Punkt (nehmen Sie einen Edding) zu markieren und die Zahl im Kopf zu behalten. Machen Sie eine Markierung, wenn Sie jeweils 100 Bakterien gezählt haben. Im Laborfachhandel erhalten Sie Zählautomaten mit elektronischen Markierstiften, die bei jeder Berührung der Platte piepen und die Zahl anzeigen. Ein Leuchtschirm oder Leuchttisch erleichtert das Zählen zusätzlich. Möglicherweise kann Ihre Geldokumentationsanlage sogar Kolonien auszählen.

Box 11.5: Beispiel

Sie haben 100 µl der verdünnten Probe (1 ml) ausplattiert, die Verdünnung der Probe betrug 1:10 000. Sie haben 278 Kolonien auf dieser Platte gezählt.

278 Kolonien/100 µl × 10 (um auf 1 ml zu kommen) × 10 000 (Verdünnungsfaktor) = $2{,}78 \times 10^7$ CFU/ml in der Ausgangskultur   ∎

11.8.3 Vorschrift: Messung der Extinktion

Wenn die Zahl der Bakterien im Medium zunimmt, wird die Menge des Lichts, das die Kultur durchdringt, immer geringer. Diese Extinktion oder „optische Dichte" wird in einem Spektrophotometer gemessen.

> Die Extinktion kann auch mit anderen Geräten bestimmt werden, z.B. einem Klett-Summerson-Kolorimeter. Mit dem „Klett" und einigen Spektrophotometern kann man die optische Dichte messen, ohne eine Probe aus der Kultur zu entnehmen.

Materialien

- Eine frisch angeimpfte Kultur. Setzen Sie ein großes Volumen an, damit die Entnahme einer Probe das Volumen der Kultur nicht zu stark vermindert.

- Medium für den Nullabgleich des Spektrophotometers.

- Einwegküvetten aus Plastik oder Glasküvetten. Nehmen Sie keine Quarzküvetten, diese werden nur für Messungen im UV-Licht verwendet.

- Spektrophotometer.

- Pipetten.

Durchführung

1. Schalten Sie das Photometer an und stellen Sie die Wellenlänge auf 420 oder 660 nm ein. Üblicherweise misst man bei Wellenlängen zwischen 600 und 660 nm. Führen Sie einen Nullabgleich ohne Probe durch.

2. Führen Sie einen Nullabgleich mit dem Medium durch. Falls es ein altes Photometer ist, mit dem man keinen Nullabgleich durchführen kann, müssen Sie sich die Extinktion des Mediums notieren und später vom Messwert der Kultur abziehen.

3. Nehmen Sie eine Probe der Kultur. Schwenken Sie die Kultur vorher, damit die Probe möglichst repräsentativ für die Kultur ist. Arbeiten Sie unter sterilen Bedingungen, insbesondere wenn Sie eine Wachstumskurve aufnehmen.

> Die beste Wellenlänge ist die, bei der die Bakterienkultur das meiste Licht absorbiert und das hängt von den Mediumbestandteilen, Pigmenten und anderen Faktoren ab. Die Wellenlänge der maximalen Extinktion können Sie ermitteln, indem Sie alle Wellenlängen des sichtbaren Lichts testen (= ein Spektrum erstellen).

4. Geben Sie die Probe in die Küvette und bestimmen Sie rasch die Extinktion, bevor die Bakterien sich wieder setzen. *Schütten Sie die Bakterien nicht zurück in die Kultur.*

5. Wiederholen Sie die Messung in regelmäßigen Abständen. Für schnell wachsende Bakterien wie *E. coli*, die eine Verdopplungszeit von nur 20 Minuten aufweisen, kann ein Inter-

vall von 10 Minuten notwendig sein. Bei sehr hohen Bakteriendichten ist die ermittelte Extinktion nicht mehr linear von der Zellzahl abhängig. Wenn Ihre Messungen Extinktionen von über 1,2 ergeben, verdünnen Sie die Kultur 1:5 und wiederholen Sie die Messung. Denken Sie aber daran, diesen Verdünnungsfaktor wieder einzurechnen, wenn Sie die Wachstumskurve aufzeichnen.

6. Zeichnen Sie schon während des Experiments die Wachstumskurve auf (Extinktion gegen Zeit). Wenn das exponentielle Wachstum aufhört, können Sie das Experiment stoppen.

 Berechnung der Generationszeit (_g_). Es ist unerlässlich, dass Sie die Wachstumskinetik des Organismus kennen, mit dem Sie arbeiten. Mit diesem Wissen können Sie Ihre Kulturen so ansetzen, dass Sie optimale Ausbeuten erhalten und Zeit und Material sparen.

Nehmen Sie eine Wachstumskurve auf, indem Sie Proben der wachsenden Kultur entnehmen und die Zahl der Bakterien in jeder Probe bestimmen. Aus der Veränderung der Zellzahl mit der Zeit errechnet sich die Wachstumskonstante μ und daraus kann die Generationszeit g errechnet werden.

Box 11.6: Berechnung von μ und g

$\mu = (\log Z - \log Z_0)/(t-t_0)$

$\mu = \log 2/g = 0{,}301/g$

Also: $g = 0{,}301/\mu$

Mit: Z_0 = Anzahl der Zellen/ml zu Beginn (t_0)
Z = Anzahl der Zellen/ml zum Zeitpunkt t
t = Zeit bei Entnahme der Probe
t_0 = Zeit bei Beginn des Experimentes bzw. frühester Zeitpunkt
μ = Zunahme der Zellzahl pro Zeit (Wachstumskonstante)
g = Generationszeit (Verdopplungszeit)
$\log$ = dekadischer Logarithmus

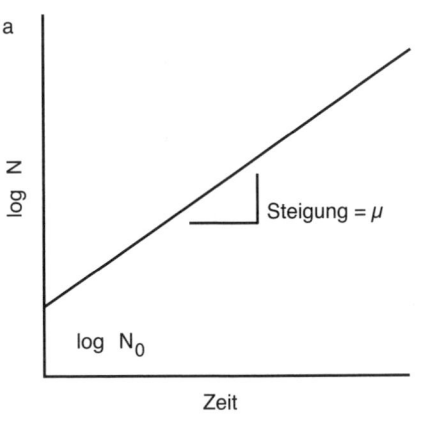

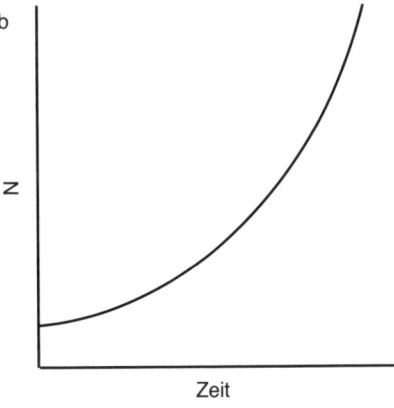

Abb. 11.10: Vergleich von Methoden zur Darstellung von Wachstumsdaten. Das Auftragen des dekadischen Logarithmus der Zelldichte einer gleichmäßig wachsenden Kultur (Anzahl der Zellen/ml, N) als Funktion der Zeit führt zu einer Geraden (a); die Steigung der Geraden ist die Wachstumskonstante (μ) und der Ordinatenabschnitt ist log N_0. Die Auftragung der Zelldichte direkt als Funktion der Zeit führt zu einer exponentiellen Kurve (b). (Abgedruckt mit Genehmigung von Stanier et al. 1976; © 1986, Pearson Education Inc., Upper Saddle River, New Jersey)

- Starten Sie mit der Kultur möglichst früh am Morgen, so vermeiden Sie eventuell, eine lange Nacht vor sich zu haben. Impfen Sie Ihre Vorkultur am Abend zuvor an.

- Nehmen Sie die Wachstumskurve unter den gleichen Bedingungen auf, bei denen Sie den Organismus auch verwenden würden.

- Entnehmen Sie Proben in gleichmäßigen Abständen. Zur Bestimmung der Zeitabstände schätzen Sie die Generationszeit g ab: Wenn der Organismus eine Generationszeit von 30 Minuten hat, messen Sie die Zellzahl alle 15 Minuten. Wenn die Generationszeit 24 Stunden beträgt, nehmen Sie alle paar Stunden eine Probe.

- Verwenden Sie ein Kulturvolumen, das durch die Entnahme der Proben nicht merklich beeinflusst wird. Eine gute minimale Größe ist 100 ml.

- Die Zellzahl können Sie entweder mit einer Zählkammer direkt zählen oder durch Ausstreichen und Zählen der Kolonien bestimmen. Wenn Sie schon einmal die Zellzahl mit der Extinktion korreliert haben, können Sie auch die Extinktion messen. Falls das noch nicht geschehen ist, tun Sie es jetzt: Es ist viel einfacher, das Wachstum durch die Messung der Extinktion zu verfolgen.

- Die Bakterien, die zum Animpfen verwendet werden, müssen gesund sein und sollten sich in der exponentiellen oder späten exponentiellen Wachstumsphase befinden. Wenn Sie sehr wenige Bakterien animpfen, werden Sie eine lange lag-Phase bekommen, wenn Sie mit sehr vielen Bakterien animpfen, erhalten Sie keine sichtbare lag-Phase. Für die meisten schnell wachsenden Bakterien bietet sich eine 1:100-Verdünnung zum Animpfen an.

- Nehmen Sie die Wachstumskurve so lange auf, bis sie mindestens die stationäre Phase erreicht hat. Einige Organismen zeigen keine sichtbare Sterbephase.

11.9 Lagerung

 Kurzfristige Lagerung. Die meisten Bakterien können als Kolonien auf Festmedien oder in Flüssigkultur für einige Wochen bei 4 °C gelagert werden. Das ist insbesondere für Kulturen auf Festmedien praktisch, weil einzelne Kolonien wiederholt zum Animpfen verwendet werden können. Um die Lebensfähigkeit der Kolonien auf Platten zu verlängern, sollten diese mit Parafilm dicht verschlossen werden.

 Langfristige Lagerung. Die Methode der langfristigen Lagerung hängt von der Art der verwendeten Bakterien ab. Einige Stämme überleben unter bestimmten Bedingungen nicht so gut wie andere. Wenn Sie einen neuen Stamm bekommen, erkundigen Sie sich nach den empfohlenen Lagerungsbedingungen. Solange Sie diese Information nicht haben und nicht getestet haben, ob Ihre Bakterien unter bestimmten Lagerungsbedingungen überleben, können Sie auch nicht sicher sein, gerade dann lebensfähige Bakterien zu haben, wenn Sie sie dringend brauchen. Die Art der Lagerung wird auch dadurch bestimmt, welche Möglichkeiten Ihnen überhaupt zur Verfügung stehen, wie oft Sie den Stamm brauchen und wie leicht Sie ihn ersetzen können. Es gibt keine perfekte Lagerungsmethode für alle Stämme, aber einige Möglichkeiten sind:

- **Subkultivieren.** Eine Kultur wird angeimpft, angezogen und gelagert, dieser Prozess wird in regelmäßigen Abständen wiederholt, sodass immer eine frische Kultur angezogen wird, bevor die alte stirbt. Diese Methode ist *nicht* zu empfehlen.
  Vorteile: Es ist immer und sofort eine lebensfähige Kultur vorhanden. Billig.
  Nachteile: Lebensfähigkeit geht möglicherweise verloren, erhöhtes Risiko von Kontaminationen, möglicher Verlust der Stabilität des Phänotyps (*drift*).

- **Trocknen.** Das Wasser wird entzogen und eine Rehydrierung wird verhindert. Diese Methode wird hauptsächlich für Pilze verwendet, aber auch einige Bakterien überleben diese Prozedur für mehrere Jahre recht gut. Verschiedene Materialien werden zur Trocknung eingesetzt (z.B. Silicagel, Papier, Stärke und Gelatinescheiben), wobei das Überleben bei jeder Methode abhängig vom verwendeten Organismus ist.
  Vorteile: Billig, Kontaminationen unwahrscheinlich.
  Nachteile: Nur wenige Informationen über diese Methode für einen bestimmten Stamm erhältlich.

- **Gefriertrocknen.** Das Wasser wird durch Sublimation der gefrorenen Bakterienprobe entzogen. Nach dem Trocknen werden die Bakterien unter Vakuum in Glasampullen gelagert. Die Proben sind so für 10 Jahre haltbar, einige sogar länger als 50 Jahre.
  Vorteile: Einfache Versorgung der Langzeitkulturen.
  Nachteile: Die notwendige Ausstattung ist nicht in allen Instituten vorhanden. Eher unpraktisch für Stämme, die häufig verwendet werden. Einige Stämme erleiden starke Einbußen ihrer Überlebensfähigkeit.

- **Einfrieren und Lagerung in Tiefkühlschränken.** Das Wasser ist für die Mikroorganismen nicht zugänglich und die dehydrierten Zellen werden bei tiefer Temperatur gelagert. Die Lagerung kann in Tiefkühltruhen erfolgen (–70 °C) oder in einem Flüssigstickstofftank in der Dampf- (–140 °C) oder Flüssigphase (–196 °C).
  Vorteile: Die meisten Zellen können so gelagert werden, es ist daher die beste und die Standardmethode zum langfristigen Lagern von Bakterienkulturen.
  Nachteile: Hohe Anschaffungskosten für die Tiefkühltruhe, hoher Aufwand für die Unterhaltung. Beim Einfrieren und Auftauen können die Zellen geschädigt werden.

11.10 Einfrieren von Bakterien

Beachten Sie folgende Punkte, bevor Sie Ihre Bakterien für die Lagerung anziehen:

- **Minimieren Sie das Subkultivieren.** Durch die wiederholte Anzucht können Mutationen, Kontaminationen und Selektion von Varianten auftreten. Sobald Sie den gewünschten Bakterienstamm haben, bereiten Sie ihn zum Einfrieren vor.

- **Ziehen Sie die Zellen unter optimalen Bedingungen an.** Verwenden Sie Zellen, die noch nicht oft subkultiviert wurden und ziehen Sie sie unter den empfohlenen optimalen Bedingungen (Medium, Atmosphäre und Temperatur) an. Allgemein gilt: Minimalmedium funktioniert am besten.

- **Finden Sie die Einfrierbedingungen für Ihre Bakterien heraus.** Die Einfrierbedingungen können für verschiedene Bakterien unterschiedlich sein. Finden Sie die für Ihre Bakterien optimalen Bedingungen heraus, bevor Sie Ihre Lagergefäße beschriften.

- **Setzen Sie das Einfriermedium frisch an.** Das Medium zum Einfrieren unterscheidet sich üblicherweise vom Anzuchtmedium. Achten Sie darauf, dass das Glycerol steril ist.

- **Dokumentation ist wichtig!** Sie müssen ein Buch haben, in dem Sie die Aufzeichnungen zu Ihren Stämmen (Stamm, Anzuchtbedingungen, Ort der Lagerung) führen. Diese Aufzeichnungen sind separat zu der Liste der Tiefkühltruhe zu führen, die aber auch gewissenhaft aktualisiert werden sollte, wenn Sie Bakterien neu einlagern oder entnehmen.

11.10.1 Vorschrift: Einfrieren von Bakterien für die langfristige Lagerung

Die folgende Vorschrift funktioniert mit den meisten Bakterien.

Materialien

- 20% Glycerol in Wasser, autoklaviert.
- Kryoröhrchen (spezielle Gefäße zum Einfrieren mit Schraubdeckelverschluss) und Behälter dafür.
- Eis.
- Pipette und Pipettierhilfe.

Durchführung

1. Lassen Sie die Bakterien bis zur frühen stationären Phase wachsen. Eine zu dünne oder zu dichte Kultur wird das Einfrieren eventuell nicht überleben. Wenn Sie keine Angaben zum Medium haben, nehmen Sie ein Minimalmedium.

2. Sedimentieren Sie die Zellen und dekantieren Sie den Überstand. Zum Sedimentieren zentrifugieren Sie die Zellen behutsam (2 000–5 000 upm für die meisten Rotoren) für 10 Minuten. Den Überstand gießen Sie in einen Kolben, der anschließend vor der Entsorgung autoklaviert wird.

3. Während der Zentrifugation können Sie schon einmal die Deckel der Kryoröhrchen lockern und die Röhrchen selbst beschriften. Beschriften Sie *jedes* Röhrchen mit Ihrem Namen, dem Stamm und dem Datum. Beschriften Sie nicht nur einfach die Box, in denen Sie die Kulturen lagern.

4. Resuspendieren Sie das Bakteriensediment in 1/20 des Ausgangsvolumens mit frischem Einfriermedium.

5. Geben Sie das gleiche Volumen des 20%igen Glycerols zu, sodass eine Endkonzentration von 10% Glycerol erreicht wird.

6. Geben Sie jeweils 1 ml der Bakteriensuspension in die beschrifteten Gefäße. Sie können auch weniger nehmen, aber auf keinen Fall mehr, da sich das Volumen beim Einfrieren noch ausdehnt. Am einfachsten nehmen Sie eine 10-ml-Pipette, um 10 Gefäße zu befüllen, wobei Sie jedes Gefäß einzeln öffnen und befüllen. Steriles Arbeiten ist hierbei extrem wichtig.

7. Stellen Sie die Röhrchen in eine Kryobox. Sie sollten keine losen Röhrchen in die Tiefkühltruhe legen.

8. Lagern Sie die Bakterien kälter als –50 °C in einer Tiefkühltruhe oder in der Dampfphase eines Flüssigstickstofftanks.

> **Wie viele Röhrchen sollen Sie einfrieren?** Das kommt darauf an, wofür Sie die Kultur benötigen, ob Sie sie jemandem geben wollen oder nur eine zusätzliche Absicherung haben möchten. Denken Sie auch daran, dass jede eingefrorene Kultur mehrfach verwendet werden kann, da die Zellen immer nur von der Oberfläche abgekratzt werden, ohne dass die Kultur aufgetaut wird. Außerdem können Sie jederzeit eine neue Kultur anziehen und wieder einfrieren. Frieren Sie 5–10 Portionen von Bakterien ein, die Plasmide tragen, Bibliotheken enthalten oder die Sie für Ihre normalen Experimente benötigen. Von Stämmen, die Sie über Jahre benötigen, sollten Sie 50–100 Portionen einfrieren.

> Mehrere Firmen vertreiben sehr praktische Ständer für die Kryoröhrchen, die die Röhrchen festhalten, während man den Deckel abschraubt.

11.11 Kontaminationen

- **Auf Platten.** Achten Sie immer darauf, wenn Sie auf Ihre Platten schauen, dass Sie nur eine Art von Kolonien haben. Ältere (größere) Kolonien haben vielleicht eine etwas andere Färbung, aber nicht sehr unterschiedlich, und die Form und Struktur der Kolonien sollte die gleiche sein. Wenn Sie sich über eine Kolonie im Unklaren sind, picken Sie diese Kolonie, ziehen Sie sie an und überprüfen Sie deren Identität. Langsam wachsende Organismen werden eher kontaminiert als schnell wachsende.

- **Hefen.** Obwohl Hefen eukaryotische Organismen sind, werden sie unter ähnlichen Bedingungen wie Bakterien angezogen. Sie können wie Bakterien sowohl auf Platten oder in Flüssigmedium kultiviert werden und benötigen fast die gleichen Zutaten. Laborstämme haben Generationszeiten die näher bei denen der Bakterien liegen, als bei denen von Säugerzellen. Hefen werden meistens bei 30 °C angezogen.

- **Hefen und Bakterien** sollten niemals im gleichen Inkubator angezogen werden, in den meisten Instituten findet man sogar getrennte Arbeitsbereiche (Sterilbänke, sogar ganze Räume) für Hefen und Bakterien. Das ist eher zum Schutz der Hefen gedacht, weil diese schneller von Bakterien kontaminiert werden als umgekehrt. Trotzdem: Jede gemeinsame Benutzung der Ausrüstung kann zu Kontaminationen der Bakterienkulturen führen.

> Falls Sie Zweifel haben: Wegschmeißen. Wirklich.

11.12 Quellen und Ressourcen

Collins C.H., Lyne PM., Grange J.M., Falkingham J. 2004. *Collin's and Lyne's microbiological methods,* 8. Aufl. Hodder Arnold, London.
Gerhardt P., Murray R.G.E., Wood W.A., Krieg N.R. (Hrsg.) 1994. *Methods for general and molecular bacteriology,* 2. Aufl. American Society for Microbiology, Washington, D.C.
Horton R.M. 1996. Internet on-ramp. *BioTechniques* 20: 62–64.
Microbiology at the WWW Virtual Library. http://mcb.havard.edu/BioLinks.html
Miller J.F. 1992. *A short course in bacterial genetics. A laboratory manual and handbook for* Escherichia coli *and related bacteria.* Cold Spring Harbor Laboratory Press, Cold Spring Harbor, New York.
Pienta P., Tang J., Cote R. (Hrsg.) 1996. ATCC *bacteria and bacteriophages,* 19. Aufl. S. 465–466. American Type Culture Collection, Manassas, Virginia.
Richmond J.Y., McKinney R.W. (Hrsg.) 1999. *Biosafety in microbiological and biomedical laboratories,* 4. Aufl. U.S. Department of Health and Human Services, Centers for Disease Control and Protection, and the National Institutes for Health. U.S. Government Printing Office, Washington, D.C. http://www.cdc.gov/od/ohs/biosfty/bmbl4/bmbl4toc.htm
Select Agent Regulations. Select Agent Program, CDC.http://www.cdc.gov/od/sap
Snell J.J.J.S. 1991. General introduction to maintenance methods. In *Maintenance of microorganisms and culturered cells. A manual of laboratory methods* (Hrsg. Kirsop B.E. und Doyle A.), S. 21–30. Academic Press, New York.
Stanier R.Y., Adelberg E.A., Ingraham J.L. 1976. *The microbial world,* 4. Aufl. Prentice-Hall, Englewood Cliffs, New Jersey.
U.S. Department of Health and Human Services Publication. 1999. *Biosafety in microbiological and biomedical laboratories,* 4. Aufl. Public Health Service, Centers for Disease Control and National Institutes of Health. U.S. Government Printing Office, Washington, D.C.

Oligo Price
List

oligo syn. form

to be billed

oligo protocols

oligo orders

TTGCAAA
CCGAATTA

12 DNA, RNA und Proteine

DNA, RNA und Proteine sind das täglich' Brot im molekularbiologischen Labor. Noch vor ein paar Jahren haben Forscher entweder in einem „DNA-Labor", einem „RNA-Labor" oder einem „Protein-Labor" gearbeitet und kannten sich jeweils nur in einem dieser Fachgebiete gut aus. Heutzutage müssen sich Wissenschaftler mehr und mehr mit Arbeitstechniken für alle drei Makromoleküle auskennen; entsprechend sind die Labore ausgestattet, um diese Bandbreite zu ermöglichen.

Die Probleme, die beim Arbeiten mit DNA oder RNA oder Proteinen auftreten können, sind sehr unterschiedlicher Natur, da diese Moleküle sehr unterschiedliche Eigenschaften aufweisen. Aber wenn Sie sterile Arbeitsmethoden verinnerlicht haben und konsequent anwenden, werden Ihnen viele typische Probleme beim Arbeiten mit diesen Makromolekülen erspart bleiben.

12.1 Tipps für Molekularbiologen

- **Sie sollten die Theorie hinter den Methoden kennen.** Mit den heutigen Kits und vielfach bewährten Vorschriften ist es ein Einfaches, ein molekularbiologisches Experiment durchzuführen, ohne sich überhaupt irgendeinen Gedanken darüber zu machen. Sie sollten aber trotzdem wissen, woraus die Bestandteile des Kits bestehen und wozu sie gut sind. Sie müssen wissen, warum Sie einen Hochsalzpuffer anstatt eines Niedrigsalzpuffers verwenden, warum ein ionisches Detergens anstatt eines nicht-ionischen. Wenn Sie das nicht wissen, werden Sie bei jedem Fehlschlag ein neues Kit oder eine andere Vorschrift ausprobieren, anstatt den Fehler zu suchen und zu beheben.

- **Suchen Sie nicht endlos nach der „besten" Methode.** In keinem Gebiet der Wissenschaft können Sie so viel Hilfe bekommen, wie in der Molekularbiologie. Es gibt zahlreiche gute Handbücher, ungezählte Internetquellen, die Hilfe anbieten, und viele Techniken werden Ihnen schon während des Studiums beigebracht. Es passiert schnell, dass man sich in eine neue elegante Methode „verknallt". Aber wenn Sie eine funktionierende Methode haben, bleiben Sie dabei, getreu dem Motto: *„Never change a winning team"*.

  Das Ausprobieren neuer Methoden und das ‚Herumdoktern' an bestehenden Methoden findet man häufig bei Laboranfängern, die immer die Hoffnung haben, ein Experiment schneller durchführen zu können („kann ich diesen Schritt nicht auch noch weglassen, reichen 5 Minuten Zentrifugation nicht aus?").

- **Kaufen Sie Kits mit Bedacht.** Kits sind absolut unverzichtbar. Aber wenn sie nicht mit Bedacht gekauft werden, können sie eine enorme Geldverschwendung bedeuten. Prüfen Sie zuerst, was Sie bereits alles im Labor haben, bevor Sie ein Kit bestellen. Wenn Sie z.B. 90% der Reagenzien, die in einem Kit enthalten sind, schon vorrätig haben, ist es nicht sinnvoll, das ganze Kit zu kaufen. Oder wenn das Kit nur aus einem Enzym, einem einfach herzustellenden Puffer und einer Kontroll-DNA besteht, kaufen Sie nur das Enzym, setzen Sie den Puffer selbst an und kaufen oder machen Sie die Kontrolle selbst.

- **Fragen Sie andere Wissenschaftler nach ihren Erfahrungen.** Wegen der enormen Menge an geschriebener Information, die frei erhältlich ist, trauen Sie sich vielleicht nicht, jemanden noch zusätzlich zu fragen. Aber auch hier gilt das Gleiche wie überall: Ein kleiner Ratschlag kann Ihnen viel Geld und wochenlange Anstrengungen ersparen.

- **Behalten Sie ein Auge auf die Funktionalität Ihrer Reagenzien.** Auch gekaufte Reagenzien werden von Menschen hergestellt und können falsch angesetzt oder beschriftet sein oder auf jede andere denkbare Weise fehlerhaft sein. Man neigt dazu zu glauben, dass ein schön verpacktes und sauber beschriftetes Reagenz funktionieren *muss*, und sucht daher den Fehler nur bei sich selbst (was tatsächlich in den meisten Fällen auch stimmt). Wenn machbar, führen Sie für alle Experimente Kontrollen durch. Zögern Sie nicht, den Hersteller oder Lieferanten anzurufen, wenn Sie Zweifel über ein bestimmtes Reagenz haben. Der technische Service der Firma wird Ihnen Hilfestellungen geben, wie Sie die Funktionalität des Reagenzes prüfen können und Ihnen gegebenenfalls unverzüglich Ersatz zukommen lassen.

- **Beschriften Sie alles.** Jede Probe mag durch mehrere Reaktionsgefäße gehen, bevor sie ihre endgültige Bestimmung erreicht, und der Inhalt jedes Gefäßes jedes Zwischenschritts muss immer klar sein.

- **Entsorgen Sie alte Reaktionsgefäße schnell.** Es bilden sich schnell ganze Stapel von Ständern mit Eppis, was sehr verwirrend und deprimierend werden kann. Behalten Sie eine Probe nur so lange, bis Sie den nächsten Schritt erfolgreich beendet haben.

12.2 DNA

DNA ist ziemlich robust, was ein Material, das die genetische Information trägt und vermittelt, auch sein sollte. Trotzdem sollten Sie nicht zu sorglos damit umgehen. Das Hauptproblem beim Arbeiten mit DNA ist die mögliche Kontamination von Proben oder Reagenzien mit anderen DNAs.

12.2.1 Isolierung von DNA

- Die isolierte DNA ist entweder genomischen oder extrachromosomalen Ursprungs.

- Prüfen Sie mehrere verschiedene DNA-Isolierungskits. Viele sind speziell für die Isolierung von genomischer oder chromosomaler DNA ausgelegt oder zur Isolierung von DNA aus Agarosegelen oder zur Isolierung von PCR-Produkten aus PCR-Ansätzen. Sie verwenden eine DNA-bindende Matrix als Harz oder Membran und sind häufig als kleine zentrifugierbare Säulchen ausgelegt. Sie sind ihr Geld wert, weil die Benutzung dieser Kits die Extraktion mit Phenol oder CsCl-Zentrifugationen unnötig macht.

> Lesen Sie die Gebrauchsanweisung des Kits sorgfältig – und halten Sie sich daran! Details, die Ihnen unwichtig erscheinen, wie z.B. die Dichte der verwendeten Bakterienkultur, können sehr wichtig sein.

- Extrachromosomale DNA wird entweder als Phagen- oder Plasmid-DNA isoliert.

- Große DNA-Stücke, z.B. aus genomischer DNA, müssen mit extremer Vorsicht behandelt werden, um ein Zerbrechen zu verhindern. Daher wird sie anders isoliert und gelagert als kleine DNAs.

Tab. 12.1: Genomgrößen.

Organismus	Basenpaare/haploidem Genom	Anzahl der Gene
Escherichia coli	$4,6 \times 10^6$ bp	4.400
Saccharomyces cerevisiae	$1,2 \times 10^7$ bp	6.600
Caenorhabditis elegans	$1,0 \times 10^8$ bp	20.500
Drosophila melanogaster	$1,7 \times 10^8$ bp	14.000
Mus musculus	$2,5 \times 10^9$ bp	30.000
Homo sapiens	$3,3 \times 10^9$ bp	25.000
Arabidopsis thaliana	$1,3 \times 10^8$ bp	27.000

Box 12.1: Einige Zahlen zur DNA

Eine DNA der Länge von 1 kB (Kilobasen):

- hat als doppelsträngige DNA ein Molekülmasse von $6,5 \times 10^5$ Dalton (als Natriumsalz),
- oder ein Molekülmasse von $3,3 \times 10^5$ Dalton als einzelsträngige DNA (als Natriumsalz).
- Sie kodiert für ein Protein von 333 Aminosäuren, das eine durchschnittliche Molekülmasse von 37 000 Dalton hat.
- Eine RNA gleicher Länge (einzelsträngig, Natriumsalz) hat eine Molekülmasse von $3,4 \times 0^5$ Dalton.

Die durchschnittliche Molekülmasse einer DNA-Base beträgt 324,5 Dalton.

Die durchschnittliche Molekülmasse eines DNA-Basenpaars beträgt 649 Dalton.

1 µg/ml einer DNA von 1 kB Länge = 3,08 nM 5'-Enden

1 µg/ml DNA = 3,08 µM Phosphatgruppen.

- DNA-Präparationen werden häufig als Mini-, Midi- oder Maxi-Präparationen (klein, mittel und groß) bezeichnet. „Mini-Präps" sind ausreichend für eine erstaunlich große Anzahl von Anwendungen.
- Prüfen Sie, welche Qualität die DNA haben muss. Bestimmte Anwendungen wie z.B. DNA-Sequenzierung oder die Transfektion von Säugerzellen verlangen eine hohe DNA-Qualität, damit sie gut funktionieren, während andere Anwendungen, wie z.B. Restriktionsanalysen, eher tolerant sind.

12.2.2 Vorschrift: Plasmid-Minipräps mittels alkalischer Lyse

Mit Minipräps kann man leicht aus 12 oder 16 Bakterienkulturen (oder 24, so viel, wie in Ihren Rotor passen) gleichzeitig Plasmid-DNA isolieren und analysieren.

Materialien

- Eine Bakterienkultur, die über Nacht angezogen wurde, 5 ml. Verwenden Sie LB-Medium zur Anzucht inklusive dem geeigneten Antibiotikum. Impfen Sie das Medium mit einer Einzelkolonie an und inkubieren es bei 37 °C im Schüttler oder Drehmischer.
- Sterile Eppis (1,5 ml).
- Eis.

- Lösung I (Resuspendierungspuffer: 25 mM Tris-HCl, pH 8,0, 50 mM Glucose, 10 mM ED-TA). Vor Verwendung auf Eis lagern.

- Lösung II (Lysispuffer: 0,2 N NaOH, 1% SDS), vor jeder Präparation frisch ansetzen, bei Raumtemperatur lassen.

- Lösung III (Neutralisierungspuffer: 5 M Kaliumacetat. Herstellung: Geben Sie zu 120 ml einer 5 M Kaliumacetat-Lösung 23 ml Essigsäure und 57 ml H_2O für ein Endvolumen von 200 ml hinzu). Vor Verwendung auf Eis lagern.

- TE-Puffer.

- 70% und 100% Ethanol.

- RNAse A (DNAse-frei). Setzen Sie eine 2 mg/ml-Lösung an, aliquotieren Sie sie und lagern Sie bei −20 °C. Die Aliquots können nach Verwendung wieder eingefroren werden. Es gibt Vorschriften, um RNAse DNAse-frei zu machen, aber Sie können (und sollten) einfach DNAse-freie RNAse A kaufen.

> Falls es Sie doch interessieren sollte, wie es geht: RNAsen sind, im Gegensatz zu DNAsen, sehr hitzestabil. Setzen Sie Ihre RNAse-Lösung an und inkubieren Sie sie für 15–20 Minuten bei 100 °C!

Durchführung

1. Füllen Sie 1,5 ml der Kultur in ein Eppi.

2. Zentrifugieren Sie das Eppi für 2 Minuten bei 10 000 g in einer Tischzentrifuge, vorzugsweise mit Kühlung. Saugen Sie den Überstand ab.

3. Resuspendieren Sie das Pellet in 100 µl der eiskalten Lösung I. Halten Sie das Eppi dafür 1 Minute auf einem Vortexer.

4. Inkubieren Sie die Bakterien für 5 bei Raumtemperatur.

> Einige Vorschriften verlangen, dass in Lösung I Lysozym zugegeben wird (Endkonzentration 4 mg/ml), um die bakterielle Zellwand abzubauen, aber das ist normalerweise nicht notwendig.

5. Geben Sie 200 µl Lösung II zu und mischen Sie, in dem Sie das Eppi mehrere Male invertieren (5 Sekunden lang). Die Benutzung eines Vortexers würde die DNA schädigen. Die Bakterien lysieren jetzt und die DNA wird freigesetzt.

6. Inkubieren Sie die Proben für 5 Minuten auf Eis.

7. Geben Sie 150 µl Lösung III zu und mischen Sie durch Invertieren (20 Sekunden).

8. Inkubieren Sie die Proben für 5 Minuten auf Eis. Die Plasmid-DNA wird selektiv renaturiert.

9. Zentrifugieren Sie die Proben für 5 Minuten bei 12 000 g.

10. Überführen Sie den Überstand (der die Plasmid-DNA enthält) durch Pipettieren oder Schütten in ein neues Reaktionsgefäß.

> Um mehrere Proben gleichzeitig zu invertieren, stellen Sie die Proben in einen passenden Ständer und legen Sie einen zweiten Ständer oben auf. Fassen Sie dieses „Sandwich" an beiden Enden an und invertieren Sie es als Ganzes.

11. Geben Sie zum Überstand 5 µl der RNAse-A-Lösung zu (DNAse-frei, 2 mg/ml) und inkubieren Sie den Ansatz für 5 Minuten bei 37 °C.

Die Schritte 12 und 13 können Sie optional durchführen, wenn Sie eine reinere DNA benötigen. Aber dann sollten Sie vielleicht besser auf ein Kit zurückgreifen. Für normale Anwendungen (z.B. Restriktionsanalysen) sind die nächsten beiden Schritte nicht notwendig.

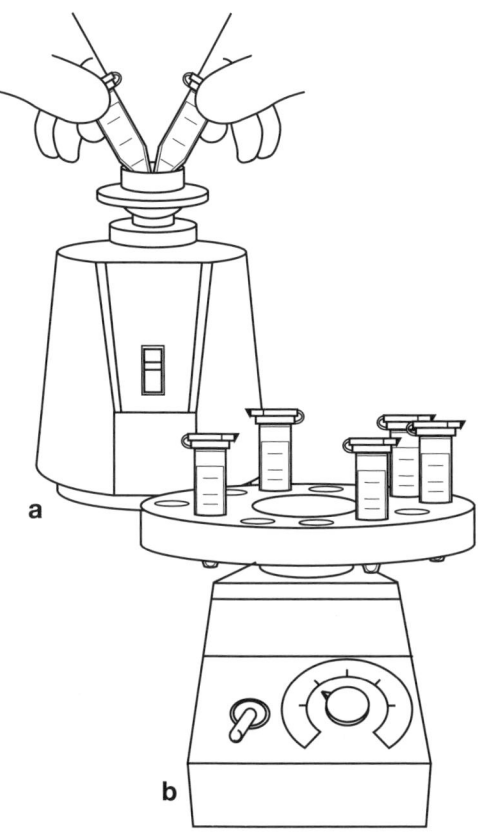

Abb. 12.1: Zwei Gefäße können gemeinsam geschüttelt werden, wenn man sie Boden an Boden hält (a). Sollten Sie mehr als zwei Gefäße haben, können Sie einen Mehrgefäß-Vortexer verwenden, oder einen Standard-Vortexer mit einem Adapter, der mehrere Gefäße aufnehmen kann (b).

12. Geben Sie 450 µl einer Phenol:Chloroform-Mischung zu, um die RNAse A und Proteine zu entfernen (mehr zur Phenol:Chloroform-Extraktion erfahren Sie im nächsten Protokoll).

13. Extrahieren Sie die Lösung mit Chloroform (siehe nächstes Protokoll).

14. Geben Sie der Lösung 1 ml eiskaltes 100%iges Ethanol zu und lassen Sie die DNA für 20 Minuten bei –80 °C präzipitieren.

15. Zentrifugieren Sie die Proben für 15 Minuten bei 12 000 *g*. Saugen oder gießen Sie den Überstand ab.

16. Waschen Sie das Pellet mit 70% Ethanol: Geben Sie 70% Ethanol zum Pellet und zentrifugieren Sie für 1 Minute. Saugen Sie den Überstand ab.

17. Trocknen Sie das Pellet im Vakuum für 5 Minuten. Wenn Sie nicht in Eile sind, können Sie die Reaktionsgefäße zum Trocknen auch für 30 Minuten kopfüber (mit offenem Deckel) auf ein Stück Papier stellen.

> Absaugen oder abgießen? Halten Sie das Eppi waagerecht, mit dem Pellet nach oben, und gießen Sie den Überstand in ein sauberes Eppi. Wenn das Pellet nicht verrutscht oder zerbricht, können Sie den Rest abgießen.

18. Resuspendieren Sie das Pellet in 25 µl TE-Puffer. Tragen Sie 2–4 µl davon auf ein Agarosegel auf, lagern Sie den Rest bei –20 °C.

12.2.3 Vorschrift: Phenolextraktion von DNA-Proben

Zur Entfernung von kontaminierenden Proteinen aus DNA- oder RNA-Proben wird häufig die Phenol-Extraktion angewendet. Phenol und Wasser sind nicht mischbar und bilden in Mischungen daher zwei getrennte Phasen. Wenn die wässrige DNA-Probe mit Phenol gemischt wird, gehen die Proteine in die Phenolphase bzw. die Interphase über, während die DNA in der wässrigen Phase verbleibt. Diese wird abgenommen, reextrahiert und durch Ethanolfällung konzentriert.

Materialien

- Lösungsmittelresistente Plastikröhrchen. Versuchen Sie, mit möglichst kleinen Volumina zu arbeiten. Die meisten Extraktionen können in 1,5 ml Eppis durchgeführt werden.

- Tris-HCl-gesättigte Phenol:Chloroform:Isoamylalkohol-Mischung (25:24:1).

- Chloroform:Isoamylalkohol-Mischung (24:1).

- Mikroliterpipetten und Pipettenspitzen.

Durchführung

1. Geben Sie ein gleiches Volumen der Tris-HCl-gesättigten Phenol:Chloroform:Isoamylalkohol-Mischung zu Ihrer DNA-Probe. Das Gesamtvolumen sollte 500 μl nicht überschreiten, wenn Sie ein 1,5 ml Eppi benutzen.

2. Mischen Sie die Probe 20 Sekunden lang kräftig mit einem Vortexer.

3. Zur Phasentrennung zentrifugieren Sie die Probe für 5 Minuten bei Raumtemperatur. Die Drehzahl muss nicht hoch sein, aber es ist häufig am einfachsten, wenn man die maximale Drehzahl der Tischzentrifuge einstellt. Nehmen Sie die Proben vorsichtig aus der Zentrifuge, ohne die getrennten Phasen zu vermischen.

> Falls Ihr Phenol Hydroxychinolin enthält, hat es eine gelbliche Farbe.

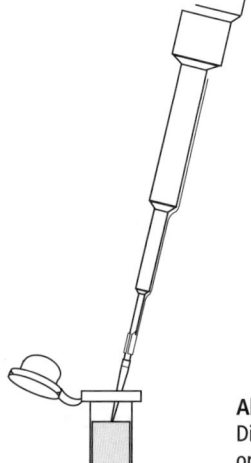

Abb. 12.2: Nach der Zentrifugation sollten Sie zwei Phasen in Ihrem Gefäß sehen. Die obere Phase ist die wässrige Phase, die die DNA enthält. Die untere Phase ist die organische Phase, die das Protein enthält. In der Regel entsteht eine Interphase mit extrahiertem Protein, eine dicke oder kaum sichtbare weißliche Bande zwischen der Ober- und der Unterphase. Berühren Sie die weiße Interphase nicht, wenn Sie die wässrige Phase abnehmen!

Box 12.2: Hinweise zur Phenolextraktion

Um die Ausbeute zu verbessern: Wenn Sie glauben, nicht genug von der wässrigen Phase abgenommen bekommen zu haben, können Sie die Phenolphase durch Zugabe eines ungefähr gleichen Volumens Tris-HCl, pH 7,5, reextrahieren. Mischen und zentrifugieren Sie die Probe anschließend.

Falls die Summe der wässrigen Phasen 500 µl nicht überschreitet, können Sie diese in einem Reaktionsgefäß kombinieren. Meistens brauchen Sie jedoch ein zweites Gefäß, in dem am Ende fast keine DNA mehr vorhanden ist. Es lohnt sich daher nicht, routinemäßig die Phenolphase zu reextrahieren.

Um die Reinheit zu erhöhen: Wenn Sie den Eindruck haben, dass Sie etwas von der proteinhaltigen Interphase mitgenommen haben, können Sie die wässrige Phase durch Zugabe des ungefähr gleichen Volumens der Phenol:Chloroform-Lösung reextrahieren. Gehen Sie dazu vor wie unter 2. bis 4. beschrieben.

Wenn Sie feststellen, dass enzymatische Reaktionen mit der DNA nicht funktionieren, müssen Sie wahrscheinlich zwei Phenolextraktionen durchführen.

4. Nehmen Sie mit einer Mikroliterpipette von der oberen wässrigen Phase so viel wie möglich ab, ohne die proteinhaltige Interphase durcheinander zu bringen. Geben Sie die Oberphase in ein neues Gefäß.

5. Geben Sie ein gleiches Volumen Chloroform zur wässrigen Phase. Wiederholen Sie die Schritte 2, 3, und 4.

6. Beschriften Sie das Eppi. Sie können nun damit eine Ethanolfällung durchführen.

Die Phenol:Chloroform-Lösung muss als Gefahrstoff entsorgt werden. Schütten Sie sie nicht in den Ausguss.

12.2.4 Vorschrift: Alkoholfällung von DNA

Die Fällung von DNA ermöglicht es, sie in einem kleineren Volumen zu resuspendieren und somit zu konzentrieren. Die Fällung beseitigt auch restliches Chloroform, das sonst viele enzymatische Reaktionen inhibieren könnte. Üblicherweise verwendet man Ethanol oder Isopropanol, wobei Isopropanol effektiver ist: bei Isopropanol reichen ca. 50% zur Fällung aus, während Sie bei Ethanol ca. 70% erreichen müssen.

Durchführung

1. Geben Sie zu Ihrer DNA-Lösung, die maximal 450 µl betragen darf, 1/10 Volumen einer 3 M Natriumacetatlösung, pH 4,8. Mischen Sie die Probe durch kurzes Invertieren.

2. Geben Sie zwei Volumen 95%iges oder 100%iges Ethanol zu, oder ein Volumen Isopropanol. Zum Mischen invertieren Sie die Probe mehrmals.

3. Durch Lagerung im Kalten präzipitiert die DNA. Sie können die Fällung bei –20 °C über Nacht, bei –70 °C für 30 Minuten oder im Trockeneis für 5 Minuten durchführen.

Bei sehr großen DNA-Fragmenten (> 30 kB) ist spezielle Vorsicht angebracht. Diese DNA dürfen Sie nicht auf einem Vortexer mischen, sondern nur durch Invertieren oder in einem Drehmischer. Sie sollten diese DNA auch nicht mit Ethanol fällen, sondern Spuren von Chloroform stattdessen durch Dialyse gegen ein großes Volumen von kaltem TNE entfernen oder durch Extraktion mit wassergesättigtem Ether.

4. Zentrifugieren Sie die Probe bei maximaler Geschwindigkeit (mindestens 12 000 g) für 15–30 Minuten bei 4 °C. Falls Sie keine gekühlte Tischzentrifuge besitzen, stellen Sie eine normale Tischzentrifuge in den Kühlraum.

5. Gießen oder saugen Sie den Überstand ab. Die Überstände können in den Ausguss gegossen werden.

6. Lassen Sie die restliche Flüssigkeit ablaufen, indem Sie die Eppis kopfüber mit offenem Deckel auf ein Papierhandtuch auf der Laborbank stellen.

Box 12.3: Fällung von DNA in Trockeneis

Nehmen Sie einen (Holz-)Hammer, um das Trockeneis zu einem Pulver zu zerhämmern und stecken Sie Ihre Proben in das Pulver. Alternativ können Sie das Trockeneis in kleine Stücke zerbrechen und diese in eine kälteresistente Schale geben. Geben Sie 95 %iges Ethanol zu, bis Sie einen Brei bekommen, und stecken Sie Ihre Proben dort hinein. Denken Sie daran, dass das Ethanol alle Beschriftungen von Ihren Proben entfernen wird, die nicht mit einem Permanentstift aufgebracht wurden.

---

7. Waschen Sie das Pellet mit 70 %igem Ethanol.

8. Trocknen Sie das Pellet wie unter 6. beschrieben oder benutzen Sie eine Vakuumzentrifuge. Resuspendieren Sie die DNA in TE-Puffer. Wenn sich die DNA nicht löst, geben Sie mehr TE-Puffer zu. Lagern Sie die DNA anschließend bei 4 °C.

12.2.5 Benutzung des Vakuumkonzentrators (Speedvac)

Wenn Spuren von Ethanol nach der Fällung in der DNA verbleiben, wird es schwierig, die DNA in Wasser oder Puffer zu resuspendieren. Wenn Sie es eilig haben oder größere Mengen einer flüchtigen Flüssigkeit entfernen müssen, können Sie dazu einen Vakuumkonzentrator (Vakuumzentrifuge) benutzen, den man im Labor einfach „Speedvac" nennt.

Eine Vakuumzentrifuge besteht aus einer Zentrifuge, einer Pumpe zum Erzeugen des Vakuums, einer Heizung und einer Kühlfalle. Die Modelle sind zum Teil unterschiedlich ausgestattet und die Laborregeln zur Benutzung der Speedvac variieren beträchtlich.

Durchführung

1. Stellen Sie die Kühlfalle (falls vorhanden) mindestens 30 Minuten vor Benutzung der Speedvac an. Bei einigen Modellen muss Trockeneis zugegeben werden.

2. Schalten Sie die Vakuumpumpe an.

3. Öffnen Sie das Ventil, um das Vakuum in der Zentrifuge zu entlassen.

4. Stellen Sie Ihre Proben in die Zentrifuge, mit geöffneten Deckeln. Verschließen Sie die Gefäße mit Parafilm, in den Sie einige Löcher stechen. Im Prinzip sollte es auch keine Probleme geben, wenn die Öffnung nicht mit Parafilm verschlossen wird, weil die Probe durch die Zentrifugalkraft im Gefäß gehalten wird. Aber falls jemand den Deckel der Zen-

Wenn die Speedvac schon mit Proben eines Laborkollegen läuft, entlassen Sie langsam das Vakuum, bis Umgebungsdruck erreicht wird. Wenn Sie kein Zischen des entweichenden Vakuums mehr hören, warten Sie noch mindesten weitere 10 Sekunden. Dann, und erst dann, können Sie die Zentrifuge stoppen und Ihre eigenen Proben dazu stellen. DNA-Pellets werden aber in der Regel nur für 5 Minuten in der Speedvac getrocknet, vielleicht können Sie so lange warten?

trifuge öffnet, bevor das Vakuum vollständig entlassen ist, könnte das Turbulenzen in der Probe verursachen und der Parafilm hilft dann vielleicht, Ihre Probe zu retten.

5. Schließen Sie den Deckel und schalten Sie die Zentrifuge an.

6. Sobald die Zentrifuge die maximale Geschwindigkeit erreicht hat, drehen Sie das Vakuumventil so, dass die Zentrifuge mit der Pumpe verbunden wird.

7. Wenn Sie ein großes Volumen haben oder es schnell gehen muss, schalten Sie die Heizung an. Oligonucleotide brauchen mehrere Stunden Zentrifugation mit angeschalteter Heizung.

8. Zum Beenden der Zentrifugation entlassen Sie zuerst das Vakuum. Erst wenn Sie das Vakuum entlassen haben – und erst dann – dürfen Sie die Zentrifuge ausschalten.

9. Öffnen Sie die Zentrifuge, wenn der Rotor zum Stehen gekommen ist.

10. Entnehmen Sie Ihre Proben und überprüfen Sie, ob sie wirklich trocken sind. Schließen Sie dann sofort die Deckel der Eppis, damit Sie die Sedimente nicht verlieren.

11. Schalten Sie die Vakuumpumpe aus.

12. Halten Sie sich an die Laborvorschriften, um die Kühlfalle zu reinigen. In einigen Laboren ist es Sitte, die Kühlfalle nach jeder Benutzung zu reinigen, in anderen wird sie nur einmal täglich gereinigt. Wenn Sie eine große Menge Flüssigkeit abgedampft haben, sollten Sie sie auf jeden Fall sofort reinigen.

> **Immer erst das Vakuum entlassen, bevor man die Pumpe ausschaltet!** Diese Regel gilt *immer*, wenn Sie mit Vakuum arbeiten, egal welche Pumpe Sie zu welchen Zwecken (Speedvac, Geltrockner, Gefriertrocknung, etc.) verwenden. Wenn Sie z.B. die Wasserstrahlpumpe abstellen, solange noch Vakuum in der Speedvac ist, kann es passieren, dass Wasser aus der Wasserstrahlpumpe in die Speedvac gezogen wird.

12.2.6 Vorschrift: UV-spektroskopische Bestimmung der Konzentration und Reinheit von Nucleinsäuren

1. Schalten Sie das Spektrophotometer an.

2. Schalten Sie die UV-Lampe mindestens 20 Minuten vor Benutzung an. Die normale Lampe kann sofort benutzt werden, aber die UV-Lampe braucht einige Zeit, bis sie gleichmäßig Licht abstrahlt. Die genaue Aufwärmzeit ist abhängig vom Gerät und von der Lampe.

3. Ihre Probe ist die in Wasser oder Puffer vorliegende DNA oder RNA, als Nullabgleich (*blank*) nehmen Sie dementsprechend Wasser oder den entsprechenden Puffer. Die Menge an Nucleinsäure, die Sie einsetzen müssen, hängt von mehreren Faktoren ab, am besten fragen Sie jemanden im Labor nach einer Empfehlung, wie viel Probe Sie in welcher Verdünnung einsetzen sollen.

> Plastik- und normale Glasküvetten sind nicht für Messungen im UV-Bereich geeignet, dazu benötigen Sie Quarzküvetten.

4. Geben Sie die Probe und den Blank in ein passendes Paar von Quarzküvetten.

> Wahrscheinlich haben Sie in Ihrem Institut ein Photometer, mit dem man beide Wellenlängen gleichzeitig messen kann.

5. Stellen Sie die Wellenlänge auf 260 nm ein.

6. Führen Sie einen Nullabgleich mit dem Blank durch.

7. Messen Sie die Extinktion Ihrer Probe bei 260 nm.

8. Stellen Sie die Wellenlänge auf 280 nm ein. Führen Sie wieder einen Nullabgleich mit dem Blank durch und messen Sie die Extinktion Ihrer Probe bei 280 nm.

9. Berechnen Sie mit folgenden Angaben die Konzentration der Nucleinsäure in der Probe:

Eine Extinktion von 1 bei 260 nm (E_{260}) entspricht einer Nucleinsäurekonzentration in der Küvette von:
50 µg/ml bei doppelsträngiger DNA,
37 µg/ml bei einzelsträngiger DNA und
40 µg/ml bei einzelsträngiger RNA.

Gelegentlich wird auch zusätzlich die Extinktion bei 320 nm ermittelt, die „Grundextinktion" bzw. Trübungskorrektur. Dieser Wert wird von den anderen beiden Extinktionswerten abgezogen.

Box 12.4: Beispiel 1, Berechnung der DNA-Konzentration

DNA-Konzentration (µg/ml) = E_{260} × Verdünnungsfaktor × 50 µg/ml

Beispiel: 10 µl einer DNA-Probe wird zu 390 µl Wasser gegeben
(Verdünnung: 10 µl in 400 µl = 40fach); die Extinktion der Probe bei 260 nm beträgt 0,205.

0,205 × 40 × 50 µg/ml = 410 µg/ml

Die DNA-Konzentration beträgt also 410 µg/ml.

Box 12.5: Beispiel 2, Berechnung der Ausbeute

Ausbeute (µg DNA) = DNA-Konzentration (in µg/ml) (gesamtes Probenvolumen (in ml)

Beispiel: Die 10-µl Probe aus dem obigen Beispiel wurde aus 100 µl (= 0,1 ml) Gesamtprobe entnommen.

410 µg/ml × 0,1 ml = 41 µg oder 0,041 mg

Bemerkung: Da Sie bereits 10 µl der Probe entnommen haben, verbleiben Ihnen nur noch 41 µg – 4,1 µg = 36,9 µg (oder: 410 µg/ml × 0,09 ml = 36,9 µg).

---

10. Berechnen Sie dann die gesamte Ausbeute der Aufarbeitung.

11. Schätzen Sie die Reinheit der Probe ab, indem Sie das Verhältnis der Extinktionen bei den Wellenlängen 260 und 280 nm berechnen (E_{260}/E_{280}). Der E_{260}/E_{280}-Wert erlaubt eine Einschätzung der Reinheit der Nucleinsäure. Reine DNA-Proben sollten einen E_{260}/E_{280}-Wert von 1,8 haben, reine RNA von 2,0. Niedrigere Werte weisen auf stärkere Kontaminationen mit Proteinen hin, die mit einer Phenol:Chloroform-Extraktion entfernt werden können.

Die Extinktion von Nucleinsäuren hängt stark vom pH-Wert der Lösung ab und somit auch das Ergebnis Ihrer Konzentrations- und Reinheitsbestimmung. Es wird üblicherweise empfohlen, DNA in einer schwach gepufferten Lösung zu resuspendieren, z.B. 10 mM Tris mit pH-Werten zwischen 7,5 und 8,0.

Box 12.6: Beispiel 3, Berechnung der Reinheit

Wenn die gemessenen Extinktionen E_{260} = 0,205 und E_{280} = 0,114 betragen, ist das E_{260}/E_{280}-Verhältnis = 0,25/0,114 = 1,8. Passt genau!

12.2.7 Restriktionsenzyme

Einige Restriktionsenzyme sind sehr teuer und werden nur selten benutzt, ein einzelner Wissenschaftler kann sich daher keine große Sammlung von Restriktionsenzymen leisten. Darum werden Restriktionsenzyme häufig in einem oder mehreren Instituten gemeinsam benutzt. Üblicherweise ist eine bestimmte Person für die Beschaffung und Pflege der Restriktionsenzyme zuständig und die Kommunikation verläuft meistens über eine Bestellliste.

Aber jedes Labor hat seine eigenen Regelungen für den Umgang mit Restriktionsenzymen und vielleicht hat Ihr Labor eine Übereinkunft mit einem bestimmten anderen Labor über das Ausleihen von seltenen Restriktionsenzymen getroffen. Daher ist es besser, sich vor dem Ausleihen über die speziellen Laborsitten zu erkundigen.

> Es ist wichtig, die Zeit, in der das Restriktionsenzym sich außerhalb des Tiefkühlschranks befindet, so kurz wie möglich zu halten. Bereiten Sie Ihren Restriktionsansatz vor, bevor Sie das Enzym entnehmen und stellen Sie es zurück, bevor Sie Ihre Proben in das Wasserbad stellen.

- Nehmen Sie immer eine Eisbox, beschriftete Gefäße, eine Mikroliterpipette, sterile Pipettenspitzen und ein Gefäß für Spitzenabfall mit, wenn Sie zum –20°C-Tiefkühlschrank gehen, in dem die Enzyme stehen. Bringen Sie keine DNA-Proben mit.

- Nehmen Sie nur ein Enzym aus dem Kühlschrank und stellen Sie es auf Eis. Schließen Sie die Tür des Kühlschranks; stehen Sie nicht pipettierenderweise vor dem offenen Kühlschrank!

> Dies ist eine der Gelegenheiten, wo Sie verschwenderisch mit den Pipettenspitzen umgehen dürfen und sollen. Benutzen Sie jede Spitze nur ein Mal und verwerfen Sie sie sofort. So vermeiden Sie, dass Sie aus Versehen eine Spitze wiederbenutzen. Die größte Sorge beim Arbeiten mit Restriktionsenzymen ist, dass ein Enzym mit einem anderen Enzym kontaminiert wird.

- Gehen Sie zu einer Arbeitsbank. Zentrifugieren Sie das Gefäß mit dem Restriktionsenzym kurz (!) an und stellen Sie es wieder zurück auf Eis. Falls das Gefäß mit dem Restriktionsenzym kleiner als ein 1,5 ml Reaktionsgefäß ist, stellen Sie es vor der Zentrifugation in ein 1,5 ml Reaktionsgefäß ohne Deckel.

- Entnehmen Sie die Menge, die Sie brauchen. Benutzen Sie dabei sterile Arbeitstechniken.

- Stellen Sie das Restriktionsenzym wieder zurück in den Tiefkühlschrank.

- Notieren Sie auf der Liste, wieviel Sie wovon genommen haben.

- Nehmen Sie jetzt gegebenenfalls das nächste Enzym.

- Sagen Sie der verantwortlichen Person auch Bescheid, falls ein Enzym verbraucht ist. Hinterlassen Sie nicht nur einfach eine Nachricht auf der Liste.

> Wenn Sie schon vorher wissen, dass Sie ein Restriktionsenzym leer machen werden, sollten Sie es der verantwortlichen Person ein paar Tage vorher sagen.

Puffer für Restriktionsenzyme

Die Ansprüche der meisten Restriktionsenzyme an die Reaktionsbedingungen können im Wesentlichen mit 5 verschiedenen Puffern abgedeckt werden, die sich in Art und Konzentration der verwendeten Salze unterscheiden. Die Firmen liefern Restriktionsenzyme üblicherweise mit den passenden Puffern aus, aber Sie sind vielleicht nicht derjenige, der diese Puffer bekommt. Falls es einen allgemeinen Pufferstock für Restriktionsenzyme in Ihrem Labor gibt, sollten Sie ihn nicht benutzen. Das ist eine zusätzliche Quelle möglicher Kreuzkontaminationen, Sie benötigen daher Ihre eigenen Puffer. Entweder sehen Sie zu, dass Sie die Puffer des Herstellers bekommen (Sie können auch Puffer von anderen Herstellern benutzen) oder Sie setzen Ihre Puffer selbst an, was ziemlich einfach ist.

Tab. 12.2: Puffer für Restriktionsenzyme.

Puffer	Bezeichnung	10× Stocklösung
Niedrigsalz-Puffer	10× L	100 mM Tris-HCl, pH 7,5 100 mM MgCl$_2$ 10 mM Dithiothreitol
Mittelsalz-Puffer	10× M	100 mM Tris-HCl, pH 7,5 100 mM MgCl$_2$ 10 mM Dithiothreitol 500 mM NaCl
Hochsalz-Puffer	10× H	500 mM Tris-HCl, pH 7,5 100 mM MgCl$_2$ 10 mM Dithiothreitol 1000 mM NaCl
Kaliumpuffer (KCl)	10× K	200 mM Tris-HCl, pH 8,5 100 mM MgCl$_2$ 10 mM Dithiothreitol 1000 mM KCl
Tris-Acetat-Puffer ohne BSA	10× T	330 mM Tris-Acetat, pH 7,9 100 mM Mg-Acetat 5 mM Dithiothreitol 660 mM K-Acetat

(Abgedruckt mit Genehmigung von GE Healthcare Bio-Sciences)
Stellen Sie 10fach-Stocklösungen der Restriktionspuffer her und frieren Sie 1-ml-Portionen ein. Zusammen mit 1-ml-Stocklösungen aus 0,1% BSA und 0,1% Triton X-100 können Sie für fast alle Restriktionsenzyme die passenden Puffer herstellen.

12.2.8 Polymerase-Kettenreaktion (PCR)

Die Polymerase-Kettenreaktion (PCR, von engl. *polymerase chain reaction*), die 1985 von Kary Mulis bei der Firma Cetus erfunden wurde, ist eine *in vitro*-Methode zur DNA-Synthese, mit der es möglich ist, einen bestimmten DNA-Abschnitt zu kopieren und zu vermehren.

Dazu wird die DNA-Matrize zuerst bei hohen Temperaturen denaturiert. Die Temperatur wird dann erniedrigt und zwei Oligonucleotide („Primer"), die die Grenzen des zu vermehrenden DNA-Abschnittes bilden, binden an ihre komplementären Sequenzen der entgegengesetzten Enden der Zielsequenz. Die Temperatur wird leicht erhöht und durch die in der Lösung vorhandene DNA-Polymerase werden die Primer verlängert und der Abschnitt zwischen den Primern neu synthetisiert. Anschließend werden die Stränge erneut denaturiert, neue Primer binden an die DNA, die DNA-Synthese findet erneut statt, usw. usw.; das Ganze wird 20 bis 50 mal wiederholt.

Um die schnellen Temperaturänderungen durchzuführen, die für diese Methode nötig sind, wird ein programmierbarer Thermoblock, ein sogenannter Thermocycler verwendet. Die verwendete DNA-Polymerase, genannt Taq-DNA-Polymerase, stammt aus dem thermophilen Bakterium *Thermus aquaticus*, und funktioniert daher auch noch bei hohen Temperaturen. Der ganze Prozess ist erstaunlich einfach, hat aber den Nachteil, dass auch jegliche kontaminierende DNA vermehrt werden kann, manchmal sogar besser als die gewünschte DNA.

Kontamination von DNA mit anderer DNA ist der Ruin für den PCR-Nutzer. Durch die mögliche Vermehrung selbst kleinster Mengen von DNA ist es schrecklich einfach, falsche Banden zu bekommen, die von DNAs stammen, die versehentlich während der Aufarbeitung in die Probe gelangt sind.

Die Hauptquelle von Kontamination, die man in PCR-Laboren beobachten kann, stammt von DNA aus vorhergehenden PCR-Ansätzen. Durch das Auf- und Abpipettieren von PCR-Ansätzen entstehen DNA-haltige Aerosole, die zu Kontaminationen führen. Daher haben viele Labore eigene Bereiche, die der Probenvorbereitung dienen und die sich entfernt von der PCR-Maschine und den Bereichen, in denen die Gefäße nach der PCR geöffnet werden, befinden. Eine weitere Quelle von Kontaminationen in Säuger-DNA ist DNA von Hautzellen. *Tragen Sie Handschuhe*.

Grundlegende PCR-Regeln

- Bereiten Sie Ihre Proben weit abseits der PCR-Maschine vor. In vielen Laboren gibt es eigene Bereiche, die der Probenvorbereitung dienen und die sich entfernt von der PCR-Maschine und den Bereichen, in denen die Gefäße nach der PCR geöffnet werden, befinden. Egal, ob es solch einen Probenvorbereitungsbereich gibt oder nicht, bereiten Sie niemals Ihre Proben neben der PCR-Maschine vor oder dort, wo Sie die Proben nach der PCR weiter bearbeiten. Versuchen Sie, im Labor eine Übereinstimmung über strikte Regeln zur Probenvorbereitung zu etablieren.

> Ein kurzes Anzentrifugieren der Proben vor dem Öffnen vermindert die Gefahr der Aerosolbildung.

- Am besten sollten Sie einen eigenen Satz Pipetten, Spitzen und anderes Zubehör nur zum Ansetzen von PCR-Ansätzen haben. Die Verwendung einer Direktverdrängungspipette verhindert Aerosolbildung und reduziert die Gefahr der Probenverschleppung. Pipettenspitzen mit Filter verhindern ebenfalls eine Verschleppung zwischen den Proben.

> Kontaminationen können auch nachträglich mit physikalischen oder enzymatischen Methoden entfernt werden, aber das Beste ist, sie von vorneherein zu verhindern.

- Tragen Sie Handschuhe und wechseln Sie sie regelmäßig, um die Kontamination der Probe mit Epithelzellen Ihrer Hände zu vermeiden.

- Geben Sie die DNA immer als letztes zu den Ansätzen.

PCR-Polymerasen

Neben der „klassischen" Taq-Polymerase werden eine Reihe anderer Polymerasen verwendet, die aus anderen Organismen stammen oder durch gentechnische Methoden modifiziert wurden. Je nach Anwendung werden Sie eher das eine oder andere Enzym einsetzen.

- Die **Taq-Polymerase** aus *Thermus aquaticus* ist der „Klassiker" unter den PCR-Polymerasen. Es ist ein robustes Enzym, das auch unter widrigen Umständen noch arbeitet, mit einer hohen Synthesegeschwindigkeit von ca. 2 000–3 000 Basen pro Minute (für die Durchführung der PCR rechnet man mit ca. 1 000 Basen pro Minute). Der Nachteil dieses Enzyms ist seine relativ hohe Fehlerrate, die mit 2–3×10^{-5} pro Base angegeben wird, also mit einem Fehler pro 30 000 bis 50 000 Basen. Die Taq-Polymerase ist daher sehr gut für analytische Zwecke geeignet, wo es darum geht, einen bestimmten DNA-Abschnitt durch das Auftreten einer DNA-Bande im Gel nachzuweisen, aber weniger gut, wenn Sie längere DNA-Abschnitte fehlerfrei amplifizieren wollen, um diese weiter zu klonieren. Eine weitere Eigenschaft der Taq-Polymerase ist ihre terminale Transferase-Aktivität, die dazu führt, dass am 3'-Ende ein überhängendes Desoxy-Adenosin angehängt wird. Das erschwert auf der einen Seite das *blunt-end*-Klonieren der PCR-Produkte, auf der anderen Seite ermöglicht es eine neue

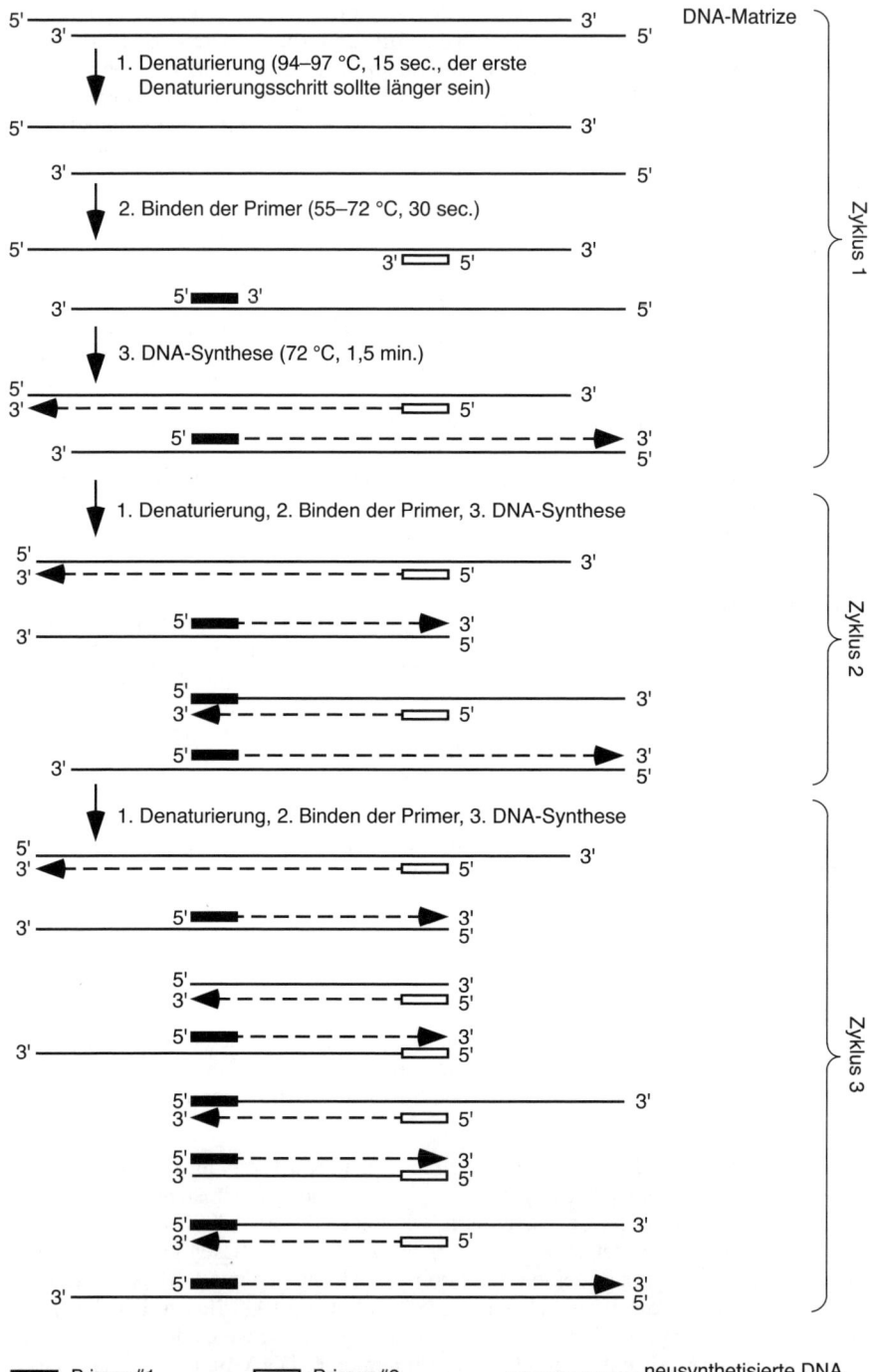

Primer #1 ▭ Primer #2 – – – – – neusynthetisierte DNA

Abb. 12.3: Vervielfältigung einer spezifischen DNA-Sequenz mittels PCR. Ab dem dritten Zyklus erfolgt die Vermehrung der Zielsequenz exponentiell, während die Produkte mit den „Überhängen", die in den ersten drei Zyklen hauptsächlich entstehen, nur linear vermehrt werden. (Abgedruckt mit Genehmigung von Zyskind und Bernstein 1992, © Elsevier)

und effektive Weise des Klonierens, das „T/A-Klonieren" (Abb. 12.4).

- Im Gegensatz zur Taq-Polymerase besitzen die sogenannten *proof-reading*-Polymerasen eine 3-5'-Exonuclease-Aktivität, die es ihnen erlaubt, falsch eingebaute Basen wieder abzuschneiden. Die Fehlerrate sinkt dadurch beträchtlich (ca. um den Faktor 10), der Preis dafür ist die geringere Syntheseleistung, sodass man für die Synthese von 1 000 Basen ca. 2 Minuten veranschlagen muss. Die bekannten Vertreter aus dieser Gruppe sind die **Pfu-Polymerase** aus *Pyrococcus furiosus* und die **Vent-Polymerase** aus *Thermococcus litoralis*. Diese Polymerasen sind besonders dann gefragt, wenn es um die fehlerfreie Amplifikation längerer Abschnitte geht oder um die Vermehrung sehr langer DNA-Bereiche.

- **Polymerase-Mischungen** aus Taq-Polymerase und *proof-reading*-Polymerasen werden eingesetzt; um die Vorteile beider System zu vereinen: Relativ hohe Synthesegeschwindigkeit mit einer verringerten Fehlerrate.

- Die geringe Geschwindigkeit der normalen *proof-reading*-Polymerasen ist dadurch bedingt, dass diese Enzyme eine geringe Prozessivität besitzen, was bedeutet, dass sie nur wenige Nucleotide einbauen, bevor sie vom DNA-Strang abdissoziieren (und dann erst wieder neu binden müssen). *next-generation*-**Polymerasen** sind gentechnologisch veränderte *proof-reading*-Polymerasen, die eine bessere DNA-Bindung aufweisen und daher viel schneller sind. Die bessere DNA-Bindung wird entweder durch Mutationen im Enzym erreicht oder z.B. durch die Fusion mit einem DNA-Bindeprotein. Die Spitzenreiter unter diesen Polymerasen haben Fehlerraten, die noch deutlich unter denen der normalen *proof-reading*-Polymerasen liegen (3–4×10^{-7}) und haben Geschwindigkeiten, die die Synthese von 1 000 Basen in 15–30 Sekunden erlauben. Warum verwendet man dann überhaupt noch andere Polymerasen? Weil sie deutlich billiger sind!

Wenn Sie glauben, dass ein Fehler pro 50 000 Basen wohl kaum relevant ist, haben Sie vergessen, dass während der PCR ja nicht nur ein Molekül vermehrt wird, sondern viele Tausend, und dass diese millionen- bis milliardenfach vermehrt werden. Wenn Sie also einen DNA-Abschnitt von 1 000 Basenpaaren über 30 PCR-Zyklen amplifizieren, wird ein signifikanter Anteil Ihrer Produkte mindestens einen Fehler enthalten. Wenn Sie ein fehlerfreies Produkt haben müssen (weil Sie z.B. eine cDNA als Protein exprimieren wollen), müssen Sie Ihr kloniertes Produkt durch Sequenzierung überprüfen!

Die hohe Fehlerrate bestimmter DNA-Polymerasen, die durch die Anwendung suboptimaler Reaktionsbedingungen noch erhöht werden kann, wird auch genutzt, um absichtlich zufällige Mutationen in eine DNA-Sequenz einzubringen.

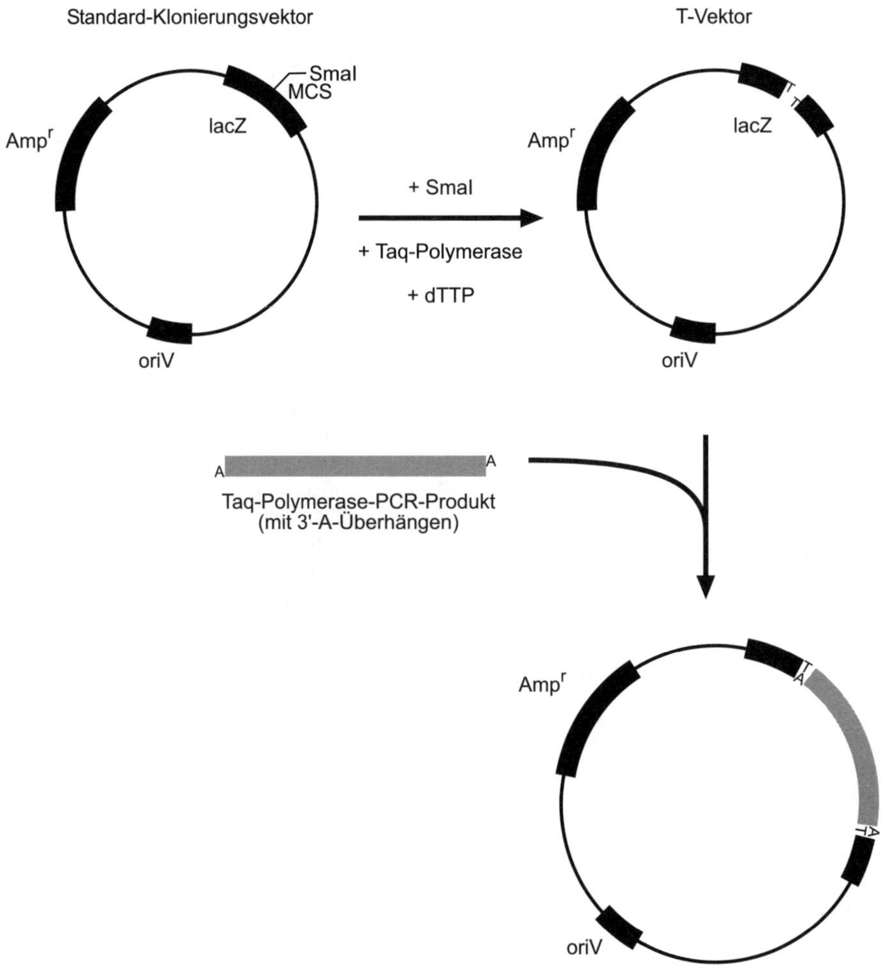

Standard-Klonierungsvektor   T-Vektor

+ SmaI

+ Taq-Polymerase

+ dTTP

Taq-Polymerase-PCR-Produkt
(mit 3'-A-Überhängen)

Abb. 12.4: Prinzip der T/A-Klonierung. Viele der PCR-Produkte, die mit einer Taq-Polymerase synthetisiert wurden, tragen an ihren 3'-Enden Desoxy-Adenin-Überhänge. Ein T-Vektor wird hergestellt, in dem er mit einem glatt schneidenen Restriktionsenzym (z.B. SmaI oder EcoRV) aufgeschnitten und anschließend mit Taq-Polymerase und ausschließlich Desoxy-Thymidin-Triphosphat inkubiert wird. Unter diesen Bedingungen hängt die Taq-Polymerase aufgrund ihrer terminalen Transferase-Aktivität einzelne Thymidin-Moleküle an die 3'-Enden des Vektors an. T-Vektor und PCR-Produkte können jetzt effektiv ligiert werden, da sie zueinander passende Enden aufweisen. Die T-Überhänge an beiden Seiten des Vektors verhindern auch dessen Religation.

 PCR-Anwendungen

Für die PCR gibt es 1001 verschiedene Anwendungen. Hier einige gängige Beispiele:

- **Diagnostik.** Da die PCR nur funktioniert, wenn die Primer an die DNA binden können, kann so einfach überprüft werden, ob eine bestimmte DNA-Sequenz in einer Probe vorhanden ist, z.B. ein Transgen in einer pflanzlichen DNA (die man aus einer Pflanze isoliert hat, die man darauf überprüfen will, ob sie gentechnisch verändert ist). Beim sogenannten Vaterschaftstest oder dem genetischen Fingerabdruck werden mittels PCR repetitive Sequenzabschnitte vermehrt, die sich bei verschiedenen Menschen in ihrer Länge (d.h. Anzahl der Wiederholungen) unterscheiden. Hier entscheidet also nicht, ob ein bestimmtes Primerpaar ein Produkt erbringt, sondern wie groß das Produkt ist.

- **Veränderung der DNA-Sequenz.** Dies beruht darauf, dass die Primer auch an die Zielsequenz binden können, wenn sie nicht 100%ig passen. So können im 5'-Bereich der Primer zusätzliche Basen, z.B. als Restriktionsschnittstelle, angefügt werden. Durch Veränderungen einzelner Basen oder der Insertion oder Deletion von Basen im Primer können zielgerichtet Mutationen eingefügt werden.

- **Reverse-Transkriptions-PCR (RT-PCR).** RNA kann durch die PCR nicht amplifiziert werden. RNA kann aber mit Hilfe einer reversen Transkriptase (eine RNA-abhängige DNA-Polymerase) in DNA umgeschrieben werden. Als Primer für die DNA-Strangsynthese kann man spezifische Sequenzen verwenden (wenn man die Sequenz der RNA kennt), kurze Zufallsprimer (die mit einer hohen Wahrscheinlichkeit irgendwo in der RNA binden) oder einen Oligo-Desoxy-Thymidin-Primer (Oligo-dT-Primer), der an den Poly-Desoxy-Adenosin-Schwanz eukaryotischer mRNAs bindet. Der gebildete DNA-Einzelstrang dient dann als Matrize für die anschließende PCR, die entweder mit zwei sequenzspezifischen Primern oder einem spezifischen Primer und einen Oligo-dT-Primer durchgeführt wird.

- **Quantitative oder semiquantitative PCR.** Das Prinzip der (semi-)quantitativen PCR ist einfach: Wenn viele Template-Moleküle vorliegen, bekommt man bei einer bestimmten Anzahl von PCR-Zyklen mehr Produkt, als wenn wenige Template-Moleküle vorliegen. Das heißt, die Menge des Produktes erlaubt eine Aussage über die Menge der Template-Moleküle, die im Ansatz vorliegen. Die (semi-)quantitative PCR wird normalerweise zur Bestimmung von Transkriptmengen als Reverse-Transkriptions-PCR durchgeführt. Im einfachsten Fall führt man eine PCR für eine bestimmte cDNA durch, z.B. in verschiedenen Geweben oder zu verschiedenen Zeitpunkten nach einer Behandlung. Die Ansätze werden nach der gleichen Zahl von Zyklen gestoppt und auf ein Gel aufgetragen. Anhand der Intensität der Banden kann dann verglichen werden, wo oder wann das Gen stärker oder schwächer exprimiert wird (semiquantitativ). Um experimentelle Varianzen (z.B. die Effektivität der reversen Transkription) zu erfassen, führt man Kontroll-PCR-Reaktionen mit Genen durch, von denen bekannt ist, dass sie sich unter den Untersuchungsbedingungen in ihrer Expression nicht verändern und normiert dann auf diesen Standard. Präziser als die Auswertung über die Dicke der Bande im Agarosegel ist die

- **"Real-Time"-PCR.** Bei der Real-Time-PCR wird bereits während der PCR-Reaktion die Menge des gebildeten Produktes gemessen. Im einfachsten Fall verwendet man dazu einen Fluoreszenzfarbstoff, der bei Bindung in die doppelsträngige DNA fluoresziert, wie z.B. SYBR Green. Je mehr Produkt gebildet wird, desto mehr Farbstoff kann binden. Die Messung der Fluoreszenz erfolgt während jedes PCR-Zyklus (deswegen „real-time") und erlaubt auch eine Quantifizierung der gebildeten DNA. Für diese Art der PCR benötigt man jedoch spezielle PCR-Geräte.

- **Amplifikation noch unbekannter Sequenzen.** Wenn Sie das Homolog eines bekannten Gens aus einem Organismus amplifizieren wollen, aus dem das Gen noch nicht bekannt ist, können Sie dies mit **degenerierten Primern** versuchen. Dabei handelt es sich um eine Mischung von Primern, die alle bekannten Variationen eines Sequenzabschnittes abdeckt. In Kombination mit weniger stringenten Hybridisierungsbedingungen (sodass der Primer auch binden kann, wenn das Zielgen eine noch unbekannte Sequenzvariation aufweist) kann der Genabschnitt häufig amplifiziert, kloniert und sequenziert werden. Aus der jetzt bekannten Sequenz können dann die flankierenden Sequenzen durch die Kombination eines Primers, der an der bekannten

Sequenz bindet und z.B. von willkürlichen Primern, die mit einer gewissen Wahrscheinlichkeit irgendwo in der Nähe binden, ermittelt werden. Ähnliches leistet auch die RACE-PCR (*rapid amplification of cDNA ends*), wobei z.B. durch den Einsatz eines genspezifischen Primers und eines Oligo-dT-Primers der 3'-Bereich einer cDNA ermittelt werden kann (3'-RACE).

Box 12.7: Degenerierte Primer

Ein degenerierter Primer ist eine Mischung von Primern, die (möglichst) alle Variationen einer bestimmten Sequenz abdeckt. Sie wollen z.B. die cDNA für ein Enzym aus einem Organismus klonieren, aus dem die Sequenz dieses Enzyms noch nicht bekannt ist. Das Enzym besitzt einige hochkonservierte Sequenzabschnitte, z.B.

Methionin-Glutaminsäure-Tryptophan-Isoleucin-Asparagin-Alanin-Glutamin

Der degenerierte Primer, der alle möglichen DNA-Sequenzen für diese Aminosäuresequenz abdeckt, ist eine Mischung von 96 unterschiedlichen Primern mit der Sequenz:

ATG GA(A/G) TGG AT(A/C/T) AA(C/T) GC(A/C/G/T) CA(A/G)

Für eine PCR benötigen Sie natürlich zwei Primer, d.h. Sie müssen zwei stark konservierte Bereiche finden, die möglichst keine Arginine, Leucine und Serine enthalten (je 6 mögliche Codons), wenige Alanine, Glycine, Proline, Threonine und Valine (je 4 Codons) und viele Methionine und Tryptophane (nur jeweils ein Codon).

12.2.9 Oligonucleotide (Primer)

Es gibt eine Reihe von Computerprogrammen, die einem beim Entwerfen von Primern helfen können. Sie können sich auch hinsetzen und das Ganze mit Papier und Bleistift machen, aber Computerprogramme können wirklich helfen, die besten Primer abzuleiten und die optimale Hybridisierungstemperatur zu berechnen. Firmen, die Oligonucleotide herstellen, geben auch häufig Hilfestellungen. Sie können eines der zahlreichen Programme nutzen, die es im Internet gibt (siehe „Quellen und Ressourcen") oder lassen Sie sich in einer *newsgroup* oder von einem anderen Wissenschaftler ein Programm empfehlen.

Oligonucleotide werden entweder am eigenen Institut oder in einer zentralen Einrichtung hergestellt oder von Firmen bezogen. Man bekommt die Primer als getrocknetes „Rohprodukt" oder über Gele, Säulen oder HPLC gereinigt. Falls eine weitere Reinigung notwendig ist, wird man Ihnen die Vorschriften dazu geben und Ihnen auch sagen, wie die Primer gelagert werden müssen. Je reiner das Produkt ist, desto teurer wird es sein. In vielen Laboren werden die Oligonucleotide durch Ethanolpräzipitation nachgereinigt, womit organische Kontaminationen entfernt werden und die Oligonucleotide abschließend als Natriumsalz vorliegen.

12.2.10 Vorschrift: Ethanolpräzipitation von Oligonucleotiden

1. Geben Sie 1/10 Volumen einer 3 M Natriumacetat-Lösung (pH 6,5) und drei Volumina kaltes 95%iges Ethanol zu der Probe.

2. Lagern Sie die Probe für mindestens 1 Stunde bei –70 °C.

3. Zentrifugieren Sie sie für 30 Minuten bei 10 000 *g*.

4. Nehmen Sie den Überstand vorsichtig ab.

5. Waschen Sie das Pellet mit kaltem 100%igen Ethanol. Zentrifugieren Sie die Probe für 5 Minuten.

6. Nehmen Sie den Überstand vorsichtig ab.

7. Waschen Sie das Pellet mit kaltem 70%igen Ethanol. Zentrifugieren Sie die Probe für 5 Minuten.

8. Nehmen Sie den Überstand vorsichtig ab und trocknen Sie das Pellet in der Speedvac.

9. Resuspendieren Sie die Oligonucleotide nach Bedarf in Wasser oder Puffer.

12.3 Einbringen von DNA in Zellen und Mikroorganismen

Nach der Isolierung wird DNA nicht nur modifiziert und analysiert, sondern häufig auch in Zellen und Mikroorganismen eingebracht, mit der Absicht, den Genotyp des Empfängers so zu verändern, dass z.B. große Mengen der Spender-DNA oder des von dieser DNA exprimierten Proteins gewonnen werden können.

12.3.1 Prokaryotische Zellen

Transformation bezeichnet die genetische Veränderung, die in einem Bakterium vorgeht, nachdem es mit einer isolierten DNA in Berührung gebracht worden ist und mit dieser rekombiniert hat. Das wird heutzutage routinemäßig durchgeführt, um z.B. klonierte DNA massenhaft zu vermehren. Ein anderer Grund ist häufig, dass man große Mengen eines bestimmten Proteins gewinnen möchte: Die Bakterien werden mit der DNA, die in einen Expressionsvektor einkloniert wurde, transformiert und bilden dann das gewünschte Protein, das von der DNA kodiert wird.

Zur Transformation von Bakterien werden im Wesentlichen zwei Methoden verwendet:

- *Inkubation* der Bakterien und der DNA *in Anwesenheit* einer hohen Konzentration *von Ca²⁺-Ionen*, die dafür sorgen, dass die bakterielle Plasmamembran die fremde DNA hereinlässt. Das ist eine einfache Methode, die nur wenige Minuten an der Laborbank braucht.

- Die *Elektroporation* ermöglicht eine höhere Transformationseffizienz. Die optimalen Elektroporationsbedingungen sind für verschiedene Spezies und Stämme unterschiedlich.

Bei beiden Methoden müssen die Bakterien zuerst kompetent gemacht werden, d.h. in die Lage versetzt werden, DNA aufnehmen zu können. Dafür müssen die Bakterien zu einer bestimmten Zelldichte angezogen werden, anschließend geerntet und ggf. mit bestimmten Salzen gewaschen werden. Kompetente Zelle können portioniert und eingefroren werden. Zwischen der Herstellung von chemisch-kompeteten Zellen und elektro-porations-kompetenten Zellen gibt es deutliche Unterschiede, sie sind nicht untereinander austauschbar. Kompetente Zellen sind auch kommerziell erhältlich.

12.3.2 Eukaryotische Zellen

Es gibt mehrere Methoden für den Gentransfer in eukaryotische Zellen und der Erfolg einer bestimmten Methode ist sehr spezifisch für die verwendete Spezies oder den verwendeten Stamm. Der Vorgang wird als **Transfektion** bezeichnet, eine Zusammensetzung aus *Transformation* und *Infektion*. Werden für den Gentransfer Viren verwendet, benutzt man auch den Begriff *Infektion*.

Bei stabilen Transfektionen werden die Zellen, die die DNA aufgenommen haben, durch die Expression eines Markergens selektioniert. Traditionell wird dazu die Antibiotikaresistenz gegen Hygromycin oder Neomycin genutzt, es gibt aber viele Alternativen, z.B. das „Aussortieren" von Zellen, die als Reporter ein fluoreszierendes Protein exprimieren (z.B. das grün-fluoreszierende Protein GFP) mit einem fluoreszenz-gesteuerten Zellsortierer (FACS, vom engl. *fluorescence activated cell sorter*). Aus den individuellen Klonen der exprimierenden Zellen können dann Zelllinien hergestellt werden. Transiente, d.h. vorübergehende Transfektionen werden eher durchgeführt, um schnell Informationen über den Einfluss einer bestimmten DNA auf die Zelle zu bekommen. Im Allgemeinen sind transiente Transfektionen nur von begrenzter Aussagekraft, da nicht alle Zellen das interessierende Gen enthalten (die genaue Anzahl ist abhängig von der Transfektionseffizienz) und die Zellen, die das Gen enthalten, können zwei oder mehr Kopien davon haben. Die Ergebnisse können auch schwer interpretierbar sein, weil die kurz vorher stattgefundene Transfektion ein extrem traumatisches Erlebnis für die Zellen darstellt und das genaue Ausmaß dieses Traumas sich schlecht kontrollieren läßt. Die Analyse transient transfizierter Zellen kann aber einen ersten vorläufigen Eindruck davon geben, welchen Phänotyp man bei stabil transfizierten Zellen erwarten kann.

Die Transfektion von eukaryotischen Zellen kann auf viele verschiedene Arten erfolgen, inklusive:

- Calciumphosphatvermittelte Transfektion.
- DEAE-Dextran-vermittelte Transfektion.
- Liposomenvermittelte Transfektion.
- Elektroporation.
- Mikroinjektion.
- Biolistische Transfektion.
- Virenvermittelter Gentransfer. Adenoviren, Retroviren und der Virus SV40 können benutzt werden, um DNA in Zellen einzuschleusen.
- Agrobakterien-vermittelte Transformation. Das Bodenbakterium *Agrobacterium tumefaciens* wird zur Herstellung transgener Pflanzen eingesetzt. *Agrobacterium* kann aber auch viele andere eukaryotische Zellen transformieren und wird z.B. auch häufig zur Transformation von Pilzen verwendet.

Reportergene werden benutzt, um ein anderes Gen zu lokalisieren, zu identifizieren oder zu analysieren. Sie können auch an den Promotor eines anderen Gens gekoppelt werden, um die Aktivität dieses Promotors zu untersuchen; das ist die engere Bedeutung des Begriffs Reportergen. Das Gen für die Chloramphenicol-Acetyltransferase (CAT) ist das klassische Gen für die Analyse der Genregulation in eukaryotischen Zellen. Andere Reportergene kodieren für die β-Galactosidase, die β-Glucuronidase oder die alkalische Phosphatase (wenn diese Enzyme in der Zelle exprimiert werden und mit einem bestimmten Substrat in Berührung kommen, bilden sie ein farbiges oder fluoreszierendes Produkt). Das grün-fluoreszierende Protein (GFP) der Qualle *Aequorea victoria* wird immer häufiger zum Reportergen der Wahl, weil es ohne Aktivierung und ohne Zugabe von Substraten nachgewiesen werden kann. **Markergene** sind Gene, die mit der gewünschten DNA in Zellen oder Bakterien transformiert werden und anzeigen, ob der Gentransfer erfolgreich war; das typische Beispiel dafür sind die Antibiotika-Resistenzgene. Als Markergene können auch Reportergene eingesetzt werden, aber Resistenzgene sind einfacher in der Handhabung.

Da die Effizienz des DNA-Transfers stark vom verwendeten Zelltyp abhängt, müssen Sie auf jeden Fall die für Ihren Zelltyp verwendeten Transfektionsprotokolle genau studieren, bevor Sie eine Menge Zeit mit falschen Methoden verschwenden. Schauen Sie in der Literatur nach, recherchieren Sie im Internet oder rufen Sie jemanden an, der sich damit auskennt.

Empfehlung: Sie sollten Zugriff auf einen Elektroporator haben. Damit können Bakterien, Hefen, Säugerzellen und viele exotische Zelltypen transformiert werden. Mit älteren Modellen können Sie eventuell keine Säugerzellen transformieren, aber möglicherweise können entsprechende Zusatzgeräte, die das erlauben, zugekauft werden.

Eine wichtige Variable bei der Transformation oder Transfektion ist der verwendete Vektor. Bei der Wahl des richtigen Vektors können Sie eine Menge Hilfe bekommen; Firmen wie Invitrogen oder Promega bieten eine Vielzahl von Vektoren an, mit induzierbaren Promotoren, Reportergenen und der Möglichkeit, sie sowohl in Bakterien als auch in Eukaryoten zu vermehren.

12.4 RNA

RNA-Degradation war lange Zeit ein so ernstes Problem, dass viele Leute jahrelang das Arbeiten mit RNA gescheut haben wie der Teufel das Weihwasser. In einigen Laboren werden immer noch äußerst gewissenhaft alle RNA-Reagenzien separat behandelt und gelagert. Aber nur ein paar Regeln, die Ähnlichkeit mit den Regeln für steriles Arbeiten haben, sorgen dafür, dass alles glatt läuft.

> Das Problem bei der RNA-Isolierung ist nicht die RNA an sich, sondern die scheinbar überall vorkommenden RNAsen, die sogar 15–20 Minuten bei 100 °C unbeschadet überstehen.

 Grundlegende Regeln

- Autoklavieren Sie alle Glas- und Plastikwaren, die in Berührung mit etwas kommen, das mit RNA in Berührung kommt.

- Behandeln Sie das Wasser, mit dem Sie Ihre RNA-Puffer ansetzen, mit Diethylpyrocarbonat (DEPC): Geben Sie dem Wasser DEPC in einer Endkonzentration von 0,1 % zu, lassen Sie es über Nacht rühren und autoklavieren Sie es abschließend für 15 Minuten. Da DEPC mit Aminen reagiert, dürfen Sie keine aminhaltigen Lösungen (z.B. Tris-Puffer) direkt mit DEPC behandeln, nehmen Sie stattdessen zum Ansetzen dieser Lösungen DEPC-behandeltes Wasser.

- Vermeiden Sie alkalische Puffer, das RNA-Molekül ist aufgrund der 2'-Hydroxygruppe sehr empfindlich gegenüber Basen.

- Halten Sie Ihre Puffer für RNA-Arbeiten getrennt von den anderen Puffern, sodass sie nicht aus Versehen verwechselt und dabei mit RNAsen kontaminiert werden.

12.4.1 RNA-Isolierung

Chaotrope Agenzien wie Guanidinhydrochlorid und Guanidinisothiocyanat werden bei der RNA-Isolierung eingesetzt, um RNAsen zu inaktivieren. Häufig lohnt es sich, bei der RNA-Isolierung Kits oder fertige Reagenzien zu kaufen. Viele Firmen bieten heutzutage Reagenzien an, mit denen man gleichzeitig DNA, RNA und Proteine aus Zellen und Gewebeproben isolieren kann. Auch wenn Sie nur die RNA brauchen, ermöglichen diese Reagenzien ein sorgenfreies Arbeiten mit RNA.

Eine sehr einfache, schnelle und effektive Methode verwendet das sogenannte Trizol-Reagenz (je nach Hersteller mit leicht unterschiedlichem Namen). Dabei handelt es sich, vereinfacht gesagt, um eine Mischung aus saurem Phenol und Guanidinisothiocyanat. Das Gewebe oder die Zellen werden in dieser Lösung aufgeschlossen, wobei durch das Guanidisothiocyanat vorhandene RNAsen inaktiviert werden. Nach Zugabe von Chloroform zur Phasentrennung verbleibt die RNA im wässrigen Überstand, während die Proteine sich in der Interphase befinden und die DNA in der Interphase und der sauren Phenolphase. Anschließend wird die RNA aus der wässrigen Phase gefällt.

12.4.2 Vorschrift: Ethanolpräzipitation von RNA

Üblicherweise kann RNA wie DNA mit Ethanol gefällt werden.

Durchführung

1. Geben Sie der RNA-Probe 1/10 Volumen 1 M Natriumacetat (pH 4,8) und 2,5 Volumen kaltes 95%iges Ethanol zu.
2. Lassen Sie den Ansatz über Nacht bei –20 °C fällen.
3. Waschen Sie das Pellet mit 70% Ethanol.

Bemerkung: Wenn Sie mit geringen RNA-Mengen arbeiten (weniger als 5 µg), sollten Sie einen „Träger" (*carrier*) oder ein Kopräzipitant vor der Fällung zugeben. Diese Materialien fallen mit der RNA aus, sodass Sie ein sichtbares Präzipitat erhalten, mit dem es sich viel einfacher arbeiten lässt. Zwei häufig verwendete *carrier* sind Glycogen und Hefe-RNA.

12.4.3 Vorschrift: Selektive RNA-Präzipitation

Diese Vorschrift wurde mit Erlaubnis des „Epicentre Forum" (1996, Epicentre Technologies, Madison, Wisconsin) adaptiert. Wenn Sie eine DNA-RNA-Mischung vorliegen haben (z.B. in einem *in vitro*-Transkriptionsansatz) können Sie die RNA selektiv mit Ammoniumacetat als Salz ausfällen.

Durchführung

1. Geben Sie so viel 5 M Ammoniumacetat zu der Nucleinsäureprobe, um eine Endkonzentration von 2,5 M zu erreichen (ein Volumen DNA-Lösung plus ein Volumen 5 M Ammoniumacetat).
2. Kühlen Sie die Probe für 15 Minuten auf Eis ab.
3. Zentrifugieren Sie die Probe in einer Tischzentrifuge mit maximaler Drehzahl für 15 Minuten bei 4 °C.
4. Verwerfen Sie den Überstand und waschen Sie das Präzipitat mit 70%igem Ethanol.
5. Lösen Sie die RNA im gewünschten Volumen RNAse-freien Wassers oder Puffers.

Bemerkung: Ammoniumacetat kann Ammoniak freisetzen, der schädlich für die RNA ist. Setzen Sie die Ammoniumacetatlösung nur mit dem reinen Salz an, das kühl in einem geschlossenen Behälter gelagert wurde. Sterilisieren Sie die Lösung durch Filtration und lagern Sie sie bei 4 °C.

Alternatives Protokoll mit Lithiumchlorid

1. Mischen Sie drei Volumen Ihrer Probe mit einem Volumen 8 M LiCl.
2. Fällen Sie die RNA für 3 Stunden bis über Nacht bei 0 °C.

Verfahren Sie weiter wie oben unter 3–5 beschrieben

12.4.4 Isolierung von mRNA

mRNA macht nur einen kleinen Anteil an der gesamten RNA in einer Zelle aus (normalerweise 5–10%), der größte Anteil ist ribosomale RNA. Bei der Isolierung von eukaryotischer mRNA macht man sich den polyadenylierten Schwanz, den die meisten eukaroytischen mRNAs tragen (es gibt auch einige mRNAs, die keine poly(A)-Sequenzen haben), zunutze. RNAs mit poly(A)-Sequenzen werden dabei unter Hochsalzbedingungen an ein Harz aus oligo(dT)-Zellulose gebunden und unter Niedrigsalzbedingungen wieder eluiert. Das kann im „batch"-Verfahren geschehen (bei dem das Material in die Probe gegeben wird) oder in kleinen Säulen. Einige Kits zur mRNA-Isolierung ermöglichen auch die direkte Isolierung von mRNA aus den Zellen.

12.4.5 Bestimmung der RNA-Konzentration

Die Konzentration und Reinheit von RNA-Proben kann genauso wie für DNA beschrieben durch UV-Spektroskopie bestimmt werden. Drei Unterschiede gibt es dabei:

- Eine Extinktion von 1 bei der Wellenlänge 260 nm entspricht einer RNA-Konzentration von 40 µg/ml.

  RNA-Konzentration (µg/ml) = E_{260} × Verdünnungsfaktor × 40 µg/ml

- Der E_{260}/E_{280}-Quotient für reine RNA beträgt ca. 2,0.

- Das Probenvolumen wird normalerweise so klein wie möglich gehalten, um nicht zu viel RNA zu verschwenden. Sie können UV-Küvetten kaufen, die ein sehr kleines Probenvolumen haben (z.B. 100 µl) oder versuchen, die kleinstmögliche Menge, die noch genauere Messwerte liefert, in Ihre Quarzküvetten zu geben.

12.5 Proteine

Proteindegradation ist das allgegenwärtige Problem, das das Arbeiten mit Proteinen bestimmt:

 Grundlegende Regeln:

- *Eis, Eis, Eis*. Sie müssen immer Ihre Eisbox griffbereit haben, wenn Sie mit Proteinen arbeiten. Stellen Sie ihre Proben *immer sofort* auf Eis, wenn Sie sie aus der Zentrifuge holen, aus dem Tiefkühlschrank, usw.

- *Zentrifugationen immer bei 4 °C durchführen*, falls nichts anderes vorgeschrieben ist. Ungekühlte Zentrifugen können sehr warm werden.

- *„Know your protein"*. Die Eigenschaften einzelner Proteine können große Unterschiede aufweisen. Wird es durch Hitze denaturiert? Hat es Disulfidbrücken? Kann es wiederholt eingefroren und wieder aufgetaut werden? Wenn Sie es nicht wissen, tun Sie so, als ob es hitzeempfindlich ist und nicht mehrfach eingefroren und wieder aufgetaut werden kann.

- Geben Sie während und nach dem Zellaufschluss entsprechende *Proteaseinhibitoren* in die Puffer.

12.5.1 Isolierung von Proteinen

Die Einfachheit, mit der man große Mengen von Protein mit bakteriellen oder Baculovirus-Expressionssystemen herstellen kann, geht nicht immer Hand in Hand mit einer einfachen Reinigung dieses Proteins. Obwohl es den Trick gibt, das Protein mit einem bestimmten Anhängsel (engl. *tag*) zu versehen, der an ein bestimmtes Material bindet, können die charakteristischen Eigenschaften des speziellen zu reinigenden Proteins Veränderungen am System bewirken. Bevor man die Produktion des Proteins im großen Maßstab durchführen will, sollte man zuerst eine effektive Reinigung des Proteins etablieren.

Bei der Reinigung von Proteinen gibt es eine Menge Tricks. Im Gegensatz zum Arbeiten mit DNA und RNA, bei denen man sich im Wesentlichen an die vorgegebenen Vorschriften halten kann, ist das Arbeiten mit Proteinen komplizierter. Jedes Protein hat sein eigenes Profil und seine eigene Persönlichkeit. Suchen Sie Unterstützung bei jemandem, der in einem typischen Proteinlabor arbeitet.

Box 12.8: Tags

Unter *tags* (engl. für Anhänger, Etikett) versteht der Proteinbiochemiker eine Peptid- oder Proteinsequenz, die an ein Protein angehängt wird (indem man die DNA-Sequenz entsprechend verändert), und die spezifisch an eine bestimmte Matrix bindet. Üblicherweise wird der Tag direkt vorne oder hinten an das Protein angehängt, kleine Tags können aber auch in das Protein integriert werden. Neben der Eigenschaft der einfacheren Reinigung des Proteins können Tags z.T. auch die Löslichkeit eines Proteins verbessern. Außerdem können sie zum Nachweis des „getaggten" Proteins genutzt werden. Einige Beispiele für häufig verwendete Tags sind:

Der **His-Tag:** Eine Sequenz von 6 (meistens) bis 10 Histidin-Resten, die Nickel-Ionen bindet. Das Nickel wird vorher mit einem Chelator (z.B. Nitrilo-triessigsäure) an eine Matrix gebunden. Das Ablösen des Proteins erfolgt typischerweise mit einem Überschuss an Imidazol (die Seitenkette des Histidins). Bei besonders hartnäckigen Proteinen kann auch mit einem Chelator (z.B. EDTA) das Nickel von der Säule gewaschen werden.

Der **Strep-Tag:** Das Strep-Tag/Strep-Tactin-System ist ein vom Biotin/Streptavidin abgeleitetes System. Der Strep-Tag besteht aus einem künstlichen Peptid von 8 Aminosäuren, das, wie Biotin, an das Protein Streptavidin bindet. Strep-Tactin ist ein modifiziertes Streptavidin, das eine höhere Affinität zum Strep-Tag aufweist. Strep-Tactin wird kovalent an eine Säulenmatrix gebunden und das zu reinigende Protein mit dem Strep-Tag versehen. Die Elution des gebundenen Proteins erfolgt mit einem Biotin-Derivat, dem Desthiobiotin.

Der **Flag-Tag:** Für den aus 8 Aminosäuren bestehenden Flag-Tag gibt es spezifische Antikörper, die zum Nachweis und Reinigen des Flag-getaggten Proteins verwendet werden können. Die Elution erfolgt bei saurem pH (was häufig zum Funktionsverlust des gereinigten Proteins führt) oder mit einem Chelator, da die Bindung Ca^{2+}-abhängig ist.

Der **myc-Tag:** Der myc-Tag besteht aus 10 Aminosäuren des menschlichen c-myc-Proteins, für die es einen spezifischen Antikörper gibt. Der myc-Tag wird eher als spezifische Nachweismöglichkeit verwendet, selten zur Reinigung.

Neben diesen Peptid-Tags können auch ganze Proteine als Tags an das Zielprotein fusioniert werden. Häufig wird eine Glutathion-S-Transferase (**GST-Tag**) oder das Maltosebindeprotein (**MBP-Tag**) verwendet. GST bindet an Glutathion (das an eine Säulematrix gekoppelt ist) und wird auch damit eluiert, MBP bindet an eine Amylosematrix und wird mit Maltose eluiert. Diese großen Tags (GST: 26 kDa, MBP: 40 kDa) verbessern manchmal die Löslichkeit der mit ihnen fusionierten Proteine. Für biochemische Analysen sollten diese Tags aber nachträglich wieder entfernt werden, was häufig dadurch ermöglicht wird, das an den Tag eine Schnittstelle für eine spezifische Protease angefügt wird.

12.5.2 Chromatographie

Proteine – wie RNA und DNA übrigens auch – werden häufig durch chromatographische Methoden getrennt und isoliert. Dabei muss nicht zwangsläufig das Bild von riesigen Säulen im Kühlraum und FPLC-Anlagen heraufbeschworen werden; Chromatographie kann man auch in einem 1,5-ml-Eppi durchführen. Die typischen chromatographischen Methoden sind Gelfiltrations-, Ionenaustausch- und Affinitätschromatographie.

- **Gelfiltration:** Die Komponenten werden aufgrund ihrer unterschiedlichen Größe getrennt. *Funktionsweise*: Das Säulenmaterial enthält Poren, in die kleinere Moleküle eindringen können.
  Mögliche Materialien: Sephadex (kreuzvernetztes Dextran), Sephacryl (kreuzvernetztes Kopolymer von Allyldextran und N,N'-Methylenbisacrylamid), Sepharose (Agarosekügelchen).
  Beispiel für die Verwendung: Entfernung nicht eingebauter Nucleotide bei der Herstellung einer DNA-Sonde über eine Sephadex G25-Säule. Mit dem gleichen Material können auch Proteinlösungen umgepuffert oder entsalzt werden.

- **Ionenaustauscher:** Die Komponenten werden aufgrund unterschiedlicher Ladung getrennt.
  Funktionsweise: Bindung der Proteine oder anderer Materialien an die geladenen Gruppen des Säulenmaterials. Die Elution erfolgt mit einem Puffer hoher Ionenstärke. Das Säulenmaterial kann anionisch, kationisch oder gemischt sein. *Mögliche Materialien*: DEAE (Diethylaminoethyl-)-Zellulose, Amberlit, Dowex, CM-Sepharose.
  Beispiel für die Verwendung: Elution von DNA aus einem Agarosegel durch Bindung an DEAE-Papier.

- **Affinitätschromatographie:** Die Moleküle werden aufgrund einer natürlichen Bindestelle gebunden.
  Funktionsweise: Das zu reinigende Molekül wird spezifisch und reversibel an einen (natürlichen) Liganden gebunden, der an einer Matrix immobilisiert ist.
  Mögliche Materialien: Oligo(dT)-Zellulose, Biotin, Heparin.
  Beispiel für die Verwendung: Die Bindung von Antikörpern an Protein A.

12.5.3 Dialyse

Die Dialyse führt man durch, um Salze oder andere niedermolekulare Verunreinigungen aus einer Probe zu entfernen. Die Probe wird dazu in einen porösen Schlauch gefüllt. Diese Poren lassen nur Moleküle durch, die kleiner als die Poren sind. Der Dialyseschlauch wird in ein großes Volumen Wasser oder Puffer gehängt, sodass die kleinen Moleküle der Probe aus dem Schlauch heraus diffundieren und so ein Austausch des Probenpuffers mit dem Dialysepuffer stattfindet. Als Alternative kann man eine Gelfiltration durchführen (s.o.), was schneller geht, aber eine Flüssigkeitschromatographie-Anlage voraussetzt. Eine weitere, und immer häufiger verwendete Alternative stellt die Filtration durch Filter mit bestimmten Ausschlussgrößen dar, wobei die Probe gleichzeitig konzentriert wird. Für eine effektive Entsalzung muss die Probe allerdings mehrfach filtriert und wieder verdünnt werden.

12.5.4 Vorschrift: Vorbereitung des Dialyseschlauchs

Der Dialyseschlauch muss vor der Benutzung gereinigt und vorbereitet werden. Tragen Sie bei allen Arbeitsschritten Handschuhe.

> Ein vorbereiteter Dialyseschlauch gehört zu jenen Dingen, die man getrost mit jemand anderem teilen kann, weil man den Schlauch selten aufbraucht, bevor man ihn entsorgen sollte.

1. Wählen Sie den Schlauch mit der angemessenen Porengröße (Ausschlussgröße).

2. Bereiten Sie den Schlauch wie nachfolgend beschrieben vor. Das können Sie gleich mit einer ganzen Rolle machen und den vorbereiteten Schlauch dann bei 4 °C lagern.

3. Legen Sie den Schlauch in einen Kolben mit einem großen Volumen (1 Liter für eine ganze Rolle) 5 mM EDTA und 200 mM Natriumbicarbonat.

4. Lassen Sie das Ganze für 5 Minuten kochen.

5. Gießen Sie die Flüssigkeit ab, spülen Sie den Schlauch kurz mit deionisiertem Wasser ab, geben Sie wieder 5 mM EDTA, 200 mM Natriumbicarbonat zu und kochen noch einmal für 5 Minuten.

6. Gießen Sie die Flüssigkeit ab, waschen Sie den Schlauch ausgiebig mit deionisiertem Wasser.

7. Geben Sie ein großes Volumen deionisiertes Wasser in den Kolben und decken Sie ihn mit Aluminiumfolie ab.

8. Autoklavieren Sie den Kolben für 10 Minuten mit einem Programm für Flüssigkeiten (langsames Abkühlen).

9. Lagern Sie den Schlauch bei 4 °C in einem sterilen Behälter mit einer großen Öffnung, sodass Sie einfach den Schlauch herausnehmen und wieder zurücklegen können. Wenn Sie den Schlauch länger als ein paar Tage lagern müssen, geben Sie Natriumazid zu (Endkonzentration 0,02%).

> Natriumazid unterdrückt Bakterienwachstum. Seien Sie vorsichtig beim Abwiegen, weil es ein Gift ist, das den Elektronentransport im Cytochromsystem blockiert. Seien Sie sich bewusst, dass auch einige Enzymreaktionen durch Natriumazid inhibiert werden. Setzen Sie eine kleine Menge einer 2%igen Natriumazidlösung an, die filtersterilisiert und bei 4 °C gelagert wird. Sie brauchen 1 ml pro 100 ml Lösung.

12.5.5 Vorschrift: Durchführung der Dialyse

1. Schneiden Sie ein so großes Stück vom Dialyseschlauch ab, dass Ihre Probe hineinpasst und an beiden Enden noch jeweils 5 cm Schlauch übersteht (insgesamt 10 cm, diesen Platz brauchen Sie zum Verknoten der Enden). Es gibt auch Spezialkammern zur „Mikro"-Dialyse.

2. Verknoten Sie ein Ende des Schlauchs oder verschließen Sie ihn mit einer Dialyseklemme.

3. Öffnen Sie das andere Ende mit einem Finger (Handschuhe tragen!) und halten Sie den Finger im Schlauch. Pipettieren oder gießen Sie Ihr Material vorsichtig in den Schlauch.

4. Verschließen Sie dieses Ende mit einem Knoten oder einer Klammer. Drücken Sie Luftblasen vorher heraus. Achten Sie auf Undichtigkeiten, insbesondere an den Enden.

5. Legen Sie den Schlauch in ein möglichst großes Becherglas oder einen Erlenmeyerkolben; 2–4 Liter ist eine gute Größe.

6. Geben Sie einen Rührfisch dazu und stellen Sie das Gefäß auf einen Magnetrührer, üblicherweise im Kühlraum. Wenn der Schlauch auf den Boden sinkt, und Ihnen das nicht gefällt, können Sie einen Faden an einem Ende des Schlauches befestigen, und das andere Ende des Fadens an ein Gewicht außerhalb des Gefäßes hängen. Sie können auch auf einer Seite des Schlauches mehr Schlauch überstehen lassen, als notwendig, und dieses Ende an die Außenseite des Gefäßes mit Klebeband befestigen. Aber solange der Dialyseschlauch nicht prall gefüllt ist und auf dem Boden fest liegt, wird ein langsam drehender Rührfisch ihn nicht zerstören.

> Das Verhältnis von Puffer- zu Probenvolumen bestimmt, wie effektiv die Abtrennung der ungewünschten niedermolekularen Substanzen verläuft. Wenn Sie zehn Milliliter Probe in einem Liter Puffer dialysieren (ohne den Puffer zu tauschen), erreichen Sie nur eine Reduktion um den Faktor 100.

7. Üblicherweise wird die Dialyse über Nacht durchgeführt. Wenn Sie ein großes Gefäß haben (2–4 Liter), wechseln Sie den Puffer mindestens ein Mal, oder öfter, falls Sie ein kleineres Gefäß verwenden.

Abb. 12.5: Dialysieren Sie Ihre Probe gegen ein möglichst großes Volumen.

12.5.6 Zellaufschluss

Bevor Sie ein Protein reinigen können, müssen natürlich zuerst die Zellen oder Bakterien, die das Protein enthalten, aufgeschlossen werden.

 Physikalische Aufschlussverfahren. Dazu werden verschiedene Apparate mit unterschiedlichen Aufschlussstärken verwendet:

- *Stickstoff-Kavitationsbombe*. Die Dekompression mit Stickstoff ist eine der sanfteren Methoden zum Aufschluss von eukaryotischen Zellen. Die Probe wird mit Stickstoff unter Druck gesetzt, sodass dieser sich in der Probe löst und auch in die Zellen gelangt. Wird der Druck nur entlassen, geht der Stickstoff wieder aus der Lösung, wobei die sich bildenden Blasen die Zellen aufbrechen. Sonst findet keine weitere Zerstörung der Zellen statt, sodass man auch intakte Organellen erhält. Die reduzierend wirkende Atmosphäre und die kühle Temperatur, die durch den Stickstoff bereitgestellt wird, schützen die Proteine zusätzlich vor Degradation.

- *Homogenisator.* Eine Art Mixer, der die Zellen mechanischen Scherkräften aussetzt. Ohne Zusatz von Glaskugeln nicht für Bakterien geeignet.

- *Ultraschallgenerator.* Ultraschallwellen erzeugen Mikroblasen, die nicht nur Zellen aufbrechen können, sondern auch DNA scheren. Glaskugeln können zugegeben werden, um Bakterien aufzuschließen.

- *Gefrierpresse.* Gefrorene Zellen werden durch eine enge Öffnung gepresst, sodass durch Scherung und explosive Dekompression so starke Kräfte entstehen, dass sogar Zellen mit robuster Zellwand aufgebrochen werden.

> Der Zellaufschluss bei tierischen Zellen ist relativ einfach im Vergleich zum Aufschluss von Hefen, Bakterien, Sporen oder Pflanzenzellen, die alle eine feste Zellwand aufweisen. Tierische Zellen werden üblicherweise mit Detergenzien, durch Stickstoffdekompression oder in einem Homogenisator aufgeschlossen.

- *Kugelmühle.* Bakterien, Sporen oder Hefen werden üblicherweise in Anwesenheit von Glas- oder Zirkoniumperlen heftig geschüttelt. Die Kollisionen mit den Perlen brechen selbst die stärksten Zellwände innerhalb weniger Minuten auf.

 Detergenzien. Die meisten eukaryotischen Zellen können einfach mit Detergenzien aufgeschlossen werden. Welches Detergens verwendet wird, hängt von der Art der anschließenden Verwendung ab. Prüfen Sie die Herkunft und Qualität Ihrer Detergenzien sorgfältig, weil die Qualität und Reinheit einen maßgeblichen Einfluss auf den Erfolg der Proteinisolierung haben.

- Anionische Detergenzien sind z.B. die Salze der Cholinsäure, Caprylsäure, Deoxycholinsäure und Natriumdodecylsulfat (SDS).

- Kationische Detergenzien sind z.B. Cetylpyridiniumchlorid und Benzalkoniumchlorid.

- Zwitterionische Detergenzien sind z.B. CHAPS und Phosphatidylcholin.

- Nichtionische Detergenzien sind z.B. Digitonin, Tween-20 (Polyoxyethylensorbitan oder Monolaurat) und Triton-X-100.

Nichtionische Detergenzien sind wesentlich milder und zerstören nicht die Kernmembran: Sie werden daher oft verwendet, um Zellen vor Immunpräzipitationsexperimenten zu lysieren. Mit einer 0,1%igen Triton-X-100-Lösung kann man die meisten Säugerzellen lysieren und eine 0,5%ige Lösung schadet den meisten isolierten Proteinen noch nicht. Viele Enzyme, wie Proteinase K, bleiben auch in Anwesenheit von Triton-X-100 aktiv.

 Proteaseinhibitoren. Wenn eine Zelle aufgeschlossen wird, werden auch Proteasen und andere degradierende Enzyme freigesetzt. Solange keine Proteaseinhibitoren im Aufschlusspuffer zugegeben werden, werden die zelleigenen Proteasen die zellulären Proteine zerstören.

> Weitere Inhibitoren, können, je nach Fragestellung, ebenfalls eingesetzt werden. Natriumvanadat ist z.B. ein Inhibitor von Proteinphosphatasen und wird immer dann eingesetzt, wenn ein phosphoryliertes Protein isoliert werden soll.

Tab. 12.3: Proteaseinhibitoren.

Inhibitor	inhibierte Proteasen	wirksame Konzentration	Stocklösung	Kommentar
Aprotinin	Serinproteasen	0,1–0,2 µg/ml	10 mg/ml in PBS	Vermeiden Sie wiederholtes Einfrieren.
EDTA	Metalloproteasen	0,5–2 mM	500 mM in H_2O, pH 8,0	
Leupeptin	Serin- und Thiolproteasen	0,5–2 µg/ml	10 mg/ml in H_2O	
α-Makroglobulin	breite Wirkung	1 Einheit/ml	100 Einheiten/ml in PBS	Vermeiden Sie reduzierende Chemikalien.
Pepstatin	saure Proteasen	1 µg/ml	1 mg/ml in Methanol	
PMSF	Serinproteasen	20–100 µg/ml	10 mg/ml in Isopropanol	Geben Sie es bei jedem Schritt frisch dazu.
TLCK	Trypsin	50 µg/ml	1 mg/ml in 50 mM Acetat, pH 5,0	Chymotrypsin wird nicht gehemmt.
TPCK	Chymotrypsin	100 µg/ml	3 mg/ml in Ethanol	Trypsin wird nicht gehemmt.

Übernommen von Boehringer Mannheim Biochemicals (1987). (Abgedruckt mit Genehmigung von Harlow und Lane, 1988)

12.5.7 Bestimmung der Proteinkonzentration

Welchen Test verwenden?

Die gebräuchlichsten Verfahren zur Bestimmung der Proteinkonzentration sind der Bradford-Test, der BCA-Test und die Messung der Extinktion bei 280 nm. In Ihrem Labor wird wahrscheinlich ein bestimmter Test bevorzugt, **also versuchen Sie es zuerst damit**, bevor Sie neue Reagenzien einkaufen. In den meisten Fällen ist der Bradford-Test die Methode der Wahl.

- Ergebnisse, die Sie mit verschiedenen Methoden erhalten haben, können Sie nicht direkt miteinander vergleichen. Sie müssen sich daran gewöhnen mit den relativen Konzentrationen zu arbeiten, die Sie mit einer Methode erhalten. Rinderserumalbumin (engl. *bovine serum albumin*, BSA) z.B. ergibt im Bradford-Test eine zweifach höhere Extinktion als erwartet (trotzdem wird BSA üblicherweise als Standard verwendet).

- Die Natur Ihres Proteins hat auch einen Einfluss darauf, welchen Test Sie verwenden sollten. Wenn Sie wissen, dass Ihr gereinigtes Protein kein Tryptophan enthält, sollten Sie sich nicht auf die Extinktion bei 280 nm verlassen. Falls Sie Detergenzien in Ihrer Probe haben, müssen Sie entweder einen Test wäh-

Wenn Sie wirklich absolute Mengen- bzw. Konzentrationsangaben benötigen, ist die beste Methode die quantitative Aminosäureanalyse, bei der das Protein zuerst in seine Aminosäuren hydrolysiert wird, diese derivatisiert und anschließend über eine Säulenchromatographie getrennt und quantifiziert werden.

Sie brauchen die Standardkurve nicht nur, um die Extinktion, die Sie messen, mit der Proteinmenge zu korrelieren, sondern auch, um den gültigen Messbereich für Ihren Test zu erfahren. Verwenden Sie keine Messwerte, die außerhalb Ihrer Standardkurve liegen.

len, der nicht durch Detergenzien beeinflusst wird, oder das Detergens entfernen (wird weiter unten beschrieben).

- Für alle Testverfahren gilt, dass Sie Ihre Probe bei jeder Messung mit einer Standardkurve vergleichen. Jedes gereinigte Protein kann prinzipiell als Referenzstandard verwendet werden, wenn nur die relativen Proteinkonzentrationen von Interesse sind. BSA und IgG werden häufig verwendet. Wenn Sie nicht gerade Antikörper messen, nehmen Sie BSA als Standard.

Biuret

Funktionsweise: Ursprünglich zum Nachweis von Biuret verwendet. Cu^{2+}-Ionen binden an Biuret und an die eine ähnliche Struktur aufweisenden Peptidbindungen in Proteinen. Die Cu^{2+}-Ionen werden reduziert und es entstehen blau/violette Cu^+-Protein-Komplexe, die man bei einer Wellenlänge von 540 nm misst.
Vorteile: Schnell. Vorteilhaft beim Überwachen von Proteintrennungen (z.B. bei der Ionenaustauschchromatographie), weil er weniger durch Salz beeinflusst wird als der Bradford-Test.
Nachteile: Bei geringen Proteinmengen nicht sehr genau.

BCA

Funktionsweise: Eine Erweiterung des Biuret-Testes. Kupfersulfat, das zu einer alkalischen Lösung von BCA (engl. *bicinchonic acid*, Bicinchoninsäure) gegeben wird, bildet apfelgrüngefärbte Komplexe. Gibt man zu dieser Lösung eine Proteinlösung, dann werden die Cu^{2+}-Ionen durch Interaktionen mit der Peptidbindung der Proteine zu Cu^+ reduziert, wodurch sich die Farbe des Komplexes nach violett mit einem Extinktionsmaximum von 562 nm verschiebt. BCA-Kits können von verschiedenen Herstellern gekauft werden.
Vorteile: Schnell, empfindlich, genau.
Nachteile: Wird durch Detergenzien und organische Lösungsmittel beeinflusst. Zeitabhängig, da sich die Farbentwicklung über 24 Stunden hinzieht.

Lowry (Folin-Ciocalteu)

Funktionsweise: Ähnlich wie BCA-Test. Nach der Reaktion der Kupfer-Ionen mit dem Protein wird das Folin-Phenol-Reagenz zugegeben, das zu einer blauen Verbindung reduziert wird. Die Extinktion wird bei 750 nm gemessen.
Vorteile: Braucht nur wenig Material.
Nachteile: Ist abhängig vom Vorhandensein von Tyrosinresten im Protein.

Bradford

Funktionsweise: Verwendet den Farbstoff Coomassieblau G-250, der bei einem pH-Wert <1 rötlich-braun ist, sich aber bei der Bindung an Proteine nach blau verändert, da sich der pK_S des gebundenen Farbstoffs verändert. Die blaue Farbe wird bei einer Wellenlänge von 595 nm gemessen. Auch das Bradford-Reagenz kann von verschiedenen Herstellern gebrauchsfertig gekauft werden.
Vorteile: Schnell, empfindlich, genau. Nicht zeitabhängig.
Nachteile: Detergenzkonzentrationen über 0,2% beeinflussen den Test.

Bestimmung der Extinktion bei 280 nm

Funktionsweise: Die aromatischen Aminosäuren, insbesondere Tryptophan, weisen eine starke Absorption bei 280 nm auf. Alle Proteine, die aromatische Reste enthalten (oder einen UV-absorbierenden Kofaktor) haben einen einzigartigen Extinktionskoeffizienten bei 280 nm.
Vorteile: Schnell, Probe wird nicht zerstört.
Nachteile: Nicht so genau wie andere Methoden.

Detergenzien in der Probe?

Detergenzien gehören zum Arbeiten mit Proteinen einfach dazu. Sie werden verwendet, um Zellen aufzuschließen und Proteine zu solubilisieren oder sogar zu denaturieren. Der Nachteil ist, dass sie sowohl Einfluss auf die Proteinbestimmung als auch auf die Funktion der Proteine haben können.

Um die Proteinkonzentration einer Probe zu bestimmen, die Detergenzien enthält, haben Sie zwei Möglichkeiten:

- Geben Sie das Detergens in der gleichen Konzentration zu Ihren Standardproben. Das ist eine unbedingte Notwendigkeit – und falls Sie Glück haben, bekommen Sie sogar eine genaue Bestimmung. Wahrscheinlicher ist es aber, dass die Zugabe des Detergens die Linearität der Eichkurve dramatisch beeinflusst bzw. verringert. Vielleicht können Sie Ihre Probe noch verdünnen (und damit auch das darin enthaltene Detergens), aber mit von vornherein schon sehr verdünnten Lösungen geht das nicht mehr.

- Benutzen Sie einen Test, der kompatibel mit Detergenzien ist. Verschiedene Firmen bieten Testverfahren für Proben mit und ohne Detergenzien an.

Wenn Sie ein Protein reinigen wollen, müssen Sie wahrscheinlich das Detergens früher oder später entfernen. Die Methoden zur Entfernung von Detergenzien sind vom Detergens, vom Protein und vom verwendeten Puffer abhängig. Allgemein kann man sagen, dass Detergenzien mit einer hohen kritischen Micellarkonzentration (engl. *critical micellar concentration*, CMC) sich einfach durch Verdünnung entfernen lassen, während Detergenzien mit niedriger CMC mit Methoden entfernt werden können, die auf der Molekülmasse basieren. Für Ihre spezielle Anwendung müssen Sie wahrscheinlich jemanden um Rat fragen; gerade wenn Sie mit einem schwer zu reinigenden Protein arbeiten, ist jetzt nicht die Zeit für Experimente. Die falsche Temperatur oder Salzkonzentration – schon verwandelt sich Ihre wertvolle Probe in Kristalle oder Schlamm.

 Möglichkeiten zur Entfernung von Detergenzien

(übernommen von Harlow und Lane, 1988)

1. Ionische Detergenzien.

   - Führen Sie eine Gelfiltration auf einer Sephadex-G-25-Säule durch. Bei einigen Proteinen müssen Sie die Säule in einem anderen Detergens unterhalb von dessen CMC äquilibrieren.

   - Denaturieren Sie die Proteine mit 8 M Harnstoff und geben Sie sie auf einen Ionenaustauscher. Das Detergens bindet auf der Säule, das Protein in 8 M Harnstoff fließt durch. Dialysieren Sie den Durchlauf, um den Harnstoff zu entfernen.

2. Nichtionische Detergenzien.

– Führen Sie eine Gelfiltration auf einer Sephadex-G-200-Säule durch. Bei einigen Proteinen müssen Sie die Säule in einem anderen Detergens unterhalb von dessen CMC äquilibrieren.

– Wenn möglich, verdünnen Sie die Probe und dialysieren Sie sie extensiv gegen Deoxycholat, dann entfernen Sie das Deoxycholat langsam, wiederum durch Dialyse.

– Binden Sie das Protein an eine Affinitäts- oder Ionenaustauschsäule, waschen Sie ausgiebig, um das Detergens zu entfernen und eluieren Sie das Protein anschließend. Bei einigen Proteinen müssen Sie die Säule in einem anderen Detergens unterhalb dessen CMC äquilibrieren.

3. Amphotere (zwitterionische) Detergenzien.

– Wenn möglich, verdünnen Sie die Probe.

– Dialysieren Sie die Probe.

12.5.8 Antikörper

Antikörper sind Proteine, die von Lymphozyten sekretiert werden und gegen körperfremde Moleküle gerichtet sind. Sie sind nicht nur ein unerlässlicher Bestandteil unseres Immunsystems, sondern auch ein wichtiges Werkzeug im Labor.

Polyklonale Antikörper gegen ein Antigen werden *in vivo* erzeugt, indem das Antigen in ein Tier injiziert wird. Sie bestehen aus einer heterogenen Mischung von Immunglobulinen mit verschiedenen Affinitäten gegen unterschiedliche Epitope desselben Antigens.

Monoklonale Antikörper werden *in vitro* hergestellt, sie werden von Zellen gebildet, die aus der Fusion einer immortalisierten Myelomzelle mit einer antikörpersekretierenden Plasmazelle entstanden sind (Abb. 10.1). Die gesamte Zellkultur produziert nur einen Antikörpertyp, üblicherweise ein IgG, der gegen ein bestimmtes Epitop gerichtet ist.

 Beschaffung von Antikörpern

- Antikörper können Sie kaufen, von anderen Wissenschaftlern bekommen oder selbst herstellen. Im Kapitel 10 wurden einige Quellen für Zelllinien genannt, dort können Sie auch eventuell Antikörper bekommen. Ein guter Startpunkt zur Suche im Internet ist www.antibodyresource.com.

- Polyklonale Antikörper können relativ einfach hergestellt werden. Wenn Sie für Ihre Arbeit regelmäßigen Nachschub an Antikörpern brauchen, sollten Sie sie selbst machen (oder machen lassen). Monoklonale Antikörper sollten Sie nur selbst machen, wenn Sie in einem Labor oder Institut arbeiten, in dem monoklonale Antikörper routinemäßig hergestellt werden.

- Bleiben Sie bescheiden, wenn Sie einen anderen Wissenschaftler nach einem polyklonalen Antikörper fragen. Im Gegensatz zu monoklonalen Antikörpern sind diese meistens nur in limitierten Mengen vorhanden. Wenn Ihre Experimente funktionieren und Sie mehr Antikörper brauchen, müssen Sie ihn selbst herstellen oder kaufen.

 Verwendungszwecke

Antikörper können radioaktiv markiert oder mit Enzymen gekoppelt werden, sodass das Protein, das die Antikörper erkennen, sichtbar gemacht und quantifiziert werden kann.

- *Zellfärbung*. Markierte Antikörper können benutzt werden, um Proteine in der Zelle zu lokalisieren.

- *Immunoassays*. Der Antikörper wird als Reagenz verwendet, der die Funktion oder Anwesenheit eines Antigens überprüft.

Tab. 12.4: Immunochemische Techniken, polyklonale und monoklonale Antikörper im Vergleich.

Technik	polyklonale Antikörper	monoklonale Antikörper	Gemisch aus poly- und monoklonalen Antikörpern
Zellfärbung	in der Regel gut	antikörperabhängig	sehr gut
Immunpräzipitation	in der Regel gut	antikörperabhängig	sehr gut
Immunoblots	in der Regel gut	antikörperabhängig	sehr gut
Immunoaffinitätsreinigung	schlecht	antikörperabhängig	schlecht
Immunoassays markierte Antikörper markiertes Antigen	schwierig in der Regel gut	gut antikörperabhängig	sehr gut sehr gut

(Abgedruckt mit Genehmigung von Harlow und Lane 1988)

- *Immunoblots*. Besser bekannt als Western-Blots. In einer auf einer Membran gebundenen Probe kann das Vorkommen und die Menge eines spezifischen Proteins nachgewiesen werden.

- *Immunoaffinitätsverfahren*. Das Protein, gegen das der Antikörper gerichtet ist, kann isoliert und gereinigt werden.

 Lagerung

- Antikörper werden am besten in Portionen bei –20 °C gelagert. Wiederholtes Einfrieren und Auftauen vertragen die meisten Antikörper nicht sehr gut.

- Ein „Arbeitsaliquot" kann für mindestens 6 Monate bei 4 °C gelagert werden.

- Natriumazid in einer Endkonzentration von 0,02% unterdrückt Bakterienwachstum.

 Tipps

- Sie sollten das Tier kennen, aus dem Ihr Antikörper stammt. Dadurch wird bestimmt, welchen Zweitantikörper Sie verwenden müssen, der in einigen Testverfahren benötigt wird. Polyklonale Antikörper stammen meistens aus Kaninchen oder Esel, monoklonale Antikörper aus Maus, Ratte oder Hamster.

- Zentrifugieren Sie den Antikörper vor Benutzung kurz an, um präzipitiertes Material zu entfernen. Das verhindert hohe Hintergrundsignale in einer Vielzahl von Testverfahren.

- Das 42 kDa große Protein A, das aus der Zellwand von *Staphylococcus aureus* stammt, und Protein G, ein 30-35 kDa großes Protein, das aus bestimmten β-hämolytischen Streptococcen isoliert wird, binden stark an Antikörper und sind daher hilfreiche Werkzeuge zur Immunpräzipitation oder Lokalisierung von Antikörpern. Protein A und G können auch an Agarosekügelchen gekoppelt oder markiert werden und binden an die meisten (aber nicht alle) Antikörpersubklassen.

12.6 Quellen und Ressourcen

Adams D.S. 2003. *Lab math: A handbook of measurements, calculations, and other quantitative skills for use at the bench.* Cold Spring Harbor Laboratory Press, Cold Spring Harbour, New York.

Antikörper-Ressourcen-Homepage: http://www.antibodyresource.com

Ausubel F.M., Brent R., Kingston R.E., Moore D.D., Seidman J.G., Smith J.A., Struhl K. (Hrsg.) 2001. *Current protocols in molecular biology.* John Wiley and Sons, New York. http://www.wiley.com/legacy/cp/cpmb erhältlich als Loseblattsammlung, auf CD-ROM und in web-basiertem Format.

BioGuide-PCR J. Weizmann Institute of Science, Genome and Bioinformatics http://bioinformatics.weizman.ac.il/mb/bioguide/pcr/contents.html Eine Liste mit Programmen für das Designen von PCR-Primern und weitere Informationen zur PCR. Cell and Molecular Biology Online http://www.cellbio.com

BenchGuide, Qiagen, http://www.qiagen.com/literature/benchguide/default.aspx

Clark D.P., Russell L.D. 2000. *Molecular biology made simple and fun,* 2. Aufl. Cache River Press, Vienna, Illinois. Comprehensive Protocol Collection. 2000. Ambros Lab, Dartmouth College. http://www.dartmouth.edu/artsci/bio/ambros/protocols.html

Dieffenbach C.W., Dveksler G.S. (Hrsg.) 2003. PCR *primer: A laboratory manual,* 2. Aufl. Cold Spring Harbor Laboratory Press, Cold Spring Harbor, New York.

Harlow E., Lane D. 1988. *Antibodies: A laboratory manual.* Cold Spring Harbor Laboratory, Cold Spring Harbor, New York.

Harlow E., Lane D. 1999. *Using antibodies: A laboratory manual.* Cold Spring Harbor Laboratory Press, Cold Spring Harbor, New York.

Hopkins T.R. 1991. Physical and chemical cell disruption for the recovery of intracellular proteins. In *Purification and analysis of recombinant proteins,* Kap. 3 (Hrsg. R. Seeetharam und S. Sharma). Marcel Dekker, New York.

Lab FAQS, Roche Applied Science, https://www.roche-applied-science.com/PROD_INF/MANUALS/labfaqs/lab_faqs.pdf

Molecular Biology Protocols. 2003. http://micro.nwfsc.noaa.gov/protocols Determine the Tm, MW of oligos.

Molecular Biology Protocols on the World Wide Web. 2003. Highveld.com http://highveld.com/f/fprotocols.html

Mühlhardt C. 2008. *Der Experimentator: Molekularbiologie/Genomics.* 6. Auflage, Spektrum Akademischer Verlag, Heidelberg.

Ramachandra S. 1990. Using the HETO Vacuum Concentrator. http://hdklab.wustl.edu/lab_manual/12/12_13.html

Recombinant DNA Technology Course, Computational Biology Centers, University of Minnesota, copyright 1994–1997. http://lenti.med.umn.edu/recombinant_dna/recombinant_flowchart.html

Rehm H., Letzel T. 2009. Der Experimentator: Proteinbiochemie/Proteomics. 6. Auflage, Spektrum Akademischer Verlag, Heidelberg

Zyskind J.W., Bernstein S.I. 1992. Recombinant DNA laboratory manual, Überarbeitete Auflage. *Academic Press, San Diego.*

13 Radioaktivität

Radioaktivität entsteht durch das spontane Freisetzen von Partikeln und/oder elektromagnetischer Energie aus einem Atomkern. Für die Praxis bedeutet das, dass ein „normales" Molekül durch die Zugabe eines radioaktiven Atoms markiert werden kann, und dass dieses dann radioaktive Molekül von den normalen Molekülen unterschieden werden kann. Die Entdeckung, dass Verbindungen durch Stoffwechselvorgänge radioaktiv markiert und somit das Schicksal der markierten Substanz in *in vitro*- und *in vivo*-Systemen verfolgt werden kann, hat unter anderem zur Entwicklung der Molekularbiologie beigetragen. Auch heute ist die Verwendung von Radioaktivität für viele Forschungsgebiete unerlässlich.

Radioaktivität ist von einer Aura der Gefahr umgeben, aber die Radioaktivität, die meistens im Labor verwendet wird, ist – bei richtiger Anwendung – nicht gefährlicher als übliche Lösungsmittel oder infektiöse Agenzien. Nichtsdestotrotz gibt es für fast jede radioaktive Methode auch nicht-radioaktive Alternativen, die es wert sind, sich mit ihnen zu beschäftigen.

Allgemein ist die Verwendung von Radioaktivität auch rückläufig. Klassische radioaktive Methoden wie die Markierung von DNA-Sonden für den Nachweis von DNA oder RNA in Southern- bzw. Northern-Blots oder die DNA-Sequenzierung werden heute fast ausschließlich mit nicht-radioaktiven Alternativen durchgeführt. Auch die Untersuchung bzw. Aufklärung von Stoffwechselwegen durch radioaktiv markierte Metaboliten wird heute zum großen Teil durch den Einsatz schwerer (nicht-radioaktiver) Isotopen in Verbindung mit massenspektrometrischen Nachweismethoden durchgeführt.

13.1 Eigenschaften radioaktiver Elemente

- Das Maß, das für die Zell- und Molekularbiologen am interessantesten ist, ist die spezifische Aktivität; sie ist eine Angabe darüber, wie „heiß" ein bestimmtes Molekül ist.

- Ein weiteres wichtiges Maß ist die Halbwertszeit eines radioaktiven Elements. Die spezifische Aktivität sagt klar aus, wie viel Strahlung bzw. Zerfälle pro Sekunde auftreten und mit der Halbwertszeit kann man berechnen, wie lange es dauert, bis die Hälfte der möglichen Zerfälle stattgefunden hat.

- Radioaktive Strahlung tritt in verschiedenen Formen auf, z.B.:
  α-Strahlung (2 Protonen plus 2 Neutronen): ^{241}Au, ^{210}Po
  β-Strahlung (Elektronen): ^{3}H, ^{14}C, ^{35}S, ^{33}P, ^{32}P
  γ-Strahlung (elektromagnetische Strahlung): ^{125}I, ^{51}Cr
  Neutronenstrahlung: ^{252}Cf

- Wenn α- oder β-Partikel durch Materie dringen, erzeugen sie Ionen, weil sie Elektronen aus den Orbitalen der Moleküle schlagen, die sie durchdringen. Die Strahlung wird daher auch als ionisierende Strahlung bezeichnet. Ionisierende Strahlung kann gemessen werden, indem man Sie durch trockene Luft leitet und die Zahl der gebildeten Ionen misst. Das passiert z.B. im Geiger-Müller-Zähler.

Tab. 13.1: Einige Einheiten bei Radioaktivitätsmessungen.

Messung	Einheiten	Angabe
Spezifische Aktivität (z.B. GBq/g, MBq/µl, MBq/µmol)	Bequerel (Bq)[a] Megabequerel (MBq) Gigabequerel (GBq) 1 Bq = 1 Zerfall pro Sekunde	Menge der Kernzerfälle pro Sekunde
Ionendosis	Coulomb/kg (ältere Einheit: Röntgen)	Menge an ionisierender Strahlung, die benötigt wird, um $2{,}58 \times 10^{-4}$ Coulomb/kg Luft zu erzeugen.
Energiedosis (absorbierte Strahlungsenergie)	Gray (Gy) (ältere Einheit: rad, 1 rad = 1 cGy)	Energie pro Kilogramm Masse (J/kg)
Äquivalentdosis	Sievert (Sv) (ältere Einheit: rem, 1 rem = 1 cSv)	Dosis in Gray × Wirkungsfaktor[b]

[a]Das Becquerel ist die internationale Standardeinheit der Radioaktivität, aber häufig wird noch das Curie (Ci) verwendet. Für die Umrechnung gilt: $1\text{ Ci} = 3{,}7 \times 10^{10}\text{ Bq}$ $1\text{ Bq} = 2{,}7 \times 10^{-11}\text{ Ci}$

[b]Der Wirkungsfaktor ergibt sich aus der Strahlung und ist für β- und γ-Strahlung z.B. 1, für α-Strahlung aber 20.

13.2 Beschaffen von Radioisotopen

13.2.1 Qualifikation

Verkauf, Transport, Benutzung und Entsorgung von Radioaktivität ist gesetzlich reguliert (in Deutschland z.B. durch das Atomgesetz und die daraus resultierende Strahlenschutzverordnung). Ihr erster Schritt muss daher sein, zu prüfen, ob Sie überhaupt mit Radioaktivität arbeiten dürfen.

Auf die 118 Paragraphen (und 16 Anlagen) umfassende Strahlenschutzverordnung kann hier natürlich nicht im Detail eingegangen werden, aber einige allgemeine Regelungen sind:

- Das Arbeiten mit radioaktiven Stoffen (selbst mit ^{3}H und ^{14}C) findet grundsätzlich in speziellen Räumen statt, die sogar zusätzlich durch Schleusen vom „nicht-radioaktiven" Bereich des Instituts abgetrennt sein können. Der Zugang zu diesen Räumen kann durch spezielle Schlüssel reguliert sein.

- Bevor Sie mit radioaktiven Stoffen arbeiten, müssen Sie sich ärztlich untersuchen lassen.

- Sie müssen vor Beginn der Arbeiten und danach regelmäßig über die Sicherheitsbestimmungen belehrt werden, die beim Umgang mit radioaktiven Stoffen gelten.

> Leihen Sie sich keine Radioisotope von jemand anderem aus und beginnen Sie keine radioaktiven Arbeiten, bevor Sie die Erlaubnis dazu erhalten haben.

- Verantwortlich für den Strahlenschutz sind der Strahlenschutzverantwortliche und der Strahlenschutzbeauftragte. Der Strahlenschutzverantwortliche ist der Betreiber der Anlage, z.B. die Universität, der Strahlenschutzbeauftragte ist eine beauftragte Person, die für die praktische Umsetzung und Einhaltung der Vorschriften verantwortlich ist. Der Strahlenschutz „vor Ort" wird häufig durch den Sicherheitsbeauftragten des Instituts kontrolliert.

- Eventuell muss Ihre Strahlenbelastung gemessen werden. Das geschieht üblicherweise durch das Tragen eines Dosimeters.

Abb. 13.1: Das allgemeine Radioaktivitätszeichen sollte überall angebracht werden, wo Radioaktivität verwendet, gelagert oder entsorgt wird.

- Sie können radioaktive Stoffe nicht selbst bestellen, sondern nur über eine dafür verantwortliche Person. So wird auch verhindert, dass aus Versehen ein Radioisotop bestellt wird, für das keine Genehmigung vorliegt.

13.2.2 Welche Radioaktivität wofür?

Die radioaktiven Experimente, die Sie planen, sind natürlich von der Natur der Radioaktivität abhängig. Sie müssen folgendes berücksichtigen:

- Welche **Moleküle** wollen Sie markieren?
- Welches **Isotop** soll dazu verwendet werden?
- Die **spezifische Aktivität.**
- Die **Halbwertszeit.**
- Die **Menge.**
- Die **Konzentration.**
- Die **Effizienz** der Markierungsmethode und das **Nachweisverfahren**, das Sie nutzen wollen.

 Was wollen Sie markieren?

Durch die Anwendung ist natürlich meistens festgelegt, welches Molekül markiert werden muss, aber auch hier kann es noch Alternativen geben.

Metabolische Markierung. Um eine Zelle oder einen Organismus metabolisch zu markieren, wird eine Vorstufe eingesetzt, die dann durch die Zelle in das Molekül oder in die Struktur eingebaut wird, die Sie untersuchen wollen. Ein bestimmtes Molekül spezifisch zu markieren, kann ziemlich trickreich sein, denn Sie müssen die Stoffwechselwege kennen, um sich für die richtige Vorstufe zu entscheiden. Die Synthese von DNA ist z.B. gut untersucht und beschrieben, zur Markierung neu synthetisierter DNA wird Thymidin in Form des radioaktiven Moleküls 5-Methyl-[^{3}H]-thymidin gegeben. Die Menge der eingebauten Markierung wird bestimmt, indem die DNA mit Trichloressigsäure gefällt wird, das Präzipitat gesammelt und anschließend in einem Szintillationszähler ausgezählt wird. *In vivo* kann der Einbau durch Autoradiographie der Zellen untersucht werden.

Anstatt eine spezifische Vorstufe zu verwenden, können durch Zugabe einer unspezifischen Vorstufe wie z.B. ^{32}P auch viele Strukturen in Zellen oder Organismen metabolisch markiert werden. Dadurch werden zwar viele unterschiedliche Moleküle markiert, aber mit einem spezifischen Antikörper oder einem anderen Bindeprotein können die gewünschten Proteine von der Masse der markierten Moleküle getrennt werden. Dafür müssen Sie natürlich wissen, welche Hilfsmittel Ihnen zur Verfügung stehen.

Die genaue Position der Markierung im Molekül kann, muss aber nicht wichtig für das Experiment sein. Es muss aber sichergestellt sein, dass die Markierung nicht durch eine enzymatische Reaktion entfernt wird. Wenn Sie es nicht gerade mit einem sehr exotischen Molekül zu tun haben, werden Ihnen die Serviceabteilungen der Firmen, die Radioisotope verkaufen, sicherlich helfen können.

In situ-*Hybridisierungen*. Zum Nachweis bestimmter DNA- oder RNA-Moleküle können sowohl Sonden aus DNA oder RNA als auch aus Oligonucleotiden verwendet werden. RNA-Sonden können durch effizienten Einbau markierter Nucleotide eine sehr hohe spezifische Aktivität erreichen, außerdem sind einzelsträngige RNA-Sonden sensitiver als DNA-Sonden, da sie nicht mit sich selbst hybridisieren können und so die gesamte Sonde zur Hybridisierung zur Verfügung steht. Oligonucleotidsonden werden zwar weniger effektiv markiert, sind aber besser geeignet, um zwischen zwei sehr ähnlichen Sequenzen zu unterscheiden.

^{32}P-markiertes ATP kann z.B. am innersten Phosphat (dem α-Phosphat) oder dem äußersten Phosphat (dem γ-Phosphat) markiert sein. Eine Proteinkinase überträgt die äußerste Gruppe auf ein Protein; um das Protein zu markieren, benötigen Sie also γ-^{32}P-ATP. Eine RNA-Polymerase spaltet das γ- und das β-Phosphat als Diphosphat ab; um eine RNA-Sonde herzustellen, müssen Sie also α-^{32}P-ATP einsetzen.

Glucose

D-[6-^{3}H]Glucose

D-[2-^{3}H]Glucose

D-[5-^{3}H]Glucose

D-[U-^{14}C]Glucose

D-[6-^{14}C]Glucose

D-[1-^{14}C]Glucose

D-[3-^{3}H]Glucose

L-[1-^{14}C]Glucose

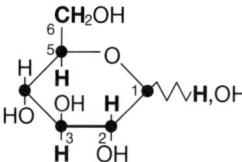

Abb. 13.2: Einige Moleküle, wie etwa dieses Glucosemolekül, können an verschiedenen Positionen markiert werden. Achten Sie darauf, dass die Position der Markierung für Ihre Zwecke geeignet ist. (Nachgezeichnet mit Genehmigung von GE Healthcare BioSciences)

 Welches Isotop soll verwendet werden?

Die chemische Identität eines Elements ist durch die Zahl der Protonen im Atomkern festgelegt. Atome, die die gleiche Anzahl von Protonen, aber eine unterschiedliche Anzahl von Neutronen haben, werden als Isotope bezeichnet. Radioisotope sind die radioaktiven Formen eines Elements. „Normaler" Kohlenstoff (^{12}C) hat z.B. 6 Protonen und 6 Neutronen im Kern, während das radioaktive Isotop, das für metabolische Markierungsexperimente genutzt wird, 8 Neutronen im Kern aufweist (^{14}C).

Jedes Isotop hat seine eigene Art der Strahlung und eine andere Halbwertszeit. Welches Isotop verwendet wird, hängt natürlich von dem zu markierenden Molekül ab. Einige radioaktive Elemente müssen in das Molekül eingebaut werden, andere können unspezifisch daran gebunden werden.

Die Art der Strahlung bestimmt das Nachweisverfahren und die Sicherheitsbestimmungen, die das sichere Arbeiten gewährleisten.

Eine der wichtigen Entscheidungen ist die Abwägung von **Empfindlichkeit** gegen **Auflösung**, die ein bestimmtes Isotop bietet.

DNA-Sequenzierung. Hier muss man eine Balance zwischen Empfindlichkeit (längere Sequenz, starke Signale, verschmierte Banden) und Auflösung (bessere Lesbarkeit, klarere Banden) für die spezielle Anwendung finden.

Bessere Empfindlichkeit: $^{32}P > {}^{33}P > {}^{35}S$
Bessere Auflösung: $^{35}S > {}^{33}P > {}^{32}P$

Box 13.1: Radioaktive Isotope und ihre Eigenschaften

Isotop	Strahlung	Halbwertszeit	Zerfallsprodukt	Energie (maximal, in MeV)
^{3}H	β, schwach	12,4 Jahre	^{3}He	0,019
^{14}C	β, schwach	5730 Jahre	^{14}N	0,156
^{35}S	β, schwach	87,4 Tage	^{35}Cl	0,167
^{33}P	β, mittel	25,4 Tage	^{33}S	0,249
^{32}P	β, stark	14,3 Tage	^{32}S	1,709
^{125}I	γ	60 Tage	^{125}Te	0,035
	Röntgen			0,027
	Auger-Elektronen			0,03

Wenn Sie noch nicht genau wissen, was für Sie wichtiger ist, sollten Sie die Kombination von Empfindlichkeit und Auflösung wählen, die Ihnen ^{33}P bietet.

In vitro-Hybridisierungen. Isotope mit einer hochenergetischen Strahlung bringen die beste Empfindlichkeit, aber die hochenergetischen Partikel, die bei Zerfall des Isotops entstehen, erzeugen auch eine Streuung der Signale und somit eine geringere Auflösung. Isotope mit niederenergetischer Strahlung liefern eine hohe Auflösung, dafür benötigen sie aber sehr lange Expositionszeiten (Wochen bis Monate).

Tab. 13.2: Eigenschaften von Isotopen, die für die Markierung von Sonden eingesetzt werden.

Isotop	^{32}P	^{33}P	^{35}S	^{125}I	^{3}H
Emissionsenergie (MeV)	1,71	0,249	0,167	0,035	0,018
Auflösung (µm)	20–30	15–20	10–15	1–10	0,5–1,0
Anwendung	großflächige Parameter-Optimierung *in situ*	Lokalisierung auf zellulärer Ebene	Lokalisierung auf zellulärer Ebene	subzelluläre Lokalisation	subzelluläre Lokalisation
Vorteil der Markierung	Nachweis mittels Röntgenfilm, kurze Expositionszeiten	kurze Expositionszeiten	kurze Expositionszeit, mittlere Auflösung	hohe Sensitivität, kurze Expositionszeit, gute Auflösung	hohe Auflösung
Nachteil der Markierung	niedrige Auflösung			γ-Strahler	lange Expositionszeit

(verändert mit Genehmigung von GE Healthcare Bio-Sciences)

 Spezifische Aktivität

Die spezifische Aktivität ist die Radioaktivitätsmenge pro Materialmenge. Wenn das Molekül, das Sie markieren wollen, selten vorkommt, ist es besser, mit einer hohen spezifischen Aktivität zu beginnen. „Viel hilft viel" ist aber nicht immer der beste Ratschlag. Zum einen kann die Radioaktivität für Ihr Nachweissystem zu hoch sein, zum

> Je kürzer die Halbwertszeiten sind, desto höhere spezifische Aktivitäten (Zerfälle pro Sekunde pro Mol) können erreicht werden.

anderen wird das Experiment dadurch gefährlicher. Die spezifische Aktivität verändert sich nicht mit der Zeit, aber die Gesamtmenge an Radioaktivität verringert sich durch den Zerfall, sodass Sie die einzusetzende Menge erhöhen müssen. Nach 14,3 Tagen ist z.B. die Hälfte des vorhandenen ^{32}P zu ^{32}S zerfallen.

 Halbwertszeit

Die Halbwertszeit ($T_{1/2}$) eines radioaktiven Isotops ist die Zeit, die vergeht, bis die Anzahl der radioaktiven Kerne auf die Hälfte der ursprünglichen Zahl abgesunken ist. Die Halbwertszeit bestimmt, wie viel Aktivität nach einer gewissen Zeit noch vorhanden ist und wie lange ein Isotop gelagert werden muss, bevor es entsorgt werden kann. Kritisch ist das allerdings nur bei Isotopen mit kurzer Halbwertszeit.

Box 13.2: Beispiel

Wenn man z.B. ^{33}P anstatt ^{32}P und ^{35}S verwendet, verkürzt man die Abklingzeit des Abfalls und somit die Wartezeit vor der Entsorgung. Die Energie der Strahlung von ^{33}P ist nur 1/7 so hoch wie bei ^{32}P und man verringert so die mögliche Exposition der Experimentatoren mit möglicherweise gefährlicher Strahlung und erhält gleichzeitig eine bessere Auflösung. Allerdings sind ^{33}P-markierte Nucleotide und Desoxynucleotide teurer.

Zeitpunkt der Verwendung

Bestellen Sie Ihre markierten Verbindungen so, dass Sie eine unnötig lange Lagerung vermeiden. Berücksichtigen Sie dabei auch die Halbwertszeit der Verbindung: Wenn Ihre Verbindung eine Halbwertszeit von nur 14 Tagen hat (wie z.B. ^{32}P), ist es nicht sinnvoll, sie drei Wochen vor Beginn eines Experiments zu bestellen.

 Menge

Kaufen Sie nur *was Sie brauchen*! Der Preis von 1 mCi einer bestimmten Substanz beträgt vielleicht 50 Euro und für 2 mCi vielleicht nur 60 Euro, daher ist es natürlich verlockend, die größere Menge zu bestellen, nur zur Sicherheit. *Aber die Entsorgung von langlebigen Radioistopen kostet auch Geld.* Außerdem kommen Sie nur auf dumme Gedanken und führen unlogische und verschwenderische Experimente durch, um die restliche Radioaktivität aufzubrauchen.

Achten Sie darauf, dass Firmen bestimmte Verbindungen nur an bestimmten Tagen oder in bestimmten Wochen herstellen. Es ist daher nicht immer möglich, das Isotop dann zu bekommen, wenn Sie es gerade brauchen könnten. Erkundigen Sie sich vorher nach den möglichen Lieferterminen.

Bestellungen

Die Bestellung und Lieferung von Radioisotopen wird üblicherweise zentral kontrolliert. Häufig wird der Bestellvorgang über den Strahlenschutzbeauftragen abgewickelt. Machen Sie sich mit den Vorgängen vertraut, es läuft anders ab, als die Bestellung einer einfachen Chemikalie.

Wenn Sie Ihre Ware erhalten, prüfen Sie sie sorgfältig. Alle Lieferanten können Fehler machen. Achten Sie darauf, dass Material und Menge Ihrer Bestellung entsprechen und dass das Volumen zu stimmen scheint.

Heben Sie das Sicherheitsdatenblatt auf. Es enthält wichtige Informationen über die Menge der Radioaktivität und die Bedingungen für Verwendung und Lagerung.

13.3 Durchführung radioaktiver Experimente

13.3.1 Regeln zum Umgang mit Radioaktivität

- **Kümmern Sie sich um die notwendigen Genehmigungen, bevor Sie irgendein Experiment starten.** Die Verwendung von Radioaktivität im Labor unterliegt strengen gesetzlichen Regelungen. Nicht genehmigte Arbeiten sind gefährlich und strafbar und können zum Schließen des Labors führen.

- **Arbeiten Sie nur in den Bereichen, die für radioaktives Arbeiten gedacht sind.** Mit kleinen Mengen ^{3}H und ^{14}C können Sie vielleicht noch an Ihrer eigenen Arbeitsbank arbeiten, aber üblicherweise müssen radioaktive Arbeiten in einem besonderen Isotopenlabor durchgeführt werden.

- **Bedecken Sie die Oberflächen der Arbeitsbank mit auf der Unterseite beschichtetem Saugpapier oder einer Schale.** Entfernen Sie das Papier oder die Schale, wenn Sie Ihre Arbeiten beendet haben.

- **Verfahren, bei denen Aerosole entstehen können (z.B. Benutzung von Ultraschall, Jodierung), müssen unter einem Abzug durchgeführt werden.** Für Jodierungsexperimente muss der Abzug speziell zertifiziert sein. Wenn möglich, sollten Sie Rotoren und Flaschen hinter einer Abschirmung öffnen.

- **Tragen Sie immer einen Kittel und Handschuhe, wenn Sie mit Radioaktivität arbeiten.** Benutzen Sie zwei Paar ungepuderter Latexhandschuhe, wenn Sie mit ^{125}I oder großen Mengen von ^{32}P arbeiten. Wechseln Sie die Handschuhe regelmäßig.

- **Kontrollieren Sie die Arbeitsfläche regelmäßig auf Kontaminationen.** Tun Sie das **vor**, **während** und **nach** dem Experiment. Mikroliterpipetten werden häufig kontaminiert. Denken Sie auch daran, das Messgerät selbst zu überprüfen.

- **Überprüfen Sie sich selbst.** Sie müssen ein Dosimeter tragen, wenn Sie mit γ- oder hochenergetischen β-Strahlern arbeiten. Testen Sie während der Arbeiten mit einem Geigerzähler, ob Sie selbst kontaminiert sind. Testen Sie insbesondere die Handschuhe regelmäßig. Messen Sie sich nach den Arbeiten aus.

- **Vermeiden Sie Müllanhäufung und führen Sie die Abfallentsorgung nur auf die vorgeschriebene Weise durch.** Sie müssen vor Beginn der Versuche wissen, wo Sie radioaktive Glasmaterialien, Lösungsmittel, biogefährdende Stoffe und Müll entsorgen können.

- **Informieren Sie die anderen Labormitglieder,** wenn Sie Experimente mit mehr als $10\,\mu$Ci durchführen. Markieren Sie alle Geräte, die Sie benutzen, z.B. Zentrifugen und Inkubationsschränke, sodass die anderen Labormitglieder Ihnen aus dem Weg gehen können, um ihre Exposition zu verringern.

- **Führen Sie Aufzeichnungen über Bestellung, Verwendung und Entsorgung aller radioaktiven Materialien.**

13.3.2 Sicherheitsfragen

„Ist es sicher?" Kein Thema ist so angstbehaftet wie Radioaktivität. Schwangere Frauen gehen manchmal nicht mal in die Nähe von Radioaktivität, und Labormitarbeiter weigern sich vielleicht, den radioaktiven Abfall zu entsorgen. Allerdings sind die Mengen an radioaktivem Material, mit denen üblicherweise gearbeitet wird, so gering, dass sie wesentlich weniger gefährlich sind als andere häufig gebrauchte Chemikalien im Labor.

Das soll nicht heißen, dass man das Arbeiten mit Radioaktivität auf die leichte Schulter nehmen sollte. Wenn Sie mit Radioaktivität arbeiten, müssen Sie jeden einzelnen Schritt sorgfältig planen. Alles, von der Beschaffung des Ausgangsmaterials bis zur Entsorgung der Reste, muss wohl überlegt sein. Vermutungen sind nicht erlaubt und man muss sich **immer und jedes Mal** an die Regeln halten. Das ist es, was einige abschreckt. Aber gerade das sorgfältige Überlegen und das Errichten mehrerer Sicherheitskontrollen schützt einen dann, wenn Fehler auftreten.

Lange Rede, kurzer Sinn: Ja, wenn man sich an die Regeln hält, ist es prinzipiell sicher, mit Radioaktivität zu arbeiten. Aber einige Punkte sind besonders zu beachten:

- **Einige Isotope sind gefährlicher als andere.** Hochenergetische β-Strahler (^{32}P) können theoretisch größere Schäden verursachen als niederenergetische (^{35}S, ^{3}H, ^{14}C). Alle γ-Strahler, selbst die mit niedriger Energie (^{125}I), können den Körper durchdringen.

- **Große Mengen Radioaktivität stellen eine größere Gefahr dar als kleine.** Minimieren Sie die Größe Ihrer Experimente und die Anzahl der Proben.

> Allerdings stellt die Sorglosigkeit, die sich beim Arbeiten mit niederenergetischen Isotopen einstellen kann, auch eine Gefahr dar.

- **Bestimmte Prozeduren beinhalten größere Gefahren als andere.** Die Markierung einer DNA *in vitro* ist viel sicherer als die Markierung ganzer Zellen mit anschließender Isolierung der markierten Zellbestandteile. Bei letzterem müssen große Mengen Radioaktivität eingesetzt werden, die Zellen aufgeschlossen und mehrere Zentrifugations- und Pipettierschritte durchgeführt werden. Je einfacher das Experiment, desto sicherer. Die Jodierung von Proteinen mit radioaktivem Jod ist gefährlicher als die meisten Routinemarkierungsexperimente, weil Jod flüchtig ist.

- **Sie können sich selbst unter Kontrolle halten, aber Sie können sich nicht immer gegen die Fehler anderer schützen.** Das „Macho-Phänomen" ist nirgends so präsent, wie beim Arbeiten mit Radioaktivität. Obwohl einigen Laboren alle notwendigen Sicherheitsmaßnahmen zur Verfügung stehen, haben manche Personen große Freude daran, die Regeln zu missachten und falsche Tapferkeit im Umgang mit Radioaktivität ohne angemessen Schutz zu zeigen.

- **Unvernünftige Angst ist gefährlich.** Angst und Paranoia sind fehl am Platze, wenn mit Radioaktivität gearbeitet wird. Sie müssen sachkundig sein und wachsam bleiben, aber wenn Sie zu ängstlich sind, werden *Sie* zum Sicherheitsrisiko.

- **Schwangerschaft.** Wenn Sie schwanger werden, müssen Sie Ihren Arbeitgeber und die Verantwortlichen für Arbeitssicherheit informieren. Es gibt gesetzliche Regelungen für den Umgang mit Gefahrstoffen und Radioaktivität bei Schwangerschaft.

> Stellen Sie **vor** Beginn der Arbeiten sicher, dass die Experimente sicher durchgeführt werden können. Wenn Sie es nicht sicherstellen können, müssen Sie entweder noch kaufen, was Ihnen fehlt, oder ein anderes Labor suchen, in dem Sie die Experimente durchführen können. Achten Sie selbst auf mögliche Sicherheitsprobleme. Wenn Sie den Eindruck haben, dass etwas unsicher ist und daher geändert werden muss, initiieren Sie selbst die Veränderung. Gehen Sie mit niemandem Kompromisse ein, wenn es um Belange der Sicherheit geht.

Prinzipiell dürfen Sie weiter mit radioaktiven Stoffen arbeiten, aber dies muss durch den Strahlenschutzbeauftragten genehmigt werden und es gelten strengere Grenzwerte. Zwischen der 8. und 15. Woche der Schwangerschaft ist der Fötus am empfindlichsten gegenüber den schädigenden Wirkungen der Strahlung. Aber viele Lösungsmittel und biologische Reagenzien im Labor stellen eine größere Gefahr dar. Eventuell müssen Sie Ihre Experimente verschieben oder jemand anderen bitten, sie für Sie durchzuführen.

Verringerung externer Strahlenbelastung

Die Minimierung der Strahlenexposition ist der Schlüssel zur Gefahrenverminderung. Das geht durch:

- **Abschirmung**

- **Schutzkleidung**

- **Kontrolle der Expositionsdauer**

- **Kontrolle der Entfernung zur Strahlenquelle**

- **Richtige Überwachung**

> Die Grundregeln des Strahlenschutzes werden auch als die „vier großen A" zusammengefasst: **A**bschirmung (verwenden), **A**ufenthaltsdauer (beschränken), **A**bstand (einhalten), **A**ktivität (minimieren)!

 Abschirmung. Stoppen Sie die Strahlung, bevor sie Sie erreicht. Isotope unterschiedlicher Energie verlangen nach unterschiedlichen Abschirmungen. Sie können also nicht davon ausgehen, dass jeder Schutzschild, den Sie finden, für Ihre Experimente angemessen ist. Abschirmung bedeutet meistens, dass Sie einen Schutzschild be-

> Überprüfen Sie die Schutzschilde immer vor Benutzung, sie sind häufig kontaminiert!

nutzen, der eine Barriere zwischen Ihrem Körper und der Arbeitsfläche bildet, aber andere Umstände (z.B. Arbeiten am Mikroskop oder in einem Inkubationsschrank) verlangen andere Abschirmungen. Erkundigen Sie sich beim Strahlenschutzbeauftragten oder Sicherheitsbeauftragten Ihres Instituts nach den empfohlenen Dicken und Möglichkeiten von Schutzschilden.

Box 13.3: Schutzschilde

Die Energie und Art der Strahlung bestimmt die Eindringtiefe und somit auch das Maß an Abschirmung, das zum Schutz des Nutzers notwendig ist.

– **Bei niederenergetischen β-Strahlern wie Tritium benötigen Sie keine Abschirmung,** weil die emittierten β-Strahlen nicht die äußere Hautschicht toter Zellen durchdringen können. Das Arbeiten hinter einem Schutzschild verringert aber die Gefahr, dass Sie die Radioaktivität über Ihre Kleidung verschütten, außerdem bildet der Schutzschild eine sichtbare Abtrennung zum radioaktiven Arbeitsbereich.

– **Bei hochenergetischen β-Strahlern (10 bis maximal 20 mCi) benötigen Sie ein Schutzschild aus Acrylglas.** Acrylglas mit einer Dicke von 1 Zentimeter stoppt jede β-Strahlung.

– **Bei hochenergetischen β-Strahlern (mehr als 20 mCi) benötigen Sie ein Schutzschild aus mindestens 1 cm Acrylglas und zusätzlich etwas Bleiabschirmung.** Das kommt daher, dass bei der Adsorption der β-Strahlung relativ hochenergetische Bremsstrahlung entsteht, gegen die wiederum Blei eine effektive Abschirmung darstellt. Verbleite, aber durchsichtige Acrylglasabschirmungen sind erhältlich, Sie können aber auch einen zusätzlichen Schutzschild aus Blei zwischen sich und der Acrylglasabschirmung stellen.

– **Beim Arbeiten mit Röntgen- und γ-Strahlung benötigen Sie Blei oder verbleites Acrylglas angemessener Dicke zur Abschirmung.**

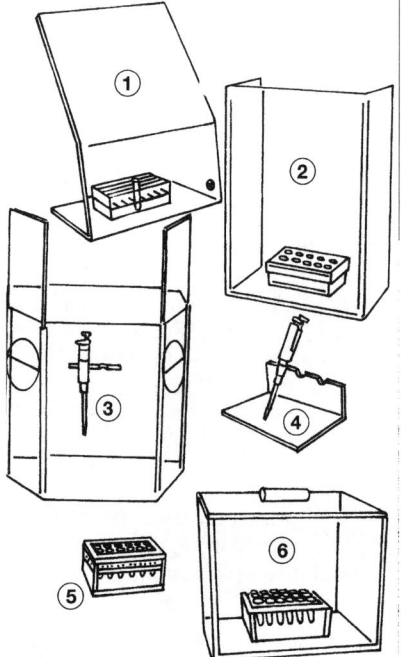

Abb. 13.3: Radioaktive Substanzen müssen während der Lagerung, des Transports und während des direkten Umgangs im Experiment abgeschirmt werden. (1), (2) und (3) zeigen Abschirmungen ansteigender Sicherheit, welche während des Arbeitens benutzt werden sollten. Hände und Finger sind am stärksten exponiert und können mit Handschilden geschützt werden (4). Auch wenn Sie sich durch das Labor bewegen, sollten Sie Ihre radioaktive Probe in einem abgeschirmten Behälter transportieren (5). Während der Lagerung in einem Kühlschrank oder Gefrierschrank sollte die Radioaktivität auf einen Schutzbehälter beschränkt sein (6).

Sie müssen nicht nur sich, sondern auch die anderen Mitarbeiter im Labor vor Strahlung abschirmen. Wenn jemand neben Ihnen arbeitet, wird ein einfacher Schutzschirm keinen Schutz für ihn bieten, dann benötigen Sie zusätzlich Schutzschilde an den Seiten oder eine Schutzbox.

Transport und Lagerung von Radioaktivität muss auch in abgeschirmten Behältern erfolgen.

 Schutzkleidung. Arbeiten Sie nicht mit radioaktivem Material, ohne angemessene Schutzkleidung zu tragen. Viele Substanzen, inklusive solcher, die mit dem schwer nachweisbaren Tritium markiert sind, können durch die Haut aufgenommen werden.

Sie müssen immer Handschuhe tragen. Dabei müssen die Handschuhe natürlich auch Schutz gegen das Material bieten, mit dem Sie arbeiten. Normale Latexhandschuhe sind üblicherweise ausreichend, aber holen Sie sich Rat, wenn Sie mit Radioaktivität arbeiten, die z.B. in organischen Lösungsmitteln vorliegt. Sie brauchen nicht nur Schutz gegen die Radioaktivität, sondern müssen auch sicher mit dem Material umgehen können. Wann immer möglich, tragen Sie gleich zwei Paar Handschuhe. So können Sie ein Paar sofort ablegen, wenn es kontaminiert ist. Handschuhe werden als radioaktiver brennbarer Festabfall entsorgt.

Den Laborkittel, den Sie zum radioaktiven Arbeiten verwenden, sollten/dürfen Sie nicht für normale Experimente verwenden. Eine Option ist, für radioaktive Arbeiten Wegwerf-Kittel zu benutzen.

Prüfen Sie mit einem Geigerzähler oder γ-Monitor, ob der Kittel kontaminiert ist, bevor er gewaschen wird. Wenn ja, informieren Sie den Strahlenschutzbeauftragten oder Sicherheitsbeauftragten.

 Dauer der Exposition. Sie sollten die Zeit, die Sie mit einem Isotop arbeiten, so kurz wie möglich halten. Je reibungsloser ein Experiment verläuft, desto unwahrscheinlicher ist es, dass Sie zu starker Exposition ausgesetzt sind. Richten Sie Ihr Experiment so ein, dass die Radioaktivität so spät wie möglich zugegeben wird. Führen Sie vorher einen Trockenlauf ohne Radioaktivität durch. Stellen Sie sicher, dass alles da ist, was Sie brauchen – Pipetten, Abfallbehälter, Ständer, die trivialsten Sachen – sodass Sie nicht während des Experiments danach suchen oder etwas planen müssen. Sie sollen aber auch nicht in Hektik ausbrechen; das erhöht nur die Gefahr, dass Sie etwas kontaminieren oder Fehler machen.

 Abstand zur Strahlungsquelle. Halten Sie Ihren Körper so weit von der Arbeitsfläche entfernt, wie es bequem und sicher machbar ist. Eine Verdopplung des Abstandes vermindert die Strahlung um das vierfache (Abstandsgesetz der Radioaktivität). Sie dürfen aber auch nicht mit lang ausgestrecktem Arm und abgewendeten Körper arbeiten.

 Überwachung. Durch wiederholte Messung der radioaktiven Belastung, der man ausgesetzt ist, kann man sein Verhalten vor und während des Experimentes an die Situation angepasst verändern.

Das Geiger-Müller-Zählrohr (besser bekannt als Geigerzähler) ist eine Art gasgefüllter Detektor. Die meisten Zähler haben eine digitale oder analoge Anzeige und geben zusätzlich akustische Signale ab. Denken Sie daran, dass es verschiedene Arten von Geiger-Müller-Zählern gibt, die auch unterschiedliche Fähigkeiten zur Messung verschiedener Strahlungsarten haben. Die meisten können z.B. keine γ-Strahlung messen. Sie müssen

> Die Sonden von Geiger-Müller- oder γ-Zählern können schnell kontaminiert werden. Legen Sie eine dünne Plastikfolie (z.B. Frischhaltefolie) auf das Detektorfeld und befestigen Sie sie es mit Gummiband.

also den richtigen Detektor für Ihre Arbeiten verwenden. Geiger-Müller-Zähler müssen

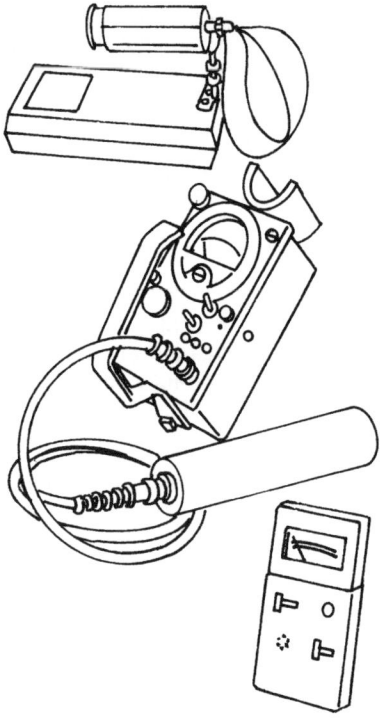

Abb. 13.4: Es gibt viele verschiedene Detektoren in den Laboren, aber man kann die Eigenschaften nicht allein aufgrund der äußeren Erscheinung eines Modells einschätzen. Es gibt viele β- und γ-Meßgeräte, und in jeder Gruppe gibt es Detektoren mit unterschiedlicher Effizienz für verschiedene Isotope. Achten Sie darauf, dass Sie ein Gerät benutzen, das die von Ihnen verwendete Art der Radioaktivität detektieren kann. Halten Sie den Detektor etwa 2–3 cm über der Oberfläche, die Sie prüfen wollen, und bewegen Sie ihn bei der Messung sehr langsam darüber.

auch regelmäßig gewartet und kalibriert werden, was meistens eine Aufgabe des Strahlenschutzbeauftragten ist.

Szintillationszähler können γ-Strahlung und Bremsstrahlung von hochenergetischen β-Strahlern wie ^{32}P messen.

Personendosimeter werden am Körper getragen, sie registrieren die Menge an Radioaktivität, der der Körper ausgesetzt ist. Es gibt verschiedene Arten von Dosimetern (z.B. Filmplaketten oder Thermolumineszenz-Dosimeter); welche bei Ihnen benutzt werden, bestimmt der Strahlenschutzbeauftragte. Die Dosimeter müssen regelmäßig abgelesen werden (bei Schwangeren wöchentlich, sonst monatlich bis zu halbjährlich). Dosimeter können wie Plaketten aussehen oder wie ein Stift geformt sein. Sie werden üblicherweise an der Körpervorderseite getragen (meistens an der Brusttasche) aber es gibt auch Dosimeter, die an bestimmten Körperteilen getragen werden, z.B. Ringdosimeter.

> Tragen Sie Ihr Dosimeter regelmäßig und lassen Sie es nicht an Stellen liegen, wo es aus Versehen radioaktiver Strahlung ausgesetzt ist.

Die Arbeitsfläche sollte regelmäßig abgewischt werden und das Tuch ausgezählt werden (z.B. in einem empfindlichen Flüssigkeits-Szintillationszähler). Das ist insbesondere bei Arbeiten mit Tritium wichtig, da dessen Strahlung zu schwach ist, um mit einem Geiger-Müller-Zähler detektiert zu werden.

13.3.3 Arbeitsabläufe

Legen Sie Regeln und Routineabläufe für sich selbst fest, die Ihnen helfen, Ihnen die Sorgen um den nächsten Arbeitsschritt zu nehmen. Wenn Sie nicht gerade sehr selten mit Radioaktivität arbeiten, sollten Sie einen komplett ausgestatteten Arbeitsbereich haben, in dem Sie alles – Pipetten, Absaugvorrichtung, Abfall – für das radioaktive Experiment benutzen können.

 Bevor Sie ein Experiment beginnen, überprüfen Sie:

- *Die Versuchsvorschrift.* Die Vorschrift sollte möglichst detailliert sein, damit Sie nicht während des Versuchs Entscheidungen fällen müssen. Befestigen Sie sie so am Arbeitsplatz, dass Sie jederzeit darauf schauen können, ohne in einem Notizbuch herumblättern zu müssen.

- *Die Geräte und Reagenzien.* Sie sollten nicht mitten im Experiment aus Ihrer Konzentration gerissen werden, weil Sie nach einem Deckglas suchen müssen. Gehen Sie den Versuch im Kopf durch und schreiben Sie alles auf, während Sie die Vorschrift entwerfen. Versuchen Sie möglichst wenige Glasmaterialen zu verwenden, wenn Ihre Proben sehr „heiß" sind; verwenden Sie möglichst wenig Einwegmaterial, wenn Ihre Proben nicht sehr heiß sind.

- *Die Entsorgung des Abfalls.* Sie brauchen einen festen Platz für jedes radioaktive Material, mit dem Sie arbeiten. Papierhandtücher, scharfe Gegenstände, Überstände, benutzte Handschuhe und Reaktionsgefäße müssen sicher aus dem Weg geräumt werden.

  Viele Bereiche für Arbeiten mit Radioaktivität haben eine Absaugvorrichtung (der Aufbau einer Absaugvorrichtung ist in Kapitel 3 dargestellt). Für jede Art von radioaktivem Flüssigabfall (langlebige Isotope, kurzlebige Isotope, wässriger Abfall, organischer Abfall, organisch-wässriger Abfall) brauchen Sie eigene Absaugflaschen.

- *Sicherheit.* Decken Sie die Laborbank immer mit speziellem Laborpapier oder einer Schale ab. Das macht die anschließende Reinigung einfacher, falls Sie Radioaktivität verschüttet haben. Achten Sie darauf, dass angemessene Schutzschilde und Probenbehälter vorhanden sind.

 Während des Experiments

- **Denken Sie „aseptisch"!** Sterile Arbeitstechniken dienen eigentlich dazu, das Material vor Kontaminationen zu schützen, während das Hauptinteresse beim Arbeiten mit Radioaktivität darin besteht, Ihre Strahlenbelastung gering zu halten. Aber die Verwendung steriler Arbeitsmethoden hilft Ihnen, Ihre Strahlenbelastung minimal zu halten.

- **Gehen Sie nicht ans Telefon,** oder schreiben Sie etwas in Ihr Laborbuch oder berühren Sie irgendetwas, nachdem Sie die Handschuhe für das radioaktive Arbeiten angezogen haben. Es ist unsicher, macht das Tragen von Handschuhen sinnlos und erschreckt die Kollegen. Benutzen Sie einen Stift, den Sie extra für das Arbeiten mit Radioaktivität reserviert haben, um Notizen zu machen und übertragen Sie die Notizen unverzüglich nach dem Experiment in Ihr Laborbuch.

- **Konzentrieren Sie sich.** Bitten Sie die Leute im Labor, Sie während des Experiments nicht anzusprechen.

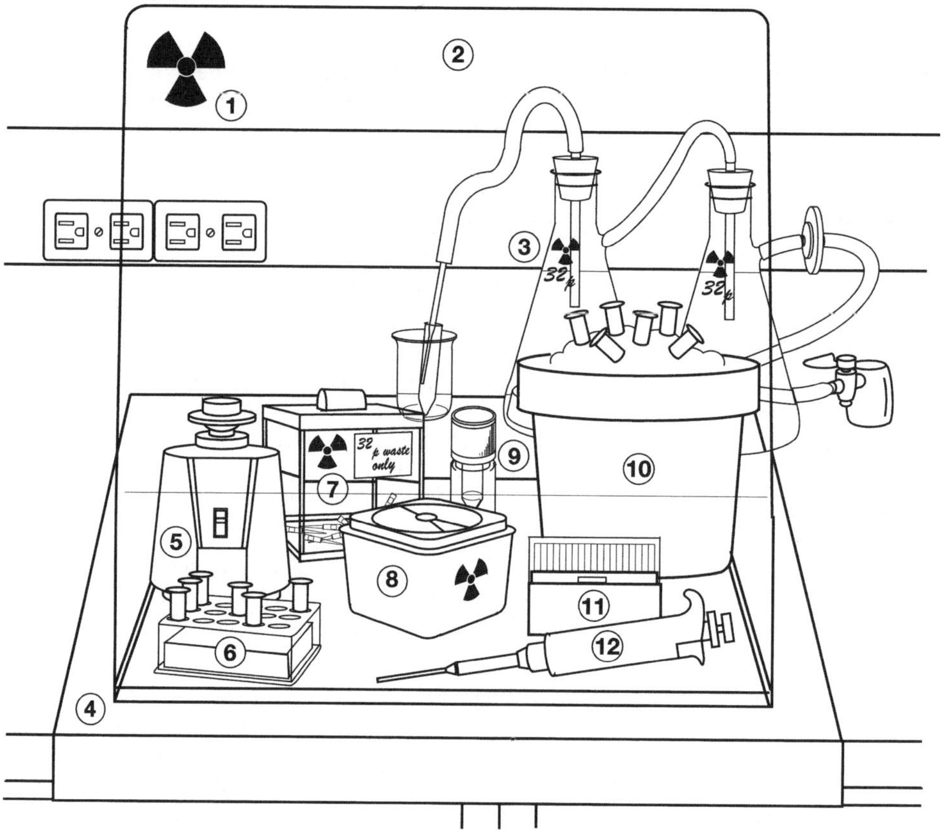

Abb. 13.5: Radioaktivitätsarbeitsbereich. Wie beim Arbeiten mit infektiösem Material sollte die Arbeitsbank, die für radioaktive Arbeiten genutzt wird, so eingerichtet sein, dass Bewegungsabläufe minimiert werden (und damit Unfälle und Kontaminationen). (1) Symbol „Radioaktivität". (2) Abschirmung. (3) Absaugvorrichtung. (4) Laborpapierunterlage. (5) Vortexer. (6) Proben in einem β-Ständer. (7) Behälter für brennbaren Feststoffabfall. (8) Behälter für nicht brennbare Glas- und Klingenabfälle. (9) Sicherheitsbehälter für Radioaktivität. (10) Eisbox. (11) Spitzen. (12) Mikroliterpipette.

Nach dem Experiment

- **Machen Sie alles sauber.** Es sollte absolut gar nichts zurückbleiben. Entfernen Sie das Laborpapier von der Arbeitsbank und werfen Sie es in den entsprechenden radioaktiven Abfall. Wenn Sie eine Schale benutzt haben, wischen Sie sie mit einem Papiertuch sauber oder waschen Sie sie (falls erlaubt). Waschen Sie die wiederverwendbaren Glasmaterialien. Entleeren Sie die Saugflaschen der Absaugvorrichtung in den radioaktiven Flüssigabfall und stellen Sie den Spitzenabfall weg (es sei denn, er ist abgeschirmt). Alles, was Sie zum Reinigen verwendet haben, muss auch in den radioaktiven Abfall entsorgt werden.

Es sind spezielle Reinigungsmittel für radioaktive Kontaminationen erhältlich (z.B. Count-Off, Radiacwash, Decon), die vor Verwendung verdünnt werden müssen. Stellen Sie eine Spritzflasche mit verdünntem Reinigungsmittel in die Nähe des Waschbeckens.

Box 13.4

Sie können auch Strahlung zu Zeiten ausgesetzt sein, wenn Sie das Experiment noch gar nicht direkt durchführen. Seien Sie in folgenden Situationen vorsichtig:

– **Öffnen der Gefäße der Radioisotopen.** Beim Öffnen der Gefäße können Aerosole auftreten. Öffnen Sie alle Gefäße vorsichtig und mit Bedacht hinter einer Abschirmung.

– **Gefrorene Stocklösungen.** Achten Sie darauf, dass der Inhalt eines Gefäßes vollständig aufgetaut ist, bevor Sie versuchen, etwas zu entnehmen. Wenn die Pipettenspitze auf ein Stück Eis stößt, während Sie sie in die Flüssigkeit tauchen, kann es schnell passieren, dass das gefrorene (und radioaktive) Stück aus dem Gefäß fliegt und auf dem Boden oder der Laborbank landet.

– **Zentrifugation von radioaktiven Proben.** Zentrifugen und Tischzentrifugen werden unvermeidlich radioaktiv kontaminiert, selbst wenn alle Deckel der Gefäße fest verschlossen sind. Die meisten Labore haben eine Zentrifuge für radioaktives Arbeiten reserviert; wenn es so ist, dürfen Sie keine andere Zentrifuge benutzen. Öffnen Sie alle Gefäße hinter einer Abschirmung, um sich vor Aerosolen zu schützen. Wenn möglich, nehmen Sie den Rotor aus der Zentrifuge und stellen ihn hinter eine Abschirmung, um die Gefäße zu entnehmen.

– **Transport von Radioisotopen.** Auch wenn Sie nur ein paar Schritte gehen, sollten Sie Ihre Proben in einem abgeschirmten Behälter transportieren.

– **Inkubation markierter Zellen.** Inkubationsschränke sehen zwar solide aus, schützen Sie aber nicht zwangsläufig vor emittierter Strahlung. ^{35}S kann sich z.B. während der Inkubationszeiten verflüchtigen, sodass das Regalfach über der Probe stark radioaktiv kontaminiert werden kann. Alle Kolben und Schalen sollten in einem Behälter aus Acrylglas oder hinter ein Schutzschild gestellt werden. Außerdem sollten die anderen Mitarbeiter mindestens einen Tag vorher darüber informiert werden, damit sie ihre Planungen entsprechend ausrichten können.

- **Überprüfen Sie den Arbeitsplatz.** Überprüfen Sie mit einem Geiger-Müller-Zähler den gesamten Arbeitsbereich und alle Werkzeuge, die Sie benutzt haben. Überprüfen Sie Pipetten, Stifte, Eppiständer und die Zentrifuge. Der Inkubationsschrank muss auch am Ende des Experimentes auf Kontamination geprüft werden, insbesondere wenn Sie eine flüchtige Substanz wie ^{35}S benutzt haben. Überprüfen Sie den Boden, Ihren Körper, Ihren Kittel, die Abschirmung; überprüfen Sie auch den Geiger-Müller-Zähler, wenn Sie ihn während des Versuchs benutzt haben.

- **Machen Sie noch einmal sauber.** Wischen Sie alle Kontaminationen mit einem Reinigungsmittel ab. Abhängig vom Material kann es sich bei dem Reinigungsmittel um ein Detergens handeln oder eine milde Säure: Erkundigen Sie sich beim Strahlenschutzbeauftragten. Achten Sie besonders darauf, womit Sie den Innenraum der Zentrifuge reinigen.

- **Vervollständigen Sie die Aufzeichnungen.** Es ist nicht immer möglich, ein Experiment vollständig zu dokumentieren, während es noch läuft. Machen Sie es jetzt. Notieren Sie auch, wie viel Radioaktivität Sie für das Experiment entnommen haben und wie viel Sie entsorgt haben.

13.4 Experimenteller Nachweis von Strahlung

Die vielfältigen und exzellenten Nachweismethoden für Radioaktivität entschädigen einen für die Mühen, die man beim Arbeiten mit Radioisotopen hat.

13.4.1 Autoradiographie

Autoradiographie ist die Lokalisierung und Aufzeichnung einer radioaktiven Markierung in einer festen Probe. Die radioaktiv markierte Probe kann ein *Gel*, ein *Filter* oder sogar *Zellen* oder *Gewebeproben* sein.

Anwendungen für Autoradiographie

Band-Shift-Assays	Kinase-Assays	RT-PCR
Bibliotheken durchmustern	Koloniehybridisierung	S1-Kartierung
CAT-Assays	Mikrosatellit-Kartierung	Slot-Blots
DNA-Fingerprints	Northern-Blots	Southern-Blotting
DNA-Quantifizierung	Plaque-Abzüge	SSCP
DNA-Sequenzierung	Primer-Extension	Short-Tandem-Repeats
DNA-Typisierung	Proteingele	Western-Blotting
Dot-Blots	RAPD	VNTR
Dünnschichtchromatographie	RFLP	Zellproliferation
Enzymassays	RNA-Quantifizierung	Zuckeranalyse
in vitro-Transkription	RNAse-Schutzexperimente	

Die **Detektion** und **Aufzeichnung** der Radioaktivität wird mit einem Röntgenfilm oder einem Phosphorimager durchgeführt. Die Probe muss sorgfältig vorbereitet werden, bevor die Autoradiographie gestartet wird. Der wichtigste Schritt dabei ist die Minimierung der Probenmatrix, sodass die Radioaktivität nicht gedämpft oder abgelenkt wird und damit der Abstand, den die Strahlungspartikel überwinden müssen, so kurz wie möglich ist. Das wird durch das Trocknen des Gels, des Filters, der Zellen oder Gewebeproben erreicht, um den Wassergehalt zu reduzieren.

Falls nötig, kann das Signal auf dem Röntgenfilm durch ein Densitometer quantifiziert und die Daten mit einer Bildanalysesoftware ausgewertet werden. Bildanalyseprogramme werden auch zur Auswertung von Phosphorimagerdaten benutzt.

 Autoradiographie auf Röntgenfilm

Funktionsprinzip: Das Bild entsteht durch die Interaktion von β-Teilchen oder γ-Strahlung mit Silberionen in der lichtempfindlichen Schicht des Röntgenfilms.

Vor- und Nachteile: Die meisten Institute sind (noch) für die Autoradiographie auf Röntgenfilmen ausgestattet, sie haben einen Dunkelraum, einen Filmentwickler und Röntgenfilme. Es sind keine speziellen Kassetten notwendig, um den Film auf der Probe zu halten. Pappkartons, die mit Aluminiumfolie umwickelt werden, um kein Licht durchzulassen, reichen aus, solange Klammern verwendet werden, um den festen und gleichmäßigen Kontakt von Röntgenfilm und Probe zu gewährleisten. Die gleichen Filme und Filmentwickler können auch für nicht-radioaktive Nachweismethoden verwendet werden. Die Expositionszeiten sind länger als beim Phosphorimager. Ein Densitometer kann benutzt werden, um die Daten zu quantifizieren, aber sie müssen manuell in einen Computer zur Auswertung übertragen werden.

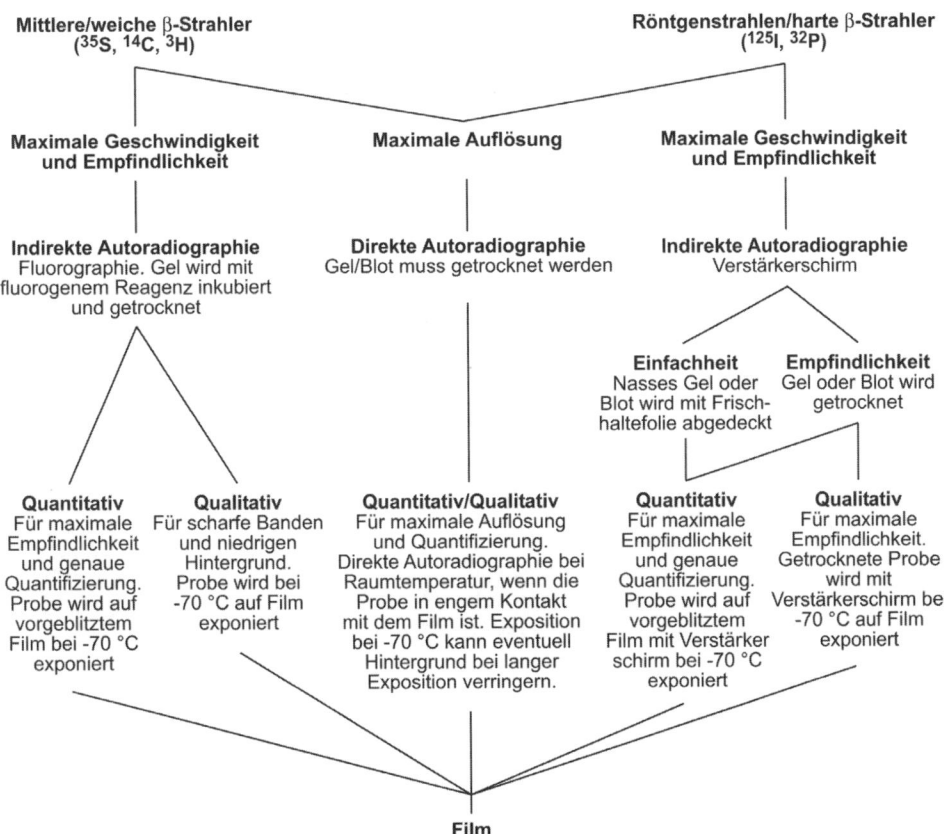

Abb. 13.6: Wählen Sie das Isotop für die Autoradiographie entsprechend Ihren Anforderungen. (Verändert mit Genehmigung von © GE Healthcare BioSciences)

Benutzung eines Verstärkerschirms: Verstärkerschirme verkürzen die Expositionszeit bzw. erhöhen die Sensitivität. Gleichzeitig erniedrigen sie die Auflösung. Diese Schirme funktionieren, in dem sie Photonen freisetzen, die durch die Interaktion der Strahlungsenergie mit den phosphoreszierenden Substanzen des Schirms entstehen. Normale Verstärkerschirme funktionieren nur mit ^{32}P und ^{125}I; die Strahlungen von ^{3}H, ^{14}C, ^{35}S, ^{59}Fe, ^{45}Ca und ^{33}P haben nicht genug Energie, um in den Schirm einzudringen und benötigten daher spezielle Schirme.

Verstärkerschirme arbeiten am besten in der Kälte, zwischen –60 °C und –80 °C, weil die Kälte zur Erniedrigung der Aktivierungsenergie der chemischen Reaktion benötigt wird, die das Bild auf dem Film produziert. Wenn Sie den Schirm bei Raumtemperatur benutzen, wird mehr Energie benötigt, um das Bild herzustellen, und Sie verlieren alle Vorteile, die der Schirm eigentlich bringen sollte. Verstärkerschirme, die sowohl mit schwachen Strahlern als auch mit ^{32}P und ^{125}I funktionieren, sind erhältlich. Diese Schirme sind unabhängig von der Energie des Isotops.

Die Verwendung von zwei Verstärkerschirmen kann die Empfindlichkeit weiter steigern, verringert aber auch die Auflösung weiter. Wenn Sie zwei Schirme benutzen, müssen Sie sie wie folgt anordnen: Schirm/Probe/Röntgenfilm/Schirm. Da der Film auf beiden Seiten lichtempfindliche Schichten aufweist, kann durch die Platzierung der Verstärkerschirme auf beiden Seiten des Röntgenfilms auch eine Verstärkung auf beiden Seiten des Films erfolgen, wodurch das Signal effektiv erhöht wird.

Verstärkung schwacher β-Strahlung: Fluorographie. Die schwache β-Strahlung von Isotopen wie ^{3}H, ^{14}C und ^{35}S wird oft schon in der Probe absorbiert und erreicht erst gar nicht den Röntgenfilm. Durch Imprägnierung des Gels oder der Membran mit einem Szintillator bekommen die schwachen β-Teilchen eine Chance, ihre Energie auf die Szintillatormoleküle zu übertragen, die dann Photonen abstrahlen, die auf dem Film festgehalten werden.

Nach Behandlung des Gels mit einer Szintillationsflüssigkeit wird das Gel getrocknet und bei −70 °C auf dem Röntgenfilm mit Verstärkerschirm exponiert.

Röntgenfilme: Verwenden Sie die bläulichen Röntgenfilme. Sie sind augenfreundlicher und erleichtern das Erkennen der grauen Banden. Kaufen Sie die Filme, Kassetten und Verstärkerschirme in der Größe Ihres bevorzugten Gelformats.

Verstärkerschirme müssen sauber gehalten werden, andernfalls können die Photonen den Schirm nicht erreichen. Lagern Sie die Schirme staubfrei und säubern Sie sie regelmäßig mit einer antistatischen Lösung, indem Sie sie sanft mit einem weichen Tuch abreiben. Verstärkerschirme haben eine begrenzte Lebenszeit, nach ca. 5 Jahren müssen sie ersetzt werden.

Vorbelichten – das Belichten des Röntgenfilms mit einem kurzen Lichtblitz – wird durchgeführt, um die Linearität des Röntgensignals zu erhöhen. Es ist aber üblicherweise nicht notwendig.

13.4.2 Vorschrift: Exposition einer Membran auf Röntgenfilm

Materialien

- Röntgenfilm. Es gibt viele verschiedene Sorten, die meisten funktionieren gut.
- Kassette. Das kann eine stabile Metallkassette sein oder eine feste Pappmappe.
- Verstärkerschirm für ^{125}I oder ^{32}P.
- Blottingpapier: Whatman 3M oder anderes, es muss etwas steif und saugfähig sein.
- Plastikfolie.
- Klebeband.
- Markierstift.

Durchführung

1. Sobald der letzte Waschschritt für die Membran beendet ist, fassen Sie sie an der Kante an, um die Flüssigkeit ablaufen zu lassen. Lassen Sie die Membran dann für einige Minuten bei Raumtemperatur auf der Arbeitsbank trocknen.

   Ein getrocknetes Gel wird genauso behandelt wie eine Membran.

2. Legen Sie die Membran auf ein Stück Blottingpapier. Schreiben Sie Ihren Namen, das Datum und alle weiteren relevanten Informationen auf das Blottingpapier.

3. Kleben Sie die Membran mit kleinen Klebebandstreifen auf dem Blottingpapier fest, wobei das Klebeband nur gerade eben die Ecken der Membran berühren sollte.

4. Bedecken Sie die Membran und das Blottingpapier mit Plastikfolie, achten Sie darauf, dass die Folie nicht knittert oder Falten bildet, sondern flach und glatt auf der Oberfläche der Membran liegt. Falten Sie die Folie auf der Rückseite sauber um.

5. Legen Sie die Membran in die Kassette und gehen Sie zum Dunkelraum.

6. Öffnen Sie die Kassette bei eingeschaltetem Sicherheitslicht. Öffnen Sie sie immer in der gleichen Richtung, damit Sie immer die Orientierung kennen. Legen Sie den Röntgenfilm auf die Membran und darüber den Verstärkerschirm.

7. Verschließen Sie die Kassette und räumen Sie den Röntgenfilm weg.

8. Wenn Sie einen Verstärkerschirm benutzt haben, legen Sie die Kassette in eine Tiefkühltruhe bei $-60\,°C$ bis $-80\,°C$. Viele Labore haben bestimmte Plätze für die Expositionskassetten – denken Sie daran, dass sie nicht abgeschirmt sind. Achten Sie darauf, eine Kassette mit starker Strahlung nicht direkt auf eine andere Kassette zu legen, sonst könnten Sie den Film darin ruinieren. Legen Sie Plastik- oder Bleiplatten zwischen die Kassetten. Wenn Sie keine Verstärkerschirme benutzen, führen Sie die Exposition bei Raumtemperatur durch. Das kann in einer Schublade passieren, auf der Laborbank oder in einem Schrank; Hauptsache, die Kassette ist abgeschirmt, wenn es darauf ankommt.

9. Erkundigen Sie sich bei Ihren Laborkollegen nach ungefähren Expositionszeiten. Eine Überexposition ist kein großes Problem, weil Sie die Membran mit einem neuen Röntgenfilm für kürzere Zeit exponieren können. Was Sie vermeiden sollten, ist die zu kurze Exposition bei einem niederenergetischen β-Strahler. Expositionszeiten können wenige Minuten (für starke ^{32}P-Signale), aber auch Tage oder Wochen (für schwache ^3H-Signale) betragen.

Die Röntgenfilme sind in einem Papierumschlag eingepackt, der wiederum in einer Pappschachtel steckt. Sie sollten den Umschlag entweder kopfüber in den Karton stecken (mit der Öffnung nach unten, sodass ein versehentliches Öffnen der Packung nicht die ganzen Filme belichtet) oder ihn sorgfältig verschließen. Jedesmal, wenn Sie einen Film entnehmen, nehmen Sie auch das Papier, das jeweils zwischen zwei Filmen liegt, heraus und werfen es weg – eine Packung voll mit Papier kann einen zu der irrigen Annahme verleiten, dass man noch jede Menge Filme übrig hat.

Einige Filme, die allerdings kaum benutzt werden, haben nur auf einer Seite eine lichtempfindliche Schicht. Diese muss nach unten gerichtet auf die Membran gelegt werden.

Die meisten Membranen können nach dem „Strippen" (Entfernen) der Sonde mehrfach wiederverwendet werden. Dazu sollte die Membran aber nicht austrocknen, weil die Sonde sonst irreversibel an die Membran binden kann. Lagern Sie die Membran nach Exposition in Plastikfolie eingepackt im Tiefkühlschrank. Wenn die Membran noch nicht gestrippt wurde, lagern Sie sie in einer Kassette oder einem Halter, der eine Exposition von anderen Röntgenfilmen durch die Strahlung verhindert.

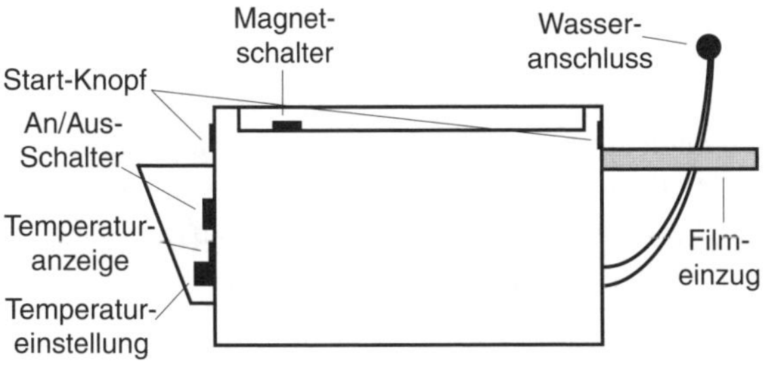

Abb. 13.7: Ein Kodak X-OMAT Röntgenfilmentwickler. (Nachgezeichnet mit Genehmigung von © Holt 1990, aus dem Donis-Keller Laborhandbuch 1995)

13.4.3 Vorschrift: Benutzung eines automatischen Filmentwicklers
(mit Erlaubnis verändert nach Holt, 1990)

1. Die Filme müssen ungefähr Raumtemperatur haben, bevor man sie in den Entwickler gibt. Nehmen Sie Ihre Kassette rechtzeitig aus der Tiefkühltruhe und lassen Sie sie aufwärmen (braucht 1–2 Stunden).

2. Drehen Sie die Wasserversorgung auf. Der Hahn ist vermutlich in der Nähe der Wand.

3. Schalten Sie die Maschine mit dem schwarzen Kippschalter auf der linken Seite an. Zu Beginn eines Tages muss sich die Maschine erst aufwärmen. Warten Sie 15 Minuten. Verändern Sie nicht die Einstellung der Entwicklertemperatur.

4. Schalten Sie das normale Licht aus und das Sicherheitslicht an.

5. Nehmen Sie den Film aus der Kassette und bringen Sie ihn zum Filmeinzug. Der Film muss trocken sein und Raumtemperatur haben. Schütteln Sie den Film nicht zu heftig, um Feuchtigkeit zu entfernen, weil er sich dabei elektrisch aufladen kann, wobei Flecken auf dem entwickelten Film entstehen können.

6. Drücken Sie den Start-Knopf, der sich oben auf beiden Seiten des Entwicklers befindet. Es ertönt ein Summton. Wenn der Summton aufhört, legen Sie den Film in den Einzug. Der automatische Entwickler zieht den Film ein und gibt wieder einen Summton von sich, womit er anzeigt, dass Sie entweder den nächsten Film einlegen oder das Licht wieder anschalten können.

7. Der entwickelte Film fällt in ein Fach auf der linken Seite.

8. Am Ende des Tages schalten Sie den Entwickler aus und drehen das Wasser ab.

Hinweise zur Benutzung

- Der automatische Entwickler wird üblicherweise mit anderen Laboren oder Instituten gemeinsam benutzt. Eventuell gibt es eine Reservierungsliste und eine Betriebsanweisung mit speziellen Regeln zur Nutzung.

- In einigen Instituten ist es Brauch, dass der erste Nutzer des Entwicklers vor dem Anschalten die Rolleneinheit reinigt. Dazu müssen Sie den Deckel und die Abdeckung der Rolleneinheit abnehmen. Nehmen Sie die Einheit vorsichtig heraus, achten Sie darauf, dass keine Flüssigkeit von den Rollen in die innen liegenden Tanks tropft. Waschen Sie die Rollen mit warmem Leitungswasser ab und spülen Sie mit destilliertem Wasser nach. Der Schmutz lagert sich meistens an den Enden der Rollen ab. Schütteln Sie überschüssiges Wasser ab und/oder wischen Sie es mit einem Papiertuch ab. Packen Sie die Einheit zurück in den Automaten und vergessen Sie nicht, die Abdeckung wieder aufzulegen, bevor Sie den Deckel schließen.

- Ein allgemein übliches Ritual ist es, morgens zuerst einen Testfilm (irgendeinen alten Film) zu entwickeln, bevor man die neuen Filme entwickelt. Schmutz, der sich über Nacht, während der Entwickler außer Betrieb war, auf den Rollen abgesetzt hat, soll sich auf dem Testfilm abdrücken, nicht auf dem neuen Film.

- Der Entwickler springt in regelmäßigen Abständen automatisch an, um die Rollen feucht zu halten. Wenn ein wiederkehrender Summton auftritt, prüfen Sie, ob der Deckel richtig verschlossen ist, damit der Magnetschalter in der richtigen Position ist.

- Ein plötzlich auftretendes grässliches Geräusch kann bedeuten, dass eine der Rollen schmutzig ist und blockiert. Waschen Sie die Rolleneinheit, wie es oben beschrieben ist.

- Es kann passieren, dass ein Gel versehentlich in die Maschine gerät, entweder, weil es fest am Röntgenfilm klebte oder weil man ein Filterpapier, auf dem sich das Gel befand, mit dem Röntgenfilm verwechselt hat (im Dunkeln kann das schnell passieren). Vielleicht kommt das Gel wieder hinten heraus, aber es ist wahrscheinlicher, dass es an den Rollen kleben bleibt oder einen der Tanks kontaminiert. Es muss so schnell wie möglich entfernt werden. Versuchen Sie aber nicht, es selbst zu machen.

 ### 13.4.4 Autoradiographie mit einem Phosphorimager

Funktionsprinzip: Ein Phosphorimager verwendet anstelle von Röntgenfilmen wiederverwendbare Phosphoreszenzplatten. Bei der Exposition wird durch die ionisierende Strahlung ein nicht sichtbares Bild auf der Platte entworfen. Dieses Bild wird mit einem Laser ausgelesen, wobei die $BaFBr:Eu^{2+}$-Kristalle im Schirm blaues Licht (Phosphoreszenz) abgeben und in den Grundzustand zurückfallen. Das entstehende Licht wird durch Lichtleiter aus Fiberglas geleitet, von einem Photomultiplier verstärkt und digitalisiert, damit man ein quantitatives Bild der Probe bekommt. Die *Visualisierung und Quantifizierung* wird mit einem Bildanalyseprogramm durchgeführt. Das Programm enthält Funktionen, mit denen man das Bild zurechtschneiden, drehen und verstärken kann. Somit können auch „geschönte" Bilder produziert werden. Das ist dann allerdings eine Gewissensfrage für jeden Forscher.

Vor- und Nachteile: Alle Arbeitsschritte können auf der Laborbank unter normalem Tageslicht durchgeführt werden, die Bilder werden 10–100 Mal schneller produziert als mit Röntgenfilmen und die Empfindlichkeitsbreite ist um mehrere Größenordnungen höher. Selbst DNA-Sequenziergele können mit den meisten Systemen ausgelesen werden. Mit verschiedenen Platten können Sie Signale von jedem Radioisotop quantifizieren (und sogar nicht-radioaktive Chemifluoreszenz- oder Fluoreszenzsignale). Die Bilder können mit der zugehörigen Software bearbeitet und quantifiziert werden. Obwohl die Ausstattung sehr teuer ist, findet man Sie immer häufiger in Laboren und Instituten.

13.4.5 Vorschrift: Exposition einer Probe auf einer Phosphorimagerplatte

1. Bereiten Sie die Probe so vor, als wollten Sie sie auf einen Röntgenfilm auflegen. Benutzen Sie aber keine Verstärkerflüssigkeiten.

2. Löschen Sie die Phosphorimagerplatte, indem Sie sie in einen speziellen Lichtkasten legen. Befolgen Sie die Anleitungen des Herstellers.

3. Legen Sie Ihre Probe in die Kassette und legen Sie die Phosphorimagerplatte darauf, um die Exposition zu beginnen. Für einen ersten Test führen Sie die Exposition nur für 1/10 der Zeit durch, die Sie für einen Röntgenfilm veranschlagen würden.

4. Legen Sie die Platte in den Phosphorimager und analysieren Sie die Daten.

13.4.6 Flüssigszintillationszählung

Niedrig- und hochenergetische β-Strahler können in einer Szintillationsflüssigkeit mit einem Szintillationszähler detektiert werden.

Funktionsprinzip: Wenn β-Teilchen von speziellen fluoreszierenden Chemikalien – Szintillatoren – absorbiert werden, wird Licht abgegeben. Der Lichtblitz wird von zwei Photomultipliern detektiert. Der Szintillationszähler zeichnet die schwachen Lichtblitze auf und registriert jedes als ein radioaktives Zerfallsereignis. Diese werden üblicherweise als Zählereignis pro Minute (engl. *counts per minute*, *cpm*) angezeigt.

- Wenn der Prozentsatz der radioaktiven Zerfälle, die tatsächlich einen Lichtblitz auslösten (d.h. die Zähleffizienz dieses bestimmten Szintillationszählers), bekannt ist, kann daraus auch die Anzahl der tatsächlichen Zerfälle pro Minute (engl. *disintegrations per minute*, *dpm*) errechnet werden. Die Zähleffizienz bzw. -ausbeute wird ermittelt, indem ein Standard mit bekannter Radioaktivitätsmenge gemessen wird:

$$\text{Zähleffizienz} = \frac{\text{(gemessene cpm)}}{\text{(Radioaktivität des Standards in dpm)}}$$

- Standards für ^{3}H und ^{14}C werden meistens vom Institut gekauft und in der Nähe des Szintillationszählers gelagert. Standards für Isotope mit kürzerer Halbwertszeit kann man selbst herstellen, in dem man eine bestimmte Menge eines gekauften Isotops auszählt ($1\ Ci = 2{,}22 \times 10^{12}$ dpm). Für eine genaue Bestimmung müssen Sie eine Halbwertszeittabelle für das Isotop benutzen (findet man im Katalog des Lieferanten oder Sie wenden das radioaktive Zerfallsgesetz an), um die noch verbliebene Radioaktivität zu bestimmen.

- γ-Zähler sind modifizierte Szintillationszähler. Der Szintillator ist in diesem Fall ein Kristall, der außen an der Probenkammer angebracht ist: γ-Strahlen durchdringen das Probengefäß und dringen in den Kristall ein. ^{125}I muss mit einem γ-Zähler gemessen werden. Zur Not können Sie es auch in einem Flüssigszintillationszähler in einem Programm für ^{3}H messen.

Box 13.5: Szintillationsflüssigkeiten

Die klassischen Szintillationscocktails – Mischungen verschiedener Szintillatoren – stellen gewisse Probleme wegen ihrer Giftigkeit und bei der Abfallentsorgung dar. Neuerdings sind aber auch biologisch abbaubare Cocktails mit niedrigem Flammpunkt und geringer Toxizität erhältlich. Sie sind für trockene und wässrige Proben geeignet und sollten vorzugsweise verwendet werden. Beispiele sind Ready Safe (Beckman), Ultima Gold (Packard) und Cytoscint (ICN). Wenn Sie Proben mit hohem Salzgehalt, viel Protein, vielen organischen Bestandteilen oder Säuren haben, müssen Sie aber wahrscheinlich andere Szintillationsflüssigkeiten benutzen.

- In verschiedenen Kanälen des Szintillationszählers werden unterschiedliche Lichtintensitäten gemessen, die für jedes Isotop eingestellt werden müssen. So ist es möglich, zwei verschiedene Isotope in einer Probe zu messen, wenn die Energien der Strahlung unterschiedlich genug sind.

- Mischen Sie die Probe gut mit der Szintillationsflüssigkeit auf einem Wirbelmischer.

- Benutzen Sie die kleinen Gefäße (7 ml), die 20-ml-Gefäße sollten nur unter außerordentlichen Umständen benutzt werden.

- Geben Sie nicht zu viel Radioaktivität in Ihre Probengefäße. Die meisten Szintillationszähler können nicht mehr als 10^7 cpm messen, der beste Bereich zum Messen liegt zwischen 1 000 und 10 000 cpm.

- Wenn Sie nur wenige Zählereignisse erhalten, müssen Sie die Probe länger auszählen. Bei hohen Messwerten reicht 1 Minute Messzeit aus, bei niedrigen Werten zählen Sie jede Probe für 10 Minuten.

- Substanzen, die das emittierte Licht des Szintillators absorbieren (Farbquencher) oder die Energie der Probe oder des Szintillators absorbieren (chemische Quencher), verringern die Zählausbeute. Beim Quenching findet auch eine Verschiebung der gemessenen Strahlung in den Bereich geringerer Energie statt und somit auch eine Verschiebung der Messkanäle. Wenn eine absolute Quantifizierung notwendig ist, müssen Sie der Probe einen internen

Standard (mit bekannter Menge Radioaktivität) zugeben, um zu überprüfen, ob Quenching stattfindet und um die Zählausbeute zu bestimmen.

- Wenn Ihre Proben gemessen sind, nehmen Sie Ihre Probengläschen so schnell wie möglich aus dem Zähler.

- Szintillationszähler können auch benutzt werden, um Lichtpulse zu messen, die durch chemische Reaktionen erzeugt werden. Das Licht wird direkt gemessen, daher ist keine Szintillationsflüssigkeit notwendig.

> Probenröhrchen mit Szintillationsflüssigkeit werden getrennt entsorgt.

13.4.7 Messung von ^{32}P-Cherenkov-Strahlung

Die Cherenkov-Zählung ist zum Messen von hochenergetischen β-Strahlen eine weniger empfindliche Methode als die Flüssigszintillationszählung, aber sie ist schneller vorzubereiten und verringert die Gefahr und Entsorgungsprobleme, die mit Flüssigszintillationszählung üblicherweise einhergehen.

Funktionsprinzip: β-Partikel mit hoher Energie, die durch Wasser fliegen, bewirken entlang ihrer Flugbahn eine Polarisation von Wassermolekülen, die beim Zurückfallen in ihren Grundzustand Photonen sichtbaren Lichts (350–600 nm) emittieren (Cherenkov-Effekt). Dieses Licht kann im Szintillationszähler im Kanal für ^{3}H gemessen werden (weit geöffnet, sodass alle möglichen Lichtblitze registriert werden). Szintillationsflüssigkeit wird dafür nicht benötigt.

- Ausreichend für relative Messungen (z.B. eingebaute Radioaktivität im Vergleich zur nicht-eingebauten).

- Zählausbeute:

Prozentsatz des ^{32}P-Energiespektrums oberhalb 0,5 MeV = 80%
(Schwellenwert für die Cherenkov-Strahlung)

Zählausbeute: in Glasgefäßen ~ 50%
               in Plastikgefäßen ~ 60%

Die Gesamtzählausbeute beträgt also ca. 40%.

- Quenchen. Cherenkov-Strahlung unterliegt auch optischem Quenchen. Achten Sie darauf, dass alle Proben das gleiche Volumen haben, um unregelmäßige Zählergebnisse zu vermeiden und überprüfen Sie Quencheffekte, indem Sie einen internen Standard zugeben.

13.5 Lagerung

Auf dem Sicherheitsdatenblatt, das mit dem Radioisotop verschickt wird, finden Sie Informationen zu den empfohlenen Lagerungsbedingungen. Lagern Sie Radioaktivität ausschließlich an Plätzen, an denen radioaktives Arbeiten erlaubt ist.

- **Temperatur.** Lagern Sie die radioaktiv markierten Substanzen bei 4 °C. Frieren Sie sie nicht ein, es sei denn, es wird auf dem Datenblatt oder von der Firma empfohlen. Die Kristallisation des Lösungsmittels beim Einfrieren kann zur Bildung von radiochemischen Aggregaten führen, die die Probe konzentrieren und so den Abbau beschleunigen.

- **Aliquotieren.** Öffnen Sie das Stockgefäß möglichst selten, weil sonst Verunreinigungen, speziell Sauerstoff und Wasser, in das Gefäß gelangen. Wenn Sie eine Radiochemikalie mehrere Male verwenden, füllen Sie die benötigten Portionen in getrennte Gefäße ab.

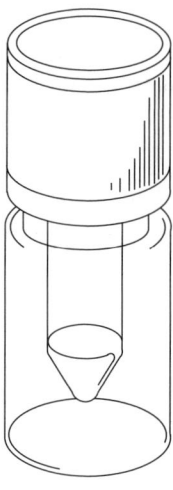

Abb. 13.8: Gelegentlich ist es schwierig, die kleinen Volumina in den Gefäßen des Herstellers zu sehen. Klopfen Sie leicht auf das Gefäß, bevor Sie es öffnen, um kleine Tropfen vom Deckel in das Gefäß zu bringen. (Abgedruckt mit Genehmigung von © GE Healthcare BioSciences)

- **Abschirmung.** Wenn die Verbindung in einem abgeschirmten Behälter geliefert wurde, lagern Sie sie in diesem Behälter. Andernfalls müssen Sie einen abgeschirmten Behälter zur Verfügung stellen. Überprüfen Sie mit einem Zähler, ob die Proben adäquat abgeschirmt sind.

- **Zeit.** Jede Verbindung, die länger als 6 Monate gelagert wurde, sollte auf Verunreinigungen überprüft werden. Wenn das jenseits Ihrer Möglichkeiten liegt, entsorgen Sie die Verbindung und bestellen Sie sie neu.

13.6 Entsorgung

Radioaktiver Abfall muss sorgfältig in verschiedene Klassen getrennt werden, sodass Langzeitlagerung und Entsorgung sicher sind. Sowohl die persönliche Sicherheit als auch die Sicherheit der Umwelt hängen von der sicheren Entsorgung des radioaktiven Abfalls ab.

Die vielen Faktoren, die bei der Planung der Entsorgung radioaktiven Abfalls im Labor berücksichtigt werden müssen, werden vom Strahlenschutzbeauftragten in entsprechende Vorschriften umgesetzt. Die nachfolgenden Richtlinien für die Entsorgung radioaktiven Abfalls können daher in Ihrer Einrichtung eventuell anders sein.

Radioaktiver Abfall wird nur an einem Ort im Labor gelagert. Dort wird der Abfall getrennt und gelagert, bis er entsorgt wird. Dies geschieht in regelmäßigen Abständen oder bei Bedarf. Sie sind selbst dafür verantwortlich, dass volle Behälter und Tüten ersetzt werden, dass der pH-Wert des Flüssigabfalls kontrolliert wird und dass der Bereich ordentlich und sicher ist.

Box 13.6: Mögliche Prioritätenliste für die Entsorgung

1. Gentechnisch verändert oder infektiös (*biohazard*)
2. Nach Halbwertszeit
3. Fest oder flüssig
4. Brennbar oder nicht brennbar
5. Wässrig oder organisch
6. Szintillationsgefäße

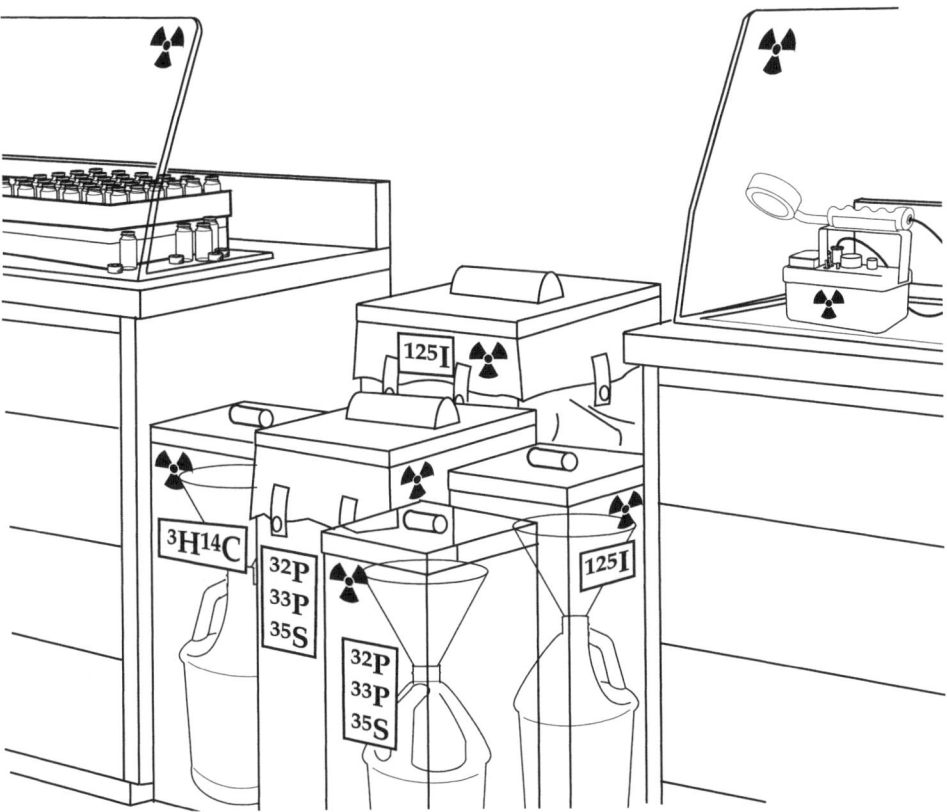

Abb. 13.9: Ein Bereich des Isotopenlabors ist der Lagerung von radioaktivem Abfall vorbehalten. Radioaktive Abfälle werden nach Isotop (kurze oder lange Halbwertszeit), chemischer Beschaffenheit (wässrig oder organisch) und nach ihrer Konsistenz (fest oder flüssig) getrennt. Biogefährliche Materialien und Szintillationsgefäße werden gesondert behandelt: Biogefährliche Stoffe müssen vor der Entsorgung inaktiviert werden und Szintillationsgefäße werden mit Deckel und Inhalt entsorgt.

Alle Behälter mit radioaktivem Abfall müssen beschriftet werden und über jedes Stück radioaktiven Mülls muss Rechenschaft abgelegt werden. Die Menge der eingehenden Radioaktivität muss gleich der Menge der herausgehenden Radioaktivität sein.

Abfälle mit **gentechnisch veränderten oder infektiösen Materialien** müssen zuerst inaktiviert werden, bevor Sie als „normaler" radioaktiver Abfall entsorgt werden können. Erkundigen Sie sich beim Strahlenschutzbeauftragten über die Inaktivierung flüchtiger Proben.

Radioaktiver Abfall wird in Deutschland grundsätzlich anhand der **Halbwertszeit** getrennt. Abfälle mit Halbwertszeiten < 100 Tagen können an der Einrichtung gelagert werden und nach dem Abklingen (mindestens 10 Halbwertszeiten) als normaler Abfall entsorgt werden. Abfälle mit Halbwertszeiten von > 100 Tagen werden einmal jährlich an Landessammelstellen abgegeben.

Festabfall wird in Behältern gesammelt, die mit Beuteln aus dickem Plastik ausgekleidet werden. Man trennt brennbaren von nicht brennbarem Festabfall. Wenn der Beutel voll ist, wird er entnommen, zugeschweißt und beschriftet und ein neuer Beutel in den Behälter gesteckt. Der Abfallbereich sollte niemals ohne einen benutzbaren Abfallbehälter hinterlassen werden.

Flüssigabfall wird in wässrig (z.B. Gelpuffer), organisch und organisch-wässrig (z.B. Gelfärbelösungen) unterschieden. Er wird in Kanistern gesammelt, zum Abfüllen verwendet man Trichter, um ein Verspritzen zu vermeiden.

Szintillationsgefäße werden getrennt gesammelt. Entsorgen Sie keine losen Szintillationsgefäße, sondern packen Sie sie in eine Kiste oder ein Fass.

Werfen Sie keine **Bleiverkleidungen** in den radioaktiven Abfall. Üblicherweise sind sie nicht kontaminiert. Sie werden entweder recycelt oder als Gefahrstoff entsorgt. Fragen Sie Ihren Sicherheitsbeauftragten.

Über die Entsorgung der radioaktiven Abfälle müssen Aufzeichnungen geführt werden.

Wenn Sie **nicht-radioaktiven Abfall** haben, der Radioaktivitätswarnzeichen trägt (z.B. das Verpackungsmaterial, in dem das Radioisotop geliefert wurde), müssen Sie diese entfernen. Im besten Fall wird der Müll beim Abholen nicht mitgenommen, im schlechtesten Fall müssen Sie für die zusätzlichen Kosten der Sonderentsorgung des vermeintlich radioaktiven Abfalls aufkommen.

Das genaue Vorgehen variiert von Institut zu Institut, wobei versucht wird, eine Balance zwischen Sicherheit und Unkosten zu finden. Es kann sein, dass Sie Einwegmaterial aus Plastik abwaschen und dann in den normalen Abfall entsorgen müssen oder Papierhandtücher und Laborpapier erst messen müssen, bevor Sie es in den radioaktiven Abfall geben dürfen (wenn es nicht kontaminiert ist, wird es dann in den normalen Abfall geworfen), oder dass Sie nur die kontaminierten Bereiche des Laborpapiers in den radioaktiven Abfall geben dürfen. Halten Sie sich an die Regeln, aber machen Sie keine Abstriche bei der Sicherheit.

13.7 Alternativen zur Radioaktivität

Die Verwendung von Radioaktivität war unerlässlich für das Fortschreiten der biologischen Forschung, aber die damit verbundenen Sicherheitsfragen lassen mögliche Alternativen immer attraktiv erscheinen. Der Umstand, dass langlebige Isotope für unbestimmte Zeit gelagert werden müssen, macht zusätzlich klar, dass die gegenwärtige zum Teil relativ unbedachte Verwendung von Radioaktivität reduziert werden muss.

Für die meisten radioaktiven Anwendungen, die im Bereich Nucleinsäuren und Proteine häufig durchgeführt werden, gibt es nicht-radioaktive Alternativen. In vielen Fällen sind sie sogar empfindlicher als die radioaktiven Methoden und häufig billiger. Das größte Hindernis für den Wechsel zu nicht-radioaktiven Methoden ist, dass viele Institute schon so viel Geld in die Ausstattung für radioaktives Arbeiten gesteckt haben, dass sie wenig Lust haben, etwas Neues zu beginnen. Menschen sind träge und haben immer viel zu tun, sie wollen nicht jedes Mal eine neue Technik ausprobieren – das ist die Kehrseite der „never change a winning team"-Philosophie.

Die meisten Verfahren, die als Alternativen zu radioaktiven Methoden benutzt werden, basieren auf Kolorimetrie, Chemilumineszenz und Chemifluoreszenz.

Kolorimetrische Tests benutzen ein enzymmarkiertes Erkennungsmolekül und das dazugehörige lösliche farbstoffbildende Substrat, um Moleküle wie Nucleinsäuren oder Proteine zu markieren. Viele Verfahren nutzen die hohe Affinität von Streptavidin oder Avidin zu Biotin aus. Ein Antikörper (oder eine DNA) wird mit Biotin markiert, welches durch Streptavidin erkannt wird, an das vorher ein Enzym wie die alkalische Phosphatase gekoppelt wurde. Nach Zugabe eines Substrats für die alkalische Phosphatase, wie Bromchlorindolylphosphat und Nitroblaues Tetrazoliumchlorid (BCIP/NBT), wird ein unlösliches, gefärbtes Produkt gebil-

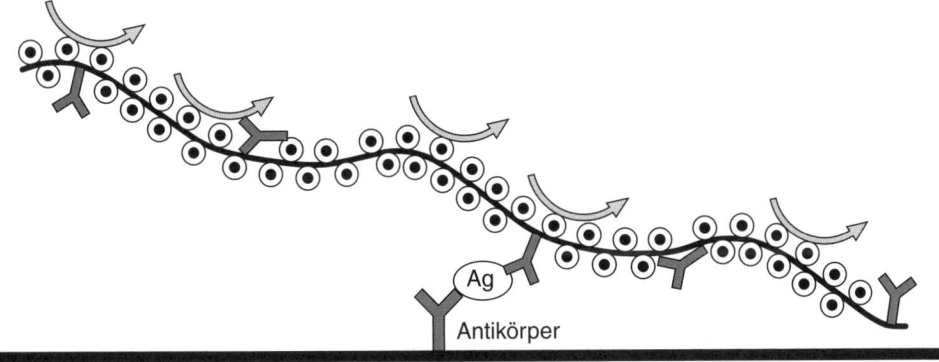

Abb. 13.10: Das Amdex High-Performance-Konjugat: Ein Beispiel für ein Reagenz, das für kolorimetrische Analysen genutzt wird.

det. Das Produkt bindet an die Membran (bei Blots) oder kann in flüssigen Proben in einem Spektrophotometer gemessen werden (Abbildung 13.10).

Chemilumineszenz-Assays benötigen viele Geräte und Techniken, die auch für die Autoradiographie verwendet werden. Das Signal von der gebundenen Sonde wird durch die chemische Reaktion zwischen einem Enzym wie der Meerettich-Peroxidase (engl. *horseradish peroxidase*, HRP) und einem chemilumineszenten Substrat wie z.B. Luminol produziert, wobei Licht ausgestrahlt wird. Dieses Licht kann, wie bei Radioisotopen, mit einem Röntgenfilm oder einer speziellen Phosphorimagerplatte detektiert werden. Die Membran kann wieder verwendet werden, nachdem man die Sonde von der Membran entfernt („gestrippt") hat. Chemilumineszenz-Assays sind empfindlicher als entsprechende kolorimetrische Verfahren.

Das ECL-Kit (Amersham) für Western-Blots ist ein Beispiel für ein chemilumineszentes Nachweisverfahren, das eine HRP-katalysierte Bildung von Licht benutzt (Abbildung 13.11). Nach Transfer der Proteine aus einem Gel auf eine Membran, wird diese mit einem Erstantikörper inkubiert, der das zu untersuchende Protein erkennt. Nichtgebundene Antikörper werden abgewaschen und dann wird der zweite Antikörper zugegeben, an den die HRP gebunden ist und der gegen den Erstantikörper gerichtet ist. HRP katalysiert die Oxidation des Substrats Luminol, das dabei Licht ausstrahlt. Dieses Licht wird chemisch verstärkt und auf einem Röntgenfilm festgehalten. Der Assay dauert nur ein paar Minuten (nach Inkubation mit dem Zweitantikörper), und die Expositionszeit wird üblicherweise in Minuten oder sogar Sekunden angegeben. ECL kann auch mit Streptavidin-HRP-Konjugaten für biotinylierte Antikörper verwendet werden.

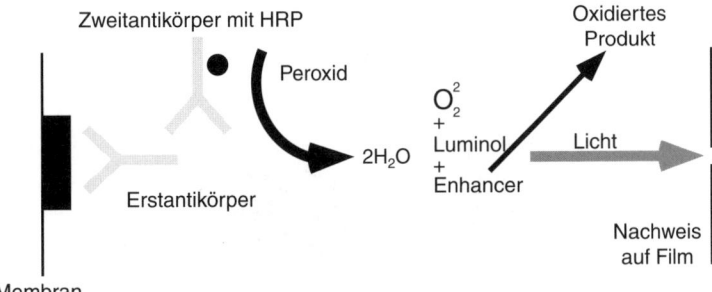

Abb. 13.11: Die ECL-Analyse: Ein Beispiel für die Nutzung eines chemilumineszenten Nachweisverfahrens.

Fluorescein und Digoxigenin werden auch häufig zum Markieren von Molekülen verwendet und können mit den entsprechenden enzymgekoppelten Antikörpern gegen Fluorescein und Digoxigenin zur enzymkatalysierten Bildung von Licht benutzt werden.

Chemifluoreszenz-Assays. Das Prinzip der Chemifluoreszenz und die Probenvorbereitung sind der Chemilumineszenz sehr ähnlich; der Unterschied liegt im Nachweis des Produkts: Während Chemilumineszenz Licht erzeugt, wird bei Chemifluoreszenz-Assays ein fluoreszierendes Molekül an den Zweit- oder Drittantikörper gekoppelt, das durch einen Laser oder eine andere starke Lichtquelle angeregt werden muss. Daher kann kein Röntgenfilm benutzt werden, um das Signal sichtbar zu machen.

Ein Beispiel für Chemifluoreszenz ist das ECF-Western-Blot-Kit (Amersham), das einen fluorescein-markierten Anti-Maus- oder Anti-Kaninchen-Zweitantikörper verwendet, um einen Erstantikörper zu erkennen (Abbildung 13.12). Der Zweitantikörper kann häufig direkt mit entsprechender Fluoreszenz-Scanning-Ausstattung oder einem Imager detektiert werden. Wenn eine Signalverstärkung notwendig ist, wird ein Anti-Fluorescein-Antikörper mit gekoppelter alkalischer Phosphatase als Drittantikörper und ein ECF-Substrat verwendet. Die alkalische Phosphatase spaltet die Phosphatgruppe von dem ECF-Reagenz ab, wobei ein stark fluoreszierendes Produkt entsteht. Dieses Produkt ab-

Wenn der Erstantikörper ein Maus-Antikörper ist, ist der Zweitantikörper vermutlich ein Anti-Mausantikörper-Antikörper, der in Kaninchen hergestellt wurde. Diesen Zweitantikörper würde man „HRP-konjugierter Kaninchen-anti-Maus-Antikörper" nennen oder kürzer RAMIG-HRP (engl. *rabbit anti-mouse immunoglobuline coupled to HRP*).

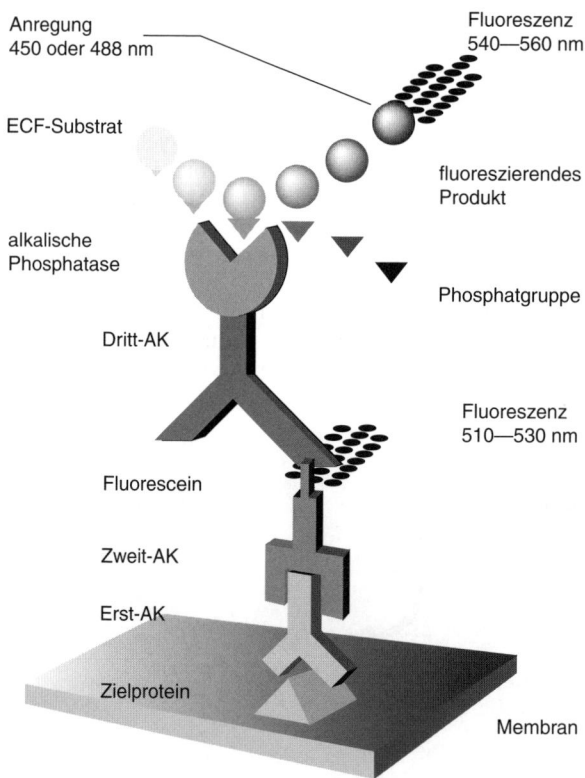

Abb. 13.12: Das ECF Western-Blot-Kit: Ein Beispiel für ein Chemifluoreszenz-System.

sorbiert Licht der Wellenlänge 450 nm und gibt Licht der Wellenlängen 540–560 nm wieder ab.

Schauen Sie in den Katalogen der Hersteller, insbesondere bei Herstellern von Radioisotopen, welche Alternativen es für radioaktive Testverfahren gibt.

13.8 Quellen und Ressourcen

Amersham Life Sciences, Inc. 1992. *Guide to autoradiography.* Arlington Heights, Illinois.

Amersham Life Sciences, Inc. 1996. Catalog. Arlington Heights, Illinois.

Brown T.A. (Hrsg.) 1991. *Molecular biology LabFax.* Kap. 3, Radiochemicals. BIOS Scientific Publishers, Blackwell Scientific Publcations. Oxford, England.

Clark D.P., Russell L.D. 1997. *Molecular biology made simple and fun.* Cache River Press, Vienna, Illinois.

Cortese J.D. 2000. Let it shine: Fluorescence-based detection sheds light on protein function. *The Scientist* 14: 24, Mar. 20, 2000.
http://www.the-scientist.com/yr2000/mar/profile2_000320.html

Cortese J.D. 2002. Beyond file: Laboratory Imagers. *The Scientist* 16: 41, April 1, 2002.
http://www.the-scientist.com/yr2002/apr/profile_020401.html

Gerhardt P., Murray R.G.E., Wood W.A., Krieg N.R. (Hrsg.) 1994. *Methods for cellular and molecular bacteriology,* Kap. 21, *Physical analysis.* American Society for Microbiology, Washington, D.C.

Gershey E.L., Party E., Wilkerson A. 1991. *Laboratory safety in practice: A comprehensive compliance program and safety manual.* Van Nostrand Reinhold, New York.

Haugland R.P. 2001. *Handbook of fluorescent probes and research chemicals,* 8. Aufl. Molecular Probes, Eugene, Oregon.

Heidcamp W.H. 1995. *Cell biology laboratory manual.* Gustavus Adolpus College, St. Peter Minnesota.

Appendix H: Radioactive tracer. http://homepages.gac.edu/~cellab/index-1.html

Holt M.S. 2003. *Appendix: Using the X-ray film processor* (Kodak M35 X-OMAT).
http://hdklab.wustl.edu/lab_manual/12/12_7.html

In *Donis-Keller Lab, Lab Manual,* posted 1995.
http://hdklab.wustl.edu/lab_manual/index.html

Howard G.C. 1993. *Methods in nonradioactive detection.* Appelton and Lange, Norwalk.

Immobilon-P transfer membrane user guide. 2000. Millipore Corporation.
www.millipore.com

Molecular Dynamics. 1996. *Brochure 9630. PhosphorImager SI.* Sunnyvale, California.

Party E., Gershey E.L. 1995. A review of some available radioactive and non-radioactive substitutes for use in biomedical research. *Health Phys.* 69: 1–5.

14 Zentrifugation

Welche Geschwindigkeit, welcher Rotor, wie schnell, wie lange, welche Temperatur? Die Hauptanwendung der Zentrifuge ist die Trennung biologisch wichtiger Substanzen und nur wenige Experimente können ganz ohne eine Zentrifugation durchgeführt werden. Zentrifugen werden benutzt, um gereinigte Proteine zu konzentrieren, DNA zu waschen und Zellen zu sedimentieren. Für fast jede Anwendung gibt es spezielle Zentrifugengefäße, Rotoren und Zentrifugen. Die Zentrifuge liefert die Antriebskraft und der Rotor ermöglicht die funktionale Spezialisierung der Zentrifugation. Wahrscheinlich benutzen Sie irgendeine Zentrifuge, die Ihnen jemand mal gezeigt hat, aber Sie sollten wissen, dass Sie durch sorgfältige Auswahl von Zentrifuge, Rotor und Zentrifugengefäßen mit Ihrer Probe das machen können, was Sie wollen.

Die Omnipräsenz von Zentrifugen im Labor sollte Sie nicht dazu verleiten, nachlässig damit umzugehen. Eine Zentrifuge ist ein wichtiges und kompliziertes Instrument, das bei sorglosem Umgang Ihre Proben ruinieren und sogar Verletzungen verursachen kann.

14.1 Grundlagen

Eine Zentrifuge ist ein Gerät für die Trennung von Teilchen in einer Lösung. Im biologischen Forschungslabor sind diese „Teilchen" üblicherweise entweder Zellen, Organellen oder große Moleküle wie DNA.

14.1.1 Zentrifugation

Es gibt zwei grundsätzliche Anwendungen für die Zentrifugation: **präparativ,** d.h. die Isolierung spezifischer Partikel, und **analytisch,** d.h. die Messung der physikalischen Eigenschaften eines sedimentierenden Teilchens.

Im molekularbiologischen oder zellbiologischen Labor sind die meisten Zentrifugationen präparativ und die meisten davon werden als **differenzielle Zentrifugation** durchgeführt.

Die nachfolgend aufgeführten Werte für Umdrehungen pro Minute (upm) und die Beschleunigung (in Vielfachen der Erdbeschleunigung g) sind ungefähre Werte; sie sind vom Zentrifugenmodell und vom Rotor abhängig.

 Differenzielle Zentrifugation

Theorie: Die Proben werden bei einer bestimmten Geschwindigkeit zentrifugiert, sodass ein Überstand und ein Sediment (Pellet) entsteht. Die Probe wird mit einer Sedimentationsgeschwindigkeit getrennt, die, bei konstanter Zentrifugalkraft, proportional zur Größe des Teilchens und der Dichtedifferenz zwischen Teilchen und Flüssigkeit ist.

Nachteile: Das Sediment besteht aus einer Mischung aller sedimentierten Probenbestandteile, von denen man nicht alle haben möchte.

Benutzte Rotoren: Festwinkel- oder Ausschwingrotoren.

Beispiele: Ernten von Bakterien oder Zellen aus dem Medium, Sammeln gefällter DNA.

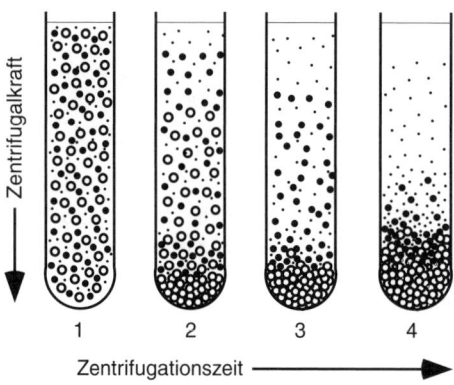

Abb. 14.1: Differenzielle Zentrifugation (Sedimentation). (Nachgezeichnet mit Genehmigung von Griffith 1986; Beckman Instruments)

 Dichtegradientenzentrifugation

• Zonenzentrifugation

Theorie: Dient der Trennung von Teilchen, die eine ähnliche Schwimmdichte aufweisen, aber unterschiedliche Formen oder Größe haben. Die Probe wird auf einen Gradienten aus Saccharose oder einem anderen viskosen Medium geschichtet. Die Dichte der Teilchen ist höher als die Dichte der Flüssigkeit, sodass sie letztendlich sedimentieren würden. Die Zentrifugation muss daher gestoppt werden, wenn die Teilchen schon getrennt sind, aber bevor alle den Boden des Zentrifugationsröhrchen erreicht haben.

Benutzte Rotoren: Ausschwingrotor oder spezielle Zonalrotoren/-zentrifugen.

Beispiele: Isolierung der ribosomalen Untereinheiten auf einem 15–40% (w/v) Saccharosegradienten.

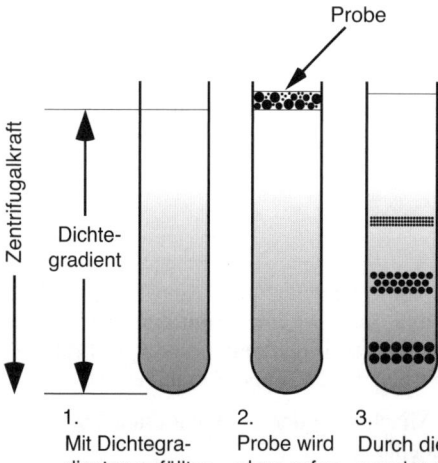

Abb. 14.2: Zonenzentrifugation in einem Ausschwingrotor. (Nachgezeichnet mit Genehmigung von © Griffith 1986; Beckman Instruments)

- Isopyknische Zentrifugation

  Theorie: Wird wie die Dichtegradientenzentrifugation zur Trennung von Teilchen auf der Basis der Schwimmdichte verwendet. Die Probe wird mit einem Gradientenmaterial wie z.B. Cäsiumchlorid gemischt, um eine Dichte der Lösung zu erreichen, die ähnlich der mittleren Dichte der Teilchen ist. Diese homogene Suspension wird zentrifugiert, wobei sich ein Cäsiumchloridgradient bildet (Cäsiumchlorid hat eine sehr geringe Viskosität, daher kann man damit schlecht vorgeformte Gradienten ansetzen). Die Teilchen stoppen ihre Wanderung, wenn sie den Bereich ihrer Schwimmdichte erreichen.

  Benutzte Rotoren: Ausschwingrotor, Vertikalrotor, Festwinkelrotor. Festwinkelrotoren und Vertikalrotoren sind vorzuziehen, weil die kürzeren Wanderstrecken kürzere Zentrifugationszeiten erlauben. Für subzelluläre Partikel werden Zentrifugationen von 18-72 Stunden bei 100 000–200 000 *g* benötigt.

  Beispiele: Isolierung von Plasmid-DNA in einem Cäsiumchloridgradienten.

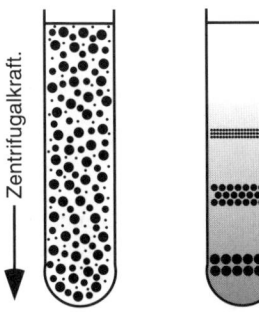

Abb. 14.3: Isopyknische Trennung mit einem selbstformenden Gradienten. (Nachgezeichnet mit Genehmigung von © Griffith 1986; Beckman Instruments)

1. Gleichförmige Mischung von Probe und Gradientenmaterial

2. Durch die Zentrifugalkraft baut sich ein Gradient auf und die Partikel bilden Banden in den Regionen, die ihre Dichte aufweisen.

- Gleichgewichtszentrifugation

  Theorie: Wird verwendet, um Teilchen anhand ihrer Schwimmdichte anstatt ihrer Sedimentationsgeschwindigkeit zu trennen; die Gleichgewichtszentrifugation ist eigentlich eine isopyknische Zentrifugation, nur dass der Gradient schon vorher angesetzt und nicht erst während der Zentrifugation gebildet wird. Die Probe wird in einem Dichtegradienten zentrifugiert, dessen höchste Dichte höher ist als die Dichte der Zellen oder Teilchen, bis ein Gleichgewicht erreicht wird, bei dem jedes Teilchen den Bereich im Gradienten erreicht hat, wo es die gleiche Dichte hat, wie das umgebende Medium.

  Benutzte Rotoren: Ausschwingrotor, Festwinkelrotor, Vertikalrotor.

  Beispiele: Isolierung von Lymphozyten auf einem Ficollgradient.

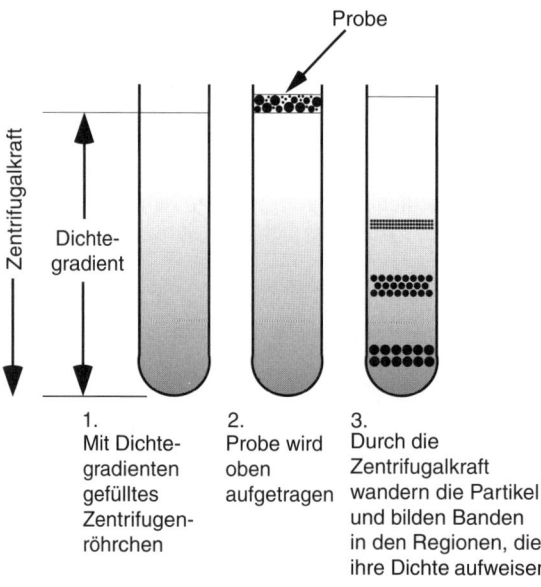

Probe

Zentrifugalkraft

Dichte-
gradient

1.
Mit Dichte-
gradienten
gefülltes
Zentrifugen-
röhrchen

2.
Probe wird
oben
aufgetragen

3.
Durch die
Zentrifugalkraft
wandern die Partikel
und bilden Banden
in den Regionen, die
ihre Dichte aufweisen

Abb. 14.4: Gleichgewichtszentrifugation.
(Nachgezeichnet mit Genehmigung von
© Griffith 1986; Beckman Instruments)

14.1.2 Zentrifugen

Es gibt verschiedene Kategorisierungen für Zentrifugen. Dabei handelt es sich aber nicht um strikte Definitionen und daher kann eine Zentrifuge in verschiedene Kategorien eingeteilt werden. Im Labor werden die Zentrifugen meistens nach dem Herstellernamen benannt.

Hochgeschwindigkeits- und Ultrazentrifugen haben eine Kühlung, die notwendig ist, weil sich bei hohen Zentrifugationsgeschwindigkeiten viel Wärme entwickelt. Andere Zentrifugen können sowohl ohne als auch mit Kühlung gekauft werden.

- **Tischzentrifuge.** Auch bekannt als Vielzweckzentrifuge. Sie steht nicht zwangsläufig auf einem Tisch, sondern wird auch häufig unter dem Tisch gefunden.
  Anwendungszwecke: Sedimentation von Zellen und Bakterien, Phenolextraktionen.
  Drehzahl und Beschleunigung: Festwinkel: bis 14 000 upm/17 000 *g*, Ausschwingrotor: 4 800 upm/3 800 *g*.
  Rotoren: Festwinkelrotor, Ausschwingrotor, Rotor für Mikrotiterplatten.
  Gefäßvolumen: 2,0–180 ml.

- **Klinische Zentrifuge.**

  Anwendungszwecke: Sedimentation von Serum, Urin, Zellen und Blut.
  Drehzahl und Beschleunigung: 6 000 upm/4 600 *g*.
  Rotoren: Festwinkelrotor, Ausschwingrotor.
  Gefäße: Eine Reihe verschiedener Glasröhrchen, Hämatokritkapillaren bis 75 ml.

- **Mikro(liter)zentrifuge („Eppizentrifuge").**

  Anwendungszwecke: Mini-Phenolextraktionen und Ethanolfällungen, Sedimentation von Zellen (bei geringer Geschwindigkeit).
  Drehzahl und Beschleunigung: Festwinkel: bis 13 000 upm/16 000 *g*, Horizontalrotor: 13 000 *g*.
  Rotoren: Festwinkelrotor, selten Ausschwingrotor.
  Gefäße: Eppis 0,5–2,0 ml.

- **Hochgeschwindigkeitszentrifuge.** Auch als Hochleistungszentrifuge bekannt.

  Anwendungszwecke: Ethanolfällungen mit großen Volumina, Ernte von Bakterien, Benutzung von Zentrifugationssäulen, Proteinfällungen.
  Drehzahl und Beschleunigung: Neuere Modelle bis 75 000 *g*.
  Rotoren: Festwinkelrotor, Ausschwingrotor.
  Gefäße: Polyallomer, Pyrex.

- **Ultrazentrifuge.**

  Anwendungszwecke: Konzentrierung von Viren, Isolierung von Zellmembranen und subzellulären Fraktionen, DNA- und RNA-Reinigung.
  Drehzahl und Beschleunigung: 100 000 upm/800 000 g.
  Rotoren: Festwinkelrotor, Ausschwingrotor.
  Gefäße: Nitrozellulose, Polyallomer.

- **Tisch-Ultrazentrifuge.**

  Anwendungszwecke: Membranpräparation, Virusisolierung, subzelluläre Fraktionierung. Cäsiumchlorid-Plasmidisolierung in 30 Minuten.
  Drehzahl und Beschleunigung: 120 000 upm/625 000 g.
  Rotoren: Festwinkelrotor, Ausschwingrotor.
  Gefäße: Nitrozellulose, Polyallomer.

- **Weitere Zentrifugen.**

  Zum Sammeln von Flüssigkeiten in Reaktionsgefäßen („Eppis") und Mikrotiterplatten, gibt es spezielle Zentrifugen, die keine hohen Drehzahlen erreichen, aber für den Zweck ausreichend sind (Abbildung 14.10).

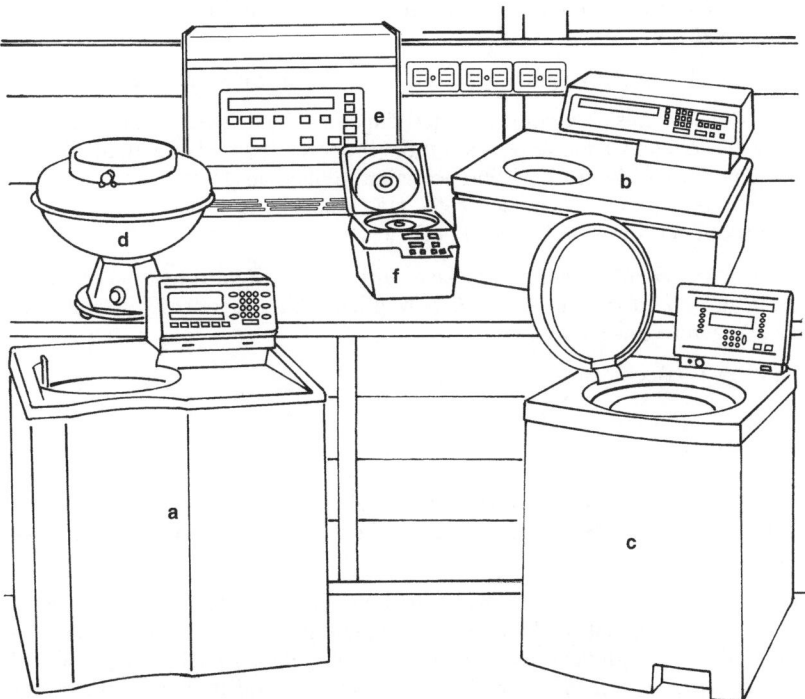

Abb. 14.5: Übliche Zentrifugen sind die Ultrazentrifuge (a), die Tischultrazentrifuge (b), die Hochgeschwindigkeitszentrifuge (c), die klinische Zentrifuge (d), die Tischzentrifuge (e) und die Mikroliterzentrifuge (f).

14.1.3 Rotoren

Es gibt vier unterschiedliche Haupttypen von Rotoren: Festwinkelrotoren, Ausschwingrotoren, Durchflussrotoren und zonale Rotoren. Festwinkel- und Ausschwingrotoren gehören zur Standardlaborausstattung, die anderen beiden Rotoren werden nur für sehr spezielle Anwendungen benötigt.

 Festwinkelrotoren

Anwendungszwecke: Probenkonzentrierung. Der Festwinkelrotor ist das Arbeitstier im Labor.

Beschreibung: Die Probe wird in einem festen Winkel zur Rotationsebene gehalten.

Vorteile: Arbeitet am schnellsten. Die Substanzen erfahren eine erhöhte relative Zentrifugalkraft und sedimentieren schneller als in einem Ausschwingrotor. Hat nur wenige bewegliche Teile, daher kaum mechanisches Versagen.

Nachteile: Die Materialien werden gegen die Wand des Zentrifugengefäßes gedrückt und rutschen dann an der Wandung herunter, was zu einem Abrieb der Partikel an der Wandung des Gefäßes führt.

Beispiele: Sorvall SS-34, Beckman JA-20, Fast-Vertikalrotor (engl. *near vertical rotor*, NVR) (Beckman), Vertikalrotoren für Hochgeschwindigkeitsläufe.

 Ausschwingrotoren (auch Horizontalrotoren genannt)

Anwendungszwecke: Probentrennung. Wird oft im klinischen Labor zur sanften Zelltrennung verwendet.

Beschreibung: Die Probe schwingt auf einem Drehzapfen in die Rotationsebene aus.

Vorteile: Das Material muss über die gesamte Länge des Zentrifugengefäßes durch das (häufig viskose) Medium wandern. Das ist für die Probe sanfter und erlaubt die Bildung von Gradienten und Schichten. Die Röhrchenhalter können ausgewechselt werden, sodass verschieden große und verschieden geformte Gefäße benutzt werden können. Die Wahrscheinlichkeit der Aerosolbildung ist geringer.

Nachteile: Die längere Zentrifugationsstrecke bewirkt längere Zentrifugationszeiten zum Sedimentieren als im Festwinkelrotor. Viele bewegliche Teile, daher größere Gefahr von Defekten bei längerer Verwendung.

Beispiele: SW 55 Ti (Beckmann).

 Durchflussrotoren

Anwendungszwecke: Trennung von Teilchen oder Zellen aus einem großen Flüssigkeitsvolumen, z.B. Ernte von Bakterien aus mehreren Litern Medium oder Produktion monoklonaler Antikörper.

Beschreibung: Mit Anschlüssen für Probeneinlass und Probenauslass zur Trennung großer Volumina. Die Flüssigkeit wird langsam und kontinuierlich von außerhalb der Zentrifuge nachgeführt, das Sediment in den Zentrifugationsgefäßen wächst mehr und mehr an. Mit verschiedenen Systemen können Volumina von 10–100 Litern pro Stunde verarbeitet werden.

Vorteile: Zentrifugation sehr großer Mengen.

Nachteile: Die Zentrifuge muss mit Einlass- und Auslassanschlüssen versehen sein. Säuberung und Pflege kosten Zeit. Viele Einzelteile, die verloren oder kaputt gehen können. Bildung von Aerosolen.

Beispiele: Avanti J-Rotoren (Beckman).

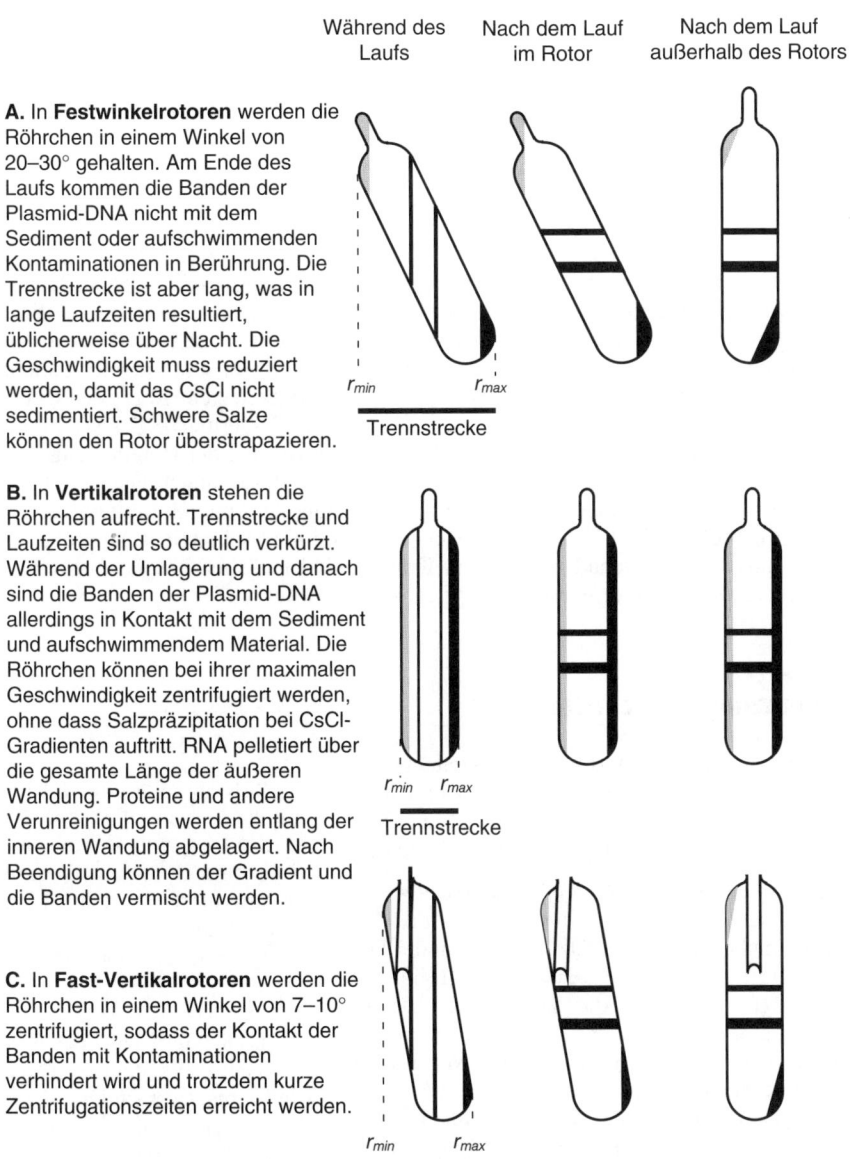

| | Während des Laufs | Nach dem Lauf im Rotor | Nach dem Lauf außerhalb des Rotors |

A. In **Festwinkelrotoren** werden die Röhrchen in einem Winkel von 20–30° gehalten. Am Ende des Laufs kommen die Banden der Plasmid-DNA nicht mit dem Sediment oder aufschwimmenden Kontaminationen in Berührung. Die Trennstrecke ist aber lang, was in lange Laufzeiten resultiert, üblicherweise über Nacht. Die Geschwindigkeit muss reduziert werden, damit das CsCl nicht sedimentiert. Schwere Salze können den Rotor überstrapazieren.

B. In **Vertikalrotoren** stehen die Röhrchen aufrecht. Trennstrecke und Laufzeiten sind so deutlich verkürzt. Während der Umlagerung und danach sind die Banden der Plasmid-DNA allerdings in Kontakt mit dem Sediment und aufschwimmendem Material. Die Röhrchen können bei ihrer maximalen Geschwindigkeit zentrifugiert werden, ohne dass Salzpräzipitation bei CsCl-Gradienten auftritt. RNA pelletiert über die gesamte Länge der äußeren Wandung. Proteine und andere Verunreinigungen werden entlang der inneren Wandung abgelagert. Nach Beendigung können der Gradient und die Banden vermischt werden.

C. In **Fast-Vertikalrotoren** werden die Röhrchen in einem Winkel von 7–10° zentrifugiert, sodass der Kontakt der Banden mit Kontaminationen verhindert wird und trotzdem kurze Zentrifugationszeiten erreicht werden.

Abb. 14.6: Relative Position der Bestandteile einer Plasmidpräparation nach einer CsCl-Zentrifugation in drei verschiedenen Rotortypen. Der Fast-Vertikalrotor (C) ist die beste Wahl für Gradientenzentrifugation. Schwarze Bereiche stellen das sedimentierte Material dar, grau schattierte Bereiche sind die löslichen Bestandteile und schwarze Linien markieren die Grenzen. (Nachgezeichnet mit Genehmigung von © Beckman Instruments)

Zonalrotoren

Anwendungszwecke: Trennung von Teilchen im Dichtegradienten im großen Maßstab. Kann mehrere Liter Lösung und kiloweise Zellen oder Gewebeproben trennen.

Beschreibung: Zellsuspension und Medium werden durch spezielle Anschlüsse in den Rotor gepumpt, die Geschwindigkeit kann verändert werden, damit selektiv Zellen verschiedener Dichten abgegeben werden.

Vorteile: Zentrifugation sehr großer Mengen.

Nachteile: Für den ungeübten Experimentator ziemlich kompliziert.

Beispiele: CF-32 Ti (Beckman).

Einteilung von Rotoren nach Materialien

In Mikroliterzentrifugen findet man meistens Rotoren aus Kunststoff. Größere Rotoren in Hochgeschwindigkeitszentrifugen bestehen häufig aus Aluminium, aber immer häufiger findet man auch Kohlefaserrotoren vor. Für Ultrazentrifugen werden auch oft Titanrotoren verwendet. Je nach genauer Materialzusammensetzung kann ein Rotor sehr unterschiedliche Gewichte haben: Ein Festwinkelrotor für eine Hochgeschwindigkeitszentrifuge, der sechs 250-ml-Zentrifugengefäße fasst, kann 14,9 kg wiegen (Aluminumlegierung), 9,5 kg (Aluminium) oder 5,3 kg (Kohlefaser). Das Gewicht ist nicht nur ein Faktor bei der Handhabung, sondern auch bei der Zentrifugation selbst: Je schwerer ein Rotor ist, desto länger dauert es, bis er auf die Endgeschwindigkeit beschleunigt ist oder zum Stillstand kommt. Aluminiumrotoren sind sehr rostempfindlich. Kohlefaserrotoren rosten nicht und sind sehr leicht, sind aber relativ empfindlich gegenüber Beschädigungen und Kratzer. Und natürlich hat das Material einen Einfluss darauf, wie der Rotor gereinigt, gepflegt und gewartet wird.

14.2 Benutzungsvorschriften

- Zentrifugieren Sie kein radioaktives, gentechnisch verändertes oder infektiöses Material, bevor Sie nicht sichergestellt haben, dass Sie die für diese Materialen richtige und dafür vorgesehene Zentrifuge benutzen.

- *Tarieren Sie alle Gefäße, Gefäßhalter, Adapter, Deckel, Abdeckungen und Ausschwenkbecher aus.* Tarieren Sie nicht bloß die Gefäße gegeneinander aus, sondern die ganze Einheit beweglicher Teile. Bei Ausschwingrotoren sind die zusammengehörigen Ausschwingmetallbecher und Deckel nummeriert und haben eine feste Position im Rotor. Vermischen Sie nicht unterschiedliche Gehängesätze. Wenn Sie ein leeres Gefäß zum Austarieren verwenden, füllen Sie es mit einer ähnlich beschaffenen Flüssigkeit wie Ihre Proben: Beim Ernten von Bakterien aus Medium können Sie z.B. Wasser zum Austarieren nehmen,

> Nicht jeder ist beim Zentrifugieren von infektiösem Material vorsichtig genug, daher können Rotor und Zentrifugenkammer kontaminiert sein. Tragen Sie Handschuhe, wenn Sie die Zentrifuge beladen oder säubern.

> Wenn die Gehänge eines Ausschwingrotors nicht vom Hersteller markiert sind, markieren Sie passende Paare gleichen Gewichts mit Farbe.

was sich auch für die meisten anderen Anwendungen eignet, aber nicht, wenn Sie einen Cäsiumchloridgradienten austarieren wollen.

- *Führen Sie akribisch die Aufzeichnungen im Rotor- und Zentrifugenbuch.* Diese Daten werden benötigt, um die Laufleistung der einzelnen Rotoren festzuhalten, denn viele Hochgeschwindigkeits- und Ultrazentrifugenrotoren werden „herabgestuft", wenn Sie eine gewisse Laufleistung überschritten haben, d.h. sie dürfen dann nicht mehr mit der maximalen Geschwindigkeit betrieben werden.

- *Reinigen Sie die Zentrifugen bei jedem Gebrauch*, auch Mikroliterzentrifugen. Wischen Sie das Innere sauber. Nehmen Sie die Schwingbecher aus den Ausschwingrotoren, spülen Sie sie mit destilliertem Wasser und lassen Sie sie auf dem Kopf stehend trocknen. Festwinkelrotoren spülen Sie komplett aus.

- *Sie müssen die Geschwindigkeitslimits jeder Zentrifuge und jedes Rotors kennen und dürfen sie niemals überschreiten.* Denken Sie daran, dass Ausschwingrotoren nicht so schnell rotieren können wie Festwinkelrotoren, also verlassen Sie sich nicht auf Schätzungen. Wenn die Zentrifuge ungewöhnliche Geräusche beim Lauf abgibt, haben Sie vielleicht die empfohlene Geschwindigkeit überschritten.

- *Benutzen Sie die richtigen Zentrifugengefäße und Gefäßhalter.* Nehmen Sie nicht irgendeinen Plastikbecher, der ähnlich aussieht und zufällig passt. Das gilt insbesondere bei Hochgeschwindigkeitsläufen, wenn die Gefäße höheren Belastungen ausgesetzt sind. Die Zentrifugengefäße sollten weder locker noch stramm im Rotor oder in den Haltern sitzen. Viele Gefäße und Gefäßhalter müssen mit Adaptoren verwendet werden.

- *Verschließen Sie die Gefäße.* Benutzen Sie entweder die dazugehörigen Abdeckungen oder spannen Sie Parafilm über die Öffnungen. Benutzen Sie keine Aluminumfolie, die abgehen oder zerreißen kann und keine Aerosole zurückhält.

- *Lassen Sie die oberen 1–2 cm frei.* Wenn Sie die Gefäße zu voll füllen, tritt während der Zentrifugation Flüssigkeit aus, auch aus Gefäßen mit Schraubdeckelverschluss. Wenn Sie *zu wenig* Flüssigkeit einfüllen, kann das Gefäß kollabieren!

- *Benutzen Sie kein Gefäß, das Risse aufweist* oder irgendwie sonst beschädigt ist. Werfen Sie solche Gefäße umgehend weg, versuchen Sie nicht, sie für besondere Zwecke (z.B. langsame Zentrifugationen) zu behalten. Überprüfen Sie selbst verpackte Einweggefäße auf Risse. Ein Gefäß mit einem winzigen Riss hält vielleicht Flüssigkeit ohne zu tropfen, kann aber bei den Kräften, die durch die Zentrifugation darauf einwirken, zerbrechen.

- *Lassen Sie einen Ausschwingrotor immer nur mit allen Bechern laufen.* Öffnen und überprüfen Sie alle Becher vor und nach dem Lauf – ein zurückgelassenes Röhrchen in einem unbenutzten Becher führt zur Unwucht während der Zentrifugation. Achten Sie darauf, dass alle Becher richtig eingehängt sind und frei schwingen können.

- *Zentrifugieren Sie infektiöses Material immer nur in geschlossenen Gefäßen.* Zentrifugen erzeugen Aerosole, sodass infektiöse Teilchen verteilt werden können, auch wenn nichts verschüttet wurde. Für sehr giftige oder krankheitserregende Materialien sollten verschweißte Gefäße benutzt werden.

- *Vergessen Sie auf keinen Fall, den Deckel auf den Rotor zu setzen!* Viele Festwinkelrotoren und einige Ausschwingrotoren haben Deckel, die den Rotor nach oben verschließen. Außerdem wird durch den Deckel häufig der Rotor auf der Zentrifuge befestigt. Wenn Sie nach dem Starten der Zentrifuge merken, dass Sie den Deckel vergessen haben, stoppen Sie sie sofort und setzen Sie den Deckel auf.

- *Schließen Sie den Deckel von Kühlzentrifugen zwischen den Läufen, um Kondensation zu vermeiden.*

- *Entnehmen Sie sofort nach der Zentrifugation Ihre Proben.* Lassen Sie die Proben niemals nach dem Lauf in der Zentrifuge stehen. Das Pellet kann sich lösen und die Gefäße werden vielleicht von jemandem bewegt, der die Zentrifuge benötigt. Es ist außerdem eine schlechte Sitte, eine Zentrifuge absichtlich länger als nötig laufen zu lassen, damit der Lauf nicht beendet ist, wenn man zur Zentrifuge kommt.

14.3 Wie man zentrifugiert

Egal, welche Probe und welche Zentrifuge, die grundlegenden Schritte bei der Zentrifugation sind immer die gleichen.

1. Wählen Sie ein Zentrifugengefäß, dass der Beschaffenheit und dem Volumen Ihrer Probe angemessen ist. Benutzen Sie so wenige Gefäße wie möglich, indem Sie Gefäße verwenden, die möglichst dem Volumen Ihrer Probe entsprechen. Wenn Sie z.B. einen Liter Bakterien ernten möchten, nehmen Sie nicht 20 × 50-ml Röhrchen, wenn Sie 4 × 250-ml Becher nehmen können. Wählen Sie ein Material, dass durch die Probe nicht angegriffen wird. Berücksichtigen Sie auch die Geschwindigkeit, mit der Sie zentrifugieren wollen (Schritt 2). Die meisten Gefäße können für langsame Läufe verwendet werden, aber für hohe Geschwindigkeiten müssen Sie größere Sorgfalt auf die Gefäße legen.

> Füllen Sie die Gefäße bis 2 cm unter den oberen Rand.

2. Wählen Sie die Zentrifuge und den Rotor entsprechend Ihrer Probe und dem, was Sie mit ihr machen wollen. Schritt 1 und 2 müssen tatsächlich gleichzeitig entschieden werden. Wie schnell muss die Zentrifuge laufen? Muss die Probe gekühlt werden? Die meisten müssen. Während der Zentrifugation entsteht Wärme, die biologische Proben schädigen kann.

> Rotoren werden häufig im Kühlraum aufbewahrt, um die Proben nach dem Beladen des Rotors besser kühl zu halten.

3. Tarieren Sie die Gefäße aus. Jedes Gefäß muss im Rotor einem Gefäß mit dem exakt gleichen Gewicht gegenüber stehen. Das gilt für jeden Rotor und jede Zentrifuge, auch für Mikroliterzentrifugen und langsame Zentrifugationen.

Box 14.1: Austarieren von Zentrifugengefäßen

Nur die Gefäße, die sich im Rotor gegenüberstehen, müssen das gleiche Gewicht haben.

Reaktionsgefäße (Eppis): Tarieren Sie nach Volumen aus, nicht nach Gewicht. Geben Sie zu jedem Paar das gleiche Volumen.

Ultrazentrifugengefäße: Wiegen Sie jedes Gefäß einzeln auf einer Waage. Benutzen Sie ein Becherglas als Ständer.

Tisch- und Hochgeschwindigkeitszentrifugen: Am besten benutzt man eine Balkenwaage und tariert je zwei Gefäße gegeneinander aus.

Wenn Sie leere Gefäße zum Tarieren verwenden, benutzen Sie das gleiche Medium wie in Ihren Proben.

---

4. Stellen Sie die Gefäße in die Zentrifuge, immer in der gleichen Orientierung. Wenn das Gefäß irgendeine Asymmetrie aufweist, z.B. einen Griff auf dem Deckel, stellen Sie alle Gefäße auf die gleiche Weise in den Rotor, sodass der Griff immer in die gleiche Richtung zeigt. So wissen Sie immer, wo Sie nach Ihrem Pellet suchen müssen.

5. Achten Sie darauf, dass jedes Gefäß ein entsprechendes Gegengewicht auf der gegenüberliegen-

> Fehlende oder falsch austarierte Gegengewichte sind die Ursache für die meisten Zentrifugenunfälle.

Abb. 14.7: Halten Sie das Röhrchen beim Herausnehmen im selben Winkel wie während der Zentrifugation, um das Lösen des Pellets zu verhindern.

den Seite hat. Insbesondere wenn Sie viele Gefäße haben, kann man beim Beladen des Rotors ein Gegengewicht schon einmal vergessen. Achten Sie darauf, wenn Sie den Rotor beladen und prüfen Sie es noch einmal, bevor Sie den Deckel aufschrauben.

6. Setzen Sie immer den Deckel auf den Rotor. Er hält nicht nur die Proben am Platz fest, er verhindert auch die Freisetzung von Aerosolen. Legen Sie den Deckel immer in die Nähe der Zentrifuge, damit Sie ihn nicht vergessen können. Drehen Sie ihn handfest an.

7. Schließen Sie den Deckel der Zentrifuge. Bei den meisten Zentrifugen hören Sie ein Klickgeräusch. Solange der Deckel nicht ordnungsgemäß verschlossen ist, werden die meisten Zentrifugen nicht starten.

8. Stellen Sie die Zentrifugationsbedingungen ein. Überprüfen Sie die Einstellungen jedes Mal.

Geschwindigkeit: Stellen Sie die Anzeige auf „0". Wenn es ein Hochgeschwindigkeitslauf werden soll, starten Sie mit „1 000" und erhöhen Sie nach dem Start die Drehzahl langsam bis zur gewünschten Geschwindigkeit. Neuere Zentrifugen können aus einer eingegebenen *g*-Zahl den upm-Wert errechnen.

Temperatur: Kühl für Bakterien und Zellen, Raumtemperatur für Phenolextraktionen.

Bremse: Allgemein: „An" beim Pelletieren, „Aus" bei Gradienten. Achten Sie auf die Angaben in Ihrer Versuchsvorschrift.

Zeit: Stellen Sie die benötigte Zeit ein. Die tatsächliche Zentrifugation dauert etwas länger, weil der Rotor selbst mit eingeschalteter Bremse nicht sofort stoppt.

9. Warten Sie immer, bis die Zentrifuge die eingestellte Geschwindigkeit erreicht hat, bevor Sie weggehen. Falls irgendwelche Probleme beim Lauf auftreten, z.B. durch nicht austarierte Gefäße, machen sich diese häufig von selbst bemerkbar, bevor die Höchstgeschwindigkeit erreicht ist (z.B. durch lautes Laufgeräusch oder starke Vibrationen). Machen Sie sich über ein leichtes und kurzfristiges Zittern beim Beschleunigen, wenn der Motor seinen Vibrationspunkt erreicht, keine Sorgen; das ist normal. Aber schalten Sie die Zentrifuge sofort aus, wenn Sie laute dumpf-hohle Geräusche hören oder die Vibration nicht nachlässt.

> Stoppen Sie niemals einen Rotor mit der Hand! Dabei können Sie sich nicht nur selbst verletzen, sondern auch die Rotorspindel und die Bremsen zerstören. Warten Sie, bis der Rotor von alleine zum vollständigen Stillstand kommt.

10. Nehmen Sie die Gefäße langsam und sehr vorsichtig aus dem Rotor, damit Sie das Sediment oder die Banden nicht aufwirbeln oder vermischen. Behalten Sie den Winkel des Röhrchens bei, wenn Sie es aus dem Rotor nehmen. Achten Sie auf die Position des Sediments und markieren Sie es nötigenfalls mit einem Stift, wenn Sie Angst haben, es nicht wiederzufinden. Halten Sie ein Eisbad bereit, in das Sie die Gefäße stellen können.

11. Nehmen Sie den Überstand ab. Das kann durch Abschütten oder Absaugen geschehen.

12. Waschen Sie das Pellet, es sei denn, die Versuchsvorschrift verlangt etwas anderes. Füllen Sie dafür das Gefäß ca. zur Hälfte mit der Waschlösung. Verschließen Sie das Gefäß und mischen Sie es so lange mit einem Vortexer, bis sich das Pellet gelöst hat. Wenn das Pellet haften bleibt, lösen Sie es mit Hilfe einer sterilen Pipette von der Wandung und mischen Sie es dann mit dem Vortexer, bevor Sie die Probe wieder zentrifugieren.

13. Nachdem Sie die letzte Waschlösung abgenommen haben, lösen Sie das Pellet in einem kleinem Volumen (2–3faches Volumen des Pellets) einer Resuspensions- oder der Waschlösung und überführen Sie es in ein anderes Gefäß.

14. Räumen Sie auf. Putzen Sie die Röhrchenhalter, den Rotor und die Rotorkammer der Zentrifuge. Entsorgen Sie Einwegzentrifugenröhrchen in den entsprechenden Abfall (häufig der Gentechnikabfall). Weichen Sie Glasgeräte ein und spülen Sie sie.

> Obwohl der Einsatz von Ultrazentrifugen prinzipiell die gleichen Schritte erfordert, gibt es viele zusätzliche Schritte, die für eine sichere Nutzung von Ultrazentrifugen wichtig sind. So kann es sein, dass Sie Beschleunigungs- und Bremszeiten einstellen müssen oder dass erst Vakuum in der Rotorkammer erreicht werden muss, bevor der Rotor beschleunigt. Lassen Sie sich in die Bedienung der Ultrazentrifuge einweisen, bevor Sie sie benutzen.

14.3.1 Festlegung der Zentrifugengeschwindigkeit

Wenn Sie eine Zentrifuge für Ihre Proben auswählen, ist das Hauptkriterium die benötigte Geschwindigkeit. Das zweite Kriterium ist das Volumen Ihrer Probe.

Die Geschwindigkeit wird entweder als Gravitationskraft (als Vielfaches der Erdbeschleunigung g) oder in

> Meistens ist die Zentrifuge, die Sie brauchen, auch die, die Sie im Labor stehen haben. Im Labor tendiert man dazu, die Versuchsvorschriften an die Zentrifugen anzupassen, die man vor Ort hat. Zentrifugen sind sehr teuer und werden normalerweise eingesetzt, bis sie kaputt sind.

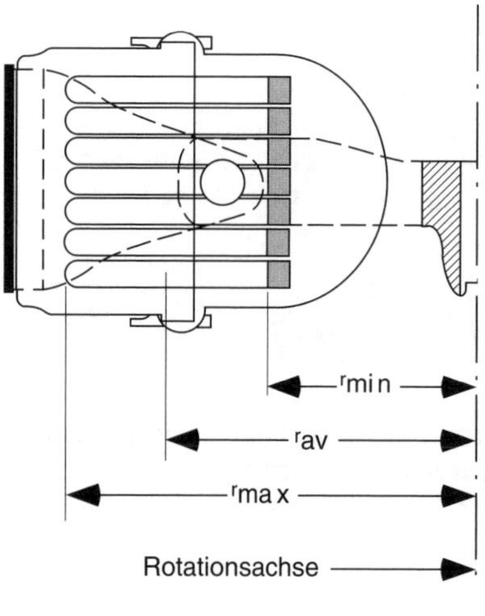

r_{min}

r_{av}

r_{max}

Rotationsachse

Abb. 14.8: Um den Radius eines Ausschwingrotors zu bestimmen, bringen Sie den Röhrchenhalter etwa in die Position, die er während der Zentrifugation einnimmt, und messen Sie von den Röhrchen bis zum Rotormittelpunkt. (Nachgezeichnet mit Genehmigung von © Beckman Instruments)

Umdrehungen pro Minute (upm) angegeben. Die Gravitationskraft wird auch als RCF (engl. *relative centrifugal force*) bezeichnet und ist die Kraft, die während der Zentrifugation ausgeübt wird. In Versuchsvorschriften wird die Zentrifugationsgeschwindigkeit normalerweise in *g* angegeben, weil diese Angabe konstant ist. Typische Werte zum Sedimentieren von Zellen sind z.B. 500 *g* für Säugerzellen und 3 000 *g* für Bakterien, aber diese Angaben können, wie so vieles, von Labor zu Labor unterschiedlich sein.

Die zu verwendenden Umdrehungen pro Minute hängen von der gewünschten Gravitationskraft und von der Größe und Bauart des Rotors ab.

Box 14.2: Messung des Rotorradius

Der Radius wird von der Mitte des Rotors bis zur Spitze des Zentrifugengefäßes gemessen. Bei einem Festwinkelrotor ist das offensichtlich und einfach – messen Sie einfach bis zur Mitte der Bohrung. Die meisten Hersteller geben drei Radien an – maximaler, mittlerer und minimaler Radius – oder drei Abstände: von der Mitte des Rotors bis zum oberen Ende, bis zur Mitte oder bis zur Spitze des Zentrifugengefäßes. Für die meisten Anwendungen macht es keinen großen Unterschied, welche Messung Sie zugrunde legen. ∎

 Berechnung von *g*. Sie können *g* und upm mit dieser Formel ineinander umrechnen:

$$g = 1{,}12 \times 10^{-6} \times \text{Radius (in mm)} \times \text{upm}^2$$

Mit dem Radius des Rotors kann man die upm- oder *g*-Zahlen auch aus einem Nomogramm ablesen (Abbildung 14.9). Ziehen Sie mit einem Lineal eine gerade Linie vom Rotorradius durch die gewünschte RCF- oder upm-Angabe und lesen Sie das Ergebnis von der jeweils anderen Skala ab.

Schauen Sie auch auf den Internetseiten des Zentrifugen- oder Rotorherstellers nach, einige haben darauf Rechner, mit denen man die Zentrifugationsgeschwindigkeit berechnen kann.

14.3.2 Zentrifugengefäße

Überlegung zur Auswahl der Zentrifugengefäße

- Das Volumen kann wenige Mikroliter bis mehrere Liter betragen. Das Ziel ist, so wenige Gefäße wie möglich zu benutzen. Weniger Gefäße bedeuten weniger Arbeitsschritte und das bedeutet meistens höhere Ausbeuten.

- Ist Ihre Probe wässrig oder organisch? Ist sie infektiös (oder gentechnisch verändert)? Die Zusammensetzung der Probe beeinflusst das Material und die Form des Zentrifugengefäßes. Wässrige Proben können problemlos in Plastik- oder Glasgefäßen zentrifugiert werden, Proben mit organischen Lösungsmitteln nur in bestimmten Plastikgefäßen oder in Glasgefäßen. Phenolextraktionen werden z.B. entweder in Gefäßen aus Glas oder inertem Plastik, wie Polypropylen, durchgeführt.

Konisch (spitz) zulaufende Zentrifugationsröhrchen müssen mit einem Adaptor betrieben werden. Das ist ein Stück Gummi oder Plastik, welches die passende Form zum Röhrchen hat und in die Rotorbohrung oder den Probenhalter passt. Einige Adaptoren werden einfach auf den Boden der Rotorbohrung gelegt. Ohne diese Adaptoren, die die mechanische Belastung der Röhrchenspitze reduzieren, kann das Röhrchen während der Zentrifugation zerbrechen. Benutzen Sie immer einen Adaptor, wenn Sie Glasgefäße zentrifugieren.

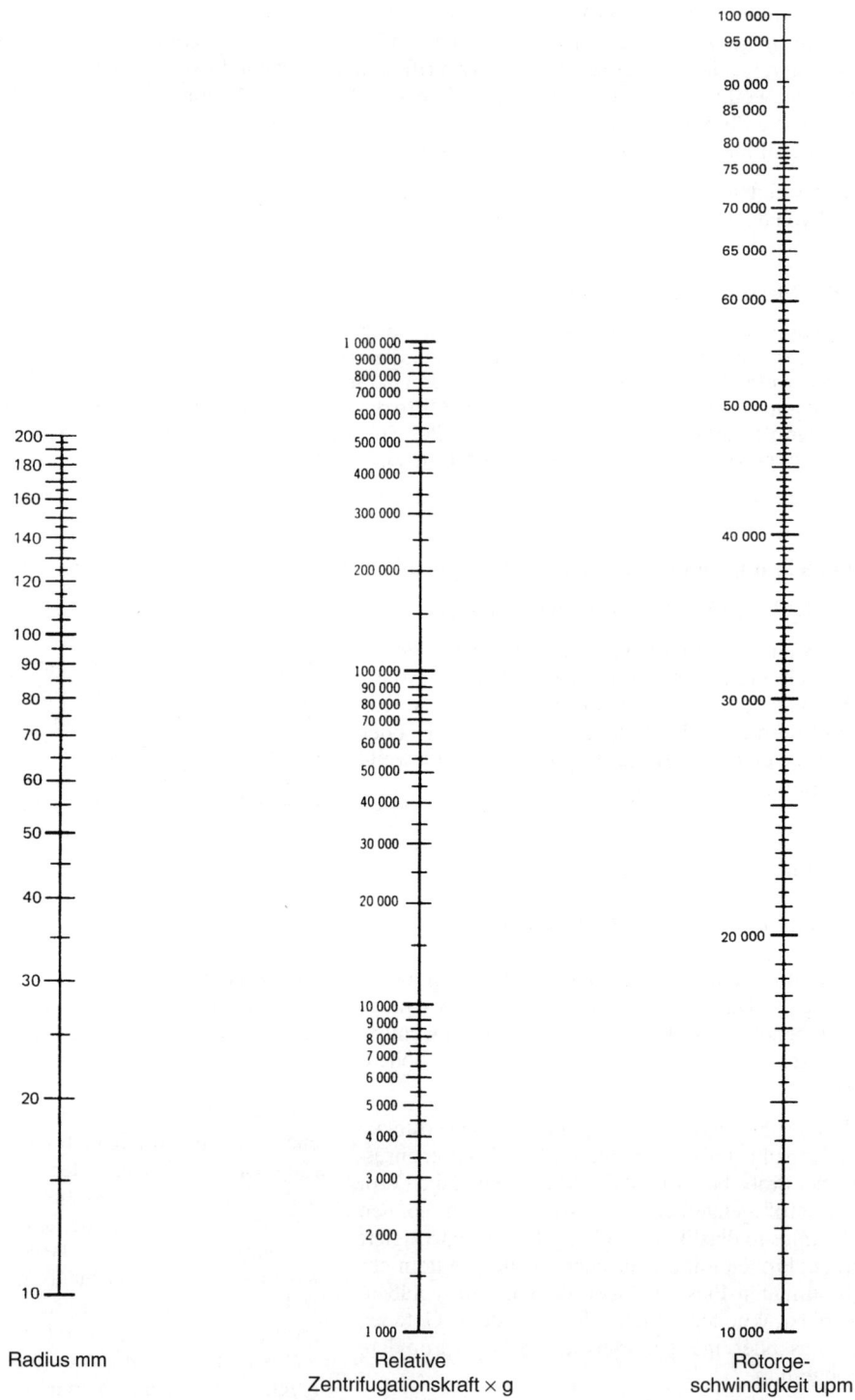

Abb. 14.9: Nomogramm zum Ablesen relativer Zentrifugalkräfte. (Abgedruckt mit Genehmigung von © Corning Life Science, Corning, New York)

Tab. 14.1: Übersichtstabelle für Materialien von Zentrifugationsgefäßen und ihre Eigenschaften.

Typ	optische Eigenschaften	Punktierung	schneidbar	wiederverwendbar	Sterilisationsmethode	Chemikalienbeständigkeit[a]
Ultra klar dünnwandig Standard Schnellverschluss	transparent	ja	ja	ja nein	Nur kalte Sterilisation, aber nicht mit Alkohol.	Gute Beständigkeit bei allen Gradientenmedien, außer alkalischen Medien (> pH 8,0). Befriedigend für die meisten schwachen Säuren und einige schwache Basen. Unbefriedigend für DMSO und die meisten organischen Lösungsmittel, einschließlich aller Alkohole.
Polyallomer dünnwandig Standard Schnellverschluss dickwandig Röhrchen Becher	durchscheinend	ja nein nein	ja nein nein	ja ja ja	Alle Arten können in einem entsprechenden Zentrifugengefäßständer bei 121 °C autoklaviert werden.	Gute Beständigkeit bei allen Gradientenmedien, einschließlich der alkalischen. Befriedigend für die meisten Säuren, viele Basen, viele Alkohole, DMSO und einige organische Lösungsmittel.
Polycarbonat dickwandig Röhrchen Becher	transparent	nein	nein	ja ja	Kalte Sterilisation empfohlen, aber nicht mit Alkohol. Können bei 121 °C autoklaviert werden, dadurch kann jedoch die Lebensdauer der Röhrchen reduziert werden.	Gute Beständigkeit bei allen Gradientenmedien, außer alkalischen Medien (> pH 9,0). Befriedigend für einige schwache Säuren. Unbefriedigend für alle Basen, Alkohole und die meisten organischen Lösungsmittel.
Polypropylen Röhrchen Becher	durchscheinend	nein	nein	ja ja	Können bei 121 °C autoklaviert werden.	Gute Beständigkeit bei allen Gradientenmedien, einschließlich aller alkalischen Medien. Befriedigend für viele Säuren, Basen und Alkohole. Unbefriedigend für die meisten organischen Lösungsmittel.
Edelstahl Röhrchen	undurchsichtig	nein	nein	ja	Können autoklaviert werden. Müssen vor der Lagerung gut getrocknet werden.	Gute Beständigkeit bei vielen organischen Lösungsmitteln. Grenzwertig für viele Gradientenmedien und Salze. Unbefriedigend für die meisten Säuren und viele Basen.
Polyethylen Röhrchen	durchscheinend	nein	nein	ja	Können bei 121 °C autoklaviert werden.	Gute Beständigkeit für ein breites Spektrum an Chemikalien. Geeignet für starke Säuren und Basen. Unbefriedigend für die meisten organischen Lösungsmittel.
Corex/Pyrex Röhrchen Becher	transparent	nein	nein	ja ja	Können bei 121 °C autoklaviert werden.	Gute Beständigkeit für ein breites Spektrum an Gradientenmedien. Corex hat die größere Beständigkeit bei Alkalisubstanzen und Säuren.

(Abgedruckt mit Genehmigung von Beckmann Instruments).

[a] Die chemische Beständigkeit wird hier nur sehr allgemein beschrieben. Diese Empfehlungen bzw. Beständigkeitsangaben können und sollen keine Sicherheitsgarantie ausdrücken oder beinhalten. Wenn Sie Zweifel bei einer bestimmten Lösung haben, sollten Sie die Beständigkeit unter den von Ihnen genutzten Bedingungen testen, um die Einsatzfähigkeit des Röhrchenmaterials einschätzen zu können. Entzündliche Lösungsmittel mit einem hohen Dampfdruck sollten nicht in der direkten Umgebung von Zentrifugen genutzt oder gelagert werden, da diese durch Funken an Startschaltern, Relaiskontakten oder Motorbürsten entzündet werden könnten.

Besondere Vorsicht ist bei infektiösem Material geboten. Die Gefäße sollten mit Schraubdeckelverschluss oder Schnappverschluss ausgestattet sein und niemals offen benutzt werden.

- Die Temperatur kann einen Einfluss auf die Stabilität der Gefäße haben. Gefäße aus klarem Polyallomer und Teflon FEP (nicht in der Tabelle gezeigt) sollten ihre maximale Geschwindigkeit nur in einer gekühlten Zentrifuge erreichen.

- Corex-Gläser (Warenzeichen von Corning Glass Works) sind stabiler als normale Reagenzgläser und widerstandsfähiger gegen Hitze, Chemikalien und Kratzer. Sie werden häufig benutzt, um präzipitierte DNA zu sedimentieren. Sie können bei Geschwindigkeiten von bis zu 15 000-18 000 upm benutzt werden, oberhalb von 18 000 upm zerbrechen sie aber wahrscheinlich.

- Nicht alle Zentrifugationsgefäße können alle Geschwindigkeiten aushalten. Bei niedrigen Drehzahlen macht das nichts aus, aber bei Geschwindigkeiten von oberhalb 5 000 g kann ein Gefäß wegen der Zentrifugationskraft zerbrechen oder zerplatzen. Zentrifugieren Sie kein Gefäß bei mehr als 5 000 g, wenn Sie nicht sicher sind, ob es für diese Geschwindigkeiten ausgelegt ist.

- Zentrifugationsgefäße können spitz (konisch) zulaufen oder einen abgerundeten Boden haben. In einem konischen Gefäß, das in einem Ausschwingrotor zentrifugiert wird, sammelt sich das Pellet in der Spitze des Gefäßes und es ist einfacher, den Überstand zu entfernen, ohne das Pellet aufzuwirbeln. Wenn Sie z.B. Zellen zentrifugieren, die keine hohen Drehzahlen verkraften und daher nur ein sehr lockeres Pellet bilden, kann das ein Vorteil sein. In einem Festwinkelrotor wird das Pellet aber wahrscheinlich trotzdem an einer Seite an der Wandung entlang verschmiert sein.

Box 14.3: Zentrifugationsbecher und Mikrotiterplatten

Die für größere Volumina verwendeten Zentrifugationsbecher haben entweder einen konischen, einen abgerundeten oder flachen Boden. Wie bei Röhrchen haben die konischen Becher Vorteile, wenn Sie Bakterien oder Zellen pelletieren. Und genau wie bei den Röhrchen müssen Sie Adaptoren verwenden, wenn Sie konische Becher verwenden. Sie sollten eigentlich immer einen Adaptor benutzen, wenn die Bodenform des Gefäßes nicht mit der Form der Rotorbohrung übereinstimmt.

Mikrotiterplatten können in Ausschwenkrotoren mit speziellen Mikrotiterplattenhaltern oder in speziellen Rotoren zentrifugiert werden. Die Halter sind für die Standardplatten gebaut, aber mit Adaptoren können auch kleinere Platten zentrifugiert werden.

- Die Deckel müssen dicht schließen, damit die Kontamination der Zentrifugenkammer durch die während der Zentrifugation auftretenden Aerosole verringert wird. Natürlich dürfen infektiöse Materialien niemals in Gefäßen ohne Verschluss zentrifugiert werden. Aber selbst scheinbar harmlose Materialien können die Zentrifuge „verdrecken" und zu Problemen führen, wenn sie nicht sofort entfernt werden. Bedecken Sie Corex-Gläser mit Parafilm, nehmen Sie keine Alufolie und keine Baumwollstopfen. Wenn Sie für Ultrazentrifugationen Gefäße mit Schnappdeckelverschluss bekommen können, benutzen Sie sie.

Können Einwegzentrifugationsgefäße wiederverwendet werden? Im Prinzip ja. Können Sie autoklaviert werden? Im Prinzip ja. Allerdings können Gefäße, die nicht für wiederholtes Autoklavieren gedacht sind, kaputt gehen, und Sie wollen bestimmt nicht, dass das während der Zentrifugation geschieht. Wenn Sie Einweggefäße wiederverwenden, benutzen Sie sie nur noch für zwei oder drei Läufe mit niedrigen Geschwindigkeiten.

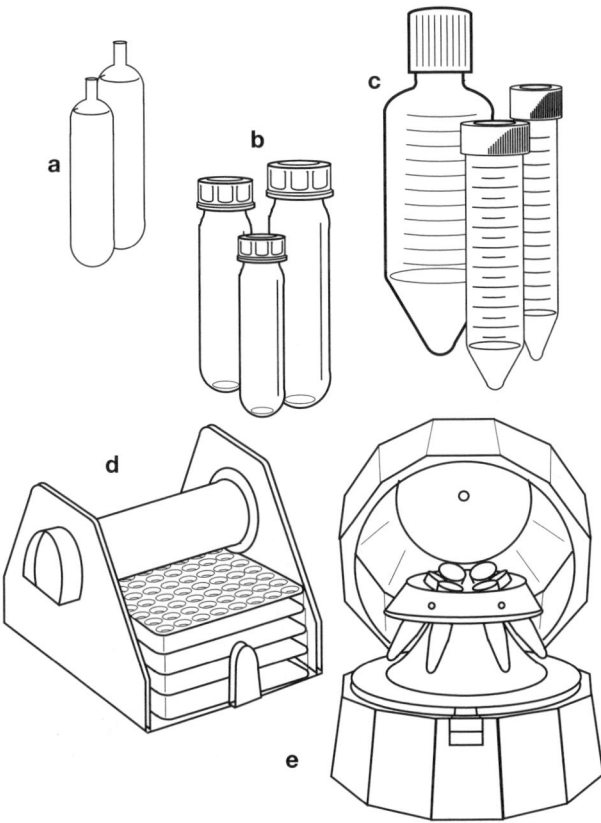

Abb. 14.10: Schnellverschlussröhrchen (a) werden verschweißt und stellen einen ausreichenden Schutz für biogefährliche Materialien dar. Röhrchen mit Drehdeckelverschluss (*oak ridge*) (b) aus Poylallomer, Teflon FEP oder Poylsulfon können für Ethanolfällungen großer Volumina genutzt werden. 15-ml- und 50-ml-konische Röhrchen, sowie 250-ml- Becher aus Polypropylen, sind hervorragend für die Sedimentation von Zellen geeignet (c). Rotoren oder Einsätze für Mikrotiterplatten (d) ermöglichen die Zentrifugation von Mikrotiterplatten, wie sie für Zellkulturen, biochemische Assays oder DNA-Sequenzierung verwendet werden. Eine Mikrozentrifuge (e) dreht sich bis maximal 2 000 g, ist aber für die Sedimentation von Zellen oder Proben für die Elektrophorese geeignet.

Gefäße, die zugeschweißt werden, haben nur eine sehr kleine Öffnung und werden verwendet, um Gefahrstoffe in Hochgeschwindigkeits- und Ultrazentrifugen zu zentrifugieren, z.B. einen Cäsiumchloridgradienten. Diese Gefäße werden vor dem Lauf fest verschlossen. Der einzige Nachteil ist, dass das Gefäß nach dem Lauf aufgeschnitten oder aufgestochen werden muss, um den Inhalt zu entnehmen, was wiederum gefährlich sein kann.

14.3.3 Überstände abnehmen

Es gibt verschiedene Möglichkeiten, um Überstände abzunehmen, wobei jede ihre Vor- und Nachteile hat.

- Abgießen (dekantieren)

  Vorteil: Schnell.

  Nachteil: Aerosolbildung, Pellet löst sich dabei eventuell.

- Absaugen

  Vorteil: Sanfter, Pellet wird nicht beeinflusst, kein Verschütten, weniger Aerosole.

  Nachteil: Langsam bei großen Volumina.

Abgießen von Überständen aus Röhrchen und Bechern

1. Halten Sie einen Erlenmeyerkolben bereit, in den Sie den Überstand gießen wollen.

2. Bringen Sie das Zentrifugengefäß zum Abzug oder der Laborbank, wo Sie arbeiten. Tragen Sie das Gefäß im gleichen Winkel, wie es im Rotor stand. Es gibt spezielle Ständer, in denen die Gefäße in diesem Winkel abgestellt werden können.

3. Gießen Sie den Überstand ab, das Pellet muss dabei nach oben zeigen. Wenn das Pellet fest ist, gießen Sie alles in einer Bewegung ab. Geben Sie sofort Waschlösung oder Puffer zu, damit das Pellet nicht austrocknet. Wenn das Pellet sich beim Ausgießen löst oder zerbricht, hören Sie sofort auf. Versuchen Sie, die verbleibende Flüssigkeit um das Pellet herum abzusaugen. Wenn das Pellet noch gewaschen werden muss, versuchen Sie besser nicht, die restliche Flüssigkeit zu entfernen; das Risiko, dabei das Pellet zu zerstören, ist zu hoch. Nach dem Waschen haben Sie vielleicht mehr Glück.

4. Entsorgen Sie den Überstand unter Beachtung eventueller Vorschriften.

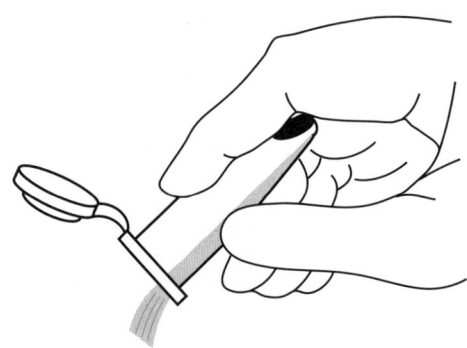

Abb. 14.11: Wenn Sie ein Röhrchen dekantieren, sollte das Pellet immer oben im Röhrchen sein. Stoppen Sie das Ausschütten sofort, wenn Sie sehen, dass sich das Sediment bewegt oder zerbricht.

 Abgießen von Überständen aus Mikrotiterplatten

Die ganze Platte sollte schnell auf den Kopf gedreht werden – langsames und halbherziges Kippen führt dazu, dass Flüssigkeit von einem Napf in den anderen läuft. Haben Sie die Reagenzien oder Zellen in den Näpfen immobilisiert, können Sie die Platte schnell und kräftig auf Handtuchpapier auf der Laborbank ausklopfen.

Es gibt automatische Mikrotiterplattenwascher, die alle Näpfe waschen und die Flüssigkeit daraus entfernen können. Das ist besonders beim Durchführen von ELISAs sehr praktisch.

 Absaugen von Überständen aus Röhrchen und Bechern
(Mehr über das Absaugen steht in Kapitel 9)

1. Befestigen Sie eine neue Pasteurpipette am Schlauch der Absaugvorrichtung. Schalten Sie das Vakuum an und stellen Sie es so ein, dass ein sanfter Sog entsteht.

Sie können die Spitze der Pasteurpipette schützen, indem Sie eine 100-µl Pipettenspitze darüber stülpen.

2. Halten Sie das Gefäß abgewinkelt, mit dem Pellet nach oben.

3. Tauchen Sie die Spitze der Pasteurpipette eben unterhalb des Flüssigkeitsmeniskus an der unteren Seite des Gefäßes ein.

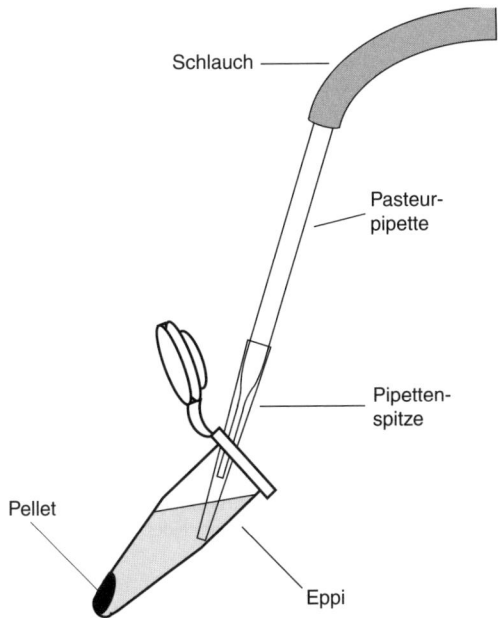

Schlauch

Pasteur-
pipette

Pipetten-
spitze

Pellet

Eppi

Abb. 14.12: Vermeiden Sie Kontakt mit dem Sediment, wenn Sie sich beim Absaugen dem Boden des Röhrchens nähern.

4. Während die Flüssigkeit abgesaugt wird, bewegen Sie die Spitze langsam zum unteren Ende des Gefäßes. Benutzen Sie nur einen schwachen Sog, um das Pellet nicht aus Versehen aufzusaugen. Halten Sie die Spitze vom Pellet fern.

> Wenn Sie mit einer Pipette oder Mikroliterpipette absaugen, achten Sie darauf, keine Luft in den Überstand zu blasen. Das könnte das Pellet lösen.

5. Saugen Sie die Wandung des Gefäßes ab, um alle anheftenden Flüssigkeitstropfen zu entfernen. Mit etwas Übung können Sie die Tropfen durch vorsichtiges Kippen und Schütteln des Gefäßes dazu bringen, sich vom Pellet wegzubewegen.

Absaugen von Überständen aus Mikrotiterplatten

Mit einer Absaugvorrichtung können Sie schnell von Napf zu Napf gehen, um Überstände oder Medium zu entfernen. Kippen Sie die Platte dabei in Ihre Richtung, damit die Spitze, falls Sie den Napf berührt, die Wand berührt und nicht den Boden, auf dem sich die Zellen oder Reaktionsprodukte befinden.

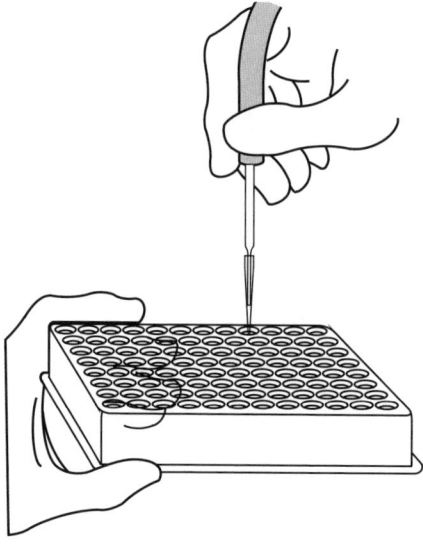

Abb. 14.13: Halten Sie die Mikrotiterplatte etwa in einem 30°-Winkel zu sich geneigt. Wenn Sie absaugen, bringen Sie die Spitze direkt senkrecht nach unten, sodass Sie den Kontakt mit dem Boden des Napfs vermeiden.

14.3.4 Waschen von Sedimenten

- Das Waschen des Pellets entfernt Verunreinigungen wie unerwünschte Lösungen oder Anzuchtmedium. Sie sollten sich das Waschen der Pellets angewöhnen.

- Die Qualität der Präparation wird durch mehrfaches Waschen verbessert. Für Zellen und Bakterien mag ein Waschschritt ausreichen, um den Zellen das Trauma eines zusätzlichen Waschschritts zu ersparen. Aber Sie müssen auch berücksichtigen, wofür die Zellen benötigt werden. Wenn sie für eine enzymatische Reaktion verwendet werden, ist es vielleicht notwendig, sie zweimal zu waschen.

> Wenn das Pellet sehr locker ist oder sowieso getrocknet werden muss, können Sie es einer Vakuumtrocknung in einer Speedvac unterziehen (Kapitel 12).

- Ja, das Pellet muss sich vollständig in der Waschlösung gelöst haben, bevor es wieder zentrifugiert wird. Wenn nicht, ist der Waschschritt nicht effektiv. Die Verunreinigungen befinden sich sowohl auf dem Pellet als auch im Pellet eingeschlossen und wenn das Pellet nicht resuspendiert wird, waschen Sie nur die Außenseite ab.

- Nachdem das Pellet in der Waschlösung – üblicherweise ein Puffer mit neutralem pH – gelöst wurde, zentrifugieren Sie die Probe bei gleicher Geschwindigkeit wie vorher, aber nur halb so lange.

> Manchmal sind (vorhandene) Pellets kaum oder gar nicht zu sehen. Dann hilft es, zu wissen, wo das Pellet eigentlich sein sollte. Stellen Sie Ihre Zentrifugationsgefäße also immer so in den Rotor (z.B. Eppis immer mit der Lasche nach außen), dass Sie es wissen.

Box 14.4: Wenn kein Pellet entsteht oder es sehr lose ist:

– Die Zentrifugation war nicht schnell oder lang genug.

– Die Lösung ist sehr zäh. Zellen brauchen z.B. im Serum länger zum Sedimentieren als in Kulturmedium.

– Vielleicht ist nichts (oder nicht genug) da, was sedimentieren könnte.

Versuchen Sie, länger oder mit höherer Geschwindigkeit zu zentrifugieren. Der Versuch, Medium um ein loses Pellet herum abzunehmen und durch ein weniger dichtes Medium, wie beispielsweise einen Puffer, zu ersetzen, kann funktionieren, um ein festeres Pellet zu bekommen. Aber Effizienz und Ausbeute sind gering, Sie sollten es daher nur versuchen, um ein kostbares Material zu retten. ∎

14.3.5 Zentrifugation von infektiösen oder gefährlichen Proben

Zentrifugation gehört zu den risikoreichsten Prozeduren, die man mit Gefahrstoffen durchführen kann. Es werden Aerosole gebildet und es besteht immer die Gefahr, dass ein Gefäß zerbricht.

• Benutzen Sie nur Gefäße, von denen Sie selbst überzeugt sind. Achten Sie sorgfältig auf Risse oder Macken; werfen Sie jedes Gefäß weg, das nicht perfekt aussieht. Auch wenn Einweggefäße prinzipiell wiederverwendet werden können, ist jetzt nicht der richtige Zeitpunkt dafür.

• Benutzen Sie Gefäße mit Verschlüssen und Rotoren mit Deckel.

• Öffnen Sie den Rotor unter einem Abzug.

• Öffnen Sie die Gefäße unter einem Abzug.

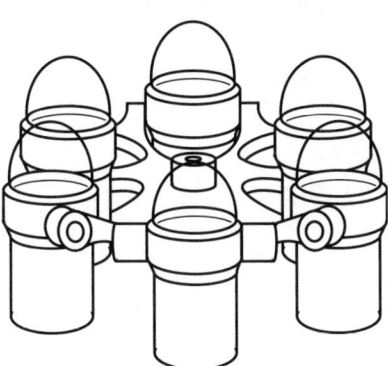

Abb. 14.14: Viele Halter und Behälter in Ausschwingrotoren haben Deckel und Dichtringe, die das Austreten von biogefährlichen Materialien verhindern.

14.4 Gradienten

Gradienten werden verwendet, um komplexe Lösungen zu trennen und bestimmte Moleküle zu isolieren.

Häufig verwendete Dichtemedien

Dichtemedien haben verschiedene Dichten, Viskositäten, Konzentrationen und Osmolaritäten. Einige Zellen können in bestimmten Medien nicht überleben oder erleiden in anderen Medien Verluste an Vitalität oder Funktion. Erkundigen Sie sich gut, bevor Sie ein bestimmtes Medium für Ihre Zellen verwenden.

- **Percoll.** Eine synthetische kolloidale Lösung aus polyvinylpyrrolidon-beschichtetem Silica. Wurde für die sedimentierende Zentrifugation entwickelt. In einem Festwinkelrotor bildet es spontan lineare Gradienten. Gut für die Isolierung von Organellen und Zellen.

- **Ficoll.** Ein Saccharosepolymer, hergestellt von Amersham Biosciences. Ist bei hohen Dichten weniger viskos als andere Medien. Wird für die Isolierung von Zellen benutzt.

- **Metrizamid.** Ein nichtionisches Derivat von Metrizoat. Wird zur Zellisolierung benutzt.

- **Saccharose.** Saccharoselösungen werden zur Isolierung von Organellen verwendet, selten für ganze Zellen.

- **Cäsiumchlorid.** Ein Salz, das für isopyknische Zentrifugationen verwendet wird, am häufigsten zur Isolierung von Plasmid-DNA.

Herstellen von Gradienten

Gradienten können von Hand, durch Zentrifugation, mit einer Pumpe oder einem Gradientenmischer hergestellt werden. Diskontinuierliche (Stufen-) Gradienten werden meistens von Hand hergestellt, weil alles, was der Experimentator dabei tun muss, das vorsichtige Überschichten einer weniger dichten Lösung auf eine dichtere Lösung ist. Eine alternative Methode ist, mit einer langen Nadel Schichten steigender Dichte auf den Boden des Gefäßes zu geben.

Abb. 14.15: Zur Herstellung eines Stufengradienten benutzen Sie eine Spritze oder Pipette, um langsam die weniger dichten Lösungen auf die dichteren Lösungen zu schichten. Lassen Sie die Lösung kurz über der Oberfläche vorsichtig an der Seite des Röhrchens herunterlaufen, sodass der Gradient nicht zerstört wird.

Kontinuierliche Gradienten mit einem glatten Verlauf der Dichte können durch Zentrifugation hergestellt werden. So wird z.B. bei der Zentrifugation von Cäsiumchlorid während der Isolierung von Plasmid-DNA ein Gradient ausgebildet. Ein Gradientenmischer, der das Dichtemedium mit Verdünnungsmedium mischt und die immer weniger konzentrierte Lösung in das Zentrifugationsgefäß pumpt, kann zur Herstellung von linearen Gradienten oder, bei programmierbaren Modellen, auch zur Herstellung von Stufengradienten verwendet werden.

14.5 Pflege von Zentrifugen und Rotoren

 ### 14.5.1 Pflege der Zentrifugen

Die sichere Benutzung der Zentrifuge (wie es weiter vorne im Kapitel beschrieben wurde) ist der beste Weg für die Erhaltung der Zentrifuge.

- **Waschen Sie Verschüttetes in der Rotorkammer sofort aus.** Benutzen Sie dazu Wasser und ein mildes Detergens. Wenn es sich um eine Kühlzentrifuge handelt, lassen Sie die Flüssigkeit nicht einfrieren, sondern trocknen Sie die Rotorkammer sorgfältig mit Papierhandtüchern.

- **Informieren Sie den Servicedienst, wenn das Signal „Bürsten" (oder „*brushes*") aufleuchtet.** Die Bürsten der Zentrifuge nutzen sich ab und müssen von Zeit zu Zeit ausgewechselt werden.

- **Geraten Sie nicht gleich in Panik, wenn die Zentrifuge nicht startet.** Mehrere Sicherheitseinrichtungen gewährleisten, dass eine Zentrifuge nicht startet, bevor alle Einstellungen richtig sind. Wenn die Zentrifuge nicht starten will, prüfen Sie:

1. Ist die Zentrifuge eingesteckt, eingeschaltet und leuchten die Kontrollleuchten (wenn es welche gibt)?

2. Ist die Geschwindigkeit eingestellt? Einige Leute stellen den Drehregler auf 0 upm, wenn sie fertig sind und das ist das, was Sie bekommen: 0 upm.

3. Hat die Zentrifuge die eingestellte Temperatur? Die Zentrifuge startet möglicherweise nicht, wenn die Rotorkammer noch zu warm ist.

4. Ultrazentrifugen erzeugen ein Vakuum in der Rotorkammer. Die Zentrifuge startet möglicherweise schon, wenn das Vakuum noch schwach ist, aber beschleunigt erst über einen bestimmten Wert, wenn das Vakuum stark genug ist.

5. Ist der Zentrifugendeckel geschlossen und eingerastet?

Viele Institute haben einen Servicevertrag für alle ihre Zentrifugen (ausgenommen Mikroliterzentrifugen). Das ist eine Art Versicherung: Das Institut bezahlt einer Firma eine festgesetzte Summe und die Firma kommt für alle Rechnungen auf, die bei einer Reparatur anfallen. In einigen Verträgen ist sogar die regelmäßige Wartung eingeschlossen. Bevor Sie einen Hersteller oder den technischen Service anrufen, um eine Zentrifuge reparieren zu lassen, prüfen Sie, ob es einen Servicevertrag gibt.

Die Bürsten sind Kupfer- oder Kohleleiter, die den Strom vom festen Teil des Motors auf den beweglichen Schaft oder Anker übertragen. Die Stromumkehr, die zum Bremsen notwendig ist, verursacht Reibung und Funken, die die Bürsten abnutzen. Neuere Zentrifugen haben bürstenlose Motoren.

14.5.2 Rotorpflege

Rotoren werden einer ziemlich starken Kraft ausgesetzt und scheinbar kleinere Mängel können bei hohen *g*-Zahlen zu großen Problemen werden. Wenn die Integrität der Struktur einmal verletzt ist, kann der Rotor sehr schnell ausfallen. Vorsorgende Wartung ist der einzige Weg, Probleme zu vermeiden.

- *Beachten Sie die Angaben für die maximale Geschwindigkeit und die Probendichte.* Die Zentrifugationskraft kann das Metall belasten, sodass es sich streckt und die Form ändert, was meistens an einer zu hohen Geschwindigkeit liegt. Jeder Ultrazentrifugenrotor hat eine maximale Geschwindigkeit, die Bestandteil des Rotornamens ist: Der SW28-Rotor darf z.B. maximal 28 000 upm erreichen. Es wird aber empfohlen, ihn nicht über 25 000 upm zu benutzen. Lesen Sie die Angaben in Handbüchern nach.

- *Benutzen Sie keinen Rotor, der seine Spezifikation überschritten hat.* Der Zeitpunkt dafür ist entweder abhängig von der Anzahl oder der Gesamtzeit der durchgeführten Läufe oder vom Alter des Rotors. Danach wird der Rotor vom Hersteller als unsicher eingestuft. Das gilt üblicherweise nur für Hochgeschwindigkeits- und Ultrazentrifugenrotoren.

> Reinigen Sie die Bohrungen im Rotor niemals mit einer normalen Flaschenbürste, die scharfe Drahtenden hat. Diese Bürsten können den Rotor beschädigen. Nehmen Sie nur plastikummantelte Bürsten.

- Lassen Sie die Rotoren regelmäßig inspizieren, wie vom Hersteller vorgeschrieben.

- *Halten Sie die Bohrungen und Becher der Rotoren sauber.* Feuchtigkeit, Chemikalien oder alkalische Lösungen wie Cäsiumchlorid und andere Salze können die Metalloberflächen korrodieren. Rotoren sollten nach jeder Benutzung gereinigt werden.

 14.5.3 Reinigung der Rotoren

1. Nehmen Sie die Becher von Ausschwingrotoren ab. Der Körper des Ausschwingrotors sollte nicht in Wasser eingetaucht werden, weil der Hängemechanismus schwer zu trocknen ist und daher rosten kann. Festwinkelrotoren können vollständig ausgespült werden, sollten aber nicht in Wasser untergetaucht werden.

2. Spülen Sie jeden Becher oder jede Bohrung mit Wasser aus. Seien Sie vorsichtig, wenn Sie Festwinkelrotoren auf den Kopf stellen. Wenn nichts verschüttet wurde, ist Ausspülen normalerweise ausreichend.

3. Wenn etwas verschüttet wurde oder noch Radioaktivität im Rotor ist, waschen Sie ihn mit einem milden Detergens aus. Erkundigen Sie sich beim Hersteller nach der empfohlenen Waschlösung. Die meisten Lösungen, die zum Entfernen von Radioaktivität benutzt werden, sind stark alkalisch und sollten daher nicht auf Rotoren verwendet werden.

4. Spülen Sie mit destilliertem oder deionisiertem Wasser nach.

5. Trocknen Sie den Rotor oder die Becher an der Luft, kopfüber auf ein Papierhandtuch gestellt.

6. Lagern Sie den Rotor an einem trockenen Platz. Alle Festwinkelrotoren sollten kopfüber gelagert werden, ohne Deckel und Adaptoren. Ausschwingrotoren sollten mit den eingehängten Bechern gelagert werden, aber ohne Deckel.

14.6 Quellen und Ressourcen

Brush M. 1997. High speed centrifuges. *The Scientist* 11: 21.
  http://www.the-scientist.com/yr1997/sept/profile2_970929.html
Centrifugation. Nalgene Centrifuge Ware, Sigma catalog, S. 2067, 1996. Sigma-Aldrich, Milwaukee.
Collins C.H., Lyne P.M., Grange J.M. 1996. *Microbiological methods,* 7. Aufl. Butterworth-Heinemann, Oxford.
Freshney R.I. 2000. Physical methods of cell separation. In *Culture of animal cells. A manual of basic technique,* 4. Aufl. Willey-Liss, New York.
Gerhardt P., Murray R.G.E., Wood W.A., Krieg N.R. (Hrsg.) 1994. *Methods for general and molecular bacteriology.* American Society for Microbiology, Washington, D.C.
Gershey E.L., Party E., Wilkerson A. 1991. *Laboratory safety in practice: A comprehensive compliance program and safety manual.* Van Nostrand Reinhold, New York.
Griffith O.M. 1986. *Techniques of preparative, zonal, and continuous flow ultracentrifugation.* Applications Research Department, Spinco Division, Beckman Instruments, Fullerton, California.
Heidcamp W.H. 1995. *Cell biology laboratory manual.* Gustavus Adolhus College, St. Peter, Minnesota. http://homepages.gac.edu/~cellab/index-1.html
Rotor Safety Guide. 1987. Spinco Division of Beckman Instruments, Inc., Palo Alto, California.
Sambrook J., Russell D. 2001. *Molecular cloning: A laboratory manual,* 3. Aufl. Cold Spring Harbor Laboratory Press, Cold Spring Harbor, New York.
Sambrook J., Fritsch E.F., Maniatis T. 1989. *Molecular cloning: A laboratory manual,* 2. Aufl. Cold Spring Harbor Laboratory Press, Cold Spring Harbor, New York.

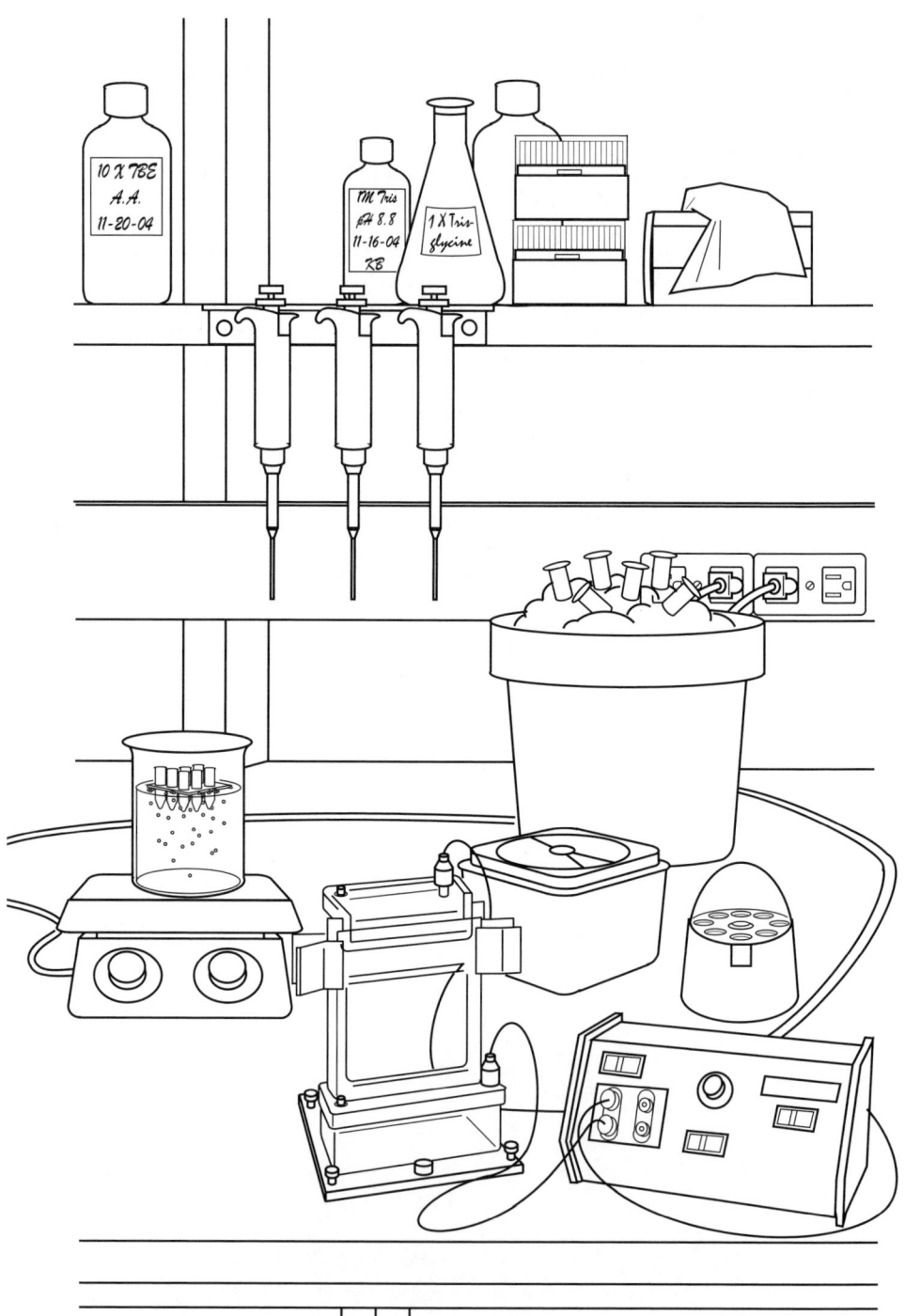

15 Elektrophorese

Elektrophorese – die Trennung geladener Teilchen in einem elektrischen Feld – ist eine unverzichtbare Technik für jedes Labor. Durch Elektrophorese werden die Moleküle einer Mischung anhand ihrer Größe, Form oder Ladung getrennt. Sie ist gleichzeitig der erste Schritt in einer Reihe von weiterführenden Methoden, wie z.B. DNA-Sequenzierung und Western-Blots. In einigen Laboren sind die Elektrophoresen automatisiert, aber in den meisten wird die elektrophoretische Trennung von DNA, RNA oder Proteinen noch manuell durchgeführt. Das Gießen von Gelen (die Matrix, durch die die Moleküle getrennt werden) wird wahrscheinlich eine Routine für Sie werden.

Egal ob Ihre Probe eine DNA-Minipräparation oder ein gereinigtes Protein ist, die Schritte zur Durchführung einer Elektrophorese sind immer ähnlich. Wenn Sie erst einmal ein Gel gefahren haben, werden Ihnen alle anderen Gele bekannt vorkommen.

15.1 Grundsätzliche Regeln

- **Schalten Sie den Strom ab,** bevor Sie irgendetwas an der Gelkammer anfassen.

- **Achten Sie darauf, dass das Gel ausgehärtet ist,** bevor Sie es beladen und laufen lassen.

  > Moderne Gelelektrophoreseapparaturen sind so konstruiert, dass Sie nicht in den Puffer fassen können, ohne vorher die Stromzufuhr zu unterbrechen.

- **Schreiben Sie sofort auf, was Sie wo auf Ihr Gel geladen haben.** Lassen Sie beim Beladen der Taschen die Reaktionsgefäße in der Reihenfolge im Ständer stehen, wie sie aufgetragen wurden. Werfen Sie sie nicht sofort weg, sondern rücken Sie die fertigen Gefäße eine Reihe im Ständer weiter. Kontrollieren Sie mit dieser Reihenfolge, ob Sie die Proben gemäß Vorschrift aufgetragen haben oder schreiben Sie sich den Inhalt jeder Spur auf.

- **Tragen Sie Handschuhe,** wenn Sie Gele oder Gelpuffer berühren. Puffer und Gele enthalten eventuell Ethidiumbromid, ein starkes Mutagen, und in Polyacrylamidgelen können noch Reste von nicht polymerisiertem Acrylamid sein.

- **Schmelzen Sie keine Agarose mit Ethidiumbromid** (eigentlich überhaupt keinen Laborkram) in einer Mikrowelle, die für Essen benutzt wird. Vergewissern Sie sich, dass die verwendete Mikrowelle für Ethidiumbromid „freigegeben" ist.

- **Lassen Sie Ihr Gel nicht in der Laufkammer eintrocknen.** Wenn Sie mit Ihrem Gel fertig sind, entsorgen Sie den Puffer und spülen Sie die Kammer mit destilliertem Wasser aus.

- **Schließen Sie die Kabel richtig an.** Schwarz ist der Minuspol (–), die Kathode. Rot ist der Pluspol (+), die Anode. Verbinden Sie mit den Kabeln (bei abgeschaltetem Strom) das Netzgerät mit der Gelkammer, rot an rot und schwarz an schwarz. Überprüfen Sie die Kabel am Netzgerät und dann an der Gelkammer, und prüfen Sie das Ganze noch ein drittes Mal. Es klingt zwar unglaublich, aber jeder macht diesen Feh-

  > Moderne Gelelektrophoresekammern sind meisten so konstruiert, dass die Kabel an der Kammer nicht falsch angeschlossen werden können. Das verhindert aber nicht, dass Sie die Kabel falsch herum in das Netzgerät stecken!

ler einmal und die Proben laufen nach oben, bis sie gestoppt werden.

> Beobachten Sie die Proben nach dem Anschalten des Gels für 1–2 Minuten, um sicher zu sein, dass sie in die richtige Richtung wandern.

15.2 Allgemeines

 Probenvorbereitung

- Die Probe muss in einem Probenpuffer (auch als Ladepuffer bezeichnet) gelöst werden, sonst wandert sie nicht durch das Gel. Proben, die zu konzentriert sind, können zu Artefakten führen.

- Probenpuffer enthalten Puffer, um den pH-Wert der Probe einzustellen, Glycerol, um die Probe schwerer zu machen, damit sie einfacher in die Taschen sinkt, und einen Farbstoff, der mit der Probe wandert und Ihnen so erlaubt, den Verlauf der Elektrophorese zu verfolgen.

- Probenpuffer können in Portionen eingefroren werden.

- Die Proben werden erst aufgetragen, nachdem der Laufpuffer zum Gel gegeben wurde.

- Farbstoff(e) im Probenpuffer sind dazu da, anzuzeigen, wann die Elektrophorese gestoppt werden sollte. Die gebräuchlichsten sind Bromphenolblau und Xylencyanol FF.

 Standards/Marker

- Sie sollten Standards für die Molekülmassen mitlaufen lassen. Die Standards können benutzt werden, um die Elektrophorese zu verfolgen, und helfen bei der Auswertung.

- Nehmen Sie solche Standards, die die Bereiche abdecken, an denen Sie interessiert sind.

- Hängen Sie sich ein Bild (an die Laborbank, am Elektrophoreseplatz, im Dunkelraum) von einem Ihrer Gele auf, das die Marker zeigt, die Sie häufig verwenden. Beschriften Sie die Banden mit den Größen. Sie werden dieses Bild häufig benötigen. Alternativ können Sie auch ein Bild aus einem alten Katalog aufhängen.

- Standards sind sowohl unmarkiert als auch markiert erhältlich. Die Markierung kann aus Fluoreszenz, Lumineszenz oder Radioaktivität bestehen. Proteinmarker gibt es auch vorgefärbt oder als Regenbogenmarker in verschiedenen Farben. Wenn Sie keine markierten Marker haben, kann man auch das gefärbte Gel nachher mit dem markierten Blot vergleichen.

- Tragen Sie Ihren Marker immer in der gleichen Tasche auf. Am einfachsten ist es, den Marker immer in die erste Tasche zu laden. Wenn man weiß, dass der Marker immer in der gleichen Spur läuft, hat man einen Anhaltspunkt, an dem man sich orientieren kann, falls man nicht mehr weiß, wie herum man das Gel halten muss (wenn es z.B. heruntergefallen ist oder Sie einfach nur verwirrt sind).

Format

- Agarosegele werden normalerweise horizontal gefahren, Acrylamidgele vertikal. Ein submerses Gel ist ein horizontales Gel, bei dem das Gel flach auf dem Boden der Kammer liegt und mit Puffer bedeckt ist.

- Gele können in verschiedenen Größen hergestellt werden. Sequenziergele müssen lang sein, aber für die meisten Anwendungen, selbst für zweidimensionale Gele, reichen Mini-Gele aus, solange man nicht versuchen will, zwischen Banden ähnlicher Größe zu unterscheiden.

- Bei der Kapillarelektrophorese werden Kapillaren mit sehr engen Innendurchmessern benutzt, um automatisierte und hocheffiziente Trennungen von DNA, Proteinen oder kleinen Molekülen durchzuführen. Die Trennung ist mit der Detektion und der Analyse gekoppelt, ähnlich wie bei chromatographischen Geräten. Solche Geräte finden sich aber eher in spezialisierten Laboren.

 Das Gel

- Acrylamid oder Agarose? Obwohl Elektrophoresen auch auf Papier oder Celluloseacetat, in Stärke oder anderen Matrizes durchgeführt werden können, sind Acrylamid- und Agarosegele die einzigen Systeme, die die meisten Wissenschaftler benutzen. Bei beiden handelt es sich um poröse Gele, die als Molekülsieb wirken (je höher die Konzentration des Gels, desto kleiner die Poren), und beide können, theoretisch, sowohl

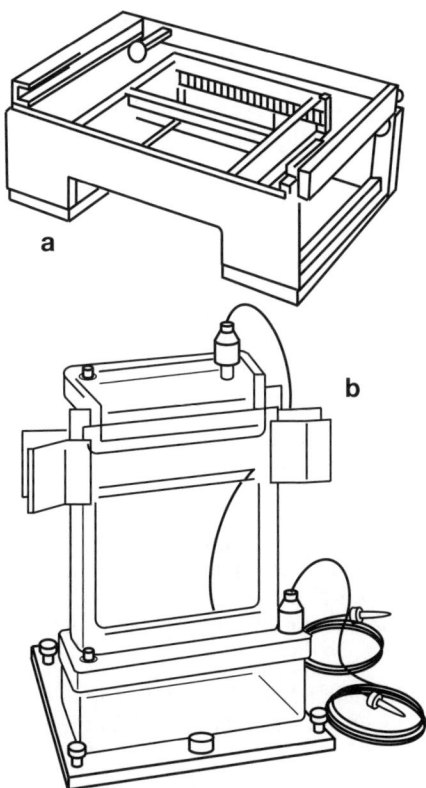

Abb. 15.1: Gelkammern. Horizontale Kammern (a) werden für Agarosegele verwendet; vertikale Kammern (b) für Acrylamidgele.

zur Trennung von DNA und RNA als auch von Proteinen eingesetzt werden. Acrylamid ist in niedrigen Konzentrationen aber sehr weich und schwer zu handhaben, es wird daher nur in höheren Konzentrationen zur Trennung von Proteinen oder kleinen Oligonucleotiden eingesetzt.

- Niedrigprozentige Agarosegele sind relativ steif und einfach zu handhaben und werden zur Trennung großer Moleküle wie DNA und RNA und sehr großer Proteine und Proteinkomplexe benutzt.

- Die Konzentration des Gels sollte für die Trennung des zu untersuchenden Fragments geeignet sein.

- Viele Firmen bieten Fertiggele an. Sie sind sehr teuer (mehrere Euro pro Gel), können aber für Monate bei 4 °C gelagert werden. Wenn Sie Gradientengele benutzen oder nur sehr selten Gele verwenden, kann sich die Anschaffung lohnen. Es gibt auch „multi-gel-casting"-Systeme, mit denen man bis zu 10 Gele gleichzeitig gießen kann.

- Schneiden Sie nach dem Lauf immer die gleiche Ecke des Gels ab. Das ist für Sie eine Orientierungshilfe, falls das Gel mal herunterfällt oder sich dreht und beim Aufbau von Blots.

 ## Puffer

- Die meisten Laufpuffer werden als konzentrierte Stocklösung angesetzt oder gekauft und vor dem Lauf frisch verdünnt.

- Jeder Puffer hat eine charakteristische Spannung (in Volt), die bei einer gegebenen Stromstärke (in Milliampere) erreicht wird. Achten Sie mal darauf und merken Sie sich diese Werte, damit Ihnen sofort auffällt, wenn etwas verkehrt ist.

> Achten Sie beim Verdünnen des Laufpuffers darauf, ihn gut zu mischen. Sonst füllen Sie möglicherweise fast reines Wasser in Ihre Elektrophoresekammer und das Netzgerät erreicht niemals die Spannung, um den notwendigen Stromfluss zu gewährleisten.

 ## Strom

- Der angelegte Strom kann verschieden eingestellt werden: Entweder konstante Spannung (in Volt, V) oder konstante Stromstärke (in Milliampere, mA) oder konstante Leistung (in Watt, W). Viele Netzgeräte erlauben, bestimmte Grenzwerte einzustellen, sodass z.B. die optimale Spannung (die sich während der Elektrophorese verändert) genutzt werden kann, ohne dass eine bestimmte Leistungskapazität überschritten wird.

- Die Netzgeräte sind nicht alle gleich, Sie können also nicht Ihre Gelkammer an irgendein Netzgerät anschließen. Sie müssen wissen, welche Spannung oder wie viel Strom Sie brauchen. Benutzen Sie nur das Netzgerät, das diese Leistungen erfüllt.

- In vielen Instituten gibt es mindestens je ein Netzgerät für Sequenziergele (die eine hohe Leistung benötigen), Blotting (benötigt hohen Strom) und eines für Agarose- und Acrylamidgelelektrophoresen (bei denen eine Reihe verschiedener Spannungen benötigt werden). Es gibt nur wenige Netzgeräte, die für alle drei Anwendungen geeignet sind.

- Die Proben bei SDS-Proteingelen und bei DNA- und RNA-Gelen laufen immer von der Kathode (negativ) zur Anode (positiv). Benutzen Sie das rote Kabel für die Anode (+) und das schwarze für die Kathode (–).

Tab. 15.1: Wirkung von Strom.

Stromstärke (mA)		Wirkung
Wechselstrom	**Gleichstrom**	
≤1	5	verursacht keine Empfindung
1–8		Schockgefühl
8–15		schmerzhafter Schock; die Person kann den Griff lockern
15–20	75	Verlust der Muskelkontrolle, die Person kann den Griff nicht lösen
20–50		Muskelkontraktionen, Schwierigkeiten zu Atmen
50–100	300–500	Mögliches Herzkammerflimmern
100–200		Herzkammerflimmern
≥ 200		ernstliche Verbrennungen; sehr starke Muskelkontraktionen, die zum Herzstillstand führen können

Strom ist nicht ausschließlich von der Spannung abhängig, sondern auch vom Widerstand des Körpers. In der Regel ist der Widerstand des Körpers bei einem elektrischen Schock jedoch minimal und Stromstärken von 45 bis 60 mA können bereits tödlich sein. (Abgedruckt mit Genehmigung von Gershey et al. 1991)

- Sie können mit einem Netzgerät mehrere Gele gleichzeitig laufen lassen, aber tun Sie es nicht, ohne den anderen Nutzer gefragt zu haben, weil sich die Elektrophoresebedingungen dabei ändern können.

- Wenn das Netzgerät eine Uhr besitzt, mit der man einen Lauf automatisch nach einer bestimmten Zeit stoppen kann, benutzen Sie sie. Anderenfalls stellen Sie sich einen Wecker (Labortimer), der Sie an das Gel erinnert. Gerade wenn Sie auf ein sehr kleines Molekül schauen wollen, passiert es schnell, dass es aus dem Gel in den Puffer ausläuft.

- Elektrophoresekammern sind sehr sicher gebaut, es gibt nur wenig, worüber Sie sich Sorgen machen müssen, wenn Sie die entscheidende Grundregel befolgen: *Strom aus, bevor Sie etwas anfassen!* Gießen Sie nicht „nur eben" etwas Puffer nach, oder schieben das Gel „nur ein bisschen" zur Seite, oder beladen „nur noch schnell" eine Tasche, *bevor der Strom aus ist*. Punkt.

 ## Fixieren

Ob ein Gel fixiert werden muss oder nicht, hängt von der nachfolgenden Anwendung ab. Gele, die gefärbt werden, müssen üblicherweise fixiert werden, während Gele, die geblottet werden, nicht fixiert werden dürfen.

 ## Trocknen

- Durch das Entfernen des Wassers wird das Gel dünner. Getrocknete Gele ergeben bei der Autoradiographie schärfere Banden.

- Das Trocknen mit einem Geltrockner dauert ca. 1 Stunde. Der Geltrockner kann zusätzlich erwärmt werden, um die Trockenzeit zu verkürzen.

Färben

- Bei DNA- und RNA-Gelen werden die Nucleinsäuren vor oder während des Laufs durch die Zugabe des Färbemittels (häufig Ethidiumbromid) zur Probe gefärbt. Man kann sie auch nachträglich färben, aber das ist weniger praktisch.

- Proteingele werden nach der Elektrophorese gefärbt.

 Dokumentation

- Digitale Dokumentations- und Analysesysteme sind die übliche Art der Geldokumentation. Es wird kein Film gebraucht und die Daten können einfach für Präsentationen aufbereitet werden.

- Die Dokumentation von Blots hängt von der Art des Experiments ab. Radioaktive oder chemilumineszente Blots können auf Röntgenfilm oder Phosphorimagerplatten festgehalten und das Signal anschließend über ein Densitometer bzw. über eine Software quantifiziert werden.

 Bestimmung der Molekülmasse

Durch SDS-Polyacrylamidgelelektrophorese kann man die Molekülmasse von Proteinen bestimmen, das Gleiche geht auch für DNA und RNA mit Agarosegelen. Es gibt einen linearen Zusammenhang zwischen dem Logarithmus der Molekülmasse und dem R_f-Wert (oder einfacher: der Laufstrecke) eines Moleküls. Man legt eine Standardkurve an, bei der die Laufstrecken eines Standards gegen den Logarithmus der Molekülmassen des Standards aufgetragen werden. Anschließend bestimmt man die Laufstrecke der Probe und kann dann an der Standardkurve die Molekülmasse ablesen.

1. Gießen Sie ein Gel, das die beste Auflösung für ungefähr die Molekülgrößen gibt, an denen Sie interessiert sind. Lassen Sie immer einen Molekülmassenstandard mitlaufen, der natürlich auch den Bereich abdecken sollte, den Sie sehen wollen.

2. Lassen Sie das Gel laufen, bis der Farbmarker an der Lauffront fast aus dem Gel ausläuft, oder gerade eben ausgelaufen ist.

3. Färben Sie das Gel und machen Sie ein Foto davon. Wenn Ihre Proben radioaktiv sind, können Sie entweder einen radioaktiven Standard verwenden oder Sie vergleichen den Röntgenfilm mit dem Gel.

4. Messen Sie den Abstand von der Probentasche bis zu jeder Bande des Standards. Von den bekannten Molekülmassen der Standardbanden berechnen Sie den Logarithmus (bei Proteinen nehmen Sie die Molekülmasse in Dalton, bei Nucleinsäuren die Länge in Basen) und tragen diese Werte auf Millimeterpapier auf der y-Achse auf; auf der x-Achse wird der jeweilige Abstand (vermutlich am einfachsten in Zentimetern) aufgetragen. Die meisten Werte sollten eine Gerade bilden.

5. Zeichnen Sie den gemessenen Abstand der Probe ein, extrapolieren Sie auf die Standardkurve und bestimmen Sie die Molekülmasse.

> Im Internet finden Sie eine Reihe von Online-Rechnern, mit denen man die unbekannte Molekülmasse einer Probe aus einer Standardkurve extrapolieren kann. Der Vorteil bei der manuellen Methode ist, dass Sie sicher sein können, dass Ihr Protein sich im linearen (und damit zulässigen) Bereich der Standardkurve befindet.

15.3 Spezifisches

15.3.1 DNA-Gele

DNA-Gele werden benutzt, um DNA-Fragmente zu trennen, zu identifizieren oder zu reinigen. Sequenziergele, die man benötigt, um DNA-Sequenzierungsreaktionen aufzutrennen und zu analysieren, werden hier nicht behandelt. Es gibt ungefähr so viele Methoden, ein Sequenziergel zu gießen, wie es Forscher gibt, und alle funktionieren. Lassen Sie sich eine Methode von jemandem zeigen und probieren Sie sie so oft, bis Sie sie beherrschen.

 Probenvorbereitung

- Ladepuffer (Probenpuffer), meistens 6×-konzentriert: 30% (v/v) Glycerol, 0,25% Bromphenolblau und 0,25% Xylencyanol, angesetzt in destilliertem Wasser. Lagerung bei –20 °C.

- Ladepuffer und DNA werden für 5 Minuten bei 60 °C erhitzt.

> Die Elektrophorese wird normalerweise gestoppt, wenn die Bromphenolblau-Bande ca. 3/4 der gesamten Gelstrecke gelaufen ist.

 Standards/Marker

- In Agarosegelen läuft die Bromphenolblau-Bande auf der Höhe von DNA-Molekülen, die ca. 600 Basenpaare lang sind, das Xylencyanol bei DNA-Molekülen von ungefähr 4 000 Basenpaaren. Die genauen Werte sind von der Qualität und der Konzentration der Agarose abhängig.

- Bromphenolblau und Xylencyanol können auch als Markerfarbstoffe in DNA-Acrylamidgelen benutzt werden (in Tabelle 15.2 dargestellt).

- Es gibt eine unendliche Anzahl verschiedener käuflicher DNA-Marker. Die meisten bestehen aus DNA-Fragmenten, die durch enzymatischen Verdau einer bekannten DNA entstanden sind. Diese Marker enthalten Fragmente mit verschiedenen Größen, was es einfacher macht, schnell die Größe eines unbekannten DNA-Fragments zu bestimmen. Außerdem sind sie eine gute Kontrolle für die Gel-zu-Gel-Variabilität. Solche Standards kann man auch selbst herstellen, aber normalerweise ist es nicht der Mühe wert.

- „Molekülmassen-Lineale" (*molecular rulers* oder *mass rulers*) sind DNA-Marker, bei denen die Banden regelmäßige Abstände haben (z.B. 100 Basenpaar-Leiter: 100, 200, 300 Bp, usw.). Diese sind für die genaue Bestimmung der Länge eines DNA-Fragmentes am besten geeignet. Die meisten enthalten eine sichtbare, deutlich unterschiedliche Bande zur schnellen Orientierung. Bei mengenkalibrierten Markern ist die DNA-Menge jeder Bande pro Markervolumen bekannt, sodass Sie diese Marker auch zum Abschätzen der aufgetragenen DNA-Menge verwenden können.

- Halten Sie sich einen eigenen Vorrat des DNA-Markers, den Sie am häufigsten benutzen. Zwei nützliche Marker sind:
  DNA des Phagen λ, geschnitten mit HindIII: 23 130, 9 416, 6 557, 4 361, 2 322, 2 027, 564 und 125 Basenpaare.
  DNA des Phagen ΦX174, geschnitten mit HaeIII: 1 353, 1 078, 872, 603, 310, 281, 271, 234, 194, 118 und 72 Basenpaare.
  Die Mischung beider Marker ist sehr vielseitig verwendbar.

Tab. 15.2: Laufverhalten von Markerfarbstoffen.

	% Polyacrylamid	Bromphenolblau[a]	Xylencyanol[a]
in Polyacrylamidgelen	3,5	100	460
	5,0	65	260
	8,0	45	160
	12,0	20	70
	20,0	12	45
in denaturierenden Polyacrylamidgelen	5,0	35	130
	6,0	26	106
	8,0	19	70–80
	10,0	12	55
	20,0	8	28

(Übernommen mit Genehmigung von Maniatis et al. 1982)
[a]Die Zahlen geben die ungefähren Größen der DNA-Fragmente (in Basenpaaren) an, auf deren Höhe die Farbstoffe laufen.

Format

- *Mittelgroße (Midi-) oder Mini-Gele?* Mini-Gele können benutzt werden, um den Verlauf eines Restriktionsverdaus zu verfolgen oder die Qualität einer Plasmid-Präparation zu kontrollieren, was die beiden häufigsten Anwendungen von DNA-Gelen sind. Der große Vorteil von Mini-Gelen gegenüber mittelgroßen Gelen ist, dass die Elektrophorese viel schneller beendet ist (weniger als 1 Stunde im Vergleich zu 3–4 Stunden bei mittelgroßen Gelen) und weniger DNA benötigt wird. Southern-Blots werden aber besser mit größeren Gelen durchgeführt, weil darauf mehr DNA aufgetragen werden kann, was bei schwachen Signalen vorteilhaft ist.

- *Präparativ oder analytisch?* Ein analytisches Gel lässt man laufen, um Informationen zu bekommen. In präparativen Gelen wird die DNA, an der man interessiert ist, getrennt und aus dem Gel isoliert. Präparative Gele sind daher meistens größer, um mehr DNA aufnehmen zu können. Ein präparatives Gel kann sogar nur eine einzige riesige Probentasche haben.

Matrix

- Agarose oder Acrylamid: Gute Auflösung oder gute Trennbreite?

  Agarose (gute Trennbreite) wird standardmäßig verwendet; sie ist gut für die Trennung von DNA-Molekülen von 200 Bp bis 50 kBp. Agarosegele werden üblicherweise als horizontale Gele gefahren. In Pulsfeld-Gelelektrophorese-Apparaten können DNA-Moleküle bis zu 10 000 kBp (ganze Chromosomen) getrennt werden.

  Für die Trennung von kleinen DNA-Fragmenten von 5 bis 500 Bp benutzt man Polyacrylamid (gute Auflösung), üblicherweise als Vertikalgel.

- Basische Agarosegele werden benutzt, um DNA zu denaturieren und die entstehenden Einzelstränge zu untersuchen. Eine typische Anwendung ist die Überprüfung der Längen der Erst- und Zweitstränge bei der reversen Transkription, der erste Schritt in der Synthese von cDNA. Weil die Zugabe von Laugen zu der heißen Agarose dazu führen würde, dass die Agarose hydrolysiert wird, wird das Gel in neutralem Puffer hergestellt und erst vor dem Lauf in frisch angesetztem alkalischem Laufpuffer äquilibriert.

- Niedrigschmelzende Agarosen (engl. *low melt*) sind chemisch modifiziert, sodass sie bei niedrigeren Temperaturen erstarren und schmelzen (sie erstarren bei 30 °C und schmelzen bei 65 °C), außerdem haben sie eine bessere Auflösung, allerdings nicht so gut wie die von Acrylamid. Führen Sie die Elektrophorese im Kühlraum durch, damit die Agarose nicht schon beim Laufen des Gels schmilzt. Low-Melt(ing)-Agarosen sind besonders für präparative Gele geeignet, weil es viele Methoden gibt, um die DNA aus Low-Melt-Agarose zu isolieren.

> Da auch normale Agarose in Anwesenheit chaotroper Salze bei 50 °C zum Schmelzen gebracht werden kann, und die daran enthaltene DNA in Anwesenheit des chaotropen Salzes an eine Silica-Matrix bindet und so gereinigt werden kann, werden Low-Melting-Agarosen kaum noch zur Isolierung von DNA aus Agarosegelen verwendet.

- Benutzen Sie die angemessenen Agarosekonzentrationen (Tabelle 15.3).

Puffer

- Zum Herstellen und zum Laufen des Gels wird der gleiche Puffer benutzt.

- Wenn Sie aus Versehen die Agarose in Wasser anstatt in Puffer ansetzen (einer der häufigsten Fehler), erhalten Sie nur eine geringe Leitfähigkeit, und die DNA wird nur wenig oder gar nicht wandern. Werfen Sie das Gel weg und machen Sie ein neues.

- Die beiden üblichen Puffer für DNA-Agarosegele sind TAE (Tris-Acetat-EDTA, auch TAP genannt: TA-Puffer) und TBE (Tris-Borat-EDTA). Selten findet man auch TPE (Tris-Phosphat-EDTA).

Tab. 15.3: Gelkonzentrationen, die für die Elektrophorese von DNA verwendet werden.

A	Agarose (%)	Effektiver Trennbereich für lineare DNA-Moleküle (kb)
	0,3	60–5
	0,6	20–1
	0,7	10–0,8
	0,9	7–0,5
	1,2	6–0,4
	1,5	4–0,2
	2,0	3–0,1
B	Acrylamid (%)	Bereich guter Trennung (Nukleotide)
	3,5	100–1'000
	5,0	80–500
	8,0	60–400
	12,0	40–200
	20,0	10–100

(Verändert mit Genehmigung von Maniatis et al. 1982)

(A) Wählen Sie die Agarosekonzentration, die zu einer guten Trennung der zu analysierenden DNA-Moleküle führt.

(B) Wenn die DNAs kleiner als 1 kb sind, sollten Sie Acrylamidgele verwenden.

- Gele in verschiedenen Puffersystemen laufen unterschiedlich. Doppelsträngige lineare DNA wandert z.B. in TAE 15% schneller als in TBE oder TPE. Die Auflösung superspiralisierter DNA ist in TAE besser.

- *Empfehlung*: Benutzen Sie TBE. Es hat die höchste Pufferkapazität.

- Falls fälschlicherweise Ethidiumbromid im Gel vergessen wurde, kann es zum Laufpuffer zugegeben werden.

Ob Sie TBE oder TAE verwenden hängt im Wesentlichen davon ab, welcher Puffer bei Ihnen im Labor schon immer verwendet wurde. Ein Vorteil von TBE ist die höherer Pufferkapazität (sodass TBE häufig sogar nur 0,5× konzentriert eingesetzt wird), ein Vorteil von TAE, dass es als 50×-konzentrierte Stocklösung angesetzt werden kann (die seeehr lange hält).

 Strom

- Angelegte Spannung: Die effektive Trennspannweite in Agarosegelen verringert sich, wenn die Spannung erhöht wird. Um die beste Auflösung von DNA-Fragmenten größer als 2 kBp zu erreichen, lassen Sie die Gele bei 5 V/cm oder weniger laufen (mit cm ist der ungefähre Abstand der Elektroden gemeint). Für die meisten Gele sind 5–10 V/cm in Ordnung. Eine Spannung von 100 V erzeugt ca. 50 mA Strom (abhängig vom Puffersystem).

- Um ein Gel über Nacht laufen zu lassen, sollte die Spannung maximal 20–25 Volt betragen. Sie können die Spannung am nächsten Morgen höher stellen.

- Wenn Sie die Gele bei konstanter Leistung (Watt) laufen lassen, anstatt bei konstanter Spannung oder konstanter Stromstärke, vermeiden Sie große Spannungsspitzen oder Überhitzen des Gels.

Tab. 15.4: Üblicherweise verwendete Elektrophoresepuffer.

Puffer	Eingesetzte Lösung		Konzentrierte Stocklösung (pro Liter)	
Tris-Acetat (TAE)	1×:	40 mM Tris-Acetat 1 mM EDTA	50×:	242 g Tris 57,1 ml Eisessig 100 ml 0,5 M EDTA (pH 8,0)
Tris-Phosphat (TPE)	1×:	90 mM Tris-Phosphat 2 mM EDTA	10×:	108 g Tris 15,5 ml 85% Phosphorsäure (1,679 g/ml) 40 ml 0,5 M EDTA (pH 8,0)
Tris-Borat[a] (TBE)	0,5×:	45 mM Tris-Borat 1 mM EDTA	5×:	54 g Tris 27,5 g Borsäure 20 ml 0,5 M EDTA (pH 8,0)
Alkalisch[b]	1×:	50 mM NaOH 1 mM EDTA	1×:	5 ml 10 M NaOH 2 ml 0,5 M EDTA (pH 8,0)

(Abgedruckt mit Genehmigung von Sambrook et al, 1989)

[a]Bei langer Lagerung von konzentrierter TBE-Lösung fällt ein Niederschlag aus. Um Probleme zu vermeiden, sollten 5× konzentrierte Lösungen in Glasflaschen bei Raumtemperatur aufbewahrt werden. Lösungen mit Niederschlag sollten entsorgt werden. TBE wurde ursprünglich als 1× konzentrierte Lösung für Agarosegelelektrophorese eingesetzt (d.h. eine 1:5 Verdünnung aus der Stocklösung). Allerdings weist eine 0,5× konzentrierte Lösung mehr als genug Pufferstärke auf, sodass inzwischen Agarosegelelektrophorese nahezu immer mit einer 1:10 Verdünnung der Stocklösung durchgeführt wird. Für Polyacrylamidgele wird TBE als 1× konzentrierte Lösung eingesetzt, also in der doppelten Stärke, die üblicherweise für Agarosegelelektrophorese eingesetzt wird. Die Pufferbehälter in vertikalen Polyacrylamidgel-Elektrophoresekammern sind ziemlich klein und die Strommengen, die durch sie hindurchgeleitet werden, sind häufig sehr hoch. Daher wird 1× TBE benötigt, um eine adäquate Pufferkapazität bereitzustellen.
[b]Alkalischer Elektrophoresepuffer sollte frisch angesetzt werden.

- Low-Melt-Agarosegele sollten Sie langsamer laufen lassen als normale Gele, um die Erzeugung von Wärme zu verhindern.

 Färbung

- Geben Sie Ethidiumbromid zum geschmolzenen Gel. Pro 10 ml Gellösung geben Sie 1 µl einer 10 mg/ml Ethidiumbromidlösung zu.

- Es ist üblicherweise nicht notwendig, Ethidiumbromid zum Laufpuffer zuzugeben oder das Gel nachträglich darin zu färben. Das Ethidiumbromid im Gel reicht aus, um die meisten Banden zu sehen.

Wenn Sie das Gel aber mehrfach benutzen wollen (wobei Sie noch unbenutzte Taschen verwenden), sollten Sie Ethidiumbromid im Puffer haben. Ethidiumbromid ist positiv geladen und läuft während der Elektrophorese entgegen der Laufrichtung der DNA aus dem Gel heraus. Proben, die weiter unten auf einem Gel aufgetragen werden (in Gelen mit zwei Reihen von Kämmen), werden daher schlechter angefärbt, da diese in einen Bereich des Gels einlaufen, aus dem das Ethidiumbromid zum Teil schon herausgelaufen ist (wenn kein Ethidiumbromid im Puffer ist).

Box 15.1: Ethidiumbromid-Alternativen

Da Ethidiumbromid in DNA-Stränge interkaliert, kann es mutagen wirken und ist daher potenziell krebserregend. Tatsächlich konnte aber bisher noch keine krebserregende Wirkung von Ethidiumbromid im Tierversuch nachgewiesen werden und es wird in der Veterinärmedizin als Medikament gegen Trypanosomen (die Erreger der Schlafkrankheit und der Chagas-Krankheit) eingesetzt. Die akute Giftigkeit ist sehr gering. Trotzdem haben viele Experimentatoren ein schlechtes Gefühl, wenn sie mit Ethidiumbromid arbeiten. Daher wurden eine Reihe von alternativen DNA-Färbereagenzien entwickelt (z.B. SYBR Green I und II, SYBR Gold, SYBR Safe, GelRed, GelGreen), die im Aimes-Test weniger mutagen sind als Ethidiumbromid, obwohl ihre akute Giftigkeit durchaus höher liegen kann (aber immer noch in einem Bereich, der als unkritisch angesehen wird). Diesen Färbereagenzien ist gemein, dass sie in der Anschaffung deutlich teurer als Ethidiumbromid sind. Zum Teil fluoreszieren sie in anderen Farben, sodass für die maximale Empfindlichkeit auch andere photographische Filter benötigt werden, die gegebenenfalls neu angeschafft werden müssen. Auf der anderen Seite können die Entsorgungskosten entfallen, da die Gele/Laufpuffer nicht extra entsorgt oder behandelt werden müssen. Einige der alternativen Farbstoffe sind weniger stabil als Ethidiumbromid, sodass Gellösungen mit dem Farbstoff nicht mehrfach aufgekocht werden können und Puffer nur für kurze Zeit gelagert werden können.

 Auswertung

- Die DNA wird auf einem UV-Leuchttisch (Transilluminator) sichtbar gemacht.

- Legen Sie das Gel (Handschuhe benutzen!) auf ein Stück Plastikfolie und tragen Sie es zum Transilluminator. Sie können das Gel auch in der Laufkammer oder der Kassette zum Transilluminator tragen, aber legen Sie nur das Gel bzw. das Gel mit Folie auf den Transilluminator, weil die Kammer oder Kassette zu viel UV-Licht absorbiert und Sie dann schwach gefärbte Banden nicht mehr erkennen können.

- In Gelen mit DNA, die nicht mit RNAse behandelt wurde, können häufig die tRNAs als diffuse Banden am unteren Rand des Gels gesehen werden.

- Warum gibt es da so viele DNA-Banden? Selbst ungeschnittene Plasmid-DNA kann im Gel als mehrere Banden auftreten: Superhelikal-zirkuläre DNA (ungeschnitten), DNA mit Einzelstrangbruch („nick", teilweise geschnitten) oder lineare DNA (komplett geschnitten) wandern mit unterschiedlichen Geschwindigkeiten durch das Gel. Eine unvollständig verdaute Plasmid-DNA kann daher drei Banden ausbilden.

- Welche Bande welche ist, lässt sich schwer vorhersagen (weil Agarosekonzentration, Stromstärke und Art des Puffers einen Einfluss haben), aber normalerweise läuft die superhelikale DNA wie eine Patronenkugel durch das Gel und ist am schnellsten, danach kommt die lineare DNA und dann die DNA mit Einzelstrangbruch.

 Herstellung der Gele

Agarosegele

- DNA-Gele werden erst kurz vor dem Einsatz hergestellt. Ein bereits fertiges Gel kann entweder im Laufpuffer oder in Plastikfolie eingewickelt über Nacht im Kühlschrank aufbewahrt werden.

- Benutzen Sie verdünnten 10× Puffer und Agarose, um das Gel anzusetzen. Setzen Sie entweder nur die benötigte Menge in einem Erlenmeyerkolben an oder eine größere Menge für mehrere Gele in einer Glasflasche. Die Agarose wird zwar aushärten, kann aber in einer Mikrowelle wieder geschmolzen werden. Lagern Sie die Gel-„Lösungen" bei Raumtemperatur.

- Agarose ist in verschiedenen Qualitäten erhältlich. Je reiner (und teurer), desto weniger kontaminierende Proteine, Salze und andere Polysaccharide wird man darin finden. Es gibt auch verschiedene Sorten für verschiedene Größen von Nucleinsäuren. Wenn Sie die DNA aus dem Gel isolieren müssen, nehmen Sie die beste Agarose, die Sie sich leisten können; Kontaminationen können Enzymreaktionen inhibieren und sind ein hauptsächliches Hindernis für erfolgreiche Klonierungen.

Box 15.2: Die Mikrowelle

Gefahren: Ethidiumbromid, ein Mutagen (s. auch Box 15.1), wird häufig in Agaroselösungen gegeben (obwohl es nur nach dem Schmelzen der Agarose zugegeben werden sollte) und kann in den Innenraum der Mikrowelle verspritzen. Tragen Sie immer Schutzhandschuhe. Überhitzte Agaroselösungen können Siedeverzüge aufweisen und plötzlich überkochen, Sie sollten das Gefäß daher immer mit einer Zange oder entsprechenden Schutzhandschuhen aus der Mikrowelle nehmen. Ein Bündel Papierhandtücher reicht nicht aus.

Bemerkungen: Kein Metall (keine Rührfische)! Keine Nahrung in Mikrowellen, die nicht extra dafür reserviert sind, keine Reagenzien in der Mikrowelle für Nahrung. Legen Sie immer Papier unter, damit das Reinigen nach einem Überkochen einfacher wird.

Alternativen: Magnetrührer mit Heizplatte.

Zur Mikrowelle

1. Legen Sie den Deckel nur lose auf die Flasche. Es muss jederzeit Luft entweichen können, andernfalls kann die Flasche explodieren. Wenn Sie einen Kolben benutzen, nehmen Sie einen großen, um die Gefahr des Überkochens zu verringern. Sie können die Öffnung offen lassen oder lose mit Plastikfolie abdecken (keine Aluminiumfolie!).

2. Stellen Sie die Mikrowelle auf die höchste Stufe ein. Frisch angesetzte Agarose braucht länger als bereits verfestigte Agarose. Ein Volumen von 100 ml braucht ca. 3–5 Minuten, größere Volumina ca. 6–10 Minuten.

3. Stoppen Sie die Mikrowelle nach einer Minute, nehmen Sie das Gefäß mit einem Schutzhandschuh heraus und schwenken Sie den Inhalt. Eine homogene Lösung lässt sich schneller und gleichmäßiger erwärmen.

4. Stellen Sie das Gefäß zurück in die Mikrowelle, stoppen Sie sie nach einer weiteren Minute und schwenken Sie das Gefäß wieder.

5. Stellen Sie das Gefäß wieder zurück in die Mikrowelle und lassen Sie es diesmal so lange erhitzen, bis die Agarose gerade anfängt zu kochen.

6. Nehmen Sie mit einer Zange oder einem hitzefestem Handschuh das Gefäß aus der Mikrowelle.

7. Lassen Sie die Agarose auf der Laborbank abkühlen, bis Sie die Flasche fast anfassen können (oder stellen Sie die Flasche in ein 55 °C-Wasserbad). Mischen Sie die Agaroselösung gut durch, bevor Sie sie gießen. Wenn Sie feststellen, dass ein Teil der Lösung bereits ausgehärtet ist, stellen Sie sie wieder kurz in die Mikrowelle.

Ja, Sie können Gele wiederverwenden. Agarose ist teuer und es gibt einige Wissenschaftler, die ihr Lieblingsgel zur Kontrolle von Reaktionen behalten. Bevor sie neue Proben auftragen, lassen sie die vorherigen Proben so lange laufen, bis sie aus dem Gel ausgelaufen sind. Oder man markiert die benutzten Spuren mit PostIts oder Klebeband.

Acrylamidgele

- Polyacrylamidgele müssen vorsichtig polymerisiert werden, indem die monomeren Acrylamideinheiten mit einem Polymerisationsstarter und einem Katalysator gemischt werden. Zusätzlich werden noch Salze und Puffer zugegeben.

- Acrylamid und N,N'-Methylenbisacrylamid sind die monomeren Bausteine, die die Gelmatrix bilden. Kaufen Sie am besten Fertiglösungen!

Die Konzentration von Acrylamid und Bisacrylamid sind für Sequenziergele und Proteingele verschieden. Wenn Sie fertige Acrylamid:Bisacrylamid-Mischungen benutzen, achten Sie darauf, dass Sie die richige in der Hand halten.

- Ammoniumpersulfat ist der Reaktionsstarter. Die Gelvorschriften verlangen eine 10%ige Lösung, die in Wasser angesetzt wird. Die meisten Vorschriften sagen, dass die Lösung jedes Mal frisch angesetzt werden soll, aber eine 10%ige Lösung kann für mehrere Wochen bei 4 °C ohne merkbaren Aktivitätsverlust gelagert werden. Setzten Sie maximal 10 ml an und verwerfen Sie die Lösung erst dann, wenn ein Gel nicht mehr polymerisieren will oder Sie ein besseres Gefühl dabei haben.

- TEMED (N,N,N',N'-Tetramethylethylendiamin) ist der Katalysator. Es wird in einer braunen Flasche geliefert und gelagert, üblicherweise kühl. Es wird immer als letztes zugegeben, kurz vor dem Gießen des Gels. TEMED hat einen unangenehmen Geruch nach altem Fisch.

- Sequenziergele aus Polyacrylamid enthalten auch einen Gelpuffer (TBE) und Harnstoff. Der Harnstoff wirkt denaturierend und verringert die Gefahr von Haarnadelschleifen-Strukturen in der DNA.

- Die Glasplatten für die Polyacrylamidgele sollten jedes Mal vor und nach der Elektrophorese gewaschen werden. Waschen Sie die Platten nach dem Lauf in warmem, seifigem Wasser und reinigen Sie die Platten mit einer weichen Bürste oder einem Tuch, sodass die Platten nicht zerkratzen. Spülen Sie gut mit destilliertem Wasser nach und stellen Sie die Platten zum Trocknen aufrecht hin.

- Wasser und Staub können zu einer ungleichmäßigen Polymerisation führen. Benutzen Sie vor jedem Lauf einen Glasreiniger, um die Platten zu reinigen. Schrubben Sie sie gründlich mit einer weichen Bürste. Spülen Sie die Platten mit destilliertem Wasser nach und reiben Sie sie mit Papierhandtüchern erst fast und dann mit einem Zellstofftuch (Kimwipe) komplett trocken. Eine letzte Spülung mit 70%igem Ethanol vor dem Trocknen mit den Papierhandtüchern kann die Reinigung und das Trocknen erleichtern.

- Geben Sie die Bestandteile in folgender Reihenfolge zu: Acrylamidlösung, Wasser, Puffer, APS, TEMED. Mischen Sie gut und gießen Sie das Gel unverzüglich.

- Das Entgasen der Acrylamidlösung vor der Polymerisation ist nicht notwendig (Acrylamidlösungen werden häufig ins Vakuum gestellt, um Luftblasen zu entfernen, weil die Polymerisation durch O_2 inhibiert wird.).

> Nicht polymerisiertes Acrylamid ist ein Neurotoxin. Tragen Sie Handschuhe, auch wenn Sie mit polymerisiertem Acrylamid umgehen, weil auch hier immer noch Monomere vorhanden sein können. Tragen Sie einen Mundschutz und Handschuhe, wenn Sie mit Acrylamid-Feststoff arbeiten und schützen Sie Ihre Laborkollegen, indem Sie unter einem Abzug arbeiten.

> Selbst wenn die Polymerisation durch Zugabe von APS und TEMED gestartet wurde, dauert es noch mehrere Minuten, bis die Matrix polymerisiert ist. Sie brauchen also beim Gießen des Gels nicht nervös werden oder in Hektik verfallen.

 Tipps zum Beladen horizontaler Gele

Bereiten Sie die Elektrophoresekammer vor:

- Legen Sie ein Stück schwarzes Papier unter die Kammer. Ein dunkler Hintergrund macht die Taschen besser sichtbar.

- Füllen Sie die Kammer mit so viel Puffer, dass das Gel gut bedeckt ist.

- Wenn eine Lampe vorhanden ist, schalten Sie sie an und richten Sie sie auf das Gel.

Laden Sie die Probe in die Pipette:

Verwenden Sie eine Mikroliterpipette.

Die normalen gelben Spitzen reichen für die meisten Taschen aus. Für sehr kleine Taschen (weniger als 10 µl Volumen) sind die langen, speziellen Gelladespitzen hilfreich.

Tauchen Sie die Spitze gerade eben in die Lösung und saugen Sie langsam und vorsichtig die Probe in die Spitze. Wegen des Glycerols im Ladepuffer kann die Probe viskos sein und wenn Sie zu schnell aufsaugen, bekommen Sie Luftblasen in die Spitze und etwas von der Probe bleibt im Eppi.

> Wenn die Probenmenge nicht begrenzt ist, kann das Befolgen der „10%-Regel" hilfreich sein: Nehmen Sie für jede Probe 10% mehr als geplant. Wenn Sie z.B. 1,0 µg in 5 µl auftragen wollen, setzen Sie 1,1 µg in 5,5 µl an. Während des Pipettierens kann etwas von der Probe verloren gehen, was bei Anwendungen, bei denen Sie die Mengen untereinander vergleichen wollen, kritisch sein kann. Diese Sorgen haben Sie nicht, wenn Sie etwas mehr ansetzen und das Pipettieren wird leichter, weil Sie die Probe nicht bis zum letzten Tropfen aufsaugen müssen.

- Nachdem Sie die Spitze beladen haben, tupfen Sie sie kurz an der Wandung des Eppis oder an einem Tuch ab, um Tropfen auf der

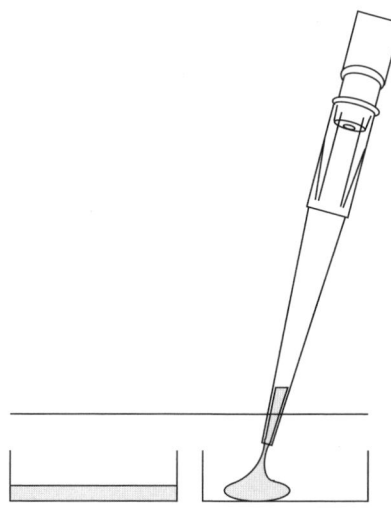

Abb. 15.2: Das kontinuierliche Ausüben von Druck auf die Probe während des Beladens verhindert das Eindringen von Luftblasen oder Puffer in die Spitze, wenn Sie sie in der Probentasche positionieren. Halten Sie den Druck auch aufrecht, während Sie die Pipette aus der Tasche ziehen.

Außenseite der Spitze zu entfernen. Achten Sie darauf, dass die Probe nicht durch Kapillarkräfte aus der Spitze gesaugt wird.

Beladen Sie die Tasche mit der Probe:

- Üben Sie durchgehend etwas Druck auf die Pipette aus, sodass die Probe etwas aus der Spitze hervorschaut.

- Tauchen Sie die Spitze in den Puffer, gerade eben über der Tasche, wobei Sie einen leichten Druck auf die Spitze aufrechterhalten. Die Spitze der Spitze (!) kann auch etwas in die Tasche hineinragen.

- Drücken Sie die Probe langsam und durchgehend aus der Spitze. Wenn die Spitze über der Tasche ist, wird die Probe in die Tasche sinken. Füllen Sie die Taschen, indem Sie die Probe in die Tasche sinken lassen, nicht indem Sie sie hineindrücken.

- Sobald der letzte Tropfen die Spitze verlassen hat, drücken Sie die Pipette bis zum zweiten Druckpunkt durch, wobei Sie die Spitze langsam nach oben aus dem Puffer ziehen.

> Das Ausüben eines konstanten Drucks auf die Probe beim Beladen der Tasche verhindert das Eindringen von Luftblasen oder Puffer in die Spitze, während Sie die Spitze ausrichten.

> Denken Sie daran, dass die Proben Glycerol enthalten und daher leicht in die Taschen sinken.

> Dadurch, dass Sie noch etwas Luft in der Spitze lassen, verhindern Sie, dass durch unabsichtliches Aufsaugen die Probe verwirbelt wird.

Wie man ein vertikales Gel belädt

- In einem vertikalen Gel finden sich die Taschen zwischen zwei Glasplatten. Bei sehr dünnen Gelen passt eine Pipettenspitze noch nicht einmal zwischen die Glasplatten. Aber denken Sie an das Glycerol: Wenn Sie die Spitze über der Tasche positionieren, wird die Probe von alleine in die Tasche sinken.

- Spülen Sie die Taschen von vertikalen Polyacrylamidgelen immer erst durch, bevor Sie die Proben laden. So entfernen Sie unpolymerisiertes Acrylamid und Wasser, das sich am Bo-

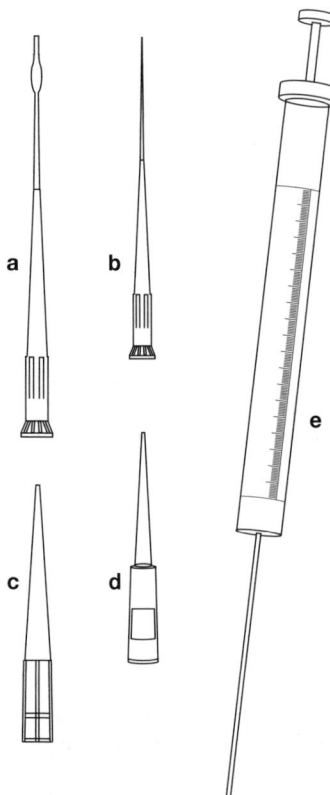

Abb. 15.3: Abgeflachte (a) und verlängerte (b) Spitzen sind bei der Beladung von vertikalen Gelen sehr hilfreich, da diese Spitzen zwischen die Glasplatten geschoben werden können. Spitzen mit einer weiten Öffnung (c) erleichtern das Pipettieren von viskosen DNA-Proben. Filterspitzen (d) vermeiden die Übertragung von Aerosolen und werden für radioaktive Proben verwendet. Mikroliter-Hamiltonspritzen (e) eignen sich für die einfache Beladung aller Gelproben: Die Spritze sollte zwischen den verschiedenen Proben mit Laufpuffer gespült werden. Natürlich können auch normale Spitzen zum Beladen von Gelen benutzt werden.

den der Tasche gesammelt haben kann und die Tasche so effektiv kleiner macht. Benutzen Sie zum Ausspülen eine 25–50 ml Spritze mit einer dünnen Nadel (18 Gauge). Saugen Sie damit Laufpuffer auf und spülen Sie die Taschen kräftig aber vorsichtig aus.

- Es kann schwierig sein, die Taschen zu erkennen, aber wenn Sie erst einmal eine beladen haben, können Sie die anderen leichter erkennen. Wenn Sie Probleme damit haben und eine Tasche überzählig ist, beladen Sie diese mit Probenpuffer, der Bromphenolblau enthält.

15.3.2 RNA-Gele

RNA-Gele werden benutzt, um die Qualität einer RNA-Präparation zu überprüfen und um RNA mittels Northern-Blots zu analysieren. Die mRNAs machen nur ca. 5% der gesamten RNA aus und sind in ethidiumbromidgefärbten Gelen nicht sichtbar. Zum Nachweis einer bestimmten mRNA benötigt man daher eine markierte Sonde.

 Probenvorbereitung

- RNA-Proben müssen vor und während des Laufs denaturiert werden, andernfalls kann die Molekülmasse nicht genau bestimmt werden. Die Denaturierung geschieht durch Formaldehyd und Formamid. Glyoxal und DMSO oder Methylquecksilber können auch verwendet werden (sind aber nicht zu empfehlen).

- Zusammensetzung des Probenpuffers für MOPS (3-[*N*-Morpholino]propansulfonsäure)-Gele: 0,75 ml deionisiertes Formamid, 0,15 ml 10× MOPS-Puffer, 0,24 ml Formaldehyd, 0,1 ml deionisiertes RNAse-freies Wasser, 0,1 ml Glycerol und 0,08 ml einer 10%igen Bromphenolblau-Lösung. Lagerung in kleinen Aliquots bei –20 °C oder immer frisch ansetzen.

- Geben Sie 25 µl Probenpuffer zu 5 µl RNA. Eventuell müssen Sie die RNA vorher einkonzentrieren.

- Erhitzen Sie die Proben dann für 15 Minuten bei 65 °C. Geben Sie zu jeder Probe 1 µl einer 1 mg/ml-Ethidiumbromid-Lösung zu.

- Laden Sie 5–20 µg Gesamt-RNA auf ein mittelgroßes Gel oder 1–5 µg auf ein Minigel auf.

- Sie erhalten mit 3 µg mRNA normalerweise stärkere und klarere Signale, als mit 5–20 µg Gesamt-RNA.

Standards/Marker

- Ja, auch für RNA-Gele benötigen Sie Standards.

- Viele Experimentatoren benutzen die ribosomalen RNAs der Probe als ungefähren Marker, was üblicherweise ausreicht. Eukaryotische ribosomale RNAs bestehen aus der 28S- und der 18S-rRNA (ca. 5 300 und 2 000 Basen lang). Prokaryotische ribosomale RNAs sind 23S- und 16S-rRNAs (3 556 und 1 776 Basen für *E. coli*).

- RNA-Standards können gekauft werden. DNA-Standards laufen in Formaldehydgelen nicht sonderlich gut und sollten nicht benutzt werden. Definierte DNA-Matrizen können für *in vitro*-RNA-Synthesen benutzt werden, um RNAs definierter Länge herzustellen. Diese benötigt man, wenn die Länge einer unbekannten RNA genau bestimmt werden muss.

> In photosynthetisch aktiven pflanzlichen Geweben (Sprosse und Blätter) finden Sie neben den cytoplasmatischen 25S- und 18S-rRNAs auch die chloroplastidären 23S- und 16S-rRNAs, wobei die 23S-rRNA in zwei Fragmente geteilt ist, die beide kleiner sind als die 16S-rRNA. Es ist also OK, wenn Sie fünf Banden im Gel sehen.

- Bromphenolblau und Xylencyanol können als Marker für den Elektrophoreseverlauf benutzt werden. Wie bei der Elektrophorese von DNA hängt das genaue Laufverhalten dieser Farbstoffe von der Qualität und Konzentration der Agarose ab (Tabelle 15.5).

Format

- RNA-Gele werden wie DNA-Gele gefahren. Einige Experimentatoren sind etwas paranoid, was eine mögliche Kontamination der Gelkammer mit RNAse aus DNA-Proben angeht und verwenden daher für RNA-Gele eigene Gelkammern. Wenn es in Ihrem Labor so gehandhabt wird, machen Sie es auch so. Nichtsdestotrotz brauchen Sie eigentlich keine getrennten Gelkammern, wenn diese vor und nach jeder Benutzung ausgewaschen werden.

Tab. 15.5: Laufverhalten von Markerfarbstoffen in RNA-Formaldehydgelen.

	Formaldehydgele	
	Xylencyanol	**Bromphenolblau**
SeaKem Gold Agarose		
1,0%	6 300	660
1,5%	2 700	310
2,0%	1 500	200
SeaKem GTG und LE Agarose		
1,0%	4 200	320
1,5%	1 700	140
2,0%	820	60[a]
SeaPlaque und SeaPlaque GTG Agarose		
1,0%	2 400	240
1,5%	800	80[a]
2,0%	490	30[a]

[a]Nucleinsäureäquivalente für das Laufverhalten der Farbstoffe wurden durch Extrapolation ermittelt.

Puffer

- 10× MOPS/EDTA-Puffer enthält 0,2 M MOPS, 50 mM Natriumacetat, 10 mM ED-TA, pH 7,0. Autoklavieren Sie den Puffer für 15 min. Eine leichte Gelbfärbung, die mit der Zeit auftritt, ist normal. Für die Elektrophorese benutzen Sie die 1× Konzentration.

- MOPS-Puffer (und andere RNA-Puffer) hat eine geringe Ionenstärke. Während der Elektrophorese kann ein pH-Gradient im Gel entstehen, der zur Hydrolyse des Gels führen kann. Das wird vermutlich nur bei sehr langen Läufen ein Problem darstellen und kann dadurch verhindert werden, dass der Puffer mit einer Peristaltikpumpe zirkuliert wird oder indem man gelegentlich Puffer von einem Ende der Kammer zum anderen pipettiert (natürlich erst, nachdem man den Strom abgeschaltet hat!).

Das Gel

- RNA-Gele müssen unter denaturierenden Bedingungen gefahren werden. MOPS-Formaldehydgele sind die sicherste und beste Lösung.

- Formaldehydgele müssen im Abzug gegossen und ausgehärtet werden. Heißes Formaldehyd verdampft und ist gefährlich beim Einatmen. Holen Sie sich Anweisungen, bevor Sie das erste Mal RNA-Gele gießen.

- Agarosegele, die Formaldehyd enthalten, sind brüchiger als normale Agarosegele und müssen daher vorsichtig behandelt werden.

- Für die meisten Northern-Analysen können 1%ige oder 1,2%ige Gele benutzt werden.

Strom

- Ähnlich wie bei DNA-Gelen. Ein mittelgroßes Gel bei 100 V (ca. 50 mA) braucht 3–4 h.

Färbung

- Da der Probenpuffer Ethidiumbromid enthält, ist keine zusätzliche Färbung des Gels notwendig.

- Ethidiumbromid ist positiv geladen und wandert entgegen der RNA zur Kathode. Erschrecken Sie also nicht, wenn Sie kurz nach dem Start eine dicke Bande zum Minuspol wandern sehen; es handelt sich dabei um das nicht an RNA gebundene Ethidiumbromid.

 Auswertung

- Die ribosomalen RNAs sollten klare, scharfe Banden bilden. Wenn das Gel nicht überladen wurde, sollten sie nicht verschmiert sein, andernfalls wäre das ein Zeichen für Degradation.

- mRNA, falls überhaupt sichtbar, sieht wie eine Schliere aus.

15.3.3 Proteingele

Die meisten Proteingele werden als Natriumdodecylsulfat-Polyacrylamidgelelektrophorese (SDS-PAGE) unter reduzierenden Bedingungen gefahren.

 Probenvorbereitung

- Der Probenpuffer für denaturierende Gele enthält ein reduzierendes Agenz, meistens 2-Mercaptoethanol oder Dithiothreitol. Dadurch werden Disulfidbrücken der Proteine gelöst, sodass eine zufällige Knäuelstruktur des Proteins gewährleistet wird, die für die Bestimmung der Molekülmasse wichtig ist. Benutzen Sie die Stocklösungen der reduzierenden Agenzien unter dem Abzug.

- Lagern Sie den Probenpuffer in kleinen Portionen bei –20 °C. Die Glycerolkonzentration ist so hoch, dass er nicht einfriert, also brauchen Sie sich keine Sorgen über Schäden bei wiederholtem Einfrieren und Auftauen zu machen. Wenn Sie das reduzierende Agenz nicht mehr riechen, wird es Zeit für ein neues Aliquot.

- Der SDS-PAGE-Probenpuffer besteht aus: 4% SDS, 20% Glycerol, 10% 2-Mercaptoethanol (oder 100 mM Dithiothreitol), 0,04% Bromphenolblau und 0,125 M Tris-HCl. Der pH-Wert sollte ca. 6,8 betragen.

- Die Proben müssen 5 Minuten lang gekocht (oder bei 95 °C erhitzt) werden, bevor sie auf das Gel geladen werden. Benutzen Sie einen Schwimmer, wenn Sie die Proben im Wasserbad oder in einem Becherglas erhitzen. Im Notfall tut es auch ein Stück Styropor, in das Sie Löcher gestochen haben. Kühlen Sie die Proben nach dem Abkochen auf Eis. Halten Sie das Eppi gut fest, wenn Sie den Deckel öffnen; wenn noch Restdruck vorhanden ist, kann der Deckel aufspringen.

- Wenn Sie die Proben mit geschlossenem Eppideckel erhitzen, werden die Deckel aufspringen und das ganze Eppi kann dabei durch den Raum fliegen. Das kann auf verschiedene Arten verhindert werden: Sie können warten, bis die Proben kochen und dann vorsichtig die Deckel öffnen, um den Druck zu entlassen. Oder Sie stechen ein kleines Loch in jeden Deckel, das sollten Sie aber nicht mit radioaktiven Proben machen. Es gibt auch spezielle Ständer für das Kochen von Reaktionsgefäßen, bei denen ein Deckel auf die Eppis geklemmt wird, sodass sie nicht aufspringen können. Die beste Alternative sind jedoch spezielle Plastikklammern, die auf den Eppideckel gesteckt werden können und ihn am Eppi festklemmen.

 Standards/Marker

- Proteinmarker gibt es für niedrige und hohe Massenbereiche oder für den gesamten Bereich. Sie sind ungefärbt oder bereits vorgefärbt erhältlich. Gefärbte Marker sind sehr praktisch. Lagern Sie den Marker bei –20 °C, falls nichts anderes angegeben ist.

- „Regenbogen"-Marker sind sehr praktisch (und schön anzuschauen), weil jedes Protein eine andere Farbe hat. Sie sind natürlich teuer, aber es ist unglaublich einfach, den Verlauf der Elektrophorese zu verfolgen, wenn die einzelnen Banden bekannt sind.

- Die kovalente Verknüpfung des Farbstoffs an die Proteine bei vorgefärbten Markern führt zu Veränderungen der Molekülmasse. Für genaue Bestimmungen der Molekülmasse eines unbekannten Proteins benutzen Sie kalibrierte Standards.

- Biotinylierte Marker können für Nachweisverfahren mit Meerrettich-Peroxidase oder alkalischer Phosphatase auf Immunoblots benutzt werden. Andere Marker sind speziell für die Silberfärbung oder andere Färbungen ausgelegt.

- Die meisten Marker sind für denaturierende SDS-PAGE-Gele gedacht. Wenn Sie native (nicht-denaturierende) Gele benutzen, müssen Sie spezielle Marker dafür verwenden.

 Format

- Polyacrylamidgele werden immer zwischen zwei Glasplatten gegossen. Der Abstand zwischen den Platten wird durch die *spacer* bestimmt. Spacer gibt es in verschiedenen Dicken sowie dazu passende Kämme.

- Kontinuierlich oder diskontinuierlich? Ein kontinuierliches Gel besteht aus einem Trenngel und dem gleichen Puffer an Anode und Kathode. Ein diskontinuierliches Gel besteht aus zwei Teilen: einem Sammelgel (mit großen Poren), das auf einem Trenngel aufgelagert ist. Trenn- und Sammelgel haben verschiedene pH-Werte. Die Auflösung in diskontinuierlichen Gelen ist üblicherweise wesentlich besser.

- Für eine noch genauere Analyse von Proteinproben werden zweidimensionale (2D-) Gele benutzt. Darin werden die Proben zweimal getrennt, zuerst in der ersten, dann in der zweiten Dimension. Die erste Dimension besteht aus einer isoelektrischen Fokussierung (IEF), die häufig als Röhrchengel gefahren wird und bei der die isoelektrischen Punkte (IEP) der Proteine bestimmt werden. Dieses Röhrchengel wird dann quer auf ein normales Plattengel aufgelegt und die Proteine werden in der zweiten Dimension nach der Größe getrennt.

- Röhrchengele oder Plattengele? Röhrchengele waren früher der Standard, heute werden sie nur noch als erste Dimension bei 2D-Gelen benutzt.

 Das Gel

- Die Acrylamidstocklösung für Proteingele besteht normalerweise aus einer 38:1-Mischung von Acrylamid zu Bisacrylamid. Die eingesetzte Menge dieser Mischung variiert, je nachdem, welche Konzentration das Gel haben soll.

- Gradientengele oder nicht? Normale Trenngele haben durchgehend eine einzige Acrylamidkonzentration und ergeben die beste Trennung einer Proteinbande von den

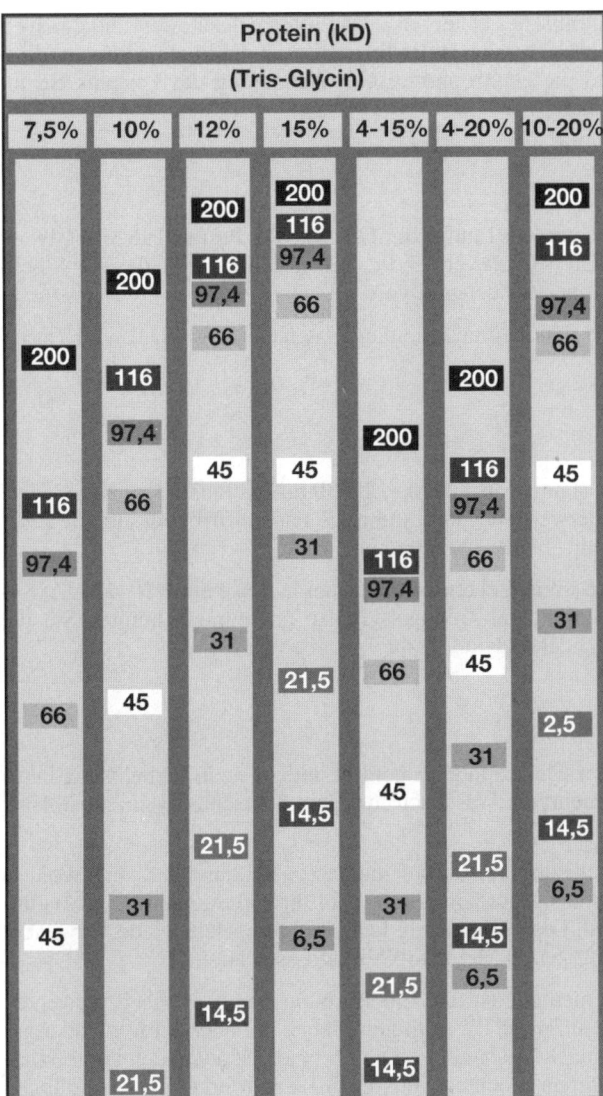

Abb. 15.4: Protein-Molekülmassenstandards. Es sind die Positionen von 200, 116, 97,4, 66, 45, 21,5, 14,5 und 6,5 kDa großen Proteinen dargestellt, nach Elektrophorese durch Gele mit verschiedenen Acrylamidkonzentrationen und unter Verwendung eines Tris-Glycin Puffers. (Nachgezeichnet mit Genehmigung von © BioRad Laboratories, Herkules, Kalifornien)

umgebenden Banden. Benutzen Sie ein normales Trenngel, wenn Sie zwei dicht beieinander liegende Banden trennen wollen. Gradientengele werden benutzt, wenn Sie eine gleichzeitige Auflösung von großen und kleinen Banden auf einem Gel brauchen.

- Denaturierende oder native Gele? Da Proteine amphotere Moleküle sind (d.h. sie haben sowohl positive als auch negative Ladungen), hängt ihre Nettoladung vom pH-Wert der Lösung ab, in der sie vorliegen. Abhängig vom pK_S des Proteins und dem pH-Wert des Mediums wird ein gegebenes Protein von der Kathode oder der Anode angezogen. Daher ist die elektrophoretische Trennung von Proteinen unter nativen Bedingungen sowohl von der Größe als auch der Ladung des Proteins abhängig. Unter denaturierenden Bedingungen wird die Trennung nur von der Größe bestimmt (siehe SDS-PAGE).

- SDS-PAGE. SDS ist ein anionisches Detergens, das Proteine denaturiert und ihnen eine negative Ladung verleiht. Unter diesen Bedingungen ist die Eigenladung der Proteine vernachlässigbar und die elektrophoretische Wanderung des Proteins ist nur noch von dessen Größe abhängig.

 ## Puffer

- Für die meisten Proteingele wird als Laufpuffer Glycin-SDS-Puffer (196 mM Glycin, 0,1% SDS, 50 mM Tris-HCl, pH 8,3) verwendet. Setzen Sie 2 Liter einer 10× Stocklösung an, die bei Raumtemperatur gelagert wird.

- Für die Elektrophorese von Peptiden und kleinen Proteinen (2–80 kDa) wird Tricin-Puffer verwendet.

 ## Strom

- Proteingele werden bei konstanter Stromstärke, 25–30 mA, gefahren (ca. 200 V). Die Elektrophorese wird üblicherweise beendet, wenn die Farbstofffront das untere Ende des Gels erreicht oder gerade eben ausgelaufen ist.

- Lassen Sie die Proteine im Sammelgel etwas langsamer laufen, bei ca. 10–15 mA. Sobald die Proben an der Sammelgel-Trenngel-Grenze ankommen, können Sie die Stromstärke auf 25–30 mA hochdrehen.

 ## Färbung

- Proteingele werden nach der Elektrophorese gefärbt, indem sie in Färbelösung inkubiert werden, gefolgt von mehreren Waschschritten, um überschüssigen Farbstoff zu entfernen.

- Die gebräuchlichste Färbelösung ist 0,2% Coomassie-Brilliantblau, angesetzt in 45:45:10 Methanol:Wasser:Essigsäure, in der das Gel für 2–3 Stunden bei 37 °C unter Schütteln inkubiert wird. Die Färbelösung kann mehrere Male wiederverwendet werden. Entfärbt wird mit 25:65:10 Methanol:Wasser:Essigsäure.

- Eine empfindlichere Färbemethode ist die Silberfärbung, die bei Proben verwendet wird, in denen die Proteine aufgrund der geringen Menge nur noch schwach oder gar nicht mehr mit Coomassie nachweisbar sind. Die Methode ist aber auch komplizierter. Wenn Sie Gele silberfärben möchten, müssen Sie den Marker auch verdünnen (mindestens 1:10)!

15.4 Transfer auf Membranen (Blotting)

Das Gel ist eine dicke und zerbrechliche Matrix, die es schwer macht, mit dem Gel zu hantieren oder Inkubationen durchzuführen. Wenn mit den Proben z.B. Hybridisierungen durchgeführt werden sollen, werden sie daher aus dem Gel auf ein Stück Nitrocellulosefilter oder Nylonmembran übertragen. Das wird als Transfer (oder auch Blotting) bezeichnet.

Wenn die Proben übertragen sind, kann die Membran mit einer Sonde inkubiert werden, um zu schauen, ob die Sonde mit einem Teil der Probe hybridisiert. Die Sonde ist radioaktiv oder mit anderen Indikatoren markiert, sodass sie leicht nachgewiesen werden kann.

Der erste Blot, der benutzt wurde, um bestimmte DNA-Abschnitte zu detektieren, die vorher durch Gelelektrophorese getrennt und dann auf Nitrocellulose übertragen worden waren, wurde von einem Mann namens Southern durchgeführt. Daher wurde diese Art des Blottings als Southern-Blot bezeichnet. Als später andere Moleküle geblottet und nachgewiesen wurden, wurden diese Methoden scherzhaft mit anderen Himmelsrichtungen bezeichnet.

Box 15.3: Blots

Southern-Blot: DNA auf der Membran wird mit einer DNA-Sonde nachgewiesen.

Northern-Blot: RNA auf der Membran wird mit einer RNA- oder DNA-Sonde nachgewiesen.

Western-Blot: Protein auf der Membran wird mit einem Antikörper nachgewiesen.

Dieses sind die gebräuchlichsten Bezeichnungen. Gelegentlich findet man noch:

South-Western-Blot: DNA auf der Membran wird mit einem Protein nachgewiesen.

Middle-Eastern-Blot: Poly(U)-derivatisiertes Papier wird mit mRNA beladen. ∎

Es gibt drei Methoden, um das biologische Material vom Gel auf die Membran zu transferieren:

- *Kapillartransfer*. Wird bei DNA und RNA benutzt.

- *Vakuumtransfer*. Auch für DNA und RNA.

- *Elektrophoretischer Transfer*. Meistens für Proteine, aber auch für DNA und RNA. Die dafür am häufigsten verwendeten Geräte nutzen Strom, um die Moleküle aus dem Gel in Richtung Anode auf die Membran zu bewegen. Es handelt sich dabei um trockene oder halbtrockene (*semi-dry*) Blot-Apparaturen, bei denen der Strom direkt durch in Puffer getränkte Filterpapiere übertragen wird, oder um Nassblot-Apparaturen, bei denen Gel und Membran in einer Kammer mit Transferpuffer eingetaucht sind. Dafür wird ein Netzgerät benötigt, das eine hohe Stromstärke erreicht.

 Membranen

- Die Membranen können Sie als zugeschnittene Stücke oder auf Rolle kaufen. Kaufen Sie die Rolle, es sei denn, alle im Labor benutzen immer die gleiche Größe.

- Tragen Sie immer Handschuhe, wenn Sie die Membran zurechtschneiden oder damit hantieren. Fett oder Öl von Ihren Fingern können den Transfer behindern.

- Nehmen Sie die Membran mit einer sauberen Pinzette mit flachen Enden (Briefmarkenpinzette) auf. Scharfe oder spitze Pinzetten können die Membran einreißen.

> Die Membran selbst ist auf beiden Seiten mit Papier abgedeckt. Verwechseln Sie nicht das Papier mit der Membran.

- Bei den Membranen können Sie prinzipiell zwischen Nylon (verschiedene Sorten) und Nitrocellulose (normal oder für die einfachere Handhabung mit Celluloseacetat verstärkt) wählen.

- Für Nucleinsäuren ist Nylon am besten geeignet. Es ist strapazierfähig, bindet Nucleinsäuren sehr gut und kann mehrere Male „gestrippt" (d.h. die Sonde entfernt) und wieder hybridisiert werden. Nylon weist häufig eine stärkere Hintergrundfärbung auf, daher muss eine höhere Konzentration der Blockinglösung während der Hybridisierung verwendet werden. Positiv geladene Nylonmembranen werden bevorzugt, wenn es um quantitative Nachweise geht, weil die Bindung darauf nicht von der Ionenstärke des Puffers abhängt. Nucleinsäuren können nicht elektrophoretisch auf Nylon-membranen übertragen werden.

- Für einige Proteine ist Nitrocellulose am besten geeignet, für andere Nylon. Nylon hat generell eine höhere Bindekapazität, aber es gibt einige Proteine, die trotzdem schlecht binden. Prinzipiell funktionieren beide Membranen, obwohl man im Labor entweder auf das eine oder das andere schwört. Richten Sie sich nach den Gebräuchen in Ihrem Labor. Wenn Sie Nitrocellulose nehmen müssen, nehmen Sie die verstärkte Nitrocellulose. Wenn Sie ganz neu anfangen, versuchen Sie eine PVDF (Polyvinyli-dendifluorid)-Nylonmembran wie Immobilon-P für Western-Blots.

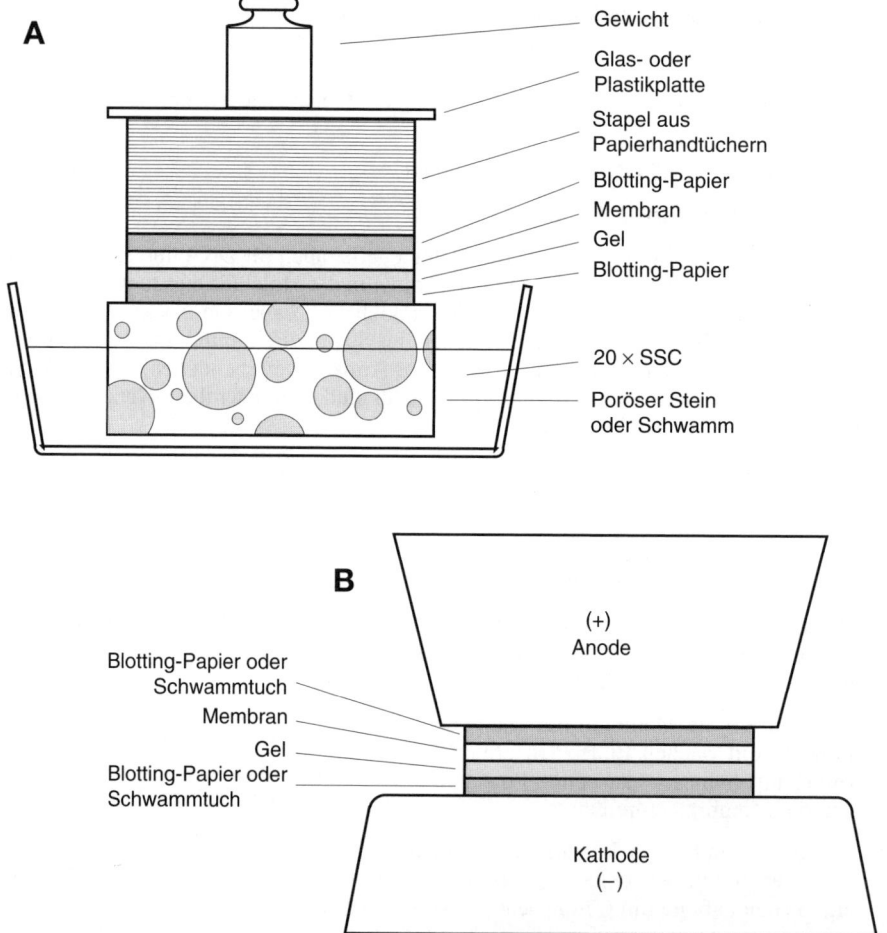

Abb. 15.5: (A) Kapillartransfer von Molekülen hängt von der Bewegung der Salzlösung ab, die aus dem Reservoir durch das Gel und die Membran in einen Stapel aus Papiertüchern gezogen wird und die RNA und DNA mit sich zieht. (B) Elektrophoretischer Transfer beruht auf der Bewegung der negativ geladenen RNA, DNA oder Proteine aus dem Gel auf die Membran in Richtung Anode. Beim nassen Blotten ist das gesamte System in einen Transfer-puffer getaucht, während beim halbtrockenen Blotten die Filter mit verschiedenen Anoden- und Kathodenpuffern befeuchtet sind, um einen Stromfluss zu ermöglichen.

- Die Vorschriften für Nitrocellulose und Nylon sind sehr unterschiedlich. Tatsächlich sind sogar die Vorschriften für verschiedene Nylonsorten sehr unterschiedlich, achten Sie also darauf, die Herstellervorschriften für Ihre bestimmte Membran zu befolgen.

- Machen Sie sich nicht zu viele Gedanken über die Porengröße. Standard ist 0,45 μm Porendurchmesser. Für spezielle Anwendungen sind kleinere Durchmesser erhältlich.

- Überprüfen Sie, ob der Transfer funktioniert hat. Ethidiumbromid-gefärbte DNA- oder RNA-Banden sind auch nach dem Transfer noch mit UV-Licht auf der Membran nachweisbar. Proteine auf Nitrocellulose- oder PVDF-Membranen können schnell und reversibel mit Ponceau-S angefärbt werden.

Nach dem Transfer: Nach dem Transfer kann die Membran im Blockingpuffer inkubiert und dann mit der markierten oder unmarkierten Sonde inkubiert werden (Kapitel 13). Einige Membranen dürfen zwischendurch nicht eintrocknen. Wenn Sie nach dem Transfer nicht direkt weitermachen können, schauen Sie in den Herstellerangaben nach, wie Sie die Membran zwischenzeitlich lagern können.

15.5 Quellen und Ressourcen

Brown T.A. 1994. *DNA sequencing. The basics*. IRL Press at Oxford University Press, New York.

Cseke L.J. et al. (Hrsg.) 2004. *Handbook of molecular and cellular methods in biology and medicine*, 2. Aufl. CRC Press, Boca Raton.

Darling D.C., Brickell P.M. 1994. *Nucleic acid blotting. The basics*. IRL Press at Oxford University Press, New York. http://www.cambrex.com/default.asp

Gershey E.L., Party E., Wilkerson A. 1991. *Laboratory safety in practice: A comprehensive compliance program and safety manual*. Van Nostrand Reinhold, New York.

Harlow E., Lane D. 1999. *Using antibodies. A laboratory manual*. Cold Spring Harbor Laboratory Press, Cold Spring Harbor, New York.

Immobilon-P transfer membrane user guide. 2000. Millipore Corporation. http://www.millipore.com

Kaufman P.B., Wu W., Kim D., Cseke L.J. 2002. *Handbook of molecular and cellular methods in biology and medicine*, 2. Aufl. CRC Press, Boca Raton, Florida.

Life Science Research Catalog 2004. Bio-Rad Laboratories, Hercules, California. http://www.bio-rad.com

Maniatis T., Fritsch E.F., Sambrook J. 1982. *Molecular cloning: A laboratory manual*, 1. Aufl. Cold Spring Harbor Laboratory Press, Cold Spring Harbor, New York.

Rybicki E., Purves M. 2003. SDS polyacrylamide gel electrophoresis. Dept. Microbiology, University of Cape Town. http://www.uct.ac.za/microbiology/sdpage.html

Sambrook J., Russell D. 2001. *Molecular cloning: A laboratory manual*, 3. Aufl. Cold Spring Harbor Laboratory Press, Cold Spring Harbor, New York.

Sambrook J., Fritsch E.F., Maniatis T. 1982. *Molecular cloning: A laboratory manual*, 2. Aufl. Cold Spring Harbor Laboratory Press, Cold Spring Harbor, New York.

Sigma Catalog. 2004. Sigma-Aldrich Corporation, St. Louis, Missouri.

Southern E.M. 1975. Detection of specific sequences among DNA fragments separated by gel electrophoresis. *J. Mol. Biol.* 98: 503–517.

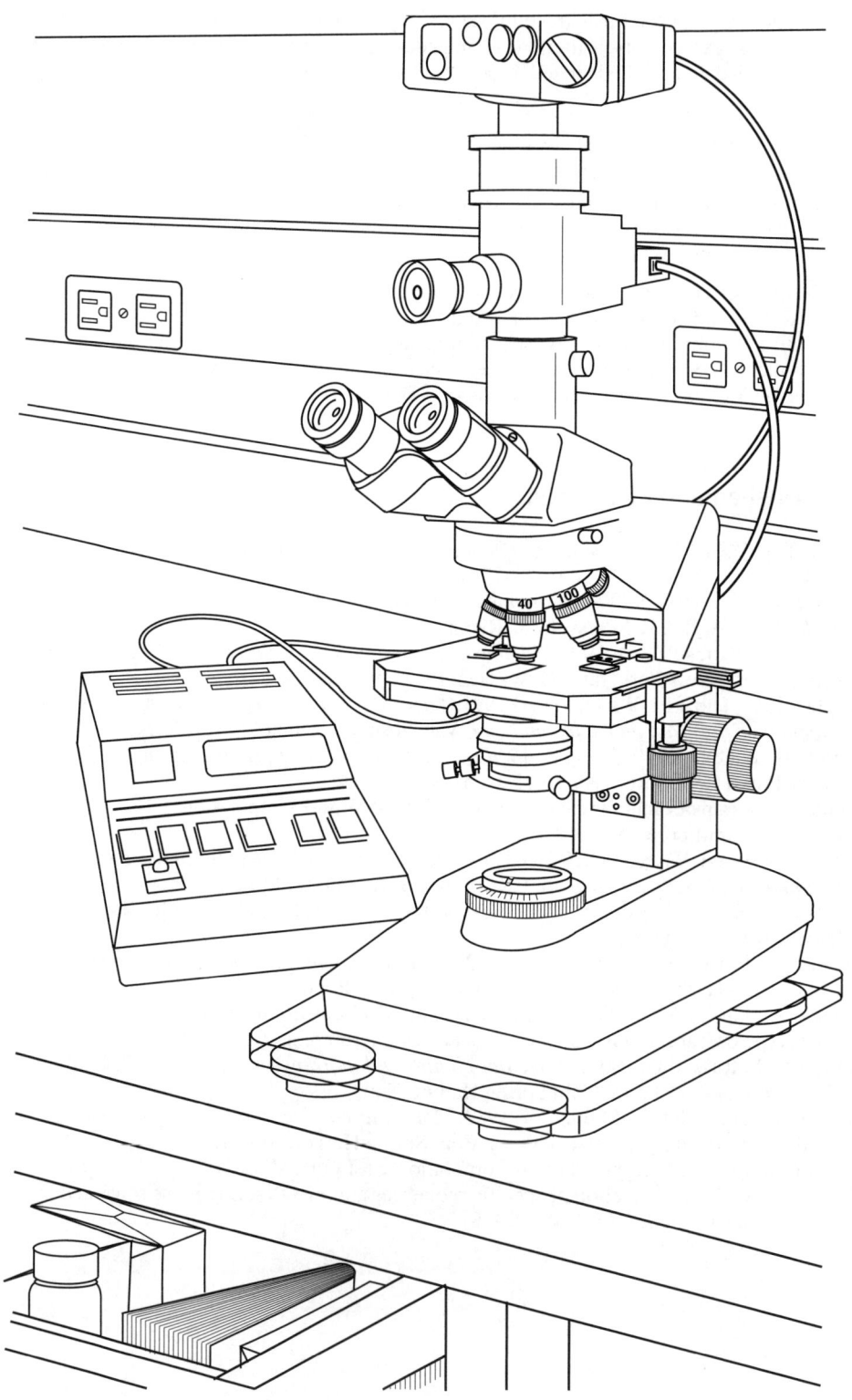

16 Mikroskopieren

Mikroskope sind die Hauptdarsteller im Labor, die für alles eingesetzt werden – vom Überprüfen der Sterilität von Kulturen bis hin zur Messung der Bewegung von Molekülen in der Zelle. Wegen der Vielzahl der möglichen Anwendungen und verschiedener Mikroskoptypen ist ein allgemeines Verständnis der Grundlagen des Mikroskopierens hilfreich. Viele Mikroskope werden gemeinsam mit anderen Wissenschaftlern benutzt, auch hierbei ist es hilfreich, wenn Sie die richtigen Begriffe kennen.

16.1 Grundlagen

Der Hauptzweck eines Mikroskops ist die Vergrößerung, eine scheinbare Zunahme der Größe eines Objekts. Das kann es. Viel wichtiger ist aber, dass ein Mikroskop *Auflösung* – der kleinste Abstand zwischen zwei Punkten, der noch wahrgenommen werden kann – bietet.

Die beiden Faktoren, die die Auflösung und die Vergrößerung bewirken, sind zum einen *Licht* und zum anderen *Linsen*, um das Licht zu manipulieren. Das Meiste am Mikroskop bildet nur einen Rahmen, um die über alles wichtigen Linsen zu halten. Die Qualität der Linsen beeinflusst die Qualität der Auflösung und die Vergrößerung in entgegengesetzter Weise. Die Auflösung ist aber nicht von der Vergrößerung abhängig, wie diese Formel zeigt:

$$\text{Auflösung} = 0{,}61 \times \frac{\text{Wellenlänge des Lichtes}}{\text{numerische Apertur}}$$

Die *numerische Apertur* (N.A.) ist ein Maß für die Lichtsammelkapazität der Linse, oder, eher technisch gesprochen, eine geometrische Berechnung des Winkels des Lichtes, das durch eine bestimmte Linse und durch das Medium zwischen Probe und der Front der Objektivlinse dringt. Jede Objektivlinse hat eine bestimmte numerische Apertur, die auf der Linse abgedruckt ist. Je höher diese Zahl ist, desto besser ist die Auflösung, die die Linse bietet.

Der *Brechungsindex* beschreibt, wie viel Licht eine Probe durchdringt und wie viel gebrochen wird. Ein höherer Brechungsindex bewirkt ein besseres „Lichtsammeln" der Linse und somit eine bessere Belichtung und Bildintensität. Öl hat einen wesentlich höheren Brechungsindex (1,5) als Luft (1,0), aber eine Verbesserung der numerischen Apertur durch Öl erfolgt nur dann, wenn die numerische Apertur der Linse größer als 1,0 ist.

> Die maximale Auflösung bei einem Lichtmikroskop beträgt 200 nm, wenn man Licht der kürzesten sichtbaren Wellenlänge (ca. 426 nm) und Immersionsöl verwendet.

Die Faktoren, die die Gesamtvergrößerung beeinflussen, sind einfacher. Die Gesamtvergrößerung ist einfach das Produkt von Objektiv- und Okularvergrößerung.

Damit ein Bild durch ein Mikroskop gesehen werden kann, muss es einen hohen Kontrast zum umgebenden Medium haben. Der Kontrast kann durch Veränderung der Lichtmenge und des Lichtwinkels verbessert werden. Dies wird durch die Kontrolle der Lichtintensität der Beleuchtungsquelle gesteuert, indem das Licht, das durch eine Kondensorlinse fällt, durch eine Blende oder Phasenringe verändert wird. Dafür können auch Filter verwendet werden, die über der Lichtquelle angebracht werden und Licht einer bestimmter Wellenlängen ausfiltern. Auch durch Färbung der Probe kann der Kontrast verbessert werden.

16.1.1 Verschiedene Mikroskopiermethoden

Linsen, Filter und Beleuchtung können so verändert werden, dass viele verschiedene Arten von Bildern vergrößert und aufgelöst werden. Die Methode, die Sie anwenden, wird durch die Art der Probe und die Darstellungsmöglichkeiten bestimmt, die Sie benötigen. Lassen Sie sich nicht durch die apparative Ausstattung vor Ort einschränken; in vielen Fällen kann durch das Hinzufügen einiger Komponenten das System verändert werden. Einige der häufigsten Mikroskopiermethoden sind :

Lichtmikroskopie

Hellfeldmikroskopie

Verwendung: Betrachtung lebender und fixierter Gewebe, Zellen und Mikroorganismen.

Vorteile: Immer vorhanden, einfach.

Funktionsweise: Hierbei handelt es sich um die Standard-Lichtmikroskopie, wobei das Mikroskop so eingestellt wird, dass es die maximale Beleuchtung ermöglicht (Köhler-Beleuchtung).

Erscheinung des Objekts: Graue oder dunkle Bilder vor weißem Hintergrund.

Wann gebraucht: Wenn Sie mit prokaryotischen oder eukaryotischen Organismen arbeiten.

Voraussetzungen: Jedes Lichtmikroskop mit mindestens 10×- und 40×-Objektivlinsen, einem 10×-Okular und einer Lichtquelle.

Dunkelfeldmikroskopie

Verwendung: Betrachtung von ungefärbten Nasspräparaten und Nachweis kleiner Strukturen durch reflektiertes und gebeugtes Licht.

Vorteile: Ungefärbte und kontrastschwache Proben können betrachtet werden.

Funktionsweise: Die Probe wird so beleuchtet, dass nur das von der Probe gebrochene Licht (und nicht das Hintergrundlicht) gesehen wird. Auf dem Hintergrund wird eine schwarze Fläche überblendet.

Erscheinung des Objekts: Helle, leuchtende Objekte vor einem dunklen Hintergrund.

Voraussetzungen: Lichtmikroskop mit Dunkelfeldblende. Die Blende wird in den Filterhalter unter dem Kondensor angebracht und leitet das Licht an der Blende vorbei zur Probe. Wenn Sie keine Dunkelfeldblende haben, kleben Sie eine Münze oder einen Pappkreis mit Klebeband in den Filter unter dem Kondensor. Stellen Sie den Kondensor so ein, dass das Licht als Kranz um die Münze oder den Kreis herum scheint. Bei starker Vergrößerung benötigen Sie ein spezielles Dunkelfeldobjektiv mit Iris und einen speziellen Dunkelfeldkondensor.

Phasenkontrastmikroskopie

Verwendung: Erzeugung von Kontrast in Nasspräparaten, ungefärbten und unbehandelten Proben.

Vorteile: Keine Fixierung oder Färbung notwendig, um die Probe zu sehen.

Funktionsweise: Verwendet zwei Lichtfilter (oder Ringe), die sich gegenseitig komplementieren. Der erste Filter blockiert sämtliches Licht außerhalb der Grenze, der zweite sämtliches Licht innerhalb der Grenze, spiegelbildlich zum ersten. So wird das gesamte direkte Licht abgeblendet und nur indirektes, gebrochenes und gebeugtes Licht gelangt zur Probe.

Erscheinung des Objekts: Viele dunkle und hellgraue Farben.

Voraussetzungen: Es werden zwei Filter benötigt, einer unterhalb des Kondensors und einer innerhalb des Objektivs.

 Differenzialinterferenzkontrast (DIC) nach Nomarski

Verwendung: Sichtbarmachen transparenter und innerer Strukturen.

Vorteile: Die Proben müssen nicht fixiert oder gefärbt werden, daher können auch lebende Gewebe und Zellen untersucht werden.

Funktionsweise: Die Phasenveränderungen des Lichts, die beim Durchdringen der Probe auftreten (das Licht dringt durch Regionen mit hohem Brechungsindex langsamer), werden in Amplitudenveränderungen umgesetzt, sodass ein stärkerer Kontrast erreicht wird.

Erscheinung des Objekts: Das Objekt erscheint dreidimensional.

Voraussetzungen: Spezielle Objektivlinsen.

 Fluoreszenzmikroskopie

Verwendung: Bestimmte Bestandteile der Zellen oder Bakterien werden markiert und sichtbar gemacht.

Vorteile: Es können Bestandteile von Zellen oder Organen sichtbar gemacht werden, die unter normalem Licht nicht sichtbar sind.

Funktionsweise: Die Proben werden mit einem oder mehreren Fluoreszenzfarbstoffen markiert. Die Anregungswellenlänge und die Wellenlänge des abgestrahlten Lichts werden durch spezielle Filter bestimmt, sodass Farbe und Kontrast entstehen.

Erscheinung des Objekts: Helle Farben, üblicherweise vor dunklem Hintergrund.

Voraussetzungen: Eine Lichtquelle zur Anregung, optische Filter, angepasst an die Fluoreszenz des bestimmten Farbstoffs, und, idealerweise, spezielle Objektivlinsen.

 Inversmikroskopie

Verwendung: Überprüfung der Morphologie lebender Zellen in Zellkulturflaschen oder Petrischalen. *In situ*-Färbungen adhärenter Zellen in Schalen.

Vorteile: Großer Abstand zur Probe möglich.

Funktionsweise: Ähnlich wie ein normales Lichtmikroskop, aber der Kondensor ist über dem Objektiv angeordnet, sodass viel Platz für Zellkulturflaschen und Petrischalen ist.

Erscheinung des Objekts: Hell- und dunkelgraue Töne.

Wann gebraucht: Unverzichtbar beim Arbeiten mit Zellkulturen.

Voraussetzungen: Inversmikroskop. Für einen guten Kontrast benötigen Sie spezielle Kondensoren und Objektive, die für den großen Abstand zur Probe ausgelegt sind. Zur Entdeckung von Kontaminationen brauchen Sie auch ein 40× oder noch stärkeres Objektiv.

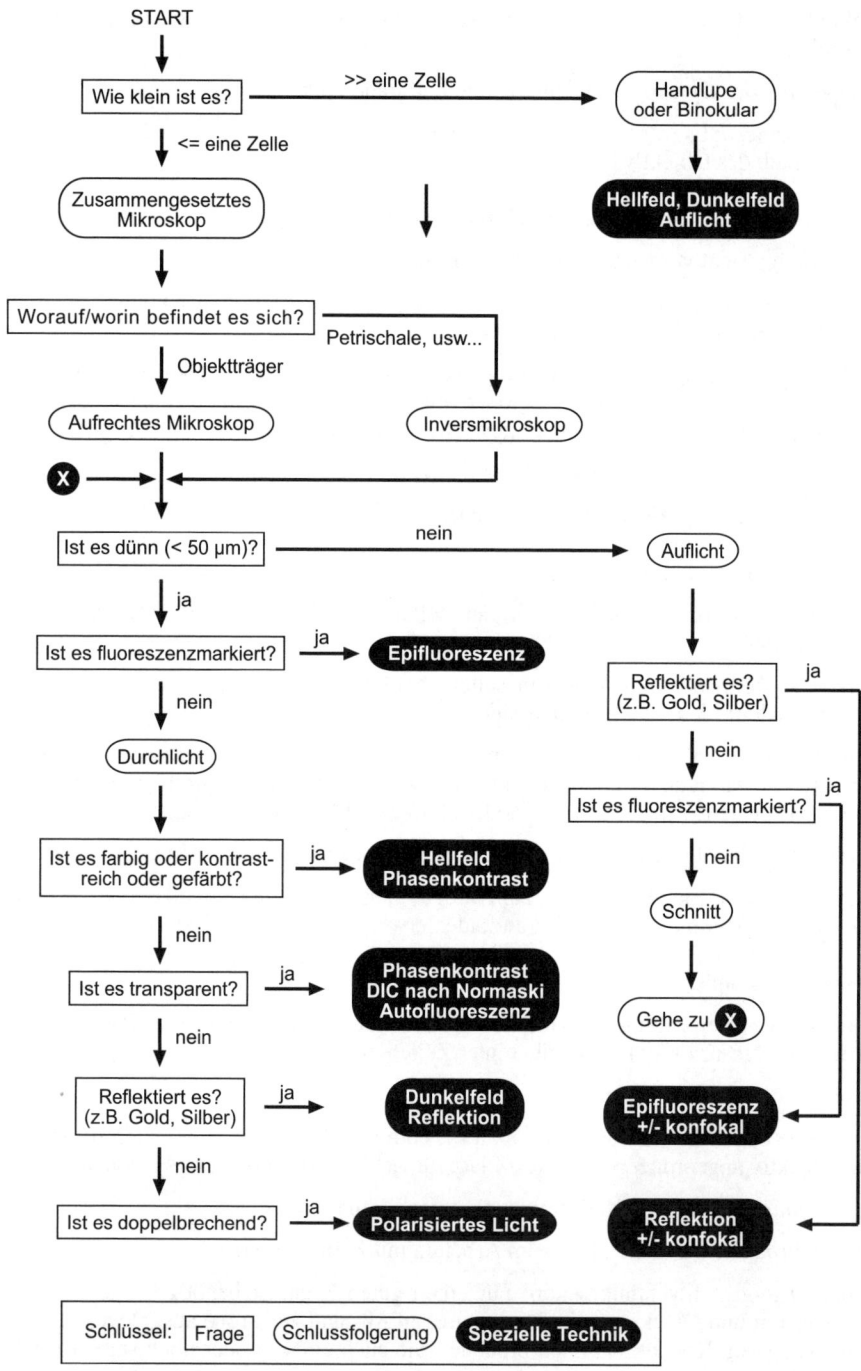

START

Wie klein ist es? ── >> eine Zelle ──▶ Handlupe oder Binokular

│ <= eine Zelle

Zusammengesetztes Mikroskop

Hellfeld, Dunkelfeld Auflicht

Worauf/worin befindet es sich?

Objektträger │   Petrischale, usw...

Aufrechtes Mikroskop   Inversmikroskop

Ⓧ ──▶

Ist es dünn (< 50 μm)? ── nein ──▶ Auflicht

│ ja

Ist es fluoreszenzmarkiert? ── ja ──▶ Epifluoreszenz

│ nein

Durchlicht

Ist es farbig oder kontrastreich oder gefärbt? ── ja ──▶ Hellfeld Phasenkontrast

│ nein

Ist es transparent? ── ja ──▶ Phasenkontrast DIC nach Normaski Autofluoreszenz

│ nein

Reflektiert es? (z.B. Gold, Silber) ── ja ──▶ Dunkelfeld Reflektion

│ nein

Ist es doppelbrechend? ── ja ──▶ Polarisiertes Licht

Reflektiert es? (z.B. Gold, Silber) ── ja

│ nein

Ist es fluoreszenzmarkiert? ── ja

│ nein

Schnitt

Gehe zu Ⓧ

Epifluoreszenz +/- konfokal

Reflektion +/- konfokal

Schlüssel: │Frage│ (Schlussfolgerung) ⬤ Spezielle Technik

Abb. 16.1: Flussdiagramm zur Auswahl einer geeigneten Mikroskopiermethode. (Nachgezeichnet mit Genehmigung von Rubbi 1994, © John Wiley & Söhne)

Konfokale Laser-Scanning-Mikroskopie

Verwendung: Bestimmung der Lokalisation von Strukturen innerhalb der Zelle oder Untersuchung bestimmter Zellen innerhalb eines Gewebes. Drei- und vierdimensionale Rekonstruktionen.

Vorteile: Die flache Betrachtungsebene beseitigt Störsignale von Objekten, die außerhalb des Fokus liegen. So wird der Hintergrund reduziert, insbesondere in dicken Schnitten.

Funktionsweise: Eine mit Fluoreszenzfarbstoffen markierte Probe wird von einem Laser gescannt. Ein paar sehr kleine Öffnungen reduzieren die Fokusebene auf einen sehr kleinen Bereich. Mehrere Bilder aus verschiedenen Ebenen können zu einem dreidimensionalen Bild zusammengefasst werden.

Erscheinung des Objekts: Ähnlich wie bei der normalen Fluoreszenzmikroskopie, mit höherer Auflösung.

Wann gebraucht: Kolokalisationsstudien bei komplexen Hintergründen. Zum Beispiel die Kolokalisation eines Bakteriums innerhalb einer Zelle.

Voraussetzungen: Konfokales Lasermikroskop, Software, Computer.

Box 16.1: Lichtmikroskopie jenseits des Beugungslimits: Super-Resolution-Mikroskopie

Der deutsche Wissenschaftler Ernst Abbe veröffentlichte 1873 eine Formel, die die Auflösungsgrenze in der Mikroskopie festlegt:

$$d = \frac{\lambda}{2\,n\,sin\alpha}$$

Daraus folgt, dass die Auflösungsgrenze in der Lichtmikroskopie bei ca. 200 nm liegt. Obwohl diese Formel natürlich immer noch Gültigkeit besitzt, wurden in neuerer Zeit verschiedene Mikroskope entwickelt, die eine Auflösung von deutlich unter 200 nm ermöglichen. Dazu zwei Beispiele:

Bei der STED-Mikroskopie (*stimulated emission depletion*) wird ein fluoreszenzmarkiertes Molekül angeregt und erzeugt einen Lichtfleck von minimal 200 nm. Dann wird ein ringförmiger Lichtstrahl um den Lichtfleck angelegt, der mit einer Wellenlänge strahlt, die das angeregte Fluoreszenzmolekül abregt. Je stärker das Licht in diesem Ring ist, desto kleiner wird das Loch des Ringes, in dem noch Fluoreszenz erzeugt wird. Zur Erstellung eines Bildes muss das Objekt also gescannt werden (also Punkt für Punkt aufgenommen). Standardmäßig können zur Zeit Auflösungen von 50-70 nm erreicht werden.

PALM- (*photoactivated localization microscopy*) oder STORM- (*stochastic optical reconstruction microscopy*) Mikroskope verwenden spezielle Fluoreszenzverbindungen (z.B. besonderer GFP-Varianten), die durch Bestrahlung mit einer bestimmten Wellenlänge erst aktiviert werden müssen, bevor sie zur Fluoreszenz angeregt werden können. Die Bedingungen werden so eingestellt, dass durch einen Aktivierungsblitz nur wenige Moleküle „angeschaltet" werden, sodass keine zwei Moleküle, die innerhalb der klassischen Auflösungsdistanz nebeneinander liegen, aktiviert sind. Anschließend werden die aktivierten Moleküle zur Fluoreszenz angeregt. Dieser Prozess wird so lange wiederholt, bis alle Moleküle einmal angeregt worden sind. Die entstehenden Lichtflecken haben zwar wiederum einen Durchmesser von minimal 200 nm, aber da bekannt ist, dass das abgestrahlte Licht von jeweils einem einzigen Molekül stammt, kann man das Zentrum des Lichtflecks berechnen. Somit kann z.Z. eine Auflösung bis ca. 20 nm erreicht werden.

Elektronenmikroskopie

Bei der Elektronenmikroskopie werden Elektronen anstelle von Licht als Beleuchtungsquelle verwendet. Die Wellenlänge von Elektronen beträgt nur ca. 0,04 nm, was ungefähr 10 000 mal kürzer als die des sichtbaren Lichts ist. Aufgrund dieser kleinen Wellenlänge kann eine wesentlich stärkere Vergrößerung und Auflösung als bei der Lichtmikroskopie erreicht werden. Der Aufbau und die Theorie der Vergrößerung sind für Licht- und Elektronenmikroskope ähnlich, aber die Technik ist unterschiedlich. Eine Elektronenquelle erzeugt Elektronen, die durch ein Vakuum wandern. Anstelle von Glaslinsen werden Elektromagneten benutzt, um den Elektronenstrahl zu bündeln. Glaslinsen werden nur benutzt, um das Bild zu vergrößern.

Die Herstellung der Proben ist kompliziert und die Elektronenmikroskopie ist üblicherweise in einem speziellen Labor untergebracht oder wird in einer zentralen Einrichtung durchgeführt.

Transmissions-Elektronenmikroskopie (TEM)

Verwendung: Sehr nahe Betrachtung interner Strukturen.

Vorteile: Sehr gute Auflösung. Kann mit immunhistochemischen Färbungen kombiniert werden, um Lokalisationsstudien durchzuführen.

Funktionsweise: Ein Wolframfilament erzeugt Elektronen, die durch Elektromagneten auf eine fixierte, sektionierte und gefärbte Probe fokussiert werden. Das Bild wird auf einem Film oder einem phosphoreszierenden Schirm festgehalten. Immunelektronenmikroskopie kann durch Verwendung von Antikörpern, die mit Gold oder anderen Metallen markiert sind, durchgeführt werden.

Erscheinung des Objekts: Schwarz-weiße Querschnitte.

Voraussetzungen: Transmissions-Elektronenmikroskop.

Rasterelektronenmikroskopie (REM)

Verwendung: Sehr nahe Betrachtung äußerer Strukturen.

Vorteile: Sehr gute Auflösung, aber nicht so gut wie bei der Transmissions-Elektronenmikroskopie.

Funktionsweise: Die Probe wird mit einem fokussierten Elektronenstrahl bestrahlt, wobei Sekundärelektronen entstehen. Diese werden detektiert und auf einem Monitor dargestellt.

Erscheinung des Objekts: Dreidimensionale Außenansicht des Objekts.

Voraussetzungen: Rasterelektronenmikroskop.

16.2 Verwendung des Lichtmikroskops

Viele Leute benutzen das Mikroskop nur, um sich hin und wieder eine Probe anzuschauen und sie zu fotografieren. Einmal in der Woche lassen sie sich auf den Stuhl vor dem Mikroskop plumpsen, gucken auf ihre Probe, reinigen flüchtig die Linsen und verschwinden wieder. Selbst wenn es eine Person im Labor gibt, die für das Mikroskop verantwortlich ist, ist es sehr unwahrscheinlich, dass sonst keiner irgendetwas am Mikroskop verändern darf. Darum sollten Sie (neben der grundsätzlichen Bedienung) wissen, wie die Linsen und Lampen ausgerichtet werden, um eine maximale Ausleuchtung zu erhalten, wie man die Linsen reinigt und wie man die Lampe auswechselt.

Es lohnt sich auf jeden Fall, sich mit dem Mikroskop auszukennen. Sie können damit Ihre Zellen und Bakterien auf Kontaminationen untersuchen, was selbst dann essenziell ist, wenn *E. coli* der einzige Organismus ist, den Sie kennen. Es ist unverzichtbar für morphologische und funktionale Studien.

16.2.1 Regeln

- **Fragen Sie den „Mikroskopverantwortlichen"**, ob Sie das Mikroskop benutzen dürfen. Selbst wenn Sie schon geschickt mit dem Mikroskop umgehen können, ist es eine gute Idee, sich vom Verantwortlichen zeigen zu lassen, wie das Mikroskop bedient wird, welches die speziellen Laborregeln für die Benutzung und Pflege sind, wo das Zubehör liegt und welches die Grundeinstellungen des Mikroskops sind.

- **Halten Sie die Arbeitsfläche penibel sauber.** Bringen Sie kein Essen, Kaffee oder Kulturen in die Nähe des Mikroskops. Bereiten Sie niemals Ihre Proben und Färbungen in der Nähe des Mikroskops vor.

- **Wenn es eine Reservierungsliste gibt, tragen Sie sich jedes Mal ein.** Vergessen Sie nicht, sich wieder auszutragen. Gerade bei Fluoreszenz- und Elektronenmikroskopen ist eine Dokumentation der Benutzung wichtig, weil Lampen und Filamente nur eine begrenzte Lebenszeit haben, die so besser abgeschätzt werden kann.

- **Spielen Sie nicht an den Knöpfen herum.** Dadurch wird das Mikroskop verstellt. Wenn Sie nicht gerade das Mikroskop justieren, lassen Sie alle Knöpfe so wie sie sind, mit Ausnahme des Fokus!

- Wenn Sie fertig sind, **bringen Sie das Mikroskop wieder in den ursprünglichen Zustand.** Entfernen Sie zusätzliche Linsen, Mikrometer und alles, was den nächsten Nutzer daran hindern könnte, mit Standardeinstellungen zu arbeiten.

- **Schalten Sie das Mikroskop** nach Benutzung **aus.**

- **Reinigen Sie Öl-Immersionslinsen** bei jeder Benutzung (siehe unten).

- **Decken Sie das Mikroskop** nach jeder Benutzung oder abends **zu**, je nachdem, wie es bei Ihnen Sitte ist.

Ausnahmen zu der „Ausschaltregel" können z.B. bei der Fluoreszenzmikroskopie auftreten, wenn der nächste Nutzer schon wartet (An- und Ausschalten der Lampen verkürzen deren Lebensdauer), Elektronenmikroskopie (üblicherweise wird der Elektronenstrahl zwischen den Nutzungen nur heruntergefahren aber nicht ausgeschaltet) und konfokale Mikroskope.

Nehmen Sie keine normalen Zellstoff- oder Papierhandtücher (z.B. Kimwipes), um die Linsen zu reinigen! Sie könnten die Linse zerkratzen. Benutzen Sie nur spezielles Linsenreinigungspapier.

16.2.2 Bestandteile und Benutzung des Lichtmikroskops

Die Kenntnis der verschiedenen Bauteile des Lichtmikroskops und deren Funktionen ist wichtig für die richtige Bedienung und somit Voraussetzung für die optimale Beobachtung Ihrer Zellen, die Dokumentation Ihrer Experimente und die Veröffentlichung Ihrer Daten. Je mehr Sie wissen, desto mehr sehen Sie und desto besser können Sie das, was Sie sehen, fotografieren.

- **Beleuchtung.** Halogenlicht ist sehr hell und hat eine hohe Farbtemperatur, d.h. dass das abgestrahlte Licht sehr weiß erscheint. Halogenlicht ist das beste Mikroskopierlicht. Wolframlicht hat eine niedrigere Farbtemperatur und ist daher eher gelblich. Es ist aber auch billiger als Halogenlicht.

- **Wechseln der Lampe.** Die einzige Regel ist darauf zu achten, *dass eine Ersatzbirne vorhanden ist*, wenn Sie sie brauchen! Auch wenn Sie nicht für das Mikroskop verantwortlich sind, können Sie ganz schön in der Patsche sitzen, wenn die Birne mitten in einer Fotoserie durchbrennt. Wenn keine Ersatzbirnen vorhanden sind, bestellen Sie sofort zwei Stück (bei mehr als zwei Birnen fangen andere Labore an, sich einfach mal eine von Ihren „auszuleihen", wenn deren Birne durchgebrannt ist). Schlagen Sie im Handbuch nach, welche Birne Sie brauchen oder schrauben Sie die Lampenhalterung auf und schauen Sie auf die Angaben auf der Birne.

- **Objektivlinsen.** Jede Objektivlinse enthält die Angabe der numerischen Apertur (je höher, desto besser die Auflösung), den Typ und die Vergrößerung.

  CF Achromat, CF Plan Achromat und CF Plan Apochromat sind die Bezeichnungen für die Linsentypen, in aufsteigender Qualitätsreihenfolge. CF Achromat-Linsen sind für allgemeine Beobachtungen geeignet, Auflösung und Kontrast wurden aber nur in der Linsenmitte gut korrigiert. CF Plan Achromat-Linsen sind auch an den Rändern korrigiert, sie eignen sich gut für Mikrofotografien. CF Plan Apochromat-Linsen wurden noch weiter bearbeitet, um die beste Farbreproduzierbarkeit und das flachste Sichtfeld zu erreichen, wodurch sie ideal für die Mikrofotografie und sehr nahe Beobachtungen geeignet sind.

  Phasenkontrastobjektive können auch für normale Beobachtungen eingesetzt werden. Sie haben ein Phasenplättchen in der hinteren Fokusebene angebracht, aber das meiste eingefangene Licht des Objektivs tritt gar nicht durch das Plättchen und ist für eine normale (Nicht-Phasenkontrast-)Beobachtung verwendbar, wobei nur geringe Einbußen der Bildqualität entstehen. Beobachtungen im Hellfeld sind damit üblicherweise OK.

- **Messungen.** Es gibt mehrere *mechanische Hilfsmittel*, die für die Vermessung von mikroskopischen Objekten genutzt werden können. *Kalibrierte Objektträger* wie z.B. ein Hämacytometer (Kapitel 10) oder eine Petroff-Hausser-Kammer (Kapitel 11) werden zwar normalerweise zum Zählen benutzt, aber die Gitter darauf können auch für die grobe Abschätzung der Objektgröße verwendet werden. *Okularmikrometer*, die anstelle des normalen Okulars in den Tubus eingesetzt werden, erlauben den Vergleich der Probe mit Gittern oder Kreisen bekannter Größe, die man durch das Okular sieht. Die Mikrometer im Okular werden natürlich nicht mitfotografiert. Wenn Sie eine sehr genaue Messung und/oder eine permanente Aufzeichnung der Probe benötigen, ist das *Objektmikrometer* das Werkzeug der Wahl.

Box 16.2: Größen typischer biologischer Objekte

Denken Sie immer an die Größe, wenn Sie auf eine Probe schauen, und versuchen Sie, ein Gefühl für die „richtige" Größe von Dingen zu entwickeln. Der Vergleich Ihrer Probe mit erinnerten Größen bekannter Proben hilft Ihnen sich zu vergewissern, dass alles so ist, wie es sein sollte.

Einige Größen typischer biologischer Proben:

- Prokaryotische Zelle (*E. coli*): 0,4 × 2 µm
- Bäckerhefe (*Saccharomyces cerevisiae*): 2–4 µm
- Rote Blutkörperchen (Mensch): 7,2 µm
- Eukaryotische Zellen in Gewebekultur: 10–100 µm
- Nucleus: 5–25 µm
- Mitochondrium: 1–10 µm
- Lysosomen und Peroxysomen: 0,2–0,5 µm

Sie können Ihre Brille auflassen, wenn Sie das Mikroskop benutzen. Die Brille ist aber eigentlich nur notwendig, wenn sie einen Astigmatismus korrigiert.

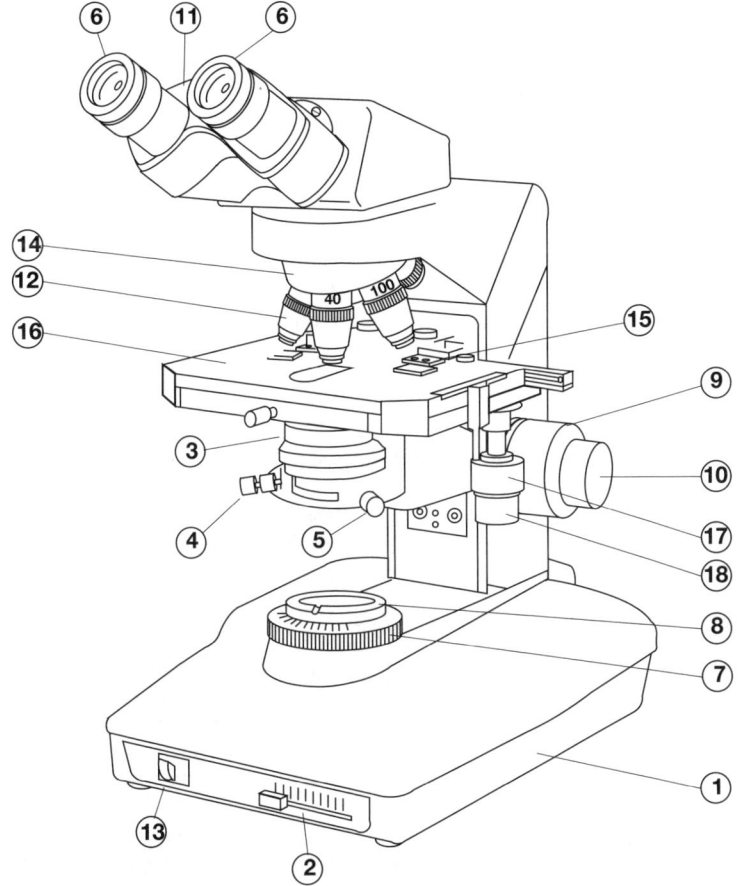

Abb. 16.2: Das Lichtmikroskop. (1) *Stativfuß*. Der stabile Boden des Mikroskops. (2) *Helligkeitsregler*. Reguliert die Lichtintensität. (3) *Kondensor*. Wird benutzt, um ein helles, gleichmäßiges Sichtfeld zu erhalten und die Auflösung, den Kontrast, die Tiefenschärfe und die Helligkeit zu beeinflussen. (4) *Kondensor-Aperturblende*. Die Aperturblende ist an die Kondensorlinse angefügt und wird verwendet, um das Streulicht zu vermindern, indem der Durchmesser des Lichtstrahls reduziert wird. Sie reguliert das Auflösungsvermögen, den Kontrast und die Tiefenschärfe. Wird die Öffnungsweite auf 70-80% der maximalen Öffnungsweite eingestellt, so reduziert sich die Auflösung und die Helligkeit, aber der Kontrast und die Tiefenschärfe erhöhen sich. (5) *Kondensorzentrierschraube*. Zentriert den Beleuchtungskondensor. (6) *Okular*. Enthält die Okularlinsen. (7) *Leuchtfeldblende*. Die Leuchtfeldblende wird benötigt, um den Beleuchtungsbereich zu reduzieren. Sie wird nicht für die Reduzierung der Lichtintensität eingesetzt. (8) *Kollektor*. Die Lichtquelle befindet sich direkt unter dem Kollektor. (9) *Koaxialer Grobtrieb*. Bewegen Sie das Rad von sich weg, um die Linsen zu senken, und zu sich hin, um die Linsen zu heben. (10) *Koaxialer Feintrieb*. Bewegen Sie das Rad von sich weg, um die Linse zu senken, und zu sich hin, um die Linsen zu heben. Wenn es zu weit nach unten gedreht wurde, drehen Sie es etwa eine halbe Umdrehung zu sich hin und fokussieren Sie erneut mit dem Grobtrieb. (11) *Augenabstandsanzeige*. Zeigt den Abstand zwischen den beiden Okularen an: Es wird so eingestellt, dass das rechte und das linke Sichtfeld zu einem verschmelzen. (12) *Objektivlinse*. Linse, die das primäre Bild darstellt, Von der Qualität der Objektivlinse hängt das Auflösungsvermögen des Mikroskops ab. (13) *An- und Ausschalter*. Schaltet das Licht an und aus. Schalten Sie es aus, wenn Sie das Mikroskop nicht benutzen. (14) *Objektivrevolver*. Objektive werden in den Objektivrevolver geschraubt. Öffnungen ohne Objektiv sollten mit einer Einschraubkappe verschlossen werden. Üblicherweise werden die Objektive so in den Objektrevolver eingeschraubt, dass sich die Vergrößerung beim Drehen im Uhrzeigersinn erhöht. (15) *Objektträgerhalter*. Hält den Objektträger perfekt fest, wenn er *im* Halter gefestigt wurde, nicht *auf* dem Halter. (16) *Objekttisch*. Bereich, auf dem die Probe während des Mikroskopierens sitzt. (17) *y-Achsen-Verstellung*. Drehung des Knopfes führt zur Verschiebung des Objekttisches nach links oder rechts.

Die Verwendung von Immersionsölen

Immersionsöle bedecken Immersionslinsen und Probe und bewirken dadurch einen Brechungsindex, der dem von Glas ähnelt. Für maximale Auflösung kann das Immersionsöl auch auf die Kondensorlinse gegeben werden, wo es die Unterseite des Objektträgers berühren kann. Das ist aber meistens nicht notwendig und sollte auch nicht zur Routine werden, weil es eine ziemlich schmierige Angelegenheit ist. Verwenden Sie niemals Mineralöl oder andere Öle. Allzweck-Immersionsöl gibt es als Typ A und Typ B. Typ-A-Immersionsöl hat eine geringere Viskosität und wird bevorzugt verwendet. In einigen Laboren wird Typ A mit Typ B gemischt. Für den alltäglichen Gebrauch macht das keinen Unterschied. Es gibt noch weitere Immersionsöle für spezielle Anwendungen, wie z.B. Niedrig-Fluoreszenz- und hochviskoses Immersionsöl. Geben Sie das Öl immer langsam zu, um Blasenbildung zu vermeiden.

„Beobachtung unter Immersionsöl" bedeutet, dass das Öl nur auf die Objektivlinse gegeben wird.

Vorschrift: Benutzung von Immersionsöl auf der Objektivlinse

1. Nachdem Sie den gewünschten Ausschnitt der Probe mit dem 40×-Objektiv lokalisiert haben, schwenken Sie das Objektiv zur Seite. Achten Sie darauf, niemals Öl auf das 40×-Objektiv zu bekommen!

2. Geben Sie einen sehr kleinen Tropfen Immersionsöl auf den beleuchteten Abschnitt des Objektträgers. Sie brauchen nur gerade so viel Öl, wie nötig ist, um Kontakt zwischen Probe und Linse herzustellen.

3. Schwenken Sie das Immersionsobjektiv ein.

4. Benutzen Sie den Feintrieb, um das Bild scharf zu stellen.

5. Nach Beendigung schwenken Sie das Immersionsobjektiv aus.

6. Reinigen Sie die Linse mit speziellen Reinigungstüchern.

> Zum Entfernen des Immersionsöls können auch organische Lösungsmittel wie Xylen oder Ether benutzt werden. Solche Lösungsmittel können aber auch Plastik auflösen und viele sind Gefahrstoffe; viele Labore benutzen sie daher nie, um Immersionsöl zu entfernen. Nutzer des Mikroskops wischen das Immersionsöl mit Reinigungstüchern ab und verlassen sich auf den Mikroskopverantwortlichen, dass er die Linsen während der routinemäßigen Pflege kontrolliert und reinigt.

Vorschrift: Benutzung von Immersionsöl auf der Kondensorlinse

1. Wenn Ihre Probe auf dem Objekttisch liegt, nehmen Sie sie herunter.

2. Geben Sie einen Tropfen Öl auf die oberste Linse des Kondensors und senken Sie ihn herunter, um an die Unterseite des Objektträgers zu gelangen.

3. Geben Sie einen Tropfen Öl auf die Unterseite des Objektträgers an die Stelle, die Sie beobachten wollen.

> Benutzen Sie ein hochviskoses Öl, um ein Herabtropfen zu verhindern.

4. Legen Sie den Objektträger auf den Objekttisch, mit dem Öltropfen in der Mitte des Lochs und klemmen Sie ihn fest.

5. Heben Sie den Kondensor wieder an, sodass die beiden Öltropfen sich berühren und bis der Kondensor ganz mit Öl bedeckt ist.

6. Geben Sie einen Öltropfen auf die Probe und fokussieren Sie das Objektiv.

7. Stellen Sie den Kondensor für die Köhlerbeleuchtung ein und betrachten Sie die Probe.

8. Wenn Sie fertig sind, senken Sie den Kondensor ab, bevor Sie den Objektträger entnehmen.

9. Reinigen Sie den Objekttisch und die Objektivlinse wie üblich, zusätzlich noch die Unterseite des Objekttisches und die Kondensorlinse. Nehmen Sie die Kondensorlinse zur Reinigung heraus. Entfernen Sie überschüssiges Öl mit dem speziellen Reinigungspapier, das Sie vorher mit Xylen oder einem anderen vom Hersteller empfohlenen Lösungsmittel angefeuchtet haben.

Reinigung des Mikroskops

- Entfernen Sie sichtbaren Staub mit einer weichen Bürste (Pinsel) oder mit Pressluft aus der Sprühdose. Die Leuchtfeldlinse ist üblicherweise sehr staubig.

- *Objektivlinse*. Flecken beseitigen Sie durch kreisende Bewegung mit speziellem Reinigungspapier für Linsen. Wenn Sie im Labor Xylen zur Reinigung des Mikroskops verwenden, feuchten Sie das Papier *leicht* damit an und reinigen Sie die Linse, nachdem Sie überschüssiges Öl mit trockenem Reinigungspapier entfernt haben.

- *Okular*. Die obere Linse im Okular wird durch Wimpern und Finger fettig. Wickeln Sie das spezielle Reinigungspapier um einen Finger und reiben Sie die Linse sauber. Um die Ränder der Linse zu reinigen, wickeln Sie das Papier um einen kleinen Holzstab und bewegen Sie ihn sanft am Rand der Linse entlang (viele Labore haben ein spezielles Mikroskopreinigungsset, dass tief in irgendeiner Schublade versteckt ist. Darin sind auch die dünnen Holzstäbchen).

- *Objekttisch*. Manchmal verschmiert Öl vom Objektträger den Objekttisch, aber die Lösungsmittel, die normalerweise für die Entfernung von Immersionsöl eingesetzt werden, können den Objekttisch beschädigen. Wischen Sie so viel von dem überschüssigen Öl mit trockenem Spezialpapier ab, wie Sie können, und reinigen Sie abschließend mit Spezialpapier, das sie leicht mit Alkohol angefeuchtet haben.

16.2.3 Einstellen der maximalen Ausleuchtung und Auflösung

Die nachfolgende Vorschrift stellt sicher, dass Sie ein gleichmäßig ausgeleuchtetes Blickfeld haben, vor dem die Details der Probe einfach erkennbar sind, und dass die Probe mit einem möglichst breiten Lichtkonus beleuchtet wird, um die maximale Auflösung feiner Details zu ermöglichen.

Diese Beleuchtungsmethode wurdem von dem Deutschen August Köhler 1893 erdacht; sie stellt die beste Annäherung an die ideale Beleuchtung dar und ist der akzeptierte Standard für die Einstellung des Lichtmikroskops. Jeder, der Lichtmikroskopie benutzt, sollte das „Köhlern" beherrschen.

Vorschrift: Köhlern des Mikroskops
(Mit Erlaubnis verändert nach Nikon Inc.)

1. Bereiten Sie das Okular vor:

   – Schalten Sie die Beleuchtung an und stellen Sie mit dem Helligkeitsregler ein angenehmes Licht ein.

   – Schwenken Sie das 10×-Objektiv in den Strahlengang.

   – Stellen Sie den Dioptrienring am Okular auf 0.

   – Stellen Sie den Abstand beider Okulartuben so ein, dass linkes und rechtes Bild zu einem verschmelzen.

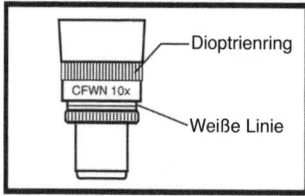

Abb. 16.3: Okularlinse. (Abgedruckt mit Genehmigung von © Nikon Inc.)

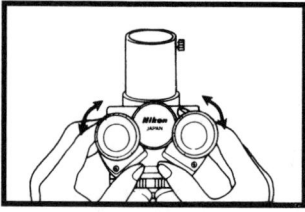

Abb. 16.4: Okular. (Abgedruckt mit Genehmigung von © Nikon Inc.)

2. Stellen Sie den Fokus für Ihre Augen ein:

   – Legen Sie eine Probe auf den Objekttisch.

   – Fokussieren Sie das 10×-Objektiv mit dem Grobtrieb, stellen Sie mit dem Feintrieb die bestmögliche Auflösung ein.

   – Schwenken Sie auf das 40×-Objektiv um, stellen Sie mit dem Feintrieb nach.

   – Wenn Sie ein 4×- oder 20×-Objektiv haben, fokussieren Sie damit und refokussieren Sie bei 40×.

   – Wählen Sie Ihr Arbeitsobjektiv.

3. Stellen Sie den Kondensor ein:

   – Schließen Sie die Leuchtfeldblende so weit wie möglich.

   – Stellen Sie mit dem Kondensortrieb den Kondensor so ein, dass Sie ein scharfes Bild der Leuchtfeldblende sehen.

   – Verschieben Sie das Leuchtfeldblendenbild mit Hilfe der Zentrierschrauben am Kondensor in die Mitte des Blickfelds.

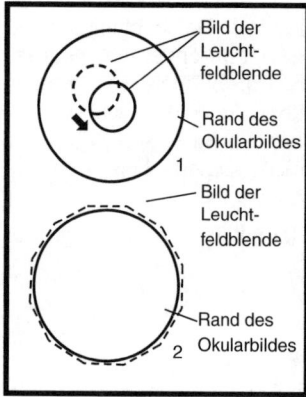

Abb. 16.5: Ansicht der Leuchtfeldblende. (Abgedruckt mit Genehmigung von Nikon Inc.)

- Die Leuchtfeldblende muss zentriert sein, bevor Sie sie so weit öffnen, dass sie gerade nicht mehr im Blickfeld zu sehen ist.

- Überprüfen Sie die Zentrierung für alle Objektive.

4. Zentrieren der Beleuchtung (bei neueren Mikroskopen mit vorzentrierten Beleuchtungssystemen nicht mehr notwendig):

- Zum Fokussieren und Zentrieren der Beleuchtung entfernen Sie den Lichtdiffusor.

- Schließen Sie die Aperturblende.

- Benutzen Sie einen Filter als Spiegel (z.B. den Blaufilter oder ND-Filter), um das Bild des Glühfadens auf der Unterseite des Kondensors zu betrachten (bei reflektierten Lichtsystemen entnehmen Sie ein Okular und betrachten das Bild auf der Rückseite des Objektivs).

- Fokussieren und zentrieren Sie das Bild des Glühfadens mit den Schrauben am Lampengehäuse.

- Stecken Sie den Lichtdiffusor wieder zurück.

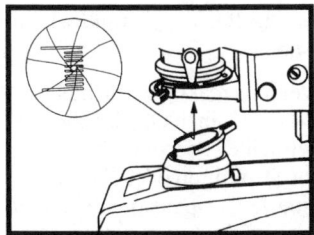

Abb. 16.6: Bild des Lampenfilaments. (Abgedruckt mit Genehmigung von © Nikon Inc.)

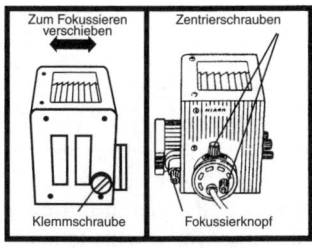

Abb. 16.7: Lampengehäuse. (Abgedruckt mit Genehmigung von © Nikon Inc.)

5. Einstellen von Kontrast und Tiefe:

- Nehmen Sie ein Okular aus dem Tubus. Schauen Sie durch den Tubus auf die Rückseite des Objektivs.

- Stellen Sie die Aperturblende so ein, dass ca. 70–80% des Pupillendurchmessers beleuchtet sind.

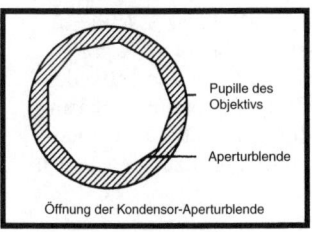

Abb. 16.8: Kondensor-Aperturblende. (Abgedruckt mit Genehmigung von Nikon Inc.)

Box 16.3: Schnellanleitung zum Mikroskopieren

Wenn das Mikroskop einmal richtig eingestellt ist, können Sie Ihre Proben schnell betrachten:

1. Entfernen Sie die Mikroskopabdeckung und legen Sie sie zur Seite.

2. Schalten Sie das Mikroskop an. Wenn Sie die Lichtintensität höher drehen, sollten Sie sehen können, wie das Licht angeht.

3. Schwenken Sie das Objektiv zur Seite.

4. Legen Sie den Objektträger auf den Objekttisch.

5. Fokussieren Sie mit dem 10×- oder 20×-Objektiv.

6. Wechseln Sie zu einem höherem Objektiv.

16.3 Objektträger und Färbungen

Sie sollten immer alle Geräte und Reagenzien griffbereit haben, die Ihnen eine mikroskopische Betrachtung der Organismen, mit denen Sie arbeiten, erlauben.

Zellen in Gewebekulturen können meistens *in situ* mit einem Inversmikroskop betrachtet werden. Bei anderen Kulturen muss eine Probe entnommen werden, die auf einen Objektträger gegeben wird. Die Probe wird dann entweder als Nasspräparat betrachtet oder vorher noch fixiert und gefärbt. Die Färbung dient der Sichtbarmachung innerer Strukturen oder chemischer Eigenschaften der Zellen oder Bakterien. Ein Nasspräparat ist eine Zellsuspension, die auf einen Objektträger gegeben und mit einem Deckglas abgedeckt wird. Die Zellen werden dann direkt, ohne Fixierung oder Färbung, betrachtet. Das ist eine schnelle und einfache Methode, um den Zustand oder die Dichte der Kultur zu verfolgen.

16.3.1 Vorschrift: Herstellen eines Zellausstrichs

Bevor man Zellen oder Bakterien fixieren und färben kann, muss zuerst eine Suspension der Zellen gleichmäßig auf einem Objektträger ausgestrichen werden. Sie können versuchen, einen Tropfen gut suspendierter Zellen auf einen Objektträger zu geben und diesen mit einer Impföse oder der Pipettenspitze auszustreichen. Aber es wird schwierig sein, so einen gleichmäßigen Ausstrich zu erhalten. Am besten geht es mit einer speziellen Zentrifuge, die die Probe gleichmäßig und flach auf dem Objektträger verteilt. Ein Ausstrich kann auch mit Hilfe eines zweiten Objektträgers durchgeführt werden.

Durchführung

1. Geben Sie einen Tropfen der Zell- oder Bakteriensuspension auf ein Ende eines Objektträgers. Der Ausstrich funktioniert am besten, wenn die Zellsuspension Serum enthält.

2. Nehmen Sie einen zweiten Objektträger und drücken Sie ihn mit der schmalen Kante in den Tropfen auf den ersten Objektträger. Lassen Sie den Tropfen an der Kante des zweiten Objektträgers entlanglaufen.

> Halten Sie sich im Kühlschrank ein Röhrchen mit abgelaufenem Serum in Reserve, das Sie für Ausstriche benutzen können. Resuspendieren Sie entweder ein Zellpellet in einem Serumtropfen oder geben Sie einen Tropfen Serum zur Zellsuspension.

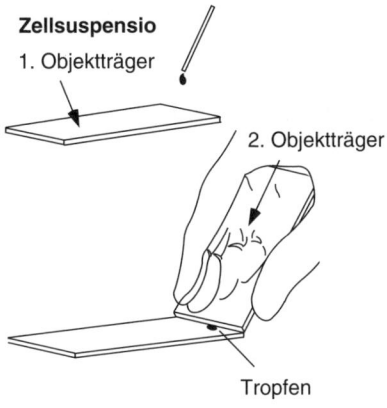

Zellsuspensio
1. Objektträger

2. Objektträger

Tropfen

Ausstrich

Abb. 16.9: Herstellung eines Ausstrichs mit einem Objektträger.
(Nachgezeichnet mit Genehmigung von Freshney 1994, © Wiley-Liss)

3. Schieben Sie den zweiten Objektträger im 45°-Winkel über den ersten hinweg.

4. Heben Sie den zweiten Objektträger ab und entsorgen Sie ihn. Lassen Sie den Ausstrich an der Luft trocknen, bevor Sie ihn fixieren und färben.

16.3.2 Vorschrift: Fixieren des Präparats

Viele Färbungen und Prozeduren benötigen spezielle Fixierungsmittel. Lösungsmittel wie Methanol können für die Fixierung von Zellen und Bakterien benutzt werden, genauso wie kreuzvernetzende Reagenzien, z.B. Glutaraldehyd und Paraformaldehyd. Wenn Ihnen keine anderen Angaben vorliegen, benutzen Sie Methanol.

Durchführung

1. Bedecken Sie die Probenfläche vollständig mit Methanol. Das geht am besten in einem kleinen Glas oder Becherglas. Wenn Sie kein passendes Gefäß haben, pipettieren Sie das Methanol auf den Objektträger. Benutzen Sie frisches, wasserfreies Methanol; Methanol absorbiert mit der Zeit Wasser aus der Luft, was die Färbung beeinflussen könnte.

2. Entfernen Sie das Methanol nach 5 Minuten.

3. Geben Sie frisches Methanol zu. Inkubieren Sie für weitere 5 Minuten und entfernen sie es dann wieder.

4. Trocknen Sie die Probe an der Luft.

16.3.3 Färbung des Präparats

• Die Färbung verleiht Ihren Proben Kontrast. Sie sollten mindestens eine Färbemethode etabliert haben, mit der Sie Ihre Proben kontrollieren können. Dabei sollte es sich um eine Färbung handeln, die Ihnen so viele Informationen wie möglich über Ihre Zellen oder das Experiment verrät. Es gibt Färbemethoden, die für bestimmte Organellen verwendet werden, für bestimmte Zelltypen oder die auf bestimmte chemische Substanzen reagieren.

- Für Bakterien ist ein Gram-Färbekit ideal, weil es gebrauchsfertig ist und mehrere Monate ausreicht und die Färbung selbst sehr schnell durchzuführen ist. Der Kristallviolett-Farbstoff bei der Gram-Färbung kann auch für Hefen verwendet werden, obwohl die Morphologie der Zellen nicht erhalten bleibt, wie es bei speziellen Hefefärbungen der Fall ist, die extra dazu ausgelegt sind, die feste Zellwand der Hefen zu durchdringen. Auromin färbt ebenfalls die meisten Bakterien an, wobei im Gegensatz zur Gram-Färbung die Bakterien nicht unterschiedlich gefärbt werden.

- Wrights-Färbung und Giemsa-Färbung werden benutzt, um zwischen unterschiedlichen Blutzellen zu unterscheiden; sie färben aber auch die meisten eukaryotischen Zellen und sind sehr einfach anzuwenden.

- Methylenblau färbt alles! Sie werden zwar keine Details in Zellen oder Bakterien ausmachen können, aber sie können sicher sein, dass Zellen da sind.

- Mit sogenannten Vitalfarbstoffen können lebende Zellen gefärbt werden, ohne dass diese (sichtbaren) Schaden nehmen.

16.4 Fotografieren

Daten müssen aufgezeichnet werden. Wenn Sie das Mikroskop nicht nur für die Routineanalyse der Morphologie und auf Kontamination Ihrer Zellkulturen benutzen, werden Sie das, was Sie sehen, wahrscheinlich dokumentieren müssen. Das Zählen oder Ausmessen einer Probe geht auf einem Foto (und/oder mit Hilfe eines Computers) auch viel einfacher als direkt am Mikroskop.

Digital oder Film?

Die meisten etablierten Labore haben eine Mischung zwischen traditioneller (Film) und digitaler Fotografierausstattung für ihre Mikroskope.

- Das Fotografieren auf **Film** verlangt Wissen über die verschiedenen Sorten von Filmen, über Filter, über die Zusammenhänge zwischen Linsenapertur, Verschlusszeiten und Leuchtfeld. Andererseits haben die meisten Labore gute Erfahrungswerte für die Art von Fotografien, die normalerweise durchgeführt werden. So kommt jedes Labormitglied auch ganz gut zurecht, ohne ein tieferes Verständnis der Materie zu haben. Die Auflösung, die ein Film bietet, ist exzellent. Die Startausstattung ist relativ billig, aber die Kosten für die Filmentwicklung summieren sich mit der Zeit.

- **Digitalfotografie** hat die Vorteile des einfachen Fotografierens, der Einfachheit der Bildveränderung und des einfachen Bildertransports. Der Aufbau einer digitalen Fotoausstattung gehört üblicherweise zu den Prioritäten in neuen Laboren. Die meisten digitalen Kameras funktionieren per „Druck und Klick" und es wird so gut wie keine oder gar keine fotografische Expertise verlangt. Digitalkameras werden häufig über Computer gesteuert. Durch die Digitalisierung eines Bildes, das man in einem optischen Mikroskop sieht, ist es viel einfacher, gewünschte Details des Bildes hervorzuheben, Information zu gewinnen oder das Bild zu modifizieren. So kann z.B. Hintergrundrauschen eliminiert werden. Ein weiterer Vorteil ist, dass man das Bild sofort ansehen kann. Die Ausstattung und Software, die für die digitale Mikroskopfotografie verwendet wird, ist häufig speziell an bestimmte Anwendungen angepasst.

Abb. 16.10: Ein für digitale Mikroskopie ausgestattetes Lichtmikroskop. (Nachgezeichnet mit Genehmigung von © Nikon Inc.)

16.4.1 Vorschrift: Fotografie auf Film

(Mit Erlaubnis verändert nach Nikon Inc.)

Durchführung

1. Vergewissern Sie sich, dass das Mikroskop für maximale Ausleuchtung und Auflösung eingestellt ist.

2. Einrichtung des optischen Suchers:

   – Die Kamera wird ohne Probe auf dem Objektivtisch auf das Fadenkreuz der Strichplatte fokussiert. Beginnen Sie, indem Sie Okular und Fokus langsam im Uhrzeigersinn drehen.

   – Schauen Sie kurz weg und prüfen Sie dann noch einmal, ob das Fadenkreuz scharf ist.

> Achten Sie auf Staub und anderen Dreck im optischen System, bevor Sie fotografieren. Das Mikroskop sollte auf einem schwingungsfreien Tisch aufgebaut sein. Berühren Sie beim Fotografieren nicht den Tisch.

3. Fokussieren Sie auf die Probe:

   – Legen Sie eine saubere Probe auf den Objektträger.

   – Fokussieren Sie auf die Probe.

   – Prüfen Sie noch einmal durch den optischen Sucher, ob das Bild scharf ist. Führen Sie die letzte Fokussierbewegung immer gegen die Schwerkraft durch.

4. Wählen Sie Spannung und Filter:

   Automatische Systeme: Stellen Sie nur den ASA-Wert ein. Einige Mikroskope verlangen noch nicht einmal das.

   Manuelle Systeme: Prüfen Sie in den Herstellerangaben, welcher Film und Filter und welche Spannung empfohlen wird.

5. Stellen Sie die Belichtungszeit ein:

   Automatische Systeme: Die Belichtungszeit wird abhängig vom ASA-Wert und der vorhandenen Belichtung bestimmt, während die Probe betrachtet wird. Wenn genügend lange belichtet wurde, schließt der Verschluss.

   Manuelle Systeme: Verwenden Sie mehrere Verschlusszeiten, weil die Proben stark im Verhältnis von dunkler Fläche und Licht variieren. Kompensieren Sie unterschiedliche Lichtverhältnisse: Bei Hellfeldaufnahmen wird die Belichtungszeit üblicherweise um $\pm$ $1/3$ verändert, bei Dunkelfeld- und Fluoreszenz-Aufnahmen zwischen -1 und -2 der Belichtungseinstellung. Benutzen Sie einen Belichtungsmesser, um die Belichtungszeit zu bestimmen. Bei der Ermittlung der richtigen Belichtungszeit kann Ihnen nur Ihre Erfahrung helfen.

6. Stellen Sie Apertur und Leuchtfeld ein:

   – Verschieben Sie die Aperturblende so, dass Sie mit Ihrer Probe das beste Ergebnis erzielen.

   – Schließen Sie die Aperturblende so weit, dass sie noch zu ca. 75% geöffnet ist. Wenn Sie sie noch weiter schließen, bekommen Sie zwar mehr Kontrast und Tiefe, aber auf Kosten der Auflösung.

   – Öffnen Sie die Leuchtfeldblende so weit, dass sie gerade außerhalb des Bildrahmens in der Strichplatte ist.

   – Überprüfen Sie die Einstellung noch einmal.

   – Drücken Sie den Auslöser.

16.4.2 Welcher Film soll benutzt werden?

Benutzen Sie Filme von Kodak. Es sind zuverlässige Filme, und Kodak bietet jede Menge technische Unterstützung an. Natürlich sollten Sie zuerst denjenigen fragen, der Ihnen das Mikroskop und die Fotoausrüstung erklärt, welchen Film er empfehlen würde. Bei älteren Systemen, bei denen die Beleuchtung noch relativ schwach ist und die keine automatische Expositionszeitbestimmung haben, ist die Bildqualität relativ stark vom ausgewählten Film abhängig, weil die hauptsächlichen Einstellmöglichkeiten bei diesen Systemen die Wahl des Filters und des Films sind. Heutzutage ist es viel einfacher geworden, das Bild, das man sieht, auf Film einzufangen, und Sie brauchen sich keine Gedanken über „Lichttemperaturen", Filter und wechselnde Belichtungszeiten zu machen.

35-mm-Film

Schwarz-Weiß

- Schwarz-Weiß-Filme können sowohl zum Fotografieren schwarz-weißer als auch farbiger Proben genommen werden. Sie sind billiger als Farbfilme und können die gleiche Information liefern. Wenn die Farbe des Objektes unwichtig für Ihre Aussage ist, benutzen Sie Schwarz-Weiß-Film.

- Kodak Technical Pan Film (TP). Ein kontrastreicher Film, gut für allgemeine und Interferenz- sowie Phasenkonstrast-Mikrofotografien geeignet.

- Kodak T-MAX 400 Professional Film (TMY). Schneller als TP, gut geeignet für schwach beleuchtete Objekte. Benutzen Sie diesen Film für Fluoreszenz- und Dunkelfeldmikrofotografie oder für die Mikrofotografie lebender Objekte.

Farbdiafilm

- Benutzen Sie Farbdiafilme für Abbildungen in Ihren Präsentationen und Seminaren.

- Kodak Ektachrome 64T Professional Film (EPY). Gut geeignet für allgemeine Fotografien bei Wolfram-Halogen- oder normalen Wolfram-Lampen. Sehr gut für Hellfeldaufnahmen gefärbter Gewebe.

- Kodak Ektachrome 160T Professional Film (EPT). Für Aufnahmen mit Wolfram-Beleuchtung.

- Kodak Ektachrome P1600 Professional Film (EPH). Für Aufnahmen bei Schwachlicht entwickelt. Benutzen Sie diesen Film bei einfach- oder doppelt fluoreszenzmarkierten Proben.

> Die Schnelligkeitseinstufung von Filmen wird in ISO oder, bei Kodak-Filmen, in EI angegeben. Je höher die Zahl ist, desto weniger Licht wird benötigt. Die meisten Filme haben Angaben in ISO. EI-Angaben werden dann gemacht, wenn die Standardbedingungen, unter denen die Belichtungszeiten getestet werden, nicht den wirklichen Anwendungsbedingungen entsprechen. Die Angaben in EI und ISO sind näherungsweise vergleichbar.

Farbfilm für Abzüge

- Abzüge sind üblicherweise nur für Publikationen sinnvoll. Abzüge können mit nur geringen Qualitätseinbußen auch von Dias hergestellt werden.

- Kodak Pro 100 Professional Film (PRN) (oder 400 bzw. 1000 bei Fotografien mit geringer Lichtstärke).

Filter

Filter werden benutzt, um die dem Film innewohnende Farbe zu verstärken oder leicht zu verändern. Die meisten Filtereffekte sind eine Frage des persönlichen Geschmacks.

- Neutrale Filter absorbieren Licht über das gesamte Wellenlängenspektrum des sichtbaren Lichtes. So wird die Lichtintensität insgesamt verringert, ohne dass die Farben verändert werden.

- Blaue Tageslichtfilter absorbieren etwas die gelben bis roten Anteile der Mikroskoplampe, sodass Licht besserer Farbzusammensetzung für Tageslichtfilme entsteht.

- Farbfilme für Wolframbeleuchtung benötigen normalerweise keine Filter.

> Für Farbtageslichtfilme sollte die Lampenspannung an die Spezifikationen und Farbbalance des Filmes angepasst werden.

- Ein Grünfilter erzeugt zusätzlichen Kontrast auf Schwarz-Weiß-Filmen. Er kann benutzt werden, wenn man ein Schwarz-Weiß-Bild einer gefärbten Probe aufnimmt.

Lagerung

Filme, insbesondere Profi-Filme, sollten unter 13 °C gelagert werden. Die Verpackung muss auf Raumtemperatur gebracht werden, bevor sie geöffnet wird. Filme können im Tiefkühlschrank gelagert werden, aber ein normaler Kühlschrank ist ideal, weil man nicht mehrere Stunden warten muss, bis der Film aufgewärmt ist.

Entwickeln

Obwohl Farbfilme fast immer zum Entwickeln eingeschickt werden, werden Schwarz-Weiß-Filme in vielen Laboren selbst entwickelt, und die Negative werden nur eingeschickt, wenn man Abzüge haben möchte. Das Entwickeln eines Films ist eine einfache Sache, aber weil Ungleichmäßigkeiten bei der Entwicklung ein Problem sein können, achten Sie darauf, dass Sie sich sorgfältig an die Vorschrift halten.

Ist Ihr Foto gut?

- Demonstriert es den wichtigen Punkt des Experiments?
- Dokumentiert es ein Problem oder einen Nebenaspekt des Experiments?
- Ist es hübsch? Ist es deutlich?

16.5 Fluoreszenzmikroskopie

Fluoreszenz ist eine Art Lumineszenz, bei der durch ein Molekül absorbiertes Licht anschließend für kurze Zeit wieder abgegeben wird. Die Wellenlänge der abgestrahlten (emittierten) Fluoreszenz ist üblicherweise länger als die des absorbierten (oder Anregungs-)Lichts, ein Phänomen, das als Stokes-Gesetz bekannt ist. Dieser Wellenlängenunterschied kann durch die Verwendung von Filtern, die selektiv Licht bestimmter Farben durchlassen, verstärkt werden. So kann ein starker Kontrast erreicht werden. Die Benutzung verschiedener Fluoreszenzfarbstoffe erlaubt es, unterschiedliche Moleküle in der gleichen Probe sichtbar zu machen.

 Anwendungen

- Fluoreszenzmikroskopie wurde früher hauptsächlich in der Immunfluoreszenz angewendet. Antikörper, die mit bestimmten Fluoreszenzfarbstoffen markiert sind, binden an ihr spezifisches Antigen, sodass das Vorhandensein, die Lokalisation und die Menge des Antigens angezeigt werden.

- Außer Antikörpern können auch andere Moleküle an Fluoreszenzfarbstoffe gekoppelt werden, wobei die Anwendung abhängig vom Molekül ist. Außerdem können lebende Zellen mit Fluoreszenzfarbstoffen beladen werden. Bei-

Immunfluoreszenz kann direkt oder indirekt durchgeführt werden. Bei der direkten Methode ist der Fluoreszenzfarbstoff an den spezifischen Antikörper gekoppelt, der für die Färbung des Präparats verwendet wird. Bei der indirekten Methode lässt man den spezifischen Antikörper an das Antigen binden und der gebundene Antikörper wird dann mit einem fluoreszenzmarkierten zweiten Antikörper nachgewiesen.

spiele für physiologische Prozesse, die mit Hilfe von speziellen Fluoreszenzfarbstoffen und Mikroskopie untersucht werden können, sind Änderungen des pH-Werts, der Calciumkonzentration und des Membranpotenzials und die laterale Beweglichkeit von Lipiden in Membranen.

- Die Proben können mit mehreren unterschiedlichen Fluoreszenzfarbstoffen gefärbt werden, sodass zwei oder drei unterschiedliche Moleküle sichtbar gemacht werden können. Wenn aber ein Farbstoff in den Wellenlängenbereich eines anderen Farbstoffs hineinragt („ausblutet"), kann es Probleme mit dem Hintergrund geben. Viele Labore benutzen nur Fluorescein (grün) und Rhodamin (rot), aber es gibt noch viel mehr Möglichkeiten. Schauen Sie mal in die Kataloge von Firmen, die Fluoreszenzfarbstoffe vertreiben.

- Die Entdeckung von fluoreszierenden Proteinen wie das grün-fluoreszierende Protein (GFP) oder das rot-fluoreszierende dsRed, sowie natürlicher und gentechnisch erzeugter Varianten dieser Proteine, haben neue Anwendungen der Fluoreszenzmikroskopie ermöglicht. So kann man z.B. durch gentechnische Methoden Fusionsproteine zwischen dem GFP und einem zu untersuchenden Protein erzeugen und anschließend deren Lokalisation in der Zelle untersuchen. Unterschiedliche GFP-Varianten können, wenn sie in räumlicher Nähe sind, direkt Resonanzenergie übertragen (Fluoreszenz-Resonanzenergie-Transfer: FRET), sodass Licht der Anregungswellenlänge der ersten GFP-Variante Fluoreszenz der Wellenlänge der zweiten GFP-Variante erzeugt. So können Protein-Protein-Interaktionen nachgewiesen werden. Die bimolekulare Fluoreszenz-Komplementation (BiFC) beruht auf dem Prinzip, dass GFP in zwei Fragmente zerlegt werden kann, die sich, wenn sie in räumliche Nähe geraten, zu einem fluoreszierenden Proteinkomplex vereinen. Durch Kopplung der beiden GFP-Fragmente mit unterschiedlichen Proteinen kann so ebenfalls die Interaktion dieser Proteine untersucht werden.

Das Fluoreszenzmikroskop

- Das Fluoreszenzmikroskop ist ein Lichtmikroskop, das für die Detektion von Epifluoreszenz und Auflicht umgerüstet wurde. Das Objektiv ist zugleich Kondensorlinse und Objektivlinse, das einen Lichtteiler enthält, der das Anregungslicht vom emittierten Licht trennt. Fluoreszenzmikroskope verwenden stattdessen ein Hellfeldmikroskop in Kombination mit Filtern, aber damit wird nicht die gute Differenzierung der Signale erreicht, die mit Epifluoreszenz möglich ist.

- Die Spezifität des Systems wird durch entsprechende Filter – in der Regel Interferenzfilter – erzeugt. Jeder Fluoreszenzfarbstoff benötigt einen Satz von Filtern für die Anregungswellenlänge und die Emissionswellenlänge, um das spezifische Signal zu verstärken. Diese Filter sind nicht gerade billig, daher haben die meisten Labore auch nur einige Sets, häufig für Fluorescein und Rhodamin.

> Bei der Epifluoreszenz wird das Objekt von oben (durch das Objektiv) mit dem Anregungslicht bestrahlt, sodass nur noch das reflektierte Anregungslicht ausgefiltert werden muss. Wird das Objekt von unten durchstrahlt, dringt viel mehr Anregungslicht in das Objektiv, das dann nicht mehr so gut ausgefiltert werden kann.

- Die Lichtquellen bestehen aus Hochdruck-Dampflampen, die mit Quecksilber oder Xenon-Gas gefüllt sind. Für verschiedene Wellenlängen werden verschiedene Lichtquellen empfohlen.

- Die meisten Mikroskope erlauben ein Umschalten zwischen Hellfeld und Fluoreszenz, sodass das Bild des Objekts mit dem Fluoreszenzbild verglichen werden kann.

- Fluoreszenzmikroskope sind fast immer mit Kameras ausgestattet. Die Verwendung von sehr guten Filmen, die mit wenig Licht auskommen, macht die Fotografie von Fluoreszenzbildern relativ einfach. Digital- oder CCD-Kameras mit Software, die sogar das Licht außerhalb des Fokus verwenden können, sind stark im Kommen.

- Konfokale Laserscanning-Mikroskope werden ebenfalls in der Fluoreszenzmikroskopie eingesetzt. Das Objekt wird mit einem Laser gescannt, wobei im Strahlengang des Mikroskops eine Lochblende eingebracht ist, sodass Licht, das nicht aus der fokussierten Bildebene kommt, ausgefiltert wird. Durch Einstellen verschiedener Fokusebenen können so dreidimensionale Bilder rekonstruiert werden.

 ## Tipps

Schützen Sie Ihre Lichtquelle. Die Lampen für Fluoreszenzmikroskopie sind sehr teuer und haben nur eine begrenzte Lebensdauer. Unnötiges An- und Ausschalten der Lampe sollten vermieden werden, ebenso das unnötige Brennenlassen. Die meisten Lampen müssen erst aufwärmen, bevor sie genutzt werden können. Erkundigen Sie sich nach den Ansprüchen Ihrer Lampe. Es wird wahrscheinlich eine Reservierungsliste geben und/oder eine Liste für die Aufzeichnung der Lampenbenutzung.

Die Filter für die Fluoreszenzmikroskopie unterscheiden sich von den Filtern, die benutzt werden, um Fluoreszenzlicht einer bestimmten Wellenlänge zu erzeugen.

Wenn Sie Fotos aufnehmen wollen, müssen Sie sich beeilen, weil Fluoreszenz mit der Zeit ausbleicht (d.h. die Fluoreszenz nimmt mit der Anregungszeit ab). Die Zugabe von Radikalfängern wie z.B. Diaminobicyclooktan (DABCO) zur Probe reduziert dieses Ausbleichen.

Schauen Sie erst einmal nach, welche Filter vorhanden sind, bevor Sie sich für eine Färbung entscheiden. Es ist auf jeden Fall billiger, einen Farbstoff zu kaufen als einen Filter. Es mag trotzdem Anwendungen geben, wo nur eine bestimmte Färbung möglich ist; dann müssen Sie die Investition in einen neuen Filter tätigen oder sich umschauen, ob Sie in der Nähe ein anderes Fluoreszenzmikroskop finden, das Sie benutzen können.

Bei der Probenvorbereitung können Artefakte entstehen. Fixierung und Färbung sind einfach, aber kleine Details wie z.B. Typ oder Temperatur des Fixierungsmittels, die Sauberkeit des Deckgläschens oder des Gefäßes, in dem die Färbung durchgeführt wird, können einen großen Unterschied im Ergebnis ausmachen. Jede Zellprobe und jeder Antikörper hat seine eigenen Ansprüche und das Titrieren von Erst- und Zweitantikörper ist sehr wichtig. Sprechen Sie am besten mit jemandem, der nicht nur erfahren in Immunfluoreszenz ist, sondern auch mit den gleichen Zellen und vielleicht sogar mit dem gleichen Antikörper gearbeitet hat.

16.5.1 Vorschrift: Reinigung der Objektträger und Deckgläser
(Mit Erlaubnis verändert nach Spector et al., 1998)

Die Objektträger und Deckgläser, die Sie für Ihre Proben benutzen, müssen extrem sauber sein. Um die Zellen für die Fluoreszenzmikroskopie vorzubereiten, müssen sie auf dem Objektträger oder dem Deckglas (oder allgemein: auf Glas) anhaften. Staub und Fett können diese Anhaftung verhindern oder die Wirkung der anhaftungsfördernden Beschichtung, die einige Zellen benötigen, beeinträchtigen. Außerdem können schmutzige Objektträger Färbeartefakte hervorrufen, die die Visualisierung des Fluoreszenzsignals der Zelle stark erschweren können.

Durchführung

Reinigung der Objektträger

1. Waschen Sie die Objektträger (25 × 75-mm vorgereinigte Objektträger) für einige Minuten mit flüssigem Spülmittel.

2. Spülen Sie für 30 Minuten in Wasser nach und trocknen Sie sie.

Reinigung der Deckgläser mit Säure

1. Stellen Sie 300 ml einer Mischung aus zwei Teilen Salpetersäure und einem Teil Salzsäure in einem Becherglas unter dem Abzug her (die Lösung wird orange-rot).

2. Geben Sie die Deckgläser in die Säurelösung, geben Sie immer nur ein paar gleichzeitig zu, damit sie gut getrennt sind und nicht zerbrechen. Inkubieren Sie sie für ungefähr 2 Stunden unter gelegentlichem Schwenken.

> Seien Sie vorsichtig, es handelt sich um zwei sehr starke Säuren! In einem anderen Mischungsverhältnis (Salzsäure:Salpetersäure = 3:1) handelt es sich um das sogenannte Königswasser, das sogar Gold und Platin auflösen kann.

3. Gießen Sie die Säure vorsichtig in einen Abfallbehälter ab.

4. Waschen Sie die Deckgläser sorgfältig unter laufendem Leitungswasser, bis der pH-Wert des Waschwassers zwischen 5,5 und 6,0 liegt.

5. Lagern Sie die Deckgläser in 70%igem Ethanol in einem geschlossenen Gefäß.

6. Flammen Sie jedes Deckglas vor Benutzung im Abzug ab.

Reinigung der Deckgläser mit Lauge

1. Inkubieren Sie die Deckgläser für 2 Stunden in 2 N NaOH.

2. Waschen Sie sie ausgiebig mit deionisiertem Wasser.

3. Führen Sie die Schritte 5 und 6 der Vorschrift „Reinigung der Deckgläser mit Säure" durch.

Objektträger und Deckgläser können nun mit Zellen inkubiert werden oder mit Lösungen wie Gelatine, Aminoalkylsilan oder Poly-L-Lysin behandelt werden, die die Anheftung von Zellen oder Geweben fördern.

16.6 Zentrale Geräteeinrichtungen

Bestimmte Mikroskopsysteme, wie z.B. Elektronenmikroskope, konfokale Mikroskope und fluoreszenzaktivierte Zellsortierer (FACS) sind sehr teuer in der Anschaffung und im Unterhalt und sind somit weit außerhalb der finanziellen Möglichkeiten vieler Wissenschaftler. Man findet solche Geräte daher häufig in zentralen Einrichtungen, wobei die Kosten von der gesamten Fakultät, der Einrichtung oder der Investorengruppe getragen werden.

> Sprechen Sie immer mehrere Wochen vor dem geplanten Experiment mit dem Mikroskopbetreuer, um herauszubekommen, wann Ihre Proben angeschaut werden können und wie sie vorbereitet werden müssen.

Das Gute daran ist, dass ein einzelner Wissenschaftler eine Theorie oder eine Prozedur ohne großen finanziellen Aufwand testen kann. Üblicherweise gibt es einen sehr gut ausgebildeten

Fachmann, der für das Mikroskop zuständig ist und sich um kleinere Probleme kümmert und der einem erklärt, was vor sich geht.

Das Schlechte daran ist, dass Sie normalerweise lange warten müssen, bis Sie dran sind. Solche Einrichtungen werden auf unterschiedliche Art betrieben. Es kann sein, dass Sie Ihre unfixierten Proben einfach übergeben können, es kann aber auch sein, dass Sie bis zum Mikroskopieren hin alles selber machen müssen.

16.7 Quellen und Ressourcen

Fisher Scientific. FAQ-Microscopy. http://www.fisher1.com/faq/micro.html

Freshney R.I. 2000. *Culture of animal cells. A manual of basic technique*, 4. Aufl. Wiley-Liss, New York.

Harlow E., Lane D. 1999. *Using antibodies: A laboratory manual*. Cold Spring Harbor Laboratory Press, Cold Spring Harbor, New York.

Haugland R.P. 1996. *Handbook of fluorescent probes and research chemicals*, 6. Aufl. Molecular Probes, Eugene, Oregon.

Heidcamp W.H. 1995. *Cell biology laboratory manual*. Gustavus Adolphus College, St. Peter, Minnesota. http://www.gustavus.edu/~cellab/index-1.html

How to use a microscope and take a photomicrograph. Nikon Inc., Instrument Group, Melville, New York.

Interactive Java tutorials. 2003. Nikon Microscopy U. http://www.microscopyu.com/tutorials/java/index.html

Lacey A.J. (Hrsg.) 1989. *Light microscopy in biology. A practical approach*. IRL Press at Oxford University Press, New York.

Matsumoto B. (Hrsg.) 1993. *Cell biological applications of confocal microscopy*. Methods Cell Biology, Band 38. Academic Press, New York. Handbook of fluorescent probes and research products. 2004. Molecular Probes. http://www.probes.com/handbook

Murphy D.B. 2001. *Fundamentals of light microscopy and electronic imaging*. Wiley-Liss, New York.

Murray R.G.E., Robinow C.F. 1994. Light microscopy. In *Methods for general and molecular bacteriology* (Hrsg. Gerhardt et al.), Kap.1, S. 7–20. American Society for Microbiology, Washington, D.C.

Omega Optical http://www.omegafilters.com Filters for Nikon, Zeiss, Leitz, und Olympus.

Pawley J.B. (Hrsg.) 1995. *Handbook of biological confocal microscopy*, 2. Aufl. Plenum Press, New York.

Rawlins D.J. 1992. *Light microscopy*. BIOS Scientific Publishers, Oxford.

Rubbi C.P. 1994. *Light microscopy. Essential data*. John Wiley and Sons, Chichester.

Russ J.C. 2002. *The image processing handbook*, 4. Aufl. CRC Press, Boca Raton.

Sheppard C.J.R., Hotton D.M., Shotton D. 1997. *Confocal laser scanning microscopy*. Bios Scientific Pub Ltd., Abingdon.

Spector D.L., Goldman R.D., Leinwand L.A. 1998. *Cells: A laboratory manual*. Bd. III. *Subcellular localization of genes and their products*, Kap. 98. Cold Spring Harbor Laboratory Press, Cold Spring Harbor, New York.

Deutsch-Englisches Glossar

Deutsches Glossar

Abflammen: (engl. flame), auch Abflämmen, das kurze Schwenken von Pipetten, Kolben, Impfösen usw. durch eine offene Flamme.

Absaugen: (engl. aspirate), Entfernung von Flüssigkeiten oder Gas durch Sog.

Abteilung für Arbeitssicherheit: (engl. Laboratory Safety Department), verantwortlich für die Sicherheit.

Abzug: (engl. fume hood, oder einfach hood).

Acrylamid: (engl. acrylamide), monomerer Baustein, aus dem Polyacrylamid hergestellt wird. Siehe auch: Polyacrylamid.

Additiver Effekt: (engl. additive effect), die Behandlung mit A und B zusammen ist so effektiv, wie die einfache Summe der Einzelbehandlungen mit A und B. Siehe auch: synergistischer Effekt.

Aerobier: (engl. aerobe), Organismus, der in der Anwesenheit von Sauerstoff wächst.

Aerosol: engl. = dt., eine gasförmige Suspension von Fein- oder flüssigen Partikeln.

Affinität: (engl. affinity), die Stärke der Bindung zwischen Ligand und Rezeptor.

Agar: engl. = dt., ein komplexes Polysaccharid, das als gelbildendes Agenz eingesetzt wird, um feste oder halbfeste mikrobiologische Medien herzustellen. Agar besteht aus ca. 70% Agarose und 30% Agropectin. Agar schmilzt bei Temperaturen oberhalb 100 °C und härtet bei 40–50 °C aus.

Agarose: engl. = dt., ein nichtsulfatiertes lineares Polymer aus wechselnden Einheiten von D-Galactose und 3,6-Anhydro-L-Galactose. Es wird aus Tang extrahiert und wird weitverbreitet als Matrix für die Elektrophorese verwendet.

Alkalische Phosphatase: (engl. alkaline phosphatase), Enzym, das ein farbiges Reaktionsprodukt bilden kann. Wird als Reportergen eingesetzt oder zum Nachweis einer Antikörperbindung.

Alpha-Teilchen: (engl. alpha particle), auch α-Teilchen oder α-Strahlung, ein Teilchen bestehend aus 2 Protonen und 2 Neutronen, das bei radioaktivem Zerfall entstehen kann.

Ampholyt: (engl. ampholyte), eine Substanz, die sowohl Säure- als auch Basengruppen enthält. Siehe auch: Amphoter.

Amphoter: (engl. amphoteric species), eine Substanz, die sowohl als Säure als auch als Base wirken kann.

Amplifikation: (engl. amplification). (1) Die Zunahme der Kopienzahl eines Plasmids durch die Inhibierung der Chromosomenreplikation, während die Plasmidreplikation weiter laufen kann. (2) Die Zunahme der Kopien eines Gens durch Duplikation im Chromosom oder durch Klonierung in einen Plasmidvektor. Wird normalerweise als Genamplifikation bezeichnet.

Ampulle: (engl. ampoule), kleines Glas- oder Plastikgefäß.

Anabolismus: (engl. anabolism), Reaktionen, die körpereigene Substanzen aufbauen. Siehe auch: Katabolismus und Metabolismus.

Anion: engl. = dt., ein negativ geladenes Ion. Anionen wandern im elektrischen Feld zur Anode (Pluspol), daher der Name. Siehe auch: Kation.

Anionisches Detergens: (engl. anionic detergent), Detergens, bei dem die hydrophile Funktion aus einer anionischen Gruppe besteht, z.B. Carboxylgruppen bei Fettsäuren und Sulfat beim SDS.

Anode: engl. = dt., die positiv geladene Elektrode (Pluspol), von der Anionen angezogen werden.

Anreicherungskultur: (engl. enrichment culture), Benutzung selektiver Kulturmedien und Inkubationsbedingungen, um Mikroorganismen direkt aus der Natur zu isolieren.

Antibiotikum: (engl. antibiotic), eine Substanz, die bestimmte Mikroorganismen tötet oder am Wachstum hindert.

Antimykotikum: (engl. antimycotic, antifungal), eine Substanz, die Pilze tötet.

Antiseptikum: (engl. antiseptic), eine Substanz, die Mikroorganismen tötet oder am Wachstum hindert, aber nicht schädlich für menschliches Gewebe ist. Siehe auch: Desinfektionsmittel.

Antiserum: engl. = dt., ein Serum, das Antikörper enthält.

Apoptose: (engl. apoptosis), programmierter Zelltod.

Arbeitsabstand: (engl. working distance), der Abstand vom Objektiv bis zum Deckglas.

Artefakt: (engl. artifact), ein Ergebnis, das durch andere als die gewünschten Einflüsse hervorgerufen wurde.

Aseptische Techniken: (engl. aseptic technique), auch sterile Techniken, Handhabung steriler Instrumente und/oder Kulturen, sodass die Sterilität gewahrt bleibt.

Atommasse: (engl. atomic mass, atomic weight), die durchschnittliche Masse des Atoms eines Elements, die Gesamtmasse von Protonen und Neutronen im Atom.

Attenuation: engl. = dt., auch Attenuierung. (1) Die Schwächung der Virulenz eines Pathogens; ein attenuiertes Pathogen wirkt üblicherweise noch immunisierend. (2) Ein Prozess, der eine Rolle bei der Regulation der Enzyme spielt, die in der Aminosäurebiosynthese beteiligt sind. (3) Die (absichtliche) Abschwächung eines Signals, damit es in den Messbereich fällt.

Ätzend: (engl. caustic, corrosive).

Auflichtbeleuchtung: (engl. epi-illumination), Beleuchtungsart beim Mikroskopieren, bei der das Licht zur Beleuchtung durch das Objektiv auf die Probe geleitet wird, wobei die Objektivlinse sowohl als Kondensor als auch als Objektiv wirkt.

Auflösung: (engl. resolution), der kleinste Abstand von zwei Punkten, die noch als getrennt wahrgenommen werden können.

Ausbleichen: (engl. bleaching, fading, auch photobleaching), eine Abnahme der Fluoreszenz bei längerer Anregung oder Bestrahlung mit sehr intensivem Licht.

Auslegepapier: (engl. bench paper), saugfähiges Papier mit undurchlässiger Rückseite, das es als einzelne Blätter oder als Rolle gibt.

Ausstrich: (engl. smear), das Ausstreichen von Zellen auf einem Objektträger, sodass sie fixiert und gefärbt werden können.

Autoklav: (engl. autoclave), Dampfsterilisierer.

Autoklavierband: (engl. autoclave tape), hitze- und drucksensitives Klebeband, das seine Farbe beim Autoklavieren verändert (üblicherweise entstehen schwarze Streifen).

Autoradiographie: (engl. autoradiography), Nachweis von Radioaktivität in einer Probe, z.B. einem Gel oder einer Zelle, bei dem die Probe auf einen Röntgenfilm gelegt wird.

Auxotroph: engl. = dt., eine Mutante, die einen bestimmten Faktor für das Wachstum zusätzlich benötigt.

Axenisch: (engl. axenic), eine Kultur, die nur aus einem Zelltyp besteht.

Backen: (engl. bake), unter großer Hitze trocknen.

Bakteriostatisch: (engl. bacteriostatic), inhibierend auf Bakterienwachstum, ohne zu töten.

Bakterizid: (engl. bactericidal), Bakterien abtötend.

Bande: (engl. band). (1) Ein Nucleinsäurefragment oder ein Protein, das nach der Gelelektrophorese als rechteckige Form in einer Spur auftritt. (2) Individuelle Bereiche in einem Gradienten nach der Trennung einer komplexen Mischung.

Base: engl. = dt., auch Lauge, eine Substanz, die Protonen aufnimmt und daher negativ geladen sein kann. Basen haben einen pH-Wert von über 7. Alkalisch = basisch.

Basislinie: (engl. base line), die Referenzlinie einer Messung, die entsteht, wenn die Probe nicht behandelt oder verändert wurde.

Bazillus: (engl. bacillus), ein Bakterium mit länglicher Stäbchenform.

Becquerel (Bq): engl. = dt., SI-Einheit der Radioaktivität, 1 Bq entspricht einem Zerfall pro Sekunde.

Beta-Teilchen: (engl. beta particle), auch β-Teilchen oder β-Strahlung, ein Elektron oder Positron, das beim radioaktiven Zerfall im Kern entsteht.

Bibliothek: (engl. library, bank), auch Bank, eine Sammlung klonierter DNA-Fragmente, die in Summe das gesamte Genom eines Organismus enthalten. Auch als DNA-, Gen- oder cDNA-Bibliothek (oder -Bank) bezeichnet.

Biochemikalien: (engl. biochemicals), biologische Substanzen.

Biogefährdung: (engl. biohazard), eine Gefahr für Menschen, die von einem Organismus oder von einer Substanz, die von einem solchen Organismus gebildet wurde, ausgeht.

Blank: engl. = dt. (Laborjargon). Referenzprobe. Für photometrische Messungen ist der Blank die Probe, die alle Bestandteile außer der absorbierenden Substanz enthält.

Blau-Weiß-Selektion: (engl. blue-white selection), ein farbbildendes Nachweissystem zur Überprüfung, ob ein Plasmid eine klonierte DNA trägt oder nicht. Die Insertion eines Fremdgens in die multiple Klonierungsschnittstelle des *lacZ*-Reportergens (kodiert für eine β-Galactosidase) inaktiviert die β-Galactosidase und die Kolonien bleiben weiß. Plasmide, die das klonierte Gen nicht enthalten, produzieren aktive β-Galactosidase, die das chromogene Substrat X-Gal zu einem blauen Farbstoff umsetzt.

Blotten: (engl. blotting), Laborjargon, der Transfer von DNA, RNA oder Proteinen aus einem Gel auf eine Membran (aus Nylon oder Nitrocellulose).

Bremsstrahlung: engl. = dt. (!), eine Strahlung die entsteht, wenn β-Teilchen mit festem Material (z.B. einem Plexiglasschirm) interagieren und darin abgebremst werden.

Bürsten: (engl. brushes), auch Kohlebürsten, Stromüberträger in älteren Zentrifugen. Die Bürsten nutzen sich ab und müssen von Zeit zu Zeit ersetzt werden.

Chaotropes Agenz: (engl. chaotropic agent), eine Chemikalie oder Mischung, die Zellen aufschließen kann.

Chelatieren: (engl. chelate), das Binden von Metallionen durch mehrfach geladene Liganden, den so genannten Chelatoren (z.B. EDTA). Dadurch kann der Einfluss der Metallionen auf andere Reaktionen reduziert werden.

Chemikalie: Eine Substanz, die in chemischen Reaktionen gebraucht oder gebildet wird.

Chemilumineszenz: (engl. chemiluminescence), die Abgabe von Licht als Nebenprodukt einer chemischen Reaktion.

Chemische Reaktivität: (engl. chemical reactivity), die Neigung einer Substanz, sich chemisch zu verändern, was eventuell zu Explosionsgefahren oder Freisetzung giftiger Dämpfe führen kann.

Chi²-Test: (engl. Chi-square test), χ^2-Test, statistisches Testverfahren zur Untersuchung, ob eine beobachtete Verteilung mit einer theoretisch erwarteten Verteilung übereinstimmt oder nicht.

Chromatographie: (engl. chromatography), die Auftrennung einer Mischung in ihre Bestandteile, indem die Flüssigkeit über eine stationäre Phase gegeben wird, wobei die Komponenten durch unterschiedliche Adsorption und Elution isoliert werden.

Chromogen: (engl. chromogenic), zum Farbwechsel befähigt. Ein chromogenes Substrat kann z.B. bei seiner Umsetzung durch ein Enzym die Farbe verändern.

Cis: engl. = dt., (1) Stellung von Substituenten an der gleichen Seite einer C-C-Doppelbindung. (2) Gruppen, die in Komplexen auf der gleichen Seite stehen. (3) Ein Effekt, der von einem Beteiligten innerhalb der Einheit bewirkt wird. Siehe auch: trans.

Concatemer: engl. = dt., ein DNA-Molekül, das aus zwei oder mehr Molekülen besteht, die über ihre Enden miteinander verknüpft wurden und eine lange lineare Struktur bilden. Typisches Klonierungsartefakt.

Cosmid: engl. = dt., Klonierungsvektor, der sehr große DNA-Stücke aufnehmen kann.

Curie (Ci): engl. = dt., veraltete, aber z.T. noch genutzte Einheit der Radioaktivität. 1 Ci = 37×10^9 Bq = $2{,}22 \times 10^{12}$ dpm.

Cytokine: engl. = dt., eine Gruppe kleiner sekretierter Peptide, die normalerweise nicht von Lymphocyten produziert werden und eine Reihe von Effekten bei der Entzündungsreaktion, der Chemotaxis, der Angionese und der T-Zell-Proliferation bewirken.

Dalton: engl. = dt., Einheit für die Molekülmasse, 1 Da entspricht 1 u (atomare Masseneinheit).

Deduktive Überlegung: (engl. deductive thought), eine Hypothese wird entworfen und anschließend werden Daten gesammelt um die Hypothese zu bestätigen oder zu widerlegen.

Definiertes Medium: (engl. defined medium), ein Medium, dessen exakte chemische Zusammensetzung bekannt ist.

Degeneration: (engl. degeneracy), im Bezug auf den genetischen Code: Mehr als ein Codon kann für die gleiche Aminosäure kodieren.

Deionisierung: (engl. deionization), die Entfernung ionischer Verunreinigungen durch die Passage über einen Ionenaustauscher.

Deletion: engl. = dt., Entfernung eines Genabschnitts.

Denaturierung: (engl. denaturation), Aufhebung der Sekundär- oder Tertiärstruktur eines Makromoleküls durch physikalische oder chemische Behandlung, z.B. Hitze. Bei Proteinen ist üblicherweise die nicht-reversible Hitzedenaturierung gemeint, die mit einem Funktionsverlust einhergeht, bei DNA meint man üblicherweise das Aufschmelzen des DNA-Doppelstrangs in seine Einzelstränge.

Densitometer: engl. = dt., Gerät, das die Transmission des Lichts durch eine feste Schicht wie z.B. einen Röntgenfilm misst und so die Quantifizierung eines Signals auf dem Film ermöglicht.

Desinfektionsmittel: (engl. disinfectant), ein Mittel das Mikroorganismen abtötet, aber auch für menschliches Gewebe schädlich sein kann. Siehe auch: Antiseptikum.

Destillation: (engl. distillation), ein Prozess, bei dem eine Flüssigkeit gekocht und der Dampf wieder kondensiert wird. Zum Entfernen von Verunreinigungen oder zur Trennung der Bestandteile eine Lösung.

Detergens: (engl. detergent), auch Detergenz, oberflächenaktives Molekül mit polaren (wasserlöslichen, hydrophilen) und unpolaren (hydrophoben) Domänen. Sie binden stark an hydrophobe Moleküle oder Moleküldomänen und machen sie so wasserlöslich. Beispiele für Detergenzien sind Natriumdodecylsulfat (SDS), Salze von Fettsäuren, die Gruppe der Tritone und Octylglykosid.

Deuterium: engl. = dt., ein nicht-radioaktives Isotop des Wasserstoffs, das ein Neutron im Kern trägt.

Dewargefäß: (engl. dewar flask), oder einfach Dewar (Laborjargon), ein Gefäß zum Transport von Flüssigstickstoff, ähnlich einer Thermoskanne.

Dialyse: (engl. dialysis), ein Prozess, bei dem kleine Moleküle einer Lösung durch eine semipermeable Membran diffundieren können, während größere Moleküle zurückgehalten werden.

Differenzierungsmedium: (engl. differential (culture) medium), ein Medium das benutzt wird, um zwischen verschiedenen Typen von Mikroorganismen aufgrund der unterschiedlichen Reaktionen auf bestimmte Bestandteile des Mediums zu unterscheiden.

Dimer: engl. = dt., ein Molekül, das von zwei kleineren Molekülen gebildet wird.

Diskontinuierliche Elektrophorese (Disk-Elektrophorese): (engl. discontinuous electrophoresis oder disc electrophoresis), eine Polyacrylamidgelelektrophorese, bei der zwei Gele mit unterschiedlicher Acrylamidkonzentration benutzt werden, wobei das Gel mit der geringeren Konzentration über dem mit der höheren Konzentration geschichtet ist, um eine bessere Auflösung der Banden zu erreichen.

Domäne: (engl. domain), ein Abschnitt eines Proteins, der eine distinkte Funktion hat.

Dominant negativ: (engl. dominant negative), durch die Expression der mutierten Form eines Gens wird die Aktivität des nicht-mutierten Homologs unterdrückt.

Doppelblindstudie: (engl. double-blind study), ein Experiment, um die Wirkung einer Behandlung oder eines Arzneimittels zu testen, bei dem weder die Patienten/Testpersonen noch der durchführende Wissenschaftler wissen, welche Testgruppe welche Behandlung bekommt.

Dosiswirkung: (engl. dose-response), Spannbreite der Effekte, die eine Substanz haben kann, angefangen von Dosis ohne Wirkung, minimale Dosis für eine Wirkung, Dosis für den maximalen Effekt, bis tödliche Dosis.

Download: engl. = dt. (umgspr.), (Herunter)Laden eines Dokuments oder Programms aus dem Internet.

Edding: Markenname eines im Labor häufig benutzten Filzschreibers. Das Pendant in den USA heißt „Sharpie".

Elektroelution: (engl. electroelution), Herausholen einer Substanz aus einer Matrix (z.B. DNA aus einem Agarosegel) mittels einer elektrischen Spannung.

Elektrolyt: (engl. electrolyte), eine Substanz, die in Wasser in Ionen dissoziiert und so die Leitfähigkeit der Flüssigkeit erhöht.

Elektronenvolt (eV): (engl. electron volt), die Energie, die ein Elektron erhält, wenn es über eine Potentialdifferenz von 1 Volt beschleunigt wird. $1 \text{ eV} = 1{,}6 \times 10^{-19}$ J.

Elektronisches Schwarzes Brett: (engl. electronic bulletin board), eine Internetseite, auf der Nutzer Notizen und Fragen hinterlassen oder darauf antworten können.

Elektrophorese: (engl. electrophoresis), die Trennung von Molekülen anhand ihrer Beweglichkeit im elektrischen Feld. Hochauflösende Systeme verwenden üblicherweise Gelmatrizen wie Agarose oder Polyacrylamid, in denen die Elektrophorese durchgeführt wird.

Elektroporation: (engl. electroporation), Verwendung eines elektrischen Stroms, um kurzfristig Löcher in der Zellmembran zu erzeugen. Wird normalerweise für die Aufnahme von DNA verwendet.

ELISA: (von engl. enzyme-linked immunosorbent assay), ein Immunassay, bei dem spezifische Antikörper verwendet werden, um bestimmt Antigene oder Antikörper nachzuweisen. Die Antikörper-Antigenkomplexe werden durch Enzyme, die am Antikörper gekoppelt sind, nachgewiesen. Die Zugabe eines chromogenen Substrates zu den Antikörper-Antigenkomplexen resultiert in der Bildung eines farbigen Produkts.

Emulsion: engl. = dt., eine Mischung zweier ineinander nicht löslicher Flüssigkeiten (z.B. Wasser und Öl), in der eine Lösung in Form winzigster Tröpfchen in der anderen vorliegt.

Enterobakterien: (engl. enteric bacteria), eine große Gruppe gramnegativer, stäbchenförmiger Bakterien, die durch einen fakultativ anaeroben Metabolismus charakterisiert sind. Findet man häufig in Tierdärmen.

Entzündliche Flüssigkeit: (engl. flammable liquid), auch entflammbar, Flüssigkeit mit einem Flammpunkt zwischen 21 °C und 55 °C.

Epitop: (engl. epitope), Bestandteil des Antigens, an das ein Antikörper bindet.

Ethidiumbromid: (engl. ethidium bromide), ein fluoreszierendes Mutagen, das in Nucleinsäuremoleküle interkaliert und zur Färbung und Sichtbarmachung von Nucleinsäuren verwendet wird.

Exponentielles Wachstum: (engl. exponential growth, auch log(arithmic) growth), auch logarithmisches Wachstum (oder log-Phase des Wachstums), die Phase in der Entwicklung einer Kultur, in der sich die Zellzahl in einer festgesetzten Zeit verdoppelt.

Expression: engl. = dt., die Fähigkeit eines Gens, in einer Zelle so zu wirken, dass die Genprodukte gebildet werden.

Expressionsvektor: (engl. expression vector), ein Klonierungsvektor, der die notwendigen regulatorischen Sequenzen enthält, welche die Transkription und Translation eines klonierten Gens ermöglichen.

Extinktion: (engl. absorbance oder optical density), auch optische Dichte. Maß für das Licht, das nicht durch eine Probe dringt.

Extrahieren: (engl. extract), eine Komponente entfernen, z.B. bei der Phenolbehandlung (-extraktion) von Zellen zur Entfernung der Proteine.

Extrazelluläre Matrix: (engl. extracellular matrix), eine Mischung von Proteinen außerhalb der Zelle, die der Zelle helfen, sich an eine Oberfläche anzuheften, auf der sie wachsen kann.

Fakultativ: (engl. facultative), ein Adjektiv, das benutzt wird, um einen Umweltfaktor zu beschreiben, der optional ist. Ein fakultativer Aerobier z.B. wächst normal in der Anwesenheit von Sauerstoff, kann aber auch ohne Sauerstoff wachsen.

Feederzellen: (engl. feeder layer, feeder cells), Zellen, die mit der gewünschten Zellkultur wachsen und dieser Wachstumsfaktoren zur Verfügung stellen.

Fermenter: engl. = dt., ein abgeschlossenes System für die Anzucht von einem oder mehrerer Liter Kultur.

Ficoll: engl. = dt., ein biologisch inertes Saccharosepolymer, das als „Verdicker" z.B. bei Hybridisierungslösungen oder in Dichtegradienten benutzt wird.

Filmdosimeter: (engl. badge), Taschendosimeter zur Messung der Strahlenbelastung.

Fixieren: (engl. fix), die Präservierung von Zellen oder Geweben für nachfolgende Färbungen oder andere Behandlungen.

Flame: engl. = dt., Internetjargon, ein persönlicher Angriff in einer E-Mail oder Newsgruppe.

Flammpunkt: (engl. flash point), die niedrigste Temperatur, bei der eine Flüssigkeit so viel Dampf abgibt, dass über ihr ein Gas-Luftgemisch entsteht, das entzündlich ist.

Fluorescein: engl. = dt., ein fluoreszierendes Molekül, das benutzt wird, um Antikörper mit einer grünen Farbe zu markieren.

Fluorescein-Isothiocyanat: (engl. fluorescein isothiocyanate, fluoresceine isocyanate), ein chemisch reaktives Fluoresceinderivat, das zur Kopplung an Proteine genutzt wird.

Fluoreszenz: (engl. fluorescence), die Abgabe von einem oder mehreren Photonen aus einem Molekül, das durch die Absorption von elektromagnetischer Strahlung aktiviert wurde. Das Molekül absorbiert Licht einer bestimmten Wellenlänge und gibt Licht geringerer Energie (d.h. längerer Wellenlänge) wieder ab. Für den Nachweis von Fluoreszenz benötigt man einen Lichtstrahl zur Anregung und einen Photodetektor zur Detektion der emittierten Fluoreszenz.

Fluoreszenzaktivierter Zellsortierer (FACS): (engl. fluorescence-activated cell sorter), ein Apparat, der Partikel wie z.B. Zellen oder Chromosomen anhand ihrer Fluoreszenz sortiert. Die Partikel müssen in der Regel vorher mit bestimmten Fluoreszenzfarbstoffen markiert werden.

Fluorophor: (engl. fluorophore), Bestandteil eines Moleküls, der fluoresziert, also z.B. Fluorescein bei Fluorescein-gekoppelten Antiköpern.

Flüchtigkeit: (engl. volatility), die Tendenz einer Flüssigkeit oder eines Feststoffs, bei einer gegebenen Temperatur in die Gasphase überzugehen.

Formelmasse, relative: (engl. formula mass, formula weight). Die Masse einer zusammengesetzten Verbindung. Die relative Atommasse von Natrium ist 22,98, von Cl 35,45, die relative Formelmasse von NaCl ist daher 58,43.

Freiheitsgrade: (engl. degrees of freedom), in der Statistik: Anzahl der Beobachtungen abzüglich der Anzahl der Parameter, die bestimmt werden sollen. Wenn z.B. die Standardabweichung einer Population bestimmt wird, ist die Anzahl der Freiheitsgrade eins weniger als die Anzahl der Proben (Carr, 1992).

Gamma-Strahlen: (engl. gamma rays, γ-rays), γ-Strahlen, hochenergetische elektromagnetische Strahlung, die beim radioaktiven Zerfall auftreten kann.

Gauss-Verteilung (Normalverteilung): (engl. Gaussian distribution, normal distribution), eine symmetrische Häufigkeitsverteilung, bei der sich die meisten Werte in der Mitte konzentrieren.

Gasgesetz von Boyle und Mariotte: (engl. Boyles' Law), das Volumen V eines Gase ist (bei gegebener Temperatur) umgekehrt proportional zum Druck p, oder: $p \times V$ = konst.

G + C Verhältnis: (engl. G + C ratio), die Summe von Guanin- und Cytosinbasen im Verhältnis zur Gesamtbasenzahl in RNA- und DNA-Molekülen.

Geigerzähler: (engl. Geiger counter), ein Gerät, das radioaktive Strahlung misst.

Gel: engl. = dt., ein inertes Polymer, meistens aus Agarose oder Polyacrylamid, das für die Trennung von Makromolekülen, wie z.B. Proteine oder Nucleinsäuren, durch Elektrophorese benutzt wird.

Gelatine: (engl. gelatin), ein Proteinextrakt aus dem Bindegewebe von Tieren.

Gelkammer: (engl. gel box, box), Kammer zum Durchführen von Gelelektrophoresen.

Generationszeit: (engl. doubling time, generation time), die Zeit, die eine Population benötigt, um sich zu verdoppeln.

Good-Puffer: (engl. Good buffer), Serie von Puffersubstanzen, die in Zellkulturen und biochemischen Experimenten genutzt werden, z.B. HEPES, MES, PIPES und MOPS.

Gramfärbung: (engl. Gram's stain), eine differentielle Färbung, die Bakterien in zwei Gruppen einteilt, grampositive und gramnegative Bakterien, je nachdem, ob sie die kristallviolette Färbung nach einer Entfärbung mit organischen Lösungsmitteln wie z.B. Ethanol, behalten oder nicht.

Gramnegativ: (engl. gram negative), bei einer Gramfärbung verlieren gramnegative Bakterien nach der Alkoholbehandlung die primäre Färbung und behalten nur die rosa Gegenfärbung.

Grampositiv: (engl. gram positive), bei einer Gramfärbung behalten grampositive Bakterien die violette Farbe der primären Färbung, auch nach der Alkoholbehandlung.

Gravitationskraft: (engl. gravitational force, g force).

Grünfluoreszierendes Protein (GFP): (engl. green-fluorescent protein), ein Protein aus der Qualle *Aequorea victoria*, das bei Bestrahlung mit Licht der Wellenlänge 395 nm ein grünes Licht abgibt.

Halbwertszeit: (engl. half-life), die Zeit, bis die Hälfte der Radioaktivität einer Probe abgeklungen ist.

Heiß: (engl. hot), Laborjargon für „radioaktiv". Gegenteil von „cold" = nicht radioaktiv.

Heteroduplex: engl. = dt., eine doppelsträngige DNA, bei der ein Strang von einer anderen, meistens unterschiedlichen, aber ähnlichen Quelle stammt.

Hintergrund: (engl. background), ein Effekt, der sowohl bei unbehandelten als auch bei behandelten Proben gleich stark auftritt.

Hochdurchsatz: (engl. high-throughput), automatisierte Analyse im großen Maßstab.

Hybridisierung: (engl. hybridization, annealing), das Ausbilden von doppelsträngigen Nucleinsäuren aus zwei einzelsträngigen Nucleinsäuren, z.B. das Binden eines Oligonucleotids an die DNA-Matrize bei der PCR.

Hybridom: (engl. hybridoma), das Fusionsprodukt einer unsterblichen (Krebs-)Zelle mit einer einzigen B-Lymphozyte. Die so unsterbliche B-Zelle produziert einen monoklonalen Antikörper.

Hydrophil: (engl. hydrophylic), „wasserliebend", neigt dazu, sich mit Wasser zu mischen.

Hydrophob: (engl. hydrophobic), „wasserfürchtend", neigt dazu, sich mit Wasser nicht zu mischen.

Hygroskopisch: (engl. hygroscopic), nimmt Luftfeuchtigkeit auf.

Immobilisiertes Enzym: (engl. immobilized enzyme), ein Enzym, das an eine Matrix gekoppelt ist, über die ein Substrat geleitet wird, um es in ein Produkt umzusetzen.

Immunglobulin: (engl. immunoglobulin), Antikörper.

Immunoblot (Western-Blot): engl. = dt., Nachweis von Proteinen, die auf Membranen immobilisiert sind, durch die Bindung von spezifischen Antikörpern.

Impfbank: (engl. hood), auch Sterilbank.

Impföse, Impfnadel: (engl. inoculating loop, inoculating needle), Stab aus Metall oder Plastik, der benutzt wird, um eine Probe von Mikroorganismen in frisches Medium zu geben.

Induktive Überlegung: (engl. inductive thought), Betrachten der gesammelten Daten und daraus Entwerfen einer Hypothese, die die beobachteten Daten erklärt.

Induzierbar: (engl. inducable), die Fähigkeit eines Proteins, als Reaktion auf eine extern zugegebene Substanz gebildet zu werden.

Infektion: (engl. infection), Invasion des Körpers mit Mikroorganismen, die dann wachsen können.

Infektiöser Abfall: (engl. infectious waste), Abfall, der onkogene oder pathogene Organismen enthält und Krankheiten erzeugen kann.

Inhibierung (Inhibition): (engl. inhibition), Verhindern von Wachstum oder Funktion.

Inkubieren: (engl. incubate), eine Probe unter bestimmten Bedingungen halten, nicht zwangsläufig in einem Inkubationsschrank.

Inokulum: (engl. inoculum), Material, das zum Animpfen (inokulieren) einer Kultur verwendet wird.

In situ: engl. = dt., lateinisch für „am Urprungsort", experimentelle Verfahren, bei denen das experimentelle Material nicht entfernt wird, z.B. *in-situ*-Hybridisierung von Geweben.

Ion: engl. = dt., ein Atom oder Molekül, das eine Ladung trägt.

Ionenaustausch: (engl. ion exchange), der Ersatz von Ionen durch andere Ionen, normalerweise an der Oberfläche eines speziellen Harzes, das als Reservoir für Ionen dient.

Ionisches Detergens: (engl. ionic detergent), Detergens, bei dem die hydrophile Kopfgruppe geladen ist. Je nach Ladung unterscheidet man anionische Detergenzien und kationische Detergenzien. Siehe auch: nichtionisches Detergens.

Ionisierende Strahlung: (engl. ionizing radiation), elektromagnetische Strahlung hoher Energie, die Elektronen aus Molekülen herausschlagen kann und so Ionen erzeugt.

Ionophor: (engl. ionophore), eine Substanz, die Ionen bindet und so über Membranen transportieren kann.

Isoelektrischer Punkt: (engl. isoelectric point), der pH-Wert, bei dem die Gesamtladung eines Moleküls neutral ist.

Isoschizomer: (engl. = dt.), unterschiedliche Restriktionsenzyme, die in der gleichen Erkennungssequenz schneiden.

Isotop: (engl. isotope), Atome von Elementen, die sich in der Anzahl der Neutronen im Kern unterscheiden.

Kalibrieren: (engl. calibrate), die Überprüfung, Einstellung und systematische Standardisierung der Skala (oder des Ausgangssignals) eines Messinstruments.

Kalt: (engl. cold), Laborjargon für „nicht radioaktiv". Gegenteil von „heiß" = radioaktiv.

Kamm: (engl. comb), ein Stück Plastik oder Teflon, mit dem die Taschen in einem Gel hergestellt werden.

Kapillareffekt: (engl. capillary action), die spontane Bewegung von Flüssigkeit in dünne Röhren oder Fasern hinein, bedingt durch Adhäsions- und Kohäsionskräfte und Oberflächenspannung.

Karzinogen: (engl. carcinogen), eine Substanz, häufig ein Mutagen, die die Bildung von Tumoren auslöst.

Katabolismus: (engl. catabolism), Reaktionen, die Stoffwechselprodukte abbauen. Siehe auch: Anabolismus und Metabolismus.

Kathode: (engl. cathode), negativ geladene Elektrode (Minuspol), von der die Kationen angezogen werden. Siehe auch: Anode.

Kation: (engl. cation), ein positiv geladenes Ion. Kationen wandern im elektrischen Feld zur Kathode (Minuspol). Siehe auch: Anion.

Kationisches Detergens: (engl. cationic detergent), Detergens, bei dem die hydrophile Funktion aus einer kationischen Gruppe besteht, häufig quartäre Aminogruppen, wie z.B. im CPC und CTAB.

Kausalität: (engl. causality), der Zusammenhang zwischen etwas, das einen Effekt auslöst und dem ausgelöstem Effekt.

Keimzahlbestimmung: (engl. viable count), Messung der Konzentration lebender Zelle in einer mikrobiellen Population

Kinase: engl. = dt., ein Enzym, das Phosphate auf andere Moleküle, z.B. ein Protein (Proteinkinase), überträgt.

Klebrige Enden: (engl. sticky ends), auch überhängende Enden, Enden eines DNA-Moleküls, die einen kurzen einzelsträngigen Überhang haben. Siehe auch: stumpfe Enden.

Klon: (engl. clone), eine Population von Zellen, die alle von der gleichen Zelle abstammen.

Klonierungsvektor: (engl. cloning vector), ein DNA-Molekül, das für die Vermehrung einer Fremd-DNA genutzt werden kann.

Knockout: engl. = dt., Laborjargon, die Unterbrechung eines Gens durch eine Insertion, sodass es nicht transkribiert werden kann.

Knospen: (engl. budding), (1) Asexuelle Reproduktion (meistens bei Hefen), die mit einer Ausstülpung der Elternzelle beginnt, die wächst und zur Tochterzelle wird. (2) Freisetzen eines Virus durch die Plasmamembran einer tierischen Zelle.

Köhler-Beleuchtung: (engl. Koehler illumination), auch „Köhlern". Verfahren zum Einstellen des Lichtmikroskops, um eine optimale Beleuchtung zu erhalten.

Kolonie: (engl. colony), eine Ansammlung von Bakterienklonen, die mit bloßem Auge sichtbar ist.

Koloniebildende Einheit: (engl. colony forming unit, cfu), eine Einheit, (üblicherweise eine einzelne lebende Zelle), die auf einer Agarplatte eine Kolonie ausbilden kann.

Kompetenz: (engl. competence), die Fähigkeit eines Bakteriums, DNA aufzunehmen und so genetisch transformiert zu werden.

Komplexes Medium: (engl. complex medium), auch undefiniertes Medium, ein Medium, dessen exakte chemische Zusammensetzung unbekannt ist.

Komplexer Puffer: (engl. complex buffer), ein Puffer, der aus mehreren Zutaten besteht.

Konsensussequenz: (engl. consensus sequence), eine Sequenz, in der die Basen oder Aminosäuren dargestellt werden, die beim Vergleich vieler Sequenzen am häufigsten vorkommen.

Konsistent: (engl. consistent), Übereinstimmung nachfolgender Ergebnisse.

Konstitutiv: (engl. constitutive), geschieht ständig ohne Stimulus.

Kontaktinhibierung: (engl. contact inhibition), die Inhibierung des Zellwachstums und der Zellteilung in einer Zellkultur, die durch den physischen Kontakt zwischen den Zellen ausgelöst wird.

Kontamination: (engl. contamination), ein relativer Begriff für etwas, was da ist, wo es nicht sein soll bzw. hingehört, z.B. Bakterien in eukaryotischen Zellkulturen, Radioaktivität in der Zentrifuge, fremde DNA im PCR-Ansatz, usw., usw.

Kontrast: (engl. contrast), der Unterschied zwischen hellen und dunklen Elementen in der Mikroskopie.

Kontrolle: (engl. control), eine Standardprobe, mit der die experimentellen Variationen verglichen werden können.

Kopienzahl: (engl. copy number), (1) Anzahl der Kopien eines Plasmids pro Zelle, (2) Anzahl der Kopien eines Gens im Genom.

Korrelation: (engl. correlation), ein Zusammenhang zwischen zwei Entitäten.

Korrelationskoeffizient: (engl. correlation coefficient), beschreibt die Stärke der Korrelation zwischen zwei Effekten.

Kühlfalle: (engl. cooling trap oder vapor trap), eine gekühlte Kammer, die verhindert, dass flüchtige Substanzen in die Vakuumpumpe gesaugt werden.

Kultur: (engl. culture), ein bestimmter Stamm oder eine bestimmte Art von Organismus, der unter Laborbedingungen wächst.

Küvette: (engl. cuvette), ein Probengefäß für das Spektrophotometer.

lacZ: engl. = dt., bakterielles Gen, das für eine β-Galactosidase kodiert. Wird als Reportergen z.B. nach Transformationen bei Klonierungen eingesetzt. Siehe auch: Blau-Weiß-Selektion.

Lag-Phase: (engl. lag phase), Wachstumsphase von Bakterien direkt nach dem Animpfen, bevor das exponentielle Wachstum beginnt.

Lambda (λ): Symbol für die Wellenlänge.

Laminarstrom: (engl. laminar flow), sterile Luft, die über die Arbeitsfläche in einer Sterilbank geblasen wird.

Lauf: (engl. run), das Durchführen eines Experiments oder einer Technik, z.B. der Zentrifugenlauf, der HPLC-Lauf, ein Gel laufen lassen, die FPLC laufen lassen.

Laufpuffer: (engl. running buffer), der Puffer, der für die Elektrophorese verwendet wird.

Lebensfähig: (engl. viable), lebendig, fähig sich zu reproduzieren.

Leuchttisch: (engl. light box), ein Leuchtschirm, auf dem man Dias, Objektträger, Gele und Autoradiogramme anschauen kann.

Leukocyt: (engl. leukocyte), ein weißes Blutkörperchen, meistens ein Phagocyt.

Ligand: engl. = dt., (1) eines der Moleküle oder Metallionen in einem Komplex, (2) das Antigen für einen bestimmten Antikörper, (3) ein Molekül, das an einen Rezeptor bindet.

Ligase: engl. = dt., Enzym, das zwei DNA-Stücke miteinander verbindet.

Lineare Regression: (engl. linear regression), mathematisches Verfahren, um eine optimale Gerade durch eine Anzahl von Datenpunkten zu legen.

Lipopolysaccharid (LPS): (engl. lipopolysaccharide), komplexe Lipidstruktur aus ungewöhnlichen Zuckern und Fettsäuren, die in der äußeren Zellwand gramnegativer Bakterien gefunden wird. LPS hat nachhaltige Effekte auf Säugerzellen.

Lowry-Test: (engl. Lowry assay), Methode zur Proteinbestimmung, neuerdings durch den BCA-Test ersetzt.

Lumineszenz: (engl. luminescence), Abgabe von Licht bei Rückkehr eines Moleküls aus einem angeregten Zustand. Siehe auch: Chemilumineszenz.

Luziferase: (engl. luciferase), ein Enzym aus marinen Bakterien, das Licht erzeugt, kodiert vom *lux*-Gen. *lux*-Gene werden als Teil einer transkriptionalen Fusion als Reportergene eingesetzt.

Lyse: (engl. lysis), Aufschluss einer Zelle, der zum Freisetzen des Zellinhalts führt.

Lysogen: engl. = dt., Zustand von Bakterien, die DNA eines Phagen in ihrer chromosomalen DNA eingebaut haben.

Lytisch: (engl. lytic), Entwicklungszyklus von Phagen, in dem neue Phagen gebildet werden und die Bakterien zur Freisetzung der Phagen lysiert werden.

Makromolekül: (engl. macromolecule), ein Molekül mit einer Masse größer 1 000 Dalton.

Markerfarbstoff: (engl. tracking dye), Farbstoff bekannter Größe (Masse), mit dem der Verlauf einer Elektrophorese verfolgt werden kann, z.B. Bromphenolblau und Xylencyanol.

Markierung: (engl. label), Anbringen eines Indikatormoleküls (z.B. Radioaktivität) an eine Zelle oder ein Makromolekül.

Massenspektrometer: (engl. mass spectro(photo)meter), ein Gerät, mit dem die Masse von Ionen bestimmt wird, indem diese durch elektrische und magnetische Felder beschleunigt werden.

Mechanistischer Ansatz: (engl. mechanistic approach), das Durchführen von Experimenten, um herauszufinden, wie Dinge funktionieren.

Medium: (engl. medium, Plural: media), Plural: Medien, eine Flüssigkeit oder festes Material, das für die Anzucht, Erhaltung oder Lagerung von Mikroorganismen oder Zellen angesetzt wird.

Meerrettich-Peroxidase: (engl. horseradisch peroxidase, HRP), eine Peroxidase aus Meerrettich, die als Reporter an Proteine oder Nucleinsäuren gekoppelt wird. Bei Zugabe eines chromogenen Substrats wird dieses durch die Peroxidase zu einem farbigen Produkt oxidiert.

Meniskus: (engl. meniscus), die Wölbung einer Flüssigkeitsoberfläche an der Flüssigkeit/Luft-Grenzschicht. Beim Abmessen von Flüssigkeiten liest man am unteren Meniskus ab.

Messpipette: (engl. measuring pipette, auch Mohr pipette), hat eine Skala, die es einem ermöglicht, verschiedene Volumina zu pipettieren.

Metabolismus: (engl. metabolism), alle biochemischen Reaktionen in der Zelle, sowohl anabole als auch katabole Reaktionen.

Mikroaerophile Bakterien: (engl. microaerophilic bacteria), Bakterien, die zwar Sauerstoff benötigen, aber weniger, als in der Atmosphäre vorhanden ist.

Mikroorganismus: (engl. microorganism), ein lebender Organismus, der zu klein ist, um mit dem bloßem Auge gesehen zu werden. Dazu gehören Bakterien, Pilze, Protozoen, mikroskopische Algen und Viren.

Milli-Q: Markenname (der Firma Millipore) für ein Wasseraufbereitungssystem, das mit Filtern und Ionenaustauscherharzen reines Wasser für Laborzwecke herstellt.

Minimalmedium: (engl. basal medium), ein Medium ohne besondere Zusätze, das das Wachstum vieler Mikroorganismen ermöglicht, die keine speziellen Ernährungszusätze benötigen.

Mischbar: (engl. miscible), in jeglichen Verhältnissen ineinander löslich.

Mitogen: engl. = dt., eine Substanz, die in der Lage ist, bei bestimmten Zellen eine Mitose auszulösen.

Molarität: (engl. molarity), Anzahl der Mole einer Substanz pro Liter Lösung.

Mol: (engl. mole), ein Mol einer Substanz entspricht der Molekülmasse in Gramm. Beispiel: 1 mol Kohlenstoff (Atommasse: 12 Da) wiegt 12 Gramm.

Molekülmasse: (engl. molecular mass, molecular weight), die Summe der Atommassen eines Moleküls.

Monoklonaler Antikörper: (engl. monoclonal antibody), ein Antikörper der von Klonen *einer* B-Zelle produziert wird. Alle Antikörper haben die gleiche Bindespezifität. Wird in Mäusen, Hamstern oder Ratten hergestellt, üblicherweise in Mäusen.

Monocyt: (engl. monocyte), zirkulierende weiße Blutkörperchen, die eine Menge Lysosomen enthalten und sich in Makrophagen umwandeln können.

Motilität: (engl. motility), Beweglichkeit, die Fähigkeit einer Zelle, sich selbständig bewegen zu können.

Mutagen: engl. = dt., eine Substanz, die vererbliche genetische Schäden verursacht.

Mutant: engl. = dt., ein Organismus oder Gen, das sich vom zugehörigen Wildtyp durch eine oder mehrere Mutationen unterscheidet.

Mycoplasmen: (engl. mycoplasmas), eine Gruppe von zellwandlosen Bakterien, sehr klein (vielleicht die kleinsten Organismen, die zu autonomen Wachstum fähig sind) und als Kontamination ein leidiges Problem in der Gewebekultur.

Nähragar: (engl. nutrient agar), Nährmedium für Bakterien, das mit Agar versetzt wurde und daher fest ist.

Nährmedium: (engl. nutrient broth), ein flüssiges Basalmedium für viele Anwendungen, das z.B. aus Fleischextrakt und Pepton besteht, in dem viele Organismentypen wachsen können.

Nasspräparat: (engl. wet mount), in der Mikroskopie: eine flüssige Probe auf einem Objektträger.

Negativkontrolle: (engl. negative control), experimentelle Kontrolle, die zeigt, wie das Fehlen eines Effekts aussieht. Siehe auch: Positivkontrolle.

Nekrose: (engl. necrosis), vormals als unspezifischer Zelltod betrachtet, ist durch eine traumatisierte Membran und Veränderungen im Cytoplasma gekennzeichnet.

Newsgroups: (engl. = dt.), Gruppen mit speziellen Interessen, bei denen die Diskussionen über das Internet geführt werden.

Nichtionisches Detergens: (engl. nonionic detergent), Detergens, bei dem die hydrophile Kopfgruppe ungeladen ist; wobei die Hydrophilie durch OH-Gruppen vermittelt wird. Beispiele sind die Triton-Detergenzien und Octylglycosid.

Nick-Translation: (engl. nick translation), eine Methode zur Herstellung von DNA-Sonden, bei der die DNA mit DNAse behandelt wird, um Einzelstrangbrüche zu erzeugen. Durch Zugabe von DNA-Polymerase I und markierter Nucleotide werden letztere von den Brüchen ausgehend eingefügt.

Nonsense-Mutation: (engl. nonsense mutation), Mutation, die ein aminosäurekodierendes Codon in ein Stoppcodon umwandelt.

Normal: engl. = dt., eine Lösung, die ein Mol Äquivalente pro Liter enthält.

Normalität: (engl. normality), errechnet sich aus der Molarität der Substanz, multipliziert mit der Anzahl der Äquivalente der Substanz (bei Säuren z.B. Protonen). Schwefelsäure (H_2SO_4) kann z.B. 2 Protonen abgeben, eine 1 molare Schwefelsäurelösung ist daher 2 normal.

Northern-Blot: (engl. = dt.), Hybridisierung einer einzelsträngigen Nucleinsäuresonde (aus DNA oder RNA) an RNA-Moleküle, die auf einer Membran immobilisiert sind. Siehe auch: Southern-Blot, Western-Blot.

Nucleotid: (engl. nucleotide), monomerer Baustein von Nucleinsäuren, bestehend aus einem Zucker (Ribose), einem Phosphat und einer Stickstoffbase.

Nullhypothese: (engl. null hypothesis), die Annahme, dass die Abweichungen in den experimentellen Ergebnissen zufällig sind. Ein Verwerfen der Nullhypothese bedeutet, dass die Unterschiede nicht auch zufälligen Schwankungen beruhen.

Objektträger: (engl. slide), ein Stück Plastik oder Glas, auf dem Gewebe oder Organismen zur Färbung und Mikroskopie immobilisiert werden.

Obligat: (engl. obligate), ein Adjektiv, das sich auf etwas bezieht, was immer für das Wachstum eines Organismus benötigt wird; z.B. ein obligater Aeorobier (braucht unbedingt Sauerstoff). Siehe auch: fakultativ.

Offener Leserahmen (ORF): (engl. open reading frame), der Abschnitt eines DNA-Moleküls, der mit einem Startcodon beginnt und mit einem Stoppcodon endet.

Oligonucleotid: (engl. oligonucleotide), ein kurzes Nucleinsäuremolekül, kann aus einem Organismus stammen oder künstlich hergestellt werden.

Organell: (engl. organelle), ein membranumschlossener Körper in der Zelle, der eine bestimmte Funktion ausführt. Nur in eukaryotischen Zellen vorhanden.

Organisch: (engl. organic), eine Substanz, die Kohlenstoff enthält. Bestimmte kleine Ionen und Substanzen, die Kohlenstoff enthalten (z.B. Kohlendioxid) werden aber als anorganisch bezeichnet.

Ortspezifische Mutagenese: (engl. site-directed mutagenesis), das Verändern (Austauschen, Inserieren, Deletieren) der Sequenz an einer spezifischen Stelle einer DNA durch bestimmte *in-vitro*-Verfahren.

Osmose: (engl. osmosis), Diffusion von Wasser durch eine semipermeable Membran aus Bereichen geringer Konzentration gelöster Stoffe in Richtung höherer Konzentration gelöster Stoffe.

Oxidation: engl. = dt., ein Prozess, bei dem ein Stoff Elektronen abgibt und so als Elektronendonor agiert und oxidiert wird.

Palindrom: (engl. palindrome), eine Nucleotidsequenz innerhalb einer DNA, bei der die gleiche Sequenz auf beiden Strängen vorliegt, allerdings in umgekehrter Richtung.

Paradigma: (engl. paradigm), Gedankenmuster, durch das eine Person alle Perspektiven filtert.

Parafokal: (engl. parafocal), Objektive mit sehr ähnlichen Fokusdistanzen, sodass beim Wechsel der Objektive keine oder nur geringe Änderungen an den Einstellungen durchgeführt werden müssen.

Passagieren: (engl. passage), Subkultivieren, das Überführen von Zellen aus einer Zellkultur von einem Kulturgefäß in ein anderes, üblicherweise mit Zugabe frischen Mediums.

Pathogenität: (engl. pathogenicity), die Fähigkeit eines Parasiten, seinem Wirt Schaden zuzufügen.

Pellet: engl. = dt., Laborjargon, das kompakte Sediment von Material oder Zellen, das nach einer Zentrifugation am Boden des Zentrifugengefäßes sitzt.

pH: ein logarithmisches Maß für die Konzentration von Wasserstoffionen einer Lösung.

Phagemid: engl. = dt., ein Klonierungsvektor, der entweder als Plasmid oder als Phage vermehrt werden kann.

Phänomenologie: (engl. phenomenology), eine Beschreibung der Tatsachen ohne zu analysieren. Ein notwendiger Schritt vor der mechanistischen Analyse.

Phänotypische Drift: (engl. phenotypic drift), die Neigung eines Organismus, sich mit der Zeit zu verändern.

Phosphatase: engl. = dt., ein Enzym, das Phosphatgruppen von Molekülen oder Proteinen entfernt.

Photomultiplier: (engl. phototube detector), wandelt Lichtsignale in elektrische Signale um.

Photon: engl. = dt., ein Energiequantum elektromagnetischer Strahlung.

Pilotversuch/-anlage: (engl. pilot), vorläufiges Modell für weitere Versuche.

Plaque: engl. = dt., ein lokaler Bereich von Zelllyse oder Zellinhibierung auf einer Zellschicht, die durch eine Viren- oder Phageninfektion ausgelöst wird.

Plasma: engl. = dt., der nichtzelluläre Anteil des Bluts.

Plasmazelle: (engl. plasma cell), eine terminal differenzierte B-Lymphocyte, die Antikörper ausschüttet.

Plasmid: engl. = dt., ein extrachromosomales genetisches Element, das nicht für das Wachstum notwendig ist und in keiner extrazellulären Form existiert.

Platten: (engl. plates), Laborjargon für Petri- oder andere Schalen mit Festmedium, auf denen Bakterien angezogen werden.

Plattieren: (engl. plate), auch Ausplattieren, das Verteilen von Zellen auf Medium.

Plattierungseffizienz: (engl. plating efficiency), Anzahl der Zellen (in Prozent), die Kolonien bilden.

Polyacrylamid: (engl. polyacrylamide), ein synthetisches Polymer, das eine Matrix für die Gelelektrophorese bildet.

Polymerase-Kettenreaktion (PCR): (engl. polymerase chain reaction), eine Methode zur *in-vitro*-Vermehrung von DNA, bei der Oligonucleotide als Primer benutzt werden, die komplementär zur Zielsequenz sind und eine thermostabile DNA-Polymerase, um die Zielsequenz zu kopieren.

Positivkontrolle: (engl. positive control), eine experimentelle Kontrolle, die zeigt, wie das Ergebnis bei Vorliegen eines Effektes aussieht.

Prähybridisierung: (engl. prehybridization), die Behandlung einer Oberfläche mit entsprechenden Makromolekülen zum Absättigen unspezifischer Bindestellen, bevor eine spezifische Sonde zugegeben wird.

Präzipitation: (engl. precipitation), (1) die Bildung eines Niederschlages in einer Lösung, häufig durch Kombination von Kationen und Anionen, die ein schwer- oder unlösliches Salz bilden. (2) Eine Reaktion zwischen Antikörper und Antigen, die in einer nachweisbaren Menge von Antikörper-Antigen-Komplex resultiert.

Primärstruktur: (engl. primary structure), die genaue Abfolge (Sequenz) der Grundbausteine in einem informativen Makromolekül wie Proteine oder Nucleinsäuren.

Primer: engl. = dt., Laborjargon, ein Oligonucleotid, an das neue Desoxyribonucleotide durch eine DNA-Polymerase addiert werden können.

Prophage: engl. = dt., Zustand des Genoms eines temperenten Phagen, wenn er sich synchron mit der Wirts-DNA vermehrt, wobei es normalerweise im Wirtsgenom integriert ist.

Protease: engl. = dt., ein Enzym, welches die Peptidbindungen, die die Aminosäuren in einem Protein verknüpfen, spaltet.

Protoplast: engl. = dt., eine Zelle, deren Zellwand entfernt wurde.

Puffer: (engl. buffer), eine Lösung, die bei Zugabe von kleineren Mengen Säure oder Base ihren pH-Wert beibehält.

Puls: (engl. pulse), für eine bestimmte, meist kurze Zeit behandeln.

Puls-Feld-Gelelektrophorese: (engl. pulsed-field gel electrophoresis), bei der Puls-Feld-Gelelektrophorese wird die Richtung des elektrischen Feldes periodisch geändert. Große DNA-Moleküle brauchen dabei länger, um sich neu auszurichten. So können auch sehr große DNA-Moleküle voneinander getrennt werden.

***P*-Wert:** (engl. *P* value), der Buchstabe *P* steht für die Wahrscheinlichkeit, dass ein bestimmtes Ereignis stattfindet. P hat einen Wert zwischen 0 und 1. Null bedeutet, dass es keine Chance gibt, dass das Ereignis stattfindet, eins bedeutet, dass es keine Chance gibt, dass das Ereignis *nicht* stattfindet.

Quartärstruktur: (engl. quaternary structure), die Beschreibung der Anzahl und Anordnung mehrerer Untereinheiten in einem Protein.

Quenching: engl. = dt., Laborjargon, auch Auslöschen. In der Mikroskopie: Reduktion von Fluoreszenz durch Schwermetallionen.

Radioaktivität: (engl. radioactivity), das spontane Ausstoßen von Partikeln oder elektromagnetischer Strahlung aus einem Atomkern. Diese Strahlung kann sichtbar gemacht und gemessen werden, Radioaktivität eignet sich daher gut als Markierung.

Radioimmunnachweis: (engl. radioimmunoassay), ein immunologisches Testverfahren, bei dem radioaktiv markierte Antikörper oder Antigene für den Nachweis bestimmter Substanzen benutzt werden.

Radioisotop: (engl. radioisotope), ein instabiles Isotop eines Elements, das spontan zerfällt und dabei radioaktive Strahlung abgibt.

Radionucleotid: (engl. radionucleotide), ein radioaktiv markiertes Nucleotid.

Random priming: engl. = dt., Laborjargon. Eine Methode zur Markierung von Nucleinsäuren, wobei die *in-vitro*-Transkription durch eine Mischung von Zufallsprimern gestartet wird.

Reagenz: (engl. reagent), eine chemische Substanz, die in bestimmter Art und Weise reagiert und als Bestandteil einer chemischen Reaktion eingesetzt wird.

Reduzierendes Agenz: (engl. reducing agent), eine Chemikalie, die Disulfidbrücken spaltet.

Regulation: engl. = dt., Prozesse wie Induktion und Repression, die die Rate der Proteinsynthese kontrollieren.

Rekombinante (rekombinierte) DNA: (engl. recombinant DNA), ein DNA-Molekül, das DNA von zwei oder mehr Quellen enthält.

Reportergen: (engl. reporter gene), (1) ein Gen, das als Indikator für einen erfolgreichen Gentransfer eingesetzt wird. (2) Ein Gen, dessen Expression durch die DNA-Regionen kontrolliert wird, die man untersuchen möchte.

Retrovirus: engl. = dt., ein Virus, das einzelsträngige RNA als Erbgut enthält und das mit Hilfe einer reversen Transkriptase daraus eine komplementäre DNA herstellt.

Reverse Osmose: (engl. reverse osmosis), Wasser wird durch eine semipermeable Membran gepresst, die Salz und Partikel zurückhält und sie so aus dem Wasser entfernt.

Röntgen: (engl. Roentgen), nichtgesetzliche Einheit für die Ionendosis. Nach dem deutschen Physiker Wilhelm Conrad Röntgen.

Röntgenstrahlung: (engl. X-ray), hochenergetische Strahlung, die genug Energie aufweist, um innere Elektronenschalen von Atomen zu ionisieren.

Salz: (engl. salt), eine ionische Substanz, die durch Ersatz eines Wasserstoffions einer Säure mit einem anderen Kation ensteht, z.B. NaCl oder KCl aus HCl.

Sammelleitung: (engl. manifold), Aufbau mehrerer Leitungen, mit dem mehrere Gasflaschen über ein Regulierventil gesteuert werden können.

Säure: (engl. acid), eine Substanz, die ein Proton abgeben kann und daher eine positive Ladung tragen kann. Eine Säure hat einen pH-Wert kleiner 7.

Schimmelpilz: (engl. mold, oder mould (BE)), ein filamentöser Pilz, häufige Kontamination bei der Gewebekultur.

Schneiden: (1) eine Probe für die Mikroskopie zerkleinern (engl. section, slice). (2) eine DNA mit Restriktionsenzymen behandeln (engl. cut).

Sedimentieren: (engl. sediment), Setzenlassen von Partikeln in einer Lösung durch Schwerkraft oder Zentrifugation.

Seife: (engl. soap), Salz einer Fettsäure.

Sekundärstruktur: (engl. secondary structure), die originären Faltungsmuster eines Polypeptids oder Polynucleotids, üblicherweise das Ergebnis von Wasserstoffbrückenbindungen.

Selektion: (engl. selection), Organismen unter Bedingungen setzen oder anziehen, bei denen das Wachstum von Organismen mit einem bestimmten Genotyp bevorzugt wird. Am häufigsten wird Antibiotika-Selektion verwendet.

Selektionsmedium: (engl. selective medium), ein Medium, auf dem das Wachstum bestimmter Mikroorganismen gegenüber anderen bevorzugt wird. Ein Medium mit Antibiotikum z.B. erlaubt nur das Wachstum solcher Mikroorganismen, die dagegen resistent sind.

Semipermeable Membran: (engl. semipermeable membrane), eine Membran, die selektiv bestimmten Molekülen den Durchlass erlaubt, während andere zurückgehalten werden.

Serologie: (engl. serology), die Untersuchung von Antigen-Antikörperreaktionen *in vitro*.

Serum: engl. = dt., der flüssige Anteil des Blutes, der verbleibt, nachdem die Blutzellen und die Bestandteile, die für das Gerinnen verantwortlich sind, entfernt wurden.

Sicherheitsbeauftragter: (engl. Laboratory Safety Officer), ein Mitarbeiter, der am Institut auf die Einhaltung der Sicherheitsbestimmungen achtet und ein Bindeglied zur Abteilung für Arbeitssicherheit darstellt.

Sicherheitsdatenblatt: (engl. material safety data sheet, MSDS), enthält die Beschreibung der Eigenschaften einer Chemikalie, die zu jeder Chemikalie vom Hersteller oder Lieferant mitgeliefert werden muss.

Sicherheits-Laborkanne: (engl. safety can): brennbare Flüssigkeiten sollten in Gefäßen gelagert werden, die die Entstehung entflammbarer Dämpfe kontrollieren. Diese Kannen müssen leckdicht sein, automatisch entlüften, um Überdruck zu entlassen und nach Benutzung automatisch schließen.

Sicherheitswerkbank: (engl. biosafety cabinet, biohazard cabinet), ein Abzug oder eine Arbeitsbank, die so ausgestattet ist, dass der Experimentator vor dem Material, mit dem er arbeitet, geschützt ist. Sicherheitswerkbänke gibt es in drei verschiedenen Sicherheitsklassen, angepasst an das Risikopotential des jeweiligen Organismus.

S.I.-Einheiten: (engl. standard units), Einheiten nach dem internationalen Einheitensystem (Systeme International d'Unité), die sich von sieben Basiseinheiten ableiten.

Signifikant: (engl. significant), ein Ergebnis ist statistisch signifikant, wenn sein P-Wert einen bestimmten Wert unterschreitet. Ein statistisch signifikantes Ergebnis ist nicht zwangsläufig auch wichtig!

Sonde: (engl. probe), (1) DNA-Sonde. Ein DNA-Strang, der markiert wurde und zur Hybridisierung an ein komplementäres Molekül aus einer Mischung anderer Nucleinsäuren benutzt wird. (2) Ein kurzes Oligonucleotid mit spezifischer Sequenz, das als Hybridisierungssonde genutzt wird, um pathogene Organismen zu identifizieren.

Southern-Blot: (engl. Southern blot), Hybridisierung einer einzelsträngigen Nucleinsäuresonde (DNA oder RNA) an DNA-Fragmente, die auf einer Membran gebunden sind. Siehe auch: Western-Blot, Northern-Blot.

Spezifische Aktivität: (engl. specific activity), (1) die Radioaktivität einer radioaktiven Substanz pro Masse, je höher die spezifische Aktivität, desto stärker ist das Molekül radioaktiv. (2) Enzymaktivität pro Proteinmenge.

Splitten: (engl. split), Laborjargon für das Aufteilen (Subkultivieren) einer Zellkultur.

Spore: engl. = dt., eine allgemeine Bezeichnung für widerstandsfähige Ruhestadien, die von vielen Prokaryoten und Pilzen gebildet werden.

Spur: (engl. lane), der Weg, den eine Probe während der Elektrophorese wandert.

Stamm: (engl. strain), eine Unterkategorie einer Art, die spezifische Eigenschaften aufweist.

Standard: engl. = dt., ein anerkanntes Vergleichsmaß zur qualitativen und quantitativen Analyse.

Standardabweichung: (engl. standard deviation), die Quadratwurzel der Varianz, ein Maß für die Streuung der Daten.

Standardkurve: (engl. standard curve), die graphische Darstellung der Konzentration einer bekannten Substanz gegen eine Eigenschaft dieser Substanz, die von der Konzentration abhängig ist (z.B. Extinktion).

Stationäre Phase: (engl. stationary phase), die Periode während des Wachstumszyklus einer Population, bei der das Wachstum aufhört.

Steril: (engl. sterile), frei von lebenden Organismen und Viren.

Stickstoffkavitationsbombe: (engl. nitrogen cavitation bomb), Gerät zum Aufschluss von Zellen.

Stöchiometrie: (engl. stoichiometry), das Verhältnis der Stoffmengen von Substraten und Produkten in einer chemischen Reaktion.

Stocklösung: (engl. stock solution), Laborjargon, Vorratslösung oder konzentrierte Lösung einer Substanz, aus der üblicherweise verdünnt wird.

Stromabwärts: (engl. downstream (position)), bezieht sich bei Nucleinsäuresequenzen auf Abschnitte, die vom Bezugspunkt aus in Richtung des 3'-Endes liegen.

Stromaufwärts: (engl. upstream (position)), bezieht sich bei Nucleinsäuresequenzen auf Abschnitte, die vom Bezugspunkt aus in Richtung des 5'-Endes liegen.

Stumpfe Enden: (engl. blunt ends), auch glatte Enden. Enden von DNA-Molekülen, die vollständig basengepaart sind (d.h. die keine Überhänge haben). Siehe auch: klebrige Enden.

Subkultivieren: (engl. subculture), Aufteilen einer Kultur mit gleichzeitigem Mediumwechsel. Siehe auch: Splitten.

Substrat: (engl. substrate), das durch die katalytische Wirkung eines Ezyms umzusetzende Molekül oder Ion.

Superspiralisiert: (engl. supercoiled), starke Spiralisierung zirkulärer DNA.

Svedberg-Konstante, S-Wert: (engl. Svedberg constant, S value), Sedimentationskoeffizient, die Beschleunigung eines Partikels in einem Zentrifugationsfeld.

Synergistischer Effekt: (engl. synergistic effect), das gleichzeitige Wirken von A und B hat einen stärkeren Effekt, als die Summe der Einzelwirkungen von A und B. Siehe auch: additiver Effekt.

Szinitillationszähler: (engl. scintillation counter), ein Gerät, das schwache Lichtpulse detektiert, die durch radioaktive Strahlung oder chemische Reaktionen generiert werden.

Szintillator: (engl. fluor, scintillant), die lichtabgebenden Moleküle im Szintillationscocktail.

Tasche: (engl. well), die Aussparung in einem Gel, in die die Probe geladen wird.

TCA-Fällung: (TCA precipitation), die Verwendung von Trichloressigsäure, um Proteine oder DNA aus einer Lösung zu fällen.

Template: (engl. template), Laborjargon, eigentlich Schablone, üblicherweise eine DNA, die als Matrize für weitere Reaktionen genutzt wird, z.B. für die PCR.

Teratogen: engl. = dt., eine Substanz, die schädigend auf die Entwicklung des Embryos wirkt.

Tertiärstruktur: (engl. tertiary structure), die fertige Raumstruktur eines Proteins, das zuvor die Sekundärstruktur erlangte.

Testverfahren: (engl. assay), quantitative oder qualitative Analyse.

Tiefenschärfe: (engl. depth of field), die Strecke entlang der optischen Achse in einem Objekt, in der das Bild halbwegs scharf erscheint.

Titer: engl. = dt., (1) Angabe für eine Antikörperkonzentration, häufig angegeben als Verdünnung, z.B. 1:10 000. (2) Konzentration von Bakterien in einer Kultur, bestimmt durch Ausplattieren und Zählen der Kulturen. (3) Konzentration von Phagen in einer Probe, bestimmt durch das Auszählen von Plaques.

Titration: engl. = dt., Mischung zweier Reagenzien, von denen eins in bekannter Konzentration vorliegt. Durch ein bestimmtes Nachweisverfahren (z.B. pH-Indikator) kann ermittelt werden, bei welcher zugegebenen Menge beide Reagenzien vollständig miteinander reagiert haben. So kann die Konzentration des anderen Reagenz bestimmt werden.

Toxisch: (engl. toxic), giftig, eine Substanz, die bei bestimmten Konzentrationen tödlich sein kann.

Trans: engl. = dt., (1) Stellung von Substituenten an gegenüberliegenden Seiten einer C-C-Doppelbindung. (2) Gruppen, die sich in Komplexen gegenüber stehen. (3) Ein Effekt, der von einem Beteiligten außerhalb der Einheit bewirkt wird. Siehe auch: cis.

Transduktion: (engl. transduction), Übertragung von genetischem Material eines Wirts über Viren oder Bakteriophagen.

Transfektion: (engl. transfection), (1) die Transformation einer eukaryotischen Zelle mit DNA oder RNA aus einem Virus. (2) Der Prozess der genetischen Transformation in einer eukaryotischen Zelle.

Transformation: engl. = dt., (1) die Übertragung von genetischer Information in eine prokaryotische Zelle durch freie DNA. (2) Ein durch einen Virus verursachter Prozess, bei dem aus einer normalen Zelle eine Krebszelle wird.

Transgen: (engl. transgenic), eine Pflanze oder ein Tier, das durch gentechnische Modifizierung ein fremdes Gen enthält.

Transilluminator: (engl. UV box), ein Leuchttisch, der UV-Licht verwendet.

Transmission: (engl. transmittance), der Anteil des Lichts, der durch eine Substanz dringt.

Transposition: engl. = dt., die Bewegung eines DNA-Stücks innerhalb des Genoms, üblicherweise durch ein Transposon bedingt.

Transposon: engl. = dt., ein genetisches Element, das die Eigenschaft aufweist, innerhalb eines Genoms die Position zu wechseln.

Trockeneis: (engl. dry ice), gefrorenes Kohlendioxid (CO_2), wird deshalb Trockeneis genannt, weil es eine starke Tendenz zur Sublimation (d.h. der direkten Übergang von der Fest- in die Gasphase ohne zwischenzeitliche Flüssigphase) hat.

Trockenlauf: (engl. dry run), auch Testlauf, Experiment, das zum Testen des Ablaufs erst einmal ohne eine oder mehrere (teure/gefährliche/usw.) Substanzen durchgeführt wird.

Trypsin: engl. = dt., ein proteolytisches Enzym, das unter anderem dazu benutzt wird, adhärente Zellen von der Kulturschale zu lösen. Es spaltet Proteine auf der Carboxylseite von Arginin und Lysin.

t-Test: engl. = dt., statistisches Verfahren, mit dem überprüft wird, ob zwei Messreihen zu signifikant unterschiedlichen Ergebnissen geführt haben.

Überstand: (engl. supernatant), die Flüssigkeit, die nach einer Zentrifugation über dem Sediment steht.

Untersuchen: (engl. assay), durch Experimente prüfen.

Variabilität: (engl. variability), Ausmaß des Unterschieds verschiedener Beobachtungen, üblicherweise angegeben als Spannbreite, Standardabweichung und Varianz.

Varianz: (engl. variance), Maß für die Verteilung der Daten. Die Varianz errechnet sich aus dem mittleren Quadrat der Abweichung vom Mittelwert.

Vektor: (engl. vector), (1) ein Plasmid oder Virus, das genutzt wird, um Gene in Zellen zu insertieren. (2) Ein Insekt oder anderes Tier, das Pathogene von einem Wirt zum nächsten transportieren kann.

Verdünnung: (engl. dilution), die Zugabe von Lösungsmittel zu einer Mischung, um die Konzentration eines gelösten Stoffes oder Bestandteils zu verringern.

Versuchsvorschrift: (engl. protocol), auch Protokoll, die Beschreibung einer experimentellen Methode.

Virulenz: (engl. virulence), Stärke der Pathogenität eines Krankheitserregers.

Wachstumskurve: (engl. growth curve), graphische Darstellung der Zunahme der Zellzahl mit der Zeit.

Wachstumsrate: (engl. growth rate), die Rate des Wachstums, üblicherweise angegeben als Generationszeit.

Wahrscheinlichkeit: (engl. probability).

Wärmeraum: (engl. warm room), ein Raum, der so beheizt werden kann, dass er als Inkubator benutzt werden kann.

Waschen: (engl. wash), bei einem Pellet: das Entfernen des Überstands und erneutes Zentrifugieren des resuspendierten Pellets.

Wasserfrei: (engl. anhydrous), Beschreibung für eine Substanz, die kein Kristallwasser enthält oder für Lösungsmittel, aus denen Spuren von Wasser entfernt wurden.

Western-Blot: (engl. western blot), siehe Immunoblot. Siehe auch: Northern-Blot, Southern-Blot.

Wildtyp: (engl. wild type), ein Organismusstamm, der aus der Natur isoliert wurde. Auch: die natürliche oder übliche Form eines Gens.

Wobble-Base: (engl. wobble base), die dritte Base eines Anticodons in der tRNA, die auch ungewöhnliche Basenpaarungen ausbilden kann.

Wolfram-Glühbirne: (engl. tungsten filament lamp), wird zur Erzeugung weißen Lichts (das alle sichtbaren Wellenlängen enthält) in Spektrophotometern benutzt.

X-Gal: (engl. X-gal), chromogenes Substrat für die β-Galactosidase.

Zählereignisse pro Minute: (engl. counts per minute, cpm), vom Messgerät erfasste radioaktive Zerfälle. cpm × Zähleffizienz (des Messgeräts) = (tatsächliche) Zerfälle (engl. disintegrations per minute, dpm).

Zellwand: (engl. cell wall), die Schicht oder Struktur außerhalb der Zellmembran, sie stützt und schützt die Zellmembran und verleiht der Zelle die Form. Hauptsächlich bei Bakterien, Pilzen- und Pflanzenzellen.

Zentrifugieren: (engl. centrifuge, spin).

Zerfall: (engl. decay), radioaktiver Zerfall eines Atomkerns.

Zerfälle pro Minute: (engl. disintegrations per minute, dpm).

Zugriffsnummer: (engl. accession number), eindeutige Kennzahl eines Datenbankeintrags (z.B. in GenBank).

Zweihybrid-System: (engl. two-hybrid system), System zum Nachweis der Interaktion zweier Proteine *in vivo* in der Hefe.

Zweitantikörper: (engl. secondary antibody), ein Antikörper, der an einen anderen Antikörper bindet, der selbst wiederum an ein Antigen gebunden ist. Der Zweitantikörper wird in der Regel verwendet, um den ersten Antikörper (Erstantikörper) nachzuweisen oder zu markieren.

Zwitterion: engl. = dt., ein Molekül mit je einer positiv und negativ geladenen Gruppe. Auch als Ampholyt oder dipolares Ion bezeichnet.

Englisches Stichwortverzeichnis zum Glossar

Absorbance: auch optical density, Extinktion

Accession number: Zugriffsnummer

Acid: Säure

Acrylamide: Acrylamid

Additive effect: additiver Effekt

Aerobe: Aerobier

Aerosol: engl. = dt.

Affinity: Affinität

Agar: engl. = dt.

Alkaline phosphatase: alkalische Phosphatase

Alpha (α) particle: Alpha-Teilchen

Ampholyte: Ampholyt

Amphoteric species: Amphoter

Amplification: Amplifikation

Ampoule: Ampulle

Anabolism: Anabolismus

Anhydrous: wasserfrei

Anion: engl. = dt.

Anionic detergent: anionisches Detergens

Annealing: Hybridisierung

Anode: engl. = dt.

Antibiotic: Antibiotikum

Antifungal, antimycotic: Antimykotikum

Antiseptic: Antiseptikum

Antiserum: engl. = dt.

Apoptosis: Apoptose

Artifact: Artefakt

Aseptic technique: aseptische Technik

Aspirate: Absaugen

Assay: untersuchen, Testverfahren

Atomic weight, atomic mass: Atommasse

Attenuation: engl. = dt.

Autoclave: Autoklav

Autoclave tape: Autoklavierband

Autoradiography: Autoradiographie

Auxotroph: engl. = dt.

Axenic: axenisch

Bacillus: Bazillus

Background: Hintergrund

Bactericidal: bakterizid

Bacteriostatic: bakteriostatisch

Badge: Filmdosimeter

Bake: backen

Band: Bande

Basal medium: auch minimal medium, Minimalmedium

Base: engl. = dt.

Baseline: Basislinie

Becquerel (Bq): engl. = dt.

Bench paper: Auslegepapier

Beta (β) particle: Beta-Teilchen

Biochemicals: Biochemikalien

Biohazard: Biogefährdung

Biosafety cabinet (biohazard cabinet): Sicherheitswerkbank

Blank: engl. = dt.

Bleaching (fading): Ausbleichen

Blotting: Blotten

Blue-white selection: Blau-Weiß-Selektion

Blunt ends: stumpfe Enden, glatte Enden

Bomb: Stickstoffkavitationsbombe

Box: auch gel box, Gelkammer

Boyle's Law: Gasgesetz von Boyle und Mariotte

Bremsstrahlung: engl. = dt.

Brushes: Bürsten

Budding: knospen

Buffer: Puffer

Calibrate: kalibrieren

Capillary action: Kapillareffekt

Carcinogen: Karzinogen

Catabolism: Katabolismus

Cathode: Kathode

Cation: Kation

Cationic detergent: kationisches Detergens

Causality: Kausalität

Caustic: ätzend

Cell wall: Zellwand

Chaotropic agent: chaotropes Agenz

Chelate: chelatieren

Chemical: Chemikalie

Chemical reactivity: chemische Reaktivität

Chemiluminescence: Chemilumineszenz

Chi-square test: χ^2 test, Chi^2-Test

Chromatography: Chromatographie
Chromogenic: chromogen
Cis: engl. = dt.
Clone: Klon
Cloning vector: Klonierungsvektor
Cold: kalt
Colony: Kolonie
Colony forming unit (cfu): koloniebildende Einheit
Comb: Kamm
Competence: Kompetenz
Complex buffer: komplexer Puffer
Complex medium: komplexes Medium
Concatemer: engl. = dt.
Consensus sequence: Konsensussequenz
Consistent: konsistent
Constitutive: konstitutiv
Contact inhibition: Kontaktinhibierung
Contamination: Kontamination
Contrast: Kontrast
Control: Kontrolle
Cooling trap (vapor trap): Kühlfalle
Copy number: Kopienzahl
Correlation: Korrelation
Correlation coefficient: Korrelationskoeffizient
Corrosive: ätzend
Concatemer: engl. = dt.
Cosmid: engl. = dt.
Counts per minute (cpm): Zählereignisse pro Minute
Culture: Kultur
Curie (Ci): engl. = dt.
Cuvette: Küvette
Cytokine: engl. = dt.
Dalton: engl. = dt.
Data sheet: auch material safety data sheet, Sicherheitsdatenblatt
Decay: Zerfall
Deductive thought: deduktive Überlegung
Defined medium: definiertes Medium
Degeneracy: Degeneration
Degrees of freedom: Freiheitsgrade
Deionization: Deionisierung
Deletion: engl. = dt.
Denaturation: Denaturierung
Densitometer: engl. = dt.
Depth of field: Tiefenschärfe
Dessication: austrocknen, trocknen
Detergent: Detergens
Deuterium: engl. = dt.
Dewar flask: Dewargefäß
Dialysis: Dialyse

Differential medium: Differenzierungsmedium
Dilution: Verdünnung
Dimer: engl. = dt.
Discontinuous electrophoresis (disc electrophoresis): diskontinuierliche Elektrophorese
Disinfectant: Desinfektionsmittel
Disintegrations per minute: Zerfälle pro Minute
Distillation: Destillation
Domain: Domäne
Dominant negative: dominant-negativ
Dose-response: Dosiswirkung
Double-blind study: Doppelblindstudie
Doubling time: auch generation time, Generationszeit
Download: engl. = dt.
Downstream (position): stromabwärts
Dry ice: Trockeneis
Dry run: Trockenlauf
Electroelution: Elektroelution
Electrolyte: Elektrolyt
Electron volt (eV): Elektronenvolt
Electronic bulletin board: elektronisches Schwarzes Brett
Electrophoresis: Elektrophorese
Electroporation: Elektroporation
ELISA: engl. = dt.
Emulsion: engl. = dt.
Enrichment culture: Anreicherungskultur
Enteric bacteria: Enterobakterien
Epi-illumination: Auflichtbeleuchtung
Epitope: Epitop
Ethidium bromide: Ethidiumbromid
Exponential growth: auch log(arithmic) growth, exponentielles Wachstum
Expression: engl. = dt.
Expression vector: Expressionsvektor
Extracellular matrix: extrazelluläre Matrix
Extract: extrahieren
Facultative: fakultativ
Fallacy: Trugschluss, Irrtum
Feeder layer: Feederzellen
Fermenter: engl. = dt.
Ficoll: engl. = dt.
Fix: (1) fixieren, (2) reparieren (sehr ungewöhnlich im Zusammenhang mit Laborgeräten...)
Flame: (1) abflammen, (2) Flame
Flammable liquid: entzündliche (entflammbare) Flüssigkeit
Flash point: Flammpunkt
Fluor: Szintillator

Fluorescein: engl. = dt.
Fluorescein isothiocyanate: auch fluorescein isocyanate, Fluorescein-Isothiocyanat
Fluorescence-activated cell sorter (FACS): Fluoreszenzaktivierter Zellsortierer
Fluorophore: Fluorophor
Formula weight: auch formula mass, (relative) Formelmasse
Gamma (γ) rays: Gamma-Strahlen
Gaussian distribution: normal distribution, Gauss-Verteilung
G + C ratio: G + C Verhältnis
Generation time: auch doubling time, Generationszeit
G force: gravitational force, Gravitationskraft
Geiger counter: Geigerzähler
Gel: engl. = dt.
Gelatin: Gelatine
Good buffer: Good-Puffer
Gram negative: gramnegativ
Gram positive: grampositiv
Gram's stain: Gramfärbung
Green-fluorescent protein: grünfluoreszierendes Protein
Growth curve: Wachstumskurve
Growth rate: Wachstumsrate
Half-life: Halbwertszeit
Heteroduplex: engl. = dt.
High-throughput: Hochdurchsatz
Hood: Abzug und Impfbank, Sterilbank
Horseradisch peroxidase (HRP): Meerrettich-Peroxidase
Hot room: engl. Laborjargon für Isotopenlabor
Hybridoma: Hybridom
Hydrophylic: hydrophil
Hydrophobic: hydrophob
Hygroscopic: hygroskopisch
Immobilized enzyme: immobilisiertes Enzym
Immunoblot (Western Blot): engl. = dt.
Immunoglobulin: Immunglobulin
Incubate: inkubieren
Inductive thought: induktive Überlegung
Infection: Infektion
Infectious waste: infektiöser Abfall.
Inhibition: Inhibierung
Inoculating loop, inoculating needle: Impföse, Impfnadel
Inoculum: Inokulum
In situ: engl. = dt.
Internet: engl. = dt.
Ion: engl. = dt.

Ion exchange: Ionenaustausch
Ionic detergent: ionisches Detegens
Ionizing radiation: ionisierende Strahlung
Ionophore: Ionophor
Isoelectric point: isoelektrischer Punkt
Isoschizomer: engl. = dt.
Isotope: Isotop
Kinase: engl. = dt.
Knockout: engl. = dt.
Koehler illumination: Köhler-Beleuchtung
Label: Markierung, Beschriftung
Laboratory Safety Department: Abteilung für Arbeitssicherheit
Laboratory Safety Officer: Sicherheitsbeauftragter
Lag phase: lag-Phase
Laminar flow: Laminarstrom
Lane: Spur
Leukocyte: Leukocyt
Library: auch bank, Bibliothek
Ligand: engl. = dt.
Ligase: engl. = dt.
Light box: Leuchttisch und Laborjargon (engl.) für Transillumator
Linear regression: lineare Regression
Lipopolysaccharide (LPS): Lipopolysaccharid
Lowry assay: Lowry-Test
Luciferase: Luziferase
Luminescence: Lumineszenz
Lysis: Lyse
Lysogen: engl. = dt.
Macromolecule: Makromolekül
Manifold: Sammelleitung.
Mass spectro(photo)meter (mass spec): Massenspektrometer
Material safety data sheet: Sicherheitsdatenblatt
Measuring pipette: Messpipette
Medium: Plural: **media**, Medium.
Meniscus: Meniskus
Metabolism: Metabolismus
Microaerophilic: mikroaerophil
Microorganism: Mikroorganismus
Miscible: mischbar
Mitogen: engl. = dt.
Mohr pipette: Messpipette
Molarity: Molarität
Mold: Schimmelpilz
Mole: Mol
Molecular weight: besser: **molecular mass**, Molekülmasse
Monocyte: Monocyt
Motolity: Motilität

Mutagen: engl. = dt.
Mutant: engl. = dt.
Mycoplasmas: Mycoplasmen
Necrosis: Nekrose
Negative control: Negativkontrolle
Nick translation: Nick-Translation
Normal: engl. = dt.
Normality: Normalität
Northern blot: Northern-Blot
Nucleotide: Nucleotid
Null hypothesis: Nullhypothese
Nutrient agar: Nähragar
Nutrient broth: Nährmedium
Obligate: obligat
Oligonucleotide: Oligonucleotid
Open reading frame: offener Leserahmen
Organelle: Organell
Organic: organisch
Osmosis: Osmose
Oxidation: engl. = dt.
P value: *P*-Wert
Palindrome: Palindrom
Paradigm: Paradigma
Parafocal: parafokal
Passage: Passagieren
Pathogenicity: Pathogenität
Pellet: engl. = dt.
Phagemid: engl. = dt.
Phenomenology: Phänomenologie
Phenotypic drift: phänotypische Drift
Phosphatase: engl. = dt.
Photobleaching: Ausbleichen
Photon: engl. = dt.
Phototube detector: Photomultiplier
Pilot: Pilotversuch/-anlage
Plaque: engl. = dt.
Plasma: engl. = dt.
Plasma cell: Plasmazelle
Plasmid: engl. = dt.
Plate: Ausplattieren
Plates: Platten
Plating efficiency: Plattierungseffizienz
Polyacrylamide: Polyacrylamid
Polymerase chain reaction: Polymerase-Kettenreaktion
Positive control: Positivkontrolle
Precipitation: Präzipitation
Prehybridization: Prähybridisierung
Primer: engl. = dt.
Probability: Wahrscheinlichkeit
Probe: Sonde
Prophage: engl. = dt.
Protease: engl. = dt.
Protocol: Versuchsvorschrift

Protoplast: engl. = dt.
Pulse: Puls
Pulsed-field gel electrophoresis: Puls-Feld-Gelelektrophorese
Quaternary structure: Quartärstruktur
Quenching: engl. = dt.
Radioactivity: Radioaktivität
Radioimmunoassay: Radioimmunnachweis
Radiolabeled: radioaktiv markiert
Radionucleotide: Radionucleotid
Random priming: engl. = dt.
Reagent: Reagenz
Recombinant DNA: rekombinante DNA
Reducing agent: reduzierendes Agenz
Regulation: engl. = dt.
Reporter gene: Reportergen
Resolution: Auflösung
Retrovirus: engl. = dt.
Reverse Osmosis: reverse Osmose
Roentgen: Röntgen
Run: Lauf
Running buffer: Laufpuffer
Safety can: Sicherheits-Laborkanne
Salt: Salz
Scintillant: Szintillator
Scintillation counter: Szintillationszähler
Secondary antibody: Zweitantikörper, sekundärer Antikörper
Secondary structure: Sekundärstruktur
Section: Schneiden
Sediment: Sedimentieren
Selection: Selektion
Selective medium: Selektionsmedium
Semipermeable membrane: semipermeable Membran
Serology: Serologie
Serum: engl. = dt.
Sharpie: Markenname für einen bestimmten Filzschreiber, der in den USA häufig im Labor verwendet wird. In Deutschland stattdessen „Edding"
Sharps: Sammelbezeichnung für scharfe oder spitze Laborgegenstände bzw. -abfall
Significant: signifikant
Site-directed mutagenesis: ortspezifische Mutagenese
Slide: Objektträger, aber auch Dia
Smear: Ausstrich
Soap: Seife
Southern blot: Southern-Blot
Specific activity: spezifische Aktivität
Spin: zentrifugieren
Split: splitten, teilen, subkultvieren
Spore: engl. = dt.

Standard: engl. = dt.
Standard curve: Standardkurve
Standard deviation: Standardabweichung
Standard unit (S.I.): S.I.-Einheit
Stationary phase: stationäre Phase
Sterile: steril
Sticky ends: klebrige Enden
Stock solution: Stocklösung
Stoichiometry: Stöchiometrie
Strain: Stamm
Subculture: subkultivieren
Substrate: Substrat
Supercoiled: Superspiralisiert
Supernatant: Überstand
Supplies: Bedarf
Svedberg constant, S value: Svedberg-Konstante
Synergistic effect: synergistischer Effekt
t-Test: engl. = dt.
TCA precipitation: TCA-Fällung
Template: engl. = dt.
Teratogen: engl. = dt.
Tertiary structure: Tertiärstruktur
Theory: Theorie
Titer: engl. = dt.
Titration: engl. = dt.
Toxic: toxisch
Tracking dye: Markerfarbstoff
Trans: engl. = dt.
Transduction: Transduktion

Transfection: Transfektion
Transformation: engl. = dt.
Transgenic: transgen
Transmittance: Transmission
Transposition: engl. = dt.
Transposon: engl. = dt.
Troubleshooting: Fehlersuche
Trypsin: engl. = dt.
Tungsten filament lamp: Wolfram-Glühbirne
Two-hybrid system: Zweihybrid-System
UV box: Transilluminator
Vapor trap (cooling trap): Kühlfalle
Variability: Variabilität
Variance: Varianz
Viable: lebensfähig, reproduzierbar
Viable count: Keimzahlbestimmung
Virulence: Virulenz
Volatility: Flüchtigkeit
Warm room: Wärmeraum
Wash: Waschen
Well: Tasche
Western blot: Western-Blot
Wet mount: Nasspräparat
Wild type: Wildtyp
Wobble base: Wobble-Base
Working distance: Arbeitsabstand
X-gal: X-Gal
X-ray: Röntgenstrahlung
Zwitterion: engl. = dt.

Quellen und Ressourcen

Brown T.A. 1994. DNA *sequencing. The basics.* IRL Press, New York
Chen T. 1997. *Glossary of microbiology.* http://www.hardlink.com/~tsute/glossary/index.html
Dow J. 1998. *Dictionary of cell biology.* Glasgow University/ Academic Press.
    http://www.mblab.gla.ac.uk.dictionary
Life Science Dictionary. 1995–1997. BioTech Resources.
    http://biotech.chem.indiana.edu/search/dict-search.phtml
Rubbi C.P. 1994. *Light microscopy. Essential data.* John Wiley and Son, New York
Specialty Media Glossary. 1998. http://www.specialtymedia.com/glossary.htm

Index

A

Abfall   42, 169, 180
    Bakterien   245
    Biomüll   46, 53
    für gentechnisch veränderte Organismen   46, 53
    Glas   47
    radioaktiver   45, 181, 332f
    Spitzen   47
    Trennung   180
    ungefährliche Chemikalien   182
Abflammen   187
Abgießen von Überständen   355f
Ablage   55
Absaugen   194f
    von Überständen   355
Absaugvorrichtung   46, 49, 51, 194
Abschirmung   317f
Abschlussarbeiten   **117**
    Abbildungen   121
    Aufbau und Gliederung   118
    äußere Form   125
    Schreiben   124
    Tabellen   121
    Vorbereitung   117
Abteilung für Arbeitssicherheit   7, 10, 17, 36, 169
Abwiegen   **151**
Abzug   24, 138, 141
Acrylamid   140, 179, 365, 367, 373
Acrylamidgele   371
Actinomycin D   172
adhärente Zellen   207f
adhärentes Wachstum   205, 208
Adsorption   142
Aerosole   188, 196f, 245, 285
Affinitätschromatographie   297
Agarose   365, 372f
Agarosegele   367
    Herstellung   376
Alarm   **36**
    Gerätealarm   15, 35
Aliquotieren   **173**
    Durchführung   174f
alkalische Phosphatase   292, 334, 419
Aluminiumfolie   178
American Type Culture Collection (ATCC)   213, 246
Ammoniumacetat   294
Ammoniumpersulfat   377
Amphotericin B   216f
Ampicillin   250, 255
Ampullen   213, 419

angewandte Forschung   4
anheftungsabhängiges Wachstum   208f
anheftungsunabhängiges Wachstum   208f
Anode   365, 419
ANOVA (*analysis of variance*)   75
Antibiotika   **215f**, 249
    aliquotieren   173
    autoklavieren   160
    Bakterien   256–257
    Zellkultur   216f
Antikörper   **304**
    aliquotieren   173
    Herstellung monoklonaler Antikörper   207
    Lagerung   305
    monoklonale   305, 428
    Notfall-Lagerung   167
    polyklonale   305
    Verwendung   304
Antrag   **129**
Anzucht gefrorener Zellen   213f
Aperturblende   399
Äquivalentdosis   310
Arbeitsgruppe   4
Arbeitszeiten   7, 12
Artikel   70f, 111
aseptische Arbeitstechnik   **185**
    siehe auch sterile Arbeitstechnik
aseptisches Arbeiten   185, 199
ATCC, siehe American Type Culture Collection
Atemmaske   138
Aufräumen   16
Aufschlussverfahren, physikalische   299
Augenduschen   17
Augenschutz   138
Auseinandersetzungen   98
Ausländer, siehe fremdsprachige Mitarbeiter
Ausschwingrotor   339
Ausstreichen
    eines Stammes   257f
    mehrerer Proben   258f
Austarieren   348
Autoklav   26f, 420
    Benutzung   160f
Autoklavieren   160
    Antibiotika   62
    Antikörper   160
    Bakterien   245
    Medium   160
    Puffer   159f
    Serum   160
    Vitamine   160

Autoradiographie **324**
   automatischer Filmentwickler 27, 332
   Expositionszeit 324
   Phosphorimager 324
   Röntgenfilm 325
   Verstärkerschirm 325
Avidin 334

B
Bachelorarbeit 6f, 117, 120f, 124
Bachelor-Student 5, 9, 21
Bacillus subtilis 243
Bakterien **243**
   aliquotieren 173
   allgemeine Vorschriften 245
   Antibiotika 255f
   Anzucht 247
   ausstreichen 257-259
   Beschaffung 246
   einfrieren **269**
   Entsorgung 167
   Extinktionsmessung 266
   gefriertrocknen 269
   Kolonien picken 259
   Kolonien zählen 260–265
   Kontamination 271
   Lagerung **268**
   Pflege 247
   trocknen 269
   typische Wachstumskurve 248
   Überstände 182
   wiederbeleben 252–255
   zählen **260**
Basen, siehe Säuren und Basen
BCA-Test 301f
Becherglas 142f
Beladen
   horizontaler Gele 378
   vertikaler Gele 379
Belästigung 99
bench, siehe Laborbank
Benzylpenicillin 216
Bequerel (Bq) 310
Bestellen
   Chemikalien 15, **43**
   Geräte **37**
   Reagenzien 43
Bioinformatik 71
biologische Sicherheit 198
Biomüll 46, 54
Biostoffverordnung 196f
Biotin 296, 334
Bisacrylamid 377, 384
Biuret 302
Blotkammer 28
Blots
   Northern-Blot 387
   Southern-Blot 387

   Western-Blot 387
Blotting **386**
   Membranen 387
   Ponceau-S 389
Bologna-Prozess 5, 7
Bradford-Test 302
Brechampulle 214
Brechungsindex 391
Bromphenolblau 371, 381
BSA, siehe Rinderserumalbumin

C
^{14}C 310, 313f
C (Coulomb) 310
carryover 50, 148
Cäsiumchlorid 360–362
Chaträume 102
Chemifluoreszenz-Assays 336
Chemilumineszenz-Assays 336
Cherenkov-Strahlung 331f
Chloramphenicol 174f, 56
   -Acetyltransferase (CAT) 292
Chromatographie 297
Ci (Curie) 310
CO_2-Flaschen **235**
CO_2-Inkubationsschrank 20, **235**
colony forming units (CFUs) 260
   siehe auch koloniebildende Einheiten
Computer 12, 32
   grundlegende Regeln 55, 58, 62f
   Internetzugang 59
   Literaturverwaltung 59
   Passwort 12, 63
   Viren 63
Coulomb (C) 310
Coomassie-Brilliantblau 390
Corex-Gläser 354
counts per minute (cpm) 329
Curie (Ci) 310

D
Datenpräsentation 108
deduktiv 68
degenerierte Primer, siehe Primer
Deionisierung 142
denaturierende Gele 383
DEPC (Diethylpyrocarbonat) 293
Destillation 142, 422
Detektor 319
Detergens 300
   anionisches 300, 419
   kationisches 300
   nichtionisches 300
   Proteinbestimmung 303
   zwitterionisches 300
Deutsche Forschungsgemeinschaft 88, 129
Deutsche Sammlung von Mikroorganismen und
   Zellkulturen (DSMZ) 213, 228

Dialyse 297
  Durchführung 298
Dialyseschlauch 298
Dias 113
Dichtegradientenzentrifugation 340
Diethylpyrocarbonat (DEPC) 293
Differenzen, persönliche und politische 100
Differenzialinterferenzkontrast (DIC) 393
differenzielle Zentrifugation 339
Digitalkamera 27
Dimethylsulfoxid (DMSO) 179, 219
Diplomand 5
Diplomarbeit 6, 117
disintegrations per minute (dpm) 334
diskontinuierliches Gel 384
Dithiothreitol (DTT) 160
DMSO 219
DNA **273**
  Alkoholfällung 279
  Einbringen in Zellen und Mikroorganismen 291f
  Entsorgung 179
  Ethanolfällung 282
  Gele 371–377
  Isolierung 274f, 291
  Konzentrationsbestimmung 282
  Phenolextraktion 278
  Reinheit 282
  Steckbrief 275
DNA-Gele
  Acrylamid 371f
  Acrylamidgele 367
  Agarose 371, 373, 376
  Auswertung 375
  färben 375
  Format 381
  Herstellung 376
  Matrix 372
  Probenvorbereitung 371
  Puffer 373
  Standards/Marker 381
  Strom 382
DNA-Synthesemaschine 34
Doktorand 5, 9, 12
Doktorandenbüro 29
  siehe auch Räume
Doktorarbeit 119
dpm (*disintegrations per minute*) 334
Druckminderer 237, 240,
DTT (Dithiothreitol) 160
Dunkelfeldmikroskopie 392
Dunkelkammer 27
  siehe auch Räume
Durchflussrotor 344

E
E. coli 53, 71, 185, 243f
ECACC (European Collection of Cell Cultures) 213, 246

ECDC (Europäisches Zentrum für die Prävention und Kontrolle von Krankheiten) 246
EDTA, siehe Ethylendiamintetraessigsäure
Ehrlichkeit 16
Einfrieren von Zellen 228
Einwegfiltrationseinheit 163
Einwegpipetten 181
Einzelkolonien 256
Eisbox 46
Eismaschine 26
Elektronenmikroskopie 396
  Rasterelektronen-Mikroskopie (REM) 396
  Transmissions-Elektronen-Mikroskopie (TEM) 396
elektronisches Notizbuch 88
Elektrophorese **365**
elektrophoretischer Transfer 387
Elektroporation 291, 423
Elektroporator 34, 292
Empfehlungsschreiben 99
Entsorgung **177**
  Abfallbehälter 181
  Abfalltrennung 181
  Bakterien 178, 182
  Bakterienüberstände 182
  DNA 179
  flüchtige Chemikalien 179
  Fotoentwickler 181
  Fotofixierer 181
  Gefahrstoffe 178
  Gele 179
  Handschuhe 179
  Kanülen 180
  Lösungsmittel 180
  Müll 180
  Papier 181
  Pipetten 181
  Prioritätsliste 182
  Puffer 181
  radioaktiver Abfall 180f, 322, 332
  Säuren und Basen 181
  scharfe und spitze Gegenstände 181
  Spritzen 182
  Thermometer 182
  Trockeneis 182
  ungefährlicher Chemikalien 179
Enzyme, aliquotieren 173
Epifluoreszenz 411
Eppis, siehe Reaktionsgefäße
Eppiständer 47
Ergebnisse, Interpretation 83
Erlenmeyerkolben 142f
Erste-Hilfe-Kästen 12, 17
EtBr, siehe Ethidiumbromid
Ethanol 160, 168, 219
Ethanolfällung von DNA 282f
Ethanolpräzipitation
  von Oligonucleotiden 290

von RNA 294
Ethidiumbromid (EtBr) 140, 365, 374-376, 383
  Alternativen 375
Ethikkommission 10
Ethylendiamintetraessigsäure (EDTA) 156, 222, 301
eukaryotische Zellkultur **205**
Europäisches Zentrum für die Prävention und Kontrolle von Krankheiten (ECDC) 246
European Collection of Cell Cultures (ECACC) 213, 246
Experiment **67**
  Analyse der Daten 70
  Durchführung 70
  große und kleine Experimente 69
  Interpretation der Ergebnisse 81
  Kontrollen 72
  nicht funktionierende Experimente 82f
  Planung 68
  Statistik 74
  übliche Fehler 75
  Vorbereitung 69
  Wiederholung 70
exponentielle Wachstumsphase 248f
Expositionsdauer 317
Expositionszeit 313f
Exsikkator 169–171
Extinktion, Messung der 35, 260

F
Falsifikation 68
Färben 370, 375
Färbung des Präparats 405
Fast-Vertikalrotor 344
Feederzellen (*feeder cells*) 215
Festmedien, Gießen von Platten **250**
Festwinkelrotor 341f
Ficoll 360
Filtersterilisation 161
Filtrationseinheit 194
  für die Mikrozentrifuge 162f
  wiederverwendbare 162
Fixieren 369
  des Präparats 405
Fluorescein 411
Fluoreszenz 411
Fluoreszenzmikroskop 411
Fluoreszenzmikroskopie 393, 410–412
  bimolekulare Fluoreszenz-Komplementation (BiFC) 411
  Epifluoreszenz 411
  Fluoreszenz-Resonanzenergie-Transfer (FRET) 411
  Immunfluoreszenz 410
  Konfokales Laserscanning-Mikroskop 395, 412
  Tipps 412
Fluorographie 326

Flüssigmedien, Herstellen von 249f
Flüssigstickstoff 230
Flüssigszintillationszählung 329
Folien 113f
Folin-Ciocalteu 302
Formaldehydgele 381f
Formamid 380
Forschungsantrag **128**
Fotodokumentationsanlage 32
Fotografie
  digital 406
    Filme für Mikroskopie 408f
    Filter 409
    Lagerung von Filmen 410
Fotokopierer 12
FPLC (*fast protein liquid chromatography*) 28
Fraktionskollektor 30
fremdsprachige Mitarbeiter 100
Fristen 98
Fyrite-Gasanalysator 236

G
β-Galactosidase 292
Gasflaschen 23
Gastwissenschaftler 6
Gefahrenaufkleber 47, 137
Gefahrstoffe 140
  Acrylamid 140
  Entsorgung 168
  Ethidiumbromid 140
  Phenol 140
  PMSF 140
  SDS 140
Gefahrstoffkennzeichnung 139
Gefrierpresse 300
Geiger-Müller-Zählrohr (Geiger-Zähler) 24, 34, 319f
geistiges Eigentum 98
Gel 367f
  alternative Färbemethoden 375
  beladen 378–380
  DNA-Gele 371–380
  dokumentieren 370
  Entsorgung 179
  färben 370
  fixieren 369
  trocknen 369
Geldokumentation 370
Geldokumentationssystem 27
  siehe auch Fotodokumentationsanlage
Gelelektrophorese
  Acrylamid 367
  Agarose 367
  Format 367
  Gel 367f
  Molekülmasse bestimmen 370
  Netzgeräte 369
  Probenvorbereitung 366

Proteingele   383f
Puffer   368
RNA-Gele   380f
Standards/Marker   366
Strom   368
Gelfiltration   297
Gelkammer   367
Geltrockner   26
Generationszeit, Berechnung   267f
Genome   275
    Arabidopsis thaliana   275
    Caenorhabditis elegans   275
    Drosophila melanogaster   275
    Escherichia coli   275
    Homo sapiens   275
    Mus musculus   275
    Saccharomyces cervisiae   275
Gentamicin (Gentamycin)   216f
Gentechnikgesetz   196f
Geräte   **30**
    Alarm   36
    allgemeine Benutzungsregeln   30
    bestellen   **36**
    defekte   15
    säubern   31
Geräteraum   28
    siehe auch Räume
Gesamtvergrößerung   391
Gewebekulturbereich   23
Gewichtsprozent
    pro Gewicht (w/w)   146
    pro Volumen (w/v)   146
GHS, siehe global harmonisiertes System zur Einstufung und Kennzeichnung von Chemikalien
Glaskapillare, siehe Pipetten
Glaspipetten, siehe Pipetten
Glaswaren   12, 142
Gleichgewichtszentrifugation   341
global harmonisiertes System zur Einstufung und Kennzeichnung von Chemikalien (GHS)   141
Glucose   312
β-Glucuronidase   292
L-Glutamin   219
Gradienten   359f
    Cäsiumchlorid   360
    Ficoll   360
    Herstellung   360f
    Metrizamid   360
    Percoll   360
    Saccharose   360
Gradientengele   384
Grafiken   61
Gray (Gy)   310
Grundlagenforschung   3f
grün-fluoreszierendes Protein (GFP)   292, 411
Gummihandschuhe   47

H
^{3}H   309f
Halbwertszeit, Radioaktivität   311, 313
Hämacytometer   225f, 398
Handschuhe   17, 138, 187
    Entsorgung   179
    Latex-   25, 47, 137f, 152
    Latexallergie   137
    Nitril-   138, 152
    Polyurethan-   138
    Polyvinylchlorid-   138f
Hängeregister   89
Heizplatte   33, 46
    siehe auch Temperieren
Heizrührer   24
Hellfeldmikroskopie   392
Hepatitis B   211
HEPES   150
hitzelabile Komponenten   159
Hiwi   6
Hochgeschwindigkeitszentrifuge   342
Hochleistungsflüssigkeitschromatographie   3, 32
    siehe auch HPLC
Höflichkeit (an der Laborbank)   15
Homogenisator   300
Horizontalrotor   344
HPLC   32
Hybridisierungsofen   28, 32
    siehe auch Temperieren
Hybridom-Zelllinien   206–208

I
^{125}I   309, 313f, 316
IEF (isoelektrische Fokussierung)   384
Immersionsöl   400f
Immunfluoreszenz   410
Immunoaffinitätsreinigung   305
Immunoassay   305
Immunoblots   305
Immunpräzipitation   305
induktiv   68
Inkubationsschrank   35, 235
    siehe auch Temperieren
Institut   4
Interessenkonflikt   102
Internet   63
    E-Mail   59, 102
    Newsgroups   102
    Passwort   12, 59
    PubMed   59
    Zeitschriften   59
    Zugang   63
Inversmikroskopie   393
In silico-Analysen   71
Ionenaustauscher   297
Ionendosis   310
isoelektrische Fokussierung (IEF)   384

isopyknische Zentrifugation 341
Isotopenlabor 315, 333

J
Journal Club 6, 9, **111**

K
Kaffeemaschine 31
Kanamycin 216, 250
Kapillartransfer 387f
Kathode 365
Kimwipes siehe Wischtücher
Kits 77, 273
Klebeband 47, 326
Kleiderordnung **8**
Kleidung 8
 Kittel 12, 16f, 46
 Krawatte 8
 kurze Hosen 8, 16
 offene Schuhe 8, 16
 Schutzkleidung 139, 199, 317
klinische Zentrifuge 342f
koaxialer Feintrieb 399
koaxialer Grobtrieb 399
Köhlern 401
koloniebildende Einheiten (CFUs) 260, 265
kolorimetrische Tests 334
Kondensor 391-393, 399
 -Aperturblende 399
konfokale Laser-Scanning-Mikroskopie 395
Kongress 103, 107
Kongressvortrag 105, 109
Kontamination 163, **231**
 Bakterien 219
 erkennen 231–233
 Hefen 219
 Kreuzkontamination 235
 Mycoplasmen 233f
 PCR 285
 Schimmelpilz 219
kontinuierlich wachsende Zelllinie 205f, 212
kontinuierliches Gel 384
Kontrollen **73**
 für den Zeitpunkt 0 72
 für die Behandlung 72
 Negativkontrolle 72
 Positivkontrolle 72
 verfahrenstechnische Kontrolle 74
Konzentration
 Gewichtsprozent 146
 Molarität **144**
 normale Lösungen 145
 Prozentigkeit **145**
 Volumenprozent 146
Kooperationen 98, 129
Kreuzkontamination 235
Kryoröhrchen 228f
Kugelmühle 300

Kühlraum 28f
 siehe auch Räume
Kühlschrank **175**
 frostfreier 176
 siehe auch Tiefkühlschrank
Kultur
 gefriergetrocknete 253
 gefrorene 254

L
Labor
 Aufbau 3, **17**
 Aufgaben 8f
 Ausstattung **19**
 Besprechung 9
 funktionelle Bereiche 20
 Kleiderordnung 8
 Sicherheitsbedingungen 16
 Standardlabor **19**
 Umgangsregeln 7
Laborant 5
Laborbank 19–23, 41
 Arbeiten mit Bakterien 243f
 einrichten **41**, 44
 Glossar 46f
 Pflege 52f
 radioaktives Arbeiten 321
 typische Reagenzien 46
Laborbuch **87**
 Archivierung 94
 Ethik 94
 Format 87
 Inhalt 89
 Pflege 90
Laborleiter 5, 10, 31, 94
Laborseminar **105**
Laborwasser 142
Laemmli-Laufpuffer 46, 136
Lagerung **162, 167**
 Antikörper 305
 Bakterien **268**
 feuchteempfindliche Reagenzien 169
 Filme 410
 lichtempfindliche Substanzen 170
 Notfall 167
 Radioaktivität 331
 sauerstoffempfindliche Reagenzien 172
 unter Stickstoff 172
 Zellen 228
lag-Phase 248
Latexallergie 47, 137
Latexhandschuhe 47
LB-Medium 275
Lehrstuhl, siehe Institut
Lehrstuhlbibliothek 31
 siehe auch Räume
Leitungswasser 141
Leuchtfeldblende 399, 402

lichtempfindliche Substanzen   162
Lichtmikroskop   **396**, 399
   Benutzung   397
   Bestandteile   397f
   Fluoreszenz-Mikroskop   410f
   „Köhlern"   401
   Lampe   398
   Objektivlinse   398, 400
   optimale Einstellung   401
   Regeln zur Nutzung   397
   Reinigung   401
Lichtmikroskopie   392, 395
Linomycin   216
Literaturrecherche   57
Literaturseminar   **111**
Literaturverwaltung   59
logarithmische Phase   248
Lowry   302
Luminol   335
Lysozym   276

M
Magnetrührer   46
Magnetstabentferner   158
Manuskript   **126**
Marker   366, 371, 381, 384
Markergene   292
Markerfarbstoff   371f
Master-Arbeit   120, 124
Master-Student   5
Materialsicherheitsdatenblatt (MSDS)   137
Medium
   Bakterien   248f
   Notfall-Lagerung   168
   Zellkultur   219
Meerrettich-Peroxidase   384
Meeting   9
Membranen   387
   Nitrocellulose   387
   Nylon   387
β-Mercaptoethanol   160
Merck-Index   144, 169
Messkolben   143
Messzylinder   143
metabolische Markierung   311
Methanol   219
Methylenbiacrylamid   377
Metrizamid   360
Mikro(liter)zentrifuge   361
Mikroliterpipette, siehe Pipetten
Mikroskopie   **391**
   Brechungsindex   391
   Differenzialinterfernzkontrast (DIC)   398
   Dunkelfeld-Mikroskopie   392f
   Elektronenmikroskopie   396f
   Fluoreszenz-Mikroskopie   397, 410f
   Flussdiagramm   393
   fotografieren   406–409

Gesamtvergrößerung   391
Größe messen   398
Hellfeld-Mikroskopie   392
Inversmikroskopie   393
konfokale Laser-Scanning-Mikroskopie   395
Lichtmikroskopie   395, 396ff
Nomarski   393
numerische Aperatur   398
Objekte färben   404f
Objekte fixieren   405
PALM-Mikroskopie   395
Phasenkontrast-Mikroskopie   398
Reinigung der Objektträger   401
STED-Mikroskopie   395
STORM-Mikroskopie   395
Super-Resolution-Mikroskopie   395
Transmissions-Elektronen-Mikroskopie
   (TEM)   396
Mikrospritzenfilter   162
Mikrotiterplattenlesegerät   32
Mikrowelle   33, 376f
   siehe auch Temperieren
Mischen   **153**
Mitomycin C   172
molare Lösungen   **144**
molare Masse   144
Molarität, Berechnung   145
Molekularbiologen, Tipps   273f
Molekulargewicht   144
Molekülmasse, relative   144
monoklonale Antikörper   304
Monolayer   207f
MOPS (3-N-Morpholino propansulfonsäure)   150,
   381
mRNA, Isolierung   295
MSDS, siehe Materialsicherheitsdatenblatt
Multipette, siehe Pipetten
Multiwell-Gewebekulturplatte   218
Mundpipettieren   17
Mundschutz   138
Mycoplasmen   233f

N
Nalidixinsäure   256
native Gele   385
Natriumazid   298
Natriumdodecylsulfat (SDS)   140
Natriumdodecylsulfat-Polyacrylamidgelelek-
   trophorese (SDS-PAGE)   383
Networking   **102**
Neubauer-Zählkammer   226
Neutronenstrahlung   309
Newsgroups   102, 290
Nitrocellulose   386f
normale Lösungen   145
Northern-Blot   380, 387
Notduschen   17
Notfall   16

Notfall-Lagerung 167
numerische Apertur (N.A.) 391
Nylon 389
Nystatin 216f

O

Objektivlinse 398
Objektivrevolver 399
Objektmikrometer 398
Objekttisch 399
Objektträger 399f
Okular 401
Okularlinse 402
Okularmikrometer 398
Oligonucleotide 290
Organizer 55

P

^{32}P 168, 186, 309, 313f
^{33}P 168, 313f
Paper, siehe Artikel
Papierkram **56**
Parafilm 47
Pasteurpipette, siehe Pipetten
PBS (phosphatgepufferte Salzlösung) 136, 222
PCR (Polymerase-Kettenreaktion) **284**
  Anwendungen 288
  grundlegende Regeln 285
  Polymerasen 285
  Primer 289
  quantitative 295
  Real-Time 289
  reverse Transkriptions- 289
  semiquantitative 289
PCR-Block 33
  siehe auch Temperieren
Peleusball 49f
  siehe auch Pipetten
Penicillin 216
  G 216, 218
Percoll 360
Personendosimeter 320
Petrischale 250f
Petroff-Hausser-Kammer 260
Petroff-Hausser-Zählkammer 260f
Pfu-Polymerase 287
phänotypische Drift 212, 430
Phasenkontrastmikroskopie 392–393
Phasenkontrastobjektiv 398
Phenol **140**, 150
  Äquilibrieren 150
  Phenol/Chloroform 150, 181
  Phenol/Chloroform/Isoamylalkohol 150
Phenolextraktion von DNA-Proben 278f
Phenolrot 210
Phenylmethylsulfonylfluorid (PMSF) 140
pH-Meter 26, 154f
  Elektrode 156, 158

kalibrieren 156f
  Lagerlösung 158
  Standardlösung 158
Phosphorimager 32, 324
Photometer 32
Phrasen, Wörterbuch der wissenschaftlichen 128
pH-Wert
  einstellen 151, 157
  messen **154**, 157
physikalische Aufschlussverfahren 299
Picken von Kolonien 256
PIPES 150
Pipetten **48**
  Direktverdrängungspipette 49
  Einwegpipetten 181
  elektronische 48
  Fixvolumenpipette 48
  Glaskapillare 49
  Glaspipetten 46, 189
  Mehrkanalpipette 48f, 51
  Messpipette 48
  Mikroliterpipette 48f
  Multipette 49
  Pasteurpipette 47, 49
  Peleusball 48
  Pipettenspitzen 47f, 53
  Pipettierhilfe **50**
  Saugball 47, 49
  Spitzenkästen 47
  Teilablauf 50, 190
  Transferpipette 48
  variable 48
  Vollablauf 50, 190
  Vollpipette 48
Pipettenspitzen, siehe Pipetten
Pipettierhilfe, siehe Pipetten
Plasmid-Minipräps mittels alkalischer Lyse 275–277
PMSF (Phenylmethylsulfonylfluorid) 150
Polyacrylamid 372, 377
Polyacrylamidgele 365, 372, 377
polyklonale Antikörper 304
Polymerase-Kettenreaktion (PCR) **284**
Portionieren **173**
Postdoc 5
Postersession 102
PowerPoint 106f, **113**, 116
Praktikant 6
Präsentationsprogramme 27, 61
Präsentieren
  Hilfsmittel 113
  Poster 102
  von Daten 97, 107
  sich selbst **97**
Präzipitate 163
primäre Zelllinie 205f
Primärkultur 211
  siehe auch primäre Zelllinie

Primer 284f
  degenerierte 290
Problemlösungsstrategien 68
„proof-reading"-Polymerasen 287
Proteaseinhibitor 295
Proteinchromatographie, siehe FPLC
Proteine **295**
  Chromatographie 297
  Dialyse 297f
  grundlegende Regeln 295
  Isolierung 296
  Konzentrationsbestimmung 301f
  Zellaufschluss 299
Proteingele 383
  denaturierende 385
  diskontinuierliche 384
  Färbung 386
  Format 384
  Gradientengele 384
  kontinuierliche 384
  native 385
  Probenvorbereitung 383
  Puffer 386
  Standards/Marker 384
  Strom 386
Protokoll 76, 434
  siehe auch Versuchsvorschrift
Publikationen 67
PubMed **60**, 70
Puffer **135**
  Ansetzen **135**
  autoklavieren 159f
  DNA-Gele 373
  entsorgen 162, 181
  Gelelektrophorese 368
  Konzentration 144f
  konzentrierte 136
  lagern 162
  Notfall-Lagerung 167
  pK_S-Werte 150
  Proteingele 383
  Restriktionsenzyme 283f
  RNA-Gele 382
  TAE 373
  TBE 373
  Temperatur 159
  TPE 373
  Verdünnen 147
  Verfärbung 162
  Wasser 141
PVDF (Polyvinylidendifluorid)-Nylonmembran
  388

R
rad 310
radioaktive Elemente 310
  siehe auch Radioisotope
radioaktive Experimente, Durchführung **315**

Radioaktivität **309**
  Abschirmung 317
  Abstand zur Strahlenquelle 317, 319
  Alternativen 334f
  Äquivalentdosis 314
  Arbeitsablauf 321
  Arbeitsbereich 322
  Autoradiographie 324f
  Bequerel (Bq) 310
  Bestellung 288f
  Cherenkov-Strahlung 331
  Coulomb (C) 310
  Detektoren 320
  Dpm (disintegrations per minute) 334
  Energiedosis 310
  Entsorgung 332
  Expositionsdauer 317
  Flüssigszintillationszählung 329
  Gray (Gy) 310
  Halbwertszeit 311, 313f
  Ionendosis 310
  Lagerung 331
  Neutronenstrahlung 309
  radioaktive Elemente 309f
  Radioisotope 310
  Regeln zum Umgang 315
  Schutzkleidung 317
  Schwangerschaft 317
  Sicherheitsfragen 316
  Sievert (Sv) 310, 317
  spezifische Aktivität 310
  Strahlenbelastung 317
  α-Strahlung 309
  β-Strahlung 309, 318, 326
  γ-Strahlung 309, 318f
  Symbol 311
  Szintillationszähler 311, 333f
  Überwachung 319f
Radioisotope 310
  Beschaffung 310
  ^{14}C 309
  ^{3}H 310f
  Halbwertszeit 313
  ^{125}I 313
  Notfall-Lagerung 169
  ^{32}P 309, 311f
  ^{33}P 309
  ^{35}S 309, 313
Rahmenarbeitszeit 7
Rasterelektronenmikroskopie (REM) 396
Räume 19, **25**
  Doktorandenbüro 29
  Dunkelkammer 27
  Geräteraum 25f
  Kühlraum 28f
  Lehrstuhlbibliothek 29
  Spülküche 26f
  Wärmeraum 29

RCF (*relativ centrifugal force*)   351
Reagenzglas   148
Reagenzien   **135**
   Ansetzen   **135**
   feuchteempfindliche   169
   Sicherheit   **137**
   Verdünnen   146
   Wasser   141
Reaktionsgefäße   53
Reduktionist   68
Reduzierventil   241
Reinstwasser   142
Reinwasser   142
relativ centrifugal force (RCF)   351
relative Molekülmasse   144
rem   310
Reportergen   292
Restriktionsenzyme   **283**
Rhodamin   411
Rifampicin   172, 256
Rinderserumalbumin   44
Risikogruppen   196
RNA   **293**
   Ethanolfällung   294
   grundlegende Regeln   293
   Isolierung   293
   Isolierung von mRNA   295
   Konzentrationsbestimmung   295
   Lithiumchlorid-Fällung   294
   Notfall-Lagerung   169
   Reinheit   281
   selektive Präzipitation   294
   Trizol-Reagenz   293
RNA-Gele   380–383
   Auswertung   383
   Färbung   383
   Formaldehydgele   382
   Format   381
   Probenvorbereitung   380
   Puffer   382
   ribosomale RNAs   382
   Standards/Marker   381
   Strom   382
RNAse A   276
Robert-Koch-Institut   246
Rollflasche   218
Röntgen   310
Röntgenfilm   324
Rotoren   344–346
   Messen des Radius   350, 351
   Pflege   361f
   Reinigung   362f
RSA, siehe Rinderserumalbumin
Rührfisch   157f
Rührfischangel   158
Rührflasche   218

S
^{35}S   309, 313
Saccharose   360
Salmonella   243, 247
Sammelgel   384
sauerstoffempfindliche Reagenzien   172
Saugball, siehe Pipetten
Saugflasche   194
Säuren und Basen   26
   Entsorgung   178
   Konzentrationen   149
   pH-Werte   157
Schüttler   30
Schutzbrille   138
Schutzkleidung   319
Schutzmaske   138
Schutzmaßnahmen   196f
Schutzschild   317
Schutzstufe   196
SDS (Natriumdodecylsulfat)   140
SDS-PAGE   383
Seminar   **103**
Sequenziergele   371
Serum
   aliquotieren   173
   autoklavieren   159f
   hitzeinaktiviert   220
   Notfall-Lagerung   167
   Zellkultur   220
Shigella   243
Sicherheit   **137**
   Abzug   138
   Augenschutz   138
   Gefahrstoffe   139
   Gefahrstoffkennzeichnung   139
   Handschuhe   138
   Schutzbrille   138
   Schutzmaske   138
Sicherheitsbeauftragter   6, 16, 169, 178
Sicherheitsbestimmungen   **16**
   komprimierte Gase   235
Sicherheitsdatenblatt   169
Sicherheitslicht   29
Sicherheitsmaßnahme   196
Sicherheitsstufe   196
Sicherheitsvorschriften   10, 245
Sicherheitswerkbank   23, **198**
Sievert (Sv)   310
Silberfärbung   384
Southern-Blot   387
Spatel   152, 264
Speedvac   280
Spitzenkästen, siehe Pipetten
Spritzenfilter   193
Spritzenfiltervorsatz   163
Spritzflaschen   26, 47
Spülküche   26
   siehe auch Räume

SSC   136
Standardabweichung   75
Standardampulle   214
Standardfehler   75
stationäre Phase   248
Statistik   **73**
    ANOVA (*analysis of variance*)   75
    Korrelationskoeffizient   75
    Population   75
    Standardabweichung   75
    Standardfehler   75
    Stichprobe   74f
    χ^2-Test   75
    t-Test   75
    P-Wert   76, 431
Staubmaske   139
Sterbephase (Kultur)   248
Sterilbank   200f
    siehe auch Sicherheitswerkbank
sterile Arbeitstechnik   **185**
steriles Arbeiten   **186**
    Abflammen   187
    Absaugen   194f
    Missgeschicke   189
    Pflege der Sterilbank   201
    pipettieren   189–191
    Regeln   186f
    Schutz des Forschers   195
    Sicherheitswerkbank   198f
    Tipps   187
Sterilfiltrieren   **193**
    Filtrationseinheit   194
    großer Mengen   194
    kleiner Mengen   193
    Spritzenfilter   193
Sterilisation, filtrieren   161
Sterilisieren   **161**
    autoklavieren   161
    Sterilfiltrieren   194
Stichprobe   75
Stichwortsuche   70
Stickstoff-Kavitationsbombe   299
Stickstofftank   23
Stocklösung   136f, 255, 433
    gefrorene   323
    verdünnen   146
Strahlenschutz   310
Strahlenschutzbeauftragter   310
α-Strahlung   309
β-Strahlung   309
γ-Strahlung   309
Streptavidin   334
Streptomycin   216f, 255
Strom   369
Students *t*-Test   74
Subkultivieren   215
    adhärenter Zellen   222–224
    von Suspensionskulturen   224

Suspensionskulturen   208, 210, 218
SYBR-Farbstoffe   375
Szintillationsflüssigkeit   333f
Szintillationszähler   25, 311, 333–335

T
TA, siehe technischer Assistent
T/A-Klonierung   288
TAE
    (Tris-Acetat-EDTA)   373
    (Tris-Acetat-EDTA-Puffer)   46
Tafelvortrag   114
Tags   296
Taq-DNA-Polymerase   284
TBE (Tris-Borat-EDTA)   373
technischer Assistent   5
TEMED (*N,N,N',N'*-Tetramethylethylendiamin)
    377
Temperieren
    χ^2-Test   75
    t-Test   75
Tetracyclin   172, 216, 252
Thermoblock   33
    siehe auch Temperieren
Thermocycler   284
Thermus aquaticus   284
Tiefkühlschrank   **175**
    siehe auch Kühlschrank
Tipps für Molekularbiologen   273
Tisch-Ultrazentrifuge   343
Tischzentrifuge   48, 342
    siehe Zentrifugen
TPE (Tris-Phosphat-EDTA)   373
Transfektion   291
Transfer auf Membranen   **386**
Transferpipette, siehe Pipetten
Transformation   291, 434
transformierte Zellen   207
Transilluminator   375
Transmissions-Elektronenmikroskopie (TEM)
    396
Trenngel   384
Trimethoprim   256
Tris-Puffer   150
Trockeneiskasten   26
Trockengestell   24
Trocknungsmittel   169
Trypanblau   225
Trypsin   222
t-Test   75
Tylosin   216

U
Überstände   355–357
    abgießen   355f
    absaugen   355f
üble Nachrede   99
Ultrafiltration   142

Ultraschallbad 34
Ultraschallgenerator 300
Ultraschallspitze 34
Ultrazentrifuge 25, 343
Umdrehungen pro Minute (upm) 339
Umkehrosmose 142
upm (Umdrehungen pro Minute) 339
Urlaub 8, 100
UV
    -Crosslinker 34
    -Handlampe 27
    -Lampe 201
    -Leuchttisch 375
    -Oxidation 142
    -Transilluminator 27

V
Vakuumkonzentrator 280
Vakuumtransfer 387
Vakuumzentrifuge 33
Vent-Polymerase 287
Verdünnen **146**
    Formel 146
    Stocklösung 146, 148
    Verdünnungsfaktor 147
    Verdünnungsreihe 147f
    Verschleppung 148
    Volumen 148
Verdünnungspuffer 147
Verfärbung 162
Vernunft 13
Verstärkerschirm 325
Versuchsvorschrift **76**, 434
    Beispiele 78
Vertikalrotor 341
Vertreter 45
Viren, Computerviren 63
Volumenprozent, pro Volumen (v/v) 146
Vortex 21, 48
Vortrag **105**

W
Waage 26
Wachstum in Suspension 208
Wachstumskurve (Bakterien) 248
Wägepapier 151
Wägeschalen 151f
Wägeschiffchen 151
Wärmeraum 31, 434
    siehe auch Räume
Waschen von Sedimenten 358
Wasser **141**
    Laborwasser 142
    Leitungswasser 141
    Reinstwasser 142
    Reinwasser 142
Wasserbad 54
    siehe auch Temperieren

Wasser-Reinigungsanlage 24
P-Wert 74
Western-Blot 305, 336, 365, 387
Wiegepapier 26
Wiegeschälchen 26
Wirbelmischer 48
Wischtücher 152
wissenschaftliche Hilfskraft 6
World Wide Web 102

X
Xylencyanol 366, 371

Z
Zählen
    lebender Zellen 225–228
    von Bakterien **260**
    γ-Zähler 330
Zeitschriften 4, 9, 15, 37, 55, 58f, 71
Zellaufschluss 299
Zellausstrich, Herstellen 404
Zellen
    aliquotieren 173
    transformierte 207
Zellkultur
    adhärente 206, 208f
    anheftungsabhängige 208
    anheftungsunabhängige 208
    Antibiotika 215–217
    Anzucht gefrorener Zellen 213f
    Beobachtung 209f
    einfrieren 228f
    eukaryotische **205**
    füttern 215
    Gefäße 217
    Glutamin 219
    häufig verwendete Linien 206
    Klassifizierung 205
    Kontamination 231f
    kontinuierlich wachsende 212
    lagern 228
    Medium 219
    pflanzliche 209
    phänptypische Drift 212, 430
    Phenolrot 219, 233
    primäre 205
    Primärkultur 211
    Serum 220
    subkultivieren 215
    Suspension 222, 224f
    teilen 221
    transformierte Zellen 207
    Typen 206
    Versorgung 215
Zellkulturflasche 218
Zelllinie 206
    kontinuierliche 205
    wachsende 205

Zellmedium 219
Zellzahlbestimmung 226
zentrale Geräteeinrichtungen 413f
Zentrifugation **339**
  Mikrotiterplatten 354
  analytische 339
  austarieren 348
  Benutzungsvorschriften 346
  Dichtegradientenzentrifugation 340–342
  differenzielle 339f
  Durchführung 348–351
  gefährliche Proben 359
  Gefäße 351f
  Geschwindigkeit 350–351
  Gleichgewichtszentrifugation 342
  Gradienten 359f
  Grundlagen 339
  infektiöse Proben 359
  isopyknische 341
  präparative 339
  RCF (*relative centrifugal force*) 351

  Rotoren 344–346
  Überstände abnehmen 355f
  waschen von Sedimenten 358
  g-Zahl 339, 351, 362
  Zonenzentrifugation 340
Zentrifugen **342**
  Hochgeschwindigkeitszentrifuge 343
  klinische Zentrifuge 342
  Mikroliterzentrifuge 342
  Pflege 361f
  Tisch-Ultrazentrifuge 342
  Tischzentrifuge 48, 342
  Ultrazentrifuge 343
Zentrifugengefäße 351–355
  Corex-Gläser 354
Zentrifugengeschwindigkeit 350–351
Zonalrotor 340
Zonenzentrifugation 340
Zuständigkeiten 8
zweidimensionale (2D-)Gele 384

Aus der Praxis für die Praxis

Der Experimentator: Molekularbiologie / Genomics

Cornel Mülhardt

Lieber EXPERIMENTATOR, wir präsentieren Ihnen hier das Grundlagen-wissen sowie Tipps und Tricks für den Umgang mit Nucleinsäuren. Sie werden sofort merken, dass der Autor Lust und Frust der täglichen Laborroutine genau kennt.
Aus dem Inhalt: Präparieren, Fällen, Konzentrieren und Reinigen von Nucleinsäuren ● Das molekularbiologische Handwerkszeug (Restrik-tionsenzyme, Gele, Blotten) ● PCR (Polymerase-Kettenreaktion) ● RNA-Isolierung, -Transkription ● Klonierung von DNA-Fragmenten ● DNA-Nachweis und -Analyse (Markierung von Sonden, Hybridisie-rung, Screening, Sequenzierung) ● Modifikation und Funktionsanalyse von DNA-Sequenzen (Mutagenese, In-vitro-Translation u.v.a.)

6. Aufl., 2009, XIII, 316 S. 66 Abb. Brosch.
ISBN 978-3-8274-2036-7 ▶ € (D) 32,95

Der Experimentator: Proteinbiochemie / Proteomics

Hubert Rehm, Thomas Letzel

Lieber EXPERIMENTATOR, die überarbeitete und aktualisierte 6. Auflage dieses Buches gibt Ihnen einen Überblick über die Methoden in Proteinbiochemie und Proteomics. Das Buch ist jedoch mehr als eine Methodensammlung: Es zeigt Auswege aus experimentellen Sackgassen und weckt ein Gespür für das richtige Experiment zur richtigen Zeit. Behandelt werden klassische Verfahren wie Säulenchromatographie, HPLC, Elektrophoresen, Blots, Elisas, Ligandenbindungstests, die Herstellung von Antikörpern, das Solubilisieren von Membranproteinen, die Analyse von Glykoproteinen usw. Neben Standardverfahren weist das Buch auch auf ausgefallene Methoden hin, mit denen sich spezielle Probleme lösen lassen. Einen großen Raum nehmen moderne Verfahren ein: Massenspektrometrie, Proteomics und thermische Analyse.

6. Aufl., 2010, XIV, 390 S. 145 Abb. Brosch.
ISBN 978-3-8274-2312-2 ▶ € (D) 32,95

Einfach bestellen:
SpringerDE-service@springer.com   Telefax +49(0)6221/345 – 4229

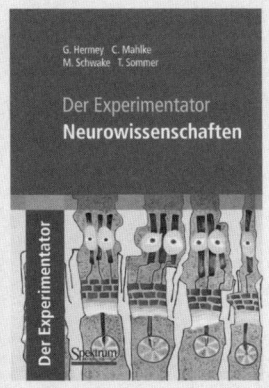

Printing: Ten Brink, Meppel, The Netherlands
Binding: Stürtz, Würzburg, Germany